见识城邦

U0299524

更 新 知 识 地 图　　拓 展 认 知 边 界

巫师与先知

两种环保科学观如何帮助人类应对生态危机

Charles C. Mann

[美] 查尔斯·C. 曼恩 著

栾奇 译

The Wizard and the Prophet
Two Remarkable Scientists
and Their Dueling Visions to Shape
Tomorrow's World

中信出版集团 | 北京

图书在版编目（CIP）数据

巫师与先知：两种环保科学观如何帮助人类应对生态危机 /（美）查尔斯·C. 曼恩著；栾奇译 . -- 北京：中信出版社 , 2023.2

书名原文：The Wizard and the Prophet: Two Remarkable Scientists and Their Dueling Visions to Shape Tomorrow's World

ISBN 978-7-5217-5030-0

Ⅰ.①巫… Ⅱ.①查… ②栾… Ⅲ.①环境－历史－研究－世界 Ⅳ.① X-091

中国版本图书馆 CIP 数据核字（2022）第 225423 号

巫师与先知——两种环保科学观如何帮助人类应对生态危机
著者： [美] 查尔斯·C. 曼恩
译者： 栾奇
出版发行：中信出版集团股份有限公司
　　　　（北京市朝阳区东三环北路 27 号嘉铭中心　邮编　100020）
承印者： 北京盛通印刷股份有限公司

开本：787mm×1092mm　1/16　　　印张：43.25　　字数：580 千字
版次：2023 年 2 月第 1 版　　　　印次：2023 年 2 月第 1 次印刷
京权图字：01-2020-0370　　　　　书号：ISBN 978–7–5217–5030–0
定价：118.00 元

献给雷

只此三字，凝聚了千言万语

难怪他们的分歧不啻天渊；他们在谈论不同的事情。

——罗伯特·I.海尔布伦纳

CONTENTS

目　录

第四部分　两类人

第五部分 一个未来

附　录

序

　　所有的父母都不会忘记他们第一次抱起自己孩子的那一刻——从医院的毯子里露出一张皱巴巴的小脸儿，一个全新的人。我伸出双手，把我的女儿抱在怀里。我不知所措，几乎无法思考。

　　之后，我到外面徘徊了一会儿，以便母亲和婴儿可以休息一下。那是2月底的新英格兰，凌晨3点钟。人行道上结了冰，空气中细雨绵绵，冷意丝丝。我漫步在雨中，思绪万千。猛然间，一个想法出现在我的脑海中：等我的女儿达到我这个年龄的时候，将会有近100亿人行走在这个地球上。

　　我一下子停下了脚步，心里想：到那个时候该怎么办呢？

　　跟天下的父母一样，我希望我的孩子长大成人后身心舒畅，生活适意。而此时，我伫立在医院的停车场上，似乎突然觉得这一切都不太可能了。我在想：这可是100亿张嘴啊，如何才能够喂饱他们呢？200亿只脚——鞋子够穿吗？ 100亿个躯体——如何为他们提供栖身的住所？这个世界是否足够大，足够富裕，让所有人都能过上幸福的生活？还是说，我把孩子们生在了一个全面崩溃的时代？

*　　*　　*

在我开始做记者的时候，我浪漫地把自己想象为一个历史的见证人。我要把自己所处的这个时代的重要事件记录下来。直到我真正开始工作，才意识到一个明显的问题：我所认为的重要事件是什么？我的第一篇报道实际上是为一张严重的车祸照片配上说明文字，这显然不是那种重要事件。但是，重要事件的标准是什么？数百年后，什么将会是历史学家眼中我们今天最有意义的发展呢？

很长一段时间里，我都认为，这个问题的答案应该是"科学与技术的发现"。[1]我想了解各种疾病的治疗、计算机能力的崛起、物质和能量奥秘的破解。然而，后来我发觉，重要的与其说是新知识的出现，不如说是新知识带来的好处。20世纪70年代，当时我在读高中，在这个世界上，大约每四个人中就有一个人在挨饿——用联合国喜欢的术语来说是"营养不良"。今天，联合国给出的数据是，每十个人中有一人"营养不良"。[1]在这40多年中，全球人类的平均寿命提高了11年还多，其中寿命的提高大部分发生在贫困地区。亚洲、拉丁美洲和非洲的数亿人已经摆脱了贫困，几乎跻身中产阶级的行列。[2]在人类历史上，这种幸福感的激增以前从未出现过。这是这一代人及其前辈的标志性成就。

富裕并不是均衡的，也不是公平的；数以亿计的人并不富裕，还有数以亿计的人正在变得更加贫困。尽管如此，在全球范围内——未来将拥有100亿人的全球范围内——财富的增长是不可否认的。[3]宾夕法尼亚州的工厂工人和巴基斯坦的农民可能都处在挣扎和

---

[1] 从绝对值来看，下降幅度似乎不太明显。数亿人仍然生活在贫困之中。此外，近年来，饥饿人口有所增加。这种逆转究竟是一个长期问题，还是由于暴力（亚洲西南部地区、非洲部分地区）以及大宗商品价格下跌降低了一些地方的国民收入而导致的暂时性问题，研究人员对此存在分歧。尽管如此，与已知历史上的任何其他世纪相比，出生在21世纪的孩子遭遇物质生活绝对匮乏的可能性都要小得多。——作者注（以下如无特别说明，脚注均为作者注）

愤怒之中，但按照过去的标准，他们也是富人。

我写下这段话的时候，世界上大约有 73 亿居民。大多数人口统计学家都认为，2050 年左右，世界人口将达到或非常接近 100 亿。大概到了那个时候，人类作为一个物种，其数量可能会开始趋于稳定——作为一个物种，我们将处于"更替水平"，即平均而言，妇女所生育子女的数量仅够替代她们和她们的伴侣。经济学家们说，在任何时候，世界的发展都应该会持续下去，无论多么不平衡，无论多么缓慢。这意味着，当我的女儿到了我现在这个年龄的时候，世界上的 100 亿人中，有相当一部分人将属于中产阶级。工作、住房、汽车、花哨的电子产品、各种消遣享受——这些都是富裕人群所追求的。（难道这有什么不应该吗？）尽管历史告诉我们，绝大多数人都会找到办法，但我们很难不为我们的孩子所面临的艰巨任务感而忧心。那可是几十亿个工作岗位，几十亿个家庭，几十亿辆汽车，无以计数的各种享受的需求啊。

我们能够提供这些东西吗？这只是问题的一部分。完整的问题是：我们能够提供这些东西而不破坏其他很多东西吗？

*　　*　　*

随着我的孩子们逐渐长大，我利用新闻采访的机会，与欧洲、亚洲和美洲的专家们交流。多年来，我积累了很多与他们的对话成果。在我看来，针对我提出的问题，我得到的回答大致可分为两大类，每一类都与生活在 20 世纪的两位美国人中的一位有关（至少我是这样认为的）。这两人都不是为公众所熟知的人物，但是，其中一位往往被称为那个世纪出生的最重要的人，另一位则是那个时代最重要的文化和知识运动的主要创始人。他们都认识到并试图解决我的孩子们的后代将面临的根本问题：如何在下一个世纪生存下来，同时又不会引发令人痛苦的全球灾难。

这两个人几乎互不相识——据我所知，他们只见过一次面；他们也并不关心彼此的工作。但这并不影响他们以各自不同的方式，在创建基本的知识蓝图方面发挥关键作用。今天，世界各地的机构都利用这些知识蓝图来理解我们的环境困境。遗憾的是，他们的蓝图是相互矛盾的，因为他们对生存问题的答案截然不同。

这两人分别是威廉·沃格特（William Vogt）和诺曼·博洛格（Norman Borlaug）。

沃格特出生于 1902 年，他为现代环境保护运动制定了基本理念。尤其值得一提的是，他创立了一种理念，这种理念被汉普郡学院（Hampshire College）人口学家贝西·哈特曼（Betsy Hartmann）称为"世界末日环境论"（apocalyptic environmentalism），意思是，除非人类大幅减少消费，否则，不断增长的人口数量以及由此产生的消费需求将压垮地球的生态系统。沃格特在其畅销书和有影响力的演讲中指出：富裕不是我们最大的成就，而是我们最大的问题。他说，我们的繁荣是暂时的，因为这种繁荣的基础，是我们向地球索取的，而且已经超出了地球所能给予的。如果我们继续以这种方式发展下去，不可避免的结果将是全球范围的毁灭，也许包括我们人类的灭绝。**削减！削减！**这是他的口头禅。**不这样的话，大家都会输掉**！

威廉·沃格特，摄于 1940 年

在沃格特出生 12 年后，博

洛格出生了。他所代表的理念被称为"技术乐观主义"（techno-optimism）或"丰饶主义"（cornucopianism），根据这种观念，理性应用科学技术可以帮助我们走出生态困境。博洛格践行了这一观念，他是 20 世纪 60 年代进行"绿色革命"探索运动的关键人物；这场革命将高产的作物品种与农业技术相结合，在世界范围提高了粮食产量，让数千万人不至于死于饥饿。对于博洛格来说，富裕不是问题，而是解决问题的办法。人类只有变得更富有、更聪明、知识更渊

诺曼·博洛格，摄于 1944 年

博，才能创造出能摆脱我们所面临的环境困境的科学。**创新！创新！**这是博洛格的口号。**只有采用这种方式，大家才能够胜出！**

　　无论是博洛格，还是沃格特，他们都认为自己是直面地球危机的环保主义者。他们的光芒都盖过了合作者的重要贡献。他们的相似之处也就仅限于此了。在博洛格看来，人类的聪明才智是解决问题的唯一办法。举个例子，他认为，通过使用绿色革命的先进方法来提高每英亩[1] 的粮食产量，农民就不必耕种那么多英亩的土地。（研究人员称之为博洛格假说。）沃格特的观点正好相反。他认为，解决问题的关键是削减。正如他的追随者们所说，人类不应该种植更多的谷物来生产更多的肉类，而应该"摄入食物链低端的食物"。如果人们少吃牛肉和猪肉，宝贵的农田就不必用来种植喂养牛和猪所用的饲料。地球生态系统的负担也将会减轻。

　　我把这两种观点的拥趸分别看作巫师派和先知派——巫师派揭开

---

[1]　1 英亩≈ 0.4 公顷。——编者注

了技术操纵的奥秘，先知派谴责我们疏忽大意的后果。博洛格已经成为巫师派的榜样，沃格特则从许多方面看都是先知派的创始人。

几十年间，博洛格和沃格特沿着相同的轨迹前行，但他们很少相互承认。他们在 20 世纪 40 年代中期的第一次会面以意见分歧而告终。据我所知，在那之后，他们再也没有说过话。他们之间也从来没有过书信往来。他们在各自的公开演讲中都提到过对方的观点，但一次都没有附上对方的名字。沃格特反倒不指名地谴责了那些"受蒙骗"的科学家，声称正是这些科学家加剧了我们的问题。而博洛格则嘲笑他的对手们是反对各种新技术的"卢德分子"。

现在，这两个人都已经过世了，但他们的追随者们仍在彼此敌对。事实上，巫师派和先知派之间的争论愈演愈烈。巫师派认为，先知派强调削减，这在思想上是不诚实的，是对穷人的漠不关心，甚至是种族主义者的行径（因为世界上大多数忍饥挨饿的人都不是白种人）。他们说，追随沃格特的脚步，就是走上一条倒退的、狭隘的道路，是致使全球陷入贫困的道路。先知派则嘲讽说，巫师派对人类智慧的坚信是不动脑筋、不懂科学的结果，甚至是被贪婪驱使的（因为使发展保持在生态限度之内有损企业利润）。他们说，追随博洛格的脚步，充其量只能推迟不可避免的清算日的到来——活动家们将其称为"生态灭绝"。[4] 随着两派之间相互指责行为的升级，有关环境保护的对话越来越像是聋人的对话，两边都听不得对方的任何异议。如果我们不是在讨论我们孩子的命运，那么谁对谁错，也许还无关紧要。

巫师派和先知派与其说是两个理想的类别，不如说是一个连续统一体的两端。理论上，他们应该在中间相遇。人们可以在这里缩减一点沃格特的观点，在那里扩展一点博洛格的风格，如此这般。有些人认为，就应该这样做。但是，与其讨论这样分类是否完美（并不完美），不如讨论它是否有用。环境问题是一个现实的问题，其解决方案（或一般认定的解决方案）由这两种方法中的一种或另一种所主导。如果一个政府说服其公民花费巨额资金，采用先知派所提倡的高科技隔热材料和低用水量的水管改造办公室、商店和住宅，那么这些公民也会抵制为巫师派新设计的核电站和巨大的海水淡化设施买单。那些支持博洛格并接受高产转基因小麦和水稻的人也不会追随沃格特，去放弃牛排和猪肉，改吃对环境影响小的素食汉堡。[5]

而且，船大了就不好掉头。如果选择巫师派的路线，转基因作物不可能在一夜之间培育和测试出来。同样，碳封存技术和核电站也无法立即部署。先知派的方法，例如大面积种植树木，以便从空气中吸收二氧化碳，或者将世界粮食供应与工业化农业脱钩，这些同样需要相当长的时间才能奏效。改换路线并不容易，走哪条路的决定一旦做出，就很难更改了。

最重要的是，沃格特派和博洛格派之间的冲突之所以激烈，是因为那更多是关于价值观而非事实的冲突。尽管这两个人很少承认这一点，但他们的主张背后有着道德和精神愿景，也就是对世界以及人类在其中所处地位的认识。也就是说，与经济学和生物学的讨论交织在一起的，还有关于"应当"和"应该"的低语。一般来说，追随沃格特观点和博洛格观点的人比这两个人自己更明确地表达了这些观点。而这些观点从一开始就存在。

先知派认为世界是有限的，而人是受环境制约的。巫师派则认为有无限的可能性，而人类是这个星球上老谋深算的管理者。巫师派认为，增长和发展是我们这个物种的命运和福祉，先知派则将稳定和保护视为我们的未来和目标。巫师派把地球视为一个工具箱，里面的东西可以随意使用；先知派则认为，自然世界体现了一种不应该被随意扰乱的总体秩序。

这些愿景之间的冲突不是善与恶之间的冲突，而是关于美好生活的不同理念之间的冲突，是优先考虑个人自由的道德秩序与优先考虑所谓关联的道德秩序之间的冲突。20 世纪晚期，资本主义的格局充斥着由大企业主导的全球市场，对于博洛格来说，这些在道德上是可以接受的，尽管总是需要进行纠正。这一派强调个人的自主性、社会和实体的流动性，以及个人的权利，这种强调引起了共鸣。沃格特有不同的想法。他在 1968 年去世之前就已经开始相信，西方的消费社会有一些根本性的错误。人们需要生活在更小、更稳定的社群里，与土地更亲近，同时控制全球市场对资源的疯狂榨取。消费社会的倡导者所鼓吹的自由和灵活性只是一种幻觉；如果个人生活在类似原子化的孤立环境中，与自然隔绝，与他人隔绝，那么他们的权利就毫无意义。

这些争论是有历史渊源的，它们起源于很久以前的争辩。伏尔泰和卢梭曾经因自然法是不是人类的真正指南而发生争执。杰斐逊和汉密尔顿就公民的理想人格展开了激烈的辩论。罗伯特·马尔萨斯（Robert Malthus）嘲笑激进哲学家威廉·葛德文（William Godwin）和尼古拉·德·孔多塞（Nicolas De Condorcet）的主张，即科学可以克服物质世界所设定的限度。达尔文理论的著名捍卫者 T. H. 赫胥黎（T. H. Huxley）与牛津主教塞缪尔·威尔伯福斯（Samuel Wilberforce）就生物法则是否真正适用于有灵魂的生物而针锋相对。约翰·缪尔（John Muir）是原始荒野的捍卫者，他与吉福德·平肖（Gifford Pinchot）展开了辩论，平肖是森林管理专家团队的倡导者。生态学家保罗·埃利希（Paul Ehrlich）和经济学家朱利安·西蒙（Julian Simon）打赌，想看看聪明才智能否战胜匮乏。在哲学家兼评论家刘易斯·芒福德（Lewis Mumford）看来，所有这些斗争都是两种类型的技术之间长达数百年抗衡的一部分。"一种是专制的，另一种是民主的。前者以制度体系为中心，非常强大，但本质上是不稳定的；后者以人为中心，力量较弱，但却是睿智应变且持之以恒的。"[6] 以上种种，都至少部分关系到我们这个物种与自然的关系；也就是说，它们都是关于我们这个物种本性的辩论。

同样，博洛格和沃格特在这场争论中有自己的立场。他们都认为，在地球上的所有生物中，只有智人能够通过科学了解这个世界，并且这种经验知识可以引导社会走向未来。然而，也正是从这一点上，两人开始分道扬镳。其中一人认为，生态研究揭示了我们这个星球无可否认的局限性，也告诉人类应该如何与这些限制共处。另一个人认为，科学可以让我们知道该如何跨越其他物种无法逾越的障碍。

那么，谁是正确的？是沃格特，还是博洛格？是脚踏实地好，还是冒着不确定的风险生活在梦想中好？是削减，还是生产更多？

选巫师还是选先知？对于我们这个拥挤不堪的世界来说，再没有比这个更重要的问题了。无论愿不愿意，我们的子孙都得回答这个问题。

*　*　*

本书无意对我们面临的环境困境做全面的详细调查。世界上的许多地方我都没有谈及，许多问题我也都没有讨论。这些主题太大、太复杂，一本书是写不下的——就算有那么一本书，恐怕也没有人想读。在本书中，我描述的是两种思维方式，对可能的未来的两种看法。

本书也无意为明日勾画蓝图。本书没有提出任何计划，也没有提出任何具体的行动方案。这在一定程度上反映了作者本人的观点：在我们这个互联网时代，吵吵嚷嚷提建议的专家实在太多了。比起指点别人该怎么做，尽我所能将我所看到的、发生在我周围的事情展示出来，我的心里更有底。

在第一章中，我先从总体概述生物学对物种发展轨迹的看法，也就是说，为什么人们会认为智人真的会有未来。生物学家告诉我们，如果有机会，所有物种都会过度扩张、过度繁殖、过度消费。然后，它们不可避免地会碰壁，遭遇灾难性的后果，而且，这种灾难性后果通常只会提前到来，绝不会延迟。从这个角度来看，沃格特和博洛格一样，都被蒙蔽了。在这里，我的问题是：针对这一点，是否有理由相信科学家们错了？

接下来，我把话题转向沃格特和博洛格这两个人本身。关于沃格特，我将描述他如何在从前的郊区长岛出生，如何从脊髓灰质炎中死里逃生，如何在秘鲁海岸考察时转向了生态学。我以他那本小册子《生存之路》（The Road to Survival，1948 年）的出版作为他故事第一部分的结尾。《生存之路》是现代第一本表示"我们都在劫难逃"的书。这本书意在基于客观科学敲响警钟，但它对我们应该如何生活也有隐含的愿景，是一种道德宣言。沃格特是第一位以现代形式将环境保护主义的主要原则整合在一起的人，可以说，环境保护主义是 20 世纪最成功、持久的意识形态。[7]

博洛格的故事也始于他的出生。他出生在艾奥瓦州一个贫穷的农业社区。那个时候，亨利·福特发明了一种拖拉机，这种拖拉机制造成本低，可以廉价销售，对博洛格来说，这真是个天大的好事，拖拉机可以替代他在农场的劳动，使他得以从他所认为的无休止的苦役中摆脱出来。他也因此得以上大学。此后，他通过勤工俭学，度过了大萧条时期。一连串的意外经历促使他投身于最后促成绿色革命运动的研究项目。2007 年，在博洛格 93 岁的时候，《华尔街日报》（The Wall Street Journal）发表社论称："可以说，［博洛格］挽救的生命比历史上任何人都要多，也许他救了 10 亿人。"[8]

在本书的中间部分，我将引导读者从沃格特和博洛格的视角、以他们的方式进行思考，审视一下即将到来的四大挑战——粮食、水、能源、气候变化。有时，这四大挑战会使我想起柏拉图的四要素——土、水、火、气。[9] 土代表农业，也就是我们该如何养活世界上的人。水指饮用水，它与食物一样至关重要。火代表能源供应。气代表气候变化，那是我们渴求能源的副产品，可能带来灾难性的后果。[10]

土：大多数农学家认为，如果目前的趋势继续下去，到2050年，粮食产量就必须增加50%或者更多。不同的研究模型根据不同的假设，给出的预测有所不同，但所有的模型做出的预测都认为，需求增长的原因是人口数量的增加和人类富裕程度的提高。除了少数例外，富裕起来的人都希望消费更多的肉类。为了饲养更多的肉畜，农民需要种植多得多的谷物。巫师派和先知派有着完全不同的方法来处理这些需求。

水：虽然地球表面的大部分地区都被水覆盖，但只有不到1%的水是可获取的淡水。而对于水的需求也在不断增加。这一增加是粮食需求不断增长的必然结果——全球用水量中，近3/4的水被用于农业。许多水资源研究人员相信，到2025年，可能有多达45亿人缺水。和在粮食问题上一样，对于水资源问题，博洛格和沃格特的追随者也用不同的方式做出了回应。

火：预测未来世界将会需要多少能源，这取决于一系列的假设：例如，在大约12亿没有电能可用的人口中，未来有多少人将能够真正用上电，以及将以何种方式提供这些电能（太阳能、核能、天然气、风能、煤炭）。尽管如此，据我所知，对未来需求进行评估的每一次尝试的要点都是，人类将需要更多的能源——可能用量相当大。对此应该如何处理，博洛格派和沃格特派有不同的看法。

气：在这四大要素中，气候变化是个另类。其他三个要素（粮食、淡水、能源供应）反映了人类的需求，而气候变化则是满足这些需求的过程产生的不良后果。前三项是为人类提供福利：餐桌上的食物、水龙头里的水、家里的暖气和空调。而解决气候变化的问题，好处是看不见的，因为那是在避免未来的问题。社会的发展使其成员经历了痛苦的变化，然而，幸运的是，没有什么特别值得注意的事情发生。温度没有升高太多，海平面大致保持在原来的位置。难怪巫师派和先知派在应该如何实践上意见不一致！

与其他几个要素相比，气候变化还有一个不同之处。世界人口数量日益增长，对粮食、水和能源的需求也会增加，很少会有人对此提出异议。然而，说到气候变化，有相当一部分人认为，气候变化并不是真实存在的，或者不是人类活动造成的，或者是变化小到不值得为之烦恼担忧。人们在这个问题上分歧很大，无论是哪一方，都很容易冲动地说："好吧，如果他相信这个说法，只能说他属于另一类，对他说的任何事情都别当回事！"为了避免出现这种情况，我将对气候变化的讨论分成两部分。在第一部分中，我请求怀疑论者接受——只是暂时接受——气候变化是未来的确会出现的问题。这样，才可以看看持博洛格观点的人和持沃格特观点的人是如何解决这个问题的。在本书的附录中，我将说明，一些怀疑论者在哪些方面可能是正确的。

本书提出的问题不是"我们将如何解决这四个挑战"，而是"沃格特或者博洛格会如何处理这些问题"。在本书的最后部分，我讲述了这两个人的最后岁月，两个人在生命的最后几年都很忧郁。在收场白中，我采用开放式、带有哲理的结尾，将话题拉回为什么有理由相信我们这个物种能够胜出，甚至会繁荣昌盛的讨论。

《巫师与先知》是关于知识渊博的人如何选择未来的思考，并不涉及在这种或那种情况下会发生什么。这是一本关于未来，但并不做预测的书。

*　　*　　*

在读大学的时候，我阅读过两部持沃格特观点的经典著作：生态学家保罗·埃利希的《人口炸弹》（*The Population Bomb*，1968 年）和几位计算机模型专家写下的《增长的极限》（*The Limits to Growth*，

1972 年）。引人注目的是，《人口炸弹》以一个雷鸣般惊人的断言开篇："养活全人类的战役已经结束。"此后的事情每况愈下。1970 年，埃利希告诉哥伦比亚广播公司新闻部门的人："在未来 15 年的某个时候，末日将会到来。我所说的'末日'，是指地球彻底无法养活人类。"而在《增长的极限》这本书里，作者还是给人类留有更多的希望。书中写道，如果人类彻底改变其行为方式，就可以避免文明的崩溃。否则，研究人员称，"这个星球将在未来一百年内的某个时候达到增长的极限"。

这两本书让我惊恐万分。我成了沃格特那一派的人，坚信如果我们这个物种还不悬崖勒马，人类的事业就会崩溃。此后又过了很长时间，我突然意识到，先知派的许多可怕预言并没有成真。正如《人口炸弹》所预测的那样，20 世纪 70 年代发生了饥荒。在那个 10 年里，可怕的饥荒使印度、孟加拉国、柬埔寨、西非和东非遭受了极其严重的破坏。但是，饥饿导致的死亡人数远未达到埃利希所预测的"数亿人"。根据英国发展经济学家斯蒂芬·德弗罗（Stephen Devereux）所做的一项被广泛接受的统计，在这一时期，饥荒夺走了大约 500 万人的生命，其中大多数死亡是由于战争，而不是环境枯竭。事实上，与过去相比，发生饥荒的次数非但没有增加，反而变得越来越少了。到 1985 年，尽管人们经受了一些难以弥补的可怕损失，但并没有发生像埃利希声称的地球崩溃那样的事件。1969 年，埃利希曾警告说，杀虫剂会导致致命的心脏病、肝硬化、癌症等疾病的流行，而事实上，这种情况同样没有发生。农民们继续在田地里喷洒农药，但美国人的预期寿命并没有像他所说的那样，"到 1980 年下降为 42 岁"。

20 世纪 80 年代中期，我开始从事科学记者的工作。我遇到了许多巫师派的技术专家，渐渐地，我对他们钦佩有加。我成了博洛格派的人，对我之前所接受的灾难性前景的观点嗤之以鼻。我相信，人类的聪明才智曾让我们渡过难关，将来也会如此。考虑到近来的种种发展，不这么想倒是悲观得可笑了。

话虽然这么说，但现如今，出于我对自己孩子们未来的担忧，我仍然要不吝言辞。我撰写这本书的时候，女儿在读大学，正走向一个看起来更加拥挤、更加有争议的未来，一个越来越接近社会、物质和生态极限的未来。

100亿富裕的人民！这个数字是史无前例的，困难也是前所未有的。也许，与我之前的悲观一样，我现在的乐观也缺乏事实依据。或许，最终沃格特是对的。

就这样，我在这两种观点之间摇摆不定。在星期一、星期三和星期五，我相信沃格特是正确的；在星期二、星期四和星期六，我又选择了博洛格。而到了星期日，孰是孰非，我茫然无知。

我写这本书是为了满足我个人的好奇心，同时也想知道，我是否能够借此对我的孩子们将要走的道路管窥一斑。

第一部分

一条法则

第一章　物种状态

特别之人

让我们用一幅图开启我们的探讨之路：一个人独自站在一座城市附近的一大片土地上。这个人 30 岁，刚刚开始发现自己追求的目标。他的名字叫诺曼·博洛格，正是本书书名中的"巫师"。他的最大优点是具备从事困难技术工作的非凡能力。这片土地位于墨西哥城郊区，土壤遭到严重破坏。博洛格被指派了一项任务：在这片土地上种些什么。在博洛格可能认识的大多数人看来，这项任务似乎无关紧要，这一地区似乎遥不可及。"巫师"博洛格将改变这种观点。

那是 1946 年 4 月，人们还处于第二次世界大战结束后的极端狂热之中。在北美洲和欧洲，大多数人全身心关注的都是这场冲突之后所发生的惊人变化——原子时代的到来、冷战的开始、殖民帝国的解体。而博洛格这位努力工作的人却并不如此。在他工作的地方，报纸不容易弄到，广播也很难听到。他整天盯着奄奄一息的植物。多年以后，人们会说，博洛格在那里启动的工作远比当时报纸上报道的任何事件都重要。

这时，这片土地上出现了第二个人。这个人就是本书书名中的"先知"。此人比博洛格年长 12 岁，一头浅色的头发，一双蓝眼睛，走起路来明显一瘸一拐的，这是脊髓灰质炎留下的后遗症。他的名字叫威廉·沃格特。跟博洛格一样，沃格特发现了自己的雄心壮志——或许，更贴切些，他终于承认了自己的雄心壮志。

博洛格的项目设置在查宾戈的一所大学，查宾戈是墨西哥城东部的一个居住区。这所大学建在一座以前的大农场里，学校的建立将这片曾经与世隔绝的私人农庄转变为一个展现当代社会形象的文化殿堂。这所大学竭力追求现代模式，同时资金也严重不足。在学校最值得夸耀的事情中，有一组由墨西哥最负盛名的画家迭戈·里维拉（Diego Rivera）创作的色彩绚丽的巨型壁画。沃格特正在度蜜月，他和妻子参观了这里的巨型壁画。这一次，沃格特也是以官方身份在巡视，他是泛美联盟环保部门（Conservation Division of the Pan American Union）的负责人。他对农业的发展以及农业对景观的影响非常感兴趣。

当时，那片土地上只有博洛格和三名墨西哥助手在工作。沃格特用了多半天的时间参观了那片农田。他好奇心很重，也喜欢与人搭讪。他看到农田里的那几个人穿着脏兮兮的卡其裤，脚上蹬着靴子，由于劳累而汗流浃背。他毫不犹豫地走过去，询问他们，校园边上这块 65 公顷土地里的这些羸弱的小麦和玉米 [1] 能用来做什么。沃格特一点儿也没有想到，这个面容瘦削、沉默寡言、相貌平平的人将会成为很长一段时间里国际公认的技术力量的象征，也将代表一种思维方式，一种在沃格特看来会对人类生存构成威胁的思维方式。博洛格也没有猜到，这位携夫人一道出现的跛脚来访者会引发一场运动；在博

---

[1] 墨西哥的玉米通常是五颜六色的，主要在晒干和研磨之后食用，与美国人熟悉的那种甜甜的黄色玉米截然不同。

洛格看来，这场运动即便不是口是心非的，也是目光短浅的，实际上是人类福祉的敌人。从后来可以找到的证据来看，沃格特在访问期间没有说太多。大家可以想象，当博洛格在解释自己的想法时，沃格特在观察和倾听。[11]

这是故事的开端：两个男人审视着城市附近一大片遭到破坏的土地。此后关于他们的故事，都是从这个地方开始的，从他们所看到的以及他们选择的思考方式开始的。事情起源于查宾戈，并从这里蔓延到世界各地，跨越了几十年，从过去走向未来，涉及千百万从未听说过博洛格或沃格特名字的人。不管怎么说，随后的一切都是从这里开始的：两个人、一大片遭到破坏的土地、附近的城市。

在被西班牙人征服之前，查宾戈和墨西哥城分别坐落于一个湖泊的两边，这个大湖有近50千米宽，盛产鱼类，两岸是富饶的村庄。在这个大湖靠近岸边的水面上，有数百个人工小岛，被称作"奇南帕"（chinampas）。这些"奇南帕"由湖里的淤泥堆积而成，被用作农田。这些浮岛一年能有多次收成，是世界上最多产的农田之一。但那都是过去的事了。几代人以来，持续的管理不善使湖水干涸，摧毁了"奇南帕"，原本肥沃的土壤变成了干裂、毫无生气的荒地。

沃格特和博洛格肩负着同样的使命：利用现代科学的发现使墨西哥在未来免遭贫困和生态环境恶化之苦。但是，在1946年的墨西哥，前景并不乐观，实际上，沃格特和博洛格都认为，这里的情况一天比一天严峻。

没过多久，两个人就都意识到，他们在墨西哥面临的挑战实际上是全人类面临的挑战。沃格特和博洛格属于少数已经意识到人类今天所面临的巨大考验的人，我们离2050年越来越近，到那个时候，世界上将有100亿人。但是，他们对如何解决这些问题的看法却各不相同，对造成这种状况的原因也意见不一。

沃格特看到，城市在向外扩张，越过干涸的湖床，吞没了最后的田地和溪流。他高声疾呼：停止吧！我们不能让我们这个物种压垮我们赖以生存的自然体系！博洛格凝视着这片土地上瘦弱的小麦和玉米，感叹道：我们怎样才能为人们提供更好的机会，保证他们丰衣足食呢？沃格特想要保护这片土地的生态环境，而博洛格则想要靠着这片土地养育大地上的人民。

孰对孰错？对沃格特来说，分布在墨西哥中部干旱山区的玉米和小麦田是一场灾害，最终将摧毁生态环境。他呼吁实施更可持续、更节约土地资源的农业生产方式，不要再去试图开发脆弱、贫瘠的土地。可想而知，得知博洛格希望开发新的玉米和小麦品种以便更好地利用这片土地的时候，沃格特会是什么样的反应。从沃格特的角度来看，这简直是在用油来灭火。

后来的批评家们把沃格特以及持他这种观点的人称为"环保狂"（tree-hugger），认为他们是在宣扬一种新宗教，一种对大自然的非理性崇拜。沃格特的看法是，他只是从生态学（或者是他所理解的生态学）的传统出发，这是一种寻求将人类置于包罗万象的自然法框架内的整体观。这一观念提出的问题是：我们如何才能最好地融入这个世界，而不是超越我们的极限？光是提出这样的问题，就意味着我们需要重新调整社会秩序。

相比之下，博洛格则是从遗传学的角度出发，试图将生物体分解成最小的组成部分，以便利用它们造福人类。对于沃格特所说的自然极限，他提出的问题是：我们如何才能完全超越它们？批评者称其为"技术乐观主义"，即一种"通过技术进步拯救人类"的倡议，他们指责巫师派是在为有碍于维持地球生命力的经济体系辩护。大自然知晓一切！做其他任何事都是傲慢和愚蠢的。

人们希望这两个人像亚伯拉罕·林肯（Abraham Lincoln）和斯蒂芬·道格拉斯（Stephen Douglas）那样，展开一场激烈的辩论。这种辩论并没有发生。接下来的情况是，在墨西哥之行几个月后，沃格特试图让博洛格彻底停下来。

在沃格特的极力倡导之下，墨西哥政府通过了新的水土保持法。但他认为，要做的事情还有很多，而他的资金快用光了。沃格特为泛美联盟工作，但他在墨西哥的工作得到的是几个资金不足的小型自然保护组织的支持，包括纽约动物学会（New York Zoological Society）、国际鸟类保护委员会（International Committee for Bird Preservation），以及美国野生动物研究所（American Wildlife Institute）。他认为，拯救世界需要更大的财力支持。

相比之下，博洛格的资助来自洛克菲勒基金会，该基金会位于纽约市，长期以来一直是世界上最大的私人慈善机构。1946 年的洛克菲勒基金会就像今天的比尔和梅琳达·盖茨基金会一样，是慷慨捐赠的国际象征。沃格特似乎一生都在为他在这个世界上的重要任务艰难地筹集资金。当他看到博洛格涉足的正是自己的领域，关注的正是自己所关注的问题，还得到了强大的资金支持，正以一种在他看来完全错误的方式向前推进时，可想而知，沃格特会多么困扰。

沃格特和他的妻子在危地马拉逗留了一个月；然后，他们夫妇前往萨尔瓦多和委内瑞拉。在此期间，他起草了一封写给洛克菲勒基金会的信，并一遍又一遍地修改这封信。终于，在 1946 年 8 月 2 日，他将这封信发了出去。信上的签名是泛美联盟总干事 L. S. 罗维（L. S. Rowe），但信中的每一个字都是沃格特所写。这封信有一个微妙的任务。他委婉而明确地表达了自己的观点：第一，洛克菲勒基金会正在进行的每一件事情都是错的；第二，应该由沃格特负责，做正确的事情。这封信先是优雅而礼貌地向基金会抗击疾病的历史致敬，然后，话锋一转："［基金会］的数百万美元被用于降低死亡率，换句话说，用于增加人口。人们却很少考虑该如何养活这些人口。"信中说，在墨西哥，洛克菲勒基金会一直在支持种植更多的小麦和玉米。然而，促进农业和工业并不是问题的答案，因为无论是农业还是工业，它们所需的资源都"由于水源、原材料和购买力遭到破坏而正在消失"。沃格特相信，仅仅给人们提供更好的工具，只会让人们更快触达极限。当一个池塘里只剩下 10 条鱼时，制造更好的渔网是无助于解决资源枯竭的问题的。

相反，我们所需要的，是改变我们与自然的关系，这是超越一切的。如果人们理解他们所处生态系统的价值，那么，社会将会完全不同。在过去，墨西哥可以在这种对世界的错误认识下存续，但是很快，人们就不会再有犯错的余地了。这座城市正在爆炸式铺展开来，覆盖了这片土地。在未来的几十年里，情况必须改变。沃格特说："在整个西半球，恐怕再没有比这更重要、更紧迫的问题了。"[12]

他写给基金会的信函引发了一场旷日持久的争论，这场争论一直持续到今天。

世界是一个培养皿

胡说！我听到了林恩·马古利斯（Lynn Margulis）[13] 的回应。一派胡言！更确切地说，我听到她回应的是更尖刻的话。

马古利斯是从事细胞和微生物研究的专家，是过去半个世纪中最重要的生物学家之———她相当于推动了生命之树的重新排列，让她的同事们相信，生物并不是只有两个界（植物和动物），而是由 5 个甚至 6 个界（植物、动物、真菌、原生生物，以及两种类型的细菌）组成。[1] 在她于 2011 年去世之前，我们一直居住在同一个镇上，我经常在街道上碰到她。她知道我对生态环境问题很感兴趣，喜欢开我

---

[1] 这两种类型的细菌是真细菌和古生菌，古生菌与细菌相似，但没有细胞核。"原生生物"是一个包罗万象的范畴，指的是除动物、植物、真菌、细菌以外的所有生物，如变形虫、黏菌和单细胞藻类。病毒通常不包括在这些门类之中，因为它们非常简单，大多数生物学家都不把病毒视为生命形式。

林恩·马古利斯，摄于 1990 年

的玩笑。"嘿，查尔斯，"她总会把我喊住，"你还在为保护濒危物种忙活吗？"

马古利斯并不是那些盲目破坏行为的辩护者。尽管如此，她还是忍不住认为，环境保护者对鸟类、哺乳动物和植物的执着，正说明他们对进化创造力的最大源泉——细菌、真菌和原生生物的微观世界——一无所知。她喜欢提醒人们，地球上 90% 以上的生命物质是由微生物组成的。[14] 见鬼，我们体内的细菌细胞和人体细胞一样多！

细菌和原生生物能够做的事情是像我们这样笨拙的哺乳动物做梦也想不到的：形成巨大的超级群体，无性繁殖或与其他物种交换基因，从完全不相关的物种中吸收基因，融合到共生生物中——这份清单是无穷无尽的，也是奥妙无穷的。微生物可以使石头破碎，甚至产生我们呼吸的氧气，它们改变了地球的面貌。[15] 马古利斯喜欢说，与这种力量和多样性相比，大熊猫和北极熊只是一种副现象——也许很有趣也很好玩，但实际上并没有什么**重大意义**。

我从来没有跟她谈过我对当时在墨西哥的那两位男士有何看法，但是，我很肯定要是她知道了他们二位会怎么说。她曾经告诉我，智人是一个超乎寻常的成功物种。而每一个成功物种的命运都是最终将自己毁灭掉，这是生物学中的规律。马古利斯所说的"将自己毁灭掉"，并不一定意味着灭绝，只是意味着会发生一些极其糟糕的事情，破坏人类的事业。她想必会说，博洛格和沃格特可能是想阻止我们毁灭我们自己，但他们是在自欺欺人。无论是保护还是技术，都与生物面临的现实无关。

马古利斯在向我解释她的这些想法的时候，谈到了她所崇拜的科学英雄之一——苏联微生物学家格奥尔基·高斯（Georgii Gause）。高斯出生于 1910 年，是一位天生的奇才。[16] 他 19 岁时发表了第一篇科学论文，论文刊登在该领域首屈一指的期刊《生态学》（Ecology）上。跟沃格特一样，高斯羡慕洛克菲勒基金会的资助，这比他在苏联能够得到的任何资助都要多得多。为了给基金会留下深刻印象，他决定进行一些实验，并将实验结果写进申请资助的报告中。

高斯非常清楚该怎么做。1920 年，约翰斯·霍普金斯大学的两位生物学家雷蒙德·珀尔（Raymond Pearl）和洛厄尔·里德（Lowell Reed）发表了一个数学公式，描述了美国人口随时间增长的速率。[17]他们的论证几乎完全是理论性的。他们根据自己的生物学知识，设想了增长率应该是什么样子，并试图将他们的假设曲线与人口普查数据中所记录的美国实际人口相匹配。二者很匹配，足以使珀尔和里德相信自己的确有所发现。珀尔特别兴奋，他一直在对果蝇进行平行比较研究。他将一只雄果蝇和一只雌果蝇放入一个装满食物的瓶子里，观察接下来的几代里能产生多少果蝇。这一实验的结果与他得到的美国人口普查数据非常相似，他确信自己找到了一条普遍的规律，既适用于瓶子里的果蝇，也适用于北美的人类。"最多样化的生物体种群的增长，"他说，"遵循着一个规律的、有其独特性的过程。"

擅长自我宣传的珀尔在十几篇论文以及三部专著中宣布了这条新的法则。但是，如此强势的宣传依然未能阻止批评者攻击他的想法。批评人士说，珀尔先假定自己的假说是正确的，再去数据中寻找与之匹配的部分，找到匹配的数据后，他就宣称匹配证明了他是正确的。珀尔的批评者们主张，这一程序遗漏了一个关键步骤：证明不存在同样符合这一数据其他假说。更糟糕的是，这条法则不怎么好用，珀尔得虚张声势，才能让数据显得正确。

高斯希望在申请洛克菲勒基金会资助的时候获得珀尔的支持，于是决定通过一系列对果蝇的实验来敲定珀尔的理论。他很快就发现，果蝇总是无休止地飞来飞去，难以准确计数。为了获得更有说服力的结果，高斯决定对微生物进行实验。这些微生物可以在显微镜载玻片上分散开，便于计数。

按照今天的标准来看，高斯的实验方法非常简单。他将 0.5 克（一小撮）燕麦片放入 100 毫升的水中，煮 10 分钟，制成培养基并进行过滤，将液体部分过滤到一个容器中，加水稀释，然后，把稀释后的液体倒入小型平底试管中。在每个试管中，他放入 5 只尾草履虫（*Paramecium caudatum*）或者贝棘尾虫（*Stylonychia mytilus*），这两种都是单细胞原生动物，每个试管中放一种。他将试管存放一周，然后观察结果。这些实验的结论写进了《生存的斗争》（*The Struggle for Existence*）一书，这部专著共有 163 页，出版于 1934 年。[18]

今天，《生存的斗争》被视为一个科学里程碑，是生态学中实验与理论成功结合的最早案例之一。但是，这还不足以让高斯得到洛克菲勒基金会的资助；洛克菲勒基金会以不够杰出为理由，拒绝了这名 24 岁的学生。高斯又过了 20 年才到访美国，那时他已经是杰出人士。但是，他也已经离开了微生物生态学领域，改为研究抗生素。

高斯在试管中所看到的（以及珀尔在他之前提出的理论）通常被描绘成一个图表，横轴为时间，纵轴为原生动物的数量。稍微眯起眼睛，就有可能想象曲线形成一种扁平的 S 形，这就是为什么科学家们经常把高斯的曲线称为 "S 形曲线"。在开始的时候（在 S 形曲线的左侧），原生动物数量增长缓慢，曲线图平缓地向右侧上升。但随后，这条线到达一个拐点后陡然上升——原生动物数量疯狂增长。这种疯狂的上升一直持续到生物体的食物逐渐耗尽。这时，出现了第二个拐点，随着生物开始死亡，增长曲线再次趋于平稳。最终，这条线渐次下降，种群数量趋于零。

几年前，我旁听过马古利斯的一堂课，她在课堂上演示了高斯的结论，并播放了一段关于普通变形杆菌（*Proteus vulgaris*）的延时视频，这是一种存在于肠道的细菌。[19] 她说，人类注意到普通变形杆

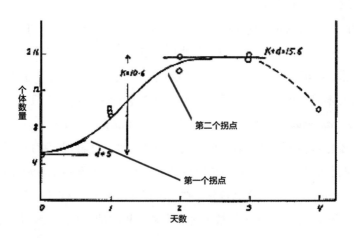

高斯的 S 形曲线图表之一，作者对标签做了些修改

菌，主要是因为它们有时会造成医院内感染。在不受干扰的情况下，普通变形杆菌大约每 15 分钟分裂一次，一个变成两个。马古利斯打开投影仪，屏幕上出现了一个浅浅的圆形玻璃容器，里面有一个小点，那是普通变形杆菌。玻璃容器是一个培养皿，底部覆盖着一层红色的黏稠营养物质。学生们惊讶地屏住呼吸。在这段延时视频中，菌落仿佛在有节奏地搏动，每隔几秒钟就会扩大一倍，并向外扩散，直到大量的细菌填满屏幕。她说，仅需 36 个小时，这种细菌便可以覆盖整个地球，形成约 30 厘米厚的单细胞软泥层。再过 12 个小时，活细胞组成的球体就能像地球一样大。

马古利斯说，这样的灾难不可能发生，因为竞争性生物体和资源的缺乏阻止了绝大多数普通变形杆菌的繁殖。这就是自然选择[20]——达尔文伟大洞见。所有生物都有着同样的目标：通过唯一可行的手段，创造更多的自我，确保自己的生物未来。并且，所有生物都有一个最高繁殖率：在其一生中能够产生的后代的最大数量。（她告诉学生们，人类的最高繁殖率是每对夫妇每代能够生育 20 个孩子。达克斯猎犬的潜在最高繁殖率大约为 330 只幼崽：每窝 11 只，每年可以生育 3 窝，繁殖期大约可以持续 10 年。）自然选择确保每一代中只有少数成员能够达到这一速度。许多个体根本不繁殖；其繁殖过程受阻，半途而废了。马古利斯说："差别性生存实际上是自然选择的全部。"在人体内，普通变形杆菌受其栖息地（人体肠道部分）的大小、其营养供应的极限（食物蛋白质），以及与其竞争的微生物的制约。因此，其数量大致保持稳定。

在培养皿中，情况就不同了。从普通变形杆菌的角度来看，最初，培养皿广阔无垠，食物的海洋无边无际，而且风平浪静，没有任何形式的食物竞争。细菌不断进食、分裂、进食、分裂，快速穿过营养黏液，通过第一个拐点，数量激增，形成曲线的左半部分。但随后，菌落撞上了第二个拐点——培养皿的边缘。当食物供应耗尽的时候，普通变形杆菌就会经历一场微观世界里的末日毁灭。

少量物种靠着运气好或适应能力优越，设法越过了此类极限，至少在一段时间内是这样。它们是大自然的成功故事，就像高斯的原生动物，培养皿就是它们的世界。它们的数量以异乎寻常的速度增长，它们占据了大片区域，吞噬了它们自己的环境，好像根本没有什么力量能够抵御它们。然后它们撞上了障碍物。它们淹死在自己的垃圾里。它们因缺乏食物而挨饿。总会出现什么东西，知道怎么吃掉它们。

我住在纽约市的那些年，斑马贻贝入侵了曼哈顿岛西岸的哈得孙河下游。斑马贻贝长 2.5~5 厘米，贝壳上有棕色和白色的弯曲条纹，每年可以产下 100 万个卵。这一物种起源于欧洲俄语和突厥语区域边缘地带的亚速海、黑海和里海。全球化给它们带来了好处。斑马贻贝逃离了它们的原生水域，在船底和压载物中"搭便车"，周游世界。从 18 世纪开始，欧洲就有斑马贻贝的记录。人们在哈得孙河里第一次看到它们是在 1991 年。不到一年的时间，斑马贻贝的数量就占了河里所有生物的一半。在一些地方，每平方英尺[1] 覆盖了上万个斑马贻贝。它们覆盖了船底，堵塞了进气管，用条纹贝壳组成的"毯子"让其他贝类透不上气。斑马贻贝的数量正以惊人的速度呈 S 形曲线向上攀升。

然而，繁荣之后是萧条；斑马贻贝的数量开始急剧下降。2011年，在哈得孙河首次发现斑马贻贝 20 年之后，它的存活率为"入侵初期的 1% 或更少"（引自一项长期研究）。[21] 与高斯的原生动物不同，斑马贻贝撞上的并不是物质意义上的障碍——自然界总是比试管更复杂。斑马贻贝的食物供应确实耗尽了，但它们同时遭遇到了本地捕食者蓝蟹的袭击，蓝蟹已经学会了以这些新来的入侵者为食。它们

---

[1]　1 英尺 ≈ 30 厘米。——编者注

的 S 形曲线比高斯书中讲到的曲线波动得更厉害；尽管如此，最终的结果是一样的。15 年前，我去过哈得孙河边的一个公园，当时河里是下不去脚的，因为河中有着厚厚一层张开的贻贝壳，贝壳边缘十分锋利。如今，在公园边上的河里，这种贻贝几乎看不见了。孩子们在浅水处嬉水打闹。贝壳的碎屑散落在沉积物中，成了斑马贻贝衰退的证据。

马古利斯认为，人类也不例外。进化论的含义是，智人只是众多生物中的一种，与普通变形杆菌并无本质上的区别。我们和它们受制于同样的力量，产生于同样的过程，屈从于同样的命运。[22] 当博洛格和沃格特站在那片贫瘠的土地上，看着附近那座城市的时候，他们其实正是站在培养皿的边缘。巫师派或先知派都无关紧要。在马古利斯眼中，智人只不过是另一个获得了短暂成功的物种。

虱子和人类

人类为什么会"成功"，又是如何"成功"的？对于进化生物学家来说，如果自我毁灭是一种必然，那么"成功"意味着什么？这种自我毁灭包括生物圈的其他部分吗？人类到底是什么？地球上有 70 多亿人口，很难想象还有比这更重要的问题。

1999 年，马克·斯通金（Mark Stoneking）找到了一种方法来回答这些问题。那一年，他收到了他儿子所在学校发来的一份通知，通知说班里出现了虱子[23]暴发。斯通金是德国莱比锡马克斯·普朗克进化生物学研究所的研究员。他当时还不太了解虱子。作为一名生物学家，他很自然地会四处寻找有关它们的信息。他了解到，人类最常打交道的虱子是节肢动物人虱（*Pediculus humanus*），顾名思义，它寄生在人体上。人虱有两个不同的亚种：头虱（*P. humanus capitis*）寄生在人类头皮上，以头皮为食；体虱（*P. humanus corporis*）以人的皮肤为食，但寄生在衣物之中。实际上，体虱非常依赖衣物的保护，离开衣物几个小时就无法存活。

斯通金突然想到，这两个亚种之间的差异可以当作进化的探针来用。头虱可能自古以来就困扰着人类，因为人类从一开始就长有头发，为它们提供了滋生的环境。体虱则不一定是特别古老的存在，因为它们依赖衣物，人类还赤身裸体的时候，它们是不可能存在的。人类遮身蔽体的伟大进步创造了一个新的生态位，一些头虱迅速进化，以占据这个生态位。就这样，自然选择发挥了它的魔力：一个新的亚种出现了。虽然斯通金不能确定这种情况是否发生过，但这是有可能的。如果他的想法是正确的，那么体虱与头虱分化的时间，就大致对应着人类开始穿衣服的时间。

斯通金与两位同事一起，检验了这两种人虱亚种基因片段之间的差异。由于遗传物质以大致恒定的速率发生微小、随机的突变，科学家可以通过两个亚种之间的差异数量来判断它们是在多久之前从一个共同祖先分化出来的——差异越多，分化的时间越早。由此推算，体虱似乎是在大约 10.7 万年前从头虱中分化出来的。斯通金推测，这意味着人类开始以衣物遮体的时间也可以追溯到大约 10.7 万年前。

人类何时穿上衣服，这个主题绝非无关紧要：披上衣物以遮蔽身体是个复杂的行为。衣物有着实际的用途——在寒冷的地方保暖，在炎热的地方遮挡阳光。同时，衣物也会改变穿着者的外观，像智人这样以视觉为导向的物种必然对此很感兴趣。服装是装饰品和象征，它将人类带出了早期无自我意识的状态。（动物不穿衣服在陆地上奔跑，在水中游弋，在天空中飞翔，但只有人类可以用"裸体"这个词来形容。）衣服的出现表明人类的观念发生了转变。人类世界正在变成一个充满复杂的象征性器物的王国。

当时出现的不是只有衣物而已。正如科学家们通过辛勤研究而发现的，在那个时期，还发生了一系列创新。在非洲南部，人们在赭石和鸵鸟蛋壳上雕刻。在非洲中部，人们用骨头制作精美的鱼叉。在非洲西北部，人们制作装饰性的珠子。挨着非洲东北的黎凡特地区，人们开始慎重地埋葬死者。总之，他们正在成为人类。[24]

在上述讨论中，"人类"一词有着很多种含义。一种是科学方面的，指"智人"这个物种或其特征，智人是一种两足灵长类动物。另一种含义有所不同，但也是科学方面的，指"人属"（Homo）这个属或其特征。（属由一组亲缘关系密切的物种组成。）今天，这两种含义几乎没有区别，因为"人属"这个属中只包含一个物种，即"智人"。但是，大约30万年前智人出现时，情况是不同的，当时有多个人属物种分散在世界各地。人属物种的具体数量则无法确定，就像我们不能确定下一次考古发现是什么，或者下一次关于分类的人类学争论会如何展开一样。智人（我们）、尼安德特人（Homo neanderthalensis）、丹尼索瓦人（Homo denisova）、纳莱迪人（Homo naledi）、海德堡人（Homo heidelbergensis）、弗洛勒斯人（Homo floresiensis，因身材矮小而获得了"霍比特人"的昵称），所有这些都属于人类。没有人知道这些人属物种在相遇时如何表现，是彼此交好、相互敌对还是保持距离。至少其中一些古老人属物种之间繁衍出了后代，比如智人与尼安德特人的交配历史就在我们的基因中留下了零星的痕迹。但是，无论互动的顺序如何，我们都知道结果。不论好坏，如今在这个星球上行走的人属物种只剩下了一个。

但是，"人类"还有第三种含义，就是"人之为人"的人性。人性是一种混合了创造力、驱动力、道德意识的特质，使生物学意义上的人类转变为具体、有人格的人。它是一种特殊的光芒或精神，是人所独有的，在英雄人物那里，人性的光辉更为耀眼，而我们所有人都多少拥有人性的光芒。正因如此，智人想要相信自己是特别的，相信自己与人属的其他成员都不同。

就我们所知，并非所有人类都是这第三种意义上的人。最初，智人并没有创造艺术、演奏音乐、发明新工具、计算行星的运动，也没有去崇拜天界的众神。这些能力是在数万年的时间里缓慢积累起来的。有时，会有一种新的特征出现后又消失，比如新的艺术类型、新的建筑类型。但从长远来看，随着其他人类物种的消失，这些属性在我们身上逐步累积，直到大约 5 万年前，现代人类（用行话来说，叫"行为意义上的现代"人类）出现在这个世界上。直到只剩下一种人类的时候，人类才获得了前面所说的人性。直到那个时候，我们才走出非洲，成为一个征服世界的群体，把我们的虱子带到世界的每一个角落。

人类这支大部队由相似的人组成，其士兵在基因上一致性非常显著。DNA（脱氧核糖核酸）是构成基因的物质，由细长的分子构成。每个分子都由两条链组成，两条链盘旋形成著名的双螺旋结构。链中的单个链接被称为"碱基"或"核苷酸"。带有遗传信息的 DNA 片段构成基因。一个人或一个物种的全套基因就是该个体或物种的"基因组"。一个人和另一个人的基因组几乎无法区分。这种相似性令遗传学家震惊，但很难给出准确的描述。粗略地说，两个民族的基因组只有大约千分之一的碱基不同。这就像两本书中的两页只有一个字母不同。人类肠道中最常见的细菌是大肠杆菌（Escherichia coli），两个大肠杆菌的基因组中，可能有五十分之一的碱基不同。根据这一标准，人体肠道中细菌的多样性是其宿主的 20 倍。[25]

这些比较是不完整的。除了单个碱基的差异外，生物体在复制或删除的 DNA 片段方面也存在差异。这些差异比单个碱基的差异更大，通常也更重要。它们也很难量化：如果一个物种的一个成员有某个基因变体的 10 个副本，另一个成员有该变体的 20 个副本，那么，它们是因为具有相同的基因变体而相似，还是因为具有不同的基因变体而有所不同？不管怎么说，总的意思是：与细菌相比，人类在基因上相似到了乏味的程度。拿细菌做比较，可能不是最合适的。它们在基因上极其多样化，因此微观世界的研究人员经常反对将它们归类为"物种"，因为这意味着它们共享单一的、可识别的 DNA 库。用与我们更接近的哺乳动物来做比较可能更合适。总的来说，猿类在哺乳动物中属于多样性很低的，而人类的多样性比绝大多数猿类都要低。中非山坡上一只黑猩猩和它邻居之间的基因差异，可能比分别生活在中亚和中美洲的两个人之间的基因差异更大。在科学家们按遗传多样性从高到低的顺序列出的哺乳动物清单中，人类排在末尾，与人类一样排在后面的，还有狼獾和猞猁等濒危物种。[26]

遗传一致性通常是小种群的遗产——小种群后代的基因来自为数很少的种群建立者。一些研究人员从人类稀疏的基因库进行逆向推断，认为在某个时间段，人类的数量一定有过急剧下降，也许只剩下仅 1 万人的繁殖群体[27]——相当于一所中型大学的人数。（实际的人口数量可能会多一些，估测出的 1 万人这个数量指的是已成功生育子女的人数。）

当一个物种的数量减少时，偶然性就可能以惊人的速度改变其基因组成。新的突变可能会出现并传播。在冰期，居住在欧洲的一个小群体中，一个成员的一个基因中一段混乱的 DNA 片段可能造成了斯堪的纳维亚半岛大部分地区的人都是蓝眼睛的结果。[28]原本罕见遗传变异可能会突然变得更加常见，随着原本不寻常的性状的激增，几代之内，物种就可能改变。原本常见的遗传变异也可能由于偶然因素而变得罕见。出于这些和其他一些原因，不少研究人员推测，在数万年的短暂时间里（这在生命的历史上只是一刹那），我们的 DNA 发生了某种前所未有的特殊变化，是某种使我们成为人类的变化。变化的速度加快了。大约 7 万年前，也许更早一点，人类迈出了决定性的一步。

这种变化带来的影响，可以用红火蚁（*Solenopsis invicta*）的例子来说明。[29]遗传学家认为，红火蚁起源于巴西南部，那里河流众多，洪水多发，而洪水会冲毁蚁巢。千万年来，这些异常活跃的小生物进化出了应对上升水位的能力，它们把身体缠在一起，形成可以浮于水面的蚁球，工蚁在外层，蚁后在中间，蚁球可以在洪水中漂浮数天。一旦洪水退去，蚁群就会迅速回到之前被淹没的地方，甚至借此机会扩大其活动范围。就跟犯罪团伙一样，红火蚁在混乱中壮大。

20世纪30年代，红火蚁出现在美国，可能是船上的压舱物带进来的，很多时候压舱物都是随意装载的土壤和砾石。后来成为著名生物学家的爱德华·O.威尔逊（Edward O. Wilson）当时还是个爱好昆虫的少年，他在亚拉巴马州的莫比尔港发现了第一批红火蚁群落。这些红火蚁被倾倒在一片空旷的土地上，这里最近被洪水淹没过。占据了有利位置的红火蚁一发而不可收。

极有可能，威尔逊看到的那批最初入侵的红火蚁只有几千只，这个数字很小，足以暗示随机的、瓶颈式的遗传变化在接下来发生的事情中发挥着作用。（相关证据尚不确凿。）在它们的家乡，红火蚁群落不断争斗，导致数量减少，为其他种类的蚂蚁创造了空间。相比之下，在北美洲，红火蚁这个物种形成了合作的超级群落，连接起分布范围达数百千米的巢群，一路上消灭了所有的竞争对手。[30]经过偶然性和机会的改造，新型的红火蚁仅用几十年的时间就征服了美国南部的大部分地区。

红火蚁扩张的主要障碍是另一种外来的南美蚂蚁——阿根廷蚂蚁（*Linepithema humile*）。一个多世纪前，阿根廷蚂蚁逃离了其故土，在美国、澳大利亚、新西兰、日本和欧洲（从葡萄牙到意大利）形成了超级群落。[31]近年来，研究人员开始认为，这些分布在不同地理位置的巨大蚂蚁群落实际上可能属于一个跨大洲的群体，这个跨越全球的实体正以惊人的速度和贪婪在这个星球上扩张，现在已是地球上数量最多的群体。

智人在成为人类的过程中，也做了类似的事情。我们这个物种最早明确出现在大约 30 万年前的考古记录中（尽管智人很有可能在那之前就已经出现了）。直到大约 7.5 万年前，智人都局限于非洲（也就是说智人存在于地球上的大部分时间里都是如此），尽管我们偶尔也会尝试向世界其他地方探索，但几乎都没有成功，而且范围有限。大约 7 万年前，一切都变了。人类迅速扩散到各个大陆，就像那些无以计数的红火蚁一样。仅用了不到 1 万年，也许只用了 4 000~5 000 年，人类的足迹就出现在了澳大利亚。留在家园的"智人 1.0"，这个永远不会让林恩·马古利斯感兴趣的腼腆羞涩的族群，已经被积极扩张的"智人 2.0"取代。发生了一些事，无论是好是坏，我们诞生了。[32]

如果遗传学家是正确的，那么最初离开非洲的应该不超过几百人。在很长一段时间里，他们人口增长远赶不上地理扩张的速度。就在 1 万年前，人类的数量还只有大约 500 万人，在地球可居住的表面上，平均约每 5 平方英里（约 13 平方千米）只有一个人。[33] 在这个微生物占主导地位的星球表面上，智人几乎是看不到的灰尘。

在这个时期，也就是大约 9 000~1.1 万年前，随着农业的发明，我们这个物种越过了第一个拐点。小麦、大麦、水稻、高粱等谷类作物的野生祖先几乎从人类最初食用它们之时开始，就一直是人类饮食的一部分。（最早的证据来自莫桑比克，研究人员在古老的刮刀和磨石上发现了少量 10.5 万年前的高粱。[34]）在一些地方，当时的人类年复一年地守着大片的野生谷物。然而，尽管人类付出努力，精心照料，但这些植物没有被驯化。正如植物学家所说，野生谷物会"落粒"——籽实成熟后会脱落下来，因此不可能有组织地进行收获。直到某个不知名的天才发现了自然突变产生的不会落粒的谷物，并有目的地加以选择、保护和栽培的时候，才出现了真正意义上的农业。在土耳其南部，早期的农民开始大面积种植这种经过改造的作物，后来，其他十几个地方也开始种植这类作物。可以说，早期的农民创造了成熟谷物待人收获的景观。

农业改变了我们与自然的关系。[35]靠粮食生活的人类用火来控制环境，靠烧荒开垦土地，驱杀昆虫，并促进有用植物物种的生长，包括人类喜欢食用的植物，以及可以为人类提供肉食的其他动物喜欢吃的植物。尽管如此，他们的饮食基本仅限于当时当季可以获得的食物。农业使人类获得了支配地位。不同于随意混合物种的自然生态系统，农场是结构严谨、有组织的社区，只为一个物种——我们——的生存服务。在农业发展之前，美国中西部、乌克兰和中国长江下游地区是昆虫和杂草占据的区域，人烟稀少；有了农业之后，这些地方变成了粮仓，人们砍掉了占有我们想要控制的土壤和水的物种，用玉米、小麦和水稻取而代之。对马古利斯的细菌来说，培养皿里的营养物质分布均匀，可供随时食用。对智人来说，农业把地球变成了类似培养皿的环境。

就像一部延时拍摄的电影一样，人类在新开辟的土地上分散开来，繁衍生息。积极进取的现代人——智人2.0，仅用了不到5万年的时间就到达了地球最遥远的角落。"智人2.0 A"（A代表农业）则只用了十分之一的时间就征服了地球。

自有农业以来，农民就将粪肥和堆肥施入土壤，以促进植物的生长。他们知道，粪肥和堆肥能够帮助作物生长，但他们并不知道其中的主要原因是什么。肥料在土壤中补充了一种关键的植物养分——氮。但这种给土壤补充肥料的方法有它的不足之处。在大多数地方，粪肥和堆肥的供应有限，而从其他地方引入肥料的代价极其高昂。

20世纪早期，德国化学家弗里茨·哈伯（Fritz Haber）和卡尔·博施（Carl Bosch）发现了制造合成肥料的关键步骤。突然之间，农民们想要的肥料都可以从商店里买到了——这些肥料是工厂生产出来的，价格便宜，数量充足。哈伯和博施的成就远远超过了他们的名声；他们的发现与被称作哈伯-博施法（Haber-Bosch process）的方法有关，真正改变了地球的化学成分。农民们向农田里注入了大量合成肥料，全世界的土壤和地下水中的氮含量都在上升。今天，作为食物被人类消耗的作物中，近一半依赖于合成肥料产生的氮。换种说法是，哈伯和博施使我们这个物种能够从同样的土地上额外获得足够30亿人食用的食物。

合成肥料带来的影响并不仅限于此。博洛格和其他植物育种专家在20世纪50年代和60年代开发的改良小麦、水稻和玉米品种极大地提高了粮食产量（玉米品种增产相对有限）。抗生素、疫苗、消毒剂和水处理厂击退了困扰人类的细菌、病毒、真菌和原生动物。所有这些都使人类在地球上越发畅通无阻。

随着人口增长曲线的急速上升，人类每年都要消耗越来越多的地球资源。[36] 斯坦福大学的一个生物学家团队公布了一个后来常被引用的估算：人类攫取了"目前陆地生态系统中的净初级生产量的40%"——全世界陆地动植物产出的40%。这一估算是1986年做出的。10年后，斯坦福大学的另一个团队给出的计算是，这个数字已经到了"39%到50%"。（还有人估测是接近25%，这对于单个物种来说仍然很高。）2000年，化学家保罗·克鲁岑（Paul Crutzen）和生物学家尤金·斯托默（Eugene Stoermer）将我们这个时代命名为"人类世"（Anthropocene），一个智人成为星球范围内重要力量的世代。[37]

可以肯定地说，林恩·马古利斯会对这些言论翻白眼；因为据我所知，它们都没有考虑到微观世界的巨大影响。但她不会对核心观点提出异议：智人已经成为一个成功的物种。

任何生物学家都能预测，这一成功带来了人类数量的增加——起初增加得比较缓慢，然后沿着高斯的S形曲线迅速攀升。在16世纪或者17世纪，人类数量沿曲线最陡的部分上升。如果我们遵循高斯的模式，增长将以惊人的速度继续，直到出现第二个拐点，也就是地球这个大培养皿里的资源耗尽的时候。在那之后的一个短暂时期，人类生活将成为所有人对抗所有人的"霍布斯噩梦"，死者的数量将大大超过生者。国王下台了，他的幕僚们也就完蛋了；人类可能会不顾一切地吃掉世界上大多数哺乳动物和许多植物。在这种情况下，地球迟早会再次成为细菌、真菌和昆虫的舞台，就像地球历史上的大部分时期一样。

马古利斯认为，指望靠着其他什么事情来挽救是愚蠢的。不仅愚蠢，还很**奇怪**。为了避免自我毁灭，人类需要做一些非常反自然的事情，这是其他物种从未做过也不可能做的事情：限制自己（至少在某些方面）的增长。关岛的褐树蛇、非洲河流中的水葫芦、澳大利亚的兔子、佛罗里达州的缅甸蟒蛇——所有这些成功的物种都在自己生存的环境中泛滥成灾，肆无忌惮地消灭其他生物。没有自愿退却的。当哈得孙河中斑马贻贝的食物逐渐耗尽的时候，它们并没有停止繁殖。红火蚁无情扩张的时候，并没有内在的声音警告它们要去考虑一下未来。为什么我们要指望智人给自己设限呢？

这个问题问得多么奇怪啊！经济学家谈论"贴现率"，这是他们的术语，指的是人类几乎总是更看重本地的、具体的、眼前的，而不是那么看重遥远的、抽象的、时间上久远的。比起关注车臣、柬埔寨或刚果明年会不会发生社会动荡，我们更关心在眼前的街道上坏掉的红绿灯。进化论者会说，这么想没什么不对：美国人因眼前坏掉的红绿灯而死的可能性远远高于明年在刚果被杀的可能性。然而，我们现在却要求各国政府去关注可能几十年甚至几百年都达不到的地球极限。考虑到贴现率，政府不去应对气候变化之类的问题，是非常可以理解的。从这个角度看，我们有什么理由想象，智人与斑马贻贝、蛇和飞蛾不同，可以摆脱所有成功物种的命运？而这就是博洛格和沃格特以完全不同的方式呼吁人们去做的事情。

对于像马古利斯这样毕生主张人类只是进化的一个结果的生物学家来说，答案应该是明确的。她和其他一些人都认为，所有的生命本质上都是相似的。所有的物种都在追求繁衍更多，这是它们的目标。

成倍增长，直到人口达到人类所能达到的最大数量，这是在遵循生物学定律，虽然我们消耗了地球上的大部分资源。最终，也是根据生物学的定律，人类的活动将毁灭人类自身。博洛格和沃格特在培养皿的边缘大声疾呼，或许，他们是在试图阻止继续前行的潮流。

从这个角度来看，"我们注定要毁灭自己吗？"这个问题的答案是肯定的。认为我们可能是某种神奇的例外，这种想法似乎不科学。为什么我们会与其他物种不同？有什么证据表明我们是特别的吗？

第二部分

两个人

第二章　先知派

氮　堆

在南太平洋，有一片信风和洋流形成的巨大环形水流，即南太平洋环流（South Pacific Gyre），它在新西兰和南美洲西海岸之间呈逆时针方向旋转。沿着南美洲海岸的这片环流被称为秘鲁寒流。海岸边几乎常年不间断的风把温暖的表层海水推走，将表层海水下面较冷的海水翻上来。上升流富含营养物质，包含了脱离海岸沉入海底的有机物。富含营养物质的海水犹如浓汤，养活了大量浮游生物，浮游生物又为大量鱼类提供了食物，尤其是鲭鱼、沙丁鱼和秘鲁鳀（鳀的众多种类之一）。某种程度上，秘鲁寒流是地球上最具生产力的海洋生态系统。

海洋的丰富性是陆地无法比拟的。在东边，安第斯山脉为秘鲁海岸挡住了从巴西吹来的潮湿暖风；在西边，秘鲁寒流的气温过低，其上的空气无法容纳太多的水分。秘鲁海岸夹在这两道屏障之间，干燥到了荒凉的地步。在秘鲁海岸的许多地方，每年的降水量不足 25 毫米。同样贫瘠的还有秘鲁的 39 个近海岛屿。这些岛屿面积小，气候炎热，几乎没有淡水，不适合人类居住。但是，秘鲁寒流中有丰富的秘鲁鳀和沙丁鱼，因此这些岛屿对栖息在那里数千年的海鸟来说极具吸引力。跟所有生物一样，海鸟会产生粪便。干燥的岛屿很难有足够的雨水来溶解这些粪便。渐渐地，海鸟粪（guano）堆成了高达 45 米的粪堆。[38]

海鸟粪有强烈的刺鼻气味，让人联想到公共汽车站的洗手间。这是因为海鸟粪的成分中，多达 1/6 为尿酸，尿酸也是人类尿液中的主要成分。[39] 数千年前，农民们就知道，向土壤中添加动物或人类的尿液和粪便有助于作物的生长。过去，欧洲人经常使用人粪粉（poudrette），这是一种由人类粪便、木炭和石膏混合而成的混合物。其他土壤添加物包括灰烬、堆肥、屠宰场的污血，以及（中国人用的）豆渣。[40] 直到 19 世纪中叶，科学家才知道，这些物质之所以对作物有益，是因为这些物质中的氮进入了土壤。不久之后，秘鲁的一位化学家告诉政府，海鸟粪中的氮含量非常高。也就是说，那些充斥着排泄物的贫瘠岛屿其实是一座座海鸟粪金矿。[41]

几袋秘鲁海鸟粪被运往欧洲。那里的农民把这些东西撒在田里，到了收获季节，他们看到收成提高了；于是，他们就想要得到更多的海鸟粪。这是世界上第一种高浓度商业肥料。欧洲船只成群结队地驶向贫瘠的秘鲁海岸，将古老的海鸟粪填满船舱。为了满足需求，利马向欧洲公司提供了海鸟粪开采特许权。他们从中国带来签了卖身契的劳工，在这些岛屿上争先恐后地大肆开采。他们利用来自亚洲的奴工，用南美洲的海鸟粪来促进欧洲的作物生长。海鸟粪粉尘中含有有毒的氨和氯化钾；奴工们用布裹着脸，但仍然有大量奴工陆续死去。而秘鲁政府则兑现了收到的支票。尽管这些岛屿的面积都很小，但它们贡献了多达 3/4 的政府收入。为了控制海鸟粪贸易，西班牙于 1864 年从秘鲁手中夺取了一些最重要的岛屿。由于担心失去海鸟粪供应，英国和美国威胁报复。一场由海鸟粪肥料引起的全球战争险些发生。[42]

整个疯狂的系统都依赖于实际产生海鸟粪的鸟类，其中最重要的是冠鸬鹚。[43]冠鸬鹚长着宽大的翅膀，长长的脖颈，背部呈黑色，胸部为白色，眼睛周围为橙红色，像戴着一张强盗面具。冠鸬鹚叫声很大，非常喜欢群居。它们聚集在海上，黑压压的一大片，仿佛长达数百米的筏子。20世纪20年代，鸟类学家罗伯特·库什曼·墨菲（Robert Cushman Murphy）游历了秘鲁，看到冠鸬鹚返回所栖息岛屿的情形："无数的海鸟形成了一条巨流，像一支显眼、不间断的纵队，从波涛上方掠过，到后来，连我这个惊奇的观鸟者都看得厌倦了，因为鸟群通过一个固定点需要四五个小时。"在这些鸟的身下，粪便像雨一样落下。墨菲写道："冠鸬鹚简直就是将鱼转化为海鸟粪的机器。"一只冠鸬鹚每年能产生大约15千克的海鸟粪。

19世纪末，产生海鸟粪的这种鸟数量锐减。到1906年，它们的数量已经非常少了，海鸟粪行业因此陷入了恐慌，秘鲁政府不得不向一位美国渔业科学家寻求建议。这位科学家建议秘鲁将这些岛屿及其周围水域变成保护区，保护秘鲁鳀和产生海鸟粪的鸟类。按照这一建议，这些岛屿于1909年被收归国有；其控制权被授予了新成立的海鸟粪管理公司（Compañia Administradora del Guano）。[44]该地区连续数月禁止外人进入，主要岛屿上都驻扎着武装警卫。这些措施是世界上最早的可持续管理项目之一。在20世纪30年代，鸟类的数量再次迅速下降。海鸟粪管理公司的职员们忧心忡忡，他们再次向美国寻求帮助。

曾经亲眼看见冠鸬鹚形成一条"巨流"的罗伯特·库什曼·墨菲是研究南美洲海鸟的国际权威。海鸟粪管理公司的管理者很自然地去找他想办法。他有兴趣探索在这些鸟身上发生了什么吗？墨菲拒绝了，他很满意自己位于纽约市的美国自然历史博物馆主管鸟类展的工作。他推荐了一位刚刚失业的朋友。海鸟粪管理公司采纳了墨菲的建议。1939年1月31日，这位朋友从纽约乘船抵达海鸟粪岛。他的名字叫威廉·沃格特。[45]

如果是在今天，人们可能不会选沃格特来梳理偏远岛屿上的海鸟数量动态。那年他36岁，相貌英俊，头发浓密，声音像演员一样有磁性，一双蓝眼睛炯炯有神，显得非常自信，甚至近乎专横。然而，他没有接受过生物学的学术训练，也不具备相关资格——事实上，在大学期间，他曾刻意回避数学课程，必修的科学课程也只是勉强及格。他不会说西班牙语，没有离开过美国，也从未见过冠鸬鹚。他甚至连太阳帽都没有。他在大学主修的是法国文学专业，因为热衷于观鸟而与许多专业鸟类学家交上了朋友，其中就包括墨菲。沃格特之前做过两份工作，但都是被解雇的；他接受这个与海鸟粪有关的工作，

图为沃格特抵达不久后为海鸟粪管理公司拍的宣传照片

部分原因是他别无选择。

以上对沃格特的介绍都是属实的，但仅仅介绍这些对他并不公平。沃格特远不只是一名失业的鸟类爱好者。当时的他感到了即将开展重要事业的激情——落在他肩头的火花将燃起熊熊火焰。过去的几年里，他越发相信，人类看待自然界的方式存在问题，至少美国人看待美国东半部的方式出了问题。为了让人们聆听他的主旨思想，沃格特努力成为专业生态学家，做出了令人惊叹的研究，这项研究让他甚至有了获得博士学位的资格，尽管他什么课都没有上过。他与海鸟粪管理公司的合同为期三年，这一切都是在此期间完成的。

难以置信，他成功了。尽管并没有获得博士学位，甚至不会正式发表他的研究成果，但这位业余科学家在这些遥远岛屿上度过的时光，却让他实现了"生态学理论进展在实际问题上的惊人应用"，如历史学家格雷戈里·库什曼（Gregory Cushman）所说，这是"现代环境理念的支柱之一"。[46]沃格特在秘鲁的所见所闻将使他对世界以及人类在其中位置的看法成形，那是一种关于极限的展望。这些经历将让他相信先知派的基本信念：对于生物都会受到的限制，人类并没有特殊豁免权可以逃脱。

改造世界！这成了他一心一意追求的奋斗目标。他想改变人们的思维方式，传递信息。多年来，他坚持不懈地为人们敲响警钟；但是，他一直到去世前都坚信自己的话无人倾听，认为自己失败了——而回顾他的一生，这种想法真是让人吃惊。他的事业标志着现代环境保护主义的开始，是沃格特那个世纪和我们这个世纪最持久的知识和政治思想体系。

"独处的乐趣"

沃格特应该会承认，一切都是从鸟类开始的，但他也从自己童年时期在长岛中部的家园汲取了灵感。[47]他喜欢说，自己出生在一个不同的长岛上，那是一个由田野和牧场组成的长岛，一个没有"汽车、机场、蚊虫控制委员会、购物中心、广告牌和热狗店"的长岛。（这句和类似的引文都来自他未发表的自传笔记。）他的家离曼哈顿只有大约30千米远，但少年时代的他每年只去曼哈顿一次，每次都是在圣诞节期间去看圣诞老人。商店里的人非常多，总是让他感到害怕——他还记得很小的时候被挤到了电梯的最里面。回到家，他才能松一口气。

在米尼奥拉、花园城和亨普斯特德这三个相互毗邻的小村镇，沃格特度过了童年时光。他住在花园城中心的一处联排式房子里，离火车站有两个街区。花园城是一个规划社区，由一位富有的纺织品商人建造，有一座车站、四家商店、一座高大的圣公会大教堂、一所教堂附属学校，此外还有由著名建筑师斯坦福·怀特（Stanford White）设计的豪华花园城酒店。北面是花园城的露天市场，有赛马跑道和兜售赛马情报的人。南边是零零星星的房屋和大片的农场和牧场。西边是大教堂，教堂有几英亩绿地，由妇女辅助会照料。东边是一条铁路支线，向北经过米尼奥拉，通往长岛的北岸。铁路的另一边是金绿相间的亨普斯特德平原，向远方延展，那里有各种各样的蝴蝶、小鸟，还有抽了穗的草。他后来说，这片辽阔的土地让他感受到了"初到内布拉斯加州平原的人所能体会到的那种无限感"。这个喜欢独处的腼腆男孩经常一个人去田野里徜徉几个小时，唯一的伙伴是外祖母的圣伯纳德犬。

很有可能，在那段时间里，田野成了他感到紧张时的避难所。沃格特的父亲也叫威廉·瓦尔特·沃格特[1]，是肯塔基州路易维尔一名

---

[1] 对于这对同名父子，后文中称父亲为"瓦尔特·沃格特"，称儿子为"威廉·沃格特"，以示区别。——编者注

仓库管理员的儿子。[48] 这个家族是来自德国的移民，体面上进。瓦尔特·沃格特则走了另一条路，他英俊潇洒，风趣幽默，无所顾忌。他在美西战争期间加入了海军医疗队，退役后在被占领的古巴过着优哉游哉的日子。1900 年 8 月，他和两位海军战友一道去纽约旅行。抵达纽约几小时后，他们就在曼哈顿的红灯区田德隆（Tenderloin）被捕了，当时他们都喝醉了。瓦尔特·沃格特并没有把这次被捕当回事，他很快就找到了一份工作和一位未婚妻。他找到的工作是在米尼奥拉的一家药店站柜台。他找到的未婚妻是花园城的一个高中三年级学生，名叫弗朗西丝·贝尔·道蒂（Frances Bell Doughty），大家都叫她范妮。范妮当时刚满 18 岁。瓦尔特·沃格特想做药品生意，在那个年代，做药品生意可以出售疗效可疑的专利药。1901 年年初，他从朋友那里借钱，自己开了一家药店。在接下来的那个万圣节前夕，他在范妮母亲的家里突然悄悄地与范妮结了婚。唯一的客人是新娘的母亲。范妮辍学了。婚礼结束 6 个半月后，也就是 1902 年 5 月 15 日，他们的儿子出生了。[49]12 天后，这位骄傲的父亲失踪了。

促使他出走的，是一个朋友兼出资人的拜访。瓦尔特·沃格特和范妮的孩子出生 11 天后，这个朋友来他的药店收取 20 美元的款项。瓦尔特·沃格特跟朋友说自己需要去纽约市取钱，嘱咐朋友在他取钱的时候帮忙照看柜台。第二天一早，他没有告诉范妮就乘渡轮去了曼哈顿。那天晚上他没有回家，第二天也没有。

在瓦尔特·沃格特离开的那个早上，一位名叫玛丽·施内克（Mary Schenck）的女士坐着一辆轻便马车去往长岛北岸她兄弟的家。然后，她也去了曼哈顿。她也忘了把她的计划告诉家人。她的丈夫是位富有的肉类加工商，他们还有三个孩子。同样，那天晚上她没有回家，第二天也没有。

自然，她丈夫很担心。他向朋友询问是否见过她。正如《布鲁克林每日鹰报》（*Brooklyn Daily Eagle*）所言，一些人认为："年轻的沃格特和施内克夫人同时离去，这样一种巧合，施内克先生至少应该进行调查。"

朋友们说对了。瓦尔特·沃格特早就看上了这位感到无聊、肯冒险的富有女人。他已经从她那里得到了（用《布鲁克林每日鹰报》的话说）"一笔可观的钱款"。他们失踪一周后，有人在纽约市看到了他们。然后，在华盛顿特区又有人看到了他们。警长没收了瓦尔特·沃格特的药店，拍卖了里面的物品，用来还清他的债务。[50]

10月份，施内克夫人回来乞求丈夫的原谅。瓦尔特·沃格特把她从纽约带到哈瓦那，一路上的所有账单全由她来支付。在古巴的时候，她的钱花光了；在老沃格特看来，她的吸引力也随之消失。他头也不回地离开了她，而她则回到了长岛。没过多久，瓦尔特·沃格特给岳母克拉拉·道蒂（Clara Doughty）写信，请求她给他买一张回家的票。

克拉拉·道蒂是弗朗西斯·道蒂（Francis Doughty）的后人，她引以为傲。弗朗西斯·道蒂是17世纪的传教士，现在皇后区法拉盛的大部分曾是国王授予他的土地。小沃格特后来不无骄傲地说，那是1964年世界博览会的举办地。道蒂家族的农场在花园城东面，已经在这个家族中传了5代人。克拉拉本人非常勤奋，做了22年邮递员，从来没有休过假。得知范妮怀孕后，她在繁忙中抽出时间帮助他们完成了婚礼。而这一次，她对女婿忍无可忍了。她没有回信。瓦尔特·沃格特怒气冲冲地给范妮写了一封信，说自己永远不会再离开古巴。这是他最后一次联系家人。即使在几十年后，他的儿子依然无法原谅他的行为。威廉·沃格特总是跟别人说，他的父亲在自己还在襁褓中的时候就去世了。

范妮陷入了困境。法律上她仍是已婚状态。根据当时的法律，这意味着她对自己的收入没有明确的所有权，甚至对自己的儿子也没有明确的监护权。然而，离婚谈何容易，因为当时纽约的法律规定只有在一方通奸的时候才能离婚。瓦尔特·沃格特已经消失得无影无踪，因此除非玛丽·施内克愿意做证说自己与瓦尔特·沃格特有过通奸行为，否则范妮无法证明他们存在通奸行为。可以想象，在1908年3月，范妮和她的母亲施加了多么大的压力，才迫使施内克夫人在"沃格特诉沃格特"一案中出庭。在证人席上，施内克夫人声称，她对那段经历的记忆消失了，她不记得自己认识瓦尔特·沃格特多久了，也不记得他们去了哪里、做了什么；但是，她直接承认了通奸。两个月后，施内克夫人的丈夫起诉要求离婚。[51]

这桩丑闻是在威廉·沃格特出生12天的时候发生的。直到威廉·沃格特7岁的时候，丑闻最后的涟漪才平息下来。在20世纪初的那个年代，在那样一个半城市半乡村的村镇里，这样的事件肯定会激起庸俗的兴趣，成为人们餐桌上的谈资，让当事家庭蒙受羞耻，那个家庭中的男孩子也会遭到嘲弄。

追踪一个人思想意识的形成脉络时，我们常常会想从早期生活中找解释，但这么做总是存在过度解读的风险。不过，很容易想象，一个曾受家庭丑闻困扰的孩子可能会喜欢独处，并将自然界视为心灵慰藉和生活意义的源泉。不管怎么说，正是在这样的境遇下，沃格特开始了与人类不负责任的繁衍生息行为做斗争的一生，成为那个世纪的伟大斗士之一。

父亲离开后不久，威廉·沃格特和母亲就搬到了他外祖母在花园城的家。虽然有些拮据，但这户人家实际上并不贫穷。[52]克拉拉当邮递员有一份薪水，范妮做着兼职文员，后来又去私立幼儿园当老师。尽管家里发生过丑闻，尽管没什么朋友，但沃格特总是把这段日子描述为幸福的时光——在一个充满女人关爱的家庭里，过着愉快恬静的童年生活，被"似乎无边无际的草的海洋"包围着。他后来写道，独自行走在亨普斯特德平原上：

我学会了享受独处的乐趣，不受外来干扰，我可以自由地去欣赏，去呼吸，去聆听。这些独自一人的时间，虽然每次并不很长，但仍然使我对开阔的乡村产生了敏锐的感悟，并为我在自己这一生中享受风和天空、平原、山脉、森林和大海做好了准备。[53]

　　这段田园诗般的生活并没有持续太久。1911 年，沃格特的母亲嫁给了路易斯·布朗（Lewis Brown），他是推销地毯背衬的。他们的新家在布鲁克林[54] 东南部的一个正在向住宅区转变的工业区。这个地区夹在两条主要街道之间，一切都让沃格特感到讨厌：嘈杂、拥挤、被人行道包围。还没住上多久，他就在一个公园里被人"用刀指着"，抢走了"17 或 27 美分，那是他身上全部的钱"。

　　弗拉基米尔·纳博科夫告诉我们："所有文学传记的开头都会强调，这个小男孩酷爱读书。"沃格特也不例外。[55] 他识字很早，在布鲁克林的日子，他常常靠想象自己身在别处来得到慰藉。尤其能让他产生共鸣的是欧内斯特·汤普森·西顿（Ernest Thompson Seton）的动物故事。西顿的作品有些情感泛滥和夸张，不太经得起时间的考验。即使在那个年代，西顿对动物能力的描述也引起了科学家的不满，在他笔下，狐狸故意毒死自己被人类抓住的幼崽，因为不愿意让它们活着却没有自由，乌鸦能数到 30，还会根据领头乌鸦的指示前进。不过，沃格特后来回忆说，这些故事还"激发了我的想象力，我们这一代当时初露头角的博物学家，几乎每一位都受到了西顿故事的启发"。

　　在沃格特的脑海中，西顿故事里的动物十分鲜活，他带着这样的想象在这座城市中寻找大自然的点点滴滴：斯塔滕岛的海滩；帕利塞兹的橡树和山胡桃林；纽约市北边威彻斯特县的奶牛场，他继父就是在那里长大的；长岛上他亲戚经营的养鸡场。不过，让沃格特投入更多精力的是西顿自己的组织——美国童子军。[56]（西顿是该组织的创始人之一，也是第一任美国童子军长。）"我还没有长到可以拿新手级徽章的年龄，就是童子军教练了，随即就升为了副小队长。后来，虽然我年龄还不够大，但已有童子军团归我管理。"他写道，"打那以后，我就一直在管理一些事情。"1916 年 8 月，沃格特在童子军营地得了脊髓灰质炎；在那之前，他是个身体健康、有些专横的 14 岁孩子，只要有可能就喜欢待在森林里。

那年夏天，脊髓灰质炎病毒在美国大部分地区肆虐，具有传染性，而且无法治愈。仅纽约市就有近 9 000 个病例，其中约 1/4 是致命的重症病例。受害者中，儿童所占的比例最大，因此，这种疾病在当时被称为"脊髓灰质炎"。为了防止感染扩散，纽约市关闭了中小学校、大学、剧院和游乐场。在沃格特所在的哈得孙河河谷营地里，许多男孩是为了避开这个传染病而被特意送到那里的。疾病落到了少年沃格特身上。[57]沃格特后来写道：

> ［当地卫生官员］和那里的几乎所有人都急于摆脱我。我的家人同意让他们把我送到纽约，卫生官员答应把我抬到救护车上送走。他没有遵守诺言，是营地医生把我抱在腿上，坐着一辆 1916 年的轿车在 1916 年的公路上开了 50 英里。在一路颠簸的汽车后座上，我的头晃得厉害，进入当时的隔离传染病院威拉德·帕克医院（Willard Parker Hospital）的时候，我的身体状况已经非常糟糕，甚至有人给我母亲发了一封电报，说我可能活不到第二天早上。

沃格特活了下来，却在床上躺了一年，这是当时脊髓灰质炎的标准治疗方法。附近一家图书馆的一位年轻图书管理员听说了他无法出门的情况，送给他一本杰克·伦敦的《白牙》。纳博科夫可能已经注意到，许多关于文学爱好如何萌发的故事，都会提到另一个主要因素：当疾病迫使孩子不便活动的时候，他们就会转向书籍的世界（例子有很多，比如李曼·法兰克·鲍姆、伊丽莎白·毕肖普、胡里奥·科塔萨尔、三岛由纪夫、弗吉尼亚·伍尔夫）。沃格特的阅读遵循着经典模式，读完《白牙》后，开始读杰克·伦敦的其他小说，然后接着读其他作家的作品。这个少年几小时几小时地沉浸在书中，从侦探小说到萧伯纳，从卢梭到屠格涅夫，什么都读。他后来说，大量阅读毁了他的视力，但厚厚的眼镜片"非常值得"。他说，这位图书管理员是"对我一生影响最大的女性"。

他渐渐康复，可以重返学校，只是"走起路来仍然跛得厉害"。[58]不过，他可以挂着拐杖继续在山里徒步旅行。当他爬上阿迪朗达克山脉（the Adirondacks）的白脸山（Whiteface Mountain）时，他不得不在陡峭小径上爬行这件事已经不重要了。多年来，由于更"照顾"虚弱的左腿，他的脊柱出现了侧弯。他的肺部功能也很弱，有时会出现呼吸困难的情况。他一直都不喜欢别人说他勇敢。

沃格特是家里第一个完成高中学业的人，也是第一个上大学的人。他就读于纽约市以北130千米处的圣史蒂芬学院（St. Stephen's College）。[（1934年，该校更名为巴德学院，以其创始人约翰·巴德（John Bard）命名。]布鲁克林的一位牧师很欣赏沃格特的童子军领导才能，为他弄到了一份奖学金。沃格特避开数学和科学课程，主修法国文学，专注于戏剧和写作。他曾是高中文学俱乐部的主席。在大学期间，他与别人合作编辑圣斯蒂芬学院的文学杂志，自己还为该杂志撰写诗歌和故事。他获得了学院的诗歌奖。[59]

由于光靠写诗付不起房租，他在毕业后找了一份保险调查员的工作，业余从事自由戏剧评论。保险这份工作，他干的时间不长，老板嫌他身体残疾，解雇了他。沃格特写道："很快，我开始为纽约戏剧联盟（New York Drama League）编辑出版物。几个月后，我成为该

沃格特（圈中者）是布鲁克林工艺高中文学杂志《文士》（*Scribe*）的主管

联盟的执行秘书。"他的头衔很醒目，但薪水并不高。沃格特靠着他那闪亮的蓝眼睛、迷人的男中音，还有令人同情的跛足，一门心思地追求成功，但却没有取得什么进展，只在出版和戏剧的边缘找到了多份工作。1928 年的时候，他已是一份新创办的月刊的编辑，这是一份面向男孩子的月刊。然而，问世之前，这本杂志改成了《滑稽》（*The Funnies*），成了一份连环画小报，这是当今漫画书的先驱。沃格特失去了工作。那时他已经结婚了。[60]

1903 年 4 月 27 日，胡安娜·玛丽·奥尔拉姆（Juana Mary Allraum）出生于加利福尼亚州南部。她出生后 6 个月，她的父母结婚了。不久之后，她的父亲就离开了这个家，没有留下任何转寄地址。她的母亲虽然没有多少钱，但还是让胡安娜就读于洛杉矶州立师范学院南部分校，这是今天加州大学洛杉矶分校的前身。她转到加

胡安娜·玛丽·奥尔拉姆，摄于 1922 年

州大学伯克利分校读书后，逐渐喜欢上了戏剧。她身材娇小，性格活泼，聪明伶俐，适应力强，在到达伯克利后的几周之内，就成了伯克利帕提奈亚（Berkeley Parthenaia）活动的领衔人物。帕提奈亚是伯克利一年中最大的社交活动，是一场以古希腊为背景的户外盛会。数百名女学生装扮成仙女、林中女仙，以及其他神话形象，在大学花园里欢跃嬉戏。胡安娜扮演玛耳珀萨（Marpessa）——少女的象征，被好色的太阳神追求。她穿着略显有伤风化的服装，两次登上《旧金山纪事报》的头版。毕业之后，她搬到纽约市，她的母亲也跟着到了纽约市。胡安娜想当演员。我们可以想象，这位有抱负的女演员和我们那位自由戏剧评论家是如何相遇的。他们于 1928 年 7 月 7 日结婚，搬进了哈得孙河边上的一间小平房，他们这间小平房北边大约 30 千米的地方，就是让他们两人都着迷的百老汇剧院。[61]

"灭蚊拍"

鸟类学是科学史上的异类。当物理学和化学努力从业余爱好转变为普通公众无法接触的专业学科的时候，鸟类科学家的研究依然靠着大众群体提供的资源。鸟类学家无法独自追踪数以百万计的鸟类，因此他们希望利用业余观鸟者的力量。这是一种卓有成效的合作。[62] 沃格特回忆说，在那些日子里，"真正活跃的观鸟者仍然会被认为是怪人"。美国鸟类学家联盟允许业余爱好者成为正式成员，并要求他们为实地观察出力。作为回报，专家们向他们提供了鼓励和认可——也许，这是对受伤的自尊心的一种安慰。

沃格特就是这种业余爱好者。在圣史蒂芬学院，沃格特把对徒步远足的热情转移到了鸟类观察上，观鸟对行动不便的沃格特来说不那么费力。毕业后，他的观鸟热情发展到近乎痴迷的程度——他总是在哈得孙河河畔或公园里用双筒望远镜仔细观察鸟类。他童年时对风景的热爱，现在似乎都集中在鸟儿们那里了。这份热情为他赢得了美国自然历史博物馆的青睐，他得到了博物馆的出入许可。也正是在那里，他与博物馆研究人员交上了朋友。这些人包括：弗兰克·查普曼（Frank Chapman），时任鸟类展馆长；勒德洛·格里斯科姆（Ludlow Griscom），可以说是美国有组织观鸟的先驱；鸟类学家恩斯特·迈尔（Ernst Mayr），他后来成了进化生物学领域的杰出人物。而对沃格特来说，最重要的朋友是巡察过海鸟粪岛的海鸟专家罗伯特·库什曼·墨菲。从在学院时爱好观鸟到跟随迈尔和墨菲一起进行鸟类野外调查，这一飞跃就如同从一个小镇的管弦乐队到了维也纳爱乐乐团。沃格特被带进了科学的殿堂，他非常兴奋——谁不会兴奋呢？这些研究人员也得到了一名助手作为回报。这名助手虽然没有受过科学训练，但精力充沛，愿意无偿工作。沃格特开始得到各种各样的头衔：林奈学会（Linnaean Society，业余博物学家团体）的秘书、纽约科学院（New York Academy of Sciences）的编辑、奥杜邦协会（Audubon Society）的校对员——沃格特总是愿意承担新的职责。[63]

沃格特最亲密的朋友之一名叫罗杰·托利·彼得森（Roger Tory Peterson），彼得森是学艺术的，也是业余鸟类爱好者。彼得森出生在贫穷的移民家庭，从小就对鸟类着迷，尤其是因为与鸟儿们在一起的时候，他可以远离因醉酒而暴躁咆哮的父亲，观鸟成了他的避难所。[64]17 岁的时候，彼得森从高中辍学，搬到了纽约市。他在布朗克斯的一家观鸟俱乐部遇见了沃格特。一次他们一起散步时，彼得森靠轻得几乎听不见的鸟叫声辨认出了松黄雀，这让沃格特大吃一惊。这是怎么做到的？沃格特问道。原来，彼得森已经琢磨出了一套规则，可以快速、轻松地将一只鸟与另一只鸟区别开来。沃格特告诉彼得森，他应该写一本关于辨别鸟类技能的书，并配上插图。他还郑重承诺，他可以确保这本书出版。

彼得森创作了数百幅简单的图画，将他重点观察的鸟类特征都画了出来。这是他第一次写书，他依靠沃格特给他提供灵感、鼓励和编辑服务。这本指南写完之后，沃格特立刻想办法要把它卖出去。

> 我为这本书的出版奔波，这一过程再次证明，我这人一辈子都胜任不了推销工作。我把手稿和绘图拿到了纽约，几乎跑遍了知名的出版社。他们都很肯定地告诉我，这本书卖不出去。

最终，这部书稿被波士顿的霍顿·米夫林（Houghton Mifflin）出版社以少量的预付金和很低的版税买下（因为大量图片增加了制作成本）。彼得森的《鸟类野外指南》（*Field Guide to the Birds*）在 1934 年出版了，彼得森将这部作品题献给沃格特。[65]这本书对生态环境的介绍影响了一代儿童，在很长一段时间里都是霍顿·米夫林出版社最受欢迎的书。

当沃格特在鸟类世界崛起的时候，他的妻子正在戏剧世界里跌跄前进。胡安娜·沃格特正在一步一个台阶向上发展，先是在地方舞台演出，然后出演没有什么名气的外百老汇剧目，接着来到百老汇剧场区（Great White Way）。她的第一场百老汇舞台剧《海峡之路》（*The Channel Road*）于 1929 年 10 月 17 日上演，是乔治·S. 考夫曼（George S. Kaufman）和亚历山大·伍尔科特（Alexander Woollcott）

的作品。[66] 胡安娜在百老汇首次登台 12 天后，股市暴跌，点燃了大萧条的导火索。美国就业市场以惊人的速度崩溃，其他发达国家的就业市场也是如此。由于家庭几乎不再有购买能力，商品滞销，服务行业萧条，全美各地的企业都破产了。戏剧业同样受到重大打击。胡安娜的职业理想化为了泡影。[67]

沃格特靠撰写戏剧评论获得的收入也因为同样的原因而下降了。但是，他的观鸟朋友们帮了他的忙。他们帮他得到了琼斯海滩州立鸟类保护区（Jones Beach State Bird Sanctuary）负责人的工作，该保护区是长岛南岸一座新建公园的扩建部分。[68] 这个新公园是被称为 20世纪纽约市"总建筑师"的罗伯特·摩西（Robert Moses）的手笔，属于一项雄心勃勃的计划，该计划旨在将长岛改造成城市中产家庭的游乐场。这座占地 160 公顷的保护区旨在向城市居民介绍大自然的奇观。

沃格特和胡安娜住在原有的一个狩猎小屋里，他接受了迈尔的建议（这位科学家说，即使是业余爱好者也应该能"找出问题"），并利用他的新工作进行研究。[69] 他清点鸟蛋数量以及孵化的幼鸟数量。他记录鸟类交配的仪式，还因为研究东部白羽鹬的求爱方式而获了奖。他对生活在保护区内的 270 个鸟类物种或亚种进行了普查。罗伯特·库什曼·墨菲时常到这里来看他。墨菲是长岛的第四代居民，对于了解和保护童年时期见过的生物充满热情。1932 年冬季，他与沃格特一道，观察到了令人惊诧、让人心碎的景象：数百只小海鸟被冬季的大风从海里赶了出来。这些羽毛黑白相间的小海鸟大约 20 厘米长，身体像毛绒玩具一样浑圆而蓬松，这类鸟通常只有在北极地区才能看到。[70] 这些疲惫的小海鸟从天空中落到长岛各地的房屋和院子里。尽管墨菲专业知识丰富，但他也从未见过这种现象。长岛并不是这些小海鸟唯一的落脚地，它们还像雨点似的落到了纽约市的街道上，不仅如此，它们还受到海水的冲击，向南一直被冲到佛罗里达州的海岸上。沃格特和墨菲收集了数百份业余观鸟者发来的关于小海鸟死亡的报告，并在美国鸟类学家联盟创办的杂志《海雀》（The Auk）上发表了一篇文章。这篇文章发表于 1933 年 7 月，这是沃格特的名字第一次出现在同行评议的科学期刊上。

通常，小海鸟成群地生活在北极岛屿上有保护作用的峭壁上。沃格特和墨菲想弄明白，为什么这些生物会飞往距离它们那冰天雪地的家园数千千米的地方。会不会是小海鸟的数量超出了原本栖息地所能承受的范围，只能去盲目寻找新的繁殖地？两人问道，大批小海鸟的突然出现，是不是"一种特殊的群体性精神疾病"，一种鸟类数量过剩而导致的"仓促移民"？

这一理论是悲观的，也有些过于紧张。但沃格特本人也属于悲观和过于紧张的类型。琼斯海滩保护区主要的保护对象是长岛本地的鸭子物种，特别是当地猎人所珍视的黑鸭。[71] 在琼斯海滩，许多种类的鸭子的数量比以往更多了。但沃格特怀疑，鸭子数量的增加可能并不是因为保护区的条件在他的管理下有所改善，而是因为其他区域的条件在恶化。在他负责的这片保护区里，这些鸟群就像疫情期间医院里的病人：没有什么值得庆贺的。沃格特告诉《纽约时报》的记者，总体而言，黑鸭的数量"少到了危险的地步"。[72]

在沃格特看来，数量下降的原因是显而易见的。长岛是北美最早经历大规模市郊化的地方之一。[73] 沃格特童年时代的地貌，那种在他看来几百年来几乎没有变化的景观，正在被房地产开发商推平。在花园城里，他家门外的大片草地已被分割成许多块，供通勤家庭居住。大教堂的花园变成了高尔夫球场。高速公路在这片土地上蜿蜒延伸。鸭子也附带受到了伤害。沃格特意识到，这一切都是他自己的老板一手制造出来的，他后来称这位老板为"推土机分割者罗伯特·摩西"。

更糟糕的是，尽管沃格特素有能干的名声，他还是失去了工作。摩西以每年 1 美元的价格从邻近的小镇牡蛎湾租下了保护区这块地。

为了筹集资金来维护琼斯海滩，他在通往该海滩的道路上设置了收费站。这样一来，牡蛎湾的人们就不得不花钱去参观一个以前免费开放的海滩。1935 年 5 月 20 日，一怒之下，牡蛎湾管理委员会撤销了保护区租约，将其关闭。沃格特的工作也随之结束。[74] 这一次，又是观鸟活动的熟人帮了他一把。

1934 年，投资银行家和业余鸟类学家约翰·H. 贝克（John H. Baker）成为全美奥杜邦协会的会长，该协会下面有许多州和地方观鸟组织的分支。贝克是雷厉风行的组织者和筹款人，他买下了《鸟类知识》（Bird-Lore）杂志，使其成为奥杜邦协会的官方出版物，还邀请沃格特担任这一杂志的编辑。当时正是大萧条时期失业最严重的阶段，沃格特欣然接受了这份工作，回到了曼哈顿。[75] 胡安娜决定彻底重塑自己，她在哥伦比亚师范学院攻读硕士学位，同时还在皇后学院教授演讲课程。

沃格特很快就重组了《鸟类知识》杂志班底，除了增加美国荒野运动的创始人奥尔多·利奥波德（Aldo Leopold）为成员，还吸收了新的艺术家和作家，比如他的朋友彼得森和墨菲。[76] 在办公室里，沃格特是位极具魅力的人物：身高 1 米 78，体重 80 千克，犹如在舞台上一般情绪高昂，像演员使用道具一样挥舞自己的手杖。他忙个不停，向各地奥杜邦团体发表演讲，出版了约翰·詹姆斯·奥杜邦（John James Audubon）的《美国鸟类》（Birds of America）的新版，这是一部在商业上获得了极大成功的畅销书。他还协助组织了奥杜邦协会的年度鸟类繁殖普查，这是一项重要工作，数千名业余观鸟者在北美各地随机选择的路边记录下他们观察到的鸟巢和雏鸟的情况。他成立了鸟类保护委员会（Committee on Bird Protection），这是保护秃鹰的早期尝试，他还将利奥波德也拉入该组织。沃格特因工作需要而去了许多地方，通过对各地的考察，他了解到，不仅长岛的鸟类数量下降了，整个美国东海岸都是如此。这种下降有很多原因，但是他逐渐相信，主要原因在于蚊虫防治。[77]

蚊虫防治是疟疾控制的另一种说法。如今，疟疾一般只发生在贫穷、炎热的地区，但在 20 世纪 30 年代，除南极洲外，世界各地都有大量的人感染疟疾——仅在北美洲就有 500 万人感染。疟疾是由一种单细胞寄生虫引起的疾病，通过蚊子传播。由于当时还没有针对这种寄生虫的治疗方法，研究人员认为，消除其宿主蚊子滋生的湿地是对抗这种寄生虫的最佳方法。[78] 根据历史学家戈登·帕特森（Gordon Patterson）的说法，第一次世界大战期间，美国东部各州的工人挖掘沟渠，排干池塘和沼泽地里的水，然后向沟渠里的水喷洒重油或杀虫剂，以毒死残留的蚊子幼虫。帕特森在《灭蚊运动》(*The Mosquito Crusades*，2009 年）一书中写道，大萧条期间，华盛顿方面接管了灭蚊运动；挖掘沟渠对失业者来说是一项即时可得的工作。数千名新雇的灭蚊斗士挖掘了数万千米的排水沟渠并向水中投放毒药。在一些地方，挖掘沟渠的速度快到地方政府都来不及追踪，只能请求华盛顿方面进行调查，以确定沟渠的位置。[79]

在这场无序混乱的灭蚊运动里，长岛是一个中心点。[80] 沃格特出生的拿骚县自灭蚊运动开始以来，已经在草地和沼泽地上开挖了 1 000 多千米的沟渠。而在长岛东部比较贫穷、更接近乡村的萨福克县，人们直到 1934 年华盛顿方面开始提供资金的时候，才开始挖掘沟渠。但是，萨福克县的灭蚊斗士们赶上来了。他们挖沟、排水、投毒，杀死或赶走了无以计数的鸟类。这种盲目行为导致该县不得不试图通过一项新的计划，在沟渠穿过的沼泽地中挖掘人工池塘，以便将鸟儿们引回来。

这让沃格特深感不安。他童年时代的草地已经被掩埋在林荫大道和郊区的开发区之下。此时，灭蚊大军正在追杀残存的蚊子。他逐渐意识到，自己可以利用在奥杜邦协会工作的机会而有所作为。1937年，他撰写了一本小册子《大地上的干渴》(*Thirst on the Land*) [81]，旨在号召奥杜邦协会的成员们反对灭蚊行为。手册以尖锐的语气痛斥这场运动，称蚊虫防治项目"几乎可以说是政府资助的破坏性勾当"，"像丹毒"（一种引起皮肤溃疡的感染）一样扩散。尽管言辞激烈，但《大地上的干渴》是有先见之明的。沃格特所预见的正是蕾切尔·卡森（Rachel Carson）在《寂静的春天》（*Silent Spring*）一书中所论述的著名观点。后来，他们成了朋友。

值得注意的是，《大地上的干渴》再次提出了一个沉寂已久概念，也就是创新地理学家乔治·珀金斯·马什（George Perkins Marsh）在19世纪60年代最早提出的概念：景观与生活在景观之中的物种发挥着有用的功能，如净化水、分解废物、滋养作物、为野生动物提供栖息地、调节空气温度，对于受益者来说，这些功能都是免费的，而更换它们的成本却是高昂的。（今天，这些功能被称为"生态系统服务"[82]）。如果像沃格特认为的那样，将灭蚊的经济收益与付出的生态成本进行权衡，那么灭蚊运动就是失败的。排干的沼泽地不再能够储存和过滤暴雨后存留下来的雨水；为了替代沼泽发挥这些功能，城镇将不得不修建保护性堤坝、蓄水池和水处理设施。[83]沃格特认为，如果考虑堤坝、水库和水生植物的成本，那么保持原貌的沼泽地往往比新排干的土地更有价值。政府应该保持沼泽地的原貌，而不是为了消灭蚊子而摧毁它们。

1938年3月，野外生物学家和土地管理者们组织召开了第三届北美野生动物会议（Third North American Wildlife Conference），在会上，联邦蚊虫防治项目的官员们被这些攻击激怒，与沃格特和他的新盟友——美国生物调查局（U.S. Biological Survey）研究员克拉伦斯·科塔姆（Clarence Cottam）展开了较量。科塔姆当着一群蚊虫防治项目官员的面，痛斥他们的项目是"不明智的，而且是被严重误导的"。沃格特则更加严厉地指出："每一条排水沟都在掠夺土地的生命，在浪费你我的大量金钱，同时还是在灭绝野生动物。所以在我看来，有充分理由认为**蚊虫防治运动存在严重问题**。"（粗体为记录稿所加。）蚊虫防治项目的官员慌张地提出抗议，但是会场上没有人支持他们。[84]

尽管（在他看来）赢得了辩论，但沃格特并不满意：挖掘沟渠和喷洒毒药的行为仍在继续。他告诉利奥波德等朋友，他们需要动员奥杜邦协会的成员，发起一场大规模的反排水运动。在科学家的建议下，数千名富有战斗精神的观鸟者可以形成一个生态环境的预警系统：这个由具备科学知识的业余爱好者和具备政治知识的科学家组成的联盟，将奋起捍卫自然。沃格特正在探索将奥杜邦协会从一个中上阶层爱好者的圈子转变为一个如今称得上大规模的、基础广泛的环境保护组织，这是开创性的一步。[1] [85]

沃格特认为，发起这场运动的工具是《鸟类知识》。一个月接着一个月，一期接着一期，沃格特谴责破坏湿地、污染河流、过度使用杀虫剂的行为（"他坚持毒药不能出现在餐桌上"）。所有这些问题未来都将成为绿色运动的焦点。但是，这本杂志的内容从观测到罕见爱斯基摩杓鹬的故事，变成了对房地产大亨的哀诉，这引发了订阅者的不满。沃格特的朋友罗杰·托利·彼得森后来写道，读者们"希望得到的是消遣、指导和娱乐，而不是说教"。他回忆说，仅在一个月的时间里，《鸟类知识》就刊登了"一篇讲麝鼠在种群增长压力下出现自杀倾向的文章，一篇描述鹌鹑在冬季生存的种种困难的文章，还有

---

[1] 在那之前，还没有符合沃格特设想的环保组织。最古老的一个环保组织于 1854 年在巴黎成立，现在被称为法国国家自然与气候保护协会（Société Nationale de Protection de la Nature et d'Acclimatation de France）。该组织致力于保护珍稀动植物，尤其是鸟类，瑞典（成立于 1869 年）、德国（成立于 1875 年）和英国（成立于 1889 年）的类似协会也是如此。还有一些团体则专注于地区性景观环境，比如英国国家信托基金会（British National Trust；成立于 1895 年，旨在保护湖区）和法国景观保护协会（French Société pour la Protection des Paysages de France；成立于 1901 年）。在沃格特的时代，美国最大的环保组织塞拉俱乐部（Sierra Club）专注于为中上层商人提供良好的户外娱乐活动场所。

一篇文章写的是有毒物质对生态的影响——整个期刊散发着死亡和毁灭的臭气"。[86]

不出所料，奥杜邦协会会长贝克告诉沃格特，必须改变杂志的风格。沃格特认为，这是因为贝克害怕得罪给协会捐款的那些富人。但贝克可能只是担心沃格特疏远了他的会员，或者是对下属没有向他汇报就改变了《鸟类知识》的工作重点而感到恼火。[87]一边对抗蚊虫防治运动，一边经营着《鸟类知识》，加之与贝克发生冲突，沃格特承受着巨大的压力，甚至因"神经衰弱"而住院治疗。康复过程中，沃格特酝酿着一个计划，正如彼得森所说的，"他是暴风里的海燕"。员工们都不喜欢贝克的刻板作风，沃格特打算带领他们罢工，他认为，这会促使董事会逼迫贝克辞职。贝克获悉了这个计划，并在1938年底向董事会说明了这一冲突。沃格特立刻被解雇了。[88]4个月后，他到了秘鲁。

唐·海鸟粪

作为海鸟粪管理公司的新职员，沃格特将工作基地设在钦查群岛（Chincha Islands）。[89]钦查群岛位于秘鲁西南海岸21千米之外，包括三座花岗岩岛，名字平平无奇，分别是北钦查岛、南钦查岛和中钦查岛，每座小岛的跨度都不到2千米，岛屿边缘是几十米高的悬崖，小岛被堆积起来的厚厚鸟粪层完全覆盖——没有树木，只有灰白色海鸟粪的不毛之地。在海鸟粪的粪堆上，数百万只冠鸬鹚的尖叫声不绝于耳，它们拍打着翅膀，聚集在一片方形空地上的三个鸟巢里，用尖利的喙守护着凹坑里用脱落羽毛围护的蛋。海鸟的翅膀唰拉唰拉地响着，几百万只鸟同时扇动翅膀的时候，声音简直让人感觉头盖骨都在震动。到处都是跳蚤、蜱虫和叮人的飞虫，弥漫着海鸟粪的恶臭。中午的时候，阳光强烈到沃格特的摄影测光仪"常常无法测量其强度"。

沃格特的头和脖子经常被晒伤；后来，他的耳朵出现了癌前病变的症状。

沃格特在北钦查岛的鸟类守护者营地工作、吃饭和睡觉，在岛上连续待了几个星期（当地官员还在附近的海滨城镇皮斯科为他准备了一套公寓）。他在岛上的住处几乎没有家具，到处都是海鸟粪尘、苍蝇和蟑螂。海鸟们在他住处的屋顶上交配、打斗、生养后代。它们排泄出大量的海鸟粪，如果不定期铲掉，积攒下来的海鸟粪就能把屋子压塌。沃格特的"实验室"是一间空荡荡的房间，桌子破旧不堪，既没有电也没有自来水。除了他从纽约带来的温度计、双筒望远镜和照相机之外，没有其他科学设备。（后来，他甚至连这些设备都失去了，只得用好几周的时间等人从美国把替代设备送来。）他说："为了科学研究的需要，不惜在粪堆上度过三年时间的人不多，我肯定是其中一个。"

沃格特喜欢这里的工作。他对这里的工作人员都很满意。他们做饭、打扫卫生、安排交通、协助研究工作，还免费给他上西班牙语课，他们称他为 Doctor Pájaro，意为"鸟博士"。（他的美国朋友们还送了他一个绰号：唐·海鸟粪。）营地负责人每周两次用铸铁锅烘焙咖啡豆。当咖啡豆香醇的气味充满房间的时候，他就会小心翼翼地给豆子裹上糖和无水黄油，烘焙出越南风味的咖啡豆。尤其令沃格特高兴的是，他在北钦查岛拥有了一样"可能不会再有机会拥有的奢侈品——一张属于自己的扇贝床"。厨师们每天晚上都烹饪美味，比如酸柠檬汁腌鱼、秘鲁海鲜汤（parihuela，有点像法国的马赛鱼汤）、炖海龟、牛油果酿对虾，以及其他秘鲁海洋美食，把沃格特变成了一个挑剔食物的人，那是难搞的人当中最不惹人厌的一个类型。[90]

更让他着迷的是这片荒凉海岸的自然生态环境。[91]清朗的夜空，变幻莫测的海洋，荒芜多雾的海岸上泛着柔和的棕色和黄色，最重要的是，在这片看上去不适宜居住的区域里，有着丰富多样的生物，所有这些都让他激动不已。他写道:"这是一个值得千里迢迢去看一看的地方;但是,这种地方只有博物学家才会真正去欣赏。"

> 我日复一日地观察着鸟群,仰望着灰色或蓝色的天空中飞过的海鸟,远眺着蓝色或深绿色的海面(海水是深绿色的时候更多,因为富含植物养料),凝视着秘鲁寒流边缘的沙漠和海岸地带各种柔和的颜色,我能够感觉到自己属于那个宇宙。构成我的骨肉的东西也是构成它们的东西。通过它们的代谢系统形成的原始分子,可能被一次又一次地使用;它们被运离海岸,送到陆地上古老的灌溉田地,通过植物生产出来的粮食和动物提供的肉,又回到我们在岛上的餐桌上。

正是在这样一个地方,他可以为自己创造出新的生活。他并不介意这里的气味。

海鸟粪管理公司聘请沃格特,是为了解开这些岛屿上鸟类数量减少的谜团。正如一位鸟类学家朋友所说,这个项目的目标是"增加排泄物的数量"。沃格特对公司的利润是上升还是下降不感兴趣,这种态度很快就会使他与主管产生摩擦。不过,要了解鸟类数量下降的原因,他需要探索一系列他确实感兴趣的科学问题:冠鸬鹚繁殖年龄的上限和下限是多少?它们是一夫一妻制吗?是什么因素限制了它们的繁殖?这些岛屿有最大承载量吗?当然,他想用这些问题的答案来保护鸟类。[92]

为了在不打扰冠鸬鹚的情况下研究这些鸟,沃格特和海鸟粪守护者们在北钦查岛搭起了一个粗麻布掩体。在这个掩体里,他窥探"1 100万只海鸟"的"爱情生活"——求爱、打斗、交配、筑巢和哺育后代。他不想用杀死并解剖鸟类的方式来清点寄生虫数量,于是,他决定数一数那些试图在掩体中叮他的虫子。(他穿一身白衣,为的是看清昆虫。）在岛屿警卫和当地渔民家庭的帮助下，他在数万只鸟的腿上绑上了记号——仅在 1940 年就有 3.9 万只。他测量了气温和水温。他记录了鸟蛋的数量。他给雏鸟称了体重，其中既有活鸟，也

胡安娜·沃格特戴着面罩和护目镜，以便抵御数以百万计的冠鸬鹚发出的恶臭。照片上的她站在北钦查岛入口处的码头上，她脚下的"凹坑"就是海鸟的旧巢

沃格特观鸟用的粗麻布掩体在北钦查岛的另一侧。在那里，他在烈日下度过了无数个小时

因为进入海鸟粪岛是受限制的，沃格特必须携带一张特别许可证，证明他是海鸟粪管理公司的员工

有死鸟。他采集了浮游生物和秘鲁鳀的样本。每次沃格特乘船回到鸟类守护者营地的时候，大家都需要用篮子把腿脚不灵便的他拖上崖壁。

　　1939年6月，沃格特暂时放下手头的工作，去参加胡安娜在哥伦比亚师范学院的毕业典礼。6月底，胡安娜与丈夫一道去了南美，一开始她很沮丧。在她看来，秘鲁

　　　　是我见过的最脏乱的地方。屋子的颜色显得脏兮兮的，地面也是一样脏兮兮的，树木和植物都被跟土坯一样颜色的灰尘覆盖着。那里的人，他们的腿上、胳膊上和脸上都布满了污垢。（餐厅里的）桌布油腻腻的。营地负责人的衬衫就更脏了。那里的人都有剔牙的习惯。

不过，没过多久，她就爱上了那里，能够生活在海狮家族"栖息、繁殖、争吵互斗"的地方，这是一种"纯粹的幸运"。和沃格特一样，她后来也喜欢上了北钦查岛那种粗犷的丰饶。她写道："在这样一个地方，你似乎接近了宇宙的秘密。"[93]

出于偶然，沃格特夫妇来到北钦查岛时，正值沃格特所谓"秘鲁海岸生态萧条期"的开端。安第斯山区的人早就知道，每隔几年，沿海气候就会发生巨大的变化，温暖的暴雨会淹没原本寒冷干燥的海岸。由于雨季通常在圣诞节前后开始，秘鲁人将这个现象称为厄尔尼诺（El Niño），这个词在西班牙语里的意思是"圣婴"。1891年，3名秘鲁人各自独立地把厄尔尼诺现象的生成原理弄明白了，他们的职业分别是工程师、地理学家和博物学家。在发生厄尔尼诺现象的这段时间里，秘鲁寒流突然减弱，温暖的赤道海水得以涌到海岸附近，温暖的海水让通常较冷的沿海空气升温，空气中的水分比平时要多，而这导致海岸荒地出现强降雨。生活在秘鲁之外的人里，知道这些的很少，直到一次偶然的机会，罗伯特·库什曼·墨菲了解到了这种情况。恰好在1925年出现严重的厄尔尼诺现象期间，墨菲来到了秘鲁。[94]根据自己以及其他人的观测结果，墨菲意识到，他正处于一个气候体系的中心，这个气候体系横跨了太平洋的大部分地区，并影响到了加拿大北部的天气情况。但是，受影响最严重的是秘鲁沿海地区，洪水冲毁了铁路，洗劫了农场，摧毁了发电站，导致城市停电。连带着造成的损害是成千上万只"产生海鸟粪的冠鸬鹚死亡"。墨菲说，厄尔尼诺"给秘鲁寒流区域的生物群落带来了疾病和死亡"。

沃格特也经历过厄尔尼诺现象。可能是在他到达这里之前的一两个月，厄尔尼诺现象就悄无声息地形成了。[95]海水的温度缓慢上升，平时在16摄氏度左右，此时上升到了25摄氏度。岛上的温度则达到了50摄氏度。1939年6月2日，也就是他动身去参加胡安娜毕业典礼的前一天，沃格特估计，在北钦查岛35公顷的筑巢地里，聚集了 525 万只冠鸬鹚，数量多到难以置信，相当于整个芝加哥的动物挤在一个小镇集市大小的区域内。但是，当他和胡安娜在那个月的月底一起回来的时候，他写道，成年冠鸬鹚"都不见了"。而它们的幼鸟——它们花了那么多精力哺育的后代——却被抛下，在这里等死。[96] 这景象刺痛了沃格特的心，几十年后，他依然无法忘记当时的场面：他行走在"一群毛茸茸的幼鸟"当中，而这些嗷嗷待哺的幼鸟正在挨饿。

> 对于这些小鸟来说，我是个丝毫不像冠鸬鹚的奇怪生物，但它们却在我脚边拼命拍打尚未丰满的羽翼，发出饥饿的哀鸣……我们什么都做不了。一天又一天，哀鸣求食的小鸟数量越来越少，它们变得越来越羸弱，摇摇晃晃地挪动着，脑袋无精打采地耷拉着。然后，更多的小鸟，可能有几十万只，可怜兮兮地瘫倒下来，毛茸茸的小鸟尸体密密麻麻……或许，看到这样的情景，人们能更深地理解发生在中国和印度的饥荒是什么样子。

成年的冠鸬鹚都去了哪里？沃格特花好几个星期走遍了海岸，仔细搜寻冠鸬鹚的踪迹，动用了飞机、船和汽车。鸟类学家素有请业余爱好者协助的传统，沃格特也动员起观鸟者的网络，请他们帮忙寻鸟。但是，没有人看到成年冠鸬鹚。

10 月 7 日这天，冠鸬鹚们突然回到岛上，足足有数十万只；一周后，它们消失了。20 日，海鸟再次回来，24 日又再次消失。到了 11 月 7 日，它们第三次回来，但只停留了几天，就又离开了。

1940 年，暖流再次出现。1941 年，暖流又来了，而且比以往都更早些，在海鸟开始筑巢繁殖的时节就来了；于是，这些海鸟随即逃离了筑巢地，不再繁殖。整整几年，都没有海鸟出生。沃格特看到了海鸟数量的崩溃。

但是，为什么冠鸬鹚要逃离这里？温度不足以直接伤害它们；如果它们感觉热了，总可以去到海上游泳。海鸟们的回归也与天气变得冷些无关。它们没有出现明显的疾病。到底发生了什么事？

沃格特认为，那些为数不多**没有**离开钦查群岛的成年海鸟的生存状况，是解开谜题的关键：饥饿。留下的成年冠鸬鹚每天早上都会出去捕鱼，但总是很晚才能够回来，而且常常毫无收获，这意味着它们无法哺育后代。他得出的结论是，食物的短缺是厄尔尼诺现象造成的。海洋表面变暖就像铺上一个盖子，阻止了秘鲁寒流深处的冷水上升，这引发了一连串的可怕事件：没有上升流，浮游生物就没有养料，秘鲁鳀就无法再以浮游生物为食，这样一来，冠鸬鹚就失去了秘鲁鳀这种食物。[97]

直到 1940 年年底，沃格特才有机会验证这一假说。当时，他说服了海鸟粪管理公司，在海边的多个地点用一张非常细的丝网在海水中拖拽，以此测量浮游生物的数量。他唯一能用的样本检测工具是他去利马旅行时设法弄到的一个放大镜。尽管设备简陋，他还是收集到了足够的数据来观察究竟发生了什么。他写道，"总体的趋势"是，"温度下降与浮游生物增加相伴，反之亦然"——一种反比关系。水温突然升高，导致浮游生物"大规模毁灭"。由于极度饥饿，冠鸬鹚分散到各个方向去寻找食物。

秘鲁政府希望最大限度地增加海鸟数量，以便产生最大量的海鸟粪；对于秘鲁政府来说，这种情况意味着什么呢？1941 年 10 月，沃格特提交了一份长达 130 页的报告，对此做出了详尽的阐述。他在钦查岛上的粗麻布掩体、海面上的海鸟粪船只、海岸观察站来回奔波的时候，撰写了这份报告，在今天看来，报告的内容似乎平平无奇。但是在当时，他的想法是关于人类与自然关系的理论浪潮中最前沿的，这些理论在很大程度上与奥尔多·利奥波德有关。[98]奥尔多·利奥波德为奥杜邦协会的《鸟类知识》撰稿，沃格特因此与他结识。后来奥

奥尔多·利奥波德，沃格特的导师、朋友和"参谋"，摄于20世纪40年代

尔多·利奥波德成了沃格特至关重要的朋友，启发他，也为他提供知识方面的意见。

利奥波德比沃格特年长15岁。他是在艾奥瓦州伯灵顿市长大的，在密西西比河上方的一个悬崖上，有一座大房子，那就是他的家。他年少时很害羞，非常喜欢打猎，喜欢独自一人带上猎枪，穿梭于田野和森林。1909年，利奥波德毕业于耶鲁大学林学院，这是美国第一个林学院。他像班上的大多数同学一样进入了美国林务局，后来被派到新墨西哥州工作。在一次严重感染后，利奥波德被迫休养了一年半。在此期间，他反思了自己的观点。在耶鲁大学读书的时候，他接受的教育是，土地管理的目标是从一块给定的土地上榨取最大限度的某种资源——木材、鹿或鱼。而在养病期间，利奥波德开始怀疑人类是否有能力充分理解自然界的复杂性并进行合理引导。他意识到，应该**保护**生态系统，使之免受人类的伤害，而不是靠人类去**管理**生态系统。这一立场让他采取了复杂的行动，于 1933 年转而去了威斯康星大学麦迪逊分校，在那里主持了美国第一个关于野生动物管理的学术项目。

利奥波德的职业生涯恰逢"生态学"这门新的科学学科的兴起。1905 年，利奥波德在耶鲁大学的第一年，第一本生态学教科书出版了。作者是弗雷德里克·克莱门茨（Frederic Clements），他的思想对利奥波德产生了重大影响，又通过利奥波德影响了威廉·沃格特，继而影响了世界各地的环境保护运动。[99] 克莱门茨 1916 年出版的杰作《植物演替》（*Plant Succession*）主张，随着时间的推移，自然生态系统以一种可预测的模式发展。克莱门茨认为，就像一个人从婴儿时期开始，经历童年，成为一个成熟的成年人一样，生态系统也会经历不同的发展变化阶段，最后以成熟的"顶点"状态结束。基于这些观点，许多生态学家认为，"顶点"代表了一种终极的"自然平衡"，生物群落基本稳定不变，直到受到干扰——有时干扰来自洪水或火灾等自然事件，更多的时候则来自人类的破坏。

持克莱门茨观点的生态学家认为，这个群落中的每一个物种都逐渐适应了一个特定的生态位——一个由它扮演，而且只能由它扮演的角色。这些生态位之间的关系是由可利用的资源和物理环境施加的限制所控制的；后来，沃格特将可利用的资源称为生物潜力，将物理环境施加的限制称为生态环境阻力。生物潜力和生态环境阻力形成持续的张力，此消彼长。[100] 顶点状态的群落就像一个相互抵消的力量形成的网络，使复杂多样的整体结构保持大致平衡。

从某些方面来说，这一观念可以追溯到古希腊人，他们认为自然是由神祇维持的一种平衡。克莱门茨用现代术语表述了这些观点，他声称，自然群落作为一种"超级有机体"发挥作用，群落中不同物种与群落之间的关系就像动物的不同器官与动物之间的关系。当人们杀死一个物种或破坏其栖息地的时候，他们实际上是在攻击这个超级有机体的至关重要的器官。他们正在打破自然的平衡，这可能会毁掉整个群落。

克莱门茨的许多同事抨击他的观点，却没有什么效果。英国生态学家查尔斯·埃尔顿（Charles Elton）不耐烦地说："'自然平衡'并不存在，也许从来都没有存在过。"埃尔顿还说，由于一个物种种群数量的每一次上升或下降都会影响到它的伙伴，而且这些物种的数量也在不断发生变化，因此生态系统不会形成一个稳定的顶极群落，而是持续动荡——"混乱是很明显的"。埃尔顿是研究能量如何在这些混乱的集合中流动的先驱。但是，尽管埃尔顿坚持认为"超级有机体"的说法是故作神秘的废话，克莱门茨还是很快地将埃尔顿的能量说融入了自己的理论之中。克莱门茨称，能量在稳定的生态群落中流动，就像血液在动物体内循环一样，维持着超级有机体的运作。虽然埃尔顿和他的追随者们一再对克莱门茨提出强有力的批评，克莱门茨所谓自然体系是独立、动态稳定的观点仍然主导着这个领域。[101]

在威斯康星州，奥尔多·利奥波德实际上是在试图调和克莱门茨和埃尔顿的观点。[102] 最初，利奥波德与克莱门茨一样，认为生态群落是一种类似生物体的"集合总体"，其中的所有组成物种都具有"某种效用"。不过，他与埃尔顿一样，不同意生态系统"通常是静态的"这一观点。利奥波德说，正相反，生态系统会随时间推移不断变化。但是，利奥波德的一个基本观点是：这种变化的速度和范围通常是有限的，这使得生态系统能够保持其基本性质。正如人类社区在居民迁入迁出时仍能保持其基本特征一样，生态群落也能在物种数量波动的情况下保持其基本特征——只要变化不是太过迅速或太过剧烈。利奥波德说，人类行为往往速度太快又过于笨拙，在无意中破坏生态系统的基本特性和功能。

利奥波德的观点与克莱门茨学派的有所不同，也与埃尔顿学派的有所不同；利奥波德专注于实际的景观管理，而不是抽象的科学。他既相信有说服力的数据，又认为道德和精神对于生态至关重要。利奥波德经常感到同事们不理解自己。他很高兴能够找到沃格特这个志同道合的人。[103] 其实，这两个人的性格反差很大。利奥波德说话温和，好沉思，一贯彬彬有礼，做事拘谨，有时显得冷淡，他身体健康却讨厌旅行，不愿意离开他的 5 个孩子（他们后来都成了生物学家和环境保护者）。而沃格特则性情急躁，情绪波动大，经常表现出很尖刻的样子，常常衣着凌乱，但也有点花花公子的味道，他腿脚不便却四处奔忙，没想过要孩子。但是，在更深的层次上，他们是志同道合的人，朝着同一个目标努力。出于工作和研究的需要，他们靠着书信交流，结成了持久的友谊，信件在秘鲁和威斯康星州之间往来。当沃格特从秘鲁回来看他的时候，利奥波德一点也不惊讶，他非常开心地看到，他和沃格特依然"观点相同，尽管已经多年没见面了"。他曾对一位朋友开玩笑说，沃格特是他"思想的主要倡导者。"

在为海鸟粪管理公司撰写的报告上，沃格特签的是自己的名字；尽管如此，这份报告读起来更像是两个人的合作。报告称，如果该公司想最大限度地提高海鸟粪的产量，就应该对可能干扰自然过程的活动非常小心，比如导致秘鲁鳀数量减少的捕鱼活动。几乎任何剧烈的变化都会破坏现有的生态关系网络，降低生物潜力。沃格特称，因此，秘鲁海鸟粪管理人员的目标应该是将这些岛屿保持在最理想的顶点状态。这实际上意味着，岛屿应该尽可能地回到沃格特认为的原始野生状态，也就是欧洲人到来之前业已存在的状态。

举个例子，沃格特建议，海鸟粪管理公司应该消灭岛上的非原生老鼠、野猫和鸡，应该停止捕杀本地的蜥蜴，因为它们以那些侵害鸟类的昆虫为食；公司还应该禁止低空飞行的飞机，因为这些飞机发出的怪异噪声会让冠鸬鹚惊慌失措，它们会"疯狂地逃走，甚至可能会在匆忙中把鸟蛋和雏鸟从鸟巢中弄出去"。[104] 由于在开发这些岛屿之

尽管秘鲁付出了巨大的努力，但是，过度捕捞以及人工肥料的兴起最终导致海鸟粪贸易在20世纪50年代彻底崩溃。今天，秘鲁的所有海鸟粪岛为总计大约400万只海鸟提供了栖息地；然而，这个数字远远少于19世纪的6 000万只。正如艺术家黎光定（Dinh Q. Lê）在2014年拍摄的这两幅照片所示（上幅照片为中钦查岛，下幅为北钦查岛），这些岛屿如今大多无人居住；秘鲁政府不再干扰这些岛屿，希望有朝一日能够重现昔日的景象

前，岛屿的表面比较平坦，沃格特建议公司使用炸药，重新使岛屿的表面趋于平整，从而增加潜在的筑巢地点。他认为，可以在海岸上建立一些人工繁殖区，以弥补人类活动对岛屿的破坏。

但是，海鸟粪管理公司能对厄尔尼诺现象做什么呢？……应该说，什么都做不了。在出现厄尔尼诺现象的那段时间里，冠鸬鹚离开了筑巢地，停止繁衍，种群数量下降，产出的海鸟粪也相应减少了。但是，沃格特认为，实际上，这些损失并不是问题。它们是自然变化，规模和范围都有限。它们是安全阀，而不是风险——是固有的特点，而不是设计缺陷。

> 在这个世界上，死亡与生命一样重要。在没有厄尔尼诺现象的时候，产生海鸟粪的冠鸬鹚，其数量大约每年翻一番。如果没有办法限制鸟的数量，西海岸很快就不会再有多余的空间或食物留给鸟类和其他生物……在我看来，厄尔尼诺带来的这种混乱在生物学上是必要的，即使是为了鸟类自身的福祉。

实际上，沃格特主张，试图人为地将冠鸬鹚数量提高到峰值水平之上，只会导致下一次厄尔尼诺现象到来时出现更高的死亡率。可能在一段时间里，海鸟粪的产出会增加，但人为增加海鸟数量会导致更糟糕的长期结果。最后，沃格特告诉海鸟粪管理公司，秘鲁不应该只想着靠"增加海鸟粪来获得更多利益"，而应该"帮助维持大自然不断寻求的物种之间的平衡"。它必须生活在生态限度之内。

生活在生态限度之内！沃格特忧心忡忡地告诉利奥波德，他得把这个想法"塞进他上司的喉咙里"。事实证明，他也会这样对待许多人。

连片的废墟

最终的调查报告已在收尾阶段，40岁生日也即将到来；此时，沃格特必须对自己的人生做出决定。随着研究的顺利推进，他想出了一个计划：他打算利用自己尚待完善的海鸟数据做研究，来为自己争取一个博士学位。也许他可以去威斯康星大学跟利奥波德学习，这样就不用去修课（或者尽可能少修课）。尽管撰写博士论文需要花上几年的时间，但博士学位证书能让他获得地位，用于达成动员力量保护自然资源这一目标。他是应该留在秘鲁完成研究工作，还是直接去威斯康星州开始攻读博士学位？1941年12月，正当沃格特准备做出决定的时候，日本战机轰炸了珍珠港。[105]

沃格特是名爱国者，想要在即将到来的战争中做出自己的贡献；但是，他担心自己年龄大了，也担心自己的跛腿会有影响。出乎他的意料，美国国务院要求他离开海鸟粪管理公司，去利用科学人脉和业已精通的西班牙语，前往智利、哥伦比亚和厄瓜多尔，就那些地方对德国和日本的同情程度做出汇报。沃格特立刻就答应了。胡安娜则被要求在大使馆鸡尾酒会上找出那些希特勒的崇拜者。在寻找纳粹分子的过程中，沃格特在拉丁美洲扶轮社（Latin American Rotary club）发表演讲，同秘鲁农业和贸易官员密切接触，与厄瓜多尔学者交谈，漫步在智利国家公园，还与胡安娜一起参加了无数次社交聚会活动。在做着这些工作的同时，他做出了决定：到威斯康星大学，跟随利奥波德继续深造。利奥波德为沃格特的决定满心欢喜，帮助他申请到了奖学金。1942年5月2日，沃格特夫妇返回美国，准备重新开始学习生活。[106]

他们花了一周的时间，向华盛顿方面通报他们在拉丁美洲认定的"出于战略考虑而被安插的纳粹分子"。美国陆军情报部门和国务院对这对夫妇的工作印象深刻，请求他们继续留在那里，做更多的情报工作。沃格特无法拒绝。[107] 抵达美国两周后，他和胡安娜返回南美，进行为期3个月的旅行。沃格特伤心地给利奥波德写信，告诉利奥波德自己不可能去威斯康星大学了。

在另一轮信息收集之后，1943年8月，为了感谢沃格特夫妇所做的贡献，美国国务院确保了沃格特被任命为泛美联盟新成立的环保部门的负责人。[108] 泛美联盟成立于1890年，旨在促进西半球的合作，总部设在华盛顿特区。战后，泛美联盟重新组建为美洲国家组织（Organization of American States，即现在的名称）。1940年，在奥杜邦协会的推动下，该组织的大部分成员签署了《华盛顿公约》，这是一项旨在保护濒危物种的协议。公约开创性地承认了生物多样性的价值。不过，它不具备权威性，不要求采取特殊行动，也没有关于强制执行条款的规定。环保部门是泛美联盟设立的一个办公室，用于监测可能发生的与公约有关的事件。为环保部门提供资金的美国国务院希望由美国公民领导该部门，而沃格特是为数不多的在拉丁美洲有过生活和工作经验、西班牙语流利的美国生态学家之一。作为一名纳粹猎手，沃格特拥有良好的反法西斯资历，这是1943年时在华盛顿工作所必备的。他被赋予了一项模糊的任务，即研究气候、资源、人口与经济发展的关系。

研究过秘鲁岛屿上的海鸟之后，沃格特被要求将研究范围转移到整个西半球的人类身上。但他并不觉得这是一个巨大的转变。他认为，生态学为理解小岛上的鸟类和大洲上的人类提供了基本的知识框架。生态学让他知道，这两个物种都是生态系统的一部分，受生物规律的支配，并受生态环境的影响。了解规则，衡量环境，你就能够理解未来。这就是他计划要做的事情。

在接下来的5年里，沃格特造访了西半球当时所有的22个独立国家。一次又一次，他飞到不同的城市，在豪华的餐厅进餐，在华丽的殖民时期酒店住宿，然后，他走出城市，去考察遭受破坏的大自然：墨西哥被侵蚀的山麓丘陵，阿根廷被污染的河流，委内瑞拉遭到破坏的渔场，萨尔瓦多和洪都拉斯面临枯竭的地下蓄水层。也许，最糟糕的是森林砍伐。美洲各地的森林都在消失，这加剧了水土流失和土壤侵蚀，导致洪水暴发，毁坏农田，而这又迫使农民去开垦新的土地。[109]

在与利奥波德的讨论中，沃格特接受了他的教诲，即文明依赖于其可持续生态系统的健康，而生态系统反过来又依赖于土壤。土壤就像地球的皮肤，虽然不厚但极其肥沃，这层土壤是人类继续生存的基础。造访美洲各国的时候，沃格特注意到，这个生存基础在各处都遭到了侵蚀，各个国家的土壤质量都在持续下滑；从密西西比河的源头到巴塔哥尼亚，生态系统正在走向枯竭。他相信，很快，这种破坏就无法弥补了。

沃格特在墨西哥待了 10 个月，大部分时间是和胡安娜在一起。[110] 他受墨西哥农业部的邀请为墨西哥学童编写环保指南，还靠着手杖和支撑架艰难走遍了 26 个国家公园。尽管统计数据显示，墨西哥是拉丁美洲最富有的国家，但这片土地却被苦难笼罩：靠土地养活自己的贫困农民，在贫瘠的土壤上苦苦挣扎，砍伐所剩无几的木柴，生火做饭。沃格特说："除非彻底改变土地利用模式，否则在 100 年之内，墨西哥大部分地区将会变成沙漠。"1944 年 11 月，沃格特向墨西哥政府提交了一份"机密备忘录"，陈述了他的观点。在备忘录中，他直截了当地指出：

> 墨西哥这个国家病了。它正在迅速失去其赖以生存的土壤……它的森林……在遭到破坏，其破坏速度远远超过了重新植树的速度……它的生态——所有环境因素的相互关系——已经失去平衡，甚至许多至关重要的土地价值正在被浪费。结果就是人们的生活水平不断下降，灾难就在眼前。[111]

环境遭到破坏的地方不是只有墨西哥。沃格特针对他访问过的每个国家都撰写了报告。他说，危地马拉的情况相当于缩小版本的墨西哥："在这里，我们找不到什么乐观的理由。"智利像是在举行森林砍伐的狂欢节："许多智利人的观点是……森林是不管采取什么手段都要除掉的敌人。"在委内瑞拉，情况"日益恶化"。哥伦比亚的"处境同样糟糕"。从空中观察，厄瓜多尔"看起来就像患了某种可怕的皮肤病"。[112]

在沃格特看来，萨尔瓦多是这方面问题最为严重的，它预示着世界上大部分地区将要面临的问题。沃格特声称，在其他地方，一场危机即将降临，而这个美洲最贫穷、人口最稠密的国家是"面对面地撞上了这场危机"。他坚称，在萨尔瓦多，不断增长的人口正与"自然资源尤其是可耕地遭到的日益加速的破坏"产生冲突。这个国家的人口和资源就像在同一条轨道上面对面奔跑的火车。"萨尔瓦多应该采取行动——而且应该立刻行动。"他说，如果不这样做，贫穷、暴政以及环境破坏都将是不可避免的。[113]

沃格特认为，驱动西半球走向毁灭的是消费。人们不断追求满足自己的需求，把大自然剥得精光。这种消费有两个原因。一个是人口增长——有更多的人要靠土地养活。例如，在墨西哥，平均一对夫妇育有 6 个以上的孩子，而且这个数字还在上升。[114] 第二个同样有害的原因是，人们试图实现经济增长最大化。[115]

尽管自亚当·斯密以来，经济学家一直倡导经济增长，但各国政府通常专注于促进国家安全或经济稳定。事实上，一些思想家担心，不受约束的经济增长会通过集中财富而导致专制；还有一些人认为，对欧洲和北美这样发达、成熟的经济体而言，持续的经济扩张是不可能的。大萧条时期，美国的许多新政项目实际上是有碍生产力发展的。为了通过人为造成短缺来提高农场收入，政府给农民资助，让他们砍掉数百万英亩的棉花，大量屠宰猪。一些官员部分受到英国经济学家约翰·梅纳德·凯恩斯（John Maynard Keynes）的影响，对"稀缺经济学"［借用历史学家罗伯特·M. 柯林斯（Robert M. Collins）的术语］进行了反击。第二次世界大战增强了他们的力量，因为美国以胜利者的名义追求全面生产。1946 年的《就业法》（Employment Act）正式确立了这种转变，宣布华盛顿方面致力于"促进就业、生产力和购买力的最大化"。在美国这个榜样的激励下，其他西方国家也将增长作为压倒一切的社会目标。当时的美国总统哈里·S. 杜鲁门表示："政府和企业必须不断合作，以创造越来越多的就业机会和越来越多的产品。"

沃格特听到这些声明的时候，感到十分惊恐。他主张，生态的法则是明确的，"收支必须平衡"。杜鲁门呼吁"生产越来越多的生产"，就是故意要让收支失去平衡。沃格特说，"增长狂人"正在与滋养他们的自然体系作战，而他们自己丝毫没有意识到。

1945 年 5 月，沃格特首次公开阐释了自己的观点。在颇受欢迎的周刊《周六晚报》（Saturday Evening Post）上，他发表了一篇文章，题目是《和平餐桌上的饥饿》（Hunger at the Peace Table）。[116] 这篇文章发表之时，正值太平洋战争期间，作者毫不留情地审视未来，认为未来将和当下一样黑暗。文章阐述了先知派的中心信条：虽然人类"容易忘记，但人类是地球上的生物。'你本是尘土'和'尽都如草'[1] 并非出自科学家之口，但在生物学上都是成立的"。沃格特认为，低等生物耗尽资源时，就会面临灾难。对智人来说，情况也是如此。这篇文章列举了一个又一个过度发展的例子，其中大部分来自沃格特在拉丁美洲工作和旅行考察时期的所见所闻。但随后，他挑衅

---

[1] "你本是尘土"出自《圣经·创世记》3:19；"尽都如草"出自《圣经·以赛亚书》40:6。译文选自《圣经》和合本。——译者注

性地转向了美国当时的敌人——日本。他说:"人们对日本的侵略行径提出了许多解释。"但是,他问道:"有谁能够否认,这场战争是由人口压力而引发的呢?"沃格特说,除非人类节制自己的生育和消费欲望,"否则就不会有和平"。十几名美国参议员因文中的信息感到不安,要求与沃格特会面。1945 年 8 月,美国对日本使用核武器后,对沃格特观点感兴趣的人更多了。整座城市的毁灭使得沃格特关于人类可能走向自我毁灭的警告似乎更加可信。[117]

无论是过去还是现在,都很少有人会像利奥波德和他的追随者那样,感到维护土地的重要性高于一切。他们的知识让他们感到超然而孤独——在这个对很多事情视而不见的世界里,只有他们睁大眼睛,仔细观察。在他们的周围,其他人都在忙着自己的事情,好像他们脚下的土地并没有真正走向消失。太愚蠢了!太浪费了!他们和许多原生动物一样,对自己行为的后果浑然不觉。利奥波德后来写道:

> 生态教育的惩罚之一,是让人孤独地生活在伤痕累累的世界里。对土地造成的大部分损害,外行是看不见的。生态学家要么硬下心来,假装科学的后果与自己无关,要么就必须像医生一样,在一个自以为很健康、不希望被别人告知实情的群体中,看到死亡的痕迹。[118]

如何拉响警报?这是个非常紧迫的问题。沃格特、利奥波德和朋友自视为倡导良性发展的共谋者,努力唤醒这个因一味追求增长而不经意间走向自我毁灭的世界。但是,他们的努力收效甚微。他们的声音微弱无力,淹没在战争和消费的喧嚣之中。人们不顾一切地在这个世界上扩张,如潮水般愚蠢地冲向培养皿的边缘。

马尔萨斯插曲

沃格特的观点被称为"马尔萨斯主义的",这个词已经成为侮辱与谩骂的利器。就其最中性的意义,这个词指的是托马斯·罗伯特·马尔萨斯神父(Thomas Robert Malthus,1766—1834年)所信奉的思想。鉴于沃格特与马尔萨斯有一些相同的信念,称沃格特是马尔萨斯主义者是准确的。但是,这么说并不是很有用;多年里,马尔萨斯的观点发生了变化,而"马尔萨斯主义"有时只是指他所写的东西。

罗伯特·马尔萨斯(他不喜欢加上"托马斯")是一位受过剑桥教育的神职人员,有明显的语言障碍(他患有腭裂,这种病在当时是无法治愈的);尽管如此,他依然是一位风度翩翩的人物。他出生于1766年,结婚晚,孩子少,从来没有过重的经济负担。他担任了大学里的第一个经济学职位,也就是说,他是英国乃至世界上第一位专业经济学家。他年轻的时候就渴望出人头地。在萨里郡乡下的家中,他几乎找不到出名的机会,直到他与父亲发生了争执,情况才发生了变化。他的父亲丹尼尔·马尔萨斯(Daniel Malthus)是一位自由思想家,他相信人类可以创造一个乌托邦。罗伯特·马尔萨斯不同意父亲的观点,用长篇大论来回应。[119]32岁的时候,罗伯特·马尔萨斯匿名出版了《人口原理,人口对社会未来进步的影响》(*An Essay on the Principle of Population, as It Affects the Future Improvement of Society*),这本书引起了轩然大波。随后,马尔萨斯出版了第二版,这一版的内容比第一版增加了5倍,还签上了名;此时的马尔萨斯变得更加自信了。

说到底,马尔萨斯的观点很简单:

除非受到独身、晚婚或节育等行为习俗的阻碍,否则人类的生育能力将超过人类的生存能力。但是,人类繁衍的欲望非常强烈,在某个时候可能会不再节育,只是一味地生养孩子。当这种情况发生的时候，人口就会增长至过于庞大的地步，无法全部养活。然后，疾病、饥荒或战争就会随之而来，残酷地减少人口数量，直到人口数量与生存条件再次达到平衡。到了这一阶段，人口将会再次增加，不幸的循环再度开始。

以下是马尔萨斯更为详细的论点：

马尔萨斯说，今天，英国农民每年生产一定数量的粮食——比如说，X百万吨。马尔萨斯假定，如果英国将其国土面积中的森林改造成农田，并更有效地使用化肥，它可能会在25年内将粮食产量翻一番，也就是说，英国将种植2X百万吨粮食。然而，马尔萨斯接着写道，即使付出巨大努力，人们"也无法设想"在接下来的25年里，粮食产量会再翻一番，达到4X百万吨。"我们所能设想到的最大限度是，第二个25年的增长可能相当于目前的产量"，也就是说，粮食产量可能从2X百万吨增加到3X百万吨。如果英国继续以每25年X百万吨的速度稳步增加粮食产量，它将在75年后年产4X百万吨，在100年后年产5X百万吨，在125年后年产6X百万吨，以此类推。在数学计算中，这种有规律的增长，从1到2到3到4到5再到更多，被称为算术级数或线性增长。

接下来，马尔萨斯研究了人类这一物种的增长速度。他所知道的增长最快的社会是美国。本杰明·富兰克林（Benjamin Franklin）是当时那里最优秀的人口统计学思想家，他是来自宾夕法尼亚的通才。[120] 早在1755年，富兰克林就对当时英国北美殖民地的人口进行了研究。正如马尔萨斯所说，富兰克林认为，那里的人口"在一个半世纪的时间里，每隔不到25年就翻一番"。换句话说，如果今天的美国人口是Y百万，那么25年后大约是2Y百万，50年后是4Y百万，75年后是8Y百万，以此类推。这种增长，从1到2到4到8到16再到更多，被称为几何级数增长。

通过简单的运算就可以知道，几何级数增长（1—2—4—8—16）

的速度比算术级数增长（1—2—3—4—5）的速度快。马尔萨斯指出，人类的繁育呈几何级数，而其他的增长则呈算术级数。如果允许人口自由增长，那么食物供应一定是不够的。

马尔萨斯承认，通过使用他所谓的"预防性抑制"手段，即降低出生率的做法，人们可以避免以最快的速度繁育人口。预防性抑制的手段包括独身、节育、推迟结婚、降低工资（准父母可能因此负担不起养育孩子的费用）和增加教育（马尔萨斯认为教育能让夫妇意识到生育的风险）。但是，由于预防性抑制实施起来困难重重、成本高昂且不受欢迎，人们必然会停止采用这些手段。这时，人口就会出现爆炸式激增。[121]

当发生人口爆炸式激增的时候，"现实性抑制"便登场了。现实性抑制与预防性抑制相反；这种手段的目的不是降低出生率，而是提高死亡率。现实性抑制从社会暴力开始，接着便是"流行病、瘟疫和传染病"。如果这些措施依然不足以减少人口数量，"随之而来的就是不可避免的饥荒，饥荒铺天盖地蔓延开来，并造成巨大的打击，使人口数量与世界粮食产量持平"。

马尔萨斯认为，人类离灾难永远只有一步之遥。战胜贫困并取得永久性胜利，这是不可能的；繁荣稍纵即逝，注定会消失。"苦难和对苦难的恐惧，"他说，"是自然法则的必然结果。"无论人类的意愿有多么美好，慈善都是无济于事的；帮助穷人只会带来更多的婴儿，导致更为严重的饥饿。生物规则不会被人类的聪明才智或美德善举击败。"苦难的水位是不能靠在某些地方压制而降低的，因为这必然会导致苦难的水位在其他地方上升。"[122]

马尔萨斯的论述令人震惊。它严格遵循逻辑，优雅而尖锐，似乎在说明，对更美好未来的希望其实只是妄想。在他之前，也有一些思想家形成了类似的想法，但是，马尔萨斯有幸在合适的时机发表了这一论述。[123]18 世纪 90 年代，英国因粮食歉收而陷入困境，导致粮荒

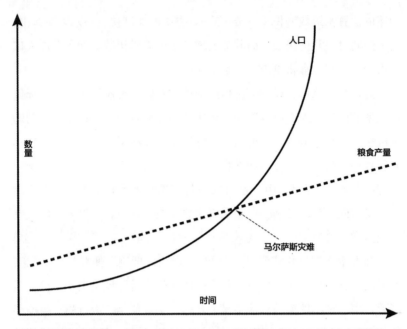

马尔萨斯的观点通常可用一张图表来概括，粮食产量呈线性增长，而人口则呈几何级数增长。最终，两条线相交，"天启四骑士"[1]到访了。

而发生骚乱。爱尔兰和印度爆发了叛乱，军队在海地的一次战役中失利，而邻国法国正在经历高压统治，面临一个狂妄自大的独裁者的崛起。马尔萨斯这部悲观的作品，正适合那个悲观的时代。[124]

在英国经济复苏、帝国扩张之际，马尔萨斯却挡在路上，预言繁荣不会持续，阻止着人们对美好时光的赞颂。不管是进步派、保守派，还是民族主义者，没有人喜欢他传递出来的信息。他们的攻击不可避免地从马尔萨斯的思想转移到马尔萨斯本人身上。诗人塞缪尔·泰勒·柯勒律治（Samuel Taylor Coleridge）将他贬斥为"一

---

[1] 源自《圣经·启示录》第6章，指瘟疫（白马骑士）、战争（红马骑士）、饥荒（黑马骑士）和死亡（灰马骑士）。——译者注

个如此可恶的卑鄙小人"。后来的桂冠诗人罗伯特·骚塞（Robert Southey）称他为"傻瓜"和"笨蛋"，他嘲笑马尔萨斯的支持者们是"月经污血的废弃物"。令人不可思议的是，马克思称马尔萨斯"剽窃"。同样令人惊奇的是，珀西·比希·雪莱（Percy Bysshe Shelley）说他是"一个太监和暴君"。柯勒律治在谈到马尔萨斯的信条时说："我从内心深处憎恶它们……我用我的心智、头脑和精神的全部力量，来**藐视**它们！"[125]

尽管如此，马尔萨斯的信条依然存在，尤其是在生物学领域；它们启发了进化论的共同创造者查尔斯·达尔文（Charles Darwin）和阿尔弗雷德·拉塞尔·华莱士（Alfred Russel Wallace）。[1][126] 达尔文和华莱士都意识到，如果种群的数量一定面临超过资源支撑数量的威胁，那么种群就必定陷入"永恒的斗争，物种对物种，个体对个体"。在这种"生存斗争"中，并非每个生物体都被赋予了平等的机会；不够适应的更有可能失败。总的来说，在这场自然战争中获胜的是最适者。随着时间的推移，物种将发生改变，变得越来越适应自己生存的环境；它们将会进化。

说达尔文、华莱士和马尔萨斯的影响有多大都不为过。[127] 他们的思想迅速超越了经济学和生物学领域，成为社会的模型。一些思想家将进化视为导向进步的竞争过程，用进步为不受约束的市场竞争正名。另有一些人则看到了人类族群为资源而战的景象，他们希望自己的族群胜利；越境的外来族群必须被赶出去。

19 世纪后期，欧洲人和美国人目睹了他们的社会在世界各地获得殖民地。许多人从达尔文和马尔萨斯理论中找借口，推断出这些胜利反映了白人与生俱来的优越性。他们说，人类的各个族群都具有独

---

[1]　达尔文和华莱士各自独立提出了通过自然选择的进化论观点；但在今天，达尔文获得了大部分荣誉。其中的部分原因是，与华莱士不同，他在一本长篇论著中以具体事例详细阐述了进化论。

特的、可遗传的生理和心理特征。有些族群比其他族群更为优越，而具有更优越特质的族群赢得了生存斗争。这些人声称，正是由于欧洲人具有种族优越性，欧洲才殖民了亚洲和非洲，而不是反过来。

但是，这种高高在上的推理并没有舒缓那些人不安的心情。站在帝国顶端的欧洲人和美国人担心自己的宝座会被成群结队的劣等暴民夺走。总有人在说，富裕民族因繁荣而慵懒，任由劣等民族通过不受约束地繁衍后代来将其压垮。欧洲和美国的生育率低到有人说西方是在"种族自杀"。

在这些声音中，最具影响力的是洛思罗普·斯托达德（Lothrop Stoddard），他是1920年出版的大受欢迎的《威胁白种人优势地位的有色人种上升潮》（*The Rising Tide of Color Against White World-Supremacy*）一书的作者。[128] 斯托达德的父亲是著名的摄影师，他用图片向数百万美国中产人士展示了遥远地方的人的样子。斯托达德本人则成了激烈反对移民，要求美国关闭边境，阻止来自遥远地方的人。

1921年的洛思罗普·斯托达德

他在《威胁白种人优势地位的有色人种上升潮》中写道："如果目前的趋势不改变，我们白种人最终都难逃消亡的厄运。"白种人的消亡"将意味着，这个显然被赋予了最伟大创造力的种族，这个在过去取得了最多成就并承诺带来更加辉煌未来的种族已经逝去，将人类实现最高希望所依赖的力量带到了坟墓"。文明（在斯托达德看来，就是白人文明）必然的结局是："要么完全适应，要么**最终消亡**。"

《威胁白种人优势地位的有色人种上升潮》这本书的出现只是一个预警。第一次世界大战后，有关人口过剩的警告在各个媒体上涌现，在欧洲和北美迅速传播开来：麦迪逊·格兰特（Madison Grant）的《伟大种族的逝去》（*The Passing of the Great Race*，1916年），牧师詹姆斯·马尔尚（James Marchant）的《出生率与帝国》（*Birth-Rate and Empire*，1917年），阿德琳·莫尔（Adelyne More）的《不受控制的繁殖，或繁殖力与文明》（*Uncontrolled Breeding, or Fecundity Versus Civilization*，1917年），爱德华·默里·伊斯特（Edward Murray East）的《十字路口的人类》（*Mankind at the Crossroads*，1923年），爱德华·阿尔斯沃思·罗斯（Edward Alsworth Ross）的《只有站立的地方吗？》（*Standing Room Only?*，1927年），沃伦·S. 汤普森（Warren S. Thompson）的《世界人口中的危险点》（*Danger Spots in World Population*，1929年），艾蒂安·德内里（Étienne Dennery）的《亚洲的难以计数的人口及其给西方造成的问题》（*Asia's Teeming Millions and Its Problems for the West*，1931年）。[129]

异乎寻常的是，这场沮丧焦虑的狂欢是由杰出的知识分子领导的。伊斯特是哈佛大学的植物遗传学家，汤普森是世界上第一个人口统计学研究中心的主任，德内里是享誉全球的巴黎政治学院（Paris Institute of Political Studies）的经济学家。格兰特是纽约著名的律师，与西奥多·罗斯福（Theodore Roosevelt）总统关系密切。阿德琳·莫尔是英国语言学家查尔斯·凯·奥格登（Charles Kay Ogden）油头滑脑的笔名。马尔尚是英国国家公共道德委员会（British National Council of Public Morals）的负责人，以反对不纯洁的思想而闻名。罗斯是威斯康星大学的社会学家（他因敦促美国海军炸毁"所有把日本人带到我们海岸的船只，而不是允许他们登陆"而被斯坦福大学解雇[130]）。就连仅仅是自由记者的斯托达德，也拥有哈佛大学的

麦迪逊·格兰特，摄于 1925 年前后

博士学位。

更令人震惊的是，许多对种族问题发表耸人言论的人也是其国家新兴的自然保护运动的领导者。那些出身高贵的富家子弟既害怕高贵而优越的白种人受到肮脏的劣等种族的威胁，又担心他们眼中高贵而优越的原始景观也受到这些肮脏的劣等种族的威胁。他们珍视对资源的专家治理，认为保护森林和清理人类基因库之间没有什么区别。

麦迪逊·格兰特就是一个例子。格兰特出生于新英格兰的一个贵族家庭，在一座有角塔的豪宅中长大。他与其他人共同创建了布朗克斯动物园（Bronx Zoo），建立了保护加利福尼亚红杉的组织，帮助建立了国家公园体系，在拯救野牛免遭灭绝方面发挥了核心作用，而且，他还在奥尔多·利奥波德之前撰写了一些生态学方面的文章。除此之外，他花了几十年的时间试图保护他所在的特权阶层不受正在崛起的下层阶级的伤害——事实上，他撰写《伟大种族的逝去》这本书，就是为了谴责"权力从上层种族向下层种族的转移"。格兰特最狂热的粉丝之一是阿道夫·希特勒，（格兰特吹嘘说）希特勒曾给他写过一封表达仰慕之情的信。[131]《伟大种族的逝去》是纳粹掌权后德国出版的第一本非德国人撰写的书。[1]

在保护环境方面，精英主义的印记是如此根深蒂固，甚至在几十年之后，许多左翼人士仍然嘲笑说，生态问题是右翼分散人们注意力的借口。直到 1970 年，激进的"争取民主社会学生会"（Students for a Democratic Society）还在抗议第一个地球日不过是华尔街的一场骗局，为的是转移公众对阶级斗争和越南战争的注意力。左翼记者 I. F. 斯通（I. F. Stone）称，全国游行只是"花言巧语"的秀场。[132]

沃格特、利奥波德、墨菲以及许多与他们志同道合的人，并不是真正属于这一群体。事实上，在他们的推动下，环境问题开始有了转变，从右翼的事业转变为左翼的事业。尽管如此，他们的知识框架还是与对种族问题发表耸人听闻言论者大致相同，并经常用今天读起来令人不安的措辞来贬低有色人种。例如，沃格特曾对"落后群体"的"不受约束的产卵"和"不受约束的交配"大加讥讽——他嘲笑说，印度人像"不负责任的鳕鱼"那样繁衍后代。[133] 但是，第二波浪潮中的自然保护主义者很少声称某个种族或文化在本质上优于另一个种族或文化。沃格特也是如此。他没有为自己的种族辩护，他对"在海外抢掠的美国人"、"掠夺者"和"寄生虫"感到特别愤怒，说他们打着"神圣不容置疑的自由企业"的旗号，破坏其他国家的自然景观，剥削那里的人民。在他看来，"我们人类血脉相通"。

最重要的是，沃格特以及与他有着相同观点的人们——比如斯托达德，比如伊斯特，比如希特勒——都把人视为生物个体，与细菌和

---

[1] 希特勒将人类视为一群基因上截然不同、为生存而争斗的种族，耶鲁大学历史学家蒂莫西·斯奈德（Timothy Snyder）将其描述为"对 19 世纪普遍说法的一种极端表述"。与马尔萨斯相呼应的是，希特勒坚持认为："无论［任何种族］如何提高土地的生产力……与土地相比不成比例的人口……依然存在。"因此，希特勒和所有其他种族领袖的责任就是"在人口和土地面积之间重新确立一个可接受的比例"，也就是说，通过攫取地球有限资源中越来越大的份额，来养活他们不断增长的种族。

果蝇一样，受同一自然法则的支配。[134]（"自然是无情的，"斯托达德写道，"没有任何一种生物能够凌驾于自然法则之上；无论是原生动物还是半人半神，如果僭越了自然法则，都必将死亡。"）跟冠鸬鹚和秘鲁鳀一样，跟小海鸟、白羽鹭，以及蚊子一样，人类是进化的参与者，是基因驱动的集合体，在这个世界上，他们的进程同样受到生态环境限度的制约。而这些观念（与种族理论家的观念不同，但同样基于人类由生物命运所控制的观点）潜藏在沃格特的心理背景之中，随着他将注意力从鸟类转移到人类，这些观点成了他的理论工具之一。

《生存之路》

1945 年夏天，沃格特的生活发生了巨大变化。他有了发表自己见解的新机会，也有了一位新的伴侣。这个发表见解的机会就是写一本书。这位伴侣就是他的第二任妻子玛乔丽·伊丽莎白·华莱士（Marjorie Elizabeth Wallace）。沃格特的书将会第一次确立今天我们所说的绿色运动的知识框架。如今，这些理念非常普遍，甚至许多人都没有意识到它们是思想理念，或者人们并不总是认为它们是思想理念。沃格特说，如果没有他的新婚妻子，所有这一切都是不可能实现的。

玛乔丽·华莱士[135]出生于 1916 年，父亲是英国人，母亲是美国人，在加利福尼亚州圣马特奥长大。与胡安娜一样，她也在伯克利就读过。在那里，她引起了乔治·德弗罗（George Devereux）的注意，德弗罗是一位年轻潇洒、才华横溢、活泼善变的欧洲社会学家。[136]他们在 1938 年玛乔丽毕业后就结婚了，然后搬到马萨诸塞州伍斯特的一家精神病院。在那里，德弗罗研究精神错乱，撰写有关莫哈韦印第安人的研究报告；这期间，他有了外遇。玛乔丽则在波士顿大学完成了一篇硕士论文。

1943 年，德弗罗在怀俄明州找到了一份工作，离他的研究对象更近。玛乔丽并没有去那里，而是回到了加利福尼亚州，她在那里遇到了比她大 14 岁的沃格特。当时，沃格特正试图说服华特·迪士尼（Walt Disney）制作一部关于土壤的动画电影，但没有成功。很明显，玛乔丽和沃格特开始了一段关系。那之前两年的大部分时间里，胡安娜独自一人滞留拉丁美洲，在大使馆里四处打探有关纳粹的消息。1945 年 6 月，这对夫妇在加利福尼亚州见面。他们的婚姻破裂了。两个月后，胡安娜前往内华达州的里诺办理离婚手续。手续办得非常快，成为该市一次著名的快速离婚。1946 年初，出于同样的原因，玛乔丽也去了里诺。玛乔丽向德弗罗提出离婚申请，并出庭听取判决；就在同一天，她与沃格特结婚，那是 1946 年 4 月 4 日。[137]

这对新婚夫妇飞往墨西哥城。沃格特除了许多日常工作之外，还参观了由洛克菲勒基金会支持的一个新农业项目——博洛格负责的项目。这次旅行没有留下什么记录。我们所知道的是，沃格特感到非常震撼。他同意洛克菲勒的观点，相信"利用我们巨大的粮食生产能力，使世界重新站立起来"是很重要的。但是，正如他后来所说，"我们必须认识到，这是一项应急措施，不要指望着把一百万双脚放在同一张餐桌下"。[138]沃格特认为，为博洛格的项目提供资金，洛克菲勒完全走错了方向。

参观洛克菲勒项目后的第二天，玛乔丽和沃格特飞往危地马拉，他们要在那里度过为期一个月的蜜月。然后，似乎是为了弥补这段休闲的时间，这对夫妇前往中美洲和南美洲，向持怀疑态度的政府官员提交生态环境报告。只要不需要去见官员，沃格特就会沿着坑坑洼洼的道路走上很远的路，到乡间去。由于他腿脚不好，加之肺部虚弱，他一直感到很疲劳。到了晚上，沃格特总会感觉疲惫不堪，倒在床上。他向玛乔丽口授，让她做笔记、写信件，他们一直忙到深夜。其中一封信是写给洛克菲勒基金会，要求他们改变方针的。在萨尔瓦多，他在下榻酒店转交的信件里看到一份出版合同。纽约的一位出版商向他约稿，请他撰写一本有关生态环境的书，并答应支付"一大笔预付款"。尽管已经疲惫不堪，但沃格特还是为此兴高采烈。从 20 世纪 30 年代中期开始，他就一直在考虑写一本书——事实上，一位出版商曾经听过他的演讲，并跟他签过一份出版合同；但是，由于一直被工作和旅行压得喘不过气来，沃格特根本没有时间写作。现在，泛美联盟似乎给了他足够的时间。他终于能够在公众面前发出响亮的声音了。[139]

沃格特的出版人是科幻小说家威廉·M. 斯隆（William M. Sloane），他曾在亨利·霍尔特出版公司（Henry Holt publishing company）担任编辑。[140]1946 年 3 月，他和霍尔特的其他 4 名员工离开这家公司，创办了一家新公司——威廉·斯隆联合公司（William Sloane Associates）。公司设在一栋没有电梯的大楼里，在三楼有一个房间，运营资金非常有限。斯隆本人债台高筑，连食品杂货的账单都快付不起了。沃格特以前一本书也没有写过，公众对他一无所知。他经常出差，日常工作负担过重，而且他性格急躁、专横，耐不住坐下来编辑资料。尽管如此，斯隆还是在他身上下了很大的赌注。沃格特的书将是他的公司发行的第一批图书之一。

令沃格特惊讶的是，他发现自己与同行费尔菲尔德·奥斯本（Fairfield Osborn）展开了友好的写书比赛。与沃格特不同的是，奥斯本是出身上流社会的老派环保主义者。[141]奥斯本的父亲是位富有的古生物学家，曾担任美国自然历史博物馆和纽约动物学会（New York Zoological Society）的主席；他的叔叔是大都会艺术博物馆（Metropolitan Museum of Art）的馆长。兄弟俩是快乐的偏执狂，费尔菲尔德·奥斯本的父亲为《伟大种族的逝去》一书写了一篇热情洋溢的序言。奥斯本在华尔街工作了 16 年后退休，将工作重点转向了对自然环境的保护。他和父亲一样担任纽约动物学会的主席。他的主要任务是经营布朗克斯动物园，这份工作充分显示了他的戏剧才华。他经常带一只雀鹰去参加演讲活动，在演讲过程中放出一笼飞蛾，让雀鹰在观众的头顶上方啄食昆虫。

奥斯本认为，无论是第一次世界大战还是第二次世界大战，都是由生态环境的退化引发的——说到底，它们都是争夺资源的战争。在那些日子里，他喜欢说，人类"卷入了**两大**冲突——除了每天头条新闻报道的冲突，还有另一类战争……可能造成比滥用核武器更大的灾难，那就是人类与自然的冲突"。[142] 为了阻止进一步的破坏，1948年，奥斯本与利奥波德和沃格特合作，创立了第一个全球生态组织：环境保护基金会（Conservation Foundation）。与此同时，他开始撰写一本书，"以表明人类是地球生物系统的一部分，而不是一种可以成功超越自然过程的精灵"。

或许沃格特每次想到要与更富有、社会地位更高的奥斯本竞争就会感到沮丧，但他从未表现出来。信件在他们之间往来穿梭，奥斯本在动物学会豪华的第五大道总部写信，而沃格特则是在拉丁美洲的酒店或在泛美联盟的政府发行办公室写信。奥斯本称赞沃格特和利奥波德为他提供了正确的"解决问题的哲学方法"。沃格特则告诉奥斯本，他的手稿让他"一直读到凌晨两点，读完为止"。他还给予这位作家书面恭维："当我阅读你的文章时，我不止一次对自己说：'我真希望我也能想到这一点。'"[143] 1948年，这两本书都面世了，出版时间仅相差几个月，奥斯本的《我们被掠夺的星球》（*Our Plundered Planet*）于 3 月 25 日出版，沃格特的《生存之路》出版于 8 月 5 日。

两部作品都非常成功。《我们被掠夺的星球》重印了 8 次，并被翻译成 13 种语言。《生存之路》是"每月一书俱乐部"（Book-of-the-Month Club）以及《读者文摘》（*Reader's Digest*）的主要选择图书。"每月一书俱乐部"是一家全国性的订阅服务机构，自动向 80 万美国订阅者寄送被认为有价值的图书；《读者文摘》是世界上发行量最大的杂志，为其 1 500 万全球订阅者提供了该书的缩写本。《生存之路》被翻译成 9 种语言。沃格特获得了克兰布鲁克科学研究所（Cranbrook Institute of Science）和伊扎克·沃尔顿联盟（Izaak Walton League）的奖项，这本书在几周之内被 26 所学院和大学采纳为教科书（后来，更多的学院和大学也将这本书列为教科书）。[144]

两本书早期获得的评论都非常正面。据《旧金山纪事报》报道，《我们被掠夺的星球》被视为"本世纪对人类发出的最重要的警告"。《波士顿环球报》（The Boston Globe）称，沃格特的书"引起了广泛的争议，它激动人心、令人沮丧，但也给人以希望"。《星期六评论》（Saturday Review）认为，《生存之路》是"迄今为止美国就自然环境保护——或对自然环境缺乏保护——所写的最有说服力、最具挑衅性、最具知识信息量的书"。《华盛顿邮报》（The Washington Post）的评论尤其热情：

> 在现在活着的许多人的有生之年，地球上的各个地方都会出现食物不足的问题……我们靠借来的时间生活；或者更准确地说，我们依靠迅速减少的资本生活……毫无疑问，这是 1948 年最重要的一本书。这也是最优秀的作品之一。

对沃格特来说，最重要的可能是来自个人的祝贺。罗杰·托利·彼得森，那位完完全全的鸟类专家，原本一直对沃格特要在更大的"画布"上作画的决定持怀疑态度。[145] 而此时，彼得森说，《生存之路》是沃格特一直努力追求的顶峰。罗伯特·库什曼·墨菲的妻子格蕾丝（Grace）代表丈夫写道："你的书就是新的《圣经》。"早些时候，奥尔多·利奥波德还称赞沃格特的写作大纲"非常好"。此时，他告诉沃格特，《生存之路》是"我所见过的对人类生态和土地利用最清晰的分析"。

然而，随着沃格特这本书的主题思想逐渐被人了解，他开始受到批评。畅销新闻杂志《时代》（Time）嘲讽道："真正的科学家对《生存之路》不以为然。"《时代》的一位匿名评论者写道，沃格特"信条"的每一个方面，都"要么是虚假的，要么是扭曲的，要么是无法证明的"。《生存之路》还因提倡节育而受到罗马天主教徒的谴责。保守派谴责这本书支持国家管控，而企业界的人则谴责它攻击资本主义（《读者文摘》删去了沃格特对自由市场的批评）。但是，最大的愤怒来自左翼。《国家》（The Nation）杂志谴责这本书是"完全无知""语无伦次""刺耳"的"花言巧语"，声称沃格特的生态学证明"科学在紧迫的现代问题面前已经黔驴技穷了"。在巴黎举行的世界共产主义峰会上，一位苏联小说家谴责《生存之路》"仅仅是腐化美国人民的一种卑鄙手段"，并因此引来了一片欢呼声。《我们被掠夺的星球》的遭遇也没有好到哪里去。这位苏联小说家坚称，阅读沃格特和奥斯本的作品导致"犯罪率大幅上升"。[146]

　　毫不奇怪，这两本书在某些方面非常相似，而且不仅仅是因为它们都反对一种新的化学物质——滴滴涕（DDT）。两部作品还共同创造了一种新的文学体裁：**有关全球形势的忧心忡忡的报道**。[147]他们率先将我们对生态的担忧描述为人类导致的全球范围内的问题。他们指出，这个问题是相互关联的世界性问题，而不是地方性或国家性的问题。他们含蓄地主张，生态问题只能通过全球共同的努力来解决，由全球专家来管理，也就是说，由沃格特和奥斯本那样的人来管理。

　　沃格特和奥斯本也是最先把后来成为环保思想基础的信念带给广大公众的人，他们提出，资本主义驱动下的消费和不断增长的人口数量是导致世界上大多数生态问题的根本原因。只有大幅减少人口出生率和经济活动，才能防止一场全球性的灾难。[148]

　　在这两本书中，《生存之路》的影响更大。这本书成了今天环境保护运动的蓝图，这是作者无论如何都想象不到的。[149]后来撰写

《寂静的春天》的蕾切尔·卡森和《人口炸弹》的作者保罗·埃利希都受到了这本书的启发。《寂静的春天》和《人口炸弹》这两本书是20世纪50年代和60年代最重要的环保著作。历史学家艾伦·蔡斯（Allan Chase）写道："《生存之路》中提出的每一个论点、每一个概念、每一个建议，都将成为后广岛时代受过教育的美国人的传统智慧的一部分。"沃格特的思想"将在未来几十年里不断被重复、重申，并会无数次融入源源不断地出现的书籍、文章、电视评论、演讲、宣传手册、海报，甚至襟章之中"。

产生这种影响的部分原因，是沃格特那有目共睹的严厉语气。[150]奥斯本和他都哀叹"美国人做事的方式"。他们说，从清教徒时代开始，这种方式就毁掉了这片土地。但是，只有沃格特将美国的所有历史描述为一场"毁灭之旅"，殖民者从大西洋开始，一路"砍伐、烧毁、排水、犁地、射击"，一直推进至太平洋。他疾声怒吼道："自古至今，人类无情地蹂躏着地球，而我们的先辈是其中最具破坏性的群体。他们迁徙到地球有史以来赋予人类最丰富宝藏的福地之一，而仅在几十年内，他们就把数百万英亩的土地变成了一片废墟。"与出身华尔街的奥斯本不同，沃格特鄙视资本主义。他想象着那些批评他的人在哭泣：

> "自由企业造就了我们的国家！"对于这一点，生态学家们尽管态度不无讽刺意味，却可能会表示认同："完全正确。"因为自由企业必须为被毁坏的森林、消失的野生动物、残破的山脉、沟壑纵横的大陆，以及汹涌的洪峰承担大部分责任。自由企业，正是它脱离了生物物理方面的理解以及社会方面的责任。

明天的生态崩溃将导致后天的核战争。如果人类继续忽视生态现实的话，他警告说：

人类几乎不太可能长期逃脱这样的结局，战争带来的死亡必将犹如从天而降的倾盆大雨。根据一些消息最灵通的权威人士的判断，到那时，很可能至少有3/4的人将被消灭。

《生存之路》为现在一种常见的思维方式奠定了基本原则：**环境保护主义**。环境保护主义不仅仅是简单地认识到污染邻居的水井或破坏秃鹰的巢穴是不好的。在大多数情况下，这种承认可以被视为产权的一种功能。污染者使一口井有毒，实际上是在未经其所有者许可的情况下夺取了水源。（更准确地说，这是在霸占水的使用权。）这些秃鹰也被从它们的主人——公众——的手中夺走。相比之下，环境保护主义是一场政治和道德运动，其基础是一套关于自然和人类在其中的位置的信念。

环保人士希望停止污染水井，保护秃鹰的巢穴。但他们认为，井水与其说是财产，不如说是自然循环的一部分，它有自身的价值，需要予以维护。秃鹰本身是具有必要完整性的生态系统的组成部分，应该受到保护。任何一套关于世界运作的信念，都必然要说明在这个世界上什么是好的和重要的。环境保护主义是一种主张，认为尊重自然法则是良好社会和良好生活必不可少的。利奥波德是最早提出这个想法的人之一。"当一件事趋向于保持生物群落的完整性、稳定性和美感的时候，它就是正确的。"他在其最著名的文章之一《土地伦理》（The Land Ethic）中这样写道，"如果不是趋向于此，那就是错误的。"[151]

《生存之路》有两个主要的创新。首先，正如环境历史学家保罗·沃德（Paul Warde）和斯韦克·瑟林（Sverker Sörlin）所指出的那样，它引入了"自然环境"（*the* environment）这个理念。关于"环境"（environment）的旧理念至少可以追溯到古希腊时期。它指的是气候、土壤、海拔等外部的自然因素，这些因素会影响个人生活和（据认为）性格。例如，希波克拉底认为，土壤肥沃、水源充足的地带造就了"肥胖、不善表达、悲观、懒惰、通常性格懦弱"的人。在地中海沿岸长大的希波克拉底声称，这里的环境造就了体型高大、英俊漂亮、聪明睿智的人，大概就像他和他的读者一样。这种想法的各种变体一直延续到20世纪。[152]

在这种语境下，"环境"指的是一种单一类型的地方——森林、海岸线、沼泽地等——对人类产生的作用。正如沃德和瑟林所强调的那样，沃格特扭转了这个词的含义。在《生存之路》中，"自然环境"不是指影响人类的外部自然因素，而是指**受人类影响**的外部自然因素。在沃格特看来，不是自然塑造人类，而是人类塑造自然，而且其影响通常是消极的。他所说的"自然环境"，并不是指某个特定的地方，而是全球作为一个整体。从前，环境指的是过去和现在的局部条件对人类的影响，如今，环境这个概念指向的是人类对整个地球的影响，其重点在于未来。

给一个词赋予新定义似乎是学术性的，也是抽象的，但其影响却并非如此。除非某个事物有了名字，否则就不能对其进行有目的的讨论或采取有意义的行动。巴西教育家保罗·弗莱雷（Paulo Freire）写道："人们通过命名世界来改变世界。"没有这个"自然环境"的概念，就不会有环境保护运动。[153]

《生存之路》的第二项主要创新是，沃格特用一个概念总结了人类与全球生态环境之间的关系：**承载能力**。[154]这一点的重要性再怎么强调都不为过。当今全球环境保护运动基于两个理念。第一，与其他物种一样，智人受生物定律的约束。第二，这些定律之一是，没有哪一个物种能够长时间超过生态环境的承载能力。

"承载能力"一词起源于19世纪初期，最初指的是一艘船所能承载的货物量。随着时间的推移，它被用于指代某种类型的交通工具可以运输的材料的重量或体积，比如说，骡子运输队可以带进山区的补给物资。19世纪80年代，定义的范围进一步扩大，扩展到了用来指代能够在给定范围内存活的放牧动物数量。第一次世界大战期间，在美国林务局牧业办公室（Forest Service's Office of Grazing）工作的奥尔多·利奥波德就遇到了这个概念。他把原本用于牧场牲畜的概念用到了森林中的狩猎动物上，将承载能力发展成为一种基本的生态工具。在他撰写的教科书《狩猎动物管理》（Game Management，1933年）中，利奥波德认为，土地管理者的任务是"提高生产力"，这意味着操纵土地，直到其达到最大的承载能力。

在《生存之路》中，沃格特用一个公式定义承载能力：B-E ＝ C。[155] 在这个公式中，B是生物潜力，即这片土地在理论上"产出用于居所、衣物，以及特别是能够充当食物的植物"的能力。E是环境阻抗力，是对理论生物潜力的实际限制。实际承载能力C从来不会像理论生物潜力那么高，因为总有一些环境阻抗力。这就是B-E ＝ C的意思。沃格特明确主张，人们正在破坏环境（新理念意义上的环境），导致环境阻抗力E在全球范围内不断上升。其结果是，代表这个星球维持生命能力的实际承载能力C正在萎缩。

通过承载能力这个概念，沃格特对马尔萨斯的观点进行了改写。正如哈佛历史学家乔伊斯·查普林（Joyce Chaplin）所注意到的那样，马尔萨斯在他的文章中没有提供任何可以证明粮食产量只能以算术级数增长的证据。[156] 事实上，马尔萨斯的理论可以被重新表述为一个物种（人类）以几何级数的增长速度繁殖，而其他物种（农作物）却不能以几何级数增长。没有明显的理由证明这是正确的——证明人类在这方面是特殊的。我们知道，马尔萨斯关于人类繁殖速度的证据来本杰明·富兰克林的一篇文章。[157] 但是，查普林指出，富兰克林在同一篇文章中明确表示，他认为植物和人类的繁殖速度相当——这与马尔萨斯的观点相悖。

沃格特并没有试图编造出理由，证明农作物产量的增长必定跟不上人类日益增加的需求，而是用"承载能力"来重新设定这个论点。承载能力是**任何**物种都无法超越的门槛。沃格特承认，的确，科学家们或许能够利用技术来提高产量，使其超过人口增长。然而，提高农业产量的短期胜利将导致一场长期的灾难。我们这一物种的数量和需求将超过地球的承载能力，这将破坏维系我们生存的生态系统。承载能力是无法绕开的。要么人类主动减少人口和消费量，以保持在世界的承载能力之下，要么就由人口过剩造成的生态破坏来减少人口和消费量。最后，正如生态学家、活动家保罗·埃利希后来所说的那样，"发出最后一击的是大自然"。[158]

沃格特的论点在直觉上很有说服力，但在知识层面上却站不住脚。正如伯克利地理学家内森·塞尔（Nathan Sayre）所强调的，承载能力最初是一个可以测量的具体量。如果一艘船的载重量为 X 吨，除非这艘船重新建造，否则 X 这个数字是不会变的。但是，随着承载能力的概念扩展到其他形式的运输领域，然后是牧场和森林等环境，最后是整个地球，人们不再能轻易就承载能力给出一个数字，不清楚生态系统的承载能力是不是一个静态的、可测量的实体，也不清楚其是否有一个意义明显的上限。如果把一个在小范围内可能有用的想法像太妃糖一样拉抻，将其应用到整个世界，那这个想法就可能变得站不住脚了。

单个生态系统的承载能力是一条经验法则（很多时候事物都是这样运作的），还是一条反映潜在的物理实在的生物学定律？一个环境的生物潜能（以及它的最大理论承载能力）是一个固定的、绝对的极限，一个由大自然设定的值，还是一个可以随时间变化的量，并因此会受到人类的影响？

对于这些问题，沃格特并没有做出回答。但大概在他写作《生存之路》的同时，佐治亚大学生态学家尤金·P. 奥德姆（Eugene P.

Odum）在其《生态学基础》（*Fundamentals of Ecology*，1953 年）一书中回答了这些问题，这是第一本被广泛使用的生态学教科书。[159]是的，奥德姆说，承载能力是一个具体的数字，由物理定律确定，可以实际测量。在谈到高斯和其他人发现的 S 形增长曲线的时候，奥德姆在《生态学基础》一书中指出，承载能力就是图表中的最高点——"超过这一上限，就不会出现重大增长"。环境有无法忽视或克服的限度。培养皿的壁是真实存在的，无法超越。

奥德姆对承载能力的定义在当时还很新颖，如今，"在教科书中几乎是通用的，"哈佛大学生态学家詹姆斯·马利特（James Mallet）在 2012 年写道，"并已被一代又一代的本科生接受。"我就是其中之一。在大学里，我从奥德姆这本书于 1971 年出版第 3 版中了解到了承载能力。在他去世后于 2009 年出版的第 5 版，已经出现在了我女儿的高中生物课堂上。

今天，全球承载能力的概念已经演变为**"地球界限"**这个概念。[160]一个由 29 名欧洲和美国科学家组成的团队在 2009 年的一份有影响力的报告中指出，这些界限设定了"我们期望人类能够在其中安全运作"的环境范围。（2015 年，该报告进行了更新。）他们说，为了防止"非线性的、突然的环境变化"，有 9 项全球限度是人类不能逾越的。也就是说，人们不应：

1. 过量使用淡水；

2. 向土壤施含有过多氮和磷的肥料；

3. 过度消耗平流层中具有保护作用的臭氧；

4. 过度改变海洋的酸度；

5. 将过多土地用于农业；

6. 导致物种灭绝速度过快；

7. 向生态系统中排放过多的化学物质；

8. 向空气中排放过多烟灰；

9. 向大气中排放过多的二氧化碳。

研究人员还提供了这些界限的具体数字；例如，高层大气中的臭氧（界限3）不应低于工业化前水平的95%。我省略了这些数字，为的是强调其基本论点与沃格特时代一样简单。在界限之内，人类可以自由发展；而超出这些界限，即超过承载能力，麻烦就会随之而来。

沃格特希望"有聪明才智且明辨道理，但对生态或环境保护知之甚少的文化人"能够阅读他的书。而事情远远超出了他的想象。他的思想被后人采纳并被重新塑造，为未来几十年的环境保护运动确定了基调。减少消费！排除毒素！调低恒温器！摄取食物链中较低端的食物！减少和回收废弃物！保护生物的多样性！亲近土地！保护本地社区！小即是美！[1] 所有这些都源于沃格特的呼吁，即在土地上清浅淡然地生活，与大自然同行，而不是压倒大自然。

与他的许多追随者一样，沃格特认为，他所倡导的那种简朴、以当地为中心、面向共同体的生活，是对环境（尊重全球承载能力的必要性）和人类（对生态相互作用认识的缺乏）极限有所认识的必然结果。但是，这些命令也与一种美好生活的概念密不可分——对于这种特殊的生活方式，批评人士冠以"环保狂"之类的绰号，而倡导者则使用"可持续"之类的术语来描述。

沃格特的理想社会是一个由遵循生态法则的自给自足的公民组成的体系。这让我们想起了托马斯·杰斐逊，他认为美德来自农业村庄，而不是市场和城市。杰斐逊式的观点是推崇农村而非城市，推崇畜牧业而非工业，推崇地方紧密联系而非流动自由，推崇节俭独立而

---

[1] "小即是美"（small is beautiful）这句话源自 E. F. 舒马赫（E. F. Schumacher，1911—1977年）1973年出版的《小即是美》（*Small Is Beautiful*）这本书。——译者注

非富裕和商业，这么说并不是一种批评。沃格特憧憬的美好生活很像他搬到布鲁克林后失去的童年时代的田园生活，这么说也不是一种批评。但有必要看到，其他一些人认为，在地球上过上美好的生活这个目标可以通过不同的方式来实现，甚至是以相反的方式来实现。亦如亚历山大·汉密尔顿反对杰斐逊的信念，视其为不合理，那些人认为，与大自然共处的最佳方式是聚集到大城市（据说大城市使用的资源比分散在各自社区所消耗的资源要少），提高生产力（因为更少的人直接耕种土地，能实现人均产出最大化），以及变得更加繁荣（因为富裕使社会能够更好地处理环境灾难的影响）。

这些争论——巫师派和先知派之间的根本争论——并没有很快形成，部分原因是沃格特的生活一如既往地处于不稳定的状态。沃格特撰写《生存之路》的时候，奥尔多·利奥波德计划聘请他做生态经济学研究——威斯康星大学新设立了一个职位，可能是世界上第一个生态经济学职位。但是在 1948 年 4 月，也就是《生存之路》出版的前几个月，利奥波德在帮助邻居扑灭灌木丛火灾的时候，因心脏病发作而离世。损失是巨大的，其中的一小部分是沃格特的工作。[161]

当时，牛津大学出版社刚刚同意出版利奥波德的《沙乡年鉴》（*A Sand County Almanac*），这本书后来成为他的代表作。沃格特仍沉浸在悲痛之中，他前往纽约，向出版社保证，利奥波德的儿子卢纳（Luna）可以并且也愿意编辑利奥波德的手稿（沃格特也审阅了手稿）。沃格特写书时，利奥波德在知识把关方面付出良多，沃格特心存感激，他在《沙乡年鉴》的封面加上了自己满腔热忱的宣传语。尽管利奥波德文笔优雅，但这本书最初几乎没有引起人们的关注。然而，在 20 世纪 60 年代，它成了一部有关环境问题的经典之作，销量达数十万册，向新一代人介绍了沃格特关于承载能力和全球限度的信息。[162]

利奥波德去世两个月后，作为《生存之路》宣传活动的一部分，沃格特在《哈泼斯》（*Harper's*）杂志上发表了一篇节选文章。这篇文章使位于曼哈顿的洛克菲勒基金会总部响起了警报声。在这篇节选中，沃格特对基金会的墨西哥项目进行了含蓄但实实在在的攻击，这个项目将与一个人有关，这个人叫诺曼·博洛格。

第三章　巫师派

更　多

许多年后，诺曼·博洛格获得了诺贝尔奖，如果他回顾自己最初在墨西哥的那些日日夜夜，应该会觉得难以置信。[163] 他受委托到墨西哥中部高地培育抗病小麦。1944 年 9 月来到这里之后，他才意识到自己是多么不适合这项任务。跟沃格特前往秘鲁开启自己事业时的情况几乎一样，博洛格当时也不具备充分的资格。博洛格没有在同行评议的专业期刊上发表过文章，没有与小麦打过交道，也没有培育过任何种类的植物。在去墨西哥之前的那几年，他甚至没有从事过植物学研究——获得博士学位以后，他一直在测试工业使用的化学品和材料。他此前从未离开过美国，也不会说西班牙语。

工作设施和环境也同样缺乏吸引力。博洛格的"实验室"是一个没有窗户的油布棚屋，位于查平戈自治大学（Autonomous University of Chapingo）校园内一块 160 英亩的干旱贫瘠、灌木丛生的土地上。（"自治"指的是，该大学拥有在不受政府干预的情况下设置课程的法定权利；查平戈是该大学所在村庄的名字，位于墨西哥城外。）尽管博洛格的项目是由资金雄厚的洛克菲勒基金会赞助的，但基金会不能为他提供科学工具或机械；在第二次世界大战期间，这类设备需要保留下来，以备军队之用。

博洛格的童年是在贫困的家庭农场中度过的。他觉得农田里的活儿是单调乏味的苦差事，始终想着逃离出去。来到墨西哥之后，他又开始了使用手工工具和驮畜从事劳动的生活。白天酷热难耐，晚上，寒冷潮湿的风从山上吹来。附近没有酒店，博洛格只能睡在棚屋的泥土地上。晚餐是一罐炖肉，用玉米穗生火加热。总是有苍蝇到处乱飞，在黑暗中，他都能感觉到老鼠从他的睡袋上跑过。水是装在水桶里的，他总是把水烧开了再喝，可即便这样也常常生病。

最糟糕的是，他感到非常焦虑，因为他担心自己不能胜任——正如他后来所说，他到墨西哥来是"犯了一个可怕的错误"。他希望通过自己的工作来帮助饥饿的人们获得食物——从他的青春期开始，这一愿景就在不知不觉中慢慢形成了。但此时，他所担心的是，自己甚至连迈出第一步都做不到。他尝试着把事情做好，但他做的任何事情都不见成效。植物快死了，而他又与上司们意见不一致。自从离开自家的农场，除了最初令他困惑的那段日子，他还从未感到如此茫然无措。

尽管有着种种令他不安的预兆，但他还是成功了。从墨西哥这片被忽略的土地上创造出来的成果最终影响了全世界，改变了从玻利维亚到孟加拉国的人民生活。他因此受到赞扬，也遭到谴责；但是，就连他的敌人也不得不承认，他从根本上改变了人类的前景。他的支持者说，他将10亿人从饥饿中拯救出来，尽管他总是对这一数字表示怀疑。

博洛格和沃格特之间有着相似之处，但从严格意义上来讲，他们之间是无法比较的。博洛格从未发表过宣言类文章，而且基本上拒绝担任理论家和倡导者的角色。相反，他的一生象征了一种思维方式——巫师派的思维方式。至少，在巫师派看来，博洛格的成功表明，科学和技术只要运用得当，就能够为人类开创繁荣的未来。他用他所做的事回答了人类如何生存这个问题：做个明智的人，做出更多贡献，与其他人分享。他的成功说明：我们可以为所有人建立一个闪闪发光的富庶的世界。与这个世界相伴而生的事物——宏伟的各种设施和建筑、园地里不停运转的机器、夜空中人造光发出的耀眼强光——都值得我们欣然接受，而不是对它们恐惧和担心。

与任何象征一样，博洛格作为科学使徒的形象简化了实际发生的事，抹去了模棱两可之处。尽管如此，这样的形象仍然凸显了博洛格的某些特质——他坚韧的性格，他对逻辑、知识以及努力工作最终会有回报的坚定信念。这相当于一个战斗口号。我遇到过许多受他启发的人。当我问他们对未来的看法时，他们给了我各种各样的答案，但往往可以归结为："博洛格会怎么做？"

小诺姆

在诺曼·博洛格漫长的一生中，他在异国他乡生活了数十年，但艾奥瓦州永远是他的故乡。在那里，草原上的草丛曾被他祖先的犁征服过。到处都是巨大的孤立岩石，这是古代冰川遗留下来的证物。19世纪中期之后，才有非印第安人大量涌入这个地区。在这些人当中，就有来自挪威的移民奥勒·奥尔松·德维格（Ole Olson Dÿbvig）和他的妻子索维格·托马斯多特·林德（Solveig Thomasdotter Rinde）。奥勒出生于 1821 年，在一个小到称不上村庄的农场里长大，这个农场位于世界第二长峡湾松恩峡湾（Sognefjord）的一个拐弯处。那一带有着美丽富饶的田野，水面开阔、平静。但是，德维格家族的土地并不多，而且在他们的土地上，马铃薯遭受着枯萎病的蹂躏。索维格比奥勒小 4 岁，来自邻近农场的一个同样贫穷的家庭。1854 年，他们结婚还不到两周，便前往美国。在路上，他们把姓改为博洛格，希望这个新名字让美国人读起来不会那么麻烦。德维格是他们家园的名字，而他们再也没有见到过自家的家园。

博洛格一家在威斯康星州短暂停留后便向西迁移，来到密苏里河沿岸。当时，印第安人正声索这片土地——达科他苏人（Dakota Sioux）在领地问题上多年来一直受到美国国会和属地政府的欺骗，1862年，怒不可遏的达科他苏人进行了反击，杀死了数百名移民，并在一系列战斗中击败了属地政府的民兵，最终他们还是败给了美国军队。奥勒和索维格坐着一辆有篷马车逃了出来，躲过了屠杀，他们逃到艾奥瓦州东北部的萨乌德。[164]

萨乌德大约有40户农户，有一家杂货店、一家饲料加工厂、一家兼做铁匠活儿的铺子、一家合作经营的乳制品厂和两座教堂。博洛格一家来到这里的时候，树木比现在多，有成片的橡树和白杨树，但低矮的山坡跟今天一样，一直延伸到天边。我曾去探访，那是在冬天，在那个季节，夕阳的余晖是麦芽啤酒色。我可以想象博洛格一家当时在这里的生活场景，一片空旷的田野，寒冷萧瑟，但又充满希望。[165]

新来的人将圆木立起来建小房子，墙壁的缝隙用泥土塞实。他们种植苜蓿、小麦、玉米和燕麦，还养了几头奶牛。他们养狗，狗可以在农场里自由奔跑。在这一地区，一半的居民是挪威人，其余大部分人是捷克人——当时，人们称他们为波希米亚人。这些来自不同地方的人相互之间都很友好，但比较疏远。在萨乌德，我采访三位在挪威社区长大的老人，当年他们的父母都告诉他们，不要和波希米亚女孩约会。

在礼拜日，每个社区都会聚集在自己的教堂里，挪威人去路德宗的教堂，波希米亚人去罗马天主教的教堂。在挪威人的教堂里，男人坐在一边，女人坐在另一边。牧师们披着白色褶边和黑色缎面的披肩。直到 20 世纪 20 年代初，礼拜仪式用的都是挪威语。圣诞节期间，会众会在教堂入口处放上一棵圣诞树，点燃绑在树枝上的蜡烛。仪式结束后，大家一起拆开礼物。

博洛格一家选择在萨乌德住下来，是因为这里的挪威社区，而不是因为这里的土壤。这里的土壤表层很浅，并且排水不良。潮湿的环境滋生了病虫害；小麦秆锈病频繁发生，久而久之，包括博洛格一家在内的大多数当地农民都放弃了种植小麦。贫瘠的土壤让生活在这里的人日趋贫困，许多人早逝。仅在 1877 年，挪威教会就举行了 30 场葬礼，逝者占其成员总数的 9%。到了 20 世纪初，萨乌德的人口逐渐流失，人们迁徙到附近最大的城镇克雷斯科。最初定居在萨乌德的人，他们的孙辈们正在放弃祖先辛勤耕耘的土地。萨乌德太过贫穷，太过孤独，离商业区太过遥远。

博洛格一家都没有离开过很久。奥勒和索维格的 5 个孩子一生中的大部分时间都住在离父母家不远的地方。到了 20 世纪的头几年，他们的第三个孩子奈尔斯（Ncls）已经持有了一大片土地，足足有 165 英亩。1913 年 8 月，奈尔斯的第二个儿子亨利·奥利弗（Henry Oliver）结婚，是他的孩子中第一个结婚的。亨利的妻子克拉拉·瓦拉（Clara Vaala）是在离这里十几个农场之外的地方长大的。[166]

7 个月后，即 1914 年 3 月 25 日，亨利和克拉拉的第一个孩子诺曼·欧内斯特·博洛格出生了。[167] 那时，他的父母还住在奈尔斯的家里，与亨利的两个弟弟妹妹住在一起。到了收获的季节，整个家庭——奥勒和索维格的所有孩子，他们的所有后代和后代的家人们——大约有 30 人，大家凑在一起干活，一起庆祝。他们唱着挪威的歌，靠着借来的设备在田里卖力地收割庄稼。日落之后，他们又累又饿，聚在一起吃晚饭，一屋子人非常热闹。他们吃的是奈尔斯农庄里种的马铃薯、他们自己饲养的牛的牛肉、自家烘焙的面包、自家鸡产的鸡蛋、奥勒侍弄的果园里的苹果做成的苹果派。大家都管这个婴儿叫"小诺姆"（Norm Boy），而不叫他诺曼。直到诺曼 8 岁的时候，他的家人——那时他已经有了两个妹妹——才搬进了几百米外自己的家。摩登之家 209 号购自西尔斯罗巴克公司的产品目录（价格：981.00 美元）。这栋房子四四方方，独门独户，建筑历史学家称之为"四方型"（foursquare），意在象征坚实的美国价值观。房子没有隔热材料或管道，但可以挡风。[168]

萨乌德到底有多么与世隔绝，现在的人是很难想象的。[169] 挪威移民家庭紧密地团结在一起，小诺姆的父母虽然从未踏足挪威，但他们的英语中夹带着浓重的挪威口音。这里没有电话、没有广播或电视，除了奈尔斯的《克雷斯科实话报》（Cresco Plain Dealer）之外，没有任何形式的大众媒体，这是一份 8 个版面的周报，几乎只关注当地的事情。有时，在寂静的冬夜，小诺姆的妹妹们会坐在外面，身上裹着毯子，等待着从密尔沃基方向开来的火车驶入克雷斯科时发出的轰鸣声。"只有在这个时候，我们才能够感觉到自己属于一个更为广阔的领域，"他说，"这声音是我们与这个世界的唯一联系。"（这句话，以及后面所引的其他话，均出自博洛格的口述历史访谈。）

沿着萨乌德的泥土路走上四五千米，就到了社区学校，这是一栋被粉刷成白色的房子，只有一个房间。[170] 房子建于 1865 年，照明靠油灯，取暖靠一个圆鼓鼓的炉子。正面的墙上是一块用石板做成的黑板，对着一排排破旧的课桌；黑板附近一个书架，里面有一本词典、一本百科全书，还有几本被翻烂了的儿童读物。屋子外面有两间厕所，一间是男孩的，一间是女孩的。1919 年秋天，小诺姆开始接受学校教育。走进这间教室，他很快就发现一张书桌上刻写了他父亲姓名的首字母。整个学校只有一位教师——负责教授 8 个年级的 10 到 20 个孩子，这些孩子挤在一个八九米长、七八米宽的空间里，所有的学生都是白人。在这个县城里，有近 1.4 万名居民，只有 4 人是非裔美国人。每天早晨，学生们都从《艾奥瓦州玉米之歌》（Iowa

Corn Song）的歌声中开始这一天的学校生活：

> 我们来自艾——奥——瓦，艾——奥——瓦
>
> 这个州的所有土地上
>
> 快乐就在每一只手上
>
> 我们来自艾——奥——瓦，艾——奥——瓦
>
> 那里是玉米茁壮生长的地方！

每当暴风雪来临的时候，学生们就要往家赶，一路上与暴风雪搏斗。有一次，在博洛格入学后的第一个冬天，暴风雪来得非常迅速。孩子们刚穿好外套的时候，暴风雪已经来临，开始了一场猛烈的袭击。年龄大的男孩们用胳膊遮住脸，闯了出去，只有5岁的小诺姆紧随在他们的后面。

> 大雪在狂风的助力下形成白色的旋涡，我们把身子向前倾，顶着暴风雪。雪扑到脸上，双眼被融化的雪蒙住了，积雪齐腰深，我们吃力地一步一步向前移动。当时我感到非常难受。冰冷的气流穿过我的衣服……雪粘在我的脸上、手套上、夹克外套上。雪挤进我的靴子里，融化的雪水把我的双脚冻得麻木了。我走起来跌跌撞撞的。很快，我就再也挺不下去了……我能做的只有一件事：躺下来，哭着睡在大自然毫不吝啬地为我提供的柔软的白色裹尸布里。突然，一只手把我的围巾拉开，抓住我的头发，把我猛地拉起来。在我的上方，是一张充满愤怒和恐惧的脸，双唇紧闭。那是我12岁的表姐西娜（Sina）。"起来！"她厉声尖叫。"起来！"她开始拍打我的耳朵，"起来！起来！"

小诺姆一路啜泣着，任由西娜把他连拖带拽弄回了家。他摇摇晃

左下：奥勒和索维格·博洛格于 1854 年移民到艾奥瓦州

上：1913 年，奥勒和索维格的孙子亨利与妻子，妻子的妹妹和其丈夫双双举行婚礼

右下：7 个月后，诺曼来到了这个世界［图中右立者；与他的两个妹妹帕尔玛（Palma）和夏洛特（Charlotte）在一起］

博洛格童年世界的中心就是他的家（中图右，左图是卧室）、教堂（上图，前景是博洛格家族的墓地），以及学校（下图）。最近的城镇克雷斯科距离这里 20 千米，他们一年只能去一两次

晃地走进家门的时候，祖母刚刚从烤箱里取出面包。他为自己表现出懦弱而感到羞愧，于是坐了下来。一片面包出现在他面前，热得足以融化奶油。"没有什么食物比我 5 岁那年差点死掉的时候祖母烤的面包更香甜。"

在不上学的日子里，博洛格家的孩子们就做各种各样的杂活儿。他们天不亮就起床，一直忙到太阳下山以后。男孩子们锄草，挖马铃薯，挤牛奶，堆干草，拖木头和担水，喂鸡，牧牛和牧马。女孩子们照料菜园，用洗衣板洗衣服，打扫房间，缝补衣服，做饭。总有干不完的活儿，但是他们都很少抱怨。博洛格家族的人是自给自足的农民，只要是他们日常吃的东西，就必须自己生产，别无选择。[171]

小诺姆也跟其他孩子一样，尽职尽责地干活，但他却感受不到乐趣。他特别讨厌收割玉米。每个玉米棒都必须从玉米秆上掰下来，还要立刻把玉米包叶剥掉，然后扔进马车里。玉米叶子很锋利，会划破手套和衣服。在玉米地里干一天活儿，这个男孩子身上总会有被刮伤流血的地方。长期与博洛格合作的诺埃尔·维特迈耶（Noel Vietmeyer）曾为博洛格撰写传记。[172] 根据他的传记，在艾奥瓦州，当时一个家庭拥有一块 40 英亩玉米地的情况很常见，每年秋天，他们都要用双手掰下 50 万个玉米棒。博洛格告诉维特迈耶，每到这个时候，对于他来说，都是一次"持续两个月的恐怖经历"。[1]

小诺姆认为，自己只能成为体力劳动者，而不会成为学者。但是，他的祖父奈尔斯对教育深信不疑。虽然他只上了三年学，但他把儿子亨利推上了六年级。此时，奈尔斯坚持让他的孙子接受更多的教

---

[1] 维特迈耶撰写的这本书最初是一本由他代笔的博洛格自传，后来演变成了一部三卷本、自行出版的传记，其中有很长的引文，据说是出自博洛格本人，但实际上是出自最初那本由他代写的手稿。尽管目前尚不清楚博洛格是否曾经说过那些据说他说过的话，但他对编辑的控制非常严格，如果博洛格有自传的话，会和这本书非常接近。我偶尔会引用博洛格的"语录"，相信读者会理解这些不确定因素。

育。**你必须接受教育！**他不容置疑地告诉小诺姆。**你的知识是这个世界上唯一能保护你的！此时充实你的大脑，以后才能填饱你的肚子！**小诺姆当时认为，自己必定会跟亨利一样，最后还是要成为农民，教育不太可能改变这一点。尽管如此，他还是认真地做好学校的功课。[173]

七年级的时候，他有了一位新老师：19 岁的西娜·博洛格，就是那位在暴风雪中救了他一命的表姐。在小诺姆八年级毕业前几周，西娜主动告诉他的父母，他们的儿子应该去克雷斯科的高中继续读书。[174] 对亨利和克拉拉来说，做出这个决定非常困难。克雷斯科距离萨乌德 20 千米，这个距离在他们看来太远了，不可能每天走个来回。如果小诺姆上了高中，他的家人不仅会失去他这个劳动力，还得为他支付食宿费用。奈尔斯关于教育的话还是起了作用，最终，博洛格夫妇把儿子送到了克雷斯科。

奈尔斯和亨利买了一辆拖拉机，于是博洛格家对失去劳动力的担忧减轻了。[175] 福特森 F 型（Fordson Model F）由福特汽车公司（Ford Motor Company）制造，在拖拉机中的地位相当于的福特 T 型在汽车中的地位。这是一种设计简单、结构坚固的机器，吸引了大量此前曾对购买拖拉机持怀疑态度的人。正如博洛格所说的，拖拉机的 20 马力、四缸发动机"始终在工作，而且不需要早、中、晚都喂燕麦"。它的钢制车身不需要药膏来舒缓劳累的身子，不需要按摩，也不需要马梳。在像亨利·博洛格家这样的小农场里，需要拿出多达一半的土地用来种牲畜的饲料，而饲养这些牲畜主要是为了耕种剩下的那一半土地。传记作家维特迈耶写道，亨利·博洛格不再需要役畜，他卖掉了大部分牛和马，把曾经是牧场的那一部分种上了粮食，并把种植燕麦换成了种植玉米。额外的产量意味着额外的收入，这让他可以购买更多的肥料和更好的种子，从而进一步提高产量。最终，在同样大小的土地上，亨利的收成翻了两番。这笔额外的钱让他无怨无悔地送孩子上学。

艾奥瓦州的克雷斯科，摄于 1908 年

　　"没有机器的人就是奴隶，"亨利·福特（Henry Ford）在兜售他的新型拖拉机时宣称，"人加上机器就是自由的人。"几十年后，回过头来看这台 F 型拖拉机，博洛格完全认同这种说法。"从无休止的辛苦劳作中解脱出来，"他说，"等于从奴役中解放出来。"

二垒手

　　与萨乌德相比，克雷斯科是个规模庞大的城市：市区有 3 000 多名居民，还有数百人每天从郊区通勤，到这里工作。[176] 博洛格陶醉于克雷斯科的规模和疯狂的活动，以及广阔世界的那种感觉。石板铺就的街道两旁榆树林立，沿着街道漫步，他可以经过高大的教堂、冒着烟的工厂，还有拥挤的牲畜围场。他漫无目的地走在路上，看着一个又一个令他惊叹不已的城市新奇事物。医院、法院、歌剧院，还有好几家银行。一座真正的百万富翁的大房子，里面住的是一家银行的总裁。还有高中！这所高中是在克雷斯科争夺县政府驻地的疯狂岁月中兴建起来的，教学楼是一个三层高、隐约可见罗马式建筑风格的庞然大物，有着坚实石头地基和一个高高的四坡屋顶。在学校里，九年级的班上有 88 名学生，比萨乌德全校的学生人数多出 5 倍。

博洛格仍然是一名刻苦读书的学生，但他把所有的业余时间都花在了体育上。尽管他身材瘦削，身高 175 厘米，体重 64 千克，但每年秋天他都参加橄榄球运动。到了高年级的时候，他当上了球队队长。在学校里的头两年，他因为皮肤上长了疖子而无法参加大多数摔跤比赛；那之后，每年冬天他都参加学校的摔跤比赛。但是，他最大的爱好是棒球运动。奈尔斯祖父购买了一台收音机，这件事几乎与他购买拖拉机一样重要，收音机由安装在屋顶上的一台小型风车提供动力。芝加哥电台（WGN）会转播芝加哥小熊队的比赛。在暑假期间，博洛格萌生了一个雄心壮志。"芝加哥小熊队的二垒手，"他说，"这是我的目标。"只是，克雷斯科没有高中棒球队，自己购买球棒、棒球和手套太贵了。

博洛格总会匆忙定下目标，顾不上考虑其合理性，就坚持不懈地为实现目标而努力。出于一时的冲动，他决定组织自己的棒球联盟，让一个社区的孩子们与另一个社区的孩子们对抗，来自萨乌德的挪威人（博洛格在二垒，是队长）与来自斯比维尔的波希米亚人对抗。这些球队的比赛是在奶牛场举行的，使用麻袋作为垒包，尽管条件很简陋，但比赛很快吸引了观众。在博洛格上四年级的时候，萨乌德-斯比维尔棒球比赛已经成为斯比维尔每年 7 月 4 日庆祝活动的一部分。[177]

博洛格上三年级时，克雷斯科来了一位新校长，戴维·C. 巴特尔马（David C. Bartelma）。[178] 他曾是 1924 年奥运会美国摔跤队的替补队员，身材魁梧，精力旺盛。不出人们的预料，他接手了克雷斯科摔跤项目。这位充满激情的高水平教练不断告诫他的团队："要尽上帝所赐的最大努力。如果你不这样做，就别费心去竞争。"在博洛格读高中最后一年的时候，受到极大鼓舞的克雷斯科以 8 比 0 领先；博洛格在州运动会上获得第三名。尽管取得了成功，但博洛格逐渐意识到自己无法为芝加哥小熊队效力。他决定成为一名像巴特尔马那样的体育教师。巴特尔马曾就读于锡达福尔斯市的艾奥瓦州立师范学院。小诺姆决定，1932 年 5 月毕业后，也到那里继续学习。为了攒钱，他打了一年零工。

大约在博洛格要去上大学的前一周，一辆奇怪的汽车停在亨利和克拉拉家的车道上。驾驶车辆的是小乔治·钱普林（George Champlin Jr.）。[179] 钱普林刚从克雷斯科高中毕业，他曾是该校历史上最好的橄榄球队的中卫、篮球队队长，还是校报编辑。此时，他是明尼苏达大学（University of Minnesota）的明星跑卫。用萨乌德当地人的话来说，这就好像教皇突然来访。

钱普林受学校橄榄球教练的委托，为新生球队寻找球员。钱普林从巴特尔马那里听说了博洛格的情况，于是来找他，建议他考虑一下就读明尼苏达大学。博洛格回忆，钱普林提议道："明天早上跟我一起坐车走吧，你不会有什么损失。"

"去那儿有什么特殊目的吗？下个星期五我就要去艾奥瓦州立师范学院了。"

"我可以为你找份工作，支付你的食宿。"钱普林说，如果博洛格不喜欢明尼苏达大学，他还可以"搭便车回去，去艾奥瓦州立师范学院"。

博洛格又一次冲动了，他答应了。一种蛰伏的希望在他的心中重新燃起。与艾奥瓦州立师范学院不同，明尼苏达大学有一支强大的棒球队。如果他能在球队中赢得一个位置，他可能会进入大联盟。他把几件衣服装进包里，第二天早上就跟钱普林一起离开了。[180]

在明尼阿波利斯，他和钱普林以及另外两个来自克雷斯科的人住在一间小公寓里。钱普林帮他弄到了一份餐馆服务员的工作。博洛格的工资是：工作一小时享有一顿免费餐食。钱普林还为博洛格找到了另一份工作，负责停车。这项工作没有报酬，但他可以保留小费。一份工作提供餐饮，另一份工作的收入再加上博洛格的积蓄，足够他吃饭、租房和支付第一年的学费。博洛格兴奋地给艾奥瓦州立师范学院写信，说他不会去锡达福尔斯了。

然而，博洛格必须在月底通过入学考试，才能够正式开始上课。[181] 为了打发这段时间，他每天都在城里四处走走。明尼阿波利斯与克雷斯科相比，就像克雷斯科跟萨乌德相比一样。这里的人口是75万！这座城市——实际上是两座城市，明尼阿波利斯和圣保罗两个连体大都市——的规模之大，让人惊讶不已。更让他震惊的是，他在这里看到了大萧条带来的影响。萨乌德没有受到这场灾难的影响，因为那里的大多数人都是自给自足的农民，与现金经济几乎没有联系。但在1933年秋天，明尼阿波利斯深陷其中。街道两旁是被洗劫一空的废弃建筑物。人行道上有裹着毯子的无家可归者。一些买不起毯子的人把报纸裹在身上。博洛格了解到，其中许多人是失去土地的农民和失去牲畜的奶农。

养牛地区的危机由来已久。第一次世界大战期间，华盛顿要求农民为军队生产尽可能多的牛奶，并为此支付高昂的费用。在这种鼓励下，许多农民增加了他们的牲畜存栏数，并投资购买了新的拖拉机和挤奶机。与此同时，新的安全规定迫使他们购买巴氏杀菌系统。产量增加了，债务也增加了。战争结束后，牛奶价格下跌，但债务依然存在。接着，发生了大萧条，物价再次下跌。牛奶生产商亏本出售每一加仑牛奶。从俄亥俄州到内布拉斯加州，农民们丧失了抵押品赎回权，这迫使他们离开自己的土地。最终，一大群无家可归的人拖家带口来到了明尼阿波利斯。

1933年5月，威斯康星州东部爆发了一场牛奶工人的罢工。罢工者掀翻牛奶卡车，殴打试图出售牛奶的"工贼"。警察和国民警卫队护送牛奶运输车队，他们使用棍棒、步枪和催泪瓦斯冲破农民的封锁。联邦政府开始在全国范围内控制农产品价格，但将乳制品和肉类行业排除在计划之外，反而指望规模较小的区域性组织——实际上是企业联合——设定最低价格，以保护奶制品和肉类生产商。这一努力失败了，物价持续下跌，动荡持续加剧。[182]

1933年9月中旬，芝加哥爆发了牛奶骚乱。[183]远在明尼阿波利斯的一些地方也发生了零星的暴力事件，19岁的诺曼·博洛格亲眼看见了这样的事件。[184]当他穿过一片倒闭的工厂区域的时候，他看到一群瘦削的、衣衫褴褛的人包围着一排牛奶车，阻止他们前进。卡车由手持棒球棍的人看守着。抗议者斥责他们。博洛格意识到，并不是所有大声喊叫的人都是农民。他们中的一些人只是饥肠辘辘的男人、女人和孩子，几乎被食物匮乏弄得发狂。"突然间，一名摄影师试图站到车上，支起他的三脚架，拍一张角度更合适的照片。他的一只脚踏过车上的帆布顶棚，然后一切都变得一团糟。"他回忆道。那些护卫队的人"殴打他，砸烂了他的相机，这引发了愤怒"。

暴力就好像是一个信号，护卫队的人冲向抗议者，配合着号令，在人群中挥舞着手中的棒球棍。人们被打得鲜血淋漓，有的人倒下了，发出痛苦的哀嚎声。还有人抓住卡车上的牛奶罐，把它们拖到地上，使牛奶溅到了鹅卵石上。博洛格吓坏了。运牛奶的卡车突然向前移动，冲进了混乱的人群中，人们一边惊恐地尖叫，一边纷纷向后退去，惊慌失措的人群把博洛格压在了工厂的墙上。他什么都看不见，但能听到卡车引擎在人群中隆隆作响。他从来没有听到过这样凄惨的哭声。拥挤的人群慢慢散去后，他颤抖着跑回到他的公寓。那些受伤的人躺在地上，无人照料。

这件事让他强烈地意识到，他一定要做点什么。那些饥肠辘辘的人们准备撕裂这个世界，谁又能责怪他们呢？他后来说，那份使他后来成为最早的巫师派的工作就是从这里开始的。一切都始于他在街上看到的可怕的场景，那些极度饥饿的人民。

"我只是喜欢户外"

暴乱之后，博洛格的生活一点点地偏离了正轨。他出现在橄榄球员选拔赛上，但他立刻意识到自己个头太小了，无法加入球队。他转而试着参加摔跤比赛，却得知明尼苏达大学只有一个不太专业的兼职教练，每周训练一两个小时。再后来，博洛格在大学入学考试中落榜。[185]

垂头丧气的博洛格准备搭便车回家。这时，钱普林把他拉到大学的招生办公室，询问招生办的官员，是否有什么适合他这位朋友的培养项目。让博洛格感到幸运的是，这所大学刚刚为贫困和准备不足的年轻人开办了一所初级学院，迫切需要补充学生数量。博洛格并没有抱什么希望，只是报了名，去了这个他认为是"为不适应环境的人准备的地方"。他下定决心要考入这所重要的大学，为此，他在每门课上都非常用功，各科成绩优异。最终，他获准正式入学。录取后，他被要求选择一个专业。博洛格选择了林业，他后来坦言，原因是"我只是喜欢户外"。

明尼苏达大学森林学院成立于1904年，是美国历史最悠久的林业学院之一。明尼苏达州的大型林产品行业希望学校为其提供训练有素的员工。因此，专业课程几乎完全专注于木材管理。学生们学会了如何使用经纬仪，修建集材道，种植和间隔林地，给木材制品定级。

他们所接受的教育不是要求他们将森林视为野生生态体系，而是将其视为生长缓慢的农场：有机木材工厂。树木是一种作物，每片土地上都有一种这样的物种，其生长是为了收获。在相距几个小时路程的威斯康星州，奥尔多·利奥波德在做关于保护伦理学的讲座，并向土地管理者传授生态系统方面的知识。而在同一时期，明尼苏达大学林业专业甚至连一门自然环境保护或生态学的课程都没有开设。对利奥波德的追随者们来说，没有关于土壤方面的课程，这的确不可思议。整体性视角还不明显。[186]

当时的博洛格也不太可能有整体性的视角，他忙得不可开交。为了挣学费和挣钱交房租，他每周工作 40 个小时以上，在大学实验室做门卫，在女生联谊会之家做服务生（他原先打工的那家餐馆倒闭了），在停车场赚取小费。[187] 为了攒钱，博洛格花了太多时间，大一时被迫退出了大学棒球队。他对自己的传记作者维特迈耶说，把棒球队的队服交回去，是他"做过的最艰难的决定之一"。他能够留在大学摔跤队，是因为这里需要的时间较少。令博洛格感到高兴的是，他说服学校聘请了一位新教练——戴维·巴特尔马，他在克雷斯科的教练。在巴特尔马的指导下，摔跤队取得了决定性的进步；博洛格进入了十大联盟摔跤半决赛（他于 2002 年入选美国摔跤名人堂）。

然而，尽管博洛格想尽办法努力挣钱，但他还是没有足够的钱来支撑他的生活和学习。幸运的是，当时正好招募林务员，这意味着，他"可以先休学，赚到足够的钱以后，就可以回到学校，日子也就能够过得好一些了"。他总共花了一年半的时间，进行森林项目，经常独自一人在森林里待上几个星期。1937 年夏天，博洛格在爱达荷州扑灭了森林大火；同年 12 月他毕业之后，美国林务局在他做过项目的地方为他提供了一份工作。他立刻接受了。选择林业最终有了回报；到 1938 年 1 月 15 日，他拥有了一份稳定的工作。他不会因为生活窘迫而不得已回到萨乌德，回到农场里务农了。他满心欢喜地开着借来的车回到明尼阿波利斯。他的经济状况终于稳定下来了。他终于可以结婚了。

当大学摔跤手的博洛格

博洛格当年在离开萨乌德后没过几周，就遇见了他后来的未婚妻玛格丽特·格雷斯·吉布森（Margaret Grace Gibson）。[188] 她也在那家餐厅里做服务员。她的头发是深色的，个性率直，像她的苏格兰祖先一样是白皮肤，脸上有淡淡的雀斑。她的父亲托马斯·兰德尔·吉布森（Thomas Randall Gibson）1865 年出生于苏格兰格拉斯哥，幼年时移民到美国纽约州北部。1903 年，托马斯与 31 岁的伊莎贝拉·斯基恩（Isabella Skene）结婚，伊莎贝拉也是苏格兰移民。当时，俄克拉何马州刚刚起步的石油工业和无人居住的地产（该州的大部分地区是通过打破部落保留地而建立的）吸引了大量的自耕农，他们涌入新建立的俄克拉何马州。1910 年，吉布森一家搬到了俄克拉何马州的梅德福德，这是一座快速发展的城镇，靠近堪萨斯州的边界，此前是切罗基人的土地。他们到达一年后，梅德福德的大部分地区被烧毁了。1911 年 8 月 30 日，火灾发生 6 周后，这个家庭的第 6 个也是最小的孩子玛格丽特出生了。

从他们第一次交谈开始，玛格丽特就被性格沉稳、身体结实的博洛格吸引住了，被他在女人面前局促羞涩的表现逗乐了。玛格丽特是他的第一个女朋友。和他一样，她也来自贫困家庭，难以支付学费。只要有可能，博洛格总会从女生联谊会偷偷地给她带些吃的东西；但是，大多数情况下，她都是饿着肚子上床睡觉。有一年冬天，博洛格的外套被偷，他不得不穿一件薄夹克度过明尼苏达州的冬天；玛格丽特为此担惊受怕。距离毕业还有 6 个月的时候，玛格丽特退学了。她的哥哥比尔·吉布森（Bill Gibson）是明尼苏达校友杂志的编辑，给她找了一份校对的工作。她希望，有一天她能够完成学业。

这对恋人决定等经济状况稳定的时候再结婚。林务局提供的这份工作保证了博洛格经济上的稳定性；于是，博洛格在从爱达荷州返回后几个小时内，就向玛格丽特求婚了。他们把结婚日期定在接下来的那个星期五：1937 年 9 月 24 日。比尔把他的起居室借给他们，用于举行结婚仪式。博洛格的姐妹们也乘火车来了。诺姆和玛格丽特没有钱去度蜜月，但他们互相鼓励说，他们很快就会生活在落基山脉壮丽的景色之中，这本身就是一次蜜月。在新婚之夜，诺姆搬进了他妻子的公寓，那是一个带沙发床的单间，大厅里还有一间共用的浴室。

3 个月后，博洛格的毕业典礼本应该是最令他们高兴的时刻。而事实恰恰相反，正是在这个时候，他收到林务局的一封信，通知他由于预算削减，他失去了工作。如果博洛格想要重新申请，他可能会在那个夏天被录用。这正是博洛格想尽力避免的情况：已婚，却没有固定的经济来源。[189] 玛格丽特告诉他，她可以靠自己的工资养活他们两个人。她建议，在等待林务局消息的时候，博洛格可以选修一个学期的研究生课程。

她说，也许他可以在斯塔克曼那里学习，在他手下从事研究工作。

"处理掉这种罪恶的灌木"

在博洛格四年级的一次研讨课上，老师分发了受真菌感染的木材样本，要求全班同学进行检查。学生们俯身观察显微镜的时候，一个中年男子冲了进来，嘴上叼着一个烟斗。博洛格后来回忆说，这个人没有做任何介绍或解释，就开始询问学生，

> 不是问我们正在研究的木材的真菌情况，而是问木材的结构如何，木材是什么种类，这是什么东西，那是什么东西，为什么是这样，为什么是那样，反正就是不问木材真菌的情况。然后，他开始让我们做一次博士预备考试……他从我旁边的那个学生开始提问题，把那个学生搞得蒙头转向。然后，他开始向我提问题。我根本就不知道那个人是什么来头。不过，我怀疑，他应该是某个大人物。他离开后，被他折腾过的教室一片混乱，我怀疑，他就是斯塔克曼博士。[190]

博洛格的怀疑是正确的：那个叼着烟斗的人就是埃尔文·查尔斯·斯塔克曼（Elvin Charles Stakman）。后来，斯塔克曼成为博洛格的朋友，并对他产生了持久的影响。与博洛格一样，斯塔克曼是在美国中西部贫困地区长大的，在明尼苏达大学获得学位。他是该大学新成立的植物病理学系（植物疾病研究）的首批教授之一。那次博洛格遇到斯塔克曼的时候，斯塔克曼已经是校园里的传奇人物了。斯塔克曼魅力非凡，雄心勃勃，傲岸不羁，他并不认为科学是对知识的无私追求。科学是人类进步的一种工具——也许是必不可少的工具。正如他喜欢说的那样，并非所有的科学都具有同等的价值。他说："植物学是所有科学中最重要的，而植物病理学又是植物学中最重要的分支之一。"[191]

那次在实验室被斯塔克曼提问之后，博洛格去听了他的讲座。讲座主题是斯塔克曼特别关注的：秆锈菌，一种攻击小麦的寄生生物。如今，在农业领域之外，人们对秆锈病已经没有什么了解了；但是在很长的时间里，它一直是人类遭遇的最严重的灾难之一，造成了数千年的饥荒。博洛格很清楚这一点。1878年暴发的那场秆锈病，让他的祖父母难以靠小麦维持生计，被迫放弃了种植小麦。1904年和1916年暴发的农作物病虫害给整个欧洲中部和西部带来了悲惨的灾难。斯塔克曼已经与这种真菌斗争了20多年。多年以后，博洛格加入了斯塔克曼的行列，来到墨西哥城郊外一片被秆锈病摧毁的田野里，开展对抗秆锈病的工作。

长期以来，秆锈病四处蔓延，来势汹汹，不可阻挡，罗马人甚至将秆锈病视为邪恶的神灵，并献祭铁锈色的狗来安抚它。几个世纪后，科学家才知道，秆锈菌实际上是一种真菌，而不是一种超自然的力量。[192]"真菌"这个词让秆锈病听起来很简单。事实上，秆锈菌是一种极其复杂的生物，是进化诡计的胜利。"所有**5种类型**的孢子繁殖！"林恩·马古利斯对我说这话的时候，眼睛闪闪发光，"你根本谈不到喜欢不喜欢它。"在她看来，这种真菌远比它所感染的小麦要有趣得多。

像天花的受害者一样，感染秆锈菌的小麦植株布满小斑点，它们是锈色的脓疱，每个脓疱都包裹着数千个孢子。[193]孢子只有百万分之一英寸[1]长，肉眼根本看不见。最轻微的风也能把它们带动起来，像薄雾弥漫在大气中。它们以难以置信的丰富程度浸透到空气里，可以传播数千米。环境历史学家加尼特·凯尔福特（Garnet Carefoot）和埃德加·斯普罗特（Edgar Sprott）曾写道，在秆锈菌最辉煌的岁月里，"这个地球上产生的秆锈菌孢子比世界上所有的草叶、海滩上

---

[1]　1英寸≈2.54厘米。——编者注

大约在 1918 年，斯塔克曼在他的实验基地检查小麦幼苗

所有的沙粒，或者宇宙中所有星系里的恒星都要多"。凯尔福特和斯普罗特有些夸大其词，但它们绝对比人们能够想象得到的要多；斯塔克曼曾经估计，一英亩"患中度秆锈病的小麦"田里，可以产生 50万亿个秆锈菌孢子。

　　秆锈菌的生命过程是一条复杂的路径，涉及不少于 4 个发育阶段。[194] 对人类来说，最重要的是它攻击小麦的阶段。但对这种真菌来说，最重要的阶段是它以一种完全不同的植物——欧洲伏牛花（European barberry）——为食的阶段。伏牛花是一种多刺、齐肩高的灌木，有红色的小浆果，可以做成果酱。欧洲移民将这种植物带过大西洋，传播到美国和加拿大的大部分地区。在小麦上，秆锈菌以无性方式产生孢子，孢子生长成与亲本基因相同的真菌。在伏牛花上，秆锈菌产生两种不同类型的孢子（可以说是"雄性"和"雌性"），它们通过有性结合产生的孢子在遗传上与亲本中的任何一方都不完全相同。斯塔克曼最早的一些研究表明，这种有性繁殖方式迅速创造了新的基因变体组合，使得秆锈菌有几十种不同的菌株，每个菌株都有自己的能力。

在北美洲和欧洲较寒冷的地区，这种真菌无法在麦田里过冬。它有两种应对方式。第一种情况发生在墨西哥或北非等地，那里的气候从未冷到足以杀死真菌的程度。风不断地把孢子从这些温暖的传染源吹到北方较冷的地区。在春夏之交气温开始变暖的时候，孢子可以在这段旅程中存活下来，并折磨刚刚长出来的小麦植株。禾柄锈菌（*Puccinia graminis*）是秆锈菌的学名。其南北走向的传播通道被称为"柄锈菌通衢"（Puccinia highways）。第二种攻击模式发生在较为寒冷的地区。在初冬天气变得非常寒冷之前，这种真菌会产生一种孢子，折磨伏牛花。这些孢子可以在整个冬天存活下来。在早春时节，潜伏在伏牛花里的那类孢子开始萌发，通过伏牛花的叶和茎传播，并通过伏牛花的表面爆发出来，产生另一种类型的孢子，这种孢子能够感染小麦。每年，这两种类型的孢子——通过柄锈菌通衢爆发的孢子和从伏牛花里传播出来的孢子——会对北方的农场发起双重攻击。

1916 年，秆锈病肆虐北美，几乎毁掉了 1/3 的收成，面包价格因此飙升。[195] 一年后，美国加入了第一次世界大战。由于担心粮食短缺，华盛顿迅速采取措施，支持农业生产。开垦更多的土地！收获更多的小麦！政府告诫美国农民。海报出现了：食物将赢得战争。斯塔克曼成为植物病理学战争紧急委员会（War Emergency Board for Plant Pathology）的负责人。他利用新的讲坛传播一条信息：禾柄锈菌是对美国粮食的最大威胁，与之抗争的最好办法就是消灭伏牛花这种植物。

随着美国的军队开往海外，斯塔克曼说服华盛顿，让他在全国范围内开展根除伏牛花的运动，这是大规模生态环境管理的一项开创性行动。[196] 他们的目标是从科罗拉多州到弗吉尼亚州，从密苏里州到北达科他州，消灭伏牛花这种植物。成千上万份传单、海报和小册子将伏牛花描述为"亡命之徒""威胁者""危险的敌方入侵者"。宣传广告告诫农民们，"无论在哪里，一俟发现，都要处理掉这种罪恶的灌木"。政府新闻稿称，伏牛花是"亲德派"。童子军、教会团体、美国未来农民组织、联邦探员，甚至小学生们，所有的人都接到了指示，被要求去搜寻、挖掘并毒死伏牛花灌木丛。"清除秆锈病"俱乐部将奖牌颁发给那些向他们举报邻居种有这种灌木的孩子。秆锈菌义务警员用拖拉机把伏牛花灌木丛铲除，然后将盐或煤油倒进挖出树根的坑里，杀死残留下来的根须。在 12 年里，这场声势浩大的灭杀伏牛花运动摧毁了 17 个州的 1 800 多万个伏牛花灌木丛。

去除伏牛花使秆锈菌无法进行有性繁殖，从而减缓了其进化出新菌株的速度。在那之前的几十年里，植物育种专家们培育出了抗秆锈病的小麦品种，却发现，禾柄锈菌在一两年内就适应了这些新品种，并且和以往一样强大。清除伏牛花给这种真菌的进化过程带来了麻烦。随着灭杀伏牛花运动进入高潮，斯塔克曼领导一个研究小组开发了一种新型的抗秆锈病小麦。这一新品种于 1934 年首次亮相，被命名"撒切尔"（Thatcher）。[197] 没有了伏牛花，禾柄锈菌在近 30 年的时间里都无法再次大爆发。

在斯塔克曼看来，灭杀伏牛花运动展示了科学改善人类生活的力量。这给未来提供了一个经验。1943 年，当他被要求在墨西哥发展科学农业的时候，这一经验得到了回报。当时的美国副总统亨利·华莱士（Henry Wallace）颁布了这一指令。华莱士在艾奥瓦州长大，父亲曾是农业部长。从孩提时代起，他就开始了育种实验，在实践中发现了"杂种优势"现象———一些杂交生物体可以通过混合遗传基因来超越双亲。华莱士博学而古怪，他还编辑家庭报纸，研究基督教神秘主义，为统计学和经济学做出过贡献；此外，他还尝试过极端饮食法。在大学时期，他曾几个星期只吃大豆、芜菁甘蓝、玉米和黄油做的浓汤，这种饮食让他病得很重，不得不离开学校，休养身体。还有些时间，他除了橙子、牛奶或实验性的牛饲料之外什么都不吃。

1918 年，受政府委派的科学家成功培育出了第一种杂交玉米。华莱士对他们的成功进行了分析，进一步优化了杂交玉米，并于 1926 年成立了一家公司，即后来杜邦旗下的先锋良种公司（Pioneer Hi-Bred），杂交玉米的主要供应商。尽管华莱士有着独特的癖好和习性，富兰克林·德拉诺·罗斯福（Franklin Delano Roosevelt）总统还是在 1933 年任命他为农业部长，这一职位曾由华莱士的父亲担任。7 年后，罗斯福选择华莱士担任副总统。1940 年 11 月罗斯福连任后，华莱士开着自己的车去了墨西哥，为自己定下了谦逊的基调。[198] 这次访问是很危险的；当时的墨西哥陷入了左翼和右翼之间的冲突。在墨西哥，法西斯分子在美国大使馆前发动暴乱，袭击了就职典礼上的车队；华莱士的一举一动都伴随着来自左翼的死亡威胁。不过，他还是希望这次访问能够缓和美国和墨西哥之间的紧张关系。

仪式结束之后，华莱士和即将上任的墨西哥农业部长马尔特·戈梅斯（Marte Gómez）花了三周时间视察农村，华莱士坚持用他那极具魅力但并不完美的西班牙语与农民交谈。他亲眼看见农民们用削尖的棍子种玉米，用手拔除杂草，自己背着收获的粮食，到市场上去销售，这情景令他深感震惊。对深信基督教慈悲信念的华莱士来说，他显然应该做些什么。与戈梅斯的对话清楚地表明，华盛顿方面对墨西哥的直接援助将被视为美国佬的干预，因此在政治上是不受欢迎的。间接援助则是另一回事。返回华盛顿一个月后，这位副总统召集了洛克菲勒基金会的负责人，举行会议。

洛克菲勒基金会由标准石油公司（Standard Oil）所有者约翰·D. 洛克菲勒（John D. Rockefeller Sr.）和他的儿子小洛克菲勒（John D. Rockefeller Jr.）创建于 1913 年，该基金会的初始捐赠额为 1 亿美元，在联邦年度预算还不足 10 亿美元的时候，这是一个闻所未闻的数目。[199] 洛克菲勒早期的一项倡议是建立普通教育委员会（General

Education Board），该委员会在美国南方传播更先进的农业技术，例如传授防范棉铃象甲和其他棉花害虫蔓延的方法。普通教育委员会的项目非常成功，在 1914 年，国会将其作为一种模板，建立了全国性的推广代理网络：技术人员将最新的农业研究成果信息传递给当地的农民。（该网络仍然存在，是美国农业体系的重要组成部分。）20 世纪 30 年代，长时间在任的美国驻墨西哥大使曾请求洛克菲勒基金会在墨西哥复制普通教育委员会模式。基金会负责人予以反对，因为他们担心墨西哥长期以来对美国干涉的反感会使该模式适得其反。此时，华莱士要求洛克菲勒基金会重新考虑这一提案。华莱士指出，如果玉米产量能够提高，"这将对墨西哥的国民生活产生比其他任何事情都更大的影响"。洛克菲勒基金会是一个私人实体，可以低调工作，避开政治。[200]

忧心忡忡的基金会官员们征求专家的意见，其中包括伯克利地理学家卡尔·O. 索尔（Carl O. Sauer），索尔研究拉丁美洲长达数十年。他告诉基金会，其可能性是"巨大的"——但风险也是如此。[201]

5 000 年到 1 万年前，生活在墨西哥中南部的天才土著从一种被称为类蜀黍的小得多的野生植物中培育出了第一株玉米。从那以后，美洲土著培育出了数千种玉米品种，每一种玉米都是根据其口味、质地、颜色以及对特定气候和土壤类型的适应性进行选择的。红色、蓝色、黄色、橙色、黑色、粉色、紫色、乳白色、彩色——墨西哥玉米的各种颜色反映了这个国家文化和环境区域的多样性融合。墨西哥那些小而多样的地块就像美国中西部面积广大且单一的玉米田的反物质版本。

玉米是开放授粉植物，把花粉传播到四面八方。（相比之下，小麦和水稻通常自花授粉。）由于风经常会把花粉从墨西哥的一小块玉米地吹到另一小块玉米地上，所以各种玉米品种不断地混杂在一起。随着时间的推移，不受控制的开放式授粉会产生少量相对同质的玉米种群。但实际上授粉并不是不受控制的，因为墨西哥农民会仔细选择下一季要播种的种子，通常不会选择明显的杂交品种。因此，玉米品种之间既有稳定的基因流动，也有一种力量抵消这种流动。这种由农民个人选择维持的大致平衡的基因海洋，不仅是墨西哥的资源，也是全世界的资源；它是地球上最重要的食物之一的遗传禀赋。

索尔承认，对维护这种资源的农民施以援助是一件好事，但如果这种援助破坏了他们的生活方式，减少了玉米的多样性，那就不是一件好事了。他怒吼道："一群争强好胜的美国农学家和植物育种专家可能会通过推高股价，而彻底毁掉当地的资源。"他补充说："美国人如果不明白这一点，那最好彻底远离这个国家。"

索尔的警告犹如空中一声雷鸣，基金会派出 3 名科学家到墨西哥：专门从事拉丁美洲玉米研究的哈佛植物遗传学家保罗·C. 曼格尔斯多夫（Paul C. Mangelsdorf）、康奈尔大学土壤学专家理查德·布拉德菲尔德（Richard Bradfield），以及长期专门研究墨西哥这片秆锈病滋生地的埃尔文·C. 斯塔克曼。[202] 1941 年夏天，这 3 位科学家花了 6 周的时间考察了从格兰德河（Rio Grande）到危地马拉边境的玉米田。他们看到的是一场人类灾难：在很大范围内，人们几乎失去了希望。"绝大多数墨西哥人吃不饱，穿不暖，居住条件非常恶劣，"他们后来写道，"墨西哥人民的总体生活水平低得可怜。"事情变得越来越糟。1940 年，尽管这个国家的玉米种植面积增加了近 100 万英亩，但该国的玉米产量比 1920 年减少了 1/3，而在此期间，人口却增加了 500 多万。[203]

洛克菲勒基金会可以提供援助，布拉德菲尔德、曼格尔斯多夫和斯塔克曼说。提供帮助是一件好事，也是一件体面的事。基金会可以在墨西哥派驻一小队研究人员，为墨西哥新成立的农业研究团队提供"一点明智的建议"。然后，农业研究团队成员可以仿效美国的推广体系，将研究结果传递给农民。[204]

科学家们选择的穿越墨西哥的路线，与两年后威廉和玛乔丽·沃格特所选择的路线非常相似。这两组人都写了报告，记录了同样可怕的贫困和被侵蚀的土地；但是，他们对补救措施的想法却截然不同。对于沃格特来说，最基本的问题是土地退化，首要的解决办法是减轻土地的负担。相比之下，科学家们则认为，墨西哥的问题归根结底是缺乏科学知识和必要的工具造成的。这两种方法之间的差异是深刻且不可调和的，也是巫师派和先知派之间分歧的核心所在。

不过，这两份报告有一个突出的相似之处：都没有尝试去了解墨西哥农民是如何陷入这种困境的。1821年，墨西哥赢得独立的时候，这个新国家的大多数公民都是没有土地的农民，他们在大庄园里劳作，他们的生存条件与奴隶没有什么区别。随着时间的推移，情况在进一步恶化。1876年至1910年，墨西哥在独裁者波菲里奥·迪亚斯（Porfirio Díaz）的统治之下，财富和土地集中在几百个贵族家庭、外国公司和天主教会手中。1917年，一场血腥的内战催生了一部新宪法，新宪法承诺重新分配土地。[205] 为实现这一承诺所做的早期努力引发了富人和教会的强烈抵制，政府最终退缩了。1934年，新总统拉萨罗·卡德纳斯（Lázaro Cárdenas）再次尝试。卡德纳斯政府没收了将近5 000万英亩的土地，并将其奖励给合作农场，即由农民经营的集体。（这片土地中约有400万英亩为美国公司所有，这导致了墨西哥城和华盛顿特区之间的外交争端。）与以前一样，土地所有者进行了反击，一些人策划政变和暗杀，另一些人则确保合作农场只能得到贫瘠的土地——那些太过干旱或者太过陡峭而无法耕种的土地。到1940年，1.1万个新的合作农场在近250万英亩的土地上建立起来，而这些土地在10年前还处于闲置状态。不出所料，后果往往是破坏性的，侵蚀和土壤贫瘠化日益加剧。沃格特眼中高出生率带来的不可避免的破坏，其实大多与政治事件有关，而这些政治事件绝非不可避免。斯塔克曼、曼格尔斯多夫和布拉德菲尔德认为，缺乏获取知识的途径造成了贫困，但贫困在很大程度上是富裕的精英阶层努力维持自己地位的结果。

科学家们向洛克菲勒基金会提交报告几个月后，日本轰炸了珍珠港。美国动员起来后，拥有和平繁荣的南部邻国就显得分外重要。为战争出力的前景促使洛克菲勒基金会同意涉足曾经努力避开的区域。斯塔克曼被问及他是否会领导这项工作。他拒绝了。他被美国植物学会的战争紧急委员会（War Emergency Committee of the American Phytological Society）召去，该委员会是军方为防止真菌、霉菌和发霉物资破坏太平洋战区的装备而成立的特设小组。斯塔克曼推荐学生J. 乔治·哈拉（J. George Harrar）来代替自己。[206]

哈拉身材瘦小，斗志旺盛，魅力无穷，能说一口流利的西班牙语。选择"荷兰人"哈拉有些奇怪：他是生长在城市里的孩子，从未在农场生活和劳动过，也从未研究过玉米（和斯塔克曼一样，他是一名小麦疾病专家）。尽管如此，这个选择还是成功的。事实证明，哈拉那和蔼可亲的态度以及不屈不挠的精神对于跟墨西哥官员、美国研究人员以及当地农民进行双语谈判是非常适合的。最终，哈拉的墨西哥任期非常成功，他于1961年晋升为基金会主席。但在一开始，他花了将近一年的时间从两国政府那里获取必要的许可。

对这个项目的期望是多重的，也是相互重叠的。[207]墨西哥官员希望通过实施该项目帮助国家现代化，但也担心其政治影响——他们不能让人觉得自己是在允许美国控制一个至关重要的经济部门。为了抑制这方面的焦虑，哈拉同意实施该项目的地点只设在墨西哥城西北部高地的巴希奥（Bajío）。[208]在殖民时期，巴希奥曾经是墨西哥的农业中心地带；但此时，这里已经变得贫穷不堪，农业生产力极其低下。在美国，洛克菲勒基金会的领导人、项目科学家和一些政治家——尤其是华莱士——希望农业项目能够缓解饥饿。但大多数美国官员将其视为一种有助于稳定墨西哥政治局势的机制，能够遏制边境动荡对美国造成的威胁。同时，科学家、基金会官员和政治家都希望这一项目能够反驳共产主义者的说法，即贫穷国家的贫困和饥饿是西方资本主义造成的。"当前人类最大的敌人是什么？"这是斯塔克曼、布拉德菲尔德和曼格尔斯多夫在项目进行过程中始终思考的问题。

> 饥饿，饥饿造成的无行为能力，由此产生的普遍匮乏，人口不断增长和需求不断增加的压力，以及人民处于后果不堪设想的不稳定状态，新的政治意识形态不是为了创造个人自由，而是为了摧毁个人自由，而他们接受这种新的政治意识形态，并没有什么可失去的，也可能有所收获……亚洲和其他地方的数百万人民是否会成为共产主义者，在一定程度上取决于共产主义世界或自由世界是否履行了自己的承诺。饥饿的人民被承诺吸引，但我们也可能通过行动来赢得他们。共产主义向营养不良的人民做出了诱人的承诺；民主不仅必须做出同样多的承诺，而且必须更多地履行诺言。

该项目的重点是提高玉米的产量。[209] 但斯塔克曼设法获得了许可，将一小部分资源用于一个辅助目标：向位于美国边境以南的秆锈病滋生地发起攻击。如果斯塔克曼能在墨西哥培育出抗秆锈病的小麦品种，这种真菌将失去其支持基础。它将不能再通过柄锈菌通衢一路到达美国。在哈拉的领导下，1943 年 2 月，墨西哥农业项目（Mexican Agricultural Program）启动了，不得不说，这一名称的确缺乏想象力。

在项目实施过程中，所有的事情都不尽如人意。考虑到索尔的严格要求，洛克菲勒小团队——由研究人员和技术人员组成——决定培育当地玉米品种的改良品种，这样，巴希奥的农民可以一如既往地种植玉米。一旦这些技术被开发出来，他们将与墨西哥自己的农业研究人员合作，将这些成果传播开来。但是，墨西哥的科学家们有一个与之不同的目标：现代化。他们想要拥有属于自己的高产杂交品种，拥有属于自己的机械化高产农场。他们想效仿美国中西部的模式：广泛种植同样的优化杂交玉米。墨西哥科学家们决心清除内陆地区"受污染"的杂乱的玉米品种。[210]

在这些墨西哥研究人员看来，洛克菲勒项目的计划似乎是荒谬的，甚至具有侮辱性——美国佬试图用他们美国已经放弃的二流方法来套住墨西哥。索尔看重的那些在一块农田上耕作的墨西哥农民，如果能受雇于为中产阶级消费者生产商品的工厂，生活会更好。别再用棍子戳坑种田了！我们需要现代科学！美国科学家则认为，墨西哥人在追逐一种幻想。即使该国的贫困农民设法购买并种植了杂交玉米，墨西哥也没有组织良好的市场能让他们出售粮食。"实际上，"历史学家卡林·马切特（Karin Matchett）写道，"试图进行的合作激怒了所有相关方。"

由于墨西哥官员并不合作，玉米品种研究人员无法将他们的成果分配给农田里的农民，而这是他们计划的一个关键组成部分。迫于显示成效的压力，科学家们最终放弃了对农村贫困人口的关注，转而将目标对准了索尔曾经警告过要警惕的大型商业农场。这一项目启动10年后，很明显未能实现最初的目标。[211] 但是，在洛克菲勒基金会内部，几乎没有人对此感到不安。令大家惊讶的是，斯塔克曼的秆锈病防治项目几乎是在整个项目设立之后才想到的，此时却已经成为改变世界的成功案例。斯塔克曼和其他人一样为此感到惊讶。由于在明尼苏达州的工作需要，他将攻克秆锈病的任务委托给了哈拉，哈拉又把这一任务转交给了当地工作人员。该团队只有一个人：诺曼·博洛格。

在巴希奥

博洛格与斯塔克曼一开始的接触并不顺利。按照玛格丽特的建议，博洛格询问斯塔克曼，是否可以在等待获得爱达荷州工作机会的同时，研究几个月的森林病理学。在博洛格的记忆中，斯塔克曼是这样回答的："填补一两个月的工作空缺？"他对博洛格说，研究生院"跟读小说不一样，你不能把它拿起来再放下。孩子，你必须对它更认真才行"。他拒绝把森林病理学视作一门学科，他认为博洛格不应该把自己局限于单一的科目。如果博洛格攻读普通作物科学，斯塔克曼可以为他提供一项助教奖学金，用来支付费用。这份助教的工作是：为载玻片上的秆锈菌孢子计数。博洛格接受了斯塔克曼提出的条件。他花了太多的时间眯着眼睛计数孢子，导致右眼视力永久受损。[212]

博洛格到最后也没有得到爱达荷州林务局的那份工作。他研究了梣叶槭（box elder）上的一种真菌病，并于 1941 年获得硕士学位。博洛格原本只打算攻读硕士学位，毕业后出去找一份工作，但他现在已经开始攻读博士学位了。他的博士论文研究一种攻击亚麻的土壤真菌。[213] 该课题有三方面的吸引力：第一，斯塔克曼已经获得了这项研究的资助；第二，这种真菌是他已经成功合作研究过的梣叶槭真菌的表亲；第三，研究对象与小麦或秆锈病无关。斯塔克曼有许多学生都在从事小麦和秆锈病方面的研究，博洛格确信他会迷失在这群同学之中。斯塔克曼对他翻了翻白眼，但还是接受了博洛格的决定。博洛格发现，斯塔克曼那疾言厉色、叼着雪茄的外表下，其实有一颗异常善良的心。斯塔克曼总是尽其所能督促学生，但如果他们摔倒了，他会把他们扶起来。他总是说，要有远大的眼光。尽管博洛格对小麦研究顾虑重重，但是斯塔克曼还是确保博洛格对小麦有所了解。

在这个系的大楼旁边，有一块农田，斯塔克曼种植了40英亩的患有秆锈病的小麦，帮助我们开动脑筋，对黑穗病、赤霉病、锈病、稻瘟病、枯萎病、矮腥黑穗病、萎蔫病、白粉病以及其他各种疾病进行分析研究。每个星期六下午，学生和教职员工们都会被带到那几英亩病危的小麦田里。斯塔克曼会让大家在每一种病株处停下来，然后，他引导我们对所观察到的东西进行争论。有时，这种形式会持续几个小时，有时辩论会进行得非常激烈。这就是他的风格。他的实验室和教室是开放的知识论坛，充满了火与光。

不过，这种开放式教学是有一定限度的。当博洛格还是本科生的时候，他选修了一些通识教育课程：英语文学、实用心理学，甚至还选修了一门叫作"如何学习"的课程。研究生时的情况则发生了改变。除了旁听一个学期的初级法语课程之外，博洛格没有选修植物学和植物病理学以外的任何课程。他没有学过生态学、农学、土壤学、水文学、地理学、农业经济学或历史学。不可思议的是，虽然被认为是美国最著名植物育种专家的赫伯特·K.海斯（Herbert K. Hayes）曾在明尼苏达州任教，但博洛格却没有上过植物育种课。与沃格特一样，博洛格成了一名科学工作者。但是，沃格特所关注的生态学与博洛格的植物病理学截然不同。

利奥波德及其追随者所实践的生态学有一个使命：通过对物种间相互作用体系的整体研究来保护生态系统的完整性。植物病理学有着完全不同的使命：清除阻碍人类需求的病虫害。沃格特所倡导的生态学是一种抱着谦逊的态度并承认自然限度的实践活动；博洛格的植物病理学则是一种**拓展**的方法论。分离研究对象，一遍又一遍地进行实验，然后尽可能地推进结果——斯塔克曼告诉他，这是通往知识的道路，可以造福人类。

按照这些原则，博洛格收集了一千多个受真菌感染的亚麻样品。从这些样品中，他获得了纯培养物，并将其分别植入装满无菌土壤的 4 英寸罐中。在他的博士论文所报告的十几个实验中，他在这些接种过的土壤中种植了多达 20 种亚麻品种，从中寻找能够抵抗这种真菌的品种。结果是，没有一种亚麻品种是免疫的。工作还没有完成，他就被迫停了下来，因为他得到了一份工作。

1941 年 10 月，斯塔克曼把博洛格请了过来。在斯塔克曼办公室等候的是博洛格读本科时的一位教授。这位教授离开明尼苏达州已经有几年了，此时在特拉华州威尔明顿市的杜邦公司（E. I. du Pont de Nemours）主持一个实验室的工作，杜邦是一家大型化工公司。此时，这位教授回到明尼苏达大学，向博洛格提出了一个问题：让博洛格去杜邦公司顶替他的位置，这个主意怎么样？年薪 2 800 美元，远远高于玛格丽特的校对工资。斯塔克曼告诉博洛格，他可以在一个月内完成他的研究，然后搬到特拉华州，利用晚上的时间撰写博士论文。[214]

博洛格并未马上做出决定。杜邦公司成立于 1802 年，最初为军方制造炸药。近期，它开发了尼龙、人造丝、腈纶等合成纤维织物。在这种环境里，农业科学家能做出什么贡献？除了考虑到这一点，博洛格仍然希望生活在落基山脉西部的森林中。但当他把这件事告诉玛格丽特的时候，她的反应直截了当：我们还有什么选择？其他公司并没有嚷着说要雇用他。1941 年 12 月 1 日，博洛格和玛格丽特离开明尼阿波利斯，他们驾驶着一辆 1935 年的庞蒂亚克轿车，那是他们唯一一件贵重物品，是从玛格丽特父母那里买来的。

在那个年代，驱车前往威尔明顿，行驶的道路大部分是那种有车辙印的乡村道路。他们走了将近一个星期。博洛格和玛格丽特穿过费城的时候，看到街上充斥着愤怒的人群。博洛格问一个路人发生了什么。"珍珠港被炸了！"那人告诉他。博洛格从未听说过珍珠港这个

玛格丽特和诺曼·博洛格，大约是在他们结婚时拍摄的

地方。他感到迷惑不解，继续驱车前往特拉华州。第二天，也就是 12 月 8 日，是他在杜邦公司的第一天。直到那时他才知道，国家处于战争状态。

与沃格特一样，博洛格也想为国家效力。但他参军的尝试遭到了拒绝——军方对已经 27 岁、视力不好的已婚人士不感兴趣。不过，他还是很快就被战争人力委员会（War Manpower Commission）列为可以"对战争做出重要贡献"的人。他必须确保杜邦公司的细菌培养不受纳粹分子的破坏。博洛格已经在实质上成为美国军方的一名雇员。

博洛格在接受保护公司培养皿的工作之后，又收到了一长串任务。他测试了迷彩涂料的耐久性。他研究了净化水的化学物质对病原体的作用。他想出了在纸板箱上喷洒哪种物质能使纸板箱在被扔进海洋后仍能尽量保持不坏。他建造了一个高温、高湿的"丛林室"，用以评估霉菌侵袭军服的速度。他研究了电子设备的保护性包装。他发明了一种新的方法，能更有效地密封避孕套的包装，防止其产生霉菌。[1]215

博洛格从不与家人之外的人谈论情感；他没有留下日记，也没有留下几封私人信件。与沃格特一样，人们必须从零星的证据中推断出他的想法。他似乎一直都觉得，测试涂料无论对战争有多么重要，都不是他追求的目标，也没有那么伟大。1942年底，他在一次植物学会议上遇到斯塔克曼和哈拉，他们向他讲述了在墨西哥的工作，这是一项很遥远但却很有吸引力的工作，可能会改变数百万人的生活。博洛格对此感兴趣吗？我不能离开我的工作，他告诉他们。我属于可以"对战争做出重要贡献"的人。哈拉觉得他的话里藏着一丝遗憾：博洛格在杜邦公司感到很无聊。

斯塔克曼继续不停地与博洛格谈论墨西哥的农业项目。这个项目很难找到适合的工作人员。斯塔克曼和哈拉与一位又一位科学家面谈；但是，他们要么年龄太大了，要么太难合作，要么太有可能惹恼

---

[1] 博洛格是杀虫剂滴滴涕的早期测试者。根据维特迈耶的说法，博洛格曾说：滴滴涕的样本于1942年从英国化学巨头帝国化学工业公司（ICI）运到杜邦，该公司从苏联获得滴滴涕，苏联是从被俘的德国士兵手中获取滴滴涕的。苏联人注意到这些战俘身上没有虱子，并发现他们携带的是杀虫粉末。这种粉末就是滴滴涕，由瑞士嘉基公司（Geigy）在20世纪30年代开发，并卖给纳粹。博洛格在花园害虫身上测试了这种粉末。他告诉维特迈耶，多年来，"我的手和衣服上到处都有这种粉末，而且和地球上的任何人一样完全暴露在具有这种粉末的空气之中。然而，我当时或者那以后都没有不良的健康后果。我也从来没有看到环境破坏的证据……这就是为什么我一直对今天围绕着滴滴涕的灾难说法持怀疑态度"。博洛格关于被俘的德国人的故事可能是有误的。波士顿大学研究杀虫剂的历史学家埃德蒙·P. 拉塞尔（Edmund P. Russell）告诉我，他从未听说过这种杀虫剂。有档案证据支持的标准历史是，嘉基公司直接向美国政府发送了滴滴涕样本。在杜邦公司，博洛格可能处理过这些样品，但可能记错了它们的来源。如果维特迈耶的引用是准确的，那么博洛格后来对滴滴涕影响的怀疑就源自这项工作。他是个聪明人，但声称个人经历表明滴滴涕几乎没有风险，就跟声称蒂莉表姐吸烟五十年却没有生过病，因此吸烟不会导致肺癌一样。

墨西哥人。相比之下，博洛格年轻有为，乐于冒险，而且为人非常和蔼可亲。除了缺乏这方面的专业知识和没有专业声誉之外，他是最完美的人选。当其他备选的人一个个被排除在外的时候，博洛格的优点就更加突出了。1943 年 6 月，哈拉再次询问博洛格，他是否愿意负责攻克秆锈病这个项目。博洛格在咨询了妻子之后，同意了。他告诉哈拉，如果不是洛克菲勒基金会要求他加入墨西哥农业项目，他早就申请加入海军了。他安排了一名继任者，从杜邦公司离职后，与墨西哥签订了一份合同，获得了相关的签证和战时许可，并在墨西哥城设立了一个办公室。所有这些事情，博洛格、哈拉和基金会用了一年多的时间，这是对博洛格耐心的考验。1944 年 9 月 11 日，他前往墨西哥。[216] 当时，玛格丽特正怀着他们的第二个孩子，一年前他们的第一个孩子诺玛·琼·博洛格（Norma Jean Borlaug）出生了。他们夫妇叫她珍妮（Jeanie）。玛格丽特留在威尔明顿，打算在孩子出生后再和他团聚。

博洛格第一眼看到这个项目就大为震惊。这家世界上最大的慈善企业经过两年的规划和谈判，在墨西哥城破败的北郊设立了一个小型总部办公室；从洛克菲勒基金会规模大得多的抗疟疾项目处借来的几间市中心的房间；在距离城东一个小时车程的查平戈自治大学那里，还有一处 160 英亩、灌木丛生的贫瘠土地。总部办公室有墨西哥农业项目的 4 名全职员工：除了博洛格和哈拉，还有备受推崇的玉米育种专家埃德温·韦尔豪森（Edwin Wellhausen）和刚刚从康奈尔大学毕业的土壤科学家威廉·科尔威尔（William Colwell）。[217] 市中心的办公室只配备了一名接待员，他控制着该项目最宝贵的有形资产：一条能够直接联系到美国的电话线。查平戈那里的实验基地不仅没有温室或实验室，甚至都算不上是一块真正可耕种的田地。博洛格的首批任务之一是在现场为这块实验基地规划农田、道路和（潜在的）灌溉线路。[218]

在某种程度上，洛克菲勒基金会假定，一个小型的研究小组可以产生巨大的影响，因为它只需要向墨西哥人介绍更为先进的美国方法。1944年春天，哈拉在查平戈的一块田地里种植了一些最先进的美国杂交玉米、小麦和豆类。博洛格在10月份抵达这里后，看到了这些植物的情况。这三种作物几乎都被病虫害以及不合时宜的霜冻毁掉了。一些小麦植株存活了下来，但它们几乎没有产出谷物——由于某种原因，北方品种无法在南方的条件下生长。"这是我们第一次意识到，在墨西哥种植作物可能与我们预期的情况有所不同。"博洛格告诉维特迈耶，"我们本以为，我们的种子会表现得跟在这些种子的家乡一样。事实给了我们当头一棒，我们似乎不应该对自己那么充满信心。这个地方比我们想象的要复杂得多。"哈拉让博洛格开车到城外更远的地方，找一个土壤条件相对要好些的农场，从土地所有者那里获得耕种许可，然后再尝试种植更多的小麦。

博洛格按照哈拉的要求做了。但是，由于他准备不充分，麻烦还是找上了他。"我感到很害怕，"他后来说，"我生病了，病了大约三周或一个月，我依然坚持每天从办公室到田地来回跑，只是，我感觉比其他人更困难。我确信，在我刚到那里的第一个月里，我有许多时候在想，如果我还能回到杜邦工作，我一定会离开这里，回到杜邦公司。"[219]

威尔明顿传来的消息使他更加苦恼。1944年11月9日，玛格丽特生下了一个患有脊柱裂的男孩。脊柱裂是一种先天性缺陷，导致脊髓无法正常闭合，在婴儿背部下方隆起，裸露在空气中。在严重的情况下，脑脊液流动受阻，造成致命后果。婴儿的病情很严重。（如今，脊柱裂通常是可以治疗的。）玛格丽特从未被允许碰他。对婴儿的探视只是透过玻璃，盯着这个反应迟钝、插着管子的孩子。博洛格抵达威尔明顿后告诉妻子，自己将退出该项目，返回杜邦公司。根据维特迈耶的讲述，玛格丽特一点也不赞同他的想法。"我的丈夫是有前途的，"她说，"我的孩子却没什么希望。你先回去吧，等我能去的时候就过去。"圣诞节之后的两天，博洛格带着悲痛而内疚的心情，回到了墨西哥。

2月份，医生们敦促玛格丽特，为女儿考虑，离开那里。她紧紧抱住珍妮，坐上南下的火车。博洛格在市中心找到了一套公寓。玛格丽特在打扫和整理房间的时候，才感到心情轻松了一些。珍妮第一次有了自己的卧室。全家人都喜欢沐浴着透过窗户射进来的阳光，喜欢繁忙的街头生活，喜欢散发着辣椒、酸辣酱和墨西哥巧克力的味道的市场。尽管如此，他们的第二个孩子仍然是一个沉重、持续的负担。[220]

工作是一种安慰。1945年3月，哈拉向洛克菲勒基金会提出，他在指导整个项目的同时，无法再分出精力与博洛格合作研发抗秆锈病的小麦品种。斯塔克曼也无法弥补这一不足。尽管博洛格缺乏经验，西班牙语也很差，但他必须负责小麦项目——当然，哈拉会尽可能提供帮助。[221]

通常情况下，巴希奥的农民在10月或11月冬季霜冻来临之前的几个星期播种小麦。然后，种子发芽，长成四五英寸长的幼苗。这时，天气开始变得非常寒冷，小麦保持休眠状态。冬季过后，温度开始回升的时候，植物恢复生长，开花并长出谷穗。到了春末夏初，小麦便可以收割了。以这种方式生产的小麦被称为**冬小麦**。在世界其他地方，农民也种植**春小麦**：春天播种，秋天收获。冬小麦品种要经过一段时间的寒冷天气，之后才能开花，这一过程被称为"春化"；而春小麦品种则不需要经历寒冷天气就能够尽快开花。通常，冬小麦比春小麦产量更高，营养价值也更高。但是，在冬天过于寒冷或干燥、不适宜种植冬小麦的地方，种植春小麦更好。春小麦长势好，生长快，农民在收获小麦之后，还有时间在同一块田地上种植第二种作物（比如玉米或马铃薯）。[222]

巴希奥高山峡谷的气候条件（冬季寒冷、干燥）对种植冬小麦不太理想，但对种植春小麦有利（夏季温暖，降雨充足）。尽管如此，那里的农民很少种植春小麦，因为禾柄锈菌是在每年夏季的雨水中滋生出来的。冬小麦可以在一年一度的秆锈病肆虐之前的春季收获。即使采取了预防措施，这种真菌每年也会夺走多达 1/5 的收成。博洛格逐渐意识到，墨西哥的小麦种植基本上是一种对秆锈病管理的实践活动。

由于不确定应该如何开始这项研究，博洛格决定前往墨西哥城西南部的高地平原，寻找似乎能够抵御秆锈病的当地小麦品种和耕作方法。[223] 1945 年 3 月，他受委托负责小麦项目；不久，他就出发去了西南部高地平原。他沮丧地发现，当地小麦几乎与洛克菲勒科学家种植的小麦一样，遭受着秆锈病的侵袭。农民们在一块地里混合种植各种品种——高株和中株品种、红色和白色麦粒品种、早熟和晚熟品种，通常有 10 到 15 种，希望有少数小麦能够逃过真菌的侵扰。他们采取稀疏播种的方式，植株与植株之间尽量分开，希望以此减缓秆锈病的传播。博洛格了解到，一些农民拒绝给农田浇水，"以便尽量减少秆锈病造成的损失"；这种做法让他觉得不可思议。稀疏播种，不同品种混合种植，刻意保持干旱，这些做法都是不可取的——这就如同试图通过饿死自己来防止心脏病发作一样。但是，他理解墨西哥农民为什么这么做。一些农民的农田得到合理的灌溉，长出茂密、匀称的高产品种的小麦植株，厚厚地覆盖着田地。然而，还没等植物成熟，禾柄锈菌就已经把它们全部吞噬掉了。

博洛格和两名墨西哥助理研究员在村庄里四处行走，剪下了大约 8 000 株看起来各不相同的小麦穗——可能是不同的品种。回到查平戈后，他们开始手动一点点地处理谷物。一个典型的麦穗由 12 到 14 个"小穗"组成，每个小穗有 2 到 4 粒种子。因此，博洛格拥有了大约 10 万粒种子。愿意提供帮助的美国政府官员已经向该项目寄送了

600 多种外国小麦品种：另外 1 万粒种子。三人将每一品种的每一批放入贴有标签的信封里。他们计划，在农民们刻意避开的春季种植所有 8 600 个品种，看着它们如何被秆锈菌侵袭。[224] 他们希望能借此发现一些可能对秆锈菌具有抗性的品种，那样的话，博洛格可以将这些具有抗性的种子作为培育更好品种的基础。[1]

由于几乎没有设备，博洛格和他的墨西哥同事不得不借来一台耕耘机，靠人力犁地。三人轮流将皮带系在腰上拉犁，一个人走在后面扶犁。博洛格的两名主要助手是佩佩·罗德里格斯（Pepe Rodríguez）和何塞·格瓦拉（José Guevara），他们都曾在查平戈自治大学接受过农艺学的培训。在那个年代，他们的高学历是一种骄傲，使他们不同于一般的农民。他们身穿西装、打着领带，脚上穿着擦得锃亮的皮鞋来上班。他们不愿意干脏活。让他们与自己分担犁地任务，这让博洛格感到了一种有些冷酷的乐趣。他看着他们穿着深色西装，在墨西哥城强烈的阳光下艰难地做着农活，犁起的土在风中扬起。到后来，罗德里格斯和格瓦拉也跟博洛格一样，穿上了工作装。卡其布裤子、系带靴子，以及浸有汗渍的棒球帽，这些成了项目制服。三人于 1945 年 4 月开始工作。他们为 8 600 个品种中的每一种开垦出两小垄，总长度超过 8 千米的垄共有 11 万株植物，都是靠人工种植的。此外，他们还用斯塔克曼和埃德加·麦克法登（Edgar McFadden）寄来的 99 份小麦样品种植了另一块较小的田地。埃德加·麦克法登是美国农业部的一名植物育种专家，平时在得克萨斯州，博洛格从未见过他。

博洛格刚把小麦种好，韦尔豪森就请他帮忙，在巴希奥建造一个玉米育种苗圃。他们二人于 5 月抵达巴希奥，在瓜纳华托

---

[1] 小麦有几种类型：普通小麦（最常见），硬粒小麦（意大利面用的那种），还有二粒小麦（一种古老的小麦，也用于制作面包）。虽然它们是不同的物种，但为了简单起见，我把它们放在一起说。

（Guanajuato）的塞拉亚（Celaya）城外的山坡上工作起来。雨季刚刚结束，山峦被不合时宜的热浪笼罩。此时，塞拉亚城的发电厂发生了故障，博洛格和韦尔豪森无法在没有风扇、炎热昏暗的餐厅里用餐，他们用玉米棒生火做饭，也用玉米棒将他们饮用的水烧开。博洛格回忆说，尽管采取了预防措施，他还是生病了。他在酷热难耐的山上种玉米，然后步履维艰地走回到他的旅馆，"病痛折磨着他，恶心呕吐几乎让他晕厥过去"。

更糟糕的是贫困。博洛格一直都很穷，但总还是吃得饱，穿得也算体面。而在巴希奥，他第一次见到了地区规模的贫困。妇女们步行数千米，从受污染的井中取水。男人们用木锄头刨地，用老式镰刀砍杂草，始终沿袭着古老的生活方式。管道工程是一个遥远的梦想。儿童死于在富裕地区可以治愈的疾病。他一次又一次地遇到一些人，权威的滥施已经使他们的内心发生扭曲，致使他们坚持信守那些在博洛格看来不合理的信念。博洛格提出购买钢制犁和锄头，他们就告诉他，金属会从土壤中吸走"热量"。如果博洛格问起肥料的事，他们会告诉他，这是政府针对农民的阴谋。对博洛格来说，每一次谈话都像是将他推入一片混乱和绝望的荒野。[225]

博洛格一生大部分的时间都不怎么关心农场之外的事情。而此时，在巴希奥，有一种更大的东西在他的心中萌动。他在给玛格丽特的信中写道：

> 我在这些地方所看到的，让我的心情难以平静——这里的人民是如此贫穷，让人感到沮丧和压抑。这里的土地如此缺乏生命力，这里的植物只是勉强维持生存。它们不会真正生长壮大，它们只是为了生存而挣扎。土壤的营养水平非常低下，甚至小麦植株只能长出几粒粮食……你能够想象得到一个贫穷的墨西哥人如何挣扎着艰难地养活他的家人吗？我不知道我们能做些什么来帮

助他们，但是我们必须做点什么。

　　我们必须做点什么。就像沃格特一样，博洛格也获得了一种使命感——这种发自内心的激情驱使他以自己的余生为之奋斗。沃格特最初的担忧是在长岛被唤醒的，并于 1943 年和 1944 年在墨西哥农村的研究实践中逐渐成形。差不多在同一时间，同样的乡村环境使博洛格的视野更加清晰和集中。他最初的担忧是由大萧条时期的食品骚乱引发的，而此时对极度贫穷的担忧在巴希奥得到了印证。

　　然而，从同一幅图景中，沃格特和博洛格这两个人却得出了不同的结论。对于哪些因素是图形，哪些因素是背景，他们意见不一。沃格特将脚下的和身后的土地视为故事的主角——土地是问题和解决方案的根源。他以生态学家的眼光，认定最根本的问题是承载能力。人与其他任何生物一样，必须融入其中。

　　相比之下，博洛格则将农民视为中心人物。他们受苦，不是因为超过了土地的承载能力，而是因为他们缺乏必要的工具和科学知识。利用工业肥料、先进的灌溉技术以及优质的新型种子库，他们可以改变土壤环境，增加粮食产量，变得富裕起来。一味地适应他们习以为常的世界将是一场人类灾难。他们需要根据更有用的原则重建这个世界。

　　对博洛格来说，他在巴希奥看到的那些为生活而挣扎的人就像明尼苏达州牛奶暴乱中的奶农和农民一样，被需求和无助驱使着，几乎到了疯狂的地步。解决的办法很简单：增加粮食产量。更多的食物意味着更多的钱，也意味着更少的饥饿和贫穷。无论是沃格特还是博洛格，他们都没有想过自己的想法会对这个世界产生怎样的影响。

穿梭育种

1945 年春末和夏季，博洛格每天都在研究他的数千个小麦品种。他在一排排的幼苗中寻找粉疱，这种粉疱预示着会发生秆锈病。每当在叶子或秆上看到粉疱，他就会把植物拔出来扔掉。检查完所有 11 万株植物后，他会再从头开始检查。

在这段时间，他在查平戈又多了两名助手（在哈拉的坚持下，新助手是女性，这打破了传统）；尽管人手增加了，检查植株的工作似乎还是没完没了。如果每个人花 10 秒钟检查每一株植物，五对眼睛和五双手还是需要两周时间才能够完成一轮检查。这样的速度根本跟不上植物的生长，不足以阻止秆锈病的发生。他们必须工作更长的时间。

为了节省从住所到查平戈这一个半小时的通勤时间，博洛格决定睡在试验田，那里有一栋用作观察研究的小屋，他在屋子里的泥土地上放了一个睡袋。过了一段时间，他就不再为啮齿动物而烦恼了——"小苍蝇们吸了我们太多的血，再也飞不起来了。我们都能够看到，它们从我们的胳膊上滚下来，扑倒在地上。"他也不再为炎热、灰尘和放在牛肉罐头盒里的开水的味道而烦恼。他虽然每个星期只有一次回到玛格丽特和珍妮身边，换一次衣服，洗一次澡，但他也不再为此烦恼。有时，佩佩·罗德里格斯和何塞·格瓦拉会和他一起住在那里（两位女性是不允许在田野里过夜的）。他们通常在日出前起床，这时的空气还是凉爽的。他们蹲在田里，借助微弱的光线寻找秆锈病的痕迹。他们总能找到。随着夏天的到来，植物的数量减少了。

事实上，这种减少的最终结果是几乎降到了零。禾柄锈菌不仅摧毁了墨西哥和美国政府送来的 600 个品种，还摧毁了巴希奥的所有 8 000 个品种。种植了来自斯塔克曼和得克萨斯州育种专家的 99 个小麦样本的较小农田情况稍好一些。有 4 个品种没有向秆锈病屈服，斯塔克曼和育种专家给的样本各有两种。博洛格和他的助手在田里种植的 11 万株植物中，只有这 4 种存活下来了。洛克菲勒基金会的专家们再一次失败了。[226]

博洛格花了几个月的时间，来拔掉被秆锈菌感染的植物，这也给了他足够的时间去思考。他在这段时间里的深思反刍没有留下任何书面记录。但是，通过跟踪他的行动，细细品味后来的采访，仔细阅读同事的论文，或许可以勾勒出他的主要想法。

我相信，他当时的想法是，哈拉错了。斯塔克曼、整个洛克菲勒基金会的管理层，还有索尔，都错了。他当时的想法是，洛克菲勒基金会的项目不会成功。它不会有很大的影响，却会花去太多的时间。

洛克菲勒基金会的任务是通过与巴希奥农民合作来提高墨西哥的粮食产量，但这些农民是这个国家最贫瘠土地上最贫困的人群。通过提高他们的生产力来使他们受益，这无疑是一件好事。但是，这片土地非常贫瘠，即使将这里的粮食产量提高两倍，对于整个国家来说，也几乎起不到任何作用。（一个小数字的三倍只是另一个小数字。）应该意识到的更为关键的问题是，毋庸置疑，这个国家糟糕的基础设施根本无法保证将巴希奥多余的粮食从高地运往其他地方。这就像是试图通过帮助萨乌德的农民来解决整个美国的问题，巴希奥这里的土壤贫瘠，没有铁路运输。巴希奥的农场可能会繁荣起来，但墨西哥仍然需要进口玉米和小麦。

事实使他断定，更好的办法是在全国范围内提高粮食产量——把目标对准整个墨西哥，而不是仅仅对准巴希奥。[227] 正如维特迈耶所说，博洛格认为，目标应该是"养活所有人，而不仅仅是饥饿的人。正确的选择应该是养活全体人民"。生产的粮食不仅足以养活墨西哥的每一个男人和女人，还可以出口到其他粮食短缺的国家。

遗憾的是，这个目标几乎不可能实现。墨西哥的地形复杂，有山脉、沙漠，还有潮湿的山谷，生态丰富多样。为了培育适合不同气候条件和不同土壤质量的小麦，博洛格必须在许多不同的地方设立项目。照着这一设计来实施这样的项目，不可能有足够的人力或资金。不仅如此，博洛格知道，即使可以这样做，整个过程也会太过漫长。根据经验，小麦育种专家需要经历10到15次麦收以甄选、测试和繁殖新品种。这个过程不能仓促进行；农民一年只能种植一季冬小麦或春小麦。但是，洛克菲勒基金会不可能等上15年。而农民们需要马上获得帮助。

在小麦田里，博洛格想出了一个解决办法。他告诉哈拉，他想将两种繁殖方法结合起来，同时进行。一种方法有难度，但属于传统模式；另一种方法同样困难，但跟传统模式一点关系也没有。首先，传统模式是将许多不同的品种进行大批量杂交育种，以期产生有利的新变种。从遗传学的角度来讲，大批量杂交相当于投掷大量的飞镖，因为人们相信，总会有机会命中靶心。大批量杂交通常是需要大量工作人员在大型实验基地上进行的。博洛格和他的小团队必须播种和培育成千上万株小麦植株，分别收集每一株的花粉，进行人工授粉，一株一株地收获最终的谷物，然后种植这些谷物，以发现杂交的结果。

哈拉认为，这个方法是可行的，只是他担心博洛格的团队是否有足够的资源和人力。但他强烈反对博洛格提出的第二种模式：非传统的"穿梭育种"。[228]

穿梭育种的目的是利用墨西哥复杂多样的地形加快杂交育种的速度。墨西哥的地形从南部的亚热带地区延伸到北部半干旱地区，绵延3 000多千米。在这片广阔的土地上，有三个主要的小麦种植区[229]：墨西哥中部的巴希奥，洛克菲勒基金会正在那里工作；位于索诺拉（Sonora）的沿加利福尼亚湾（Gulf of California）的太平洋沿岸平原（Pacific Coastal Plain）；位于巴希奥以北被称作拉古纳（La Laguna）的一片较小的区域。博洛格的想法是将育种计划分到两个区域进行：巴希奥（以及附近的查平戈）和西北面1 000多千米处的索诺拉。

11月，小麦收获之后，博洛格会把他的4个幸存的品种带到索诺拉，[230] 在那里，他将把这些幸存的品种与其他许多品种一起培育，争取培育出既能抵抗秆锈病（这4种幸存的品种就是对秆锈病具有抵抗性的），又能生产大量谷物（其他品种如果不受秆锈病影响的话就能）的新品种。4月，他将从最好的植物中收获种子，并将这些种子带到巴希奥，在那里进行第二轮杂交育种。巴希奥夏季潮湿，就像是植物病虫害的孵化器。博洛格可以利用第二代杂交育种进行筛查，检查它们对禾柄锈菌以外的其他疾病的易感性：病毒、细菌、不同类型的真菌。10月，他将从第二轮杂交育种中收获最具抗病能力的种子，把它们带到索诺拉进行第三轮杂交育种。在索诺拉，他可以找出能产生最多籽实的植株。在巴希奥进行第四代杂交育种，植株将接受检查，以确保这些高产植物仍能保持对多种疾病的抗性。博洛格相信，到了第六代，他就可以拥有能够供农民进行实地测试的品种。通过在索诺拉和巴希奥之间来回切换杂交育种，新的抗秆锈病的品种可以在5年内广泛使用，整个过程只是通常时间的一半。（在关于博洛格进行杂交育种的描述中，虽然我没有提到，但我们不要忘了，玛格丽特每年有半年的时间需要独自抚养他们的女儿。）

哈拉是不会同意这项计划的。墨西哥政府明确限定，洛克菲勒基金会只能使用巴希奥。并且，即便洛克菲勒基金会获准在索诺拉开展工作，博洛格的计划也违反了植物育种的基本法则：育种者需要在新品种将来生长的环境中培育新品种，这样新品种就能适应该地区。[231] 也就是说，冬小麦不能被种植在农民种植春小麦的地方，反之亦然。而在索诺拉和巴希奥尝试这种方法，情况会糟糕，两地的气候太不一样了。

博洛格固执地坚持自己的计划。亚基河谷灌溉项目开辟的农田非常好，博洛格认为忽视这些农田就太愚蠢了。他许诺完全靠自己完成这项工作，基金会不需要支付额外费用。至于他的想法的可行性，对于博洛格来说，只要能尽快有进展，就值得去尝试，不在计划要种植新品种小麦的地方培育新品种小麦，可能会带来一些问题，但这不在他的考虑范围之内。

哈拉看重下属的忠诚，希望下属跟自己步调一致；作为回报，他会完全支持他们。博洛格的不妥协激怒了他，但他也左右为难。[232]洛克菲勒玉米项目的进展步履维艰，解雇博洛格也会使小麦项目陷入困境。最后，哈拉勉强同意让博洛格在索诺拉尝试种植一季；但前提是，他不能动用任何项目资金，而且要对当局隐瞒自己正在从事的工作。尽管看似两个人达成了一致，而实际上两人之间还是变得越来越冷淡；他们的关系再也没有恢复。

那年的晚些时候，一架荷载 6 人的飞机摇摇晃晃地飞着，将博洛格带到亚基河谷边缘的奥夫雷贡城（Ciudad Obregón）。在城外 20 千米的地方，有一处废弃的农业实验站，博洛格打算把这里当作实验基地。他自己没有车，搭便车从机场到了这个实验站。他的行李除了衣服、很多豆子罐头和炖肉，就是他前一年劳动的全部成果：来自 4 个抗秆锈病品种的几千颗种子，以及他在第一次访问索诺拉时从一片废弃的田野中几乎随机采集的新品种样本。

这个废弃的农业实验站建于 1938 年，是用来饲养牛和猪的。此时，它成了一片废墟："窗户破了，屋顶被风吹雨打，已经到处都是漏洞，机器都坏了，牲畜之类的要么被卖掉了，要么死了，要么死了以后被卖掉了。这简直就像是发生了一场彻底的灾难。"博洛格在一间年久失修、破旧不堪的仓库的阁楼里支起了他的床——一张用杆子撑起来的帆布。没有电，没有电话，也没有自来水。昆虫、啮齿动物和雨水从不遮风不挡雨的窗户自由地出出进进。除了一名兼职管理员之外，这个实验站没有其他工作人员。博洛格用玉米棒生火，加热一罐豆子吃了，然后就睡下了。

第二天早上，他查看了这个实验站。原来的 250 英亩试验田和牧场里长满了杂草和灌木丛。他需要设备来清理环境和田地。他沿着公路从一个农场走到另一个农场，他一次又一次敲门，用他那蹩脚的西班牙语问当地人，能否借一辆拖拉机用几天。附近的农民感到困惑和怀疑，不愿意把他们宝贵的机器借给一个随便找上门的美国佬，这人自称是研究人员，但打扮得却像个工人。到了下午，博洛格已经被太阳晒伤，他两手空空，怒气冲冲地回到了实验站。

第三天，他在废墟中走来走去，寻找可用的设备。他找到了损坏严重的铁锹、生锈的耙子，还有一个老式的木制耕耘机，这种耕耘机是用骡子拉的。管理员来上班的时候，博洛格把他带到耕耘机那里，主要通过手势跟他交流。博洛格把挽具套在自己身上，手指着犁。然后，他开始拖着耕耘机犁地，那位上了年纪的管理员扶着犁把手，摇摇晃晃地引导着犁铧。在查平戈种植小麦的时候，博洛格可以与其他两位工作人员轮换着套上挽具拉犁。而在这里，他只能一直自己套着挽具拉犁；管理员太老了，根本拉不动犁。路过的人都停下来，看着这两个人干活。博洛格没有理睬他们，他身子前倾，使劲地拉着皮带。到了中午，他已经累得筋疲力尽了。他收起犁，从翻过的土里耙出杂草，种上小麦，他一直忙到日落。晚上，他生了一堆火，打开一罐豆子，踉踉跄跄地走到床前。

在博洛格手工耕作的第三天，隔壁农场的主人朝他走来。当时，博洛格正在拉犁，他停了下来，好奇这位农场主为什么穿着最好的衣服。这时，他才意识到，这一天是星期天，他的客人是从教堂回来的。你为什么要这么做？你为什么在主日这天像一头骡子一样工作？那人问道。博洛格试图向他解释。他的这位农民邻居茫然不解地望着他：这个可怜的外国人穿着脏兮兮的衣服，操着可怕的西班牙语，在说些什么。最后，这位邻居告诉博洛格，自己可以在周末把一台拖拉机借给他用。

有了拖拉机，情况就不同了，即便这台拖拉机只是在周末兼职为他工作。他遇见一位当地的美国侨民，也给他带来了方便，这位美国侨民让他搭车进城买食品和杂货。博洛格后来估计，到那年圣诞节的时候，他已经种植了5英亩（约14万株）植物。他飞回墨西哥城，回到家人身边。他听到的第一件事是他的儿子在巴尔的摩医院去世了。他把悲痛抛在脑后，尽可能多地与玛格丽特和珍妮待在一起。他还尝试着为因自己的固执而与项目办公室产生的误解道歉。哈拉雇用了更多的员工，其中包括一名林务员，名叫乔·鲁珀特（Joe Rupert），是斯塔克曼的学生，博洛格在明尼苏达州时对他略知一二。鲁珀特成了博洛格的朋友，很快就搬进了博洛格家公寓的一间空房。这样，在博洛格回到索诺拉工作期间，鲁珀特可以帮玛格丽特的忙。

回到那个农业实验站后，博洛格发现，他的种子发芽了。这些植物已经准备好进行异花授粉。小麦花被称为小花（floret），在小穗上呈小束状生长。跟大多数花一样，每朵小花都是两性的，有雄蕊和雌蕊。从小花中心的细梗上向上长出的是雄蕊，雄蕊是植物的雄性部分，顶端的花粉囊中含有花粉。在它们下面是花的雌性部分，纤细的细丝柱头，下面是子房。当柱头发育到足以繁殖的时候，一种生化信号会让雄蕊顶端开裂，散出类似孢子的金色小团花粉粒。在小麦等的开花植物中，每个花粉粒都包含一个生殖细胞和一个营养细胞。前者产生两个精细胞；当花粉落在柱头上的时候，后者就行动起来，产生一个胚芽或花粉管，花粉管是花粉粒的圆柱形延伸部分，携带着真正的精细胞。花粉粒在柱头上停留不到一个小时，花粉粒的芽管就已经探入柱头下方的子房。在子房里面是胚珠，其中包含着卵细胞。雄性和雌性机制结合在一起，开始产生种子，这就是农民将收获的谷物。

因为精细胞和卵细胞都来自同一株植物，所以新的种子在基因上与亲本完全相同。要培育新品种，植物育种专家就必须阻止小麦自花授粉。实际上，我们可以具体地描写一下博洛格是怎么做的。在阳光下，博洛格坐在自制的小凳子上，打开每个小穗上的小花，用镊子小心翼翼地拔出含有花粉的雄蕊丢掉。每株植物的每一个雄蕊都必须移除以确保它们不会自花授粉。现在，整个麦田都是雌性的，可以说，这些植物被阉割了。只有来自其他植物的花粉才能使它们受精。

下一个步骤是，把压扁的纸筒放在现在已经是雌性植物的植株顶端。纸筒放置妥当后，博洛格将顶部折叠起来，用回形针封上。现在没有花粉可以进入了。每株套上纸袋的植物都需要贴上标签并记录在案。所有这些都必须在卵细胞变得可育和雄蕊释放花粉之间的那几天内完成。

几天之后，当这些小麦植株从手术中恢复过来的时候，博洛格从另一种他没有拔掉雄蕊的小麦品种上剪下小花。然后，他打开被拔掉雄蕊的小穗上的纸筒，插入第二个品种的小花，旋转它们，让它们释放花粉，然后重新放上纸袋，密封好。植株上的每个小穗必须由相同的花粉授粉，其他花粉不能进入。再过几天，他取下纸袋，让受精的小花长出籽实。谷物成熟收割后，他将每株作物的种子分别包装并贴上标签，然后将所有这些种子运到巴希奥，在那里他又做了一遍同样的工作。

可能性几乎是无穷无尽的，但它们出现得很慢。第一代杂交通常会介于双亲之间。但是，如果育种专家将这些后代结合起来，第二代将有许多个体具有两个相同的重要基因副本，这些个体就会看起来与原始植物不同了。重要的特征可能会出现，这些特征可能是积极的，也可能是消极的。这些特征经过第三代或第四代杂交后会被放大。如果这些植物中有一种具有特别理想的品质，那么在开始田间试验之前，需要对其进行大规模的研究和培育，这也需要时间。博洛格的穿梭育种旨在加快周转的速度。

令人振奋的是，在索诺拉最初的育种是成功的。[233] 这 4 种抗秆锈病品种的种子培育出的植株在一年一度的小麦禾柄锈菌侵袭中存活了下来。到了秋天，已经有 5 英亩高大小麦植株在长满籽实的小穗的重压下弯了腰。接下来，博洛格必须收割谷物，将其运到巴希奥，进行下一轮的杂交育种。在奥夫雷贡城和墨西哥城之间飞行的小型飞机无法运载数百磅[1]的谷物。1946年4月，博洛格飞往墨西哥城，在那里，哈拉不情愿地允许他借用洛克菲勒项目的唯一车辆，一辆福特皮卡车。

在那个年代，墨西哥城和索诺拉之间的山区还没有铺设道路。司机们从首都出发，必须走一条两车道的公路，向西北行驶480千米，到达瓜达拉哈拉，然后向北行驶960多千米，这条路要穿过灌木丛，穿越沙漠，涉过浅水河。大部分路段都要自己携带汽油。这条线路令人望而生畏。博洛格决定绕道而行：从墨西哥城开车到美国得克萨斯州的埃尔帕索，穿过亚利桑那州的大部分地区，在诺加莱斯（Nogales）重新进入墨西哥；然后向南行驶300多千米，穿过灌木丛，到达奥夫雷贡城。234 他动员了两个人来当司机，以便轮换着开车。一个是住在他的公寓里的乔·鲁珀特，另一个是哈拉的新员工，名叫特奥多罗·恩西索（Teodoro Enciso），是查平戈自治大学的毕业生。

三人将设备装上卡车，包括两台破旧的小型脱粒机、四个备用轮胎和一堆用作床垫的麻袋，然后，他们向北进发。在崎岖不平的路上行驶了三天后，他们抵达埃尔帕索边境。这时，美国海关人员拦住了他们，声称不允许墨西哥政府的车辆进入美国。博洛格告诉他，两国已经同意，允许公务车辆自由过境。警卫回答说，卡车可以进入，但里面的东西不能进入美国。为了确保研究人员没有非法出售设备，他们必须把车子上的机器、轮胎和麻袋卸下来，并雇用一家保税货运公司的车将它们运到诺加莱斯。

博洛格对这一要求怒不可遏。每一分钟的延误都意味着他们可能

---

[1]　1磅≈0.45千克。——编者注

会错过小麦的收割时间。即使籽实仍然完好无损，他仍然需要收割、簸扬、晒干、包装，并测量每粒小穗的重量和特征，以便及时将它们运到巴希奥，在冬天来临之前播种。这三个人急急忙忙从诺加莱斯向亚基河谷推进。令博洛格感到宽慰的是，小麦可以收割了。

由于不想再次与美国海关发生口角，博洛格、鲁珀特和恩西索决定带着谷物穿越墨西哥回到巴希奥。这段路的主要危险是流经西马德雷山脉（Sierra Madre）两侧的河流，其中有好多次，他们必须穿越河流，这在多雨的春季是一件很危险的事情。他们三个人常常被灌木丛困住，身体被擦伤。他们顾不上这许多，依然开着车，跌跌撞撞地翻过山头。然后，他们继续向巴希奥和查平戈进发，去种植第二代小麦。

1947年7月，赫伯特·K. 海斯参观了这里的小麦项目，他是明尼苏达州一位受人尊敬的植物育种专家，曾指导过杂交玉米和小麦的培育工作。当海斯来到查平戈的时候，他震惊地得知，明尼苏达大学毕业生博洛格试图在两个不同纬度和气候条件下培育相同的小麦，这违反了最基本的植物学法则。如果博洛格选修过有关植物育种方面的任何课程，他必定会在《作物育种学》（*Breeding Crop Plants*）这本教科书中发现这句名言，这本经典著作的资深作者就是赫伯特·K. 海斯。[235]

博洛格坚持自己的立场；海斯还能说什么？他只是到这里来视察一下。然而，事情并没有那么简单，那年10月，当博洛格和鲁珀特被传唤到哈拉的办公室时，博洛格的日子就更难过了，他难以抵挡对他的批评。哈拉表示：资金短缺。事实上，博洛格在索诺拉几乎没有花什么钱。的确，洛克菲勒基金会支付的薪水是给处于博洛格这个位置的人，但处在这个位置上的博洛格却正在追求一种私人的痴迷，而这种痴迷蔑视众所周知的科学原理。穿梭育种不得不停止。博洛格后来说，他的语气冷冰冰的。博洛格再次阐述了自己的观点：巴希奥的

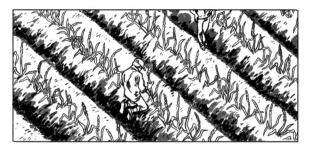

在现代技术出现之前，像诺曼·博洛格这样的小麦育种专家必须种植数千种不同的小麦品种，希望有机会产生有利的变种。每一株植物都必须通过手工检查，看是否具有理想的特性——或许花开早，或许抗病能力强。然后，育种专家还要尝试为它们配对，以培育出具有这两株植株优良性状的植物。

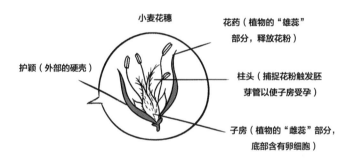

小麦花穗

花药（植物的"雄蕊"部分，释放花粉）

护颖（外部的硬壳）

柱头（捕捉花粉触发胚芽管以使子房受孕）

子房（植物的"雌蕊"部分，底部含有卵细胞）

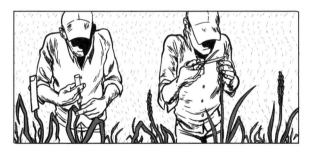

为了使两种小麦植株能够配对，人们用镊子将花药（图右）掐掉，创造出一种纯粹的雌性植株。然后，他们用一个小信封将此时已经被拔掉花药的植物覆盖住，以阻挡不合适的花粉。

与此同时，育种专家剪掉第二株小麦的小花，打开第一株小麦顶部的封套，旋转小花——释放花粉，使第一株小麦植株受精。受精后的小花会变成一粒种子——一粒小麦。

每一株小麦植株都是单独收割的，籽实被放在一个单独的信封里，并贴上有关其亲本信息的标签。然后，在下一个季节播种。这样，循环又开始了。

即使育种专家培育出一种结合了所有期望特性的小麦品种，他们的工作也还是不能算完成。品种必须根据不同的条件、新的害虫和病原体菌株以及新的农业技术不断进行调整。这项工作可能很乏味，但它是现代世界的基础之一。

条件太差，无法解决墨西哥的小麦问题。哈拉说，可能吧，但那里才是我们的主人要求我们工作的地方。根据他后来的回忆，博洛格是这样回答的：

> "那里有可用的灌溉设施和土地资源，这实际上为我提供了很好的条件，而我却不能利用这些条件。如果这是一个已经做出的不可更改的决定，你最好找其他人来执行，因为我只会留到你找到替代我的人的时候。如果在我离开这扇门的时候，乔·鲁珀特想接管它，那么，就我个人而言，这事就了结了。"我还没有走到门口，乔就站了起来，说："我跟他想的一样。"然后，我们都走了出去。

博洛格火冒三丈，跺着脚走进自己的办公室，鲁珀特跟在他后面。他在办公室里发现了一堆信件。他恼怒地用手将它们扫到地上——随后他发现，其中一封信是农业实验站隔壁的那位农民寄来的，就是那位借给他拖拉机的人。令博洛格吃惊的是，这封信是那位农民写给哈拉的一封信的复印件。在给哈拉的这封信的开头，写信人先是祝贺洛克菲勒基金会：

> 也许，在墨西哥的历史上，这是第一次有科学家试图帮助我们的农民……但是，实际的情况为什么会是这样呢？洛克菲勒基金会这么强大，为什么不给你们的人配备完成任务所必需的工具和机器？为什么要让他像个乞丐一样，跑到我这里来借工具，去种新型小麦呢？

在给博洛格的这份复印件上，这位农民写道："是时候了，该有人在你自己的组织内部帮你争取一下！"

博洛格和鲁珀特深感内疚——毕竟，他们刚刚辞职了。[236] 他们溜进一家小酒馆，喝得酩酊大醉。那天晚上，他们跌跌撞撞地走回家。玛格丽特非常生气，拒绝让他们进屋。走廊里全是他们争吵的声音。玛格丽特在公寓里面大喊大叫，博洛格在走廊里狂呼乱吼。这让鲁珀特感到局促不安，他难为情地沉默着。博洛格后来说，这简直就是一个喜歌剧场景。最后玛格丽特打开了门。第二天一早，博洛格余醉未醒，依然感到难受，他带着羞愧的心情，溜出了公寓。

我走进办公室，斯塔克曼坐在那里，正抽着烟斗。我还从来没有在早上7点见过斯塔克曼呢。以前没有，在那之后也没有过。他说："你们这些人，跟孩子一样幼稚！"

他告诉博洛格，他来就是想看看自己能否做些什么。那一天，博洛格去了查平戈。看到他的小麦长得这么好，他的心里一点也没有得到安慰。[237] 他回来后去了哈拉的办公室。斯塔克曼在那里。哈拉头都没有抬，就说，回索诺拉去吧。博洛格意识到，他一定读了农夫写给他的信。由于玉米项目一再出现问题，他们自然不能忽视一个受到农民支持的项目，即使这些人不是洛克菲勒基金会应该合作的农民，即使这个项目在他们看来不会有什么作用。

博洛格又一次坐上卡车，翻山越岭。由于山体滑坡，他被困在山地里好几天。整个冬天，他几乎是一个人在索诺拉工作。他的一些新植物看起来具有很强的抗秆锈病的能力。那年春天，他为索诺拉的农民组织了一次新型种子展示活动。这场活动给他泼了冷水。只有几个人来了，其中一人是给哈拉写信的那位邻居。其他人并不理解他的热情。一些人大声嘲笑博洛格。没有人愿意用他提供的免费种子种植小麦。

绿色革命

在那个时候，植物育种简直就是一种魔法。一些实验室研究人员开始怀疑一种叫作DNA的分子在遗传和繁殖中发挥了作用，但这种怀疑还没有渗透到实用科学领域。就连穿白大褂的科研人员也不知道，相互作用的基因簇存在于缠绕的DNA链上，这些DNA链被包裹在细胞核内的染色体中。如今，在小学科学课上都会讲授这一信息；但是，在那个年代，这还是未知的。在他的报告或工作笔记中，像"DNA"和"基因"这类现在人们已经耳熟能详的术语都没有出现过。

由于博洛格对遗传的分子基础知之甚少，他只研究植物的物理特征——茎的厚度、叶子的数量、开花的时间等等。因此，他用一株具有抗病性的"雄性"植株的花粉给一株高产的"雌性"植株授粉（反之亦然）。或者，他将一株生长迅速但对秆锈病易感的植株与一株生长缓慢但具有抗秆锈病特性的植株进行配对，希望碰巧运气好，产生具有两种理想性状的后代，而不是同时具有两种不理想性状的后代。在这两种情况下，他都无法预先知道这些匹配的结果，直到植物在地里生长出来才可见分晓。

更糟糕的是，小麦的基因数量大约是人类的4倍，许多基因以多种相互作用的形式存在。[238] 对于育种专家来说，这种巨大的遗传多样性既是希望的来源，也是挫折的根源。从积极的一面来看，这意味着小麦有许多隐藏的基因宝藏——有价值的基因隐藏在错综复杂的基因库中。但消极的一面是，这意味着，有价值的基因很难被找出来，这就像大海捞针一样。

即使博洛格的杂交结果很理想（他培育出了抗秆锈病的植株，或者额外产生了丰产品种），他也无法确知这些性状能否遗传给下一代。大多数可观察到的有形特征都与多个基因有关。例如，人类眼睛的颜色[239] 与 15 个基因有关。如果所有相互作用的有益基因没有一起遗传，或者育种专家在不知情的情况下引入了其他可能会抵消有利效应的基因，或者如果环境条件发生了改变，合适的基因没有被激活，那么，人们所期望的特征可能会消失。育种专家要想战胜这些不确定性，就只能通过进行大量的杂交；换句话说，就是成千上万次投掷飞镖，祈祷最终会命中靶心。

博洛格很幸运。"一种意外发现"——他后来这样称他的幸运。像许多其他植物一样，小麦通过一种测量昼长的生物化学钟来控制生长。冬小麦一直处于休眠状态，直到生物钟"观察"到白昼变长，这意味着春天来到了，天气开始变暖。然后，植物"知道"霜冻的危险可能已经过去，可以安全开花了。对白昼长度的敏感性被称为"光周期现象"。[240] 小麦的光周期现象是由多个基因直接调控的，其中最重要的基因是 Ppd-D1。博洛格把小麦从索诺拉转移到巴希奥的时候，他实际上是在进行一项他没有意识到的实验，实验将发现这些品种中是否有**不受** Ppd-D1 控制的。

碰巧的是，在这些小麦植株中，有一些并没有受到 Ppd-D1 的控制。在很久以前的一次基因事故中，朝鲜半岛上一株小麦的 DNA 片段从基因中脱落，破坏了 Ppd-D1 复杂的工作机制，这就像从计算机中移除一个小芯片就可以破坏它的功能一样。同样巧合的是，突变的基因代代相传——遗传学家认为，最终，在意大利的一位育种专家的田里，这种突变的基因传到了肯尼亚。在肯尼亚，得克萨斯的育种专家收集了它，然后在不知情的情况下给了博洛格。Ppd-D1 出现故障的小麦被称为"光周期不敏感"，这是一种比较花哨的说法，意思是它的生物钟不再能辨别时间。这种植物不会等待让它能够开始生长的日子，而是会尽快发芽生长。

正如海斯所说，光周期性是作物必须在其适合的地区生长的原因。在某一地区培育的植物，其生物钟会适应该地区的情况，如果把它们移得太远，就会扰乱它们的生物钟。当海斯和哈拉告诉博洛格，他的穿梭育种实验只会以植株无法存活告终的时候，他们没有说错——对于一般的小麦来说，情况的确如此。但事实证明，并非博洛格种植的所有小麦都是一般性质的。尽管他缺乏这方面的知识，但他顽固地坚持自己的做法，他发现，他的小麦与肯尼亚小麦杂交产生的一些后代对光周期并不敏感，而且无论何时种植，它们都能生长。他利用这一幸运的机会，以两倍于其他品种的速度培育出了一种小麦，比起其他品种，这种小麦能在多样的条件下生长。

很快，他就需要更多的运气。通过将那 4 种从秆锈病中幸存下来的小麦类型与数百种其他类型的小麦进行杂交，他成功地培育出了 5 个新品种，它们对光周期不敏感，对秆锈病有抵抗力，并且还高产。尽管索诺拉农民依然心存疑虑，但他们中的一些人还是尝试种植了新品种——小麦收成几乎翻了一番。[241] 很快，其他人也加了进来，尝试种植新品种。索诺拉的农民已经从增加灌溉中受益，这使他们能够在更多的土地上耕种。他们采用博洛格的防秆锈病的小麦种子，产量进一步飙升。博洛格正在实现他的目标，但这一成果依然无法让他感到欣慰。这段时间里，他一直在担心这场胜利会是短暂的。随着越来越多的农民种植新品种，出现了两个问题。

首先是植株**倒伏**[242] 的问题。为了获得最大的潜在产量，他的新品种需要更多的养分，超过了墨西哥的贫瘠土壤所能提供的。索诺拉的农民增施化肥后，基于肯尼亚品种的新品种反应热烈，长出了巨大的谷穗。事实上，这样的反应太热烈了：与它正在取代的传统类型的小麦不同，博洛格的小麦穗头太大，在大风中，小麦一株接一株地倒下了，就像多米诺骨牌一样。倒伏会导致灾难，因为弯曲的茎不能为尚未成熟的谷物提供所需的水分和营养。这些新品种虽然产量巨大，却易受风雨的影响，这是传统品种从未有过的情况。一阵猛烈的风就可以摧毁整个农田。

为了预防倒伏，博洛格不得不用茎秆短粗且坚硬的小麦品种来改良他的小麦品种，使短粗的麦秆足以支撑穗头上增加的籽实的重量。事实上，培育矮秆小麦品种可能是双赢的。这将保护已经开始长出籽实的植物不会倒伏，同时这也可能意味着，这些植物为长出不可食用的秸秆所耗费的能量更少。矮小的植物从太阳吸收的能量和高大的植物一样多，但它们可以将更多的能量用于长出籽实。一片种植矮小植株的麦田可能比一片种植高大植株的麦田养活更多的人。

　　不幸的是，可存活的茎秆短粗的小麦植株并不容易找到。较高的植物更容易见到阳光，因此更容易生长和繁殖。而矮小基因会使植物在进化上处于不利地位，因此不易得到生长优势。在培育矮秆小麦品种的过程中，博洛格将与自然选择做斗争。

　　第二个问题使得已有的问题更加复杂。美国发现了一种强势的禾柄锈菌变种。自第一次世界大战以来，斯塔克曼建立了一个农民网络，这些农民把他们田里生长的秆锈病植株样品寄给他。就像今天的医学研究人员监测新流感病毒的发展一样，斯塔克曼也在监测是否有新的秆锈菌菌株。他在明尼苏达州的学生会将每个样本用 12 个标准小麦品种进行测试，并将其效果与其他已知品种进行比较。1938 年，一位农民寄给斯塔克曼一份来自纽约伏牛花灌木丛中的秆锈病样本，这片灌木丛躲过了消灭伏牛花灌木丛的运动。在测试过程中，纽约送来的秆锈菌样本迅速杀死了所有 12 个标准小麦品种。美国农业部的研究人员进行了他们自己的实验，令他们"确信无疑的是，当时在美国和加拿大投入种植的所有小麦品种都是易感的"。博洛格在墨西哥的所有品种也是如此。

　　对农民来说幸运的是，新的菌株——斯塔克曼秆锈菌目录中的 15B[243]——似乎并不容易传播。它是致命的，但不是特别具有传染性。斯塔克曼对 15B 观察了十多年，发现这种菌株的传播局限于残余的伏牛花灌木丛附近的几个区域。他担心这种菌株会突然变得更加致命。的确，在 1950 年，这种事情发生了。[244] 在几周内，15B 在整个美国的小麦种植地带暴发了。没有人能够解释这一变化。一种突变，一种临界物质的累积，一种有利的天气条件——不管是什么原因，几十年来抵抗秆锈病的努力即将毁于一旦。

出于警觉，斯塔克曼和美国农业部的同行于 11 月召开了有史以来第一次国际秆锈病会议。博洛格出席了会议，并做了一份关于墨西哥的情况报告。与会者决定在 7 个国家建立秆锈病监测项目，这将在多年后被证明是一种抵抗秆锈病的有效工具。但是，在短期内，这种工具不会起任何作用。就在研究人员还凑在一起开会的时候，15B 正在沿着柄锈菌通衢向南方飞速扩延，穿过了格兰德河。博洛格知道，巴希奥早已被秆锈病困扰，很快就会受到更加严重的打击。此时，索诺拉的小麦正在苗壮成长，但必定也会被摧毁。在富裕的美国，15B 将导致粮食产量减少，农民生活拮据；而在贫穷的墨西哥农村，它将导致农民营养不良，一贫如洗。

1951 年 4 月，墨西哥首次检测到 15B。到了夏天，它已扫荡了巴希奥。为了避免灾难，博洛格在墨西哥中部建立了 4 个大型苗圃，并对 6.6 万个小麦品种进行 15B 检测：6 万个来自他自己培育出来的小麦品种，5 000 个来自美国农业部收集的世界各地的小麦品种，还有 1 000 个不同的小麦品种来自美洲各地。尽管此时他得到了更多的帮助，但这仍然是一项艰巨的任务。多年来，墨西哥农业项目培训了 500 多名年轻的研究人员，[245] 博洛格的这个项目雇用了十多名研究人员。尽管得到了帮助，结果还是令人感到不安。在大量的小麦品种中，只有 4 个品种战胜了 15B，存活下来，其中大多数是博洛格已经在使用的肯尼亚品种的近亲。并且，这 4 个品种都没有帮助他解决其他问题——它们并不是短粗植株品种。6.6 万个品种中有几种茎秆很短的，但植株的其他部分也很小，包括顶部的那簇带籽粒的小穗。小型的植物，收成不会大。不管怎么说，所有矮小的植株都容易感染锈病。

第二年夏天，博洛格对前一年的候选品种进行了更仔细的检查，并对美国农业部收集的 3 万个小麦品种全部进行了测试。这项任务更为艰巨，但取得的成效更小。美国农业部的每一种小麦都被 15B 击败了，包括所有矮秆小麦品种在内。在这一年的每一个生长阶段，几乎所有来自前一年的潜在抗秆锈病的品种也都被击败了。[246] 博洛格团队的数万行小麦植株也都暴露在存在 15B 的环境之中。只有两个品种幸存了下来，都是那 4 个上次幸存下来的品种的后代：肯塔纳48 号和莱尔马 50 号（数字代表每个品种最初产生的年份）。[247] 莱尔马 50 号具有很强的抗病力，但不适合用来制作面包。在与烘焙特性更好的小麦杂交之前，墨西哥农民只好种植肯塔纳 48 号——他们还有什么选择呢？肯塔纳 48 号品种可以防止秆锈病，保持收成的增长。但是，对于整个国家来说，只有单一的小麦品种，这种情况不可能持续太久。

　　回过头来想想，哈拉和在曼哈顿的洛克菲勒基金会负责人选择这个时机扩大墨西哥农业计划，真是不可思议。玉米育种专家韦尔豪森通过建立高科技设施来培育适合墨西哥生长条件的美国式杂交玉米，使洛克菲勒的玉米事业得以复苏，而这正是卡尔·索尔曾经警告他们不要去做的，也是墨西哥研究人员和政治家们希望他们去做的。[248] 但是，这个项目的主体已经变成了博洛格的小麦。曾经持怀疑态度的哈拉，转变成了一个狂热者。哈拉无视这些新品种对秆锈病的易感性，抓住成功的早期迹象，主张墨西哥农业项目应该将这些小麦新品种推广到其他国家，甚至其他大洲。[249] 基金会同意了，并提拔他为项目主任。

　　为了推广小麦新品种，哈拉去了印度，曾住在博洛格公寓里的乔·鲁珀特前往哥伦比亚，博洛格被派往阿根廷。[250] 与博洛格一道的是美国农业部研究员伯顿·B. 贝尔斯（Burton B. Bayles）。[251] 两人于 1952 年 11 月抵达阿根廷，不幸的是，他们很快就发现，秆锈病也在困扰着阿根廷。博洛格感到事态很严峻。他告诉贝尔斯，十分糟糕的是，他的实验只产生了两种可以抵御 15B 的潜在的小麦品种。然而，另一种新的禾柄锈菌——斯塔克曼秆锈菌目录中的第 49 号——那年春天在巴希奥出现了。到了 8 月份，人们发现肯塔纳 48 号和莱尔马 50 号都对第 49 号易感，肯塔纳 48 号的易感程度可能比莱尔马 50 号略微轻一点。现在，博洛格没有一个品种能够抵御这一新的攻击。他还没有发现一株既有短茎又有正常的小穗簇的小麦植株。经历了十多年的辛苦培育工作，博洛格的项目依然是步履维艰。

一项科学事业要成功，先决条件是一种充满激情的意愿，也就是说，愿意去钻研地球上 99.9% 的人都会认为极其枯燥乏味的事情。贝尔斯和博洛格在这片南美洲大草原上巡视的时候，他们反复思考着禾柄锈菌的奇特之处，寻找一种又一种的可能性。能够抵御一种秆锈菌的小麦总是容易受到另一种秆锈菌的感染，几十年来，这一直是人们容易理解的一个基本问题。博洛格在思考的是：是否有可能培育出一种"复合"小麦——一种具有多种抗病性的小麦品种。如果他发现了一种对 15B 免疫的小麦品系，将其与一种对禾柄锈菌第 49 号免疫的品系杂交，然后再将杂交产生的品系与对其他病菌有免疫力的小麦品系杂交，结果会怎么样呢？贝尔斯告诉他，标准答案是，这样培育出来的小麦太复杂了。每次他将一个品系与另一个品系杂交的时候，基因重组都有可能掩盖它在以前杂交中获得的理想性状。如果育种专家同时跨越多个品系，这种可能性会急剧增加。每一次投掷出去的飞镖都有可能使之前投掷飞镖的结果失效。博洛格问，是否可以通过大规模的试验来克服这个问题——年复一年，进行成千上万次的杂交，进行数量惊人的高选择性试验。在博洛格的回忆中，贝尔斯是这样回答的："你可能会侥幸成功。"

在此期间，贝尔斯告诉博洛格，他的一位同事、华盛顿州立大学的奥维尔·沃格尔（Orville Vogel）也在试验各种矮秆小麦品种。这种小麦品种被称为诺林 10 号（Norin 10），是在战后日本的一位美国农业研究人员送给沃格尔的。[252] 普通小麦的高度差不多是一个高个子男人那么高。而诺林 10 号的小麦植株，其高度差不多只到膝盖，是"太过矮小"的矮子了。这位研究人员在写给沃格尔的信中说道："它们几乎是在地下！"从阿根廷回来后，博洛格给沃格尔写了一封信。沃格尔性格开朗、慷慨大方，他的农业设备发明跟他的植物育种成果一样出名。他很乐意分享这种奇怪的日本小麦。第二年夏天，一个精心包装的信封抵达墨西哥。里面有 80 粒小麦种子：60 粒是原始的诺林 10 号，20 粒来自沃格尔自己的杂交实验。[253]

1953 年 11 月，博洛格在索诺拉种植了诺林 10 号。正如沃格尔所说，诺林 10 号有短麦秆和正常大小的小穗簇，这正是他想要的小麦植株结构。但事实证明，这些矮株在 15B 面前不堪一击。这种新型禾柄锈菌就像放在火堆中的许多引火棍一样，植株还没来得及长出第一粒小麦粒，就被它们吞噬掉了。博拉格指望从诺林 10 号得到补充已经不可能了，他唯一的矮秆基因来源也随之消失了。而且，他所培育的数千个杂交植株中，没有一株是矮秆的。

在农业实验站的外边，肯塔纳 48 号仍然与 15B 保持着距离。幸运的到来令人莫名其妙。那一年，禾柄锈菌 49 号基本上处于休眠状态。在北部，15B 给中西部种植小麦的农民造成了自沙尘暴以来最严重的灾难。迟早，这两种灾难都会抵达索诺拉。给博洛格做准备的时间有限，并且他刚刚失去了一个育种季节，还失去了他所有的诺林 10 号——他一无所获。

第二年春天，博洛格和家人回到了墨西哥城。他闷闷不乐地去了查平戈，准备做下一轮艰巨的杂交工作。这一时期，洛克菲勒基金会已经为这项工作建造了一栋新楼房，那间仍在使用的油布棚屋立在新楼房的边上，更显得破败不堪。他走进棚屋的时候，看到了沃格尔装着种子的信封，与其他几十个装种子的信封一起用图钉钉在墙上。令博洛格惊喜的是，诺林10号的8粒种子仍然在信封里。

8粒种子！如果他能够让这8粒种子生长出来的植株远离秆锈病的话，他就仍然有机会种植矮秆小麦。他在新大楼的地下室的种植灯下，小心翼翼地把这8粒种子分别种在花盆里。每个花盆都用细纱布包裹起来，以防止秆锈菌孢子进入。他每天都来观察他的8株植物，看着它们发芽和生长——但是，它们只有60厘米高。他通过控制光线诱使这些矮株与其他的品种同时开花。他还在地下室里用花盆种植了肯塔纳48号和莱尔马50号，并用细纱布将花盆包裹好，打算将这个矮株品种与这两种他最新培育出来的抗病性最强的小麦品种进行杂交。在那年夏天快要结束的时候，他从这次杂交中收获了大约1 000粒种子。

他将收获的杂交种子装在袋子里，带到索诺拉。他把这些种子种在了露天的小麦田里。没有种植灯，没有纱布包裹，只有这1 000株植物，肯塔纳48号和莱尔马50号与诺林10号的杂交品种，它们被种植在农业实验站后面的一块空地上。大多数植株都很矮——正如遗传学家所说，矮化基因是显性的。但是，秆锈病很快就夺走了数百株植株的生命。更糟糕的是，许多幸存下来的植株没有繁殖能力。尽管如此，仍有大约50株抵挡住了15B的侵袭。它们的高度勉强达到博洛格的大腿，而且都结出了籽实。从其他许多方面来看，这些植物也都很好。正如麦农们所说的，不仅每株植物要比他们平常"大量种植"的品种都生长出更多的谷穗，而且每个谷穗长出的小穗都比他们平常种植的品种要更多、更大。[254]

经历了这么多次失败之后，事情突然有了好转。最终，机会来了。他一下子就击中了多个靶心，成功和失败一样迅速，一样不可预测。这50株矮秆小麦产生了几千粒种子——刚好够下一代杂交使用。由于担心遇到挫折，博洛格没有向上司汇报自己正在做的事情。他去了查平戈，在那里种下了这些种子，并把它们培育成了对15B、

正如这张 1957 年在索诺拉拍摄的照片所示，矮秆小麦和普通小麦之间的差异是惊人的，这张照片摄于两个品种的小麦并排种植的地块

第 49 号以及秆锈菌库中的其他所有病菌都具有抗性的全新植物。然后，他回到索诺拉，重复之前所做的事。到了这个时候，他开始测试小麦的研磨质量。由于其可预见的自然反常，矮秆小麦在很多方面都非常优秀，但是它们的籽实柔软、干瘪、蛋白质含量低，这种籽实磨出的面粉很糟糕。因此，他在育种时也必须将籽实的研磨质量考虑进去，还有面粉的味道，也许还有面粉的颜色。这一过程又花了 5 年时间，但这些植物长得依然很矮，一直有着旺盛的分蘖能力，而且不会倒伏，产量高，可以开始投入使用了。

到 1960 年，博洛格和他的团队已经准备好展示新品种。每年 4 月，就在收获前，索诺拉都会举行一次户外集会，在那里，当地农民可以看到科学家们正在进行的工作。拖拉机拉着一车又一车的游客穿过田野，停在十几个站点，研究人员和工作人员站在那里的图表板旁，向农民们讲解他们的工作。行驶在路上和站在站点的游客看不到生长这些矮株品种的地块，如果让他们看到这些矮株植物，对他们真是一个惊喜。博洛格知道，受小麦植株倒伏困扰的农民会立即理解这些矮化小麦品种的意义。但他不想让他们仅仅是简单地获取这些种子——这些新品种依然没有优良到可以生产出易于碾磨的谷物。为了让农民远离农田，年轻的墨西哥农学家阿尔弗雷多·加西亚（Alfredo García）在站点上指示拖拉机司机，在游客路过的时候不要让他们下车。博洛格后来回忆说：

> （在户外集会日，）我站在远处，想看看第一批车停下来的时候会发生什么。大约有 6 辆车，当第一辆车停下来的时候，（加西亚）示意拖拉机司机把那辆车再往前开一点，这样他就可以让司机把另外三辆车开进来。然后，他告诉他们不要下车，他跟拖拉机司机说完这些话之后，向四周环顾一下。我敢打赌，这时，已经有 50 个农民在这些（矮秆小麦）地里，他们在拔麦穗，他们在地里走来走去，互相指点着，专挑好的麦穗。从那一刻起，一切都变得很混乱。（加西亚）发了脾气，他甚至失去了控制，开始咒骂起来。这是一场真正的表演。然后，一些小麦从那里消失了。[255]

博洛格知道，被带走的种子是无法取回的。它们会在下一个种植季被种在麦农自己的田里，等小麦成熟后，收获的小麦会被送到磨坊。如果磨坊主因为谷物不能制成优质面粉而拒绝了这种谷物，那将是墨西哥农业项目的一场灾难。他很确定，他离培育出能够生产优质面粉的小麦品种只差一两年的时间了。他认为，虽然这种谷物尚未准备好进入磨坊，但当下的关键是说服磨坊主接受这种谷物。此时，博洛格已经赢得了一些信任，并在首都获得了一些支持。他已经学会了用西班牙语说些粗鲁的话，并且在需要的时候，采用一种强硬的态度——比如用手指戳男人的胸膛，与对方靠得很近，以此表达自己的观点。他去了这些磨坊，并告诉磨坊主们，下一次收获的时候，他们将从索诺拉得到一批劣质的谷物，他们无论如何都要——或者都应该——买下这些谷物，因为这对国家有好处，接受损失是他们的爱国责任，而这种谷物只会出现在一两个收获季节，因为他会在这段时间内优化矮秆小麦品种。（他是对的；更好的品种是在1962年开始大量种植的。）[256]

与此同时，他也感到欣喜若狂——加西亚在户外集会日的咆哮和无力的愤怒是成功的前奏。毫无疑问，在这个无人知晓的偏僻之地，博洛格和他的墨西哥团队创造出了一种新的东西：一种多用途的小麦。它个头矮小、植株粗壮，能抵御病菌，可以在墨西哥任何状况的土壤中播种，无论是贫瘠的还是肥沃的，而且产量很高。只要农民提供水和肥料，这种小麦就会苗壮生长，收成就会很可观。肥料可以是牛粪或鸟粪，也可以是工厂生产的袋装化学肥料。水可以是雨水或者混凝土灌溉渠里的水。这无关紧要：只要投入，谷物的产量就会比以往任何时候都要大。他认为，小麦产量的大幅增长将让数百万人免于饥饿。

新的小麦品种并不能一劳永逸地解决农民的问题。在不可阻挡的进化力量的驱使下，秆锈菌和其他有害生物的新变种还是会出现的。小麦育种专家必须随时培育新品种，以便对抗它们。新品种的基因内隐藏着未知的负面性状，它们迟早会显现，出现在田地里（科学家称其为"残余杂合性"）。育种专家必须弄清楚如何消除它们的影响。在有些地方，如异常炎热的地方，异常潮湿的地方，土壤被金属或盐污染过的地方，新品种无法很好地发育成长。育种专家需要为这类土壤条件开发出特殊的品种。尽管如此，博洛格和他的团队还是创造了新的东西。

后来，博洛格倒更愿意将这些新的高产种子视作一揽子计划[257]的一部分，其他部分是充足的营养（主要是大量施肥）和水管理（主要是谨慎灌溉）。这个种子、肥料、水的一揽子计划，就像战后令人意想不到地进入了医生办公室的一种抗生素药片：一个实体，一个在某个遥远地方的科学家研制出来的产品，它可以在任何地方、任何时间发挥它的魔力，无论是在印度尼西亚还是在爱尔兰，它消灭细菌的效果同样好。博洛格可以把小麦一揽子计划带到世界上的任何一个地方。种子、肥料和水的处理方法必须根据当地的具体情况进行调整，更像制药公司根据当地的喜好将通用抗生素制成针剂、药片、液体或鼻腔喷雾剂一样。但是，这个一揽子计划的核心部分在任何地方都能发挥同样的作用。

这个一揽子计划是一把总控钥匙，可以随时使用。只要操纵这把钥匙，产量就会飙升。农民们再也不用担心当地的品种或特殊的土壤条件，甚至不用担心天气（如果他们具备灌溉能力的话）。只要按照说明去做，哪里都一样。这个一揽子计划一视同仁。**它将农民从土地中解放出来**——或者，不管怎么说都是朝着这个目标迈出了一大步。

美国中西部的农民一直有一些优势：那里地势平坦，表土深厚，气候变化小。同样的小麦或玉米品种可以种植在一千英里以内的任何地方。一望无际的田野里，播种着同样的作物，同样的植株向着远方的地平线延展、摇曳。实际上，有了博洛格的新品种，墨西哥或任何其他国家都可以像这里一样，在大片田地里种植同样的粮食作物。中央育种设施可以培育出适合每个地区的作物。这将使整个世界跟艾奥瓦州一样。

1968 年，一名美国援助官员创造了"绿色革命"[258]一词，来描述洛克菲勒基金会的一揽子计划。博洛格在澳大利亚的一次小麦会议上发表了胜利演讲。他说，20 年前，墨西哥每英亩小麦的产量约为760 磅。而现在，这一数字已经上升到每英亩 2 500 磅——原先粮食产量的 3 倍。他说，同样的事情也发生在印度。在那里，第一批绿色革命小麦已经在 1964 年至 1965 年的生长季进行了测试。这项技术非常成功，第二年，政府在 7 000 英亩土地上进行了试验。此时，它的覆盖率将近 700 万英亩。同样的情况也出现在巴基斯坦。这还不包括正在亚洲传播开来的绿色革命水稻（也是矮小且抗病力强）。

亦如天空不会总是晴空万里，阳光明媚，任何事情都不会总是收获赞扬。到了 1968 年，绿色革命受到批评，有人认为其对环境、文化和社会具有破坏性。但是，博洛格对这些抱怨置之不理，亚洲和拉丁美洲的政府也是如此。在墨西哥，洛克菲勒项目已经被改造成了一个永久性的研究机构：国际玉米小麦改良中心（International Maize and Wheat Improvement Center），以其西班牙语首字母缩写词命名为 CIMMYT。韦尔豪森是这一机构的第一任总干事。国际玉米小麦改良中心加入了在马尼拉的国际水稻研究所（International Rice Research Institute），该研究所由福特基金会（Ford Foundation）资助，但仿效博洛格的工作模式。现在有 15 个这样的中心，这些中心通过一个协会［CGIAR；是其前身国际农业研究磋商组织（Consultative Group for International Agricultural Research）的首字母缩写］联系在一起，这个协会对全球农业有着极其重要的意义，但却鲜为人知。

即使在 1970 年获得诺贝尔和平奖之后，博洛格也不是公众所熟悉的人物。但他和绿色革命已经成为一类科学家、记者和环境保护主义者的楷模。博洛格的一揽子计划已经成为一种观点的象征，即人类解决环境问题的道路在于在科学指导下提高生产力。"我们的文明是第一个以科学和技术为基础的文明，"博洛格在 1968 年的那次小麦会议上说，"为了确保持续进步，我们科学家……必须认识到并且尽力满足同胞不断变化的需求和要求。"[259] 他说，世界的未来取决于科学，也取决于科学家指导下的政治家。这一科学精英的愿景在某种程度上与沃格特的愿景相似，只是博洛格的愿景是创造更多，而不是呼吁减少。

　　直到生命的尽头，博洛格始终保持着低姿态，拼命地工作。他始终相信，通过理性勤奋地工作，目标最终可以实现。有些人并不想实现那样的目标，这让他感到不可理喻。

第三部分

四要素

第四章 土：食物

"世界人口的 50 倍或 60 倍"

　　数学家沃伦·韦弗（Warren Weaver）是威廉·沃格特的读者之一，他是洛克菲勒基金会自然科学部（Division of Natural Sciences）的主任。[260] 韦弗雄心勃勃，多才多艺。他坚信，只要精心应用科学和技术，便可以极大地改善人类的命运，这就是为什么他在 1932 年离开学术界，转而加入了洛克菲勒基金会。他很有先见之明地认为，生命科学即将迈出巨大的步伐，这可以用韦弗自己创造的"分子生物学"一词来概括。在洛克菲勒基金会，如果将分子生物学比作一次电影制作，他就像分子生物学这部电影的制片人：他选择了科学家，并资助他们的研究工作，这项研究带来了脱氧核糖核酸（DNA）和核糖核酸（RNA）的重要发现。1954 年至 1965 年，18 位科学家因为在分子生物学领域的研究成果获得了诺贝尔奖，其中 15 位是由洛克菲勒基金会的韦弗资助的。

　　同样引人注目的还有他在野外生物学方面的工作。当美国副总统亨利·华莱士要求洛克菲勒基金会改善墨西哥农业的时候，韦弗敦促他的上级承担起这项任务。作为对其倡导工作的奖励，韦弗被授权监督墨西哥农业项目。从理论上讲，这一职责的一小部分是监督诺曼·博洛格的工作。

1948年7月，基金会迎来了一位新的主席——切斯特·巴纳德（Chester Barnard），他是一位退休的电信业主管，撰写过经营管理方面的经典著作。他到洛克菲勒基金会几周之后，《生存之路》一书出版了。很快，巴纳德就阅读了这本书。他不无嘲讽地说，沃格特是在对"从私人财产到教皇和共产主义的一切"进行"谩骂"和攻击。但是，他发现自己无法否认沃格特的说法，即人类正在压垮地球的承载能力。洛克菲勒基金会提高健康状况和改善食品供应的努力会增加人口数量，这些努力是否真的会适得其反，加速生态清算日的到来？由于担心《生存之路》会"激起"他所谓的"对基金会的亵渎性批判"，巴纳德要求韦弗调查此事。他特别提出这样一个问题："考虑到（沃格特）这方面的指责，我们应该如何证明墨西哥农业项目的合理性？"[261]

韦弗是个大忙人。就在他发起分子生物学革命并积极筹备绿色革命的同时，他还发明了机器翻译的关键概念；他与克劳德·香农（Claude Shannon）合著了《通信的数学理论》（*The Mathematical Theory of Communication*）一书，这是信息论的奠基文献；他建立了现在被称为复杂性理论的基本思想；同时，作为自己的业余爱好，他研究了《爱丽丝梦游仙境》（*Alice in Wonderland*）的创作。几个月之后，他终于读完了沃格特的那本书，还读完了费尔菲尔德·奥斯本的《我们被掠夺的星球》。1949年7月，他撰写了一份机密报告，在这份17页的报告中，他概述了自己对沃格特观点的回应。这份报告是非正式的，甚至很草率，读起来更像是一封长长的电子邮件，而不是一份缜密的公司备忘录。尽管如此，这份报告是最早对巫师派信条进行现代陈述的材料之一，或许是第一份这样的材料。[262]

韦弗说，沃格特在《生存之路》中的警告"言过其实"，"或许是及时的，但并不准确"。这些警告陷入了"过去的传统模式"，韦弗认为，必须以新的方式来思考环境问题。他提供了一种新的方式。这种新方式基于物理学和化学，而不是生物学。

韦弗说，为了生存，人类只有一个基本需求，那就是"可用的能量"。这种能量有两种形式：身体所需的能量（换句话说，食物和水），以及日常生活所需的能量（燃料，为汽车提供动力，为建筑物供暖和制冷，以及制造水泥和钢铁等基本材料）。"在美国，"韦弗估计，"平均每人每天消耗 3 000 卡 [1] 的食物，［以及］每天 12.5 万卡的热量和电力。"

从最根本上来说，这 12.8 万卡只有一个来源："核衰变"。这里，韦弗指的是太阳内部产生太阳光的核反应以及原子能发电站的核反应。后者很是神秘，激起人们的广泛兴趣，但在 1949 年，核技术仍然是新生的、秘密的技术，甚至韦弗认为，"在这个时候，对原子能做出任何现实的估计都是不可行的"。出于这个原因，他忽略了核电站，只是简单地把它们描述为具有"潜在的重要性"。263

不过，韦弗**能够**谈谈关于太阳能的事。原则上，太阳向地球注入的能量远远超过了全人类每人每天所需的 12.8 万卡的能量。"如果太阳能被充分地、有效地利用，从能源方面来说，光是美国就可以维持超过地球现有总人口 40 倍的人口的能量需求。"当时全球人口约为 20 亿，韦弗提出，就能源而言，美国的理论承载能力约为 800 亿人。264

800 亿人口这一上限永远不会达到，因为没有人愿意生活在这样一个拥挤不堪的环境之中。但韦弗认为，如此思考可以将问题澄清。这表明，从生态承载能力的角度看待人类的困境是错的。地球实际的物理承载能力是如此之大，足以承载几百亿人，所以这方面无关紧

[1]　1 卡≈4 焦耳。

沃伦·韦弗，摄于 1963 年

要。真正的问题不是人类有超越自然限度的风险，而是我们这个物种甚至都不知道如何利用好大自然提供的这一小部分能量。

利用好这些能量需要新的技术。但一旦人们学会了如何"直接利用"太阳能（或者说，核能），人类对热量、空调、交通、电力、钢铁、水泥以及其他一切需求，在未来的亿万年里都将得到满足。韦弗认为，在这方面，沃格特完全错了。

至于第二种能量，食品能量，则是另一回事：这个问题更加复杂，很难解决。韦弗承认，沃格特的警告可能在这方面得到证实。食物能量来源于植物，或者是以直接的方式（人们食用植物），或者是以间接的方式（人们食用靠着植物生存的动物）。植物中的能量来自太阳，通过光合作用获取。

1949 年的时候，没有人知道光合作用是如何进行的。在那之前的大约 200 年，在英国工作的荷兰医生和生物学家简·英格豪斯（Jan IngenHousz；或写作 Jan Ingen-Housz）已经证实，阳光、水和二氧化碳以某种方式进入植物，并转化为根、叶和茎。[265] 但是，在英格豪斯之后，这个科学项目几乎停止了。多少年来，光合作用一直是个黑箱。阳光、水和二氧化碳进入植物，植物生长出来。植物内部到底发生了什么，还不得而知。

通过测量照射在植物上的太阳能以及与之相关的生长，科学家们粗略地计算了植物实际使用了多少太阳能。答案是，不是很多。韦弗说，光合作用"总的效率肯定低于 0.00025%"——百分之一中的千分之一的1/4！效率低得令人难以置信。

而好的一面在于有改善的潜力。韦弗认为，理论上，光合作用的效率是可以提高的：

> 可以提高到大约40万倍的程度……如果我们有一种更有效的方法将太阳能转化为食物——我们来打个比方，更合理地说，就是一种只需提高效能百分之一的方法——那么，得克萨斯州百分之一大小的面积生产出来的食物就足以为目前世界人口的50倍或60倍的人民提供每天3 000卡热量的食物。

韦弗很清楚，研究人员远远不能改造光合作用。因此，他提出了其他一些措施；尽管这些措施依然难以实施，但似乎更接近现实：开发"海洋的食物潜力"，控制农田降雨，选择和改造细菌（他将其称为我们的"小仆人"），"以形成人类食物所需的分子聚集体"。但是在他看来，这些想法是通往未来正确道路上的占位符，未来应该开发太阳能或核能等新能源供应，干扰光合作用，以便生产出更多的粮食。

韦弗从未发表这些想法。他的备忘录放在基金会的档案中，并未引起人们的注意。现在，这份备忘录被存放在洛克菲勒某个大楼的地下室里。他改造光合作用的梦想几乎被遗忘了60年，后来，是韦弗资助过的分子生物学家们的后辈以及洛克菲勒这个世界上最大慈善基金会的继任者，让他的这一梦想重见天日。

这个理念再次出现的时候，陷入了巫师派和先知派之间关于如何养活未来世界中人民的争论。由于（几乎可以肯定）这个世界的人口会变得更多并且（可能）更富裕，人们普遍认为，到2050年，粮食产量必须翻番。一些研究人员认为，这一数字被夸大了——增加50%就可以了。然而，翻番也好，增加50%也好，该如何实现呢？

巫师派在一项新技术中看到了答案的一个关键部分，那就是基因工程。对光合作用进行干扰展示了它的潜力——深入生命的核心，以确保我们的数百万同胞过上更美好的生活。相比之下，先知派则认为，改造光合作用体现了一种对生长和积累的狂热，这从生态角度看是愚蠢的，将会导致毁灭。在他们看来，归根结底，基因工程与韦弗的备忘录有着同样的根本缺陷：都认为复杂的世界可以归结为少量可自由测量和操纵的物质部件。

用专门术语来说，这种观念是"还原论"，人们对还原论的地位看法不一，而农业只是体现这一更广泛分歧的领域之一。在本书的这一部分中，我将探讨沃格特派和博洛格派如何看待即将到来的四项重大挑战，即食物、水、能源供应和气候变化，分别对应柏拉图的四个要素。这四个主题有很大的不同，但针对每个主题，巫师派和先知派都重拾从前的争论，只是改变了形式。例如，在农业领域，围绕基因工程的斗争延续了一场近一个世纪前开始的激烈争论，争论的焦点是一个看似神秘的问题：如何正确地向植物提供养分，尤其是正确地使用氮。而这又牵扯上一场更加古老的争论——关于生命本质的争论。

氮的故事（自然版）[266]

"那么，生命是什么？"

上面这句话出自《生命的凯旋》（The Triumph of Life），珀西·比希·雪莱在 1822 年去世前写的最后一首诗。因为雪莱尚未完成这首诗就去世了，所以我们无法知道留下来的草稿是否体现了他的最终意图。但是，我们现在看到的这个版本似乎既优雅地组合在一起，又体现了知性上的困惑——生命既是一种神圣的、令人振奋的精神，也是那种精神的毁灭性的破坏者。在我还是大学生的时候，老师让我们在课堂上讨论这首诗，我被这首诗中的矛盾弄糊涂了。后来我意识到，很多人也有跟雪莱同样的困惑。他写这首诗的时候，科学家们正在就生命的定义展开争论。

在古代，生命通常被视为一种原理或本质：中国的气，尼日利亚的 ase（神威，超力），波利尼西亚的 mana（神力，超自然力量），北美阿尔冈文化中的 manitou（神灵，超自然力），希腊人的 pneuma（灵魂，精神，元气），遥远星系中的力量。很久以前的思想家说，生物和非生物都是由物质构成的。但是前者进食、繁殖、有目的地行动，还可以做其他许许多多似乎超出非生物能力范围的事情。古人很容易通过想象一种特殊的非物质能量流经并维持生命组织来解释生命与非生命之间的鸿沟。没有这种本质，活着的身体将仅仅是机械装置，而不是生物体。

对于亚里士多德来说，植物是一个特例。尽管植物缺乏任何明显的吸收食物的机制，但它们还是会生长，亚里士多德对此很感兴趣，他提出，植物通过用根部吸收腐殖质（腐烂的植物和动物构成的物质）来获取营养。腐殖质[267] 可以滋养植物，因为它和植物一样充满了 pneuma。尽管在今天看来，亚里士多德的假说存在明显的问题（例如，腐殖质并没有被根吸收以后就消失），但直到 18 世纪，他的观点一直在西方受到推崇，这些观点被瑞典化学家约翰·戈特沙尔克·瓦勒留斯（Johan Gottschalk Wallerius）传播开来，瓦勒留斯后来成了农业化学的创始人。他的《农业化学基础》（*Agriculturae fundamenta chemica*，1761 年）是第一部关于这一主题的重要论著。在这本书中，他宣称，生物是由生命特有的内在能量驱动的。他称这种能量为"世界的精神"。其他一些思想家使用了不同的名称：生机勃勃的火焰，有生气的原则，生命力（vis vitalis——不少人用这个词的时候只写拉丁文）。无论其名称是什么，腐殖质都有这样的特征，腐殖质曾经是有生命的，并且仍然保留着这种活力。

颠覆过去观念的事是很少的，但卡尔·施普伦格尔（Carl

Sprengel）却尝试着冲破固有的观念。施普伦格尔1787年出生于德国，他算得上神童，15岁时就开始学习农学。作为哥廷根大学的教授，他在19世纪20年代通过一系列细致的实验分析了腐殖质的化学成分。他的结论是，从亚里士多德到瓦勒留斯，所有人都错了：植物是以腐殖质中的个别营养物质为食，而不是以整体的腐殖质为食。这意味着腐殖质并没有注入某种独特的生命精神。它只是储存了矿物质和盐，其中一些对植物生长至关重要。[268]19世纪30年代，施普伦格尔为了推广这些发现，撰写了5本教科书。

当时，德国最杰出的化学家是尤斯图斯·冯·李比希（Justus von Liebig，1803—1873年）。李比希雄心勃勃，非常有号召力，但也争议缠身。他是教育革新者，对科学富有远见卓识，但也是个惯于欺诈的骗子——他伪造了自己的博士论文，显然还伪造了一整套实验过程。尽管如此，他依然声名显赫，足以使英国科学促进会（British Association for the Advancement of Science）于1837年委托他，而不是任何一位英国科学家，撰写了一份关于有机化学现状的报告。3年后，这个大人物带着一份报告回来了，但主题有些不同：农业化学，这是一项他以前从未研究过的课题。他的结论与施普伦格尔的观点惊人地相似，尽管他只是用不屑的态度顺便提到了施普伦格尔的早期研究。施普伦格尔对此抱怨过，但李比希的名气很大，虽然思想是施普伦格尔的，但人们都归功于李比希。尤其不公平的是，这种思想被人们错误地称为"李比希最小因子定律"（Liebig's Law of the Minimum）。这一定律认为，植物需要很多养分，但是它们的生长速度受到土壤中存量最小的那种养分的限制。

在大多数情况下，这种养分是氮。[269]氮是有限量的，乍一看，这似乎不可思议，因为世界上的氮比碳、氧、磷和硫的总和还要多。只不过，超过99%的氮都是氮气。氮气的化学符号是N_2，它是由两个氮原子紧密结合在一起构成的，植物无法将它们分开并摄取。只有当氮以更容易分解的化学组合形式（科学家们称之为"固定"）存在的时候，植物才能吸收氮。

在土壤中，氮主要由微生物来固定。有些微生物会分解有机物，使其中的氮重新可用；另有一些，比如生存于豆类、三叶草、扁豆和其他豆科植物根部的共生细菌，能直接将氮固定到植物可以吸收的化合物中。（少量由闪电固定，闪电将空气中的氮分子击碎，然后它们与氧气结合成化合物，溶解在雨水中。）当农民们把诸如灰土、血液、尿液、堆肥、动物排泄物等添加到农田里的时候，他们是提供了固氮的材料。农民们种植豆科植物时，会增加固氮细菌的供应。李比希的研究给出的暗示是，向农田中施以人工合成的氮化合物——化肥——也会产生同样的效果。

李比希虽然好谄媚奉承，但他富有远见。他设想了一种新型农业：将农业作为化学和物理的一个分支。[270] 在这个方案中，土壤只是一个基础，具有保持根系所需的物理属性。对于农业来说，至关重要的是植物生长所依赖的化学养分：氮、钾、磷、钙等等。如果农民们愿意，他们可以在无腐殖质的土壤（可能是成片的沙子）中播种，按照专家规定的量喷洒水和化学品，种子就会发芽和生长。用历史学家理查德·怀特（Richard White）的话来说，这样的农场就是一台有机机器；[271] 新的农业精确得像时钟，将是一种被控制的能量和物质的流动。vis

尤斯图斯·冯·李比希，绘于 1846 年

vitalis（生命力）、活的腐殖质以及 pneuma（元气）不仅无关紧要，而且根本不存在。农作物和土壤仅仅是原始的物理物质，是分子的集合，需要化学配方来优化，而不是流动的、充满能量的整体。用今天的话说，李比希正朝着由农药调节的工业化农业迈出第一步，这是巫师派思想的早期版本。[1] 272

当时，已知的最大肥料来源是秘鲁的海鸟粪。随着需求量的增大，海鸟粪的价格趁势上涨，供应减少了，于是人们的注意力转向了硝酸钠（$NaNO_3$）。硝酸钠由一个钠原子、一个氮原子和三个氧原子组成，它们松散地结合在一起，足以让植物吸收氮。世界上最大的硝酸盐沉积层位于智利北部的沙漠高地地带。尽管那里几乎从不下雨，但该地区一直沐浴在太平洋海水形成的浓湿雾之中。273 浓湿雾非常薄——每年不到一英寸——但它含有秘鲁寒流的营养物质，秘鲁寒流为秘鲁鳀提供食物，而秘鲁鳀又是冠鸬鹚的食物。其他营养物质以灰尘的形式从天空落下，或者从地下水中翻升上来。由于几乎没有降雨将这些残留物冲走，沉积物会随着时间的推移而堆积起来。其结果是：形成一层自然堆积起来的肥料，约长 640 千米，宽 20 千米，深度达 2.7 米。人们迫不及待地要将其利用起来。来自智利的硝酸盐成为一揽子计划中肥料的主要部分——不无遗憾地说，它们也是炸弹的

[1] 李比希试图用自己的想法挣钱，创办一家化肥公司。他的名气吸引了支持者，他们在 1845 年建立了一家工厂。奇怪的是，他最初拒绝在其产品中添加氮，他坚持认为，植物从土壤中腐烂的根和叶释放的氨（NH_3）中吸收了大量的氮。据推测，氨以气体的形式上升到空气中，溶解到雨水里，然后大量地落回地球表面。李比希说，对于氮，粪肥和其他传统肥料是"不必要的"和"多余的"，这些肥料提供的是不同的限制性营养素：钾和磷。这真是不可思议，李比希拒绝在他的产品中添加氮，这意味着这些产品是无效的。他的过分自信导致他拒绝测试这些产品，这意味着，直到他的客户发现产品无效之后，李比希才发现它们是无效的。等到他承认氮是关键因素的时候，他和他的支持者们已经损失了很多资金。他随后声称，他一直在强调氮的核心作用；尽管如此，这并不能说明，他的坏脾气有所改善。

主要成分。20 世纪初，正如曼尼托巴大学（University of Manitoba）的瓦茨拉夫·斯米尔（Vaclav Smil）在他的氮气使用史中所写的，几乎一半的硝酸盐被运往美国，用来制造炸药。

1898 年，英国化学家威廉·克鲁克斯（William Crookes）敲响了警钟：氮将被耗尽。[274] 克鲁克斯是英国科学促进会的新任主席，正是该组织委托李比希撰写了那份报告。在他的就职演说中，克鲁克斯把重点放在了欧洲人日常食用的面包上。他称欧洲人为"世界上吃面包的人"，而且每年还会增加 600 多万吃面包的人。为了养活这些新增加的吃面包的人，农民们要么将耕地扩展到尚未使用的土地上，要么在现有的耕地上大量施肥，以提高粮食产量。克鲁克斯认为，这两条路都行不通。最合适的土地已经被开垦为农田了。增加的肥料需求将在"几年内"耗尽秘鲁海鸟粪和智利硝酸盐的供应。克鲁克斯预测，到 20 世纪 30 年代，世界小麦供应"将远远低于需求，从而导致普遍短缺"。克鲁克斯希望，科学应该以某种方式拯救那些吃面包的人。

他如愿以偿。科学确实挽救了局面——至少在一段时间内是这样。

氮的故事（合成版）

在克鲁克斯发出警告 6 年后，一家奥地利化工公司要求德国化学家弗里茨·哈伯研究合成肥料。更准确地说，奥地利人要求哈伯研究合成氨。几十年来，研究人员一直相信，如果他们能够制造出氨，就可以将其当作合成肥料的基础———种可以在工厂里制造出来的东西，而不是从地下挖出来，再运到大洋彼岸。从化学上讲，氨（NH_3）很简单：三个氢原子，一个氮原子，大致呈金字塔状排列。氢和氮通常都以气体形式存在，即 H_2 和 N_2。理论上，我们应该可以把气态的氮和氢分解成独立的氮原子和氢原子，然后把这些独立的原子组合成 NH_3，就像积木一样。科学家们已经找到了分解氢的方法。但是，就跟植物无法分解氮气一样，他们也无法撬开氮气。制造合成氨的每一次尝试都以失败告终。

这里说的"失败"，意思是"没能拿出行业可以使用的东西"。化学家实际上已经合成了氨，但这只是在超高温和超高压的情况下，在昂贵的实验室中做出的实验结果。即使在这些极端情况下，反应也需要**催化剂**，一种能够促进化学反应但自身不受其影响的物质。催化剂就像乱穿马路的行人一样，这些人会导致车祸，却能够随意地离开发生事故的地方，不受任何影响。但不同于这些扰乱交通秩序的行人，催化剂对于数千种化学过程的顺利运作起着至关重要的作用。

几种金属可以用作氨的催化剂。在适当的条件下，金属会吸附氢气和氮气，将它们分解成独立的氢原子和氮原子。现在，氮原子可以很容易地与氢原子结合，生成氨分子。新生成的氮-氢键的部分能量帮助氨分子离开（行话叫"解吸"）金属表面并飘到空气中。金属保持不变。

哈伯亲自做实验。与前辈们一样，他发现，在铁、锰、镍等金属上吹入高温、高压的氮气和氢气，会产生微量但可测量的氨——它能转化大约百分之一的原始气体。通过反复循环吹入氢和氮，哈伯可以非常缓慢地将大部分氮固定成氨。但是，正如他告诉奥地利人的那样，这个过程太过困难，耗费的成本并不合理。这就好像花数百万美元建造一家每天只能生产一茶匙橙汁的橙汁工厂。

不久之后，瓦尔特·能斯脱（Walther Nernst）带来了好运，能斯脱是位才华横溢的物理学家，也是个尖酸刻薄的人。1907 年，能斯脱对化学反应中的热效应实验进行了分析，并得出结论，认为哈伯对氨产量的估计过高。尽管哈伯认为自己的数据太过悲观，但还是高估了氨产量几乎 4 倍。哈伯重复了他之前的测试，这一次得到的结果

弗里茨·哈伯（右）正在指导一名实验室助理，这是 1918 年一张报纸上的照片，那年他获得了诺贝尔奖

接近能斯脱的结论。哈伯懊恼地承认了自己的错误。出于一时的不满，能斯脱公开嘲笑哈伯的"极其不准确"的工作，他说，这让他相信，"从氮和氢中合成氨是可能的"。正如研究氮历史的专家斯米尔所指出的，这是胡说八道：哈伯已经得出结论，固定氮是**不可行的**，这与能斯脱的话正好相反。不管怎么说，这件事还是让哈伯觉得颜面扫地。

此时，哈伯决心挽回自己的名声。于是，他回到了氨这一问题上。而这个时候，他已经有了一个新的盟友：巴斯夫（Badische Anilin- und Soda-Fabrik）——世界上最大的化工公司。最基本的问题是，氨的最佳合成条件是在氢和氮处于高温、高压的情况下，而正是这些条件增加了这一程序的成本和难度。巴斯夫帮助哈伯建造了更有效的高压设备，并寻找更理想的催化剂。1909 年 7 月 2 日，哈伯连续 5 个小时向仪器中泵入热气体，并"连续生产液氨"，取得了突破性进展。

哈伯的实验模型只有 2.5 英尺高，对于商业生产来说规模太小了。他的催化剂锇和铀是不适合用于商业生产的：锇在全球的总供应量不足 250 磅，铀是危险的——之所以危险，不仅是因为它具有放射性，还因为它与氧气和水会发生爆炸性反应。尽管如此，他还是证明了大量合成氨是可能的。

巴斯夫聘请了一位名叫卡尔·博施的化学工程师，负责扩大哈伯的流程，并寻找价格更合理的催化剂。博施在此之前也花了数年时间，试图固定氮。当他得知哈伯先于他做出了决定性的成就时，他毫不遗憾地告诉公司，应该立即开发他竞争对手的设计。事实证明，建造合成所需的高压储罐是非常困难的，因为扩散到罐壁中的氢与钢中的碳结合，削弱了金属，这对博施来说，是并不愉快的意外。与此同时，博施成立了一个团队，测试了数千种化合物，以找到更适合的催化剂。含有少量铝、钙和镁的铁被证明是最理想的催化剂。到 1913 年，巴斯夫的第一座大型合成氨厂开始运转。

5 年后，哈伯因合成氨而获得诺贝尔奖。1931 年，博施和他的主要助手因开发出"化学高压方法"而获得诺贝尔奖。氨合成的成本仍然很高，直到 20 世纪 30 年代，人工肥料才真正得以普及。尽管如此，诺贝尔奖得主们当之无愧。这一过程被普遍称为哈伯-博施法，可以说，它是 20 世纪最重要的技术发展，也是人类历史上最重要的发现之一。[275] 哈伯-博施法确实改变了陆地和天空，重塑了海洋，并有力地影响了人类的命运。德国物理学家马克斯·冯·劳厄（Max von Laue）说得很清楚：哈伯和博施使人类从"从空气中赢得面包"成为可能。[276]

如今，世界上生产的几乎所有合成肥料都与哈伯-博施法有关。

1931年，瑞典王储古斯塔夫（Crown Prince Gustav）授予卡尔·博施（左）诺贝尔化学奖

正如未来学家拉姆兹·纳姆（Ramez Naam）所指出的那样，世界工业能源中有略多于百分之一的能源用在了这上面。值得注意的是，"这个百分之一，"纳姆说，"让世界粮食产量大约翻了一番。"从1960年到2000年，全球合成肥料的使用量增加了约8倍。其中约有一半的肥料只用于三种作物：小麦、水稻和玉米。看待这个数字的一种方式是，博洛格和他的同事们的成就是培育出小麦、水稻和玉米的新品种，而这些品种正好可以利用哈伯和博施提供的化学肥料。

随着粮食供应增加，人口数量也增加了。瓦茨拉夫·斯米尔计算过，哈伯-博施法生产出来的肥料为"世界近45%的人口所需要的主要粮食"提供了保障。粗略地说，这相当于养活了大约32.5亿人。也就是说，超过30亿男人、女人和儿童能够在这个世界上生存，要归功于20世纪初的两位德国化学家；30亿人，这是一片由不可思议的梦想、恐惧和探索构成的浩瀚云雾。

人工固氮带来的巨大变化是难以估量的。想想那些因此得以避免的饥饿、死亡，想想那些本没有机会长大的人所获得的机会，想想那些原本不得不毕生辛苦劳动才能从土地里获得食物的人所创造的伟大的艺术和科学作品。日本、瑞士和美国伊利诺伊州的粒子加速器，《百年孤独》（*One Hundred Years of Solitude*）和《这个世界土崩瓦解了》（*Things Fall Apart*），疫苗、计算机和抗生素，悉尼歌剧院和斯蒂芬·霍尔（Stephen Holl）的圣伊格纳修斯教堂（Chapel of St. Ignatius）——有多少应该归功于或者间接归功于哈伯和博施？如果不是这场魔法般的胜利通过生产氮来让上述成就的创造者过上了食物丰足的童年，我们今天还能看到那些成就吗？

有获益就有损失。[277] 在过去的 60 年里，大约 40% 的肥料没有被植物吸收；不仅如此，这些没有被吸收的肥料被冲进河流或以氮氧化物的形式进入空气。流入河流、湖泊和海洋的肥料仍然是肥料，能够促进藻类、杂草和其他水生生物的生长。这些水生生物死亡后，会落到海底，在那里被微生物吞噬。随着食物供应的增加，微生物的生长势头迅猛，甚至它们的呼吸耗尽了较深水域的氧，扼杀了大部分生命。在农业径流流经的地方，出现了大片死亡地带。每年夏天，来自中西部农场的氮沿着密西西比河流向墨西哥湾，形成了一个氧气沙漠，2016 年覆盖了近 1.8 万平方千米的水域。第二年，一个更大的死亡地带——近 6 万平方千米——在孟加拉湾被标记了出来。

机动车的发动机简直就是火上浇油。作为燃烧过程产生的副产品，氮气被转化为各种类型的氮氧化物（化学家称之为 NO_x）。氮氧化物上升到平流层之后，与臭氧发生化学反应。地球上的臭氧具有保护作用，它通过阻挡有害的紫外线来保护地球表面的生命。与氮氧化物混合后的臭氧会失去这种效应。在其下面，氮氧化物会导致污染。据估计，每年产生的多余的氮的总成本高达数千亿美元。科学作家奥利弗·莫顿（Oliver Morton）认为，如果排除气候变化，氮的蔓延将是我们面临的最大生态问题。[1]

回归法则

作用力总会带来反作用力，一个方面的**肯定**必然紧随着另一个方面的**否定**。尤斯图斯·冯·李比希将农场视为一台有机机器，这种对工业化农业的巫师式愿景的雏形，激发了一种原始先知式的尝试，试图把他放逐的生命精神带回来。这个反作用力将主张现代化的人宣扬的每一项成就都视为一种缺陷，将每个新的里程碑都视为一场破坏。如果他们能读到沃伦·韦弗的宣言，他们定会从第一页就拒绝它：农业不仅仅是"可用的能量"。在他们看来，主张现代化的人已经忘记了所谓活着的腐殖质——pneuma（元气）。这一派相信，在许多层面上，这都是一个可怕的错误，一个会产生深远影响的错误。

莱斯特大学（University of Leicester）历史学家菲利普·康福德（Philip Conford）写道："众所周知，准确地确定一场文化运动的开端是很困难的。"[278] 在其撰写的有机农业史中，康福德认为，人们开始抵制李比希式农业，比较准确地说应该是在 20 世纪 20 年代，那个时候，哈伯-博施法肥料开始在全世界推广。抵制运动在非洲、德国、英国和美国开始了。而最为强烈的抵制来自南亚，在那里，挑战者们在小型传统农场中找到了灵感，而这些农场正是诺曼·博洛格后来试图进行现代化改造的对象。

在这些最早唱反调的人当中，就有罗伯特·麦卡里森，他后来被称为少将罗伯特·麦卡里森爵士（Major General Sir Robert McCarrison）、帝

---

[1] 混乱的是，虽然英语里也把一氧化二氮（N_2O）写作 nitrous oxide，但它不属于氮氧化物（nitrous oxides, NO_x）。因为来自一氧化二氮的多余的氮使其行为与氮氧化物不同，所以化学家将其归入一个单独的类别。

尽管罗伯特·麦卡里森（左三）是大英帝国骄傲的仆人，但他确信，亚洲的耕作方法优于欧洲。摄于 1926 年他在印度巡回讲习期间

国荣誉公民（C.I.E.）、皇家医学院院士（F.R.C.P.）。麦卡里森在北爱尔兰长大，获得医学学位之后，他立即以外科医生的身份加入军队。1901 年，他来到了当时英属印度的北端，即现在的巴基斯坦。那年他 23 岁，没有接受过流行病学、公共卫生学或环境科学方面的培训。尽管如此，他还是在这些方面做出了贡献，他发现了疾病的环境原因（携带细菌的昆虫、维生素缺乏症）以及预防疾病的方法。最终，他成了殖民地营养研究部门的主管，到 1935 年退休前，他一直担任这一职位。

麦卡里森以医生的身份穿越了巴基斯坦北部的高地。他在那里意外发现罕萨山谷（Hunza Valley）里居住着一群伊斯玛仪派（Ismaili）穆斯林。"直到今天，他们还是只吃谷物、蔬菜和水果，还有一定量的牛奶和牛油。只有在节日期间，他们才吃羊肉。"罕萨人是极好的身体样本："在完美的体格和没有疾病方面都是无与伦比的。"7 年的探访中，麦卡里森"从未见过一例虚弱性消化不良症（慢性胃痛），或胃溃疡、十二指肠溃疡，或阑尾炎，或黏液性结肠炎（肠易激综合征），或癌症"。教育和富裕并不是他们拥有"超长"寿命的原因；罕萨人目不识丁，非常贫穷，大多数人养不起狗。麦卡里森开始相信，他们的健康是由于他们的饮食。[279]

麦卡里森的研究成果发表于 1921 年，这是一种新的科学体裁的早期范例：研究生活在偏远地区的长寿且精力充沛的穷人。[280] 在加蓬奥果韦河（Ogowe River）地带的传教士们，在美国西南地区的人类学家们，在南非的金矿官员们，在因纽特人村庄的医生们——他们都遇到了生活在偏远地区的群体，这些群体的人很少罹患癌症、心血管疾病、糖尿病，以及后来被称为"文明疾病"的其他慢性疾病。尽管贫穷、卫生条件差、缺乏医疗保健，罕萨人的身体比英国人更健康。麦卡里森对此的总结是，原因在于英国工人阶级的饮食，包括罐装肉、含糖的茶和蓬松的白面包，其中的维生素含量比罕萨人饮食中的少得多。

20 世纪 20 年代初，麦卡里森见到了两位印度农业化学家，博伽瓦图拉·维斯瓦纳特（Bhagavatula Viswanath）和 M. 苏里亚纳拉亚纳（M. Suryanarayana）。[281] 在印度南部哥印拜陀（Coimbatore）设立的一个研究所里，这两位农业化学家一直在比较合成肥料和粪肥。合成肥料得到了受人尊敬的李比希的支持，而粪肥几千年来一直被用来补足南亚的土壤肥力。李比希相信，只要添加物的营养成分相同，用合成肥料生产的谷物和用粪肥生产的谷物应该是相同的。他认为，在实践中，人工合成肥料应该更好，因为科学家可以研制出针对具体土壤的混合物，让农民有更多的控制权。为了验证这个大人物的观点，维斯瓦纳特和苏里亚纳拉亚纳给同一块地里种植的小麦和小米分别施用粪肥和合成肥料，然后对所得的谷物进行化学分析。

麦卡里森对此饶有兴趣，他提出，真正的问题不在于不同谷物的化学成分，而在于它们作为**食物**的质量。他不容分说，闯进了这一事业，征用了一个实验室，还用这两位农业化学家的实验小麦和小米分别投喂老鼠和鸽子。以粪肥为肥料生产出来的谷物为食的动物生长势态良好；而那些食用接受化学施肥生产出来的小麦和小米的动物则出现了营养不良症状。他总结道，粪肥的腐殖质中有某种东西，是李比希所不知道的一个因素。1926 年，麦卡里森发表论文，将这一发现公之于众，只署上自己的名字，并将大部分功劳归于自己。

然后，他更进了一步，超越了他的不情愿的合作者维斯瓦纳特和苏里亚纳拉亚纳的想法。本来，合乎逻辑的下一步是确定粪肥中特殊营养素的特性，然后将其添加到合成肥料之中。但是正相反，麦卡里森有了一次转变的经历：他的多次"顿悟"中的一次！改变生活的时刻。他确信，根本问题在于李比希的还原论观点，即土壤是化学养分的被动储存库。[282]

1936 年，麦卡里森做了一系列讲座，阐述了反对派的思想意识。麦卡里森说，"有着完美构成的食物"是健康的唯一最大决定因素。这种有着完美构成的食物中最重要的部分是植物：水果、蔬菜和全谷物。他说，相应地，这些植物的营养品质取决于它们的栽培方式。在这一点上，李比希百分百是不正确的；化学并不是全部。为了种植出最好、最有营养的作物，农民们需要（用现代的术语说）把他们的土地视为一个复杂的、相互作用的生命系统，而不是一个需要有效管理的化学品仓库。这个系统的每一部分都对整体有贡献，但有一部分占据主导地位：土壤。

> 土壤的贫瘠会导致一系列的问题：牧草质量低劣，靠着这种草料饲养的牲畜质量差，这类牲畜为人类提供的食物质量差，人

类为自己种植的蔬菜质量差，由此产生的营养不良会导致人类和牲畜患病。我们和喂养我们的植物、动物都是由大地创造出来的，如果我们指望大地再次生产出符合我们需要的品质的食物，我们就必须把我们和它们所创造出来的东西归还给大地。

关键是土壤！土壤！当土壤以植物残骸和动物粪便为食时，就会变成一个充满活力的循环系统，滋养着植物和动物，而植物和动物又反过来滋养土壤。与其试图在实验室里复制这个系统（这种尝试注定会失败），倒不如让农民们直接使土壤生态系统从腐殖质中自然地生成土壤，就像亚洲农民几千年来所做的那样。

麦卡里森的想法与另一位旅居印度的英国人阿尔伯特·霍华德（Albert Howard）的想法不谋而合。[283] 霍华德出生于1873年，在英格兰西部边缘的一个农场里长大。早期使用犁和镰刀的经历，让他对那些指甲里从不沾染泥土，只摆弄显微镜的实验室居民持不可动摇的怀疑态度。而霍华德本人还拥有无可挑剔的学术资历：在皇家科学院（Royal College of Science）获得一等化学学位，在剑桥大学的农业科学课程中名列前茅。

1905年，霍华德来到印度东北部普萨（Pusa）新设立的农业研究所（Agricultural Research Institute），他为这家研究所的研究工作所吸引。陪同霍华德前来的是他的新婚妻子加布里埃尔（Gabrielle），一位毕业于剑桥大学的植物生理学家。霍华德夫妇是生活中的伴侣，更是实验室里的合作伙伴，只是霍华德得到了更多的社会认可——这在那个时代是不可避免的。他们或者分别，或者一起，培育了小麦和烟草的新品种，研究了根系分布，开发了新型犁，并测试了不给公牛接种疫苗而只提供超级健康的饮食和生活场所的结果。从一开始，加布里埃尔就敦促霍华德从整体上进行思考，观察不同研究领域之间的联系。到了1918年，他们的想法已经很清楚了："土壤、植物和动物的健康是相互关联的，肥沃的土壤是提高作物产量的关键，而肥料则是土壤肥力的关键。"（我在这里引用的是莱斯特大学历史学家康福德的话。）

在实践的层面上，霍华德夫妇最重要的贡献可能是开发了印多尔堆肥法（Indore process of composting），印多尔指他们工作的印度中部地区。[284] 麦卡里森专注于土壤添加剂，尤其是肥料；霍华德夫妇则研究了堆肥。在堆肥中，细菌和真菌分解农业和家庭垃圾，将其中的氮固定为可用的氨和硝酸盐。印多尔堆肥法要求在垃圾中加入细菌和真菌，并与灰烬以五比一的比例混合；定期将这些暴露在氧气中，以期最大限度地实现固氮。如今，霍华德夫妇的方法稍加改进后，仍被用于大规模堆肥。

此前，还曾有其他一些人专注于堆肥，其中就包括著名的法国小说家维克多·雨果。雨果违反了叙事规则，在他那伟大的小说《悲惨世界》（1862 年）的故事情节达到高潮之时，突然开始让读者阅读长达 15 页的关于巴黎下水道系统的内容。这座城市的下水道将大量粪便排入河流，通过河流将粪便倾入大海。雨果宣称，粪便不应该被丢弃到海水中，而是应该回归到农民的农田里："最具肥力、最有效的肥料是人粪。"海鸟粪贸易把一袋袋肥料运过大洋，实在是洲际蠢行。

> 我们耗费巨资装备船队，在南极收集海燕和企鹅的粪便（雨果是这样写的，其实并不准确），而我们自己所掌握的无法估量的财富，却被我们送到大海里……利用这座城市产生的粪肥来改善农田，几乎可以确定会获得成功。如果说我们的金子是污秽的，那么我们排泄的污秽就是金子。[285]

雨果呼吁更多地使用堆肥和粪肥。这一呼吁得到了后来的作家们的响应，只是他们的言辞不如雨果的华丽。即便如此，无论是雨果还是他的后继者，他们的呼吁都没有产生多大效应——下水道依然持续不断地将价值堪比金子的污物冲入水中。如果不是妻子加布里埃尔在1930年出人意料地死去，霍华德的工作也可能同样得不到多少关注。

失去妻子后，霍华德辞职，回到了英国，他情绪沮丧，每日在自己的花园里晃荡。他认为自己的职业生涯结束了。其实正相反，他的职业生涯进入了一个活跃的新阶段。回到英国后不久，他与加布里埃尔的妹妹路易丝（Louise）结婚了，路易丝与姐姐同样优秀，也受过剑桥教育，是和平主义者和妇女参政论者，曾教授过古典文学。[286]她成了弗吉尼亚·伍尔夫小说中的一个人物原型（路易丝曾为弗吉尼亚的丈夫伦纳德做助理编辑），并主持瑞士国际劳工组织农业部门的工作。路易丝不希望霍华德放弃她姐姐的工作。霍华德开始满世界跑，传播印多尔堆肥法，还做了更多工作。

他说，"所有大自然耕作的基础"是回归法则，也就是说，"所有可用的蔬菜、动物和人类排泄物都应该毫无保留地回归土壤"。[287]细菌、虫子和鸟类死亡后，会回归土壤之中，为其他生命提供营养。它们的排泄物也是如此。人类也必须将自己生活中产生的残余物归还给地球。文明之所以衰落，是因为社会忘记了这个简单的规则。我们依赖植物，植物依赖土壤，土壤依赖我们。回归法则体现了一种洞见：每一件事都会影响其他任何一件事。

麦卡里森一直在传播几乎相同的信息，但霍华德善于造词，愿意用一种让人感到愉快的、夸大其词的恶意（路易丝·霍华德称之为"和蔼可亲的暴行"）来宣传自己的观点。1943年，他出版了《农业圣典》（*An Agricultural Testament*），这部著作通常被称为有机运动的创始文献。在书中，霍华德不仅赞扬堆肥，还攻击所谓"氮磷钾心智"（the NPK mentality）——以氮、磷和钾的化学符号命名，而氮、磷和钾是合成肥料的关键成分。他并不只是简单地批评那些鲜少冒险实地做研究的科学家，还把这类可怜的专业人士称为"实验室隐士"，

有机先驱:(左起)阿尔伯特·霍华德爵士、伊芙·贝尔福夫人和诺斯伯恩勋爵

说他们在"过时的研究机构"的内部,"致力于越来越多地研究越来越少的知识"。他并不只是谴责过度使用合成肥料,他还坚称它们具有明显的毒性:"人造肥料对土壤生命的缓慢毒害是农业和人类所遭受的最大灾难之一。"[288]

霍华德成了一场规模虽小但颇具影响力的运动的核心人物,其影响力部分源于该运动的许多成员都是贵族基督徒。[289] 他们认为,工业化农业对社会和神圣秩序都构成了威胁。像布莱迪斯洛勋爵(Lord Bledisloe,新西兰总督)、贝德福德公爵(Duke of Bedford,宣扬腐殖质、反犹太的英国人民党创始人)以及诺斯伯恩勋爵[Lord Northbourne,《望向大地》(Look to the Land)一书的作者]等知名人士都是最突出的倡导者。霍华德本人于 1934 年获封为爵士。事实上,在土壤协会(Soil Association)这个英国最有影响力的农场改革组织中,达官贵人代表非常多,搞得早期的会议就像唐顿庄园里的家庭聚会,只不过讨论的内容不是雪利酒,而是肥料和蚯蚓。

在这些方面堪称典范的是霍华德的主要支持者、土壤协会创始人兼主席伊芙·贝尔福夫人(Lady Eve Balfour),她是《有生命的土壤》(The Living Soil,1943 年)一书的作者。[290] 贝尔福夫人的出身背景是金钱、权力和神秘主义的混合体：她的外祖父是印度总督，祖父是社会地位显赫的神秘学家和作家，父亲是爱尔兰的首席秘书，伯伯是英国首相。贝尔福夫人深受一种深刻而独特的基督教信仰的启发，寻求一种"精神和道德复兴"，在这一复兴过程中，保护土地将扮演着核心角色。她说，通过"为上帝服务，为土壤服务，为彼此服务"，可怜的人类才能够晋升到"下一个进化阶段"，创造"地球上的上帝之国"。

在大西洋的另一边，类似的运动也在兴起。这场运动显然受到了霍华德和麦卡里森的启发，许多受基督教启发的信徒参与其中。[291]但是，这里的运动绝不是贵族式的。运动的核心人物是杰尔姆·I. 罗代尔（Jerome I. Rodale），一位并不富裕的企业家、出版商、剧作家、园艺理论家、食品实验者和反疫苗倡导者。[292]1898 年，罗代尔出生在纽约市的一个犹太人聚居区。年轻的时候，他体弱多病，经常头痛，容易患上感冒；他的家人饱受先天性心脏病的困扰。在做过会计和税务审计员之后，他与兄弟一起创办了一家成功的电气设备公司。大萧条来临的时候，罗代尔兄弟为了削减成本，把工厂搬到了宾夕法尼亚州的乡下。搬到宁静的乡村后，杰尔姆就有了空闲的时间。几乎是出于爱好，他创办了一家出版公司，发行有关礼仪、幽默和健康的小册子。

1941 年，罗代尔在一份杂志上读到一篇关于霍华德的文章。这时的罗代尔仍然深受头痛的煎熬和感冒的困扰，总为自己心脏担心。饮食或许是答案。科学家可能会嘲笑他，但这个想法对他来说是有意义的。出于好奇，他读了《农业圣典》。几年前，他曾听过麦卡里森的演讲，对这方面已经有了一点了解。此时，他读了霍华德的书，书中的内容通过他的眼睛直达他的内心，像火焰一样在他的心中燃烧着。他联系了霍华德。他在附近买了一块 60 英亩的农田，并根据回归法则开始经营这块地。他阅读了更多霍华德本人以及与霍华德观点相似的人的著述，比如贝尔福夫人、诺斯伯恩勋爵、莱昂内尔·皮克顿［Lionel Picton，《堆肥新闻快报》（*The Compost News Letter*）的编辑］，以及麦卡里森。事实上，罗代尔非常喜欢麦卡里森的作品，尽管从未离开过美国，但罗代尔也写了一本关于罕萨山谷的热情洋溢的书。1948年4月，《健康的罕萨》（*The Healthy Hunza*）由罗代尔出版社出版，比《生存之路》的出版早了4个月。那时，罗代尔正在为自己的丰收和健康状况的改善欢欣鼓舞。

1971年，罗代尔在一次电视谈话节目中离奇地去世。当时，他宣称："我这辈子从来没有感觉这么好过！"说完，他递给节目主持人一份特殊的芦笋，是用尿液煮的。自然，这招来了嘲笑。几分钟之后，他心脏病发作。但是，他身后留下了巨额的遗产——并且，他的寿命比兄弟姐妹要长20年，他的所有兄弟姐妹都和他一样，患有心脏病。

阅读霍华德的书之后不久，罗代尔就在一篇文章中重新包装了他的想法，文章题为《当今的作物不适合人类食用！》，发表在他的小杂志《事实文摘》（*Fact Digest*）上。这篇文章激起了纷扰，导致罗代尔停办《事实文摘》，转而创办新杂志《有机农业与园艺》（*Organic Farming and Gardening*）。后来，他意识到，购买有机食品的人可能远远多于有兴趣自己种植有机食品的人。1950年，他创办了《预防》（*Prevention*）杂志，通过向消费者推广有机食品，"让有机运动日益强大"。1940年，诺斯伯恩勋爵创造了"有机农业"一词，几乎是作为一种题外话。罗代尔用泼色斑的方法将"有机"一词装饰在杂志封面上，将这个词从一个表示与生物有关或源自

杰尔姆·I. 罗代尔

生物的中性词，转变为一种特殊标签，所指代的是一种"赋予生命"的食品，它们摒弃了工厂制造的化学制品。这是对工业化农业的一记重击。1948 年，《有机农业与园艺》有 9 万付费订阅者。到罗代尔去世的时候，订阅者已经增长到 50 万。《预防》有 100 多万订阅者。尽管罗达尔居于一片荒芜之地，拒绝了大多数主流广告，但他建立了一个信仰帝国。[1] 293

"污物与魔法"

这样大的影响，自然也会激起抵触。几十年间，农业官员、农业协会、化学公司和大学研究人员一直谴责霍华德和罗代尔。堪萨斯州一所农业学校的院长在一篇被广泛引用的檄文中称他们的观点为"半真半假，伪科学，煽动情绪"。据说，罗代尔的追随者是一群"被误导的狂热崇拜者"，他们对科学置之不理。加利福尼亚州的一名农场官员对有机食品运动嗤之以鼻，说那些人"危言耸听"。"化肥有害吗？答案是否定的！"工业化农业也不允许农药被弃用。美国最大的农业杂志《乡村绅士》（The Country Gentleman）宣称，这是"每一种虫子的毒药"。食疗信徒！江湖骗子！怪人！——罗代尔和他的追随者们受到了辱骂，词典上所能找到的各色各样的侮辱性言辞都派上了用场。294 而罗代尔则自豪地说："我在引爆一个火药桶。"

有些批评是有道理的。被冠以实验室隐士之名的研究人员指责霍华德夸大了情况，很多时候这种指责是对的。霍华德断言："人造肥

[1] 与霍华德所启发的北美和欧洲土壤运动平行的是德国的另一场独立的土壤运动。其核心人物是鲁道夫·施泰纳（Rudolf Steiner，1861—1925 年），一位奥地利哲学家、社会改革家、基督教神秘主义者，他创立了一场名为"人智学"（anthroposophy）的运动。人智学的一个组成部分是一种由精神驱动的土壤修复形式，它是单独发展出来的，却与霍华德的观点惊人相似。施泰纳的运动传播到世界各地，但最终，它对德国以外的有机运动几乎没有留下什么深刻的影响。

料不可避免地会带来人造营养、人造食品、人造动物，最终会带来人造的男人和女人。"科学家通常对此不以为然。**不可避免**？霍华德的言论**证据**何在？"人造动物"和"人造男女"到底是什么？

在批评者眼中，有机运动的另一个问题在于轻率地忽视了成本。肥料化学家唐纳德·霍普金斯（Donald Hopkins）写道，用堆肥为数百万人生产出粮食，这需要"在劳动力、交通运输和规划方面付出巨大的努力"。这些支出将推高食品价格，这对收入有限的人来说是可怕的。也许，"李比希的弟子们"生产的食物在某种程度上是"人造的"，但它让弱势穷人的生活变得更容易。

最重要的是，反对者指责霍华德及其追随者观点的基础是宗教和精神，而不是科学，这些观点以思想意识而非经验数据为根据。在他们看来，霍华德的"极端主义观点"正在重新唤起早已不被人们相信的观念，即腐殖质具有一种特殊的生命力，这就好比让人们重新相信地球是平的这一信念。批评者嘲笑说，所谓的农业改革不过是右翼神秘主义的一种——他们称之为"污物与魔法"。

在此我们可以看到，一些批评是有价值的。贝尔福夫人讨论了"自然界的生命原理……生命本身的成分，它渗透到构成植物或动物身体的无数个体细胞中的每一个细胞之中"，这样的观念的确很接近亚里士多德和 pneuma 的说法。霍华德对腐烂的植物和动物（"壮丽的森林腐殖质"）赞不绝口，称其为"植物生命的开端，因此也是植物生命和我们自身存在的开端"。听到这类话，不事宗教的研究者很难克制自己。[295]

然而，在其他方面，这场冲突似乎是很荒谬的。霍华德的灵感来自一种对自然秩序的宗教信仰，他相信人不可能逾越自然秩序的限度而不受惩罚。但是，当他赞美腐殖质的生命本质时，他指的是土壤生物群落、植物根系和周围土壤之间的动态关系，以及腐殖质的物理结构（腐殖质将土壤颗粒粘在一起，形成通风的碎屑，以便保持水分，而不是让水分流失）——所有这些都是非常真实的，而当尤斯图斯·冯·李比希创立化学农业的基本理念的时候，所有这些还都是未知的。霍华德的论点是，工业化农业正导致乡村人口减少，破坏了一种古老的生活方式，这个观点也是正确的，尽管他的对手们不觉得这种改变是坏事。他对土壤的担忧似乎是有先见之明的——联合国粮食及农业组织 2011 年一项里程碑式的研究表明，世界上多达 1/3 的耕地已经退化。[296]

无论是支持工业化农业的一派，还是支持有机农业的一派，双方都同意，土壤需要为植物提供养分，尤其是氮。不同之处在于，李比希派相信，合成肥料可以快速提供养分。他们说，来自工厂的氮原子与来自牛粪的氮原子没有区别，而霍华德派则认为，来自牛粪的氮原子是更好的，因其符合自然系统中的回归法则。在开始的时候，这两种观点还是有可能调和的。可以想象，工业化农业的倡导者们考虑使用腐殖质，而腐殖质的倡导者们愿意使用化学品作为良好土壤实践的补充。然而，真实的情况却并不是如此。双方互相辱骂，关系越来越疏远。

早在 1940 年，诺斯伯恩勋爵就将有机农业和传统农业之间的冲突描述为"几代人全力以赴"的旷日持久之战。[297]霍华德是那场战争中的一名将领——一名追随者称霍华德为"方阵制高点的勇士"。这是一场"化学主义者与有机文化主义者的对峙"，罗代尔如此描述这场斗争，他为自己被纳入其中而欣喜。他在《有机园艺》（*Organic Gardening*）第一期中宣称："**革命**已经开始。"他用粗体强调"**革命**"一词，表明他对这件事情严肃认真的态度。几年来，这份杂志一直亏损，但罗代尔还是坚持到底。麦卡里森、霍华德、贝尔福夫人、诺斯伯恩勋爵以及其他许多人都站在他这一边。多方面的情况引发了一场战争，这场战争不仅持续到了 21 世纪，而且随着转基因作物的出现，战况变得越来越激烈。

缓慢的过程

让我们勾勒出一幅图画：威廉·沃格特 1940 年在海鸟粪岛，这是氮历史上的一个附注。哈伯-博施法为世人所知已达 30 年，巴斯夫等化学公司正在从中获利。但是，自然肥料仍然很重要，秘鲁已经聘请了一位外国生物学家来保护它。值得注意的是，无论是科学家、企业，还是有机肥料的倡导者们，他们都不明白为什么向土壤中提供氮如此重要。沃格特离开秘鲁多年之后，研究人员才知道了答案：氮对光合作用至关重要。

描述光合作用时，很难不显得像个虚张声势的神秘主义者。通过将地球上的水与天空中的阳光和二氧化碳混合，光合作用将地球与天空连接起来。在每个农民的农田中生长的庄稼都是储存空气和阳光的冷库。农田周围的树木和附近池塘中的藻类也是如此。大地上的每一个绿点都是一个持续运行的光合作用工厂。科学作家奥利弗·莫顿说，如果这种剧烈的微观生产活动停止了，"你所关心的一切也将随之停止"。这颗行星还将继续存在。但是，它将不再是绿色的。

植物需要氮，主要是为了制造一种叫"核酮-1,5-双磷酸羧化酶 / 加氧酶"（rubisco）的物质，这是光合作用这种相互作用的舞蹈中的主角。那是一种酶，也就是一种生物催化剂。[298] 就好像哈伯-博施法中的铁一样，酶会让生物化学反应发生，但自身不受这些反应的影响。已知的酶有数万种——光是 BRENDA 这一个在线酶数据库就收录了 8.3 万种。[299] 酶对每个生物的每个细胞都必不可少，虽然肉眼不可见，但始终在活跃地运作，每秒钟通常可以催化几千次反应。有的能催化 10 亿倍或更多的反应。

核酮糖-1,5-双磷酸羧化酶 / 加氧酶是光合作用必不可少的催化剂。这种酶就像引导志愿兵入伍后又回到工作岗位的征兵人员，其分子从空气中吸收二氧化碳，将其加进光合作用的旋涡之中，然后再回去获取更多的二氧化碳。"rubisco"这个名字是1979年创造出来的，这个听起来像早餐麦片的名字有点开玩笑的性质；它从"核酮糖-1,5-二磷酸羧化酶/加氧酶"这种化合物的学名中取了几个字母，缩写而成，其全称是 *ribulose*-1,5-*bis*phosphate *carboxylase/oxygenase*。核酮糖-1,5-双磷酸羧化酶/加氧酶的催化作用是光合作用的限制性步骤，也就是说，这种酶作用的速率决定了整个过程的速率。光合作用以核酮糖-1,5-双磷酸羧化酶/加氧酶的速度进行。

只不过，按照生物学标准，核酮糖-1,5-双磷酸羧化酶/加氧酶是个懒惰的家伙，懒骨头，"沙发马铃薯"。它可以引起反应，但反应速度非常慢。一般的酶每秒催化数千次反应，而核酮糖-1,5-双磷酸羧化酶/加氧酶则慢到每秒只参与两三次反应。[300] 它是已知的最迟钝的酶之一。当沃伦·韦弗哀叹光合作用低效的时候，他不知道自己感叹的是核酮糖-1,5-双磷酸羧化酶/加氧酶的迟钝。几年前，为了撰写一篇杂志文章，我与生物学家们讨论了光合作用。没有人为核酮糖-1,5-双磷酸羧化酶/加氧酶说一句好话。"几乎是世界上最糟糕、最不称职的酶。"一位研究人员说。"这不能说是进化的好成果。"另一位研究人员说。

核酮糖-1,5-双磷酸羧化酶/加氧酶不仅反应速度慢，而且非常不称职。二氧化碳（CO_2）由一个碳原子（C）和两个氧原子（O）组成，整体呈一条直线。氧气（O_2）由两个氧原子组成。就像二氧化碳中的原子一样，氧原子是线性结合在一起的。从示意图上看，它们是这样的：

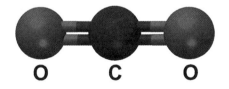 

二氧化碳（左）和氧气

可以说，核酮糖-1,5-双磷酸羧化酶/加氧酶一直在寻找两端各有一个氧原子的线性分子。但每五次中就有两次，核酮糖-1,5-双磷酸羧化酶/加氧酶找到的不是二氧化碳，而是笨手笨脚地抓住氧气，试图将氧气推入一个无法使用它的化学反应中。为了去除不需要的氧气，植物进化出了一个完整的二级过程，将氧气泵出细胞，重新启动核酮糖-1,5-双磷酸羧化酶/加氧酶，再次尝试吸收二氧化碳。

这些错误的操作浪费了能量。核酮糖-1,5-双磷酸羧化酶/加氧酶对氧气的嗜好使光合作用的最大效率降低了近一半。随着温度升高，核酮糖-1,5-双磷酸羧化酶/加氧酶在区分氧气和二氧化碳方面变得越来越差，因此热带地区的问题比那些较冷地区的更为严重。但即使在寒冷的气候条件下，如果核酮糖-1,5-双磷酸羧化酶/加氧酶能够将氧气和二氧化碳区分开来，小麦收成也会增加 1/5，大豆收成也会增加 1/3。

植物大量生成核酮糖-1,5-双磷酸羧化酶/加氧酶，以此克服它的惰性和笨拙。[301] 按重量计算，许多植物叶片中有多达一半的蛋白质是核酮糖-1,5-双磷酸羧化酶/加氧酶，它通常被认为是世界上最丰富的蛋白质。一项估计是，地球上的每一个人都含有来自植物和微生物所提供的超过 11 磅的核酮糖-1,5-双磷酸羧化酶/加氧酶。这条生物链似乎很清楚：更多的氮 ⇒ 更多的核酮糖-1,5-双磷酸羧化酶/加氧酶 ⇒ 更多的光合作用 ⇒ 更多的植物生长 ⇒ 更多来自农场的食物。

20 世纪 50 年代初，研究人员发现了核酮糖-1,5-双磷酸羧化酶/加氧酶的重要性。几乎立刻就出现了一个后续问题：科学家能否培育出具有更好核酮糖-1,5-双磷酸羧化酶/加氧酶特性的植物？这是为养活即将到来的 100 亿人口而创造的生长更快、产量更高、肥料使用更少的小麦、水稻和玉米的方式吗？植物学家开始工作。

以下是描述他们的发现的短版本：

不——你不能用当时或现在已知的任何方法来改进核酮糖-1,5-双磷酸羧化酶 / 加氧酶。

以下是长版本:

核酮糖-1,5-双磷酸羧化酶 / 加氧酶和光合作用一样古老。光合作用可能是在大约 35 亿年前进化出来的,存在于今天的蓝细菌(cyanobacteria,一种蓝绿色的单细胞生物)的祖先中(cyanobacteria 这个名字来自希腊语,kyanos 是希腊语"蓝"的意思)。在超过 10 亿年的时间里,蓝细菌一直顺利地大量繁殖着。然后,其中一个被某种微生物吞噬,很可能是原生动物。通常,原生动物会将蓝细菌作为食物食用。但这一次,原生动物让蓝细菌或多或少保持完整(尚不清楚是如何实现的),在它的细胞壁内跳动。更为重要的是,原生动物最终学会了如何利用——有时也可以说是"奴役"——蓝细菌的光合能力,来为自己服务。当被改变的原生动物繁殖并产生一个子细胞的时候,蓝细菌也会繁殖;这两种生物处于长期的共生关系。

这种共生关系非常不可思议。在 35 亿年的历史中,以及在数万亿次的原生动物和蓝细菌之间的相互作用中,这似乎只发生过一次。但这一单一事件却产生了巨大的影响——它是植物存在的原因。亿万年来,蓝细菌褪去了许多原始特征,变成了叶绿体——植物细胞中的自由漂浮体,光合作用在其中发生。今天的植物细胞可以有数百个叶绿体,每个叶绿体都是很久以前蓝细菌的后代。[302]

20 世纪初,当苏联生物学家首次提出这一设想的时候,人们对此报以哄堂大笑。在大多数植物细胞中隐藏着数十亿年前的共生体?这个概念听起来就像是蹩脚的科幻小说。在 20 世纪 50 年代和 60 年代,研究人员慢慢发现,叶绿体有自己独立的 DNA,或者说有独立的基因,独立的蛋白质制造过程。它们就像微小的外来生物,有着自己的历史和目标。突然之间,这个很久以前提出的想法似乎变得不那么疯狂了,至少对林恩·马古利斯来说,情况是这样。1967 年,马古利斯在一篇极有说服力的文章中收集了远古共生关系的证据。她说，不仅叶绿体是很久以前共生事件的结果，细胞原生质中的其他物质也是如此，尤其是线粒体这种调节能量流动的微小实体。事实上，一些原生动物–蓝细菌共生组合本身已经被其他更大的生物吞没，形成了新的共生组合。这些共生行为非常罕见，但它们塑造了地球上的生命历程。马古利斯的这篇论文在被《理论生物学杂志》(*Journal of Theoretical Biology*) 接受之前，遭到了 15 家期刊的拒绝。今天，这篇论文被视作经典。[303]

乍一看，对这种观点的怀疑似乎是有道理的：蓝细菌通常有几千个基因，这些基因编码生命所需的全部分子。叶绿体只有不到 250 个基因，且无法独立生存。它们是如何联系在一起的呢？答案是，在过去的亿万年里，大多数蓝细菌基因已经从叶绿体迁移到细胞核。其中包括一些本身就能产生核酮糖-1,5-双磷酸羧化酶 / 加氧酶的基因。核酮糖-1,5-双磷酸羧化酶 / 加氧酶由两个大的亚基组成，一个大一些，一个小一些。大的亚基由叶绿体中的基因编码，小的亚基由细胞核中的基因编码。[1][304]

这种持续的基因洗牌使得核酮糖-1,5-双磷酸羧化酶 / 加氧酶以多种方式进化。如今，它至少以 4 种主要形式存在，每一种形式都有几个亚形式，以及 "类核酮糖-1,5-双磷酸羧化酶 / 加氧酶的蛋白质"，它们看起来像核酮糖-1,5-双磷酸羧化酶 / 加氧酶，但已经发生了变化，发挥着其他的作用。[305] 但是，尽管进行了所有可能的修补，

---

[1] 2003 年，人们在烟草中直接观察到了基因迁移现象，在此之前，许多研究人员对基因迁移的观点持怀疑态度。在制造烟草花粉的 DNA 疯狂穿梭的过程中，大约每 1.6 万个花粉粒中就有一个最终会有叶绿体 DNA 片段混合到其核 DNA 中。通常，叶绿体 DNA 片段并不包含完整的基因，但有时确实包含。当这种情况发生的时候，由这种花粉产生的后代很有可能在其核 DNA 中包含该基因。一个德国研究小组通过比较现代蓝细菌 DNA 和拟南芥细胞核中的 DNA，于 2002 年得出结论，大约 1/5 的拟南芥核基因组起源于叶绿体。

没有哪个版本的核酮糖-1,5-双磷酸羧化酶/加氧酶比原版更能避开氧气。在这方面，35亿年的进化并没有取得任何进展。

简·兰代尔（Jane Langdale）解释说，进化似乎在表明，"在精度和速度之间不可避免需要取舍"。如果核酮糖-1,5-双磷酸羧化酶/加氧酶能更好地区分二氧化碳和氧气，它的速度会更慢；如果它每秒催化更多的反应，就会犯下更多的错误。"看起来有一种平衡——一种几十亿年来一直没有从根本上发生改变的平衡。"

兰代尔是牛津大学植物科学系的分子遗传学家。当我和她交谈的时候，她刚刚被安排负责一项重大的工作，这项工作的目的是巧妙地绕开核酮糖-1,5-双磷酸羧化酶/加氧酶。来自8个国家的科学家们正在合作，努力改变水稻进行光合作用的方式：这可能是植物科学史上最大的项目。C4水稻计划（C4 Rice Consortium）试图破解光合作用，以实现沃伦·韦弗对未来的愿景——尤斯图斯·冯·李比希梦想的逻辑延伸。在兰代尔看来，这是在未来拥挤、富裕的世界中养活每一个人所必需的努力。这是第二次绿色革命的尝试。但换一种说法是，C4水稻计划所做的事情绝对不是霍华德和罗代尔想要的。

特殊水稻

绿色革命有两个主要分支。其中一个分支直接来源于博洛格的工作，集中在墨西哥的国际玉米小麦改良中心，该研究机构是由墨西哥农业项目演变而来的。另一个分支是受他的工作启发，总部设在菲律宾的国际水稻研究所（IRRI）。[306] 国际水稻研究所最初是在20世纪50年代早期构思的，当时沃伦·韦弗和乔治·哈拉在亚洲旅行，以了解亚洲国家是否会支持建立一个以墨西哥小麦项目为蓝本的水稻项目。6个亚洲国家承诺，它们将支持这项新计划，但前提条件是主持该计划的机构必须建在其领土之上。"这种回应，让建立由多国捐款资助的研究中心的希望破灭了。"国际水稻研究所的首任负责人罗伯特·F. 钱德勒（Robert F. Chandler）叹息道。洛克菲勒基金会不愿意独自为整个项目买单，于是把它搁置下来。为了复兴这个想法，哈拉和钱德勒拜访了福特基金会。汽车先驱亨利·福特和埃兹尔·福特（Edsel Ford）遗赠给基金会大量现金，使其取代了洛克菲勒基金会，成为世界上资金最雄厚的慈善机构。这两个基金会——一个有资金，一个有专业知识——在菲律宾大学提供的地盘上共同建立了国际水稻研究所。菲律宾大学那有现代主义风格的庞大校园于1962年落成。

当时，至少有一半的亚洲人生活在饥饿和物资匮乏之中。许多地方的农业产量没有增加，甚至还下降了。尤其是在越南，南方与北方正在交战。美国领导人相信，越共的吸引力在于它对更美好未来的承诺。因此，华盛顿方面希望证明，资本主义制度下的发展会是最好的。有了国际水稻研究所，他们希望顶尖的研究团队能够通过迅速引入现代水稻农业来改变东亚和南亚的现状——用历史学家尼克·库拉瑟（Nick Cullather）的话说，就是"曼哈顿食品计划"。[307]

从一开始，国际水稻研究所的著名植物育种专家彼得·R. 詹宁斯（Peter R. Jennings）和张德慈（Te-Tzu Chang）[1]就专注于开发一种水稻版本的博洛格小麦：对肥料反应良好、对光周期不敏感、抗病力强的矮秆水稻。这项任务对于他们来说就跟博洛格当初的项目一样艰巨；但他们的优势是，他们是第二个进行这类项目的研究队伍。多亏了博洛格，他们对目标是什么已经很明确，而且前一个项目的目标已经实现了。此外，事实证明，他们受到了机遇的青睐——詹宁斯称之

---

[1] 张德慈（1927—2006），农业学家、环境学家、生物学家、植物遗传学家，梵蒂冈宗座科学院院士、第三世界科学院院士。出生于上海，毕业于金陵大学农学院，先后获美国康奈尔大学植物遗传学硕士学位和美国明尼苏达大学哲学博士学位。在菲律宾国际水稻研究所任水稻遗传资源计划部门主席和种质资源中心主席，被菲律宾大学聘为教授。毕生致力于推动绿色革命，解决印度、菲律宾等许多国家的粮食问题。著有《植物遗传资源——未来生产的关键》等。——译者注

为"纯粹的运气"。

张德慈将三种中国台湾水稻带到菲律宾，这些少见的品种是矮秆的，但产量低，还容易染病。詹宁斯将它们与高大的热带品种杂交，希望获得有利的杂交品种。相对而言，这项工作付出的努力不算大：38 个杂交品种。詹宁斯后来回忆说，杂交的结果"看起来很糟糕"。它们结合了亲本最糟糕的特征，植株都长得很高，产量却极低（大多数是不育的），还很容易染病。这批在他们看来毫无希望的水稻的最好结果就是产出了 130 粒水稻种子，詹宁斯把这些水稻和剩下的种子一起种植在地里。在少数后代身上，矮秆的性状又出现了，而其中一些还不容易受到真菌的影响。这些后代经过杂交、收获后，种子又种到了地里。下一代中，位于第 233 行的一株水稻似乎完美。这株水稻的种子被编码为 IR8-233-3，来自这一幸运水稻植株的种子经培育后被种植在整个南亚和东亚的试验农场。这取得了惊人的成功。博洛格的小麦收成增加了两倍或三倍，而这种新型水稻的收成更好——在巴基斯坦进行的一次试验的收成是那个时期平均收成的 10 倍。在 1966年初，新品种被公之于众，并被冠以 IR-8[308] 的品牌名称。[1] 309

IR-8 是绿色革命在水稻方面的奠基之作。无论国家的大小，无论是资本主义国家还是共产主义国家，甚至是越南战争的双方，都毫无保留地接受了它。1966 年秋天，美国总统林登·约翰逊（Lyndon Johnson）参观了国际水稻研究所种植 IR-8 品种的一片稻田，他戏剧性地用手指碾碎稻田里的土壤，同时承诺"升级反饥饿战争"。他的政府希望"奇迹水稻"能够通过引导农民实现消费繁荣而赢得越南人民的心，于是在越南南方各地组织了 IR-8 展示活动。美国直升机向

---

[1] 在绿色革命中，水稻与小麦产生矮秆植株的基因变异（用专业术语叫"等位基因"）是相关的。水稻基因的隐性突变导致植株产生低于正常水平的关键生长素赤霉素。小麦中的显性突变导致植物对赤霉素的反应降低，即使它们产生正常水平的赤霉素。在这两种情况下，植物都会猛踩刹车，不断抑制其生长。

根据建筑师拉尔夫·T. 沃克（Ralph T. Walker）的说法，完全用进口材料建造的具有现代化色彩的国际水稻研究所所在的校区象征着"一种新型帝国主义"，即"将专业知识慷慨地提供给落后的民族"

越南村庄投放罗列 IR-8 优点的宣传单；一位游客写道，西贡的官员们"东奔西走，挥舞着 IR-8 小册子"。越南北方进行了反击，有人说 IR-8 是美国毒害村民的阴谋。但是，在北方赢得战争胜利之后，奇迹水稻成为新政府大力重建农村计划的核心。到 1980 年，在东亚和东南亚种植的水稻中，约有 40% 来自国际水稻研究所的品种。20 年后，这个数字上升到了 80%。[310]

与博洛格的小麦一样，IR-8 也是包括灌溉和人工肥料在内的"一揽子计划"的重要组成部分。从 1961 年到 2003 年，亚洲的灌溉面积翻了一番还多，从 1.82 亿英亩增加到 4.07 亿英亩；化肥用量增加了近 20 倍，从 420 万吨增加到 8 500 万吨。其后果是蓄水层被抽干，肥料流失，出现水生动植物死亡区、涝渍土壤、社会动荡——以及亚洲水稻产量增加了近两倍。尽管亚洲大陆的人口激增，但亚洲人在饮食中摄入的热量平均高出了 30%。数以百万计的家庭有了更多的食物、更好的衣服以及上学的费用。首尔和上海，斋浦尔和雅加达，闪烁的摩天大楼，昂贵的酒店，交通堵塞的街道，闪烁的霓虹灯，所有这些都是在实验室培育的水稻的基础上建造出来的。

　　研究人员认为，到 2050 年，同样的情况将再次发生，那将是为世界 100 亿人口而发起的第二次绿色革命。作为一名记者，我从 20 世纪 90 年代初开始，就在断断续续地做人口和农业方面的报道。我记得当时没有一位农业研究人员不担心未来。国际水稻研究所研究员保罗·奎克（Paul Quick）不久前告诉我：“目前尚不确定我们是否能够满足额外的需求，也不能确定我们能否在不过度破坏环境或不产生过高经济成本的情况下满足需求。”

　　粮食产量需要增加多少？典型的预测称，到 2050 年，世界粮食产量需要提高 50% 至 100%。[311] 但事实上，没有人真正知道，因为没有人知道世界会变得多么富裕，以及世界上新的中产阶级想要吃什么。最难以确定的是，他们的饮食构成中有多少会是动物产品——奶酪、乳制品、鱼类，以及肉类，尤其是肉类。在过去，富裕程度的提高总是会让人们摄入更多的肉，减少谷物和豆类的摄入量（尽管有一些证据表明，在极度富裕的情况下，肉类消费量会下降）。根据环境研究者斯米尔的说法，20 世纪初，世界粮食产量中只有 10% 被用来饲养动物，这些动物主要是用作农场劳动力的马、骡和牛；到 21 世纪初，这一数字已经大幅上升，但具体上升幅度很难计算。据斯米尔的估计，大约为 40%，其中绝大多数都流向用于生产奶制品和肉类的动物。[312]

　　生产一磅牛肉、猪肉或鸡肉需要多少谷物？在我写作这本书的时候，从我住的这条街走下去有一座小农场，在那里，我找到了一个答案：零。小农场有 15 头牛和 12 头猪，全部靠在休耕地上放牧和吃残余食物垃圾（未食用或损坏的农产品、拔掉的杂草、没用的豌豆和豆藤等）来饲养。工业农场是杂货店货架上绝大多数肉类的来源，它提供了一个不同的答案，可以说是更复杂的答案。中西部养牛的农民们购买在牧场上饲养的 650 磅的牛，并以青贮饲料（收割后切碎的野草和三叶草、小麦和玉米植株）和酒糟（已经提取过淀粉的玉米、大米或大麦，提取的淀粉用来制成啤酒、乙醇或高果糖玉米糖浆等产品）饲养它们。将这些买来的牛在屠宰前养肥的饲养场，其周围是乙醇和玉米糖浆制造厂，就像环绕着地球的卫星一样。因此，这些动物构成了整个谷物产业的重要组成部分——但实际上，它们自己直接吃的粮食比人们想象的要少。

肉类消费的每一次增长都与粮食增产有关。但增产的具体量并不容易直接计算出来。至于牛肉，它还受到许多其他因素的影响，包括对乙醇的补贴、玉米糖浆（和玉米糖浆的替代品）的价格，以及对皮革、骨骼、脂肪（飞机润滑油的一种成分）、角蛋白（从蹄中提取并用于制造灭火泡沫），还有其他肉类副产品的需求。对于猪肉、鸡肉和养殖的鱼类来说，情况也是同样复杂的。然而，不管是什么情况，只要明天新富裕的数十亿人像今天的西方人一样喜欢吃肉，那么明天的农民面临的任务就将是艰巨的。从 1961 年到 2014 年，世界肉类产量翻了两番多。如果再有一次这样的跳跃式增长，就需要将世界粮食产量至少再翻一番。

数据统计显示，要想到 2050 年使粮食产量翻一番，就必须平均每年增产 2.4%。不幸的是，粮食产量的增长远远跟不上这个计划。2013 年所做的一项被广泛引用的研究表明，全球小麦、水稻和玉米产量的平均年增长率在 0.9% 和 1.6% 之间，大约为所需增产量的一半。并且，在一些地区，粮食产量根本没有增加。[313] "基本上，这 50 年来，农民们为了增产都已经使出了绝招，就像魔术师想着法子从帽子里拽出兔子一样，"内布拉斯加大学研究产量的专家肯尼思·G.卡斯曼（Kenneth G. Cassmann）说，"只是，他们眼看着兔子快要用光了，再也变不出来了。"

从逻辑上来讲，只有两条途径可以增加粮食产量。一种途径是提高**实际**产量[314]——农民生产的产量，其中一些人比其他人更擅长农业生产。如果向农民提供更好的设备、材料和技术建议，他们的收成可以接近理论上的最大值。另一种途径是增加**潜在**产量，即理论上的最大产量，从而提高实际的产量。[1][315]

在绿色革命中，这两种方法都得到了采用。通过扩大种植面积，更有效地利用灌溉，并施入更多的合成肥料，农民们提高了实际的粮食产量。与此同时，博洛格及其在国际水稻研究所和国际玉米小麦改良中心的后继者通过培育高产矮秆品种，极大地提高了小麦和水稻的潜在产量。将光合作用的能量和肥料提供的营养导入谷物，使得这些品种的"收获指数"——谷物在植物质量中所占的百分比——大约为50%，几乎是之前的两倍（对于玉米来说，矮化不起作用，因为较矮的植株遮阴太多，科学家培育出的玉米植株可以忍受紧密地挤在一起的生长环境）。这两种方法的总和就是绿色革命。

今天的情况不同了。农民们无法种植更多的土地；在亚洲，几乎每一亩的耕地都有人耕作。实际上，随着城市向农村扩张，能用作农田的土地可能会减少。[316]化肥不可能再增加了，化肥已经在世界各地都被过度使用（非洲部分地区除外）。灌溉也不可能轻易扩大了，

---

[1] 在这里，我把情况说得简单化了——其实还有第三种选择。在全球范围内，供人类食用的食品有 1/4 或 1/4 以上被丢弃或者浪费——遗留在田间、因储存不当而毁坏、包装破损、运输途中变质、在市场上遭到拒绝，或者干脆被消费者扔掉。确切的数量取决于对"浪费"的定义，这在不同的研究中有较大的差异，而且衡量浪费的方法也各不相同。在富裕的地方，大部分的浪费来自人们买了却没有食用的食物。相比之下，贫穷国家的损失集中在田间、仓储和运输方面。显然，减少浪费将减少对增加粮食产量的需求。不幸的是，这并不容易做到。在贫穷的国家，这将需要对农业基础设施进行重大改善——一项成本高昂的投资，对于资金短缺的国家来说很难推进。在富裕的国家，减少损失需要改变大量忙碌人群的行为，这也是一项同样具有挑战性的工作。尽管如此，我们在两方面都应该尝试，但进展可能很慢，成效也不会很显著。

大部分可灌溉的土地都已经灌溉了。当然，实际产量一定会有所提高。但大多数科学家认为，他们必须提高潜在产量——这就把我们带回了核酮糖-1,5-双磷酸羧化酶/加氧酶。

前面提过，大自然还没有形成更高效的核酮糖-1,5-双磷酸羧化酶/加氧酶，但进化产生了一个变通办法：C4（碳四）光合作用。通俗地说，C4 是以一个参与了这一过程的有 4 个碳原子的分子命名的，C4 涉及叶片解剖结构的大规模重组。这种变化肉眼几乎看不见，但对植物有着深远的影响。

普通光合作用 [317] 是一个循环，有两个主要阶段。在第一阶段，叶绿体捕获太阳能，并利用它将水分子分解成氢原子和氧原子。这个阶段被称为"光"反应，因为它利用了阳光。氢被插入第二阶段；氧从细胞中滤出并进入空气。[1] 在第二阶段，即"暗"反应中，第一阶段的氢与核酮糖-1,5-双磷酸羧化酶/加氧酶捕获的二氧化碳中的碳结合。其结果是一种被称为 3-磷酸甘油醛（G3P）的化合物，其他细胞机制会将其分解并重建为构成植物的糖、淀粉和纤维素。在普通光合作用中，光和暗反应这两个阶段都发生在叶片表面正下方的一层细胞中。在这层光合细胞中产生的多余气体、糖、淀粉和纤维素进入叶片内部。这些气体通过细胞中的空间向上过滤到叶片表面的小孔，而其他物质则向下进入内部细胞，然后进入叶脉和植物的其他部分。

相比之下，C4 植物将光合作用一分为二。光反应——叶绿体利用捕获的太阳能分解水分子的反应——发生在叶片表面附近，就像普通的光合作用一样。但是，在含有二氧化碳的暗反应中，会发生一些不同的情况。当二氧化碳进入 C4 叶子的时候，它不是被核酮糖-1,5-双磷酸羧化酶/加氧酶抓住，而是被另一种不同的酶抓住，这种酶利

---

[1] 在第一阶段，氧气的释放是光合作用的一个必要部分。这并不是由于核酮糖-1,5-双磷酸羧化酶/加氧酶抓住了错误的分子而导致的氧气释放，那是稍后发生的情况。

用二氧化碳形成一种叫作苹果酸的化合物（这是一种含有 4 个碳原子的分子）。苹果酸随后被泵入叶片内部被称为"束鞘"的特殊细胞。

束鞘细胞深入叶片内部，包裹在叶脉周围的活层中。在 C4 植物的光合作用中，束鞘细胞是核酮糖-1,5-双磷酸羧化酶/加氧酶发挥作用的地方。因为它们在叶子的深处，空气中的氧气不容易进入。同时，从输入的苹果酸中释放出二氧化碳。在几乎没有氧气的情况下，受二氧化碳的刺激，每一个束鞘细胞都是光合作用进化出来时的远古大气的微观复制品。30 多亿年前，大气中的二氧化碳浓度是现在的 100 倍，几乎没有氧气。[318] 核酮糖-1,5-双磷酸羧化酶/加氧酶无法区分二氧化碳和氧气并不是问题，因为当时大气中的氧气非常稀少。束鞘细胞几乎没有氧气，核酮糖-1,5-双磷酸羧化酶/加氧酶没有机会将其误认为二氧化碳。因此，C4 植物的光合作用的效率要高得多。只有 3% 的开花植物是 C4 植物，但它们承担着陆地上大约 1/4 的光合作用。

任何见过新近修剪的草坪的人都能明显看到 C4 的作用。修剪过几天后，草坪上的马唐草（crabgrass）就长出来了，比草坪上的其他草都要高（寒冷地区的草坪通常主要是蓝草或羊茅）。快速生长的马唐草属于 C4 植物，草坪上的其他草借助的是普通的光合作用。小麦和玉米的情况也是如此。在同一天把它们种在同一个地方，很快玉米就会盖过小麦——玉米是 C4 植物，小麦不是。C4 植物除了生长速度更快之外，需要的水和肥料也更少，因为它们不需要在导致氧过剩的反应中浪费水，也不需要产生那么多核酮糖-1,5-双磷酸羧化酶/加氧酶。而且它们能更好地耐受高温——C4 植物在热带地区尤其常见。[1]

---

[1] 学术性的注释：进化以其疯狂的方式创造了第二个核酮糖-1,5-双磷酸羧化酶/加氧酶变通方案，称以景天酸代谢（CAM），它以不同的方式分开光反应和暗反应。景天酸代谢主要存在于仙人掌和菠萝等旱地植物中，在这里不是很重要。

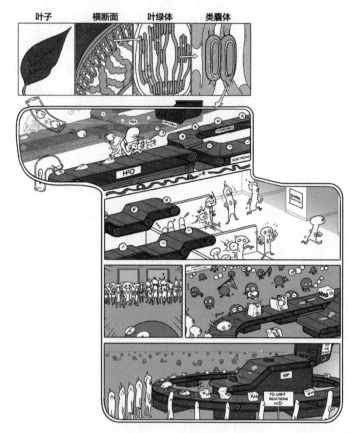

① 光合作用发生在一种叫作类囊体的小体中，类囊体本身就在另一种叫作叶绿体的小体中，叶绿体位于叶子的细胞内，尤其是叶子"表皮"下面的栅栏细胞中。

② 在光合作用的第一阶段，即"光"反应中，光从上面进入细胞的机制；水（H_2O）来自根部。一种被称作"光系统 II"（Photosystem II）的蛋白质团内的酶利用光能将水分解成氢、氧和一些松散的电子。

③ 氧进入空气，这就是我们呼吸的氧气。氢和电子与一种叫作腺苷二磷酸（ADP）的静止分子结合，生成腺苷三磷酸（ATP），这种分子在包括我们在内的大多数生物中传输能量。载入后，腺苷二磷酸进入光合作用的第二阶段，即"暗"反应。

④ 在那里，它们会遇到核酮糖-1,5-双磷酸羧化酶/加氧酶，这种酶会抓住二氧化碳分子，并将其与活跃的腺苷三磷酸以及其他化合物结合，生成含碳物质 3- 磷酸甘油醛（G3P），细胞将其用作植物生长所需糖的基础。

⑤ 遗憾的是，核酮糖-1,5-双磷酸羧化酶/加氧酶反应缓慢且笨拙——它经常将氧气误认为二氧化碳，迫使细胞浪费能量来排除多余的氧。但它的工作频率足以产生 3- 磷酸甘油醛并将腺苷二磷酸送回光反应中，开始新的循环。

值得注意的是，C4光合作用已经独立进化出了60多次。玉米、风滚草、马唐草、甘蔗和狗牙根草——所有这些截然不同的植物都是自己进化出C4光合作用的。许多不同的物种发展出相同的特性，这意味着许多植物做出了"预适应"来创造这种特性。在它们的DNA中，极有可能存在促进这一过程的基因开关。

这一观点的进一步证据是，一些物种是中间性的——植物的一些部分采用普通光合作用，一些部分采用C4光合作用。其中一种这样的植物是玉米：玉米的主要叶片采用C4光合作用，而玉米棒周围的叶片则兼有C4和普通光合作用。如果两种形式的光合作用可以由同一个基因组编码，那么它们之间的差距就不会那么大。而这意味着，生物学专家或许能够将一种基因转化为另一种。

一个由近百名农业科学家组成的国际联盟正在努力将水稻转化为C4植物——一种生长更快、需要水分和肥料更少、能承受更高温度、产量更高的水稻，这相当于植物学领域的登月计划。[319]C4水稻计划是世界上最大的基因工程项目，主要由比尔和梅琳达·盖茨基金会资助。但"基因工程"一词还不足以体现该项目的雄心。研究人员试图开发的产品与普通转基因生物的相似程度，与波音787和纸飞机的相似程度差不多。[320]

新闻报道中出现的基因工程主要涉及像孟山都（Monsanto）这样的大公司，它们将通常取自其他物种的单个遗传物质包导入作物。一个典型的例子就是孟山都的抗草甘膦（Roundup Ready）大豆。来自加利福尼亚州一个废水池的一种细菌的DNA被转入这种大豆，使大豆能在叶子和茎中合成一种化合物，从而抵抗草甘膦除草剂——孟山都生产的得到广泛使用的除草剂。这种外源基因得以让农民在农田里喷洒草甘膦除草剂，杀死杂草，但不伤害大豆。除了一种无味、无臭、无毒的物质（一种名字很复杂的蛋白质，即5-烯醇丙酮莽草酸-3-磷酸合酶），在理论上，抗草甘膦大豆与普通大豆完全相同。

C4 水稻计划所做的尝试，在规模和过程上都有所不同。该联盟并没有试图通过修补单个基因来销售其乌七八糟的品牌产品，而是试图重塑生命最基本的过程——而且希望将成果奉献出来。这项计划要做的并不是将其他物种的基因导入水稻，而是希望打开水稻中已经存在的 DNA 片段，从而创造出更高产的新物种——将普通水稻 *Oryza sativa* 变成新的稻种 *Oryza nova*。（或者，该团队可能会使用与水稻基因相似但出于技术原因更容易操作的亲缘物种的基因。）

我拜访国际水稻研究所的时候，见到许多人都在做科学家最擅长的事情：把一个问题分解成一个个单独的部分，然后逐个进行研究。有些人在培养皿中让水稻发芽，有人则试图在现有的水稻品种中找到可能有用的偶然变异，还有些人在研究一种模式生物——名叫狗尾草（*Setaria viridis*）的 C4 物种。狗尾草的生长速度比水稻快，不需要在稻田中饲养，因此更容易在实验室中使用。有一些实验测量了光合化学物质的变化、不同品种的生长速度以及生化标志的传递。12 名身穿白大褂的妇女围坐在一张大桌子上，一粒一粒地分拣稻种。更多的工人在外面的田地里照料实验用的稻田。当代生物学的所有附加设备都能看到：平板显示器，嗡嗡作响的冰箱和冰柜，摆满装有重组黏液的烧杯的桌子，贴在白板上的呆伯特和 XKCD 漫画，来自各个国家的研究生在食堂里闲聊，窗户外是一排呼呼作响的空调压缩机。

细胞的光合作用机制是由数十个甚至数百个基因控制的。随着该项目的开展，人们有理由怀疑如此多的 DNA 能否以可控的方式被改变。人们已经发明了多种基因工程技术，但在当时，水稻、小麦、玉米等谷物中最常见的技术是在植物胚胎（叶、根和茎的第一个前体细胞，在这种情况下，这些细胞已从种子中取出，并在培养皿中生长）中喷射数千个微小的颗粒。这些颗粒表面包裹着含有理想基因的DNA 片段。在一个让生物学家惊讶的过程中，其中一些颗粒撞进了

尽管自博洛格时代以来，植物育种取得了进步，但这仍然是漫长的劳动密集型过程。在国际水稻研究所，水稻幼苗在气候控制容器中发芽（左下图），然后在温室中人工播种（上图）。就像博洛格和他的团队在索诺拉和查平戈所做的那样，国际水稻研究所的工作人员仍然手工分拣收获的谷物（右下图）

细胞壁，撞击细胞核，正好使细胞核（或者更准确地说，细胞核中的DNA）与新的DNA片段结合。并且，每隔一段时间，来自颗粒的DNA会以可以启动新基因的方式转移。这种方法很笨拙；因为DNA是随机插入的，所以其效果无法预测。而且，一次只能插入一个基因。没有人知道是否有可能以这种方式改变多组基因，最终得到一致的结果。2012年，哈佛大学和伯克利的科学家们公布了一种新的基因编辑方法，称为CRISPR（成簇规律间隔短回文重复序列），该方法有望实现更精确的控制。[321]C4水稻计划由此进入新阶段。

该项目有两个主要目标：第一，定位和打开前体基因，这些前体基因将创造C4光合作用的物理结构（束鞘细胞以及包裹它们的额外叶脉网络）；第二，定位并打开产生C4光合作用相关物质的前体基因（苹果酸生成酶和其他参与反应的分子）。从某种意义上说，他们想要创造竞技场和竞技场中的玩家。初步研究表明，大约有12个基因在叶片结构中起着主要作用，另外10个基因可能在生物化学中起着类似的作用。正确地改变它们来创造一个C4生物体虽然很困难，但这只是第一步。下一步可能更加艰巨：培育能将光合作用带来的额外生长转化为籽实，而不是根或茎的品种。新的品种必须具有抗病性、易于种植，而且符合数十亿亚洲人的口味。

项目负责人兰代尔告诉我："我认为这有可能实现，但也有可能实现不了。"[322]她马上又说，即使C4水稻遇到不可逾越的障碍，它也不是唯一的生物登月计划。固氮玉米、能在盐水中生长的小麦、改良的土壤微生物生态系统——只要人们能想到，就有可能实现。[1] [323]

---

[1] 甚至还有其他方法可以改善光合作用。植物通过将一些多余的能量以热量的形式耗散来保护自己不被强烈的阳光照射损伤。这意味着，这些能量会在光合作用中损失掉。当光线因云层、黄昏或遮挡（包括叶片遮挡和相邻作物遮挡）而变暗的时候，植物会关闭耗散机制。这种调整足够缓慢，而且频繁发生，足以使小麦的总光合作用减少约1/5，玉米可能损失多达十分之一的能量。2016年，伊利诺伊大学的一个研究小组表明，原则上有可能加速反应，从而可能弥补一些损失。

其中任何一个的成功概率可能都很低，但它们全部失败的概率同样很低。

康德式插曲

抗议活动是突然发生的。布伦特伍德是一个小镇，位于旧金山以东约 30 英里处，来到这里的活动人士并不多。没人料到，他们会在晚上溜进草莓地，把 2 200 棵草莓幼苗拔掉。种植草莓的是加利福尼亚州奥克兰市的高等基因科学公司（Advanced Genetic Sciences）。随后，公司的研究人员发现，大多数遭到破坏的植物仍然活着，他们将这些植物重新种好。第二天晚上，警卫在一辆白色面包车上监视这块地。抗议者悄悄靠近货车，割破了车胎。随后的一天，也就是 1987 年 4 月 24 日，身着防护服的技术人员在那些重新种下的草莓上喷了细菌。[324]

这种细菌为丁香假单胞菌（*Pseudomonas syringae*）。在一般情况下，丁香假单胞菌寄生于植物叶片，从灰尘和降雨中获取营养。与所有细菌一样，它的表面也有一层保护膜。其表层含有一种蛋白质，这种蛋白质与水相互作用的方式对农民来说是最不幸的。液态水不容易变成固态的冰，它必须冷却到远低于冰点才能自发结晶。但是，如果水分子能在一个物体（科学家称之为核）的周围结晶，它们就会很快转化为冰。丁香假单胞菌表皮上的蛋白质大小和形状正好适合形成冰核。因此，被细菌包裹的植物比没有被细菌包裹的植物更容易结冰。当时，美国农民因丁香假单胞菌引起的冰冻损失估计每年高达 15 亿美元。加州大学伯克利分校的研究人员使用基因工程技术使产生这种恼人的表面蛋白质基因丧失功能。总部设于奥克兰的高等基因科学公司希望将这些被改变的细菌转化为一种产品，农民可以用这种产品来保护他们的农田。1983 年，该公司宣布，计划在加利福尼亚州农村的草莓和马铃薯田里喷"减冰"细菌，以测试其效果。他们希望这些被改造过的细菌能排挤掉它们天然的、导致结冰的近亲，保护它们的寄主植物免受霜冻。这是人们第一次将转基因生物释放到野外，也是一场持续至今的战斗的开端。

该实验得到了重组 DNA 咨询委员会（Recombinant DNA Advisory Committee）的批准，该委员会是美国国立卫生研究院（National Institutes of Health）在 1975 年的一次科学会议后成立的一个半官方机构。该会议本身就是一系列会议的高潮，这些会议使科学家开始意识到，他们现在能够操纵 DNA，在物种之间转移基因。会议在加利福尼亚州蒙特利半岛的阿西洛马中心举行，来自 13 个国家的 145 人出席了会议，还有 16 名记者与会，他们同意将会议内容推迟到会议结束后再发布。[325] 在三天的辩论中，该小组尽其所能评估了风险，然后制定了避免风险的措施。闭幕前，大会发表了一项声明，正如会议组织者保罗·伯格（Paul Berg）所说，可以用一句话来概括："在有所保留的情况下，某种形式的实验应该进行；然而，有些形式的实验则不应该进行。"后来，篇幅更大的阿西洛马会议官方声明发布了。世界各地的大学和政府都将其作为生物技术监管的基础。例如，作为回应，美国成立了重组 DNA 咨询委员会。

除了记者、两名律师和一名科学史学家，出席阿西洛马会议的所有人都是分子生物学家。而那些在伦理学、公共卫生、人文科学，甚至是生态学或农业科学等生物学分支领域具有专业知识的人士都没有受到邀请。[326] 政界人士和市民团体没有出席，市民也没有出席。会议联席主席、麻省理工学院的戴维·巴尔的摩（David Baltimore）在开幕致辞中说，会议排除了"与会议无关的话题"。他说，其中包括"什么是对的、什么是错的之类的复杂问题"以及"复杂的政治动机问题"。从科学家的角度来看，这些话题的缺席对结果没有影响。在重组 DNA 咨询委员会的领导下，研究几乎不受限制地继续进行；为了利用这些新发现，有 250 多家生物技术公司获批成立，其中许多是由科学家创立的。这项工作赢得了奖励——巴尔的摩于 1975 年获得诺贝尔奖。科学家们指出，在所有这些活动中，基因工程并没有伤害人类。对此，几乎没有人发出质疑。

1983 年 11 月，一位名叫杰里米·里夫金（Jeremy Rifkin）的活动人士联合三个环境保护组织提起诉讼，要求停止减冰实验。[327] 他说，阿西洛马会议及由此设置的重组 DNA 咨询委员会几乎完全由生物学家组成，并不具备判断环境危害的"跨学科能力"，也无法评估向公众施加风险的道德标准。实验应该停止——立刻停止。

里夫金的行为很容易遭到嘲笑。自越南战争以来，他一直是社会活动家，喜欢攻击那些"大人物"，比如艾萨克·牛顿、卡尔·马克思、亚当·斯密、弗朗西斯·培根、勒内·笛卡儿、查尔斯·达尔文等等。按照里夫金的思维方式，这些人创造了一种重视效率而非同理心和精神的世界观。他对当时的一名记者说：通过"将所有生命简化为从物质到能量再到信息的东西"，这些"大人物"的追随者们正在寻求"创造出完美高效的生活效用，包括微生物、植物、动物物种，甚至是人类"。里夫金本人没有科学方面的专业知识，他因引发被研究人员认为是荒谬不经的恐慌而名声不佳。例如，在他对减冰实验的投诉中，他声称，由于"自然产生的冰核细菌被风吹入高层大气，可能在全球气候中发挥作用"，"重组 DNA 突变细菌"可能会改变世界各地的天气模式。这些纯属无稽之谈——丁香假单胞菌不能在半空中生存，不会被吹到高层大气中，也不会影响气候。

尽管如此，里夫金还是发现了一些事情。对于减冰实验，法院"断然"同意里夫金的意见：专家组没有考虑"各种环境影响的可能性"。该公司重新进行了环境评估，测量了喷洒期间的风扩散模式；美国国家环境保护局也做了检测。在伯克利，研究人员研究了减冰实验对 67 种当地植物的影响，包括在拟议实验区种植的每一种主要作物。在初步获批 4 年后，该实验再次获准进行。（实验获得成功，但是，其产品从未上市。）[328]

所有的评估都没有说服里夫金，让他相信"减冰"是安全的——他一直抗争到最后。里夫金认为，任何基因剪接的产物都不能得到充分的测试，也不应该在野外释放出来。大多数公众也对此表现出冷漠的态度。布伦特伍德的地方官员和环境保护组织也加入了里夫金的抗议活动。在另一次测试中，破坏者想尽办法摧毁草莓植株，后来又去摧毁马铃薯植株。实际上，所有人都在说：我们不相信你们这些穿白大褂的科学家——已经有太多出现意外后果的例子了。国内和国际组织纷纷效仿里夫金的做法。在欧洲、亚洲、拉丁美洲和非洲的部分地区，转基因作物已被禁止。

为了消除人们视其为风险的看法，科学团体一再发表声明，肯定转基因食品的安全性。支持基因剪接者的名单就如同全球研究者的名人录（Who's Who）一般：美国科学促进会（Advancement of Science，2012 年），世界卫生组织（World Health Organization，2005年），德国科学院（German Academy of Sciences，2006 年），欧洲联盟（2010 年），美国医学协会（American Medical Association，2012年），英国政府（2003 年），澳大利亚和新西兰政府（2005 年），三位英国分子生物学家（2008 年），三位美国农学家（2013 年），美国国家科学院、工程院和医学院（2016 年），等等。

所有这些努力都毫无成效。1999 年的一项盖洛普民意调查显示，略多于 1/4 的美国公民认为来自转基因生物（GMOs，抗议活动人士对此类事物的称谓）的食品不安全。16 年之后，皮尤研究中心（Pew Research Center）发表了十几份科学报告，发现人们的担忧实际上有所增加：57% 的美国公民认为转基因生物是危险的，67% 的人认为科学家不了解健康风险。欧洲的不信任程度甚至更高。对于这场减冰之战，记者斯蒂芬·S. 霍尔（Stephen S. Hall）表示："在这场旷日持久、尚未结束的争论中，最具讽刺意味的一点是，那些首先发现了这项改变世界的技术的聪明人还没有找到方法来缓解公众对这项技术的恐惧。"[329]

研究人员为此非常恼怒。最了解这项技术的人相信它是有用的和安全的，为什么人们并不在乎这一点呢？毕竟，科学家们也吃这些食物。但是，他们把这个问题看作一个风险问题，而走在大街上的男男女女还在考虑**公平**的问题——往大了说就是"公正"。在实验室里，科学家们问：这可行吗？在实验室之外的世界里，人们会问：这对吗？

欧洲和北美洲的消费者都害怕摄入转基因食品，而欧洲和北美洲的患者则愿意将转基因生物制品作为药物纳入体内。人们用转基因大肠杆菌（*E. coli*）为糖尿病患者制造合成胰岛素，利用转基因面包酵母生产乙肝疫苗，用转基因哺乳动物细胞为血友病患者制造凝血因子Ⅷ，为心脏病患者制造组织纤溶酶原激活剂。尽管抗议转基因的活动人士偶尔也会发起反对这些药物的运动，但他们的努力并没有引起关注。对转基因产品做出不同反应，并不是因为人们愚蠢，而是因为这两种情况有不同的伦理方面的效益成本计算。科学家们向大众保证，无论是转基因食品还是转基因药品，其产生副作用的可能性都很小。无论情况如何，糖尿病患者个人都会从使用合成胰岛素中受益，这能抵消任何风险。血友病患者和心脏病患者亦是如此。与此同时，住在草莓种植园和马铃薯田附近的加利福尼亚人无论如何都不会从减冰实验中获得任何好处。从他们的角度来看，为了那些富裕的风险投资商的利益，他们被迫暴露在一种未知的危害之中，而那些风险投资商却生活在几百英里以外的某个城市里。施加任何风险，无论多么微小，都会让他们的处境更糟。他们被当作了纯粹用来达到他人目的的手段——自康德时代以来，哲学家们就认为，这种做法是不道德的。

一般来说，转基因产品通过降低化学品、劳动力或储存的成本，让发达国家的大多数农民的生活更轻松、消费更低廉。但是，有些国家的中产阶级需要在超市购买农产品，转基因产品几乎没有给他们带来实实在在的好处。这类食物的外观、气味或味道都不比普通食物更好，似乎价格也并不便宜。不管穿着白大褂的科学家们如何声称转基因产品的风险有多么小，问题还是摆在人们眼前：他们为什么要承担风险呢？

在贫穷地区，情况更为复杂。那里更多的消费者可能是农民。降低农民的生活成本意味着降低消费者的成本。我们暂且假设，C4水稻会完全像兰代尔这样的科学家所希望的那样，产量高、适应力强、效率高、味道可口。这样说吧，它可以直接使柬埔寨靠自己种庄稼来维持生活的农民受益，尤其是，如果（只是如果）每个农民都能得到必需的灌溉水、肥料和贷款。在这种情况下，C4水稻就有可能成为对抗饥饿和营养不良的有力武器。然而，在富裕的加利福尼亚州，它的优点似乎并不那么明显。中央谷地的农民会因此有更大的收成，但很可能会出口多余的粮食。当地食品价格几乎不会发生变化。对加利福尼亚州的人来说，最大的好处是增加所得税收入——没有什么实惠可以让人大干一番的，也没有什么能够激励大量的人采取行动。

问题在于，如果一项创新被富有的邻国拒绝，那么贫穷的国家就不太可能接受它——它可能会被污名化。如果富有的国家禁止这种创新，这种污名就会变成彻头彻尾的经济伤害。假如C4水稻无法出口，希望多点收入的农民种植这种水稻的可能性就会降低。中产阶级拒绝为富有的公司承担风险的行为，成为阻碍遥远的穷人实现愿望的一种方式。权衡相对的利弊是一种伦理实践，不属于科学范畴。

除了围绕何为正确的争论，还有关于其好处是什么的争论。包括博洛格在内的巫师派一再声称，转基因生物对养活未来世界的人口至关重要，他们认为这就是大规模的工业化农业。自然，相信大规模工业化农业会危及明天世界的先知派抵制任何能使这种农业持续下去的创新。这样一来，转基因生物就成了一种更大的不安的焦点，一种用来表达更大焦虑的隐喻，人们焦虑担忧的是，自己将在一个不以公民最大利益为核心的庞大经济综合体中变得无足轻重。先知派看到的是一望无际的大农场，除了巨大的机器，几乎空无一人。农田里出产源源不断的蛋白质和碳水化合物，再被送进工厂加工——他们对这种生活画面心生畏惧。他们不希望连早餐这样私人的事都不能由自己左右，不希望看到毫无人情味的世界，不希望（如一些人所想的那样）受企业资本主义的支配。世界上所有的科学报告都不会谈论这种不祥预感的根源。根本的不安依然存在。

树木和薯类

劳埃德·尼科尔斯（Lloyd Nichols）在芝加哥郊外的奥黑尔机场（O'Hare Airport）从事停机坪勤务工作已很长时间了。他所在的这家航空公司被另一家航空公司收购，那家公司后来又与第三家航空公司合并。他总有同事被裁员。很明显，他在航空业没有什么发展前途。他告诉我说，回想起来，这可能与他对园圃的关注有关。[330]

尼科尔斯一直喜欢侍弄植物和饲养动物。他的园圃渐渐变得越来越大。每天早上去机场前的几个小时，他都是在除草；下班回家后，他会再去除草，一直忙到天黑。当他听说一种新品种或一种新作物的时候，他就把它种在自己的地里，看它的成长情况如何。1977 年，为了拥有更大的空间，劳埃德带着妻子多琳（Doreen）和孩子们从郊区搬到伊利诺伊州西北部的马伦戈（Marengo），他在那里有一块 10 英亩的土地。其中园圃占地 4 英亩。那年，他 33 岁。

在此之前，有好几年的时间，他都是每周通勤 5 次，每次来回都要花上一个小时的时间。他一直在考虑辞掉工作，过上自给自足的生活。走进自己的园子，采摘自己种的莴苣、西葫芦或番茄，一个小时之后，这些新鲜蔬菜就成了餐桌上的美味。劳埃德和多琳有一个小果园，里面种植了苹果树和杏树。很快，他自己地里的产量就超出了自家人的需要。于是，他把剩余的粮食装上卡车，拉到芝加哥附近新开的一个农贸市场上去出售。他买了附近的几块地，种上了庄稼。没多久，他的顾客中就有了城里高级餐厅的厨师。当航空业的动荡夺走他的工作时，他想，好吧，也许我可以在这方面有所作为。

到了周末，一家人分头行动，把农产品带到不同的农贸市场去销售。随着销售额的增加，单靠家人的帮助已经无法满足地里的劳动力需求了，劳埃德不得不雇人帮忙。再后来，他不得不雇用更多的人来帮忙。在我去拜访他的时候，尼科尔斯农场已经扩大到拥有 527 英亩农田，还有 8 个仓库，都配有冰箱，由太阳能电池板和风力涡轮机供电。他的公司雇了 11 名全职员工，还有 30 多名季节性工人。他们种植了上千种不同的作物品种。一面墙上是手绘的图表，上面列出了所有这些品种和生长记录——一个非数字形式的数据表格。

尼科尔斯开上一辆高尔夫球车，载着我在他经营的区域里四处参观。很明显，他属于那种生来就有无限能量和热情的人。他语速很快，我则在不停晃动的车子上努力记下笔记。他告诉我说，他从小就知道 J. I. 罗代尔和阿尔伯特·霍华德。那个时候，他读父亲订阅的《预防》杂志，尝试着按照杂志上提供的方法种地，因为他喜欢让作物从最肥沃的土壤中生长出来这个想法。但他拒绝称自己的农场为有机农场，也拒绝被认证为有机种植者，因为他不喜欢某些标准委员会的人告诉他该做什么、不该做什么。"如果我需要使用一些化学制品，只要这些化学制品对我的植物有好处，哪怕不在他们的清单上，我也会用。"

在他那片平缓起伏的土地上，到处是对种植技艺的赞颂：11 种花椰菜、12 种西蓝花、13 种莴苣、14 种甜瓜。不同颜色的沙拉用蔬菜在阳光下闪闪发光。还有像獒犬那么大的南瓜，以及金盏花、美人蕉、胡萝卜、鸡冠花、锦紫苏和羽衣甘蓝。尼科尔斯告诉我，有一段时间，他没有种马铃薯，因为他认为人们能用50磅重的袋子装马铃薯，就证明并不在乎马铃薯的品牌。现在他种植了23个品种的马铃薯。他最引以为豪的是苹果园：有300多个果树品种。他说他真的很喜欢苹果，"连人们都说难吃的野苹果（spitters）也喜欢"。

这些对我太有诱惑力了。与尼科尔斯一起待在他的农场里，我觉得很开心，我在加利福尼亚州、路易斯安那州、马萨诸塞州和北卡罗来纳州访问过类似的人，看到过类似的地方，同样令我感到愉快——还有，我在印度、泰国和巴西也遇到过差不多的农场，这些农场大多数是新建的。农场主人的热情是显而易见的，而且很有感染力。

不太清楚的是，这类农场会在当今和未来的食品体系中扮演什么样的相对角色。尼科尔斯十分重视保持土壤肥沃，也很关注农场生态系统的健康程度，这会让威廉·沃格特感到振奋。但同时（正如尼科尔斯直截了当地指出的那样），他提供的食物比工业化农场供应给超市的食物要贵。这就好比定制家具的制造商只为少量客户制作精美的家具。巫师派说，这没什么错。但是，说到养活世界上的100亿人口，不要以为这种行为能发挥重要作用。当我们必须考虑将全球粮食产量翻一番的时候，无论这种农场有多么迷人，如果人们把重心放在这种精品农场上，都会是一个错误。不管怎么说，这就是关键。

像这样的农业企业，可能不应该用"有机"来描述——像尼科尔斯农场那样，并非所有此类企业都遵循官方的认证规则。更重要的是，这意味着它们在某种程度上是"自然的"，而不是基于科学信息构建的景观。经营这类农场需要整合多种形式的知识，包括植物学、生物化学、土壤学、经济、法律、文化方面的，而这些知识也在不断相互作用和变化。其结果是包罗万象的大一统，就像他们（大多数）放弃的药用植物产品一样，完全受到当代技术的驱动。

尼科尔斯带我拜访了他的邻居哈罗德·海因伯格（Harold

Heinberg）。海因伯格有 1 200 多英亩农田，种植小麦和玉米。这些植物长得都很茁壮，至少在我这双未经训练的眼睛看来是这样。当我走过一排排玉米的时候，尼科尔斯和海因伯格站在谷仓投下的阴影处，友好而愉快地交谈着。这两个人是和睦的邻居，但他们的农场却好似处在不同的国家。尼科尔斯农场有大约 40 名工人和 1 000 种不同的作物品种。而海因伯格农场只有一个全职工人和一个兼职工人——海因伯格的儿子白天开卡车，业余时间到地里干活。农田里只种植了两种作物。农场里的工作是由价值 100 多万美元的农业机械来完成的，还有一系列化学处理过程，每一个步骤都按照精确的时间表进行。海因伯格把我带到他的一个仓库里，那里存放拖拉机、收割机、脱粒机等农用机械。这些复杂的机器是巫师派青睐的农业艺术的典范。有些轮胎足足有一个魁梧的男人那么高大。在一个工作台上，有一台积满灰尘的笔记本电脑，屏幕上是一个电子表格———一个在形式上与尼科尔斯谷仓中的数据表格没有太大区别的数据库。

这两个农场哪一个更有生产力？[331] 显然，巫师派和先知派的答案是不同的，因为他们对这个问题的看法不同。对于巫师派来说，这个问题的意思是：哪一个农场每英亩能产生更多的卡路里——用韦弗的话来说，生成更多可用的能量？许多研究团队试图评估有机农业和传统农业的相对贡献。这些调查又进一步被收集起来加以评估，这一过程同样困难重重（研究人员使用不同的"有机"定义，比较不同类型的农场，并在分析中包括不同的成本）。尽管如此，据我所知，每一次总结数据的尝试，其结果都表明，在并列比较中，总体来说，霍华德式农场每英亩的粮食产量要低于李比希式农场——有时略低，有时则低很多。巫师派说，这对 2050 年世界的影响是显而易见的。如果农民必须种植两倍的粮食来养活这 100 亿人，那么《农业圣典》的要求就会束缚他们的手脚。

先知派紧蹙眉头，对这种逻辑感到愤怒。在他们看来，完全根据生产的卡路里（可用能量）来评估农业体系，恰恰体现了还原论思维的缺陷。这样评估，没有考虑过度施肥、栖息地丧失、流域退化、土壤侵蚀和板结以及农药和抗生素过度使用的成本，没有估量农村社区的破坏，也不考虑食物是否可口和富含营养成分。这就好像是用汽车的里程数来评估汽车，而不考虑汽车的安全性、舒适性、可靠性、排放量，或人们购买汽车时需要考虑的任何其他因素。

困难在于，从各自的角度来看，两个论点都是正确的。归根结底，分歧点在于农业的本质——以及与此相关的最佳社会形式的本质。对于博洛格一派的人来说，务农是一种有实际用途的单调繁重的苦差事，应该尽可能地减轻和减少这种苦差事，以便最大限度地实现个人自由。博洛格的生活就是一个例子：他的家人买了一台拖拉机以后，农场开始了机械化劳动，他也因此可以自由地去上学，并从那里开始去改变世界。农场是一个跳板，既是必不可少的基础，也是陷阱。霍华德式的农场可能在模仿自然生态系统，但它们也被困在其中，无法超越其极限。

相比之下，沃格特一派的人认为，农业关系到生态和人类共同体能否维持下去，自一万多年前高斯拐点第一次出现以来，这些共同体一直在孕育人类的生命。农业可能是苦差事，但也正是这项工作加强了人类与大地的联系。两派的论点根本不在同一平面上。

先别急着下结论，巫师派说。每英亩热量就是最根本的衡量标准！食物对人类比什么都重要！要养活全世界 100 亿人口，普通的玉米农业是不够的。像海因伯格农场这样的工业化经营农场是对未来变化的一种预先适应。把旧种子换成新种子，加上一些机器，它们一切就绪了。对生态后果的担忧是错误的，新技术可以修复或避免这些后果。对共同体和人际关系的担忧是次要的。［贝托尔特·布莱希特（Bertolt Brecht）在《三便士歌剧》（*Three Penny Opera*）中简明扼要地说："首先是食物，然后是对与错。"］

先知派则主张并非如此：霍华德式的农业可以应对这些压力。有机农场主也有全新的选择：驯化新的谷物品种，将普通作物与其野生近亲杂交，甚至改为种植全新的作物。

小麦、水稻、玉米、燕麦、大麦、黑麦等常见谷物都是一年生作物，每年都要重新种植。相比之下，曾经生长在美国中西部、澳大利亚和亚欧大陆中部草原上的野生草本植物则是多年生植物：它们在一个又一个夏季里生长，生命期有 10 年之久。[332] 由于多年生草本植物的根系深入地下，因此与一年生草本植物相比，多年生草本植物能够更好地保持土壤，对地表雨水和养分的依赖性更小。多年生植物不需要在春天重新生根，它们比一年生植物更早、更快地从土壤中长出来。因为它们不会在冬季死亡，所以能在秋季继续进行光合作用，而这时正是一年生植物停止生长的时候。实际上，它们的生长季节更长。然而，多年生植物也有缺点。它们将更多的光合作用产生的能量用于根系的生长，因此在繁殖上所消耗的能量就少了：它们的种子又少又小。相比之下，一年生作物在根系上消耗的能量更少，将能量更多用于籽实的生长，这正是农民所需要的。

作为对洛克菲勒基金会最初收集小麦品种计划的回应，罗代尔"帝国"的研究机构罗代尔研究所在 20 世纪 80 年代早期从北美洲各地收集了 300 份中间偃麦草（*Thinopyrum intermedium*）。中间偃麦草是面包小麦的近亲，属多年生草本植物，原产于亚欧大陆中部。20世纪 20 年代，它作为家畜的饲料被引入西半球。罗代尔研究所的佩姬·瓦戈纳（Peggy Wagoner）与美国农业部的研究人员合作，种植了这些样本，监测它们的产量，并将表现最好的样本相互杂交。这项工作进展缓慢，因为中间偃麦草是一种多年生植物，必须经过多年的评估，而不能只靠一个季节——穿梭育种不可能作为一种选择。2002年，罗代尔和瓦戈纳将这项工作转交给了堪萨斯州萨利纳的土地研究所。该研究所是一个非营利的农业研究中心，致力于用模拟自然生态

土地研究所研究员杰里·格洛弗（Jerry Glover）拿着一株中间偃麦草（A），根部的污泥已经被清洗过，显示出多年生植物保持土壤的能力。对比可见，面包小麦（B）的根系要小得多

系统的过程取代传统农业。自那以后，土地研究所的研究人员与其他研究人员合作，一直在研究中间偃麦草。这种新作物有了一个商业名称：克恩扎（Kernza）。

就像改造C4水稻一样，驯化中间偃麦草是一项旷日持久的探索，已经持续了数十年，也许无法实现项目创始人的夙愿。[333]到目前为止，即使在需要的时候使用分子生物学的工具，也帮不上什么忙——这项任务太复杂了。正如土地研究所的一位研究员对我说的那样，中间偃麦草"非常顽固"。中间偃麦草籽粒的大小是小麦粒的1/4甚至更小，而且麸皮更厚。与小麦不同的是，中间偃麦草会长出深绿色的浓密叶片，覆盖整个田地；厚厚的植被层保护着土壤，防止杂草滋生，但也降低了生产力。为了使中间偃麦草成为对农民有用的植物，育种专家们必须让种子变大，并改变其植株结构。同时，他们还必须防止中间偃麦草对土地产生强烈的依赖性。（野生植物习惯于争夺每一缕阳光，往往会深深地根植在光线良好的田地里。）土地研究所希望在 21 世纪 20 年代生产出一种可以在田间种植的中间偃麦草，其籽粒大小为小麦的一半；但是，没有什么是可以保证做到的。

驯化中间偃麦草是一项长期的任务。另有一些人一直在寻找捷径：创造一种中间偃麦草和面包小麦的杂交品种，希望将后者的籽粒大而多的特性与前者的多年生特性和抗病性结合起来。[334] 苏联时代的生物学家用了几十年的时间不断尝试培育有用的杂交品种，以期这两个物种产生有生命力的后代。他们最终在 20 世纪 60 年代放弃了。北美和德国的小规模试验项目也失败了。在生物学新发展的推动下，21 世纪初，澳大利亚土地研究所和美国西北部地区的研究人员重新开始了这方面的研究。在我拜访华盛顿州立大学的斯蒂芬·S. 琼斯（Stephen S. Jones）的时候，他和同事们刚刚提议给这种新的杂交品种取一个学名——阿斯小麦（*Tritipyrum aaseae*）[这是为了纪念具有开拓精神的谷物遗传学家汉娜·阿斯（Hannah Aase）]。还有很多工作要做；琼斯告诉我，他希望我女儿的孩子们能吃上用阿斯小麦做的面包。他说："问题并不会消失。"世界正在缓慢但不可避免地走向人口悬崖。琼斯和他的同事们正在使用尚不完善的工具，努力搭建一个安全网。

非洲和拉丁美洲的研究人员听说这些项目的时候，感到困惑不解。埃德维热·博托尼（Edwige Botoni）告诉我，多年生谷物是很难做到这一点的。博托尼是布基纳法索萨赫勒地带州际抗旱常设委员会（Permanent Interstate Committee for Drought Control）的研究员。她在穿越撒哈拉沙漠边缘的时候，曾给那里的人们提供了许多建议，指导他们在这片贫瘠土地上养活自己。她告诉我，答案之一是模仿尼日利亚和巴西等热带地区的做法。温带地区的农民主要种植谷物，而热带地区农业的主打产品主要为薯类和树木，这两种作物往往比谷物产量更高。

以木薯为例，这种大薯类也被称为树薯、木番薯、薯葛等。[335] 它是世界上第十大主要作物，生长在非洲、拉丁美洲和亚洲的大部分地区。尼日利亚是世界上最大的木薯生产国。木薯是薯类，而不是谷类，可食用的部分生长在地下；无论块根有多大，植株都不会倒伏。按每英亩计算，木薯的产量远远超过小麦和其他谷物。在理想的条件下，每英亩木薯地里，种植者可以收获 16 万磅木薯，是小麦平均产量的 50 倍以上。这种比较是不公平的，因为木薯块根比小麦籽粒含有更多的水分。但即使考虑到这一点，木薯田每英亩生产的热量也比小麦多得多。"我不知道为什么不考虑这个替代方案，"博托尼说，"这似乎比培育全新的物种更容易。"[1]

木本作物也是如此。[336] 尼科尔斯种植了 100 多种不同类型的苹果。一棵成熟的旭苹果（McIntosh）树每年可以结出 350 到 550 磅的苹果。果农通常每英亩种植 200 到 250 棵树。在风调雨顺的年份，每英亩的苹果产量可达 35 到 65 吨。相比之下，小麦的产量约为 1.5 吨。同样，苹果比小麦含有更多的水分——但它不比木薯多出很多。木瓜的产量更高。此外，还有一些坚果的产量也很高。

听我这么讲，你会不会认为我的意思是，全世界的农民都应该去种植木薯、马铃薯、甘薯，在果园里种上香蕉、苹果和栗子树，而不去种小麦、水稻和玉米？并不是这样。关键是，沃格特一派的人认为有多种方式来满足明天的需求。这些替代路径都不容易实现，但博洛格一派的路径也不容易，研发 C4 水稻就是一个例子。对于沃格特一

---

[1] 美国北部地区的马铃薯是与木薯类似的作物。2016 年美国马铃薯平均产量为每英亩 43 700 磅，是小麦产量的 10 倍以上。

派的人来说，最大的障碍来自其他方面：劳动力。劳埃德·尼科尔斯的经营需要大量劳动者，所有类似的农场都需要很多的劳动者。

尼科尔斯的邻居海因伯格能够利用伊利诺伊州和联邦政府提供的一系列激励措施和补贴，包括土地税激励措施、折旧津贴、作物补贴等等。而尼科尔斯则不能，因为他种植的几乎所有作物都不在州政府的合格作物名单上。而且他种植的那些在名单上的作物面积也不够，无法取得种植者的资格。在官方监管层面上，他的农场似乎根本不存在。他对我说："40年来，我从来没有收到过补贴支票。"正如他所说的，许多激励措施和补贴都旨在鼓励人们购买机器，而不是增加劳动力。他可能会得到一笔特别的低息贷款，用来购买联合收割机，但不会资助他雇一个人。

这些政策并非偶然。自第二次世界大战结束以来，大多数国家的政府有意将劳动力从土地上转移出去（中国在很长一段时间里是个例外）。农业劳动被视为"停滞不前"和"生产力低下"。[337]政府的目标是将农业整合并使其机械化，以期通过这种方式来提高产量，降低成本，尤其是劳动力成本。不再被需要的农业工人会迁到城市，他们可以在工厂里从事报酬更高的工作。理想情况下，留在农村的土地所有者与那些进入工厂的工人一样，都能获得更多收入，前者是通过种植更多、更优质的作物，后者则是通过在工业发展中获得报酬更高的工作。整个国家将会从中受益：工农业出口增加，城市食品价格降低，劳动力供应充足。

这样做也有其不利的一面——发展中国家的城市出现了众多的贫民窟，贫民窟里都是流离失所的家庭。而在许多地方，包括大多数发达国家，农村被掏空了。例如，在美国，从事农业的劳动力比例从1930年的21.5%降低到2000年的1.9%。与此同时，农场的数量减少了近2/3。留下来的农场的平均规模相应扩大，农场主越来越关注向世界市场出口。由于鼓励侧重出口的大规模工业化生产的规定仍然有效，像劳埃德·尼科尔斯这样的农民是在逆水行舟。

对于沃格特一派的人来说，最理想的农业首先应该保护好土壤，而在大面积种植单一作物的时候，这一目标很难实现。但是，像尼科尔斯那样同时种植多种作物，不可避免地需要人去投入更多的注意力。尼科尔斯把产品卖给富裕的美食家，以此获得雇劳动力的钱。要真正推广这种类型的农业，至少需要让一些其父母辈和祖父母辈便离开农村的人回到农村。[338] 为这些工人提供体面的生活将进一步推高成本。一些节省劳动力的机械设备可以起到一定作用，但与我谈过话的小规模农场主们都认为，不可能将劳动力缩减到大型工业运营的水平。只有对法律体系进行某种形式的全面重写，使其鼓励使用劳动力，整个体系才能发展壮大。在社会组织方面，如此巨大的转变并非易事。

即便如此，所有的一切都有可能被水冲走。

第五章　水：淡水

番　茄

　　20 世纪 80 年代初，一位编辑让我这个经验不足的作家碰碰运气，写一篇关于番茄加工业的文章。我对这个主题一无所知，但没能向编辑强调这一点。在美国，大约九成的番茄加工种植地在加利福尼亚州。[339] 我去了那里，碰巧遇到了一位摄影师，他叫彼得·门泽尔（Peter Menzel）。幸运的是，彼得对番茄产业相当了解。我们开着他的卡车来到中央谷地，这是一个非常奇妙的农业生产基地，我从未见过这种地方，在那位杂志编辑给我打电话之前也从未听说过。

　　那位编辑认为，小小的番茄已经成为一个巨大的科技产业的中心。他是对的。我们看到了巨大的储存和加工设施，在这些设施中，在一层又一层交错的传送带上，番茄形成的红色河流穿过先进的传感器。一位经理向我们展示了科研人员培育的番茄品种，这种番茄的外皮非常厚，不怕机械磨损，他还拿起一只番茄，从齐胸高的地方扔到混凝土地板上。另一位经理带我们去了高科技实验室，在那里，戴着面罩的妇女们伴随着响亮的萨尔萨舞曲测试番茄汁。经理解释说，之所以放这种音乐，是因为这里的所有工人都是来自墨西哥的非法移民。在田野里，彼得和我看着巨大的联合收割机从我们身边驶过，它们就像摇摆的轮船一样吸着番茄，简直令我们目瞪口呆。传送带从一侧向下延伸，男工和女工们在机械装置中挑选番茄。这期间，一架小型飞机从我们头顶飞过，那些正在忙碌的工人突然放弃了联合收割机，逃到附近的树丛中躲起来。一位主管跟我们解释说，他们担心是移民警察的飞机。在这里，劳工是一个大问题。

其实，说白了，番茄就是一小团有味道的水。在我参观期间，这里天气炎热干燥，气温为 38 摄氏度，天空中看不到一丝云彩。农场外面是一片干燥凋敝的景色。我突然想知道，灌溉番茄的水是从哪里来的。彼得问我是否看过电影《唐人街》（Chinatown）。在加利福尼亚州，不是有人为了水而杀人吗？的确如此。

加利福尼亚州出产的水果、蔬菜和坚果比北美其他任何地方都多，而且大部分都生长在中央谷地。这个山谷位于西部沿海山脉（Coastal Mountains）和东部内华达山脉（Sierra Nevada）之间，全长约 730 千米。山谷的底部是不渗水的岩石槽。千百年来，山脉一直遭受侵蚀，数千英尺深的淤泥、砾石、沙子和黏土填满了沟槽。高山上融化的雪水流入这些沉积物中，并被不渗水的岩石截留。最后，一部分水在山谷边缘溢出，流入溪流。其余的水则深深地储存在地下。20世纪早期，人们发明了深井钻机。突然间，农民们可以从地下抽取足够多的水用于灌溉。仅用了几十年的时间，他们就抽走了大量的水，搞得中央谷地许多地方的地下水都被抽干了，有些地方还像沉船一样往干涸的坑中下沉。地下水位下降了 100 多米。

农民们请求帮助。加利福尼亚州立法机构做出了回应，在 1933年启动了自中国建造长城以来世界上最大的基础设施项目。在接下来的 40 年里，中央谷地项目引入了该州 2/3 的径流。它改造了两个大型水系，修建了 1600 千米长的巨型运河和渡槽、20 多座大坝和新水库，以及许多大型泵站。显然，州政府无力支付这些费用。中央谷地项目启动两年后，华盛顿方面接管了这个项目。这让加利福尼亚州在20世纪60年得以推进一个与之有重叠而且规模差不多大的州水利项目——21座大坝和1000多千米长的运河，将水从该州最北部输送到中央谷地西侧，直至距墨西哥边境80千米以内。[340]

在酷热中，我们驱车穿行于山谷地带。这段时间，彼得告诉了我这一切。我问加利福尼亚州如何处理它周围数以百万加仑[1]计的水。他用手指着山谷外面。我们正经过一片稻田。长方形的浅水池从地平线的一端延伸到另一端，水面有亮绿色的水稻在摇曳。回想起来，我仿佛仍能看到水从地表溢出，淹没了天空。

我感到十分震惊。他们花了那么多钱从几百英里外把这些水送到这里，然后让这些水蒸发掉？

他点点头。

这难道不是疯了吗？

他说，如果你是一个稻农，你就不会这么认为了。

直径 270 千米的球体

科幻小说里常有外星来客第一次接近地球的桥段。外星人乘坐宇宙飞船，经过的其他几颗行星都没有引起他们多大兴趣——像海王星和天王星这样的冰巨星，以及像土星和木星这样的气态巨行星，在宇宙中很常见。火星和小行星这类贫瘠的岩石星球也是如此。然后，这些外星人看到了地球，他们惊呆了：这个星球被包裹在水中。

地球的表面大约 3/4 被水覆盖，要么是液体，要么是冰。在地球的外层，还有更多的水以云的状态存在。关于这些水从何而来，以及

---

[1]　1 加仑≈3.8 升。——编者注

为什么在其他行星上看不到水，科学界的激烈争论从未停止。毫无疑问，水——H_2O——是地球上最常见的分子之一，或许可以说是最常见的，没有之一。这让水资源短缺这个想法显得很奇怪。人类怎么会缺少看起来如此丰富的东西呢？

原因是，世界上 97.5% 的水是咸水，不可饮用，有腐蚀性，甚至有毒。其余的水中有 2/3 以上被锁定在极地冰盖和冰川之中，其中绝大部分位于南极洲。剩下的水——地球上所有的湖泊、河流、沼泽和地下水——不到水的总量的 1%。这是理论上可用的淡水供应量。把这些可用的淡水聚合在一起，将形成一个直径约 270 千米的球体。[341] 但事实上，这是盲目乐观的高估，因为其中超过九成的水是地下水，而大多数地下水是无法使用的，或者说是无法获取的。

人类已经使用了多少水，这并不容易确定，因为水是流动的，很难测量，也很难给水的使用下定义。[342]1996 年的一项经常被引用的研究称，人类已经使用了世界上近 1/4 的可再生淡水。据环境史学家 J. R. 麦克尼尔（J. R. McNeill）估计，在 2000 年，人类使用的可再生淡水接近 40%。同样是在 2000 年，受人尊敬的俄罗斯研究人员 I. A. 希克洛马诺夫（I. A. Shiklomanov）给出了一个较低的数字：12%。无论取哪一个计算结果，数字都很大——毕竟，其余的水还必须滋养其他数百万个物种，因为它们为我们提供空气，分解我们产生的废弃物，并生产我们所需的食物。

彼得·格雷克（Peter Gleick）是加利福尼亚州奥克兰市太平洋研究所的创始人，这是一个水资源研究机构。根据格雷克的说法，其实，全球水的总量数据几乎无关紧要。"如果你想想有多少水可用，会发现其总量仍然比我们使用的要多，"他告诉我，"真正的问题是，美国西部、中东以及非洲和中国部分地区的水资源极其短缺，而加拿大和挪威的水资源并不稀缺。"巴西人口是印度的 1/6，但其水资源是印度的 4 倍多。总供应量足够两国使用，但水无法从一个国家分配

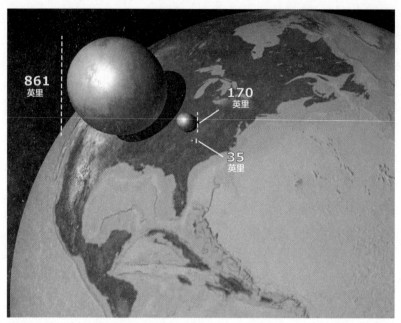

虽然水是常见的，但全球总供应量（图中大球体）比人们想象的要少。淡水的总供应量则更少（图中的中球体），其中大部分被锁在冰川的冰中或埋得太深而无法获取。可用淡水——全世界100亿人口的总供应量——只有小球体表示的那么多

到另一个国家。[343]

　　孩子们在学校里学到的知识是，淡水会经过水循环。当水从海洋和湖泊中蒸发的时候，这个循环就开始了。水蒸气上升到空气中，冷却并凝结成云。云层会产生雨和雪，雨和雪会降落到地面上。在地面上，水要么蒸发后回到大气，要么流入河流和溪流中，然后流入大海，或者渗入土地，成为地下水。

　　河流和地表水在循环过程中快速流动，循环周期以周或月为单位；地下水循环速度很慢，需要几年或者几十年的时间。无论是以哪种方式循环的淡水，经济学家都会将其描述为一种"流量"（flow）：一种以时间（对于河流则是每天的加仑数）衡量的水流。透过窗户照

进屋子的阳光，水电站发出的电，田间生长的小麦，从小麦上吹过的风，都在以自己的方式流动。相比之下，大理石、黄金和煤炭等资源是"存量"（stock）——它们以固定的量存在。打开水龙头，把水桶装满水。从水龙头涌出的水是流量，而桶里的水则是存量。[344]

这种差异似乎是纯理论性的，但它会带来实际的影响。每次使用存量都会减少存量的供应。从采石场取一吨大理石，第二天采石场的大理石就少了。继续开采大理石，存量最终就会不足。一旦发生这种情况，开采成本就会上升，价格也会随之上涨。人们的反应是寻找额外的供应（新的大理石采石场），寻找替代品（房屋建筑商用花岗岩代替大理石做厨房台面），或者发明更便宜的材料使用方法（例如，大规模制造大理石台面，从而降低成本）。无论多么不完美和多么缓慢，这方面的问题总会倾向于自我纠正。

流量的问题就不同了。有些流量，如阳光或风，不受人类活动的影响。无论我在屋顶上安装多少太阳能电池板来吸收阳光，它们都不会影响明天的太阳活动。但是，其他一些流量——行话叫"临界区资源"（critical-zone resources）——可能会因开发而最终枯竭。一个典型的临界区流量是洄游产卵的鲑鱼。在河道上撒开一张网，鱼就会游进去。只要每年从河里捕获的鱼的数量不超过当年在河里出生的幼鱼的数量，捕鱼就可以无限期地继续下去——不管人们撒网捕鱼的活动进行多少年，其供应量都不会下降。但是，如果一年撒网的时间太长，就会把每一条鲑鱼都捕捞上来，之后就不会再捕到鱼了。捕获最后一条鱼和捕获第一条鱼一样容易——供应量减少的同时，在河流上撒网捕鱼的成本并不会增加。临界区流量的现象会让事情看起来很顺利，而问题一旦出现，就不可挽回了。

流量遭到破坏的方式对于存量来说可能是罕见的。破坏铁矿床并不是一件容易的事情，而任何见过有毒化学品泄漏的人都知道，河流可能会在不经意间被污染。水流的中断可能特别严重，因为水通常没有替代物。如果某群鲑鱼不再洄游，还会有其他的鲑鱼群和其他种类的鱼游来。或者人们可以吃别的鱼，而不去食用鲑鱼。但是，所有人每天都必须喝水。不管是可口可乐还是基安蒂红酒，苹果汁还是白兰地，都只是加了风味的水。每个月，数百万的家庭都查看自己的水费账单，但没有一个人会说："哦，这太贵了，太麻烦了——我想我这个月就不喝水了。"[345]

破坏地下水所需的时间比破坏河流要长，但地下水同样脆弱。最重要的地下水来源是蓄水层：地下透水、蓄水的岩层。加利福尼亚州中央谷地的泥沙带形成了一个蓄水层。类似的沉积物包括奥加拉蓄水层（Ogallala Aquifer），它是世界上最大的蓄水层之一，从南达科他州延伸到得克萨斯州。[346] 蓄水层也可以由多孔的海绵状石灰岩和白云石组成。地下水缓慢地渗入蓄水层，并以同样缓慢的状态穿过蓄水层。举一个例子，流经奥加拉蓄水层北部的水流，其流量为每天15~30米。钻几眼井，水流不会受到影响，水会像以前一样通过。但是，如果钻井数量超过水流允许的范围，就会发生不好的事情——原本被水的压力分隔开的多孔砂和淤泥中的颗粒会突然变得紧密起来，密实得不再透水了。水流被迫中断后，通常无法恢复。[347]

污染是更令人担忧的问题。农民向农作物喷洒杀虫剂和除草剂，其残留物溶解在雨水中，雨水携带着残余的化学物质，渗入地下，与地下水汇合，这些化学物质、有毒添加剂出现在人们饮用的井水中。据欧洲环境署（European Environment Agency）称，几乎每个欧洲国家的地下水都受到硝酸盐、重金属或有害微生物的污染。随着时间的推移，其中一些会从地下水中过滤出来，但通常这些损害是永久性的。当人们从沿海蓄水层抽水过多的时候，海水就会涌入地下水中。海水富含盐和矿物质，比淡水密度更大；一旦海水进入蓄水层，就没有办法将其冲洗出去。从缅因州到佛罗里达州，沿海蓄水层都处于危险之中。这种危险还存在于阿拉伯海岸、雅加达郊区（这个都市的人口超过 1 000 万）、整个地中海，还在其他很多地方。

记者有时会把枯燥乏味的话题说成是 MEGO（My Eyes Glaze Over），意思是"重要但没劲的事"。水质就是这样的事。尽管如此，人类和环境面临的风险仍然很高。如今，根据国际水资源管理研究所（International Water Management Institute）的数据，地球上每三个人中就有一个人缺乏可靠的淡水资源，原因可能是水源不安全、水费负担不起，或者是无法得到水源。[348] 该研究所的总部设在斯里兰卡，是国际水稻研究所和国际玉米小麦改良中心的姊妹机构。不是只有贫穷国家面临水的问题。该研究所预测，到 2025 年，整个非洲和中东，几乎整个南美洲、中美洲和亚洲，以及北美的大部分地区，要么将面临水资源枯竭，要么将负担不起成本。多达 45 亿人可能缺水。

此类报告通常侧重于城市供水。这种强调是可以理解的：大多数人生活在大都市地区，如果从水龙头里流出的水受到污染，他们就容易生病。但是，根据联合国粮农组织的数据，实际上，大部分淡水被用于农业——将近 70%。只有 12% 的淡水是人类在饮用、烹饪、洗涤等活动中消耗掉的。（剩下的被工业消耗掉了。）[349] 在人类历史的大部分时间里，农业的巨大需求并不显得非常重要，淡水足够所有人饮用。但是，现在人口已经增长到了足以使家庭需求和农业需求发生冲突的程度。

无论是在城市还是在农村，水资源问题都很难解决，但农村的问题或许更为严重，其代价可能更为高昂，当然也更为棘手。家庭生活用水服务涉及的水量较小。由于人口集中在城市，用于基础设施的人均成本较低。相比之下，农业需要的水更多，并且对水有需求的区域范围更广。城市的水被输送到家庭和企业，多余的水和废水可以收集起来再利用和处理。农田的水流入农田，由于任何多余的水都会沉入地下或蒸发到空中，所以将这些水收集起来再利用并不容易。[350]

预防农业水资源流失成本高昂。大多数灌溉是通过沟渠进行的。

灌溉用水也会流失，比如水从河床渗入地下，在流动过程中蒸发，在交叉汇合处溢出。凭经验估计，有接近 2/3 的水流失了，甚至还要更多。（数字并不精确，因为一些"流失"的水会有效地流入邻近的田地里，或渗回河流中。）为了减少中央谷地项目中的此类损失，需要在 1 000 多千米的大运河上进行重新铺设和加盖棚顶的工程，而这对农田的水流失毫无帮助。农民不可能为这项措施买单，这方面的成本将通过税收或更高的食品价格转嫁给其他人。

如果全球富裕程度继续上升，更多的人将需要洗碗机、洗衣机和其他用水器具。与此同时，随着富裕程度的上升（正如前文讨论过的），粮食生产将不得不增加，甚至可能需要翻一番。要生产更多的食物，必然需要更多的水来种植作物；尤其是，如果人们摄入更多的肉食，消耗的水量会更大。据水资源专家预测，在一个拥有 100 亿人口的世界上，人们对水的需求可能比现在高出 50%。[351] 所需要的水将从何而来？新的补给不容易找到。未被开发的湖泊和河流几乎没有，蓄水层正在枯竭。[352] 通过减少浪费和鼓励节约用水来扩大现有水源，这种做法同样困难重重。气候变化加剧了这方面的压力，冰川正在缩小，河流正在干涸。

亦如对食物短缺的担忧一样，博洛格和沃格特的追随者们的应对方式是不同的。这两条路径被称为硬路径和软路径，在二者之间做出的选择将影响未来几代人的生活。关于硬路径与软路径的争论在很多地方都发生了，但在中东地区以及美国加利福尼亚州，争论尤为激烈。随着人口的快速增长以及政治紧张局势的加剧，中东地区可能面临世界上最为严重的水资源问题。而如果加利福尼亚州是一个独立的国家，是能在世界十大经济体中排上号的，那里的水资源问题可能是规模最大的。

新月沃地

一辆破旧的别克车沿着新建的墨索里尼高速公路行驶，经过利比亚和突尼斯到达埃及。驾驶这辆车的是美国水土保持局副局长沃尔特·克莱·罗德民（Walter Clay Lowdermilk）。与他同行的有：他的妻子伊内兹（Inez），一位卫理公会传教士和社会活动家；他的儿子，15岁；他的女儿，11岁；他的一个十几岁的侄女，做保姆；他的私人助理；此外，还有一只不守规矩的狗，是在阿尔及利亚市场买来的，为的是陪伴孩子们。令人惊讶的是，这就是美国官方科学考察队的完整名册。

罗德民一家于1939年1月抵达开罗，他们打算穿过西奈半岛，前往当时由英国统治的巴勒斯坦。有人建议他们不要按着这个计划往前走。3年来，巴勒斯坦人一直在反抗英国当局。尽管伦敦血腥镇压了叛乱，但在过去的6个月里，还没有任何旅行者穿越西奈半岛。在沙漠上，村庄被摧毁，那里的游牧民族被双方追捕，会抢劫幸存的人。一些人把自制地雷——简易爆炸装置——隐藏在路上的岩石下面。尽管如此，罗德民执意继续前行。他的解释是，他的家人会很安全的，因为别克车可以比那些骑骆驼追赶他们的人跑得更快。一路上，他们会密切防范地雷——比如说，他们会绕过路上的岩石，而不是从岩石处开过去。当巴勒斯坦贝尔谢巴哨所的士兵们看到别克车从沙漠中驶来的时候，他们惊呆了。罗德民告诉他们，自己到这里来，"是为了参观圣地"。[1] 353

---

[1] 关于该地区的称谓存在争议。我这里所说的"巴勒斯坦"，是指1922年至1948年英国统治下的历史上的巴勒斯坦地区，而"巴勒斯坦领土"是指根据1948年联合国大会第181号决议（U.N. General Assembly Resolution 181）建立的非犹太人地区。该决议将巴勒斯坦分裂为两个独立的实体，即以色列领土和巴勒斯坦领土，双方都不接受其拟议的边界。

罗德民的探险队，他们的车在叙利亚陷入泥坑

　　正是因为这次贸然之举，沃尔特·罗德民成就了一番伟大的事业。[354] 小时候，他离开了亚利桑那州的家人，在密苏里州靠勤工俭学读完了高中。那里的一位朋友告诉他，有一个新设立的奖学金项目，是以英国大亨塞西尔·罗德斯（Cecil Rhodes）名字命名的，该项目资助外国学生进入牛津大学学习。罗德民随即认定，罗德斯奖学金就是他的未来。他没有选择自然科学学科，而是专攻申请此项奖学金所需的拉丁语和希腊语。他如愿获得了罗德斯奖学金，前往牛津大学。在那里，他放弃了古典学专业，而是学习林学专业。回到亚利桑那州之后，他在林务局找到一份工作，并与奥尔多·利奥波德成为朋友。在罗德民去牛津大学读书之前，他在教堂里遇到了一位年轻女子，伊内兹·马克斯，她是一位牧师的女儿。她后来去了中国，以传教士和社会改革家的身份修建女子学校，并发起反对缠足的运动。在伊内兹回美国短暂逗留期间，罗德民开车去了加利福尼亚，这是分别 11 年后他第一次见到她。48 小时后，他向她求婚了。之后，伊内

兹准备返回中国；罗德民辞去了林务局的工作，和她一起回去。他学会了中文，并独自一人沿着黄河向上游走了3000多千米。一路上的所见所闻启发了他，他对历史发展的过程和文明的兴衰有了深刻的理解。

侵蚀是问题的关键，其原因是水。为了种植粮食，社会需要控制降雨或利用灌溉。但在这两方面，人类活动都失败了。雨水冲下山坡，表土被带入河流，并随着河水冲入大海。水在灌溉沟渠中蒸发，留下盐分毒害土地。下雨的时候，水没有被储存起来，使得田地干旱、庄稼枯萎。后来，罗德民也指出了过度放牧造成的影响（尤其是放牧山羊，他讨厌这种动物），但是，大部分破坏是由水造成的。几千年来，人类在水资源管理方面的无能摧毁了无数个社会。

1927年，内战迫使罗德民夫妇逃离中国。罗德民几乎是死里逃生，但他对保护水土的热情丝毫没有减弱。他与另一位抗御土壤侵蚀的倡导者休·哈蒙德·贝内特（Hugh Hammond Bennett）一起，帮助建立了水土保持局，这可能是世界上第一个抗御土壤侵蚀的国家机构。贝内特成了这一机构的负责人。两人相处得并不融洽。1938年，农业部长亨利·华莱士建议，如果土壤服务部门能够更好地了解过去的土壤问题，就可以更好地规划未来。罗德民接受了这一能让他离开贝内特的建议。他决定调查欧洲、北非，尤其是中东的土壤。他和伊内兹都是虔诚的基督徒。从地中海东部海岸到伊拉克底格里斯河和幼发拉底河的新月沃地是亚伯拉罕的应许之地，造访那里是他们长久以来的一个梦想。此时，他们有机会实现这一梦想了。

罗德民做好了准备，要看看摩西在约旦河以东的山丘上所看到的"美地，那地有河，有泉，有源，从山谷中流出水来"[1]。他做好了

---

[1] 《圣经·申命记》8:7，中文译文选自和合本《圣经》。——译者注

准备，要看看《圣经》中所说"满了汁浆"[1]的黎巴嫩的香柏树，正如"他的形状如黎巴嫩，且佳美如香柏树"[2]。他做好了准备，要去参观巴比伦，"最美丽的城市"，那里的空中花园曾是古代世界七大奇迹之一，尼布甲尼撒二世建造了"伟大的运河"，为"所有人带来了丰富的水源"，并用"黎巴嫩山的高大香柏树"建造了"宏伟的宫殿和神庙"，覆上"闪闪发光的黄金"。

然而，展现在罗德民眼前的是一片几乎没有树木的荒地：贫瘠的土壤，无人照管的废墟，零星低矮的植被，贫困的牧羊人"贫穷、无知、肮脏"，"巴比伦的空中花园此时已经成了一片盐碱的荒原"。新月沃地不再肥沃；那流奶与蜜之地已经不再是富饶之乡了。曾经，黎巴嫩茂盛的森林为船只和圣城提供了木材，但此时，这里只剩下三片小香柏林，最大的一片大约有 400 棵树。由于没有道路，这家人沿着石油管道穿过叙利亚，到达巴格达。巴格达曾是美索不达米亚最大的城市，而此时，它是一个"肮脏的地方"，罗德民看到的是，"一群人挤在一起，一堆建筑物堆在一起"。这就是曾经光耀的巴比伦的后继者！"财富、建筑、人口、成就和荣耀都丧失到了这种程度！"他在一份写给水土保持局的报告中写到了他的旅程，"这就是人类所能做的最好的事情吗？经历了 7 000 年文明，这就是我们的终结吗？"355

罗德民很清楚这里发生了什么。他说，新月沃地这一地区的繁荣取决于对其主要河流的控制：东部的大河底格里斯河和幼发拉底河，地中海附近小一些的约旦河和利塔尼河。他说，大约在公元前 5000 年，古代美索不达米亚社会开始修建灌溉运河，这促进了农业的发展，使这些社会得以繁荣。尼布甲尼撒统治时期，运河体系向旱地延伸出很长一段。不幸的是，这些河流来自山区，在往下游流淌时带来

---

[1] 《圣经·诗篇》104:16，中文译文选自和合本《圣经》。——译者注
[2] 《圣经·雅歌》5:15，中文译文选自和合本《圣经》。——译者注

了泥沙。快速流淌的河水被引入灌溉渠后，流动速度减缓，水中漂浮的泥沙沉到运河底部，最终堵塞了运河。要维护运河体系，就需要清除淤泥。罗德民进一步说："为了完成这项任务，需要一支常备的奴隶大军来不停地从运河中清除淤泥。"《圣经·旧约》中的那些以色列人就充当了这样的奴隶。后来，罗马和拜占庭入侵者占领了这片土地，他们也需要继续疏浚运河。再后来，阿拉伯游牧民族带着他们所信奉的新的伊斯兰教来了。"游牧民族蔑视耕种，憎恨树木，他们试图靠牧群和对定居地区的掠夺为生。"随着水利基础设施的废弃，堤坝被侵蚀；洪水冲走了表层土。运河干涸了，夜间，可以看到土壤中留下来的闪闪发光的盐。山羊啃噬了所有能吃的东西。没有人试图恢复这片土地——罗德民将这种不作为归咎于一种"宗教宿命论的信念"。[356]

现代考古学家认为，罗德民的说法大部分是错的。[357] 灌溉系统的建设速度比罗德民想象的要慢，直到公元元年前后才达到顶峰。而在那一时期，各处的土地早已遭到了侵蚀。新月沃地上的各个社会都在砍伐森林，为的是建造城市，锻造青铜器皿和铁器尤其需要大量伐木。山丘没有树木的覆盖，就无法蓄水；洪水摧毁了下游的运河。《圣经》中那些创造了伟大的巴比伦城的民族，也引发了这里的毁灭。伊斯兰教和山羊的作用很小。而没能恢复这片土地的不是游牧民族，而是完全定居下来的奥斯曼帝国。奥斯曼帝国将其根基扎在遥远的伊斯坦布尔，从15世纪直到第一次世界大战结束，奥斯曼帝国一直统治着这一地区。帝国以其官僚主义的方式从该地区攫取财富，还拒绝对其投资。不管怎么说，罗德民有一个观点是非常正确的：新月沃地已经变成了一片沙漠，其中一个主要原因是人类在控制水资源方面的无能。

为了逃离法西斯主义，欧洲犹太人涌入巴勒斯坦——仅1935年就有6万多人。阿拉伯居民对移民的涌入表示愤怒。英国政府确信，这种敌意部分是由于该地区缺乏资源；移民的数量已经超过了巴勒斯坦的"吸纳能力"（承载能力）。[358]水资源构成了吸收能力的极限。英国专家认为，这一区域的水资源供应无法应对大量涌入的移民。在这片干旱、被侵蚀的土地上，灌溉良好的农田少之又少，因此那些利用其丰厚财力来获取农田的新来的犹太人必然会导致"相当数量的阿拉伯人没有土地"。犹太复国主义团体派出了水测试员，他们宣称，他们发现的水比英国允许的要多得多。伦敦无视这些报告，并在1939年将犹太移民限制在每年1.5万人。

事实并不是这样！罗德民表示抗议。英国落后了！新的犹太人定居点是他在整个荒凉地区看到的唯一亮点！在这片荒芜的土地上，是犹太复国主义的村庄合作社。在那里，村民共同拥有的农场种植着在干热中茁壮成长的新品种作物。这些农场将利润用于购买先进的钻井设备，建造木工和印刷车间、食品加工设施、建筑材料工厂等工业设施。对罗德民来说，最重要的是灌溉和水土保持计划——他强调说，这是他"在24个国家中看到的最了不起的项目"。他说，如果英国增加而不是限制移民，巴勒斯坦将能够支持"至少400万来自欧洲的犹太难民"。

罗德民在水土保持局工作的那些年里，经历了一系列与农学家（他称他们为"植物人"）的斗争。[359]农学家认为，贫瘠的土地应该主要通过重新形成植被来恢复，需要种上一系列能通过根茎来保持水土的植物。对于罗德民这位原始巫师派来说，工程必须是第一位的，需要大坝、水泵和管道，将水从水源充足的地方引流到水源不足的地方。土地需要通过重塑轮廓来避免径流和侵蚀。只有这样，种植才能发挥作用。所有的工作都应该尽可能在最大范围内进行，整个区域都要由一个精确的大刀阔斧的规划来指导，而不是通过小规模的努力来一小块一小块地修修补补。

罗德民宣称，巴勒斯坦为一个具有变革意义的水电项目提供了

"绝佳的机会"。该地区北部有水源——年降水量接近 1 000 毫米；还有加利利海（Sea of Galilee），由约旦河提供水源——但几乎没有可耕地。在 200 多千米外的南部地区，内盖夫沙漠（Negev Desert）有可耕地，但几乎没有水源——没有湖泊，年降水量不足 100 毫米。罗德民说，将水从北向南分流，将使农民能够灌溉 30 多万英亩的优质土壤。

加利利海的水流经约旦河谷，进入死海。死海是一个低于海平面430.5 米的咸水湖。如果加利利海的大部分水被转移到南方，那么就需要有其他的水供给死海。一个显而易见的解决方案是：从地中海抽取淡化的海水，输送到约旦河谷。罗德民认为，流入深谷的水可以用来驱动涡轮机，为"超过 100 万"的人发电。水和电力将由牧场管理和重新造林计划来补贴，该项目还将从死海中开采矿物。

第二次世界大战爆发的时候，罗德民的旅行即将结束。由于战争的影响以及身体健康问题的困扰，直到 1944 年，他才出版了讨论圣地用水的书，书名为《巴勒斯坦：应许之地》（*Palestine: Land of Promise*），其出版正值美国公众了解到德国犹太人的困境之际。由于时间的巧合，这本书提供的好消息抵消了关于集中营的坏消息。这本书宣称，这是"巴勒斯坦的希望"。在一个"彻底衰落"的区域，那里的犹太定居点是"当今最引人注目的现象之一"。他们证明，有了适当的技术，即使在被破坏的土地上也能变得繁荣起来。罗德民表示："水在古代和今天一样，都是主要问题……但是，在这个机械化的时代，我们有更完美的仪器设备来满足我们的需求。"在他的巴勒斯坦计划中，水坝、管道、"大型水库或人工湖"、"穿山而过"的隧道，所有这些都将展示出"现代工程"和"科学农业"如何"将荒地变成农田、果园和花园，以支持人口众多的繁荣社区"。[360]

多年前，西奥多·赫茨尔（Theodore Herzl）、列维·埃什科尔（Levi Eshkol）、亚伦·阿伦森（Aaron Aaronson）、西姆哈·布拉斯

（Simcha Blas）等犹太复国主义梦想家就有了与罗德民类似的想法。但是，《巴勒斯坦：应许之地》在西方国家得到了广泛的支持。[361] 据说，1945年春天，富兰克林·D.罗斯福总统去世时，这本书就放在他的办公桌上。尽管如此，英国还是拒绝了罗德民的计划，认为该计划成本太高，并且无法实施。以色列建国后接手了这一计划。以色列领导人认为，他们别无选择——在以色列成立的头5年里，有75万难民来到以色列。关于吸纳能力的辩论已经变得无关紧要。首先，他们建立了一条从地中海沿岸的特拉维夫到西奈半岛附近的内盖夫输油管道。1956年，以色列承诺建设一个罗德民式的由北向南的引水项目——全国输水工程（National Water Carrier）。[362]

以色列全国输水工程在过去和现在都是巫师派技术实力的展示。数千名工人在加利利海边缘开凿了一座75米长、18米高的地下泵站。它的三个巨大水泵每天24小时工作，将数百万吨的地下水通过周围的山丘输送到将近300米高的新修建的约旦运河。这条运河3米深，12米宽，长约16千米，通过一系列水库、运河和水泵将水输送到一条直径2.7米的管道中，这条管道长80多千米，一直延伸到以色列南部，在那里，有一个专门建造的灌溉体系将水输送到各处。成本是巨大的：按实际人均成本计算，以色列在全国输水工程上的花费比美国在修建巴拿马运河上的花费还要多。

1964年，罗德民受邀参加了这项工程的落成典礼。他最后在以色列待了6年。他确信会有更多、更大的项目出现。以色列的水利技术将改变新月沃地。以色列已经在讨论使用核能从红海抽水来补充死海。在先进传感器的监控和计算机的控制下，一个由大坝、水库、运河、管道、海水淡化厂和泵站组成的区域性网络将把大量的水从过剩地区输送到匮乏地区。高科技的水利网络将把邻国联系在一起，平息政治冲突。

然而，事情并没有如此发展。反作用力出现了。

以色列全国输水工程

花园城市中的水

尤斯图斯·冯·李比希与以色列污水处理政策的联系没有得到足够的重视。这位伟大的化学家因将农业描绘成一个从根本上说就是把氮、磷、钾等化学物质输送给植物的过程而闻名。但是，李比希也注意到，农民们以收获谷物、蔬菜和水果的形式将施用过化学物质的粮食卓有成效地转移到城市。城市居民摄入这些营养物质并排出体外。然后，这些营养物质被视为污染物积累起来，或者被排入河流。李比希写道，为了让这些化学物质回到土壤中，"每一片大型土地的所有者都应该成立一个社群，以便建造可以收集人类和动物排泄物的储存库"。

卡尔·马克思是李比希著作的细心读者之一。马克思说，李比希提到的这类营养物质从农村运到城市，无异于在人与土地之间制造了一道"裂痕"，导致城市居民生活在有毒的污物之中，而农田则失去肥力。马克思强调说，城市和乡村必须合二为一！农业和工业必须联合起来，共同保护土壤！马克思将这一裂痕归咎于资本主义，而不是将其视为工业化的副作用。尽管如此，他还是说到了点子上。他对李比希的解读被一些人采纳，比如设计师兼活动家威廉·莫里斯（William Morris）、无政府主义地理学家彼得·克鲁泡特金（Peter Kropotkin），以及社会主义科幻小说家爱德华·贝拉米（Edward Bellamy）。贝拉米又把这些解读传给了一个名叫埃比尼泽·霍华德（Ebenezer Howard）的年轻英国职员。[363]

埃比尼泽·霍华德是一名面包师的儿子（他与有机食品活动家阿尔伯特·霍华德没有血缘关系）。他移民到了美国，在内布拉斯加州当农场主，但并不成功，于是在 5 年后回到了英国。他成了伦敦的一名议会办事员，并在业余时间与无政府主义者、社会主义者以及其他自由思想者共度时光。霍华德逐渐相信，重新弥合城市和乡村之间的缝隙是改善人类状况的关键。1898 年，他出版了《明日：通往真正改革的和平之路》（To-morrow: A Peaceful Path to Real Reform）。这是他出版的第一部作品。4 年后，该书的修订版以新的书名出版：《明天的花园城市》（Garden Cities of To-Morrow）。[364]

《明天的花园城市》改变了人们对城市的看法。这本书在城市规划领域的意义，就像《生存之路》对环境保护主义的意义一样——都是对其他人的思想的总结和延伸，都引发了一场运动。和威廉·沃格特一样，埃比尼泽·霍华德整合了一系列复杂的信念，这些信念在今天看来非常传统，很难想到它们还有这么一个起源。并且，和沃格特

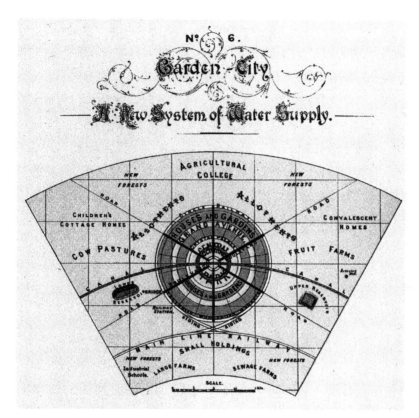

在埃比尼泽·霍华德规划的花园城市中，雨水和废水被收集在水库中，靠风车泵入贯穿城市的运河，可以用于喷泉、公园和农业

一样，霍华德也几乎被遗忘了，甚至被城市规划者们遗忘了，这些规划者关于开放空间和连通性的视觉语言在很大程度上是他创造的。

霍华德在书中将李比希、马克思以及后继者的观点浓缩成简明扼要的几页文字，提出了具体的计划，以整合城市和农村生活，同时维护和平衡人类与社会和自然的关系。在霍华德这里，城市不再是拥挤、肮脏、各种文化杂陈的地方，乡村也不再是与之割裂的人口稀少、孤独、知识贫乏的所在。城市和乡村将被编织成一个由共同体社区组成的网络，即他所称的花园城市，其间有绿化带相隔。人们可以住在开阔的乡村、小城镇或大城市，所有的一切都将近在咫尺。"城镇和乡村**必须结合**，"他使用了表示强调的粗体字，"在这种欢乐的结合中，将产生新的希望、新的生活、新的文明。"能看出讽刺意味的人会注意到，这位原始环保主义者为他的后继者们所痛斥的"郊区扩张"奠定了知识基础。

霍华德认为，欧洲城市的水资源问题证明，"我们社会生活的基础有一个根本的错误"。因此，他的花园城市要求高效、廉价、清洁地使用水资源。这样的城市将有三个平行的供水系统：第一个用于从附近的泉水中输送饮用水；第二个用于收集雨水和废水，并用风车将其泵入水库，以供农业和公共工程再利用；第三个则用于收集污水进行循环利用，这是李比希想要的。独立供水系统的想法并不新鲜。罗马皇帝奥古斯都修建了一条特殊的导水管，输送非饮用水，用于浇灌花园和给大型人工池塘注水，他在这个池塘上进行模拟海战，以供娱乐。罗马的平行供水体系旨在避免为了观看虚拟的战争而减少优质供水。霍华德进一步发展了这个想法，试图利用废水来改善社会。

霍华德创建了一个协会，以实现他的愿景。这个协会很快发现，建设全新的城市造价极高。此外，很少有地方既有理想主义的信念，又刚好有大批没有住房的新居民。这样的地方之一是地中海沿岸的雅法，这是犹太人迁移到巴勒斯坦的首批目的地之一。雅法是一个古老的港口，至少有 7 000 年的历史。它的悠久历史在其黑暗、狭窄的街道和露天的下水道中可见一斑。这些新来者从遥远的欧洲来到这里，并不是想要生活在过去的肮脏环境中。他们想要创造出一个整洁、现代、充满阳光和健康空气的家园。德国的犹太复国主义领袖支持这一雄心。他们送来了《明天的花园城市》。

6 个新的犹太人定居点在雅法周围建立起来，都是模仿霍华德的想法建造的。多年来，很多犹太人搬到这里，使得原本是郊区村庄的地方一再膨胀，成了特拉维夫市，并将雅法包括于其中。其他新的犹太人定居点也都是根据霍华德的想法建造的。1956 年，特拉维夫市政部门承诺回收废水和污水，就像霍华德提出的那样。[365]

现代的污水处理分为三个步骤，每个步骤都是下一个步骤的基础。第一个步骤是初步处理，污水注入大型水箱后，最污秽的固体物质会沉淀。这些污秽的固体物会被移除并被埋到垃圾填埋场（在个别地方则被转化为肥料）。第二个步骤包括在仍然很脏的水中添加细菌，以便消耗剩余的有机物。这些细菌吃饱之后也会沉淀，然后被刮掉。第三个步骤通常指的是用氯气或紫外线对废水进行消毒。之后，这些水就可以被安全地排放到河流或海洋中。所有这些污水处理装置造价都非常高昂，这就是为什么政府通常不愿意加以实施，除非迫于公众压力。

特拉维夫周围的市政部门最初有 7 个，后来随着项目的发展，增加到 18 个；这些市政部门同意采用常规的第一个和第二个处理步骤。但是，他们没有部署第三个处理步骤，而是决定将经过两个处理步骤的水输送到几英里外的沙丘地区。一层层的细砂堆积在沿海蓄水层的顶部。（或者，更准确地说，在从以色列海岸大部分地区一直延伸到尼罗河口的大型砂岩蓄水层的顶部。）废水将被输送到沙丘上新建的池塘中。经过半年到一年的时间，池塘中的水会慢慢地渗透过沙子，然后穿过一层砂岩。当水到达地表以下 30 米或更深处的时候，就能补给蓄水层。然后，蓄水层中的水可以通过 80 千米长的管道泵入位于内盖夫的一个水库，以备灌溉之用。一些灌溉水会反过来渗入地下，重新注入沿海蓄水层的另一部分。[366]

经过 5 年的测试，1977 年，第一批水进入了一个实验性的蓄水池。政治方面的反对使该项目的扩建推迟了十多年。直到 1989 年，经过处理的废水才流入内盖夫。那时，这个理念正在以色列各地推广。法律要求每个城镇将污水转化为灌溉水，这是一个平行的、霍华德式的水资源基础设施。这样做的优点显而易见：与雨水的流量不同，污水的流量像北极星一样恒定。但是，由于农民的用水需求随着季节的变化而变化，平行的基础设施包括水库，以便在需要时储存处理过的水。为了使这两个系统保持独立，新的系统必须从头开始建设。塞斯·M. 西格尔（Seth M. Siegel）称，如今，以色列每年超过1亿加仑的废水中，有约 85% 用于灌溉。西格尔是《创水记》（*Let There Be Water*，2015 年）一书的作者，这是一本关于以色列用水的研究作品，以色列的用水问题一直是我所关注的。

渥太华国际发展研究中心的自然资源经济学家戴维·B. 布鲁克斯（David B. Brooks）将污水再利用称为水资源管理的"软路径"。[1] 软路径是先知派的路径。与之形成对比的"硬路径"是巫师派的路径、罗德民的路径，以及以色列全国输水工程的路径，长期以来一直是传统的水治理方式：靠集中化的基础设施来获取、输送和处理供水。这一路径意味着巨大的混凝土建筑、大量的发动机、自上而下的规划、广阔地理范围内的景观变化。硬路径会问：我们怎样才能获得更多的水？这一路径着眼于增加水的供应，主要是源于对清洁淡水的需求无穷无尽的信念。根据太平洋研究所的彼得·格雷克的说法，它的逻辑结果是"越来越多的水坝、水库和沟渠，以获取、储存和转移越来越多的淡水径流"。367

廉价水泥和廉价化石燃料的发展，让这条硬路径能为更多人提供饮用水和灌溉水。就像合成肥料的发明一样，水系统的重塑深刻地影响了日常生活的模式，使今天大城市的居民能够生活在会令我们祖先惊讶的清洁、健康、舒适的环境中。但是，它也从河流和湖泊中吸取了水，破坏了它们的生态系统，并使世界各地的地下水水位下降。

---

[1] 布鲁克斯借用了能源倡导者艾默里·洛文斯（Amory Lovins）的"软路径"一词，我将在第 6 章讨论洛文斯。

相比之下，软路径是新鲜事物。权力下放、提高效率和教育是其标志。布鲁克斯和一位合著者在2007年解释说，它"通过更好地利用现有水源，以及改变习惯和态度，来获取'新的'水资源"。它消除了浪费，提高了系统的效率。主张软路径的人认为，明智地处理当前的用水问题通常比建设大型新项目更容易，也更便宜。

主张硬路径的巫师派会问：我们应该如何获得更多的水？主张软路径的先知派会问：究竟为什么要用水来做这件事？在美国西南部这样的干旱地区，中产阶级家庭的用水量中，多达3/4的水被用在草坪上。硬路径的支持者们希望通过更多的供应来维护草坪。如果发生干旱，他们会支持用水限制，比如使用更高效的洒水器，设立不用水日，但他们认为这只是临时措施，而不是长期解决办法。软路径的支持者则认为，如果目标在于景观美化，那么可以用不需要多少水的旱地植物永久性地取代原有的草坪。更换草坪是一个典型的软路径解决方案：超高效、本地导向、自下而上、低技术含量。在节水方面，它试图用体现一个地方基本特色的植物来改变无特色、通用的草坪景观。

就像霍华德对农业的愿景一样，软路径关注限度和价值观。布鲁克斯曾说，这是"人类对可持续未来的愿景"。这一方面与制度改革有关，另一方面与习惯改变有关。但归根结底，这是一种对人类在大自然中所处位置的看法。硬路径的支持者认为，科学技术使人类能够当家做主：我们可以按照自己的愿望将水分子转移到任何地方。支持软路径观点的人们则认为，这种程度的控制是幻想——合作和调整，而不是命令和控制，才是我们想要的生活方式。

正如格雷克所说，问题是，"我们不能两条路都走"。从实际情况来看，如果主张节约用水，那么增加水供应的理由就不那么充分了，反之亦然。想要同时实施两条路径，就需要得到大量的关注和资金，而在这样一个有多种多样需求的世界里，这是很难实现的。

的确如此，在20世纪80年代和90年代，以色列水务部门采用了软路径的方法，冲突也因此发生了。[368] 除了要求废水循环利用外，监管机构还成功地促使农民停止种植棉花这种耗水量很大的作物。监管机构规定人们使用出水量少的喷头设备，并设置了两种马桶冲水按钮（一个按钮出水量大，一个按钮出水量小）。他们还提高了水的价格，并在学校里开展水资源教育活动，教育孩子们重视水资源。教室里的海报告诫孩子们"一滴水都不要浪费"。[以色列扎克曼水资源研究所的诺姆·魏斯布罗德（Noam Weisbrod）告诉我："如果我淋浴的时间太长，我的孩子们就会喊：'老爸！你在抽干加利利海的水！'"]公用事业公司通过在每一个水表上安装报告异常流量的电池播报器来应对漏水问题。

值得注意的是，以色列颁布了刺激性措施，鼓励农民改用滴灌的方式，在灌溉的时候，精确调节的小水流从带有小孔的管道中流出。在理想的情况下，滴灌提供的水刚好能被植物根系吸收。这种方法是以色列工程师西姆哈·布拉斯（Simcha Blass）发明的，滋养相同数量的植物只需要普通灌溉中一半或更少的水。然而，滴灌这种方法是那类听起来很简单但在实践中很难实现的方法之一。要使孔中的水有规律地滴出，整个管道的水压必须完全相同，这是一项对机械设计的挑战；如果把管道安装在地下，可以最大限度地与根部接触，则孔洞必须不容易被污泥堵塞或被寻找水源的根部渗透。以色列第一家滴灌公司成立于1966年；到20世纪90年代，以色列大约一半的农场采用了这种方法。

硬路径的支持者们嘲笑这些努力是治标不治本的"创可贴"，本质问题是短缺。短缺有自然的和政治的两种形式。自然方面的短缺指的是该地区反复发生干旱和地下水储量不足的情况。政治性的短缺指的是以色列的一些水可能会被与其敌对的阿拉伯邻国夺取。这些邻国强烈反对以色列全国输水工程，认为这是一个不合法的政权窃取该地区水资源的计划。20世纪50年代，以色列和叙利亚军队因前者努力实施该计划而诉诸武力。以色列全国输水工程的开始促使埃及召开了第一次阿拉伯首脑会议，间接导致了巴勒斯坦解放组织（Palestine Liberation Organization）的成立。1964年12月，该组织发动的第一次袭击的目标是以色列全国输水工程。自那以后，约旦和叙利亚都从以色列的上游分流出来更多的水。巴勒斯坦人一再要求获得更大的份额。外交官们建议以色列以水来换取和平。

硬路径的支持者们说，所有这些都意味着，以色列最终必须有更多的水。两种冲水模式的马桶和张贴在学校里的海报是不够的。2005年到2015年，以色列在地中海沿岸建造了5座大型海水淡化厂。以色列存储的饮用水太多了——约占全国需求的80%——甚至他们已经讨论过重新安装以色列全国输水工程的水管，以便将多余的水输送到加利利海。与此同时，约旦、以色列和巴勒斯坦在2013年宣布了一个连接红海和死海的庞大项目。[369] 第一阶段计划于2021年完成，约旦红海海岸的一个大型海水淡化厂将向以色列南部和巴勒斯坦领土提供水源。作为交换，以色列将把其地中海设施中的淡化海水输送到缺水的约旦首都安曼。红海海水淡化后的剩余部分由于盐度太高，无法安全地倾倒到生态环境脆弱的红海中，这些水将被泵送到北部的死海，以弥补约旦河因大坝和国际水运工程而流失的部分水源。科学家们指出将红海和死海连接起来的生态风险后，红海–死海项目的规模被缩减了。尽管如此，三国政府的官员们都告诉我说，他们很兴奋。他们都认为自己正在改变游戏，而不仅仅是改变了规则。[370]

经济插曲

　　13 世纪以来，上海一直以黄浦江西岸为中心，东岸是养活这座大城市的农场和园圃。1993 年，中国政府认为这种格局并不令人满意，于是将那里的农场和园圃迁出，创建了一个"经济特区"，并用最快的速度建成了崭新的浦东（意思是"黄浦江以东"）。浦东现在拥有世界上排名第 2、第 9 和第 23 的高楼，500 多万居民，不少人居住在仿造的地中海小别墅里，就像奥兰治县的购物中心一样。

　　一次偶然的机会，我在项目开工一年后造访了上海。出于好奇，一天晚上我渡过黄浦江，去看看那里发生了什么。我走到当时还很小的建筑区的边缘，向东看去，那里将是这个城市继续延伸发展的部分：此时，那里是一片无边无际的稻田和商品蔬菜园。几乎没有居民家里开灯，黑夜中只能看到几处星星点点的灯光。15 年后，我再次回到同一个地方，看到了一座几乎是芝加哥两倍大的城市，城市灯光盖过了星光。

　　快速城市化是我们这个时代的标志。1950 年，世界上只有不到 1/3 的人口居住在城市。根据联合国的预测，到 2050 年，城市人口将接近 2/3。与此同时，世界人口将增加两倍多。1950 年，7.5 亿人生活在城市地区；人口统计学家预测，到 2050 年，将有 63 亿人居住在城市——1950 年城市人口的 8 倍多。在很大程度上，农民的生产跟上了城市人口的增长，他们种植了更多的粮食，并将粮食分配到新扩张的城市。而水资源的记录则要差一些。开罗、布宜诺斯艾利斯、圣安东尼奥、达卡、伊斯坦布尔、太子港、迈阿密、马尼拉、蒙罗维亚、孟买、墨西哥城，这些城市的规模都已经扩大，但其对清洁、充足的水资源的需求都未能得到满足。[371]

　　向城市供水需要实现四项基本功能：净化进入城市供水系统的水，将其交付给家庭和企业，清理这些家庭和企业排出的水，以及维护管道、水泵和工厂的系统。这些任务说起来并不复杂，在实际操作中却极为复杂。建造和运行一个供水系统，既能满足每天早晨洗漱、冲马桶、淋浴的大量用水需求，同时又不至于在其他时间缺水，这是成本和技术方面的挑战，也正是需要大量工程师的原因。如果城市像浦东一样飞速发展，挑战就会增加。由于需求在不断增加，在管理旧的产能的同时，必须以最快的速度创造新的产能。

但是，成本和技术难度并不是许多现代城市无法向居民供水的主要原因。一次又一次出现的最大障碍在于社会科学家所说的政府管理，以及大家都在说的腐败、低效、无能和冷漠。[372] 法国城市因漏水而失去了 1/5 的供水，美国宾夕法尼亚州的城市损失了近 1/6 的供水，南非夸祖鲁-纳塔尔省的城市损失的供水超过 1/3。印度的城市供水被污染的程度极其严重，由此导致的疾病造成的生产力损失占全国国内生产总值的 5%。30 多个北美城市的饮用水铅含量超标，其中包括著名的密歇根州弗林特市，多年来，该市、该州和联邦官员的失误使居民不得不饮用瓶装水。以色列和巴勒斯坦之间的山区的蓄水层是两国城市最重要的地下水来源，在一种非典型的合作行为中，两边的社会都在污染它。此类情况不胜枚举。

政府在城市供水系统方面的失败已经是老生常谈了，这让世界银行和国际货币基金组织等组织从 20 世纪 90 年代开始，主张将水资源管理权移交给私营部门。其中一个重要的例子是在中国。2002 年，上海市政府将扩建和运营浦东新的供水系统的项目委托给一家名为威立雅（Veolia）的法国公司。[373] 作为对 2.43 亿美元和拥有浦东自来水公司 50% 股权 50 年的回报，威立雅变得非常非常忙碌。在浦东项目的头 5 年里，威立雅铺设了近 1 400 多千米的大口径管道，将 30 万座新建筑连接到不断增长的供水系统上，建造了污水处理厂和水处理厂，并雇用了 7 000 名当地工人。在此过程中，它建造了一座新的办公大楼，并在九楼设立了一个客户服务呼叫中心（这在当时还很新鲜），由身穿浅蓝色威立雅制服的年轻女性工作人员提供 24 小时咨询服务。在我造访期间，其中一位工作人员自豪地向我展示了一间"作战室"，房间里配有一块 12 英尺高的屏幕，显示着浦东每条输水线路的实时状况。

只看威立雅这家公司平淡无奇的名称，人们很难想到这家公司有着更为悠久、更鲜为人知的历史。威立雅创立于 1853 年，是法国最后一位皇帝拿破仑三世与许多法国贵族共同创立的，银行家罗斯柴尔德男爵（Baron de Rothschild）和查尔斯·拉菲特（Charles Lafitte）提供了资金，当时的名称是法国通用水务公司（Compagnie Générale des Eaux），是这位皇帝实施现代化国家计划的重要组成部分。法国通用水务公司签署了长达数十年的合同，扩建、现代化改造和运营法国最大城市的供水系统，被认为是国家基础设施不可或缺的一部分——一家私营企业，拥有一个公共委员会，甚至受委托承担起了为首都供水的光荣职责。

20 世纪 80 年代，该公司突然认识到可以涉足现代金融市场，并意识到可以利用其数以百万计的用水客户带来的收入来收购其他公司，这些公司大多来自比管道行业更有吸引力的行业。在收购了出版社、软件公司、音乐公司、电视广播公司和电影制片厂之后，该公司的首席执行官搬进了公园大道上一套价值 1 750 万美元的复式公寓，以此庆祝自己的成功。这个庞大的企业不久就失败了。这位首席执行官被迫离职，并于 2011 年被判犯有挪用公款罪。与此同时，律师和金融家们从任何可能的方面攫取公司给他们带来的利益，就像秃鹫一样，将公司一片片撕扯下来，狼吞虎咽。尽管如此，威立雅这家世界上最大的私营水务运营公司最终还是走出了困境。它开始运营包括中国在内的 19 个国家的供水系统。

威立雅在浦东的顺利运营证明了私营企业的力量。给如此多的新建筑送水需要强大的组织——令西方人难以置信的是，在这里，水在饮用前仍然必须煮沸。（中国人不习惯直接从水龙头里喝水。）为了让威立雅收回成本，上海逐步提高了水价——这并不会给浦东新贵造成负担，但也足以确保他们不会整天开着水龙头。威立雅的上海总监对我说："这种模式是私营企业的效率与整体公有制的独特组合。"他说，他很难理解，为什么有人一想到水资源私有化就会感到不安。他的老板安托万·弗雷罗（Antoine Frérot）的想法也是如此，弗雷罗现在是威立雅的负责人。弗雷罗告诉我，"私营公司能够比政府更好地制造汽车"，而对于水资源，"情况也完全一样"。

威立雅和其他跨国水务公司（我们可以称它们为水务巨头）根据经济学常识直接提出了这个论点。我从约翰·布里斯科（John Briscoe）那里听到了一个版本，他在世界银行担任了 10 年的高级水资源顾问。布里斯科在墙上挂了经济学家肯尼思·博尔丁（Kenneth Boulding）的一首打油诗，其中的部分内容是：

> 水是政治，水是宗教，
> 水是任何人都要面对的东西……
> 水是悲剧的，水是滑稽的，
> 水远非纯粹的经济。[374]

布里斯科说，博尔丁捕捉到了一些东西。世界上许多水问题的出现，都是因为围绕着水的神圣光环，促使各国政府将其视为"公共财产——无论你用它做什么，用多少，它都可以免费使用"。结果，大量的水资源被浪费了。同样糟糕的是，水是免费的这一事实意味着政府无法收回扩建供水系统的成本——因此，政府不愿意扩建供水系统。出于同样的原因，公用事业公司不会修复漏水的管道。布里斯科说，在世界各地，"资金严重不足、非常低效的机构只能提供非常糟糕的服务"。他说："他们没有足够的水来正常运行这个系统，所以现有的系统只能定量供水，当然，排在最前面的是精英阶层。"

水务巨头认为，要将水高效地输送到人们家中，最好是将这一过程交给市场。如果水资源短缺，那就提高价格——让供求规律来接管吧！如果人们想要不仅充足而且洁净的水，那么就再次提高价格。市场将在消费者想要什么和他们能够负担什么之间找到平衡。如果一家水务公司不履行承诺，它可能会被逐出，由另一家受欢迎的水务公司替代。竞争的威胁将迫使公用事业公司承担起责任。

然而，这个自由市场的图景隐含着这样一个假设：家庭实际上能够负担得起水费，并且愿意接受这个价格。在我造访中国西南部150万人口的小城市柳州的时候，我看到了这种假设的问题。在快速工业化的过程中，柳州周围建起越来越多的工厂；与此同时，这里的生活水平提高了，吸引了更多的居民，而曾是柳州供水水源的柳江遭到了污染。21世纪初，市政府意识到必须建立一个包括污水处理厂在内的城市供水系统。由于无力承担这笔费用，柳州在2005年向世界银行借款1亿美元。然后，它与威立雅签订了一份30年的合同。威立雅公司派出了施工队。很显然，它需要收回投资，因此提高了水价。

柳州的历史中心位于柳江一处巨大的弓形地带，这里犹如一座半岛。半岛的北端有一个破旧的公共广场，附近是一家废弃的工厂，在城市地图上标注的是毛巾厂。这家工厂在当前这波现代化浪潮到来之前倒闭了。这个社区的大多数居民仍然住在倒闭的工厂的宿舍区里，至少在我路过那里的时候，他们是这么告诉我的。许多人是领取养老金的退休人员；有些是农民，他们被迫离开土地，为在城外兴建的工厂让路。他们不是富人，他们对水价的变化很敏感。我在毛巾厂的广场上闲逛了几个小时，遇见了6个人，单单水费一项，就占他们收入的1/4或更多。

经济学常识并不适用于这样的社区。在距离毛巾厂广场几个街区的地方，一位名叫魏文方（音译）的老人向我挥手。他听到我问起水的问题，很想参与讨论。（我猜想，跟其他居民一样，他也是想找个机会跟乔希说话，这让他们很开心。乔希是我的朋友兼翻译，会说普通话的蓝眼睛高个子在当地很少见。）魏说，直到1975年，城市用水都是免费的：你只要把一个水桶放入河水里就行了。那个时候，柳江的水是可以看到河底的！他一边说一边用力地挥舞着双手。但是现在，魏先生每月需要支付近10美元，相当于他的养老金的1/4还多，来购买根本不值这个钱的水。当我问他节约用水是否能省钱时，他哈哈大笑起来。他说，这附近的每一个水表都覆盖了六七十套公寓，其中的许多公寓都有一个以上的家庭。账单总额在居民中平均分配。"没有办法省钱，"他告诉我，"不管你怎么节省，在这么多的人群中，根本看不出差别来。整个城市都是这样。"

柳州水务公司根据合同成立了，其所有权由威立雅（49%）和柳州市（51%）分割。从跟他们的谈话中，我感到人们并不确定这会带来什么。一些人表示，51%的股权意味着政府实际上掌握了控制权。另一些人则担心，整个计划是政府官员逃避责任的一种方式——他们雇了一家外国公司来建造一座工厂，而不是去阻止有权势的工厂主们污染河流。这只是人类长期无法自我管理的一个小例子。"水是足够喝的，"魏说，"每个人都知道，这不是问题所在。"

减少、重复使用和回收

这里的设备装置规模巨大，全被粉刷成白色，而且环境十分嘈杂。它夹在一条州际公路和太平洋之间，位于附近一座发电厂的阴影之下。这个建筑群由三个部分组成，每一部分都像一个平淡无奇的金属和玻璃盒子，其风格类似于郊区的汽车经销店。在这三个部分中，最大的一部分是一个足球场大小的大厅，天花板有大约9米高。里面充满了大型水泵的搏动声。工人们戴着安全帽和降噪耳机。一排接一排望不到尽头的两米多长的灰色管子，一直架到天花板上，这些管子通过蓝色的软管与粗大的白色管子连接起来。这些管子被连接到更大的管道上，然后连接到一条十几千米长的地下管道。这个设备位于加利福尼亚州南部的卡尔斯巴德（Calsbad），以一位受人爱戴的前市长的名字命名。在经历了17年的法律和政治争论之后，它于2015年12月正式启用，为50万人提供淡水。它是西半球最大的海水淡化工厂。每天，它从大约5 000万加仑的水中去除盐分。

卡尔斯巴德在1998年首次提出海水淡化计划，因为地方政府官员担心，随着人口和经济的增长，该地区的水资源将会枯竭。这座城市位于从科罗拉多河到加利福尼亚州南部的输水管道的末端。市政府担心，如果供水出现短缺，排在最后位置的他们会很麻烦。卡尔斯巴德项目就好比把一根吸管插进一望无际、亘古存在的水源——太平洋。这将是对巫师派解决问题方式的一次考验，看他们是否能超越当地的生态限制，一劳永逸地消除对水资源短缺的担忧。

海水重量的3.5%由溶解盐组成，其中大部分是食盐。"反渗透"是最常见的去除盐分的方法。反渗透原理很简单，但在实践中却很复杂，例如，需要制造高压，迫使海水通过一个膜，膜上有非常纤细的孔，这些孔可以让水分子通过，但却可以阻挡稍大的盐分子。这项工程的一个困难之处在于对膜的要求很高，这种膜既要足够坚固，能够承受持续的压力，又要足够精细，能够让水通过。另一个方面的困难在于使数百万加仑的海水通过薄膜的发动机的燃料成本。卡尔斯巴德工厂为该地区提供了10%的水，但其成本却占了25%。建造它的资金约为10亿美元。

卡尔斯巴德的反渗透设备由IDE技术公司设计。IDE由以色列政府于1960年建立，其全称为以色列海水淡化工程（Israel Desalination Engineering）。以色列第一任总理戴维·本-古里安（David Ben-Gurion）发起了一个特别项目，旨在消除该国对约旦和叙

卡尔斯巴德海水淡化厂，为美国最大的海水淡化厂，于2015年投产

利亚一直在争夺的约旦河的依赖。最初，他们希望从海水中冷冻淡水，事实证明，这昂贵得超乎想象。之后，IDE工程师们尝试了一个又一个海水淡化方案。他们取得了很大的成功，签订了合同，在那些无法用其他任何方式提供水的地区——例如，加那利群岛和伊朗的几个偏远的空军基地——建造几座海水淡化工厂。但海水淡化的大规模应用仍然是一个遥远的前景。

1966年，以色列邀请美国加利福尼亚州的科学家西德尼·勒布（Sidney Loeb）到贝尔谢巴的本-古里安大学（Ben-Gurion University）工作一年。[375] 勒布于1941年获得工程学学士学位后，在工业界工作过一段时间。但他并不满足于现状，40岁时辞去工作，去了加州大学洛杉矶分校的研究生院。和以色列的研究人员一样，加州大学洛杉矶分校的科学家一直在寻找实用的海水淡化方法。勒布与加拿大人斯里尼瓦萨·索里拉金（Srinivasa Sourirajan）一起加入了这项任务。

1960 年，他们开发出了第一个成功的反渗透处理方法——在实验室里，它"成功"了，而不是可以在现实世界中应用。很快，索里拉金遇到了签证问题，勒布独自一人继续这项研究工作，不断调整至关重要的薄膜。到 1965 年，这项技术已经很先进了，足以让勒布在科林加（Coalinga）建造全美洲第一座有商业价值的反渗透工厂，科林加是圣华金山谷的一个约有 6 000 人的城镇。地下水含盐量非常高，居民们不得已要用罐车运送饮用水。勒布的这个装置很小，小到可以安装在镇子里的消防站，但它却提供了镇上大约 1/3 的饮用水。它是由科林加唯一的一位消防员来操作的。

勒布的成功并没有给他带来什么好处——科林加的供水很昂贵，而北美其他大部分地区的供水都比较便宜。但是，科林加的工厂在以色列引起了共鸣，勒布受到邀请，在那里教授反渗透课程，并在内盖夫南部边缘的一个集体农场建立了一座反渗透工厂。最初，集体农场的人担心水里会充满化学物质，拒绝饮用勒布设备提供的水。该大学派了一名医生，向集体农场的人解释说，集体农场已经抽取了大量地下水，剩余地下水中的矿物质正在累积到有毒程度。集体农场的人重新考虑了一下，开始饮用这种水。现代海水淡化工业诞生了。如今，全世界有超过 1.8 万家海水淡化厂在运行。这一领域正在增长，但也存在着争议。其中最大的争议发生在加利福尼亚州。

加利福尼亚州一直遭受着干旱的困扰，而到了 21 世纪，干旱发生得更为频繁。2007 年至 2017 年，只有一年不是干旱年；2011 年至 2014 年是加利福尼亚州 1 000 多年来最干旱的时期。巫师派和先知派一致认为，必须采取措施来保护这个州；但是，在具体措施方面，他们存在分歧。

巫师们把矛头指向该州的水库大坝，认为其规模实在太小；由于无法储存加利福尼亚州偶尔出现的暴雨，这些水库经常不得不在干旱时期排水。巫师派认为，扩建大坝是明智的选择，可以建设一个

30 千米左右的蓄水池来储存萨克拉门托河（Sacramento River）的水。长期以来，他们一直在酝酿的是一项耗资数十亿美元的计划，修建两条近 60 千米长的地下隧道，将同一条河流的水输送至中央山谷项目和国家水利项目。也许最重要的是，加利福尼亚州已经提出建设 20 多个大型的海水淡化厂（并不是所有的都在积极推进）。巫师派认为，海水淡化工厂必须现在就建立起来，为将来的需要开发这项技术；成本会随着经验而降低，就如同太阳能发电一样。

巫师派说，寻找更多的水对农业尤其重要。如果世界需要生产更多的粮食（也许是两倍的粮食），那么拥有良好土壤和温暖气候的加利福尼亚州就是粮食有望增产的地区之一。如果这些食物是由 C4 水稻或其他高产谷物提供的，那么加利福尼亚州将需要水来种植它们。农业生产已经消耗了该州 4/5 的水资源。大幅提高农业生产率意味着需要增加水资源供应，从长远来看，这意味着必须对海水进行淡化。巫师派认为，归根结底，这是人们超越局部极限的唯一途径。[376]

先知派反对这些说法。他们认为，海水淡化厂会杀死海洋生物，海水淡化后的剩余盐水排放到海里会污染海洋，提高公用事业支出——所有这些都是因为大型企业感觉受到了软路径的束缚。先知派提出的方案包括水的循环利用、雨水收集、草坪和花园浇水规则、泄漏跟踪、废水再利用、设备和固定装置效率标准、钻井控制（钻井几乎不受监管，导致地下水枯竭）是一系列小规模的变化，主要是鼓励人们和企业改变习惯，提高效率。可以用英语的三个 R 来概括这种方法：减少（reduce）、重复使用（reuse）和回收（recycle）。

这些措施中有许多适用于城市。但是先知派认为，软路径也适用于农业。在加利福尼亚州，超过一半的农场采用大水漫灌的方式灌溉，将农田覆盖在几英寸深的水中，就像古代新月沃地的农民一样。用洒水器代替漫灌，可以节省大量的水；在土壤已经湿润的情况下，不使用灌溉就可以保存更多的土壤。（令人难以置信的是，即使下雨，灌溉仍在继续。）通过调整农民的种植方式，可以进一步节省开支，就像以色列对棉花生产所做的那样。例如，在美国，大多数杏树都是由圣华金河谷的大约 400 家大型企业种植的，这些企业使用了该州约 10% 的供水。该州仍然是美国最大的紫花苜蓿生产地，紫花苜蓿是养牛用的饲料。大部分饲料被送到其他州，而这些州可以自己种植牛饲料；有些产品还出口到太平洋彼岸。与此同时，种植紫花苜蓿所用的水比加利福尼亚州所有家庭的用水量都大。如此等等。[377]

　　加利福尼亚州的争议将会以不同的方式在全球范围内引起反响。硬路径创造了巫师派通用的解决方案，不受当地的条件或知识的影响。它很自然地将我们引向一片广阔的、起伏的麦田——集中生产的愿景。采用软路径的社会将通向具有滴灌和多种作物的小型农场体系——先知派所喜欢的有人居住的、网格化的空间。一派是珍视某种自由，另一派是看重某种共同体。一派将自然视为一套可以自由使用的原材料，另一派的观点是，每个生态系统都有其内在的完整性和意义，即使它限制了人类的行动，也应该予以保护。这些各不相同的选择带来了截然不同的生活图景。那些看似针对现实问题的争论，实则都是人类内心的争斗。[378]

第六章 火：能源

坑洞镇 [379]

首先出现的是井架，随之而来的是酒吧和妓院。再往后，就是荒原。

1859 年，美国第一口油井在宾夕法尼亚州泰特斯维尔成功开钻。[380]6 年之后，也就是 1865 年 1 月，在我站着的这个地方——十几千米外坑洞溪附近一处几乎无人居住的坡地上，发现了更多的石油，比以往任何时候发现的石油都多。几周之内，人们钻开了大量的新油井，石油喷涌而出，像河流一样流淌着，穿过覆盖着雪的坡地。成吨的石油被装进简易桶中，运输石油的马车在泥泞的小路上一辆接着一辆地颠簸前行，把石油运到城外。如果有一辆马车陷入泥潭，后面的那些马车就可能会被困上好几天。一些公司转而将石油运到坑洞溪多岩石的浅滩边上，在那里筑起堤坝，把装满原油的桶堆在木筏上，然后打开堤坝，让木筏随着波浪顺流而下。船筏倾覆的情况频繁发生，甚至有些人在河岸边撇取原油，这成了有利可图的生意。

放眼望去，四面八方的树都被砍伐一空，用来建造石油筒仓、石油桶，铺设运输石油的道路，以及建造一个拥有 1.5 万人口的新兴石油城市。这是一个凭空变出来的城市，没有官方命名，没有城镇宪章，除了石油，什么都没有。石油溢出地表，把每一个水平面都覆盖上了 30 厘米厚的混合着雪和粪便的油泥（这座城市没有下水道）。大多数人把这个新的定居点称为"坑洞镇"（Pithole）。报纸称之为"油乡"（Oil-Dorado），或佩特罗利亚（Petrolia，意即"出石油的地方"）。[381] 不管它叫什么名字，这里都是疯狂攫取的象征。整个城市的房屋在几天之内就被搭建出来，然后不知什么时候发生了火灾，房屋被烧毁，然后又很快重新建起房屋。石油渗进了饮用水的水井，这一情况是被消防员们发现的。一次，坑洞镇发生火灾，消防队员不停地将水喷洒到大火上；但他们意识到，他们不是在灭火，反倒是在为大火提供燃料。一位发明家抓住这个机会，研发了一种带轮子的消防挖泥机，可以一次铲起数百磅重的泥浆，然后将其弹射到火焰中。在一场火灾中，这位发明家展示他的发明；但是他自己掉进了机器里，被挖泥机弹射到了大火中。

1865 年 8 月，也就是第一次坑洞镇罢工 7 个月之后，超过 300 个井架同时开始作业，还有数百口油井正在施工。人们挥舞着大量现金，狂热地买卖钻井用地。空气中弥漫着烟雾和灰烬，以及人们追逐金钱的叫喊声。无数性工作者涌入这个城镇，她们每天都游荡在那条主要街道上。妓女和嫖客都确信，自己看到的是会持久存在并改变世界的大业。[382]

这个月还没过完，一口大油井就不出油了。紧接着，其他油井也泵不出石油——石油枯竭了。妓院老板对其顾客的情绪最为敏感，很快就把妓院撤走了；其他一些不那么敏锐的商人紧随其后，纷纷离开。到 1866 年春天，已经有几十座房屋处于空置状态。坑洞镇建镇才刚刚一年，就已经崩溃了。1870 年，只有 281 人居住在那里。8 年之后，有人用 4.37 美元买下了整个城镇。[383]

在坑洞镇昙花一现的全盛时期，小镇的主要街道泥泞不堪，两边的房屋杂乱破败

现在（在同一地点拍摄的对照图片），世界上第一个石油新兴城镇几乎完全看不到昔日的踪影

现如今，坑洞镇的原始结构已经荡然无存。我在这里四处闲逛，沿着曾是街道的小路漫步，经过曾经房屋林立的空地，连个人影都没有看到。有人沿着小路种了树。手写的标牌标明了那些已经消失了的建筑物的位置：酒店、律师事务所、银行。山顶上立着一座小博物馆，开馆的时间不固定。石油时代在这里昙花一现，此时，昔日的一切荡然无存。

短暂、世俗的繁荣曾烜赫一时，然后，倏然坍塌——当然，坑洞镇的居民们并没有想到，他们的未来会是这个样子（无论如何，他们中的大多数人不会想到）。在这座城市的废墟中漫步，我很难不去想，我们的工业时代可能就是一个放大了的坑洞镇：财富短时间内激增，大部分被挥霍掉，当世界的燃料供应被消耗殆尽的时候，就是终结。

我驱车前往坑洞镇的时候，公文包里塞满了科学家、石油公司和国际机构的报告，一大堆图表预示着世界的明天和后天需要多少能源。还有更多的预算数据塞满了我的电脑硬盘。2013 年到 2035 年增长 37%。2014 年到 2040 年增长 37%。到 2050 年增长 61%。到 2050 年增长 100%。预测结果不尽相同，但是在每一个预测数据中，都有能源需求的增长——有时上升得很快，有时上升得更快。[384]

如果必需品的供应没有了，会发生什么？如果 100 亿人口的世界突然出现短缺呢？答案很容易想象得到：工业文明将以可怕的方式走向崩溃。坑洞镇的所有居民无一例外都想成为一夜暴富的投机商，都确信他们正在创造一个繁荣的、持久的明天。几个世纪以后，当我们的子孙后代回过头来看我们这个时代的时候，他们会不会也因为我们对未来同样不负责任的看法而嘲笑我们呢？

奇异的森林

化石燃料是古老的光源。3 亿年前的石炭纪，奇异的森林覆盖了世界。其中许多都是高大粗糙的鳞木（lepidodendron）：鳞片状、30多米高的树干，顶端长着像草一样茂盛的叶子。其他的主要植物还有卡车大小的马尾松以及像公寓楼那么高的蕨类植物。尽管这些生物与我们这个时代生存在地球上的任何树木都不相似，但它们与现代的树木一样，是光合作用的产物；也就是说，它们是有机电池，储存来自太阳的能量。石炭纪期间，地球上的大陆板块正在发生改变，形成一个巨大的超级大陆，被山脉和沿山脉延伸的巨大沼泽盆地切割。整个森林都掉进了盆地里，掩埋在没有空气的淤泥中。今天，当植物死亡时，真菌会分解它们，将植物中储存的太阳能释放出来。在石炭纪时期，大多数真菌显然还没有进化出分解木质素的能力，木质素是一种让植物的茎粗壮的坚硬化合物。鳞木、木麻黄属植物以及巨型蕨类植物都被埋在几乎无氧的污泥中，真菌的侵袭非常缓慢甚至没有，它们以极慢的速度腐烂，形成了泥炭层。在漫长的岁月里，泥炭被缓慢移动的地球碾碎和加热，变成了煤炭。在一个平行的过程中，地球一直都在压碎和加热海底的浮游生物、藻类和其他海洋生物层，形成了油、天然气以及其他被统称为石油的化合物组成的黏稠物质。在这些破碎的丛林和海床中，日复一日，太阳能等待着，被冻结在时间里，随时准备被开发。[385]

　　已知的人类对化石能源的使用（燃煤取暖和烹饪）最早发生在中国，大约是在公元前 3400 年。[386]煤炭开采并没有很快流行起来。人们发现，砍伐附近森林里的树木用为燃料，甚至烧草和粪便，比在深入地下的矿井里挖煤要容易得多。由于英国是最早将森林树木砍伐殆尽的地区之一，并且那里拥有浅层、易于开采的煤矿，英国人也较早开始使用煤炭。[387]有记载显示，至少从 13 世纪亨利三世统治时期开始，煤炭这种黑色物质就一直为铸铁厂、石灰窑和啤酒厂的锅炉提供动力。这一时期煤炭大多质量低劣，含有丰富的杂质，释放出大量有毒的烟雾。亨利三世的王后、普罗旺斯的埃莉诺（Eleanor of

Provence）无法忍受这些有毒的烟雾，逃离了酷爱烧煤炭的诺丁汉。尽管污染严重，英国和北欧其他国家仍然继续使用化石燃料；由于严重缺乏木材，他们别无选择。[388] 使用化石燃料的选择让这些地方的人在 18 世纪和 19 世纪获得了好处。当时，蒸汽机、高炉和水泥窑的发明极大地增加了对能源的需求——首先是开采新的煤层，然后是石油和天然气。

化石燃料的影响很大。能量有多种来源（太阳能、风能、水力发电、地热），但在整个现代，绝大多数能量都来自化石燃料（煤炭、石油、天然气），正是化石燃料改变了日常生活。我们可以举出和人类福祉相关的任何变量，比如寿命、营养、收入、死亡率、总人口，然后画一张随时间变化的价值图。我们会看到，在几千年的时间里，这些变量的值都处于比较低的水平，然后在 18 世纪和 19 世纪突然攀升，因为人类此时学会了利用煤炭、石油和天然气中的太阳能。[389]"一个生活在公元 1800 年的普通人，并不比公元前 10 万年前的普通人更富裕。"加州大学戴维斯分校的经济史学家格雷戈里·克拉克（Gregory Clark）写道，"事实上，在公元 1800 年，这个世界上的大部分人都比他们的远祖**更贫穷**。"由化石燃料驱动的工业革命改变了这一点；并且，这种改变可能会一直持续到世界末日。

人们开始使用化石燃料之前，当气温下降时，即使是最富有的家庭，室内也会变得很冷。1695 年 2 月，凡尔赛宫的一位访客看到宾客们穿着皮草与国王共进晚餐，在国王的餐桌上，王室的水杯结了一层冰。[390] 一个世纪之后，托马斯·杰斐逊拥有一座宏伟的住宅（蒙蒂塞洛），这里收藏着全国最好的葡萄酒，还是世界上私人藏书最多的地方之一，这些图书后来成为国会图书馆的基础。但是，蒙蒂塞洛在冬天非常寒冷（室内温度为零下 11 摄氏度！）杰斐逊的墨水瓶都冻住了，他甚至无法写信抱怨寒冷。[391]

杰斐逊去世一个世纪之后，人类生活的这些基本方面发生了改变，至少在西方的中上层社会是这样。有史以来第一次，许多人可以为他们的整个住宅供暖，包括卧室；第一次，如果他们愿意，他们可以照亮房子里的每一个房间。中央管道突然变得更加可行，因为建筑物内部的温度不太可能低于冰点，管道也不太可能爆裂。化石燃料被用于更大的范围，它照亮了城市的街道，驱动了铁路和蒸汽船，使钢铁和水泥的大规模生产成为可能，而钢铁和水泥是每个工业社会的物质基础。"煤炭是一种便携式气候，"1860 年，拉尔夫·沃尔多·爱默生（Ralph Waldo Emerson）惊叹道，"每一篮煤炭都代表着力量和文明。"[392]

所有这一切都是显而易见的。像爱默生这样受过良好教育的 19 世纪西方人知道自己生活在一个空前繁荣的时代。而他们那些生活在 21 世纪的后代也非常富有，远远超出了所罗门所能想象的。过去，为了抵御寒冷，人们常常需要砍倒树木，然后把木头高高地垒起来；而今天，数十亿人轻触开关，就能够感觉到热空气涌进房间。难以想象的是，美国汽车的发动机平均功率超过 200 马力——就好像每个郊区的父母都有 200 匹小马供他们使用，但他们不需要给这种动物喂食，不需要带它们去看兽医，也不需要铲除它们的粪便。[393]

那些受过良好教育的西方人也知道，他们的财富和福祉与大量耗费化石燃料是联系在一起的——正因如此，西方的政治人物和商人一个多世纪以来都在为化石燃料供应是否能够持久而担心。早在 1886 年，就有人公开表达了这样的忧虑，宾夕法尼亚州的地质学家 J. P. 莱斯利（J. P. Lesley）在一次传播范围很广的演讲中表示，坑洞镇那"惊人的石油和天然气"只是"暂时的现象，很快就会过去"。他宣布，用不了多久，"我们的孩子就只能艰难地挖泥了"。[394] 化石燃料时代最早、最持久的产物之一就是对这一时代即将结束的担忧。

前两章讨论了两个相关的主题——食物和水，展示了持博洛格观点的巫师派和持沃格特观点的先知派如何致力于为 100 亿人口的世界提供食物。本章和下一章也将讨论两个相关的主题，但它们之间的关系不同。在这两章中，前一章涉及**能源供应**：在一个拥有 100 亿人口的世界上，是否有足够的能源为每个人提供舒适的现代生活？[395] 后一章将要讨论**能源副产品**——使用大量能源给环境带来的影响。到目前为止，能源副产品带来的最大问题——至少可以说是潜在的最大问题——是气候的变化。之所以将这两个问题以这种形式分开进行讨论，是因为从能源供应的角度和从能源副产品的角度看世界，得出的结论是不同的。

巫师派和先知派对能源的看法不同，就像他们对食物和水的看法不一致一样。巫师派支持基于集中能源（煤炭、石油、天然气、铀）的大型、高科技、集中式发电厂；先知派则把希望寄托于小规模、分布式、低影响的社区和家庭级设施，这些设施利用分散形式的能源（阳光、风、地热）。一个半世纪以来，先知派一直在宣扬他们自下而上的愿景，并热情地憧憬着它的胜利。尽管如此，巫师派推崇的大型实用程序在经济上占有巨大的优势，使得另一派的观点直到最近才有机会显露出来。除了极少数例外，只有在人们考虑到大量能源消耗的副产品的情况下，分布式的太阳能和风能才可能具有生存能力。

现在，世界上超过 80% 的能源来自化石燃料，而所有这些能源毫无例外地都是从地下开采出来的。[1] 换一种说法，即人类将拥有的所有化石燃料都已经在这里，等待着被人们从地下开采出来。与之形成鲜明对照的是食物和淡水，粮食按季节从土壤中生长出来，淡水则是从河流、湖泊和蓄水层中不断抽取出来，但水是有限的。从理论上

---

[1] 核电站提供的能源占全球能源供应的 5% 多一点，可再生能源设施略低于 5%。剩余部分来自生物燃料：木材、木炭、乙醇（来自玉米和甘蔗）、生物柴油（通常由植物油制成）等等。最重要的可再生能源是太阳能、风能和水力发电。我把重点放在太阳能而不是风能上，因为先知派（无论对错）最感兴趣的是太阳能，而且关于太阳能的许多观点也适用于风能。我不讨论水力发电，因为缺乏合适的未开发河流，这意味着它不太可能大幅扩张。

讲，人们可以开采出世界上需要使用的所有煤炭，并将其放入一个巨大的仓库里；石油和天然气也是如此。然而，没有人能对食物这么做——有谁会在一个季节内种植足够 100 年的食物供应？而世界上绝大多数淡水要么以水蒸气的形式存在于大气中，要么被地球过滤并储存起来，因此淡水也不能开采——至少是不能在不破坏维持淡水和生命的自然系统的情况下开采。

用经济学术语说，正如我在上一章中提到的，食物和水可以被视为流量——或者更准确地说，是一种临界区流量，一种必须保持一定规模的流量。相比之下，化石燃料就像一种存量，一种数量固定的物品。几乎没有人质疑食物和水的流动可能中断并带来可怕的后果。然而，一个半世纪以来（自坑洞镇那个年代以来），关于世界上是否有足够的化石燃料储备这个问题，人们始终存在分歧。

如今，化石燃料储备将耗尽的概念被称为"石油峰值"，意思是全球石油产量将很快达到峰值，然后下降。这在历史上多次引起恐慌，人们坚信，人类文明正朝着能源灾难的方向急速前行，这种信念已经深深扎根于文化之中。一次又一次，一个十年又一个十年，总统、总理和各个政党的政治人物都曾预测，石油和天然气将很快耗尽。一次又一次，一个十年又一个十年，新的储备被发现，旧的储备被扩大。人们淡忘了他们曾经的恐惧，直到出现下一次警报，下一个灾难的预言。

如果这些恐惧没有代价，那么这一切都无关紧要。然而，事实并非如此。一个多世纪以来，对资源耗尽的恐惧一直是一种恶意的存在，它驱使着帝国主义的入侵，在各国之间煽动仇恨，助长了战争和叛乱。它夺去了无数人的生命。同样有问题的是，石油峰值帮助建立了一套关于自然系统的完全错误的信念，这些信念一再阻碍环境方面的进步。它提出了一个叙事模式，一个多年来一直让活动人士误入歧途的叙事模式。我们经常听说，未来将被能源短缺的危机摧毁，而我们的后代所面临的问题却源自其丰富性。[396]

石油恐慌

　　即使安德鲁·卡内基（Andrew Carnegie）不认为自己是屋子里最聪明的人，他也肯定会如此会表现。卡内基精明而无情，在他的性格中，贪婪与慷慨交织在一起，他为自己比其他人看得更远而自豪。在后来的岁月里，他将成为有史以来最富有的人之一。而且，他是最早预见石油峰值后果的人之一，那时，他只是一名26岁的有前途的铁路主管。

　　1862年，卡内基参观了宾夕法尼亚州的石油开采区，他非常惊讶。他毫不怀疑地说，这种狂热不可能持续下去。卡内基和一个朋友决定成立一家公司，从即将到来的崩溃中获利。正如卡内基在他的自传中回忆的那样，他的合伙人"提议挖掘一个足以容纳10万桶石油的油池，建造一个石油湖……囤积石油，以备将来之用，亦如我们当时所预期的那样，在不远的将来，石油供应将会停止"。当这一切发生的时候，卡内基和他的朋友会处于有利地位。

　　卡内基和朋友筹集了4万美元（相当于今天的100万美元），租下一块油田，挖了一个有6个奥运会游泳池大小的坑，在里面装满了石油；然后，他们等待着石油资源的末日。但是，在此期间，他们的石油库大量泄漏。卡内基和他的搭档意识到，如果他们等待石油供应的终结，那么他们自己的石油也将终结。他们被迫出售石油。与他们的预期相反，他们油田的油井继续出产石油，他们以高利润出售石油。这两个人从4万美元的投资中赚取了几百万美元。卡内基后来说，这是他做过的最理想的投资。[397]

　　其他石油企业家并没有被卡内基的错误吓倒，他们继续期待着石油末日的那一天。当时，宾夕法尼亚州拥有西方世界唯一的大型已探明油田。业内最大公司标准石油公司的地质学家向总部报告说，找到另一个类似地方的概率是 1%。易得石油的时代即将结束，这已成为能源公司的共识。1885 年，当被告知在俄克拉何马州可能会发现石油的时候，标准石油公司的约翰·D. 阿奇博尔德（John D. Archbold）嘲笑道："你们疯了吗？"[398]

标准石油公司的信念既有先见之明，也有误导性。宾夕法尼亚州的石油开采量的确在 1890 年达到峰值，虽然油井到最后也没有完全干涸，但是石油开采量已经开始下降。[399] 而另一方面，在印第安纳州、俄亥俄州、俄克拉何马州，以及尤其是得克萨斯州，新的油田正在涌现。1901 年，一名船员在墨西哥湾附近的得克萨斯州东部发现了这种黑金。石油以每天 10 万桶的速度向空中喷射，高达 45 米，比宾夕法尼亚州的任何一次喷射都要大。工人们在这场梦幻般的黑雨中忙碌着，花了 9 天时间来控制喷口。这时，一个新的坑洞镇——得克萨斯州博蒙特——已经形成了。[400] 与坑洞镇不同的是，数十年来，博蒙特一直有石油可以开采。

每一座新发现的油田都比上一座要大，但每一次发现似乎都会强化人们的不安。[401]1908 年，就在石油源源不断地从得克萨斯州涌出之际，西奥多·罗斯福总统将美国所有 46 位州长请到白宫，讨论如何应对化石燃料和其他自然资源"即将枯竭"的情况——"这是美国目前面临的最严重的问题"。[402] 之后，罗斯福要求美国地质勘探局（U.S. Geological Survey）对国内石油储量进行分析，这是有史以来首次进行此类分析。1909 年发布的结论非常明确：如果美国继续保持"目前的产量增长率"，那么"几年之内"就会出现"显著下降"的趋势。大概在 1935 年，产出将跌至零点。这是一个预言，调查重复了这个预言，它又出现在一份又一份的年度报告里，持续了近 20 年。[403]

虽然他们并不知道，但做调查的地质学家呼应了大西洋彼岸的警告。英国是第一个实现工业化的国家，也是第一个意识到其对化石燃

博蒙特第一次石油罢工两年后，这里的景观已经从人口稀少的牧场和稻田变成了林立的石油井架

料（具体说是煤炭）的依赖并担心其枯竭的国家。早在 1789 年，这个国家还只有几百台燃煤蒸汽机的时候，威尔士工程师约翰·威廉斯（John Williams）便警告说，煤炭供应很快就会枯竭，随之而来的是"这个繁荣而幸运的岛屿的兴盛与荣耀"的终结。[404]

威廉斯的可怕预测引发了长达数十年的争论。一边是天真的乐观主义者，他们中的大多数是科学家。其中最引人注意的是罗伯特·贝克威尔（Robert Bakewell），他是英国最著名的地质学家之一。1828 年，他声称英国的煤炭储量将能维持 2 000 年。另一边是悲观主义者，他们大多是经济学家，这些人当中，没有谁比年轻的英国学者威廉·斯坦利·杰文斯（William Stanley Jevons）更悲观了。他在《煤炭问题》（The Coal Question，1865 年）一书中用了 380 页的篇幅，详细阐述了对于煤炭，为什么"我们无法长期保持目前的消费增长率"。

贝克威尔认为，各个公司使用煤炭的效率正在不断提高，这将使全国的煤炭供应持续更长的时间。杰文斯说，错了。他的看法现在被称作"杰文斯悖论"[405]（Jevons paradox），他推断，使用效率的提高将降低能源成本，更低的成本将鼓励人们更多地使用，从而更快地耗掉英国的储备。从哲学家约翰·斯图尔特·密尔（John Stuart Mill）到未来的首相威廉·格莱斯顿（William Gladstone）等具有影响力的人物，他们都赞同这些悲观的看法，并呼吁节约煤炭。伟大的英国物理学家开尔文勋爵（Lord Kelvin）在 1891 年宣布，杰文斯悖论是正确的："世界上的煤炭储备肯定会耗尽，而且不会是慢慢地耗尽。"

正如杰文斯所警告的那样，英国的煤炭产量在 1913 年达到峰值，但全球储量仍在继续攀升，没有出现短缺现象。[406] 这个令人欣慰的结果并没有带来什么不同。伦敦再次被化石燃料短缺的噩梦困扰——但这次造成困扰的短缺不是煤炭，而是石油方面的。敲响警钟的是海军部第一大臣温斯顿·伦纳德·斯宾塞·丘吉尔（Winston Leonard Spencer Churchill）。丘吉尔于 1911 年被任命，之后，他异常活跃，开始致力于皇家海军的现代化。英国刚刚将其整个舰队从不稳定的用风力发电转变为靠煤炭提供恒定动力。此时，丘吉尔宣布，英国必须再一次改革海军。燃烧一磅燃油产生的能量大约是燃烧一磅煤的两倍。因此，一艘以石油为燃料的舰船可以行驶的距离大约是同等规模的以煤炭为燃料的舰船的两倍。石油所具有的更高的**能量密度**意味着，只有石油，而非煤炭，才是化石燃料中的首选。[407]

由于英国几乎没有石油，英国官员担心，改装后的舰队会对外国实体产生依赖，这个前景是很可怕的。1913 年，丘吉尔在议会中说，显而易见的解决办法是，让英国人成为"我们所需的至少一部分天然石油的所有者，或者至少是控制者"。政府很快购买了现在的英国石油公司 51% 的股份，该公司拥有石油的"源头"——伊朗（当时被称为波斯）。[408]

1901 年，与伊朗谈判后达成的石油开采权条款对伦敦方面非常有利，以至于伊朗方面表现出了卖方后悔的迹象。为了阻止抗议活动，英国暂时控制了伊朗政府。1919 年，他们试图使这种安排永久化，这一尝试引发了暴动。两年后，英国策划了一场政变，让新国王上台。新国王在公开场合发誓要保护伊朗不受那些外国势力的影响，但在私底下，他却向这些外国人保证，永远不会中断向他们的石油供应。[409]

伊朗并不是石油恐慌的唯一焦点。第一次世界大战期间，英国、法国、意大利和俄国制定了瓜分奥斯曼帝国的计划，奥斯曼帝国曾与德国和奥匈帝国结盟对抗它们。除了战略位置优越的奥斯曼帝国首都伊斯坦布尔（旧称君士坦丁堡），最有价值的战利品是位于现在伊拉克、科威特、巴林和沙特阿拉伯的石油区。它们通过一系列秘密会议制订了计划，但美国拒绝了——这可能将伊斯坦布尔授予莫斯科。几国还在争吵的时候，希腊入侵奥斯曼帝国，无意中点燃了创造现代土耳其的革命之火。由于不愿意干涉，欧洲人放弃了他们对奥斯曼帝国腹地——今天的土耳其——的觊觎，把重点放在了石油地区，那里太远了，革命军无法防御。直到 1928 年，双方才对如何分配开采权达成一致，英国赢得了众所周知的最大份额。[410]

从今天的角度来看，对中东石油的狂热似乎离奇地与现实脱节。当时，有两个国家主导着石油生产：美国（约占 2/3）和苏联（约占 1/5）。两个国家开采石油的速度都在加快。[411] 从 1920 年到 1929 年，美国在消耗量不断增加的情况下，原油储量还是几乎翻了一番。[412] 在这期间，1917 年革命之后处于崩溃状态的俄国石油工业，在苏维埃政府的初期阶段开始复苏；到了 20 世纪 20 年代，苏联的石油产量几乎翻了两番。不断传来发现新油田的消息。例如，委内瑞拉 1920

年时几乎没有可开采的石油，而到了 1929 年则每天开采石油 50 万桶。[413] 石油犹如洪水在全世界泛滥。

尽管如此，西方世界的政客们仍然在继续煽动石油危机的幻象。我在翻阅 20 世纪 20 年代报纸的档案时，发现了 1 000 多篇文章，都在预言"石油危机"、"石油饥荒"或"石油短缺"是不可避免的。[414] 其中一些文章提到，石油公司的高管们对石油末日的呼声不太理解。但是，总的基调是不祥的。《洛杉矶时报》（*Los Angeles Times*）1923 年的一篇文章写道："美国正面临着石油供应近乎短缺的局面，其严重程度已经威胁到美国的经济结构。"一年后，《休斯敦邮报》（*Houston Post-Dispatch*）预测："两年内会出现石油荒。"1925 年的《布鲁克林每日鹰报》（*Brooklyn Daily Eagle*）宣称："15 年或 20 年后，石油就会枯竭。"1928 年，一项由 12 个部分组成的特别调查报告明确表示："没有任何可能的理由假设未来有充足的石油供应。"[415]

一系列的负面预测产生了一定的作用：美国和欧洲列强急忙控制中东、拉丁美洲和非洲的每一滴石油。鉴于这些地区过去 80 年的历史，很难将这些举措视为持久的成功。伊朗、委内瑞拉和尼日利亚的政变和未遂政变，1973 年和 1979 年的石油危机，"能源独立"计划的失败，伊拉克、科威特和叙利亚的战争——这种由愤怒和依赖交织而成的恶性关系，已经持续了 90 年，并且毫无改观。在石油峰值周期性恐慌的驱动下，有时，这样的情况似乎是全球关系结构的根本，就像地球围绕太阳旋转的万有引力定律一样。

尽管还有许多其他因素也起了作用，尤其是宗教因素，但我们可能宁愿石油峰值这个概念从未被发明出来。但是，这种幻想可能是不合理的。有没有一种可能，石油末日的预言者是正确的，只是过早地拉响了警报？毕竟，地球是有限度的，它所包含的能量也因此一定是有限度的。认为化石燃料终将耗尽，这难道不是完全合理的吗？

"一个巨大的倒置灯罩" ⁴¹⁶

1866 年 6 月，在法国中部的图尔，一名高中数学教师将一台玩具蒸汽机连接到一个装满水的小金属容器上。这位教师与一位机械师朋友一起，将这个装置放在一面曲面镜前。镜子的形状像一个浅槽，将阳光聚焦在容器上。一小时后，金属容器里的水开始沸腾。蒸汽喷涌而出，驱动着蒸汽机——"超出了我预期的成果！"这位教师不无得意地欢呼道。这是第一个真正应用太阳能的例子：将太阳能转化为机械力，从而完成有用的任务。

今天，这位数学教师只是历史发展的一个注脚，但是明天他或许会在正文中占有一席之地。他的名字叫奥古斯丁-贝尔纳·穆肖（Augustin-Bernard Mouchot）。⁴¹⁷1825 年，他出生在巴黎东南部的一个村庄，是一名贫穷锁匠的 6 个孩子中最小的一个。穆肖艰难地完成了自己的学业，之后成了一名教师，在穷乡僻壤从一个职位漂泊到另一个职位。在此期间，他逐渐获得了数学和物理学的专业学位。1860年，他在法国西北部教书，当时，一种强大的洞察力促使他进行了数十年坚持不懈的研究工作。

与英国一样，法国的上层和中产阶级很清楚，他们的繁荣依赖于煤炭能源。但与英国不同的是，法国几乎没有煤炭，因此不得不以高昂的价格进口大部分煤炭。包括穆肖在内的许多法国人担心外国会停止向法国出售煤炭，或者更糟的是，外国的煤炭矿藏会耗尽。穆肖在一份宣言中警告说，如果那不幸的一天到来，法国工业将不再拥有"作为其伟大扩张的部分原因的资源。那么，随后会怎么样呢？"一瞬间，他意识到了解决方案："太阳！也就是说，一个强大的炉子，可以为机械应用提供热量。"⁴¹⁸

奥古斯丁·穆肖绝对不是第一个意识到可以利用太阳能的人。两千多年来，中国的建筑师们一直喜欢将房屋门窗朝南，让阳光在冬季也能够射入房间，让寒冷的室内温暖起来。数千英里之外，希腊学者们向他们的门徒阐述了同样的建筑原理。根据太阳能编年史家约翰·佩林（John Perlin）的说法，罗马人后来也是这么做的，我在这里引述他在其作品中讲到的内容。为了给公共浴室的房间供暖，罗马人建造了巨大的朝南窗户，庞贝城的热水浴池（caldarium）的窗户，其规格为198厘米×295厘米。[419]

奥古斯丁－伯纳德·穆肖

历史学家把欧洲在罗马灭亡后的那段时间称为"黑暗时代"。现在我们知道，当时欧洲的学术和艺术仍在继续蓬勃发展；然而，对太阳能的利用却几乎终止了。富人不再在别墅和豪宅的南侧安装玻璃窗，穷人也没有调整棚屋的方位以利用阳光。（在这方面，黑暗时代倒是确确实实黑暗下去了。）直到文艺复兴时期，欧洲人才再次利用起太阳能，在暖房和温室中安装玻璃墙。直到18世纪，自然科学家才试图弄明白，为什么"当太阳光线穿过玻璃的时候，房间里、马车棚里或任何其他形式的封闭空间会更热"。这段话出自瑞士科学家霍勒斯－贝内迪克特·德·索绪尔（Horace-Bénédict de Saussure）之口。1784年，索绪尔建造了第一个"热箱"——一个小木箱，用软木隔热，顶部是一片玻璃。索绪尔在小木箱里放了一个注了水的容器，在一个阳光明媚的夏天，他把小木箱拿到室外的太阳底下。了不得的是，水很快就开始沸腾了。

将近一个世纪之后，穆肖给索绪尔的想法加上了自己的创意：用镜子聚集太阳光线。可以肯定的是，早在 3 000 年前，人们就在用镜子聚集阳光了——当时的中国农民会携带用于生火的小镜子。[420] 但是，利用阳光和镜子把水烧开，然后利用蒸汽驱动发动机，穆肖是第一个这么做的人。

穆肖最初的努力引起了极大的关注，这让他加入了一个著名的军事研究团队。经过 3 年断断续续的修修改改，他做出了一个工作模型——那个用玩具蒸汽机测试的模型。1866 年 9 月，他兴高采烈地将自己的发明献给了拿破仑三世。不久之后，穆肖开始写书，做必不可少的自我推销。[421]

那时，他已经转到了图尔的一所更负盛名的高中；经过协商，学校减少了他的教学任务，这样他就可以把更多的时间花在镜子上了。没有家人朋友的负担，他每时每刻都在实验室里度过。1870 年，他在巴黎市中心的杜伊勒里宫（Jardin des Tuileries）安装了一台 2 米多高的太阳能发动机。旁观者们惊讶地发现，这是一台没有任何可见燃料来源的发动机。一个靠着阳光运转的马达！难怪人群如此兴奋。[422]

不幸的是，在穆肖展示机器几个月后，法国向普鲁士宣战。在一系列军事灾难之后，普鲁士军队在巴黎横冲直撞，拿破仑三世流亡海外。在混乱中，太阳能发动机永远消失了。

1874 年，不屈不挠的穆肖又组装了一台太阳能发动机，安装在图尔图书馆前。它有一个围绕着锅炉的锥形镜子，将热量集中在每一侧。"一个巨大的倒置灯罩，"一位热心的记者这样称呼这个仪器，"它的凹面朝向天空。"镜子通过一个辅助装置跟踪太阳在天空中的移动。在炎热、晴朗的日子里，这个装置每小时可以煮沸近 5 升的水，足够驱动一台半马力的马达。这是一个巨大的成功，吸引了无数观众。而此时，穆肖认识到了太阳能的局限性。

阳光是足够的，而且是免费的；但是，阳光并不是什么时候都有，并不是可靠的存量。穆肖的发动机在夜间或者多云的日子里都是没有用的——而法国的天空经常多云。即使太阳的光照充足，镜子本身也是昂贵的。一位持怀疑态度的工程师在回顾穆肖的工作时指出，运行一台典型的单马力蒸汽机需要"大约两千克的煤"。为了利用太阳能来驱动一台发动机，穆肖需要一个面积约 30 平方米的镜子。操作一台工厂规模的机器需要数百个巨大的镜子，这是一笔巨大的开支。与此同时，法国工业并没有像许多人预测的那样面临燃料耗尽的问题。巴黎与伦敦签署了一项贸易协定，法国到处都是英国生产的煤炭。[423]

为了挽救自己的工作，穆肖为发展太阳能提出了一个新的理由：太阳能可以充当帝国扩张的工具。19 世纪 70 年代，法国征服了阿尔及利亚，将数千名殖民者派遣到沿海刚刚建立的村庄。能源问题阻碍了对这些地方的殖民占领；殖民地不仅必须从地中海对岸进口几乎所有的煤炭，而且没有铁路将煤炭从港口运输到这些新的法国村庄。穆

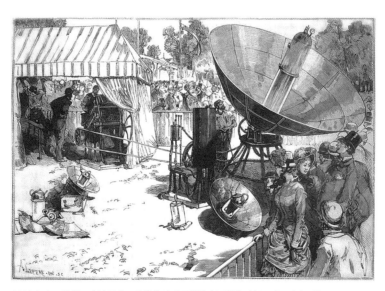

1882 年在巴黎的一次演示中，穆肖的助手用他的太阳能发动机驱动一台印刷机

肖承诺,太阳能将使阿尔及利亚成为法兰西帝国中高产的附庸。获得政府拨款后,他走遍了整个殖民地,测试了太阳能灌溉泵和太阳能蒸馏厂。在沙漠中,一次感染使他几乎失明,又一次发烧让他几乎失聪。他不顾自己的痛苦,撰写了关于示范项目的报告,这些报告让殖民当局兴奋不已,他们要求他代表阿尔及利亚参加1878年在巴黎举行的世界博览会。在博览会上,这个被穆肖称为"有史以来最大的镜子"的设备驱动着一个冷冻柜,这让参观者大吃一惊。利用太阳的热量来制冰!穆肖在博览会上获得了一枚金牌。穆肖几乎看不见也听不见,但这并不影响他获得法国荣誉军团(French Legion of Honor)的骑士勋章。[424]

两年后,他放弃了自己的事业。失明和失聪并没有打败他,煤炭的问题却打败了他。[425]历史学家估计,在1800年,英国所有的蒸汽机可能产生5万马力。[426]到1870年,这一数字飙升至130多万马力,增长了25倍。没人会有耐性等待太阳能爱好者摆弄镜子,而且这在雨天并不能产生能量。穆肖尝试着说服社会上的人从稳定的煤炭储备转向不稳定的太阳的光照,而人们对此并不感兴趣。[1][427]

不过,还是有人投身太阳能事业的,其中最著名的是约翰·埃里克松(John Ericsson),他是一名瑞典裔美国工程师,以设计美国海军第一艘服役的铁甲战舰"莫尼特号"(Monitor)而闻名。1868年,也就是穆肖首次展示他的装置4年后,埃里克松揭示了即将到来的"煤田枯竭"的解决方案:"来自太阳光线的集中热量。"8年后,埃里克松在用于自我宣传的书中宣布,他发明了7种太阳能发动机,但他没有向任何人展示过这些发动机。[428]他说,它们是世界上最早的真正的"太阳能发动机";他嘲笑穆肖,说他的装置"只不过是个

---

[1] 穆肖的最后几年很凄凉。他靠微薄的养老金生活,对自己的财务状况并不清楚;债主扣押了他的财产。1912年,他在孤独、肮脏的环境中离世。

玩具"。

我们有理由质疑埃里克松[他是天才的工程师，也是还没完成就开始宣传的"雾件"（vaporware）的先驱]是否真的造出了太阳能机器。他对此极度保密，不允许访客参观他的实验室，经常拒绝让他的发明接受审查，甚至也不允许给他提供资金支持的人查看他的发明。他一再承诺会有新的突破，但新突破直到最后都没有出现过。1888年，在他的另一次提前宣布后不久，他突发心脏病去世。一篇讣告称，发动机"占据了他的大脑，直到他生命的最后时刻"。"虽然他几乎不能说话，但他还是让总工程师将脸凑近自己的脸，给了他最后的指令，让他接着进行发动机这项工作，并要求他保证这项工作定会继续下去。"

作为太阳能发明家，埃里克松是失败的，但是他确实怀有对未来的愿景，并在其宣言和文章中进行了阐述。[429] 他断言，明天的世界将跟太阳光一样干净明亮。那将是一个没有烟囱、没有有毒的熔炉或昏天黑地的煤矿的世界。在免费太阳能发电的光辉浪潮的支撑下，世界各地都将利用当地数以百万计的太阳能发动机获得热量和光线。一个普遍繁荣的新时代！——所有这些都来自对取之不尽的太阳光的利用。这是第一次有人清晰地表达出先知派将在 20 世纪 70 年代提出的口号：清洁、廉价、分布式的能源，一个在社区、农场和车间层面上产生和分配的光和能源、惠及全球的锦绣图画。

埃里克松的先知派愿景的当今版本是由没有正式学位的环境保护活动家艾默里·洛文斯首次提出的。1976 年，洛文斯在《外交事务》（*Foreign Affairs*）杂志上发表了一篇文章，介绍了能源发展的"软路径"——20 年后，这些想法启发了水资源倡导者，让他们为水资源寻找一条"软路径"。[430] 洛文斯说，硬路径意味着从大型发电厂、管道、油轮等大型综合设施中获得越来越多的能源。所有这些都是巨大的、脆弱的、具有生态破坏性的，所有这些都需要专制的技术官僚机

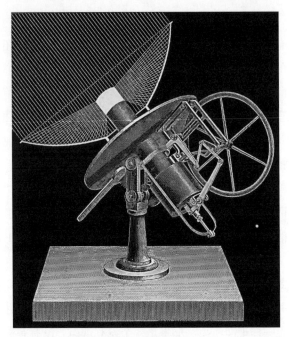

约翰·埃里克松坚称，他的太阳能发动机设计（图为一份 1876 年的设计图样）与穆肖的设计没有任何关系

构的控制。相比之下，软路径由可再生能源网络自下而上提供能量。它规模小，灵活，尊重生态环境的极限，还能促进社区控制和民主。毫无疑问，洛文斯是追随软路径的人。

　　这些想法引起了极大的关注——以及大为震惊的能源高管的强烈谴责。但是，无论是洛文斯还是埃里克松，他们的观念都不新。他们对软路径的设想只是对已有数千年历史的前现代能量系统的延伸，古时，每个家庭都有单独的木料堆，而现在取而代之的是单独组装的镜子（埃里克松）或风车和太阳能电池板（洛文斯）。从长远来看，与之截然相反的巫师派的愿景是新颖的，这一愿景最初是由一个名叫弗雷德里克·温瑟（Frederick Winsor）的人在 19 世纪初提出的。

温瑟这个人一半是天才，一半在骗子，他帮助创造了一个对现代生活极其重要，以至于我们意识不到的制度：电力公司。温瑟出生在德国的不伦瑞克。1802 年，他在巴黎看到一盏实验性的汽灯，立刻就被吸引住了。[431]（这盏灯使用的气体是"煤气"，一种由甲烷、氢气和一氧化碳组成的可燃混合物，通过在无氧炉中加热煤炭而产生。）他留下了一大笔尚未偿还的债务，移民到英国，将自己的名字从太有德国特色的弗里德里希·阿尔布雷希特·温泽（Friedrich Albrecht Winzer）改为更像英格兰人的名字——弗雷德里克·温瑟。他开始了疯狂的"秘密"实验，并抓住每一次机会宣传这些实验。他说，他的工作是创造"有史以来最丰富的国家财富来源"。温瑟是一个喜欢花言巧语、胡言乱语、自吹自擂的人，总是与合伙人吵架，在钱财上粗心大意，甚至在他大获成功的时候，还不得不逃往国外以躲避债主。尽管如此，他改变了世界。

温瑟是第一个意识到能量可以从一个中心位置通过管道进行输送，就像水从井里向外输送一样的人。通过建立一个从大型中央煤气厂向外输送煤气的管道网络，他可以对能源收费，监控客户的使用情况，并在他们无法支付账单时切断煤气供应。经过多次法律和财务方面的斗争，温瑟的煤气灯和焦炭公司（Gas Light and Coke Company）于 1812 年开门营业。这是硬路径的开始。在 8 年的时间里，该公司沿着约 200 千米的伦敦街道主干线向大约 3 万盏路灯输送煤气。竞争对手出现了：到 1825 年，英格兰的每个大城市都至少有一家煤气灯公司。类似的企业很快出现在其他国家；例如，美国第一家煤气灯公司于 1816 年在巴尔的摩成立。几十年后，当电力变得普及的时候，它的发明者们效仿了温瑟的模式，创建了高科技、整合的配电公司，通过电线——相当于"管道"——将电力配送给远方的客户。

由于能源对现代生活至关重要，这些我们现在称为公用事业的设施在政治上变得如此重要，以至于许多政府将其作为国家的基本工具来掌控，还有些国家则满足于对其实施严格的监管。不管怎样，公用事业已经成为当代景观的一个突出特征。从经济学的角度来讲，巫师派、硬路径形式的集中和大规模，其优势非常明显，无法抗拒；甚至推广先知派配电系统的努力几乎消失了很长一段时间，直到最近。

可以肯定的是，太阳能的梦想在一段时间内步履维艰，却一直在前行。1901年，一位受埃里克松启发的发明家为加利福尼亚州帕萨迪纳的一个鸵鸟农场提供了太阳能。1903年，马萨诸塞州的一名教师编写了一本太阳能教科书，这可能是世界上第一本太阳能教科书。1906年，费城的一名工程师在开罗建造了一座太阳能灌溉厂。[432] 但是，穆肖和埃里克松最后也是最伟大的后继者是毫不妥协的葡萄牙神父曼努埃尔·安东尼奥·戈梅斯（Manuel António Gomes），因其超常的身高而被称为喜马拉雅神父（Father Himalaya）。[433]

1868年，喜马拉雅神父出生在一个贫穷的家庭，当神父主要是为了有收入。他是博学者，自学了化学、生物学和光学，发明了一种炸药——他称其为"喜马拉雅之子"（himalayite），据说，这种炸药比通常的炸药更安全、威力更大。他还发明了第一台旋转蒸汽机。他对其他太阳能先驱持批评态度，因为他们的镜子没能足够精确地跟踪太阳：这些镜子并不能够精确地对准太阳，于是中央锅炉会在镜子上投下阴影。相比之下，喜马拉雅神父的第一台太阳能发动机避免了这两个问题，产生的温度足以熔化铁。事实上，它的高效性本身就是一个问题。他的第二台太阳能发动机在展示的时候，由于一名助手操作失误，在一群欣喜若狂者的面前熔化了。然而，喜马拉雅神父毫不气馁，他决定建造一台新型机器，可以自动跟踪太阳，而不需要靠不可靠的人工来操作。

在1904年圣路易斯举办的世界博览会上，日光反射聚焦仪亮相。它的反射器像一个帆，由6 117面像手那么大的镜子组成，连接在13米高的钢架上。日光反射聚焦仪将光线聚焦的程度非常强烈，《纽约

这张照片摄于 1904 年，在照片中，我们可以看到喜马拉雅神父的日光反射聚焦仪（Father Himalaya's Pyrheliophoro），它标志着第一次太阳能运动的顶点和终点

时报》的一位记者称，他惊讶地注意到，反射的热量杀死了它上方十几米处的鸟。它可以产生高达 3 800 摄氏度的温度，这是地球上有史以来最高的温度。喜马拉雅神父周围挤满了商人，他们都在努力引起他的注意，而喜马拉雅神父则毫不犹豫地拒绝了他们的各种奉承话。"日光反射聚焦仪还没有进入工业化阶段，"他说，"我不能为了成立一家公司而撒谎，尽管这看起来是必要的。"

他没有成立公司，而是把日光反射聚焦仪带回了葡萄牙。在那里，他发现他的资助者们已经撤资了。葡萄牙和法国一样，自己拥有足够多的煤炭。一家英国公司垄断了电力供应权，正在建造大型燃煤厂。当喜马拉雅神父宣布他那埃里克松式的愿景——通过镜子为社区提供免费电力——的时候，没有人理睬他。太阳能研究是人们对化石燃料感到焦虑的产物。当焦虑消退的时候，兴趣也随之消退。

哈伯特的愤怒

马里昂·金·哈伯特（Marion King Hubbert）是彻头彻尾的理想主义者，他相信科学的力量可以指导人类事业。[434]20 世纪 30 年代初，他是哥伦比亚大学的地球物理学家，是技术官僚联盟（Technocracy Incorporated）的 6 位联合创始人之一。[435]技术官僚联盟致力于建立一个由无所不知、极其讲究逻辑的工程师和科学家组成的政府——实际上，就是像哈伯特这样的人。（哈伯特拥有无可挑剔的学术资历：芝加哥大学的本科、硕士和博士学位）。技术官僚制的拥趸认为，世界是由源源不断的能源和矿产资源控制的，社会应该基于这种认识运作。技术官僚们不想让经济随着毫无意义的狂热供需节奏起舞，而是希望根据由永恒物理定律支配的量——能源——来组织经济。

身着技术官僚联盟红灰色制服、政治中立的专家们会对每个州的年度能源产出进行分析，然后在公民中公平分配，每个人每月都会分配到很多焦耳或千瓦时。打个比方，人们想购买一件衬衣时，会在一张由客观的技术官僚学者计算的能源当量表上查找价格。该系统的领导者——大工程师——将会监督一个新的多国区域，即北美专家治国区（North American Technate），这是北美洲、中美洲、格陵兰岛和南美洲北部地区的联合体。自私自利的商人和短视的政客不再横行霸道；北美专家治国区将是平稳、高效和理性的。实用技能和自然科学将受到重视；法律、政治、文科和所谓的"精神生活"将被打入最底层。哈伯特花了十多年的时间努力将这一愿景变为现实。

哈伯特是一个来自得克萨斯州中部的穷孩子，他靠着自己的努力艰难地爬到了社会的上层。论文还没完成，他就受邀领导哥伦比亚大学新的地球物理学项目。这些真实而了不起的早期成就，让哈伯特对自己的能力有了同样真实而了不起的估计。他开始相信，自己注定会对社会产生影响。在这方面他完全成功了。哈伯特是美国最重要的石油科学家之一，他为环境保护运动建立了许多知识框架。他是一位成了先知的巫师。

在纽约，哈伯特被格林尼治村一个名叫霍华德·斯科特（Howard Scott）的游手好闲的人给迷住了。根据哈伯特传记作者梅森·英曼（Mason Inman）的说法，斯科特自称是柏林—巴格达铁路（Berlin-Baghdad Railway）负责人的儿子，一个在君士坦丁堡失去了一笔财富的贵族家庭的后裔，柏林著名理工学院的荣誉毕业生，战争期间一家大型硝酸盐工厂的负责人，以及能量决定理论（Theory of Energy Determinants）革命的缔造者，等等。一家报纸披露，他的这些身份中，可能除了最后一个以外都不是真的。然而，无论是对哈伯特来说，还是对被斯科特关于资本主义制度将在 1942 年不可避免地崩溃的末日预言所迷惑的成千上万人来说，斯科特到底是什么身份无关紧要。斯科特宣称，在能源决定论的指导下，技术官僚将会介入，在技术群体中建立一个乌托邦。上帝呀，斯科特整日冥思苦想，才弄出了这个理论，他花掉的时间太长了，等哈伯特遇到他的时候，他已经失业多年，快要被逐出公寓了。哈伯特帮他还清了债务，还让他搬到自己那里，与他同住。

斯科特从未把他的理论付诸文字。在追随者热情的驱使下，哈伯特把其他工作放在一边，于 1934 年着手撰写一份长达 250 页的关于技术专家治国的权威声明。这部名为《技术官僚制研究教程》（Technocracy Study Course）的著作将全世界的商人、社会科学家、律师和教师斥为江湖骗子。[436]《技术官僚制研究教程》说，社会不是经济学、心理学、文化和历史的产物，统治社会的，是生物学家雷蒙德·珀尔和乔治·高斯用实验瓶中的果蝇和培养皿中的原生动物做实验时发现的那种不可改变的自然法则。

珀尔把一对正在繁殖的果蝇放在一个瓶子里，瓶子里的食物供

马里昂·金·哈伯特

应量是恒定的。他发现果蝇数量的增长可以用一条 S 形曲线来表示——最初增长，然后趋于平稳。果蝇数量趋于平稳是因为果蝇的数量达到了食物供应的极限。（高斯的原生动物的曲线几乎与之相同，只是原生动物的食物供应有限，所以它们在耗尽食物后就灭绝了。）斯科特的伟大见解，也是技术官僚联盟的中心教条，即人类的行为举止和果蝇一模一样。

哈伯特在《技术官僚制研究教程》中阐述了这一点：

> 如果果蝇继续按照其初始的复合增长率繁殖，可以通过计算得出，在相对少的几周内，果蝇的数量将大大超过瓶子的容量。既然如此，我们就很容易明白，为什么会有一个能在瓶子里生存的果蝇数量的明确的极限。一旦达到这个数字，死亡率就会等于出生率，人口增长就会停止。只要对这些事实稍加思考和检验，就足以让人相信，就煤炭、生铁或汽车的生产而言，情况并没有本质上的不同。

哈伯特说，那些主张永久经济增长的政治家和经济学家都被蒙蔽了。在 20 世纪 50 年代，美国人口将达到"可能不超过 1.35 亿人"的最高水平，在那之后，这个国家将无法容纳更多的新消费者，以及由此带来的对更多消费品的需求。在持续增长的幻想的蒙蔽下，统治阶层忽视了这些基本的科学事实。他们正在奔向不可避免的灾难——

谢天谢地，灾难过后，他们将被一群拥有"操纵北美大陆全部物理设备"技术诀窍的精英生态工程官员所取代。换句话说，就是技术官僚联盟。

令哈伯特感到惊讶的是，技术官僚联盟非但没有受到欢迎，反而遭到了嘲讽。这个群体分裂成了几个派系，这使得哈伯特慢慢地不再抱有幻想了。据他的传记作者英曼称，1949 年，"明显喝醉了"的哈伯特出现在曼哈顿的技术官僚联盟总部。他想知道，斯科特是否预测过资本主义将在 1942 年解体。没有，哈伯特被告知。这是一个谎言。斯科特很早就给出了预测，仅此而已。此时，已经过去了 7 年，资本主义仍然存在。对哈伯特来说，斯科特预测的失败是说明能量决定理论错误的实证证据。"哈伯特再也没有参加过其他的技术官僚会议。"英曼写道。那是他巫师派生涯的结束。[437]

同年，哈伯特拜访了一位朋友，这位朋友当时正在参加由新成立的联合国主办的一个大型自然资源会议。在会议上，哈伯特听到一位著名地质学家断言：世界上仍有 1.5 万亿桶可获得的石油，足以维持几个世纪。这一断言令哈伯特大为震惊。"我差点从座位上掉下来，"哈伯特后来回忆说，"我来到在这里，是想放松一下，拜访我的朋友——可是全能的上帝啊！居然没有人为这一断言喝倒彩。"1.5 万亿桶的石油"是荒谬绝伦的石油数量"。哈伯特非常生气，在会议结束的时候，他举起手，提出了自己的看法。他说，这位地质学家的说法是"一次形而上学的实践"。争论愈演愈烈，最终没有达成一致。[438]

由于缺乏有理有据的石油形成理论，早期的石油地质学家们认为，石油和天然气矿床必定位于与之前发现石油和天然气的区域相似的区域。[439] 可以说，他们是在寻找更多的坑洞镇。由于人们对这类地区知之甚少，研究人员认为，由此可以看出，石油矿床肯定很罕见。事实上，新的石油不断被发现——那些并不知道专家意见的投机商人们在各种各样"错误"的地方找到了石油。在经历了许多这样的故事之后，科学家们相信，几乎在任何地方都可以找到某种形式的石油。著名石油地质学家华莱士·普拉特（Wallace Pratt）在1952年写道，寻找石油的主要障碍是坚信石油不存在："归根结底，最先发现石油的地方是人们的大脑。"[440]

对哈伯特来说，这种想法纯粹是神秘主义的。地球是有限的，在一系列有限的位置上包含着有限数量的碳氢化合物分子。因此，供应也是有限的——哈伯特在大学期间就一直在思考这个问题，那时他推测，世界上最理想类型的煤炭可能会在"50年内"耗尽。此时，对"1.5万亿"这个数字感到恼火的他开发了第一个石油峰值产量的形式模型。[441]哈伯特估计，从宾夕法尼亚州的第一口油井到1947年，全世界共生产了577亿桶石油，"其中一半是从1937年开始生产和消费的"，也就是在过去的10年里。"人们不禁要问：'我们能坚持多久？它将把我们带到哪里？'"在他看来，答案是显而易见的："任何给定种类的化石燃料的生产曲线都会上升，经过一个或几个最大值，然后逐渐下降，直至零。"

逐渐下降，直至零！潜在的后果非常严重。哈伯特认为，化石燃料激增造成了人口爆炸——煤炭、石油和天然气的消耗是助推我们这个物种沿着高斯曲线向上攀升的动力。因为根据定义，世界石油的数量是有限的，在过度使用之后，供应量将降至零。可以说，其结果是，我们注定要撞到培养皿的边缘。[442]哈伯特绘制了类似高斯的图表，展示了能源使用和人口的同步增长情况——以及这两个方面不可避免的未来峰值。[443]

哈伯特的观点与此前一年出版的《生存之路》中的观点相呼应，只是他考虑的是物理极限，而不是生物极限。不过，他最终还是得出了同样的结论：资本主义式的经济增长不仅是不可持续的，而且正在积极推动人类超越极限，走向灾难。他写道，"我们文明的未来在很大程度上取决于"人类是否能够"进化出一种文化，其更符合物质和

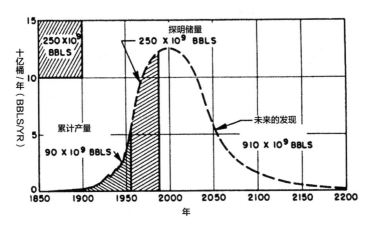

哈伯特独创的 1956 年全球石油产量升降图

能量的基本属性施加给我们的限制"。

　　哈伯特的这些想法可能会招致其雇主的强烈愤怒，因为那时哈伯特已经成为休斯敦壳牌石油公司（Shell Oil）一个重要研究中心的二把手。[444] 但是直到 1956 年，这些观点才引起了他们的注意。当时，哈伯特在圣安东尼奥美国石油研究所的一次会议上阐述自己的观点。哈伯特后来声称，就在他发表讲话之前，一位被吓坏了的壳牌公关主管给他打了电话。"你的语气难道不能和缓一点吗？"他回忆起那个向他发问的人说，"你难道不能把那些耸人听闻的部分删掉吗？"[445]哈伯特很少怀疑自己的能力，他拒绝让步。他告诉听众，在 1965 年至 1970 年，美国大陆的原油产量将达到峰值。全球产量将在 21 世纪初达到其最高程度。[446]

　　1964 年，哈伯特离开壳牌石油公司，为美国地质勘探局工作。正如艾奥瓦大学历史学家泰勒·普利斯特（Tyler Priest）所写的那样，哈伯特在美国地质勘探局的日子并没有好到哪里去：他的上司，美国地质勘探局局长文森特·E. 麦凯尔维（Vincent E. McKelvey）成了他最激烈的批评者。和哈伯特一样，麦凯尔维也认为自己是伟大的思想家，足以用自己的聪明才智向人们传授社会各方面的知识。但与哈伯特不同的是，他的愿景是充满阳光的、乐观的，是博洛格式的。这位巫师派人物认为，人类的聪明才智和非凡的科学能力是坚实的载体，将把我们带入无限富裕的未来。

不出所料，两人发生了冲突。麦凯尔维领导的美国地质勘探局发布了大量关于美国石油储量的乐观预测，石油工业也是一派乐观的前景。一直以来，哈伯特都在广泛扩散能源即将耗尽的信息，但是这些文章没有一篇是由美国地质勘探局发布的。这场争论很快就变成了个人恩怨：哈伯特指控麦凯尔维偷了他的文件，麦凯尔维则指控哈伯特隐瞒信息；两人分别为政府的不同分支机构撰写火药味十足的报告。一气之下，麦凯尔维抢走了哈伯特的秘书，这在前计算机时代称得上是一个卑鄙的勾当。历史学家普利斯特称，在麦凯尔维被提名为美国国家科学院和美国艺术与科学院院士的时候，哈伯特投了反对票。

哈伯特的估计被证明是正确的，这对麦凯尔维来说是一个挫折：美国原油产量在 1970 年达到峰值，此后便开始缓慢下降。[447] 随着石油产量的下降，前内政部长斯图尔特·尤德尔（Stewart Udall）——他自称是"支持哈伯特的人"——嘲讽麦凯尔维的工作是"一个巨大的能量气球，充满了膨胀的承诺和无限的乐观主义，早已与大陆的任何现实脱节"。1977 年，吉米·卡特（Jimmy Carter）总统迫使麦凯尔维辞职——普利斯特宣称，这是"勘探局 98 年历史上"第一次以这种形式实施的罢免。[448]

麦凯尔维的命运可能是被阿拉伯石油危机决定的，这场石油危机与哈伯特关于石油有限的理论产生了共鸣。1973 年阿拉伯-以色列战争期间，几个阿拉伯国家决定联手对美国出击，因为美国支持以色列。他们削减石油产量 4 个月之久。随之而来的是巨大的公众恐慌。排了数小时长队等着加油的人们情绪激动，对加塞者拳脚相向。在哈伯特看来，石油危机预示着"石油时代的终结"。[449]

如今，大多数历史学家和经济学家都将石油危机视为政府错误政策的产物。能源分析师迈克尔·林奇（Michael Lynch）告诉我，阿拉伯石油国家不可能对单一的国家产生影响，因为国有石油公司将石油和天然气出售给全球单一石油储备库，它实际上是由中间商控制的。因此，任何禁运都只能在全球范围内造成平均的价格提升，而不会是单单打击一个国家。或者，更确切地说，如果当时的美国总统理查德·尼克松没有在两年前对石油和天然气实施价格上限，作为遏制通货膨胀的措施，阿拉伯人的打击就不可能针对这一个国家。禁运使全球石油产量减少了约1/4，推高了全球的石油价格。中间商只有将石油出售给设定了价格上限的美国以外的国家，才能利用油价上涨获得好处。仅仅这样做，就会将全球石油供应出现的一定程度的短缺转变为美国独有的石油短缺。[450]

而在那个时期，人们对于这一事件并不是这么理解的。此前一年，麻省理工学院的一个研究团队靠着《增长的极限》引发了一场国际风波，这份研究报告足足有一本书那么长，该研究使用计算机模型预测，除非采取激进措施，否则世界资源将很快耗尽，从而导致文明崩溃。[451] 哈伯特的名字并没有出现在《增长的极限》一书中。沃格特的名字也没有出现。尽管如此，书中到处都能看到他们的观点——事实上，《增长的极限》的作者们曾受到哈伯特的石油峰值理论影响，并恳求哈伯特与他们合作，而哈伯特拒绝了。最终的结果就好像麻省理工学院的团队把哈伯特的方程式输入了计算机，并将它们应用于石油以外的资源，如煤炭、铁、天然气和铝。一幅又一幅的图表描绘了哈伯特式的达到峰值的生产竞赛，然后是毁灭性的下降。与哈伯特一样，《增长的极限》的作者也看到了经济增长和灾难之间的直接联系。正如耶鲁大学历史学家保罗·萨宾（Paul Sabin）所写的那样，石油危机"似乎证实了《增长的极限》的论点"。人们认为，在加油站发生的斗殴事件是过度消费导致危机的一个先兆。沃格特关于承载能力有不可避免的极限这一观点已经成为环境保护理念的一个组织原则。

在石油危机的推动下，对短缺的担忧就像难闻的气味一样在全国范围内蔓延开来。汽油、三文鱼、奶酪、洋葱、葡萄干等等，任何形式的商品出现短缺的传闻都能引发短暂且毫无根据的焦虑，其中的一些商品是人们不可能想到会耗尽的。1973 年，访谈节目主持人约翰尼·卡森（Johnny Carson）开玩笑说，厕纸也会发生短缺，这引发了厕纸大恐慌，惊慌失措的消费者到商店里抢购厕纸。卡森的笑话传到了日本，当时日本几乎所有的厕纸都是从美国进口的；因而，从北海道到九州，厕纸彻底断货了。[452] 下一任当选总统吉米·卡特是哈伯特观点的支持者。他就职后不久发表了一次全国性的讲话。[453] 他警告说，地球上的石油可能"在下一个十年结束的时候"枯竭，也就是说，在 1989 年枯竭。而哈伯特本人则认为，这场灾难来得还要晚一点，大概在 1995 年发生。[454]

令人不解的是，20 世纪 70 年代，人们认为能源供应即将耗尽，而这一信念带来的最持久的后果不是减少使用，而是寻求更多地利用能源。可以说，吉米·卡特可能是美国历史上最具生态意识的总统，然而，他所支持的各项政策在今天看来似乎都是解决不了环境问题的愚蠢行为。值得注意的是，他的政府试图通过将煤炭（一种更脏的燃料）的使用量增加两倍来抵消即将到来的石油和天然气产量下降的影响。[455] 石油峰值理论为 20 世纪 20 年代和 30 年代的外交政策失误提供了理由，也在 20 世纪 70 年代和 80 年代成了大型煤炭公司的同伙。与此同时，石油公司发现了大量原油，到 20 世纪 90 年代末，实际价格已经下降到卡特时代的一半——有时甚至是 1/5。[456]

这种误解的核心在于"储备"的概念。无论是持哈伯特观点的人，还是持麦凯尔维观点的人，他们都认为石油储备是一种实物库存：一个有限的碳氢化合物分子库。对哈伯特派来说，其含义很清楚：人们泵出的东西太多，最终会把它掏空。能够抽取多久，主要取决于储备库的大小。然而，对麦凯尔维派来说，最重要的不是储备库的大小，而是泵的容量。

这种信念之所以显得违反直觉，是因为事实上，石油储备并不是一个地下油池，就像《哈利·波特》中的伏地魔隐藏其部分灵魂的地下湖那样，而是一种不能精确界定的可渗透的海绵状岩石区域，其孔隙中有石油。（页岩层之间的薄层中也可能存在储量。）石油也不是一种均匀的物质，跟伏地魔地下湖中的墨黑色液体是不一样的。石油是由不同化合物组成的混合体：不同等级的油混合有乙烷、丙烷、甲烷和其他碳氢化合物。所混合的有纯气体（甲烷或天然气）、糖浆状液体（原油），也有半固体（例如沥青砂）。在地下深处，这些黏糊糊的混合物、液体和气体通常处于巨大的压力之下。一层层不透水的岩石防止其溢出地表。当钻孔穿过地表硬层的时候，加压的液体和气体以传统的喷射方式喷涌出来。

可以提取多少石油，这取决于钻井作业可以探测的深度，可以达到的区域的构成情况，能处理该区域不同化合物中的哪一种，以及——一个关键变量——当前价格是否值得付出所需的努力。如果一家公司的工程师开发出能够以较低成本开采出更多石油的新设备，那么储备的有效规模就会增加。不是**实际**规模（物理尺寸），而是**有效**规模，即在可预见的未来可以开采的石油和天然气的数量。

一个经常被引用的例子是洛杉矶北部的克恩河油田。[457] 从 1899 年发现克恩河油田的那天起，就可以看出，这里的石油储藏丰富。坑洞镇式的投机分子们蜂拥而至，在该地区竖起井架，钻探油井。1949 年，经过 50 年的钻探，分析人士估计，石油储量只剩下 4 700 万桶——在石油行业，这是一个微不足道的数量，一个舍入误差。克恩河油田似乎快要耗尽了。事实上，那片油田仍然充满了石油。但是，剩下的东西又厚又重，几乎不能漂浮在水面上。当时还没有办法把这么稠密的东西从地下抽取出来。

20 世纪 70 年代，石油工程师们想出了提取这种石油的方法：向井中喷射热蒸汽，使稠油软化，并迫使其从岩石中析出。起初，这一过程的效率极低：将水煮沸以产生蒸汽所需要的油量高达油井出油量的 40%。公司在井口燃烧未经提炼的原油来制造蒸汽，向空气中释放了大量的有毒化学物质。但是，通过这一浪费的过程，人们挤出了以前似乎不可能开采到的石油。随着时间的推移，工程师们掌握了使用产生更少废物和污染的蒸汽的方法。到 1989 年，他们又从克恩河油田开采了 **9.45 亿桶石油**。那一年，分析人士再次评估克恩河油田的储量，结论是 6.97 亿桶。科技水平在不断提高。到 2009 年，克恩河油田已经额外生产了超过 13 亿桶石油，其储量估计接近 6 亿桶。

与此同时，石油行业逐渐掌握了开采地下更深处的石油的办法，从而打开以前无法开采的矿藏。1998 年，在克恩河附近的一个油田，其中的一个石油钻井平台的钻井深度比该地区以往的任何一口井都要深好几百米。在 5 382 米的深处，发生了一次典型的井喷爆炸。石油和天然气窜到 90 多米的高空中，燃起了大火，摧毁了油井。[458] 能源公司猜测，这次井喷表明，在更深远的地下存在尚未发现的石油和天然气储藏。投资者蜂拥而至，开始钻探。他们确实在很深的地方发现了数百万桶石油，但是这些石油与大量的水混合在一起，导致油井被水淹没。几年之内，几乎所有的新钻井平台都停止运行了。储备消失了，但石油仍然存在。

在世界各地，类似克恩河这样的故事已经发生了几十年。我从地质学家那里一遍又一遍地听着这类故事；随后我意识到，哈伯特和他的《增长的极限》在用错误的方法看问题。地球上的石油储藏是一种存量。如果开采成本过高或者难度太大，人们要么会去寻找新的石油储藏，要么会采用新技术从旧的石油储藏中开采更多的石油，要么用节省石油的新方法来实现同样的目标。所有这些都意味着，情况总是在不断变化；而不断变化的情况又反过来意味着，我们只能看到有限的未来。

"人们通常会问，世界石油供应什么时候会耗尽？"麻省理工学院经济学家莫里斯·阿德尔曼（Morris Adelman）写道，"最简单也最直接的回答是：永远不会。"[459]从表面上看，这似乎很荒谬——不断开采的新资源会一个个耗尽，而有限的资源怎么会是取之不尽的呢？但是从一个多世纪的经验看，阿德尔曼的回答却似乎是正确的。针对这一实际问题，我们只知道，在可预见的未来还有足够的资源。也就是说，化石燃料供应没有已知的界限。纯粹从理论上来说，这意味着它们是无限的。然而，除经济学家之外，几乎没有人相信这一点。

"并非可以买卖的商品"

那个时候，一个新的电子通信网络突然使以极快的速度向世界各地传输数据成为可能。时尚从地球的一个角落传播到另一个角落，然后消失了。一批大胆的新型超级富豪企业家开始创办大型科技企业。媒体帝国兴衰起伏。

这是19世纪70年代，我们刚才说的电子网络就是电报。作家汤姆·斯坦迪奇（Tom Standage）将其称为"维多利亚时代的互联网"。[460]电报"彻底改变了商业行为，催生了新的犯罪形式，并让用户被信息淹没"。这些超级富豪企业家正在铺设横跨英吉利海峡、地中海和大西洋的海底电缆。第一条横跨大西洋的电缆竣工，人们在纽约市举行了庆祝游行。这条电缆的绝缘层很快就失效了。类似的问题也困扰着其他海底电缆。未来的发展受到了阻断。电缆技术需要创新。

开发下一代电缆技术的工程师之一是一位名叫威洛比·史密斯（Willoughby Smith）的英国人。史密斯的工作是在铺设电缆时对其进行测试。为了寻找适合的测试材料，他尝试了硒，一种灰色的、类似金属的材料。[461] 让他恼火的是，他无法确定这种材料的属性。有时它像橡胶一样阻塞电流，有时它像铜一样能让电几乎自由通过。史密斯回忆道："夜间的高阻力只有早上阻力的一半。"他最终意识到，这种差异是由光线造成的。在阳光下，硒导电；在黑暗中，它不导电。史密斯感到困惑，物理学上从来没有说过这是可能的。

一位名叫威廉·格里尔斯·亚当斯（William Grylls Adams）的国王学院（King's College）物理学家尝试解开这一谜题。在这个过程中，他发现了更令人惊讶的事情。[462] 亚当斯在 1876 年写道，把一块硒板放在黑暗的房间里，然后点燃一支蜡烛，就有可能 **"仅仅通过光的作用在硒中产生电流"**。引人注意的粗体字表达了亚当斯的惊讶。在整个人类历史上，人们要么通过燃烧某种物体发电，要么利用水、空气来发电，或者靠肌肉转动曲柄发电。亚当斯则是通过用光照射一块东西产生了电。

回顾当时的情景，亚当斯的许多同事显然都不相信这一点。即便纽约发明家查尔斯·弗里茨（Charles Fritts）实际制造出了可以正常运行的太阳能电池板（他把一层硒涂在铜板上，然后把组件放在他的屋顶上，从而产生了电能），[463] 大多数研究人员仍然对此不予理睬。"它们似乎在不消耗燃料和不散发热量的情况下发电。"研究太阳能历史的学者约翰·佩林写道。弗里茨的小组"似乎与当时科学所相信的一切背道而驰"。这种发电听起来就像永动机。亚当斯的"光电效应"怎么可能是真的呢？

直到 1905 年，这些电池板令人费解的行为才得到了解释——阿尔伯特·爱因斯坦给出了解释。那时，爱因斯坦刚刚获得博士学位，在瑞士专利局工作。那一年的春天，爱因斯坦完成了 4 篇重要的文章，这可能是有史以来物理学家做出的最伟大的智力冲刺。[464] 其中一篇描述了一种测量分子大小的新方法；第二篇对液体中小粒子的运动给出了新的解释；第三篇介绍了狭义相对论，它改变了科学对空间和时间的理解；第四篇解释了光电效应。

物理学家一直把光描述为一种波。在其关于光电的论文中，爱因斯坦假设，光也可以被视为一个包或粒子——用今天的术语来说，就是光子。波在一个区域内传播能量；粒子像子弹一样，将其集中在某一点上。当这些光粒子猛烈撞击原子并使其中一些电子释放出来的时候，就产生了光电效应。在弗里茨的电池板中，来自太阳光的光子将电子从硒的薄层射入铜中。铜的作用就像导线，传输电子流，也就是电流。

爱因斯坦对光电效应做出了诠释，并因此于 1921 年获得诺贝尔奖。但弗里茨的发明仍然只有实验室里的人关注。正如我们今天所知，光伏电池板很吸引人，但却是无用的。它们只能将极小一部分太阳能转化为电能，效率太低，没有任何实际用途。几十年来，对光伏发电的零星研究几乎没有取得什么进展，这正是博洛格在洛克菲勒基金会的主管沃伦·韦弗在 1949 年所哀叹的。4 年后，贝尔实验室（Bell Laboratories）的物理学家达里尔·查宾（Daryl Chapin）测试了一系列硒电池板，毫无进展，这也证明了这一点。[465] 无论他采用什么方法，转化为电能的太阳能都到不了 1%。然后，查宾的两位同事给了他一个惊喜。

1947 年，贝尔团队发明了晶体管，卡尔文·富勒（Calvin Fuller）和杰拉尔德·皮尔森（Gerald Pearson）这两位研究人员与所在团队的成员一道，将晶体管从一个精致的实验室原型转变成为大规模生产的计算机产业基础。[466] 这项工作的核心是硅，它是海滩沙子的主要成分，是一种很普通也很廉价的物质。硅形成晶体，每个原子与 4 个相邻的原子相连，相连方式与钻石中碳原子的模式相同。学生们在高中化学课上会学到，原子通过共享它们外层的电子相互连接。硅晶体可以掺入其他物质，行话叫"掺杂"（dope），用硼、砷、磷或其他元素的原子替代少量硅原子。如果添加的"掺杂成分"的原子比它们所替代的硅原子具有更多的可共享电子，那么晶体作为一个整体最终会产生额外的电子。因为电子带负电荷，所以晶体带负电荷。与之类似，如果掺杂的原子具有较少的可共享电子，那么掺杂晶体实际上具有一些电子大小的"空穴"——带正电荷。与晶体中的电子一样，"空穴"也是共享的，这意味着，它们的位置可以像物理电子一样移动。

富勒和皮尔森将第一种掺杂硅的薄层（带额外的电子）置于第二种掺杂硅的薄层（带额外的空穴）之上。[467]这两位贝尔实验室的研究人员将这个小组件连接到一个电路——实际上是一个线圈——和一个测量电流的电流表上。他们打开台灯的时候，电流表显示两层硅突然产生电流。同样的事情也发生在阳光下。富勒和皮尔森意识到，光子正以足够的力量穿透顶层，将电子撞击到底层，从而产生一股电子流，进入导线之中，而这就是电流。两人意外发明了一种新型太阳能电池板。

查宾测试这些新型光伏电池板时发现，与老式硒电池板相比，它们能将5倍的太阳能转化为电能。但新型电池板仍然非常低效。查宾估计，为一个典型中产阶级家庭供电的硅板成本为143万美元（以今天的美元计算约为1 300万美元）。把整个屋顶覆上金箔比这还便宜。

出于经济方面的考虑，大多数研究人员放弃了光伏发电，直到20世纪70年代，石油危机重新唤起了人们对石油峰值的担忧，人们觉得太阳能或许是摆脱这种担忧的途径。[468]下面这些数字似乎令人难以抗拒，非常诱人。每一秒钟，太阳都会给地球带来172 500太瓦的能量。（1太瓦——1万亿瓦——是最大的常用能源单位。）其中大约1/3被迅速反射到太空中，主要是通过云层；剩余的——大约113 000太瓦，取决于云层——可以被捕获。人类的所有企业现在总共所使用的不到18太瓦。换句话说，太阳提供的能量是我们所有发电厂、发动机、工厂、熔炉和火的总和的 6 000 多倍。它的光在几十亿年内都不会耗尽。谁还会在乎中东的石油呢？ [469]

哈伯特是太阳能的倡导者，但最喧嚣的倡导者在新兴的反主流文化中，他们蜂拥在太阳能装置周围，就像大黄蜂围绕着盛开的百里香一样。[470] 诸如《地球总览》（The Whole Earth Catalog）和《共同进化季刊》（CoEvolution Quarterly）等的各类出版物，使用沃格特式的术语，大肆赞美太阳能为"软技术"——一条通往小规模、去中心化、个人赋权的未来之路，拥有"充满活力、有弹性、有适应性的，甚至可以说是可爱的"技术。太阳能热水器！太阳能百叶窗！太阳能烘干机！太阳能建筑！——所有这一切都没有受到企业贪婪的影响。（相比之下，以浓烟滚滚的煤电厂为代表的博洛格式的"硬技术"则是疏远的、浪费的、破坏环境的，而且还是过时的。）生态活动人士巴里·康芒纳（Barry Commoner）宣称，太阳能发电本身就是一种解放。"没有任何一家大型垄断企业能够控制它的供应或支配其使用……与石油或铀不同，阳光并非可以买卖的商品；它不能被占有。"

把太阳能想象成一群嬉皮士的地盘，是与现实不符的。今天，数十亿美元的光伏产业的存在主要归功于五角大楼和石油巨头。[471] 第一次大规模使用太阳能电池板是在 20 世纪 60 年代：为军用卫星提供动力，因为军用卫星不能使用化石燃料（体积太大，无法送入太空）或电池（无法在轨道上充电）。到了 20 世纪 70 年代，光伏发电更便宜了，但该行业只获得了一个主要的新用户：石油行业。在美国销售的太阳能组件中，约有 70% 是为了运行海上钻井平台而购买的。

石油公司意识到太阳能对石油生产至关重要，于是成立了自己的光伏子公司。1973 年，埃克森（Exxon）成为第一家商用太阳能电池板的制造商；一年后，第二家这样的企业成立，它是与石油巨头美孚合资的企业（埃克森和美孚于 1999 年合并）。另一个石油巨头大西洋里奇菲尔德公司（Atlantic Richfield Company，ARCO）经营着世界上最大的太阳能公司，直到后来被石油和天然气跨国公司荷兰皇家壳牌（Royal Dutch Shell）收购。后来，世界上最大的太阳能公司的头衔传给了英国石油公司（现在被称为 BP）。到 1980 年，石油公司拥有美国十大太阳能公司中的 6 家，拥有世界上大部分的光伏制造能力。

为什么石油巨头一直在投资一项潜在回报要等如此之久的技术？其中一个原因是新一波的石油峰值焦虑。这种担忧在 20 世纪 80 年代得到了缓解，但在 20 世纪 90 年代，人们的担忧又慢慢加剧，直到英国地质学家科林·坎贝尔（Colin Campbell）和法国石油工程师让·拉埃勒尔（Jean Laherrère）公开引爆了这种担忧。[472]1998 年，他们在阅读量极大的《科学美国人》（*Scientific American*）上发表了一篇文章，在文章中，他们预测石油派对即将结束。两人宣称，"在 2010 年之前"，全球石油产量将永久性下降，"在石油勘探上投入更多资金不会改变这种局面……世界上只有这么多原油，而石油行业已经发现了其中的 90% 左右"。他们强调，人类并没有从根本上耗尽石油，正在消失的是"所有工业国家所依赖的丰富而廉价的石油"。[473]

与以往的石油恐慌一样，这种担忧广泛传播。[474]"石油供应是有限的。"乔治·W. 布什（George W. Bush）总统在瑞士对世界领导人说。2005 年，石油峰值专家马特·西蒙斯（Matt Simmons）宣称，沙特石油正处于"不可逆转的衰退期"。石油大亨 T. 布恩·皮肯斯（T. Boone Pickens）赞同这一观点。他在那一年说，世界正处于"碳氢化合物时代的中期"。"一开始是缓慢的，然后是加速的，"几乎与此同时，畅销书作者、石油峰值理论爱好者詹姆斯·霍华德·孔斯特勒（James Howard Kunstler）预测，"世界石油产量将下降，世界经济和市场将表现出更大的不稳定性……我们将进入一个以前难以想象的紧缩的新时代。"出版界发出的各种警告如洪水般涌来：《哈伯特的石油峰值》(*Hubbert's Peak*，2001 年)、《断电》(*Powerdown*，2004 年)、《沙漠暮色》(*Twilight in the Desert*，2005 年)、《漫长的紧急状态》(*The Long Emergency*，2005 年)、《峰值石油制备》(*Peak Oil Prep*，2006 年)、《后石油生存指南和食谱》(*The Post-Petroleum Survival Guide and Cookbook*，2006 年)、《面对崩溃：石油峰值后世界的能源和货币危机》(*Confronting Collapse: The Crisis of Energy and Money in a Post- Peak- Oil World*，2009 年)。

"石油价格是西方世界焦虑的一个指数，"小说家唐·德利洛（Don DeLillo）曾表示，"它告诉我们某个时期人们的感觉有多糟糕。"如果是这样的话，当时人们的感觉相当糟糕，石油恐慌前所未有地蔓延开来。马里兰大学的国际政策态度调查项目对 16 个国家的 1.5 万人进行了调查，发现 78% 的人认为，我们的石油即将耗尽。另一项民意调查显示，83% 的英国人认为，石油和天然气可能会变得负担不起。另外，3/4 的美国人认为，石油的枯竭即将来临。"我不明白，为什么人们如此担心全球变暖会摧毁地球，"西蒙斯在 2008 年说，"石油峰值将解决这个问题。"那一年，石油价格飙升至每桶 147.27 美元的历史新高，似乎呼应了他的警告。

随着人们越来越担心石油会耗尽，世界各国建造了规模不断扩大的太阳能发电园区。（我写这本书时）亚洲最大的太阳能发电园区是查兰卡太阳能发电园区。这是一座巨大的装置，位于印度沿海古吉拉特邦的一片荒地上，距离该国最大的城市艾哈迈达巴德 160 千米。不久前，在我造访艾哈迈达巴德的时候，我可以从飞机的窗口看到查兰卡闪闪发光：几十个矩形光伏阵列，就像美国中西部的麦田一样整齐规则，分布在一个大约 5 千米宽的 U 形区域内。我稍微眯上眼睛，任由自己去想我都能看到什么：我看到输电线像蜘蛛网一样在阵列上缠绕着：来自沙漠的数百兆瓦的电量。距离机场约 30 千米的地方有一条 800 米长、30 米宽的金属丝带：一座建在灌溉渠上的太阳能发

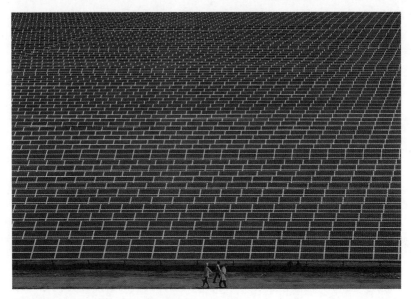

查兰卡太阳能发电园区：一片光伏发电的海洋

电园区。在这座城市的东南部，还有另一条金属丝带，甚至比前一条还长。飞机接近这座城市的时候，能看到太阳能电池板像哨兵一样矗立在各个建筑物的顶端，这是世界上为创造一个太阳能的未来所做的最重要的努力之一。

　　古吉拉特邦是印度最古老文明的中心，它既是本土印度教的摇篮，也是一个繁忙的国际大都市，到处都是来自亚洲各地的商人。它也是 2014 年当选的印度总理纳伦德拉·莫迪（Narendra Modi）的故乡，莫迪是印度太阳能项目的主要发起人。[475]1950 年，莫迪出生于古吉拉特邦的一个偏远村庄，父亲是贫穷的茶摊主。从青少年时期起，莫迪就热衷于政治活动，1987 年，他加入了印度人民党（BJP），这是一个亲印度教的民族主义政党，与本土主义组织有联系，本土主义组织以攻击基督徒、穆斯林以及其他非印度教教徒而闻名。他的政治地位稳步上升，并于 2001 年 10 月当选古吉拉特邦首席部长。在他当选几个月后，一列满载印度教朝圣者和激进分子的古吉拉特邦火车起火，造成数十名乘客死亡。有人传言大火是由穆斯林点燃的。愤怒的印度教暴徒们挥舞着棍棒，杀害了 1 000 多人，其中大多数是穆斯林。人权组织和政治对手指责莫迪和印度人民党助长了这次袭击。调查没有发现相关指控的证据，但骚乱玷污了他的声誉。2005 年，莫迪成了第一个被美国以"严重侵犯宗教自由"为由拒签的人。

莫迪对此事的后果深感担忧；于是，他改变了策略，将自己塑造成一个衣着整洁、对科技友好的进步人士，吸引外国和印度的大公司到古吉拉特邦投资。他还成了世界上最著名的太阳能倡导者之一。[1] 在 2011 年出版的一本"绿色自传"（green autobiography）中，莫迪承诺将拥有 5 500 万人口、气候炎热干燥的古吉拉特邦转变为可持续发展的象征，同时增加灌溉和保护蓄水层，将数千辆汽车从使用汽油转化为使用天然气，并将该邦首府甘地讷格尔变成一座"太阳能城市"。他创建了亚洲第一个气候变化部，并领导了一个开创性的项目，在灌溉渠顶部安装太阳能电池板，避免渠内的水蒸发，同时在不覆盖稀缺的农田的情况下发电。"我看到的不仅仅是闪闪发光的嵌板，"2015年，时任联合国秘书长潘基文在一个灌溉渠顶部装置项目的剪彩仪式上说，"我看到了印度和世界的未来。"

在查兰卡太阳能发电园区的一侧，有一座 7 层楼高的玻璃墙观景塔。我参观的时候，看到里面贴着介绍光伏技术如何先进的宣传语，供参观者阅读。宣传语上说，目前可用的最好的模块可以将超过 20% 的太阳能转化为电能。在实验室测试中，一些太阳能电池达到了 40%。（一家典型的煤电厂可以将 40%~45% 的煤炭能量转化为电能。）[476] 与此同时，光伏发电的成本也在大幅下降。还很难给出精确

---

[1] Modi's solar program: Author's visits, interviews, Gujarat; Mann 2015; Moon, B-K. 2015. "Remarks at 10 MW Canal Top Solar Power Plant," 11 Jan (available at www. un.org/sg/en/content/sg/speeches); Modi 2011 (green autobiography).

的数字，但在许多地方，现在建造一座大型太阳能发电厂的成本相当于建造一座大型燃煤发电厂的成本，[477]而且光伏发电的价格很可能还会继续下降。[1]

我爬到观景台的塔顶。在我的脚下，太阳能电池板好像都处在一种立正的姿势，就如同一支庞大的光伏部队。那天的气温约为43摄氏度。风把灰尘吹到空气中，给太阳能电池板覆上了一层灰。阵列下方的管道输送用于清洗它们的水。太阳能发电园区仿佛种植电子的农场，也需要得到水的灌溉。一排排的嵌板摇摆不定，恶劣的条件和地面沉降使它们偏离了直线。这些面板是由温带国家的工程师设计和制造的；我想知道它们在高温下能支撑多久。今天，来自太阳的能量约占印度电力的1%；即使在古吉拉特邦，这一比例也仅为5%。乐观的预测显示，到2022年，这一比例将上升至10%。印度国家电网公司（Power Grid Corporation）提议，在印度沙漠中建立大型太阳能系统，以便到2050年将这一数字提高到35%。[478]

我站在塔顶上，努力想象着奥古斯丁·穆肖会怎么看待查兰卡。他会把这些巨大的装置看成对自己的辩护吗？或者，他会因为困扰他的问题进展缓慢而感到沮丧吗？就像穆肖的镜子一样，查兰卡的光伏发电系统只能在日出和日落之间发电——在我参观这里的时候，可发电的时间是从早上6点45分到下午6点45分。为了在夜间提供电力，白天产生的能量必须以某种形式储存起来，以备日后使用，这种

---

[1] 在这里，我有意不做精确的推论。成本估算取决于评估中所包含的诸多因素。对于太阳能，这些因素包括位置（日照情况因地而异）、光伏发电的类型，以及可能得到的补贴和税收优惠（几乎所有能源都以某种方式得到补贴）。对于煤炭，是否应该将其二氧化碳排放的成本计算在内？如果是这样，那么其价格应该是多少？对于太阳能发电厂，人们应该如何处理因制造、土地征用和安装而产生的排放？类似的问题还有许多。一项著名的研究认为，太阳能的真正成本太高，永远都无法负担得起。另一项研究表明，煤炭污染成本太高，人们无法负担得起。不同的研究得出了如此不同的结果，似乎最好的说法是，无论是太阳能还是煤炭，都没有无可争议的成本优势。

做法被称为"负荷转移"。典型的负荷转移项目在白天加热液体（比如熔盐）；在晚上，储存的超高温液体将水煮沸，驱动蒸汽涡轮机，以穆肖认可的方式发电。2010 年，印度宣布了 7 个太阳能储存项目，其中 5 个在古吉拉特邦。而这 5 个项目中，只有一个正在建设中。当建筑商了解到这里的空气非常浑浊，以至于太阳能发电潜力会比初步估计的减少 1/4 的时候，其他的项目建设就被放弃了。[479]

德国比印度富裕，有大约 70 个能源储存项目，其中约 1/3 的项目是将风能和太阳能发电厂的输出收集到电池组中。[480] 就像光伏发电的价格一样，电池的价格一直在下降。热衷于可再生能源的人们想象着一个装满电池的大仓库，白天吸收多余的太阳能，晚上释放出来，保证在黑暗中有电灯照明。但是，无论电池有多么便宜，这些设施都需要在第一个设施的旁边建造第二个平行的能源存储基础设施，用于能源生产，这在可预见的未来是一个耗资巨大的步骤。今天，和穆肖的时代一样，来自太阳的免费能源昂贵得出人意料。

即便如此，这也可能低估了可再生能源的价格，正如我在与诺贝尔物理学奖得主朱棣文（Steven Chu）交谈时所了解到的那样，朱棣文在 2009 年至 2013 年担任美国能源部部长。朱棣文称自己"非常坚定地支持"可再生能源，而他指出，新英格兰、法国或中国北部地区等区域的天空可能连续几周多云。"有时候，"他说，"你会遇到一周恶劣的天气，或者数百千米范围内一周的天气都是多云。有时候，华盛顿州和俄勒冈州的风会停止两周。在这些时候——你猜会怎么样？——你仍然需要一种可靠的电力来源。"

后来，朱棣文在 2009 年 1 月通过电子邮件向我发送了一份图表，显示了华盛顿州东部邦纳维尔电力管理局（Bonneville Power Administration）运营的一个大型风力电场的风能输出。这张图表有两条线：一条线在上部，每天上下波动，表示该地区的能源需求；一条线在底部，表示风力电场对满足这一需求的贡献。从那个月的中旬开始，底部那条线降至零并保持不变。已经有 11 天完全没有风了。正如上部那条线所示，人们的需求并没有随着风的停止而停止。医院、学校、图书馆、住宅和办公楼仍然需要光和热。朱棣文说，如果各国都完全转向可再生能源，它们就需要找到在长时间多云或无风的情况下为整个地区供电的机制。他说，工程师们刚刚开始应对这一挑战。在穆肖去世一个半世纪之后，他所发现的太阳能的问题仍然没有得到解决。

现在，数以百计的大型可再生能源装置遍布全球。但是，实际上只有一个开始接近倡导者的设想——能为大量人口提供可靠的 24 小时电力的太阳能或者风能装置。该装置位于内华达州，耗资 8 亿美元，于 2015 年完工。它由一座中央塔楼组成，塔楼周围有 1 万面镜子，每面镜子的规格都相当于一座小房子。镜子跟踪太阳，将阳光聚焦在充满熔盐的塔上。热盐使水沸腾，驱动涡轮发电机；电力被输送到拉斯维加斯，为路灯、空调和游戏机供电。因为盐在日落之后仍可以保持几个小时的热量，所以该项目在夜间也能够发电：在黑暗中使用太阳能。

引人注目的是，新月沙丘（Crescent Dunes）太阳能发电塔一直受到先知派的攻击。[481] 一般来说，可再生能源领衔人物们认为，他们的目标是建造巨大的、集中化的设施，比如新月沙丘——他们是彻头彻尾的博洛格派，打着太阳能的幌子，坚持硬路径的观点。但是，许多或大多数可再生能源的支持者都是先知派，他们对太阳能巨头和风能巨头的厌恶程度不亚于它们试图取代的煤炭巨头和石油巨头。[482] 从一开始，新月沙丘太阳能发电塔就遭到了一个名为"盆地和山脉"（Basin and Range）的环境保护组织的抵制，因为这个装置就像喜马拉雅神父的日光反射聚焦仪一样，会杀死任何靠近它的鸟。"盆地和山脉"环境保护组织也反对伴随而来的对脆弱的沙漠环境的破坏；建造新月沙丘需要用推土机推平约 6.5 平方千米的干旱土地，其中包括两种稀有甲虫（aegialian scarab 和 serican scarab）大约 10% 的栖息地。

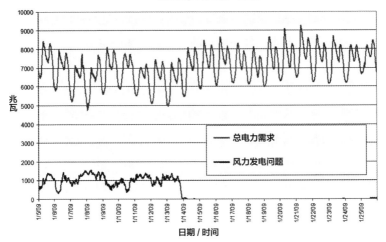

2009年1月5日—25日

朱棣文通过电子邮件向笔者发送的图表

　　加利福尼亚州莫哈韦沙漠（Mojave Desert）的太阳能巨头也遭到了类似的抗议。2012年，塞拉俱乐部（Sierra Club）和自然资源保护委员会（Natural Resources Defense Council）的诉讼导致那里的一个大型太阳镜项目宣告失败。两年后，莫哈韦的另一个项目开始运行，那是价值22亿美元的伊凡帕太阳能发电系统（Ivanpah Solar Electric Generating System），当时世界上最大的太阳能反射镜装置。它占地面积超过12平方千米，使得大量蝙蝠从空中坠落，这招致了环境保护组织几乎从未间断的攻击。

　　先知派的这些焦虑并不是只在美国才有。在英国，反对太阳能发电厂的抗议活动层出不穷。在加拿大、丹麦、爱尔兰、意大利、墨西哥和西班牙，都有人在抵制风力发电。［牛津大学动物学家克莱夫·汉布勒（Clive Hambler）指出，在21世纪，风能"对野生动物的威胁远远大于气候变化"。］即使是对可再生能源非常狂热的德国，也在为将风力发出的电从多风的北方输送到工业化的南方所需的基础设施而争论不休；巴伐利亚州政府力主回归化石燃料，而不是允许修建新的高压输电线路。

先知派最反感的是这些项目的规模。可以肯定的是，有些抱怨与不愿意为共同利益做出任何牺牲的自私的"邻避主义"（NIMBY, Not in My Back Yard）有关。但是，另有一些人反对，是基于自然限度这一概念。先知派认为，在诸如查兰卡这样的项目中，长达一英里的光伏电池对社区、自然和人类都具有内在的破坏性。在他们看来，巨大的工业是问题，而不是解决方案。与埃里克松最初的设想一样，他们主张小规模的、网络化的能源产生方式：屋顶的光伏电池板、空气源热泵、生物燃料电池、太阳能空气供暖、由农业或城市垃圾产生的甲烷等等。[1] 与之相伴的是给建筑增加隔热层，安装节能和节水的固定装置和电器，回收废热，在建筑物中安装传感器以便自动监测用电情况，当房间无人时关闭照明设施和温度控制设备。

巫师派的可再生能源倡导者，比如依靠风险投资建造了新月沙丘太阳能发电塔的公司，对这些想法嗤之以鼻。即使是在最好的情况下，用一种新的可再生能源电网取代现有的煤炭和天然气电网，同时保持旧电网运行，这一过程也将是漫长、昂贵的，而且风险很大，这还没有考虑它会受到本该支持它的人的蓄意阻挠。在一个拥有 100 亿人口的世界里，坚持使用小规模组件来建造能源设施，这只会增加难度。现在，还需要看到的事实是，化石燃料价格几十年来一直在下降。单纯从可靠的能源供应角度来考虑，人们很难想象为什么要去尝试那么做。

但是，很显然，问题不只是关于可靠的能源供应。

---

[1] 空气源热泵利用温差将热量从建筑物外部传递到内部或从内部传递到外部。生物燃料电池利用消耗废物中的细菌来驱动化学反应，产生电能。太阳能空气供暖包括在建筑物上覆盖薄薄的充满空气的板，以吸收来自太阳的热量，然后使空气通过管道直接或间接进入建筑物内部。从城市垃圾场等地方自发释放出来的甲烷，可以在当地发电厂进行加工和燃烧。

第七章　气：气候变化

转瞬即逝的一百万年

对于判定何为灾难，林恩·马古利斯的标准很高。几年前，有一次，我坐在一家咖啡馆里看书，等待女儿上完美术课。这时，她走了进来。我当时是一个给科普书评奖的评审团的成员。我手里的书就是其中一部参评的作品，书名是《难以忽视的真相》（*An Inconvenient Truth*），这是阿尔·戈尔（Al Gore）关于"全球变暖的地球危机"的言论。马古利斯拿起这本书，凝视着封底，此书的作者站在麦克风前，置身于起伏不平的户外环境中。她什么也没说，但她的表情已经表达了很多。

出于一种防守的心理，我问她是不是认为阿尔·戈尔所描述的那种气候变化不算一场灾难。

在我的印象中，她当时说，这很糟糕，但是，**灾难**——算不上。她停顿了一下。氧气，她说，**那**才是灾难。

她所指的氧气是大氧化事件（Great Oxidation Event），发生在蓝细菌进化出光合作用之后。[483]光合作用的生物在海洋中扩散，不断排出氧气。氧气的泛滥永久性地改变了地球表面、海洋的组成和大气的功能。大多数科学家认为，它使地球上绝大多数陆地和海洋不适合地球上绝大多数生物居住。马古利斯称，由此产生的结果是"氧气大屠杀"。随着时间的推移，矿物质吸收了大量的氧气，将其比重稳定在占大气的21%左右。这是一件好事，因为如果浓度上升得更多，我们的空气中就会含有过多的氧气，那么，一个火花就可以点燃地球。

对马古利斯来说，大氧化事件为今天提供了教训。首先，那些认为生物不会影响气候的人对生命的力量一无所知。第二，气候变化的开始意味着智人正在进入生物大联盟——我们正蹑手蹑脚地进入细菌、藻类和其他真正重要的生物领域。第三个原因是，就像闷闷不乐的青少年一样，物种也不会自己收拾残局。蓝细菌将它们的氧气垃圾以极大的规模释放到了全世界，而不去考虑后果。人类对二氧化碳也是如此。

蓝细菌是幸运的：被自己制造的氧气淹没并没有给它们带来太多麻烦。但是，人类却会感受到二氧化碳的影响。这不会阻止人类，马古利斯像以往一样不动感情地说。她认为，人类不会停止排放二氧化碳，就像蓝细菌不会停止排放氧气一样。在马古利斯看来，如果说每一个成功物种的命运都是自我毁灭的话，那么气候变化似乎是智人实现这一目标的可行方法。她告诉我，有利的一面是，相对而言，这一影响将会是有限而短暂的。几千年之后，除了地球上可能不再有人类之外，这个世界看起来会和现在差不多。

气候变化！在上一章中，我讨论了两种关于人类社会满足其能源需求方式的愿景。持博洛格观点的巫师派青睐为家庭和企业提供按电表收费的电力的大型公用事业公司。持沃格特观点的先知派则推崇利用可再生能源、为社区所有的小规模运营。因为先知派喜欢的阳光和风是间歇性的，所以他们还不能在经济上与化石燃料提供的可靠电力相竞争。事实上，成本优势是极大的，除非出现新的衡量因素，否则几乎没有理由转向可再生能源。近几十年来，灾难性气候变化的前景正是这样。[1]

怪　人

马古利斯认为，根据自然法则，我们注定会毁掉自己的未来，马古利斯的观点是正确的吗？从历史上看，回答这个问题有两种方法。第一种比较鼓舞人心：一群科学怪人和局外人缓慢地塑造了今天的气候变化图景，正好能利用这些知识阻止其最坏的影响。第二种比较令人沮丧：政治机构无法应对挑战，于是气候变化成了一场关于象征和价值观的文化斗争的主题。第二种方法得出的结论证明马古利斯是正确的：优柔寡断和政治紧张局势将给我们的浪费创造机会，导致我们的毁灭。只有第一种方法引导我们对气候变化采取行动，要么走巫师派的路，要么走先知派的路。

像在大多数科学故事中一样，第一种方法是从有人提出一个问题开始的。那个人就是让-巴普蒂斯特-约瑟夫·傅立叶（Jean-Baptiste-Joseph Fourier，1768—1830 年），一名勃艮第裁缝的第 19 个孩子。[484] 裁缝父亲对傅立叶生活产生的最大影响，他是在傅立叶 8 岁那年去世了。后来，这个男孩子和他的许多兄弟姐妹一道，被送进了孤儿院。一个偶然的机会，当地一名富人建议镇上的主教，让傅立叶进入一所由本笃会修士开办的学院。傅立叶最初是想成为另一所本笃会学校的数学教师。为此他需要成为本笃会教徒。1789 年 10 月，法

---

[1] 正如我在序言中提到的，我将把气候变化的讨论分为两部分。在这里，我请持怀疑态度者接受——只是暂时接受——气候变化是一个问题，这样，我就可以讨论博洛格派和沃格特派会如何解决这个问题。在附录中，我讨论了人们是否应该相信它的潜在影响。

约瑟夫·傅立叶，绘于 1823 年

国大革命爆发。当时，傅立叶还没有进行修道宣誓。新成立的反教权政府采取的第一个行动就是禁止任何法国人进行修道宣誓。失望的傅立叶回到了勃艮第。在那里，他因为对法国革命的热情不足而被捕，并被判处死刑。1794 年，革命领袖被处决，而傅立叶仍然被关在死囚牢房里。后来，他被释放，成为巴黎的一名数学教授，并打算终生从事方程式研究。然而，他和另外两百名学者被拿破仑·波拿巴将军征召，随同拿破仑入侵埃及。科学家们的任务是研究被征服的国家，找出值得偷窃的物品。在开罗，拿破仑任命傅立叶为他新设立的埃及学院（Institut d'Égypte）的院长。对傅立叶来说不幸的事有两件，第一，拿破仑注意到了他的行政才能，第二，拿破仑在过渡时期发动了一场政变，成为法国唯一的统治者。1801 年，傅立叶回到法国。独裁者拿破仑任命他为法国东南部一个省的省长。

据说，不知怎么搞的，埃及炎热的气候损坏了傅立叶的体温调节机能。回到法国之后，他一直感到寒冷；后来，他在夏天都要穿着厚厚的大衣，在冬天拒绝离开火炉。他的这种持续寒冷状态也许可以解释他为什么对热量如何传播的物理问题感兴趣，他利用行政管理的空闲时间研究了这个问题。他的抱负是成为热学方面的牛顿，他创立了"简单而恒定的定律"，解释了"热量如何像重力一样穿透所有物体和空间"。他一直挣扎着努力工作，直到生命的尽头。由于患有神经性畏寒，他的身体非常虚弱，甚至他不得不经常在一个定制的带软垫的木箱中工作，木箱上有孔，他可以将头和手臂伸出来。

大约在 1820 年，傅立叶提出问题：为什么太阳不能持续加热地球，直到让地球变得跟太阳一样热？他知道，地球将一些热量反射回太空。但是为什么不是**全部**都反射回太空呢？是什么让我们这个星球保持舒适的温暖——金发姑娘那种不冷不热的适宜温度，而不是太热或者太冷？

4 年后，傅立叶将他的结论详细地写了出来。[485] 他说，3 种不同的机制可以解释地球的温度。第一，太阳照射在地球表面，使其变暖。第二，用傅立叶的话说，地球熔化的内核——地球诞生时留下的余火——使地球变暖。第三，热量可能来自外太空，傅立叶指出，外太空受到"无数颗恒星"发出的光的照射。傅立叶认为，外太空的星光温暖得就像金发姑娘的帽子，包围着我们的星球，防止它辐射过多的太阳热量。

傅立叶的结论的很大一部分都是错误的。外太空的温度并不像傅立叶所想的那样，"略低于极地地区所能观测到的温度"。（实际上，它比绝对零度高出几度。）而地核对地表几乎没有影响。尽管如此，傅立叶的基本想法是正确的：地球的气候是不断相互作用的力量的平衡。[1][486]

一位名叫约翰·廷德尔（John Tyndall）的爱尔兰研究人员提供了更为清晰的线索。[487] 他和傅立叶一样出身普通。廷德尔出生于 1820 年，是一个鞋匠的儿子。尽管没有钱，他还是设法上了学，并成为一名测量员。在学校期间，他对科学就跟着了魔一样。成年后，

---

[1] 人们常说，傅立叶发现了"温室效应"。这是错误的，原因有二。第一，傅立叶从未说过大气层就像一个温室——"温室"（serre）一词在他的文章中并没有出现过。第二，大气层不像温室。大气层之所以温暖，是因为它吸收了地表的热辐射。温室之所以温暖，是因为玻璃在物理上阻止了热空气的飘散，这是不同的过程。因为与我交谈过的许多科学家都认为"温室效应"具有误导性，所以我在本书中避开了它。

他对科学更加着迷，28 岁时，他辞去测量工作，搬到了德国，在名声赫赫的马堡大学（University of Marburg）学习物理学。在那里，他又迷上了一种新的嗜好：爬山。回到英国后，他成为伦敦皇家学院（Royal Institution in London）的教授。他把爱好结合到一起，开始研究冰川。

在北欧和美洲，地质学家发现了摆布奇特的巨石、令人费解的砾石脊，以及被重物冲刷过的岩层。慢慢地，科学家们开始相信，这些都是亿万年前大陆大小的冰川增长和衰退的迹象。要形成如此庞大的冰量，全球的气温必须在数千年的时间里急剧下降。没有人明白这是怎么发生的。[488]

廷德尔开始怀疑，这可能与大气有关。那时，物理学家们已经确定，任何物质的温度都是其组成原子或分子运动、振动和旋转的平均能量的量度。它们运动的速度越快，物质的温度就越高。科学家们还了解到，原子和分子可以吸收或发射光，这会增加或减少它们运动的能量，而能量又反过来增加或降低它们的温度。有一种光——肉眼看不见的红外线——与温度特别相关。所有温暖或热的物体都会辐射它。（传统间谍电影中的夜视眼镜利用的就是红外线。）廷德尔提出的假说是，大气吸收了红外线，这种吸收控制着全球温度，并以某种方式导致了冰期的到来。[489]

傅立叶将空气视为一种均匀的物质。廷德尔对组成空气的气体进行了单独观察，怀疑其中一种是吸收红外光并使大气变暖的物质。为了回答这个问题，廷德尔在每一根长管中填充一种气体——一管氮气，一管氧气，以此类推。在每根管子的一端，他放置一个热金属盒。在另一端，他放置一个热电堆，一种将热量转化为电能的装置。金属盒通过管子向热电堆发射红外线。在这一过程中，一些红外线被管中的气体吸收，其余的则由热电堆将其能量转化为电能。气体吸收的红外线越多，电流就越小。通过这种方式，廷德尔可以发现，是哪一种气体加热了大气。

约翰·廷德尔，摄于 1880 年前后

毫无结果。不管廷德尔怎么做，红外线都会穿透管子，就好像氮气或氧气不存在一样。氮气和氧气占大气的 99% 以上，其他的都不到 1%。廷德尔的仪器告诉他，超过 99% 的大气不能吸收红外辐射。如果是这样的话，大部分来自地球表面的红外辐射会像子弹穿过纸巾一样射入太空。我们的世界将是一个寒冷的雪球，几乎和月亮一样冷。问题不在于冰期为什么出现，而在于为什么地球的温度足以维持生命。

在经历了数周的困惑之后，廷德尔打算放弃了，就在这样一个无奈的时刻，他尝试着用煤气做实验，在那个时候，煤气已经通过管道输送到整个伦敦，并用于照明。令他惊讶的是，它吸收了盒子"约81%"的红外辐射。煤气是无色的，就像一扇透明的窗户，它能让可见光通过。但对于红外光来说，煤气则像浴室里一扇雾气蒙蒙的窗户，挡住了大部分光线。

兴奋之余，廷德尔尝试使用其他各种气体，包括乙醚、香水、酒精蒸汽、二氧化碳和水蒸气。幸运的是，所有这些都吸收了红外辐射。廷德尔对最后一种特别感兴趣。当他从空气中去除水蒸气时，它吸收了大约 1 个单位的红外辐射。但是，当他向空气中加入少量水蒸气时，空气就"吸收了大约 15 个单位的红外辐射"。[490]1861 年，廷德尔公布了这一发现，该发现让他绘制出了第一张大致正确的大气物理学图像。

正如小学生们会学到的，照在地球上的阳光有各种各样的光波——X 射线、紫外线、可见光、红外辐射、微波、无线电波等等。其中，大约 1/3 由云层反射出去。另外 1/6 被空气中的水蒸气吸收。这样一来，几乎一半的入射光——其中大部分是可见光——会穿过大气层。这一半几乎全部被陆地、海洋和地表植物吸收。（只有一点反射回去。）

在吸收了所有这些太阳能之后，地面、水和植物自然升温，这使它们发出红外线，其辐射到空气中。大部分二次产生的红外线被空气中的水蒸气吸收，使空气升温。通常，水蒸气占大气重量的 1% 到 4%。（确切数字会随着温度、风和地面条件的变化而变化。）但是，这一相对较小的量——1% 到 4%——却会带来巨大的冲击。

当水蒸气分子吸收红外线时，额外的能量将它们踢入"激发"的状态——它们的电子进入一个新的、更高能量的结构。（在这里，我使用的是廷德尔无法识别的现代语言；电子在 30 年之后才被发现。）如果让水分子自行处理，它们通常会在几千分之一秒内以红外线的形式将这种能量释放回太空。然后，就像人到中年的郊区居民从一时放纵中恢复过来一样，它们会进入更稳定、能量更低的状态。如果一切如此发生，那么整体的大气将不会吸收红外线，也不会对温度产生影响。但是，这并不是空气中发生的情况——空气中的分子**不会**自行其是。大气中的一个典型分子会以每秒 1 000 万次的速度与它的邻居碰撞。在水分子释放额外能量之前的几毫秒内，它们可能会与氮分子和氧分子发生数千次碰撞。在这些碰撞中，它们将从红外辐射中获得的额外能量转移给氮分子和氧分子，从而提高了它们的温度。换一种方法说，水蒸气分子就像一台机器，将红外能量间接地输送给无法直接吸收红外能量的氮分子和氧分子。

有些水蒸气分子确实会发射出红外线，这些光波反射到地面或天空，然后就又被重新吸收和重新接受，或者被重新吸收并产生能量转

每一秒，太阳都会发出几乎所有形式的光——无线电波、紫外线、可见光、X射线、伽马射线、微波等等。不过，大部分是可见光或红外线

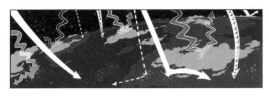

接近1/3射向地球的光线被云层、尘埃和地表反射。其中一些会被吸收，尤其是臭氧层会吸收危险的紫外线

其余的光线被地面、水和植被吸收。所有这些都会使温度上升，并以红外线的形式释放出大部分光能。这是一件好事，否则地球就会变得酷热难耐

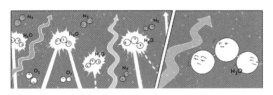

构成大气99%的氮气和氧气不会与红外线发生反应，但是水蒸气会吸收它。这是一件好事，否则红外线承载的能量就会冲出大气层，地球会变得非常寒冷。水蒸气并不能吸收所有的红外线能量。相反，它可以让一些波长通过。这是一件好事，因为这样就可以释放出足够的能量，防止空气变得酷热难耐

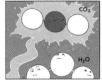 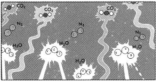

不幸的是，二氧化碳只吸收这些波长的光。这是一件坏事，因为它会关闭逸出阀。尽管空气中的二氧化碳含量非常低，但它却足以使地球慢慢变暖

移，而后再被吸收和接受，以此形式循环往复。氮分子和氧分子确实会在另一个极其复杂的相互作用的旋涡中，缓慢地将其热量耗散到寒冷的高层大气之中。把所有的部分加起来，整个系统最终在大气中储存的红外线能量，刚好能让地球保持相当程度的温暖，并且刚好将足够的能量泄漏到外太空，以防止地球变得太热。廷德尔意识到，这就是傅立叶问题的答案。水蒸气是控制气候的总开关。他认为，冰期一定是由水蒸气的变化引起的。廷德尔用表示强调的粗体字说明，这些是**"地质学家的研究所揭示的所有气候突变"**的**"真正原因"**。

廷德尔几乎没有关注二氧化碳，因为空气中的二氧化碳太少了。当时，二氧化碳约占大气体积的 0.03%（自那时以来，二氧化碳含量略有上升）。如果有人收集 1 万瓶空气，那么其中的二氧化碳只够装满 3 个瓶子。很难相信，如此微小的东西会如此重要，就好像一个孩子的玩具推土机可以推倒一座摩天大楼一样。廷德尔认为，二氧化碳无关紧要，不会产生任何实际影响。[1]491

在 19 世纪余下的时间里，研究人员跟随着廷德尔的脚步。极少有人认为空气中的二氧化碳有什么意义。492 不过，在这极少的几位科学家中，有两位瑞典科学家，阿维德·霍格博姆（Arvid Högbom）和斯万特·阿伦尼乌斯（Svante Arrhenius）。493 他们都出生于 1857年，都在乌普萨拉大学（University of Uppsala）学习。1891 年，他们都进入了斯德哥尔摩学院（Stockholm Högskola），这个私人智库后来成为斯德哥尔摩大学。但他们通往这一机构所走的道路不同。长相迷人、温文尔雅的霍格博姆是乌普萨拉大学非常优秀的学生，在获得

---

[1] 在廷德尔之前的三年，一位美国科学家发表了一篇两页纸的论文，描述了不同的气体如何吸收太阳能。这位科学家名叫尤妮斯·富特（Eunice Foote），是来自纽约州北部的妇女参政论者。人们对富特知之甚少；除了这篇文章外，她只发表了一篇关于另一个主题的文章，没有人发现她的研究工作的进一步痕迹。富特的研究与廷德尔的研究相似，但不够全面。没有证据表明廷德尔知道此事。

博士学位之后，他立即被聘为教授。好冲动、情绪化的阿伦尼乌斯撰写了一篇论文，里面充满了许多新奇但尚未发展的想法，这大大地激怒了他的导师，差一点给他不及格的成绩。阿伦尼乌斯的低分终结了自己的职业生涯，在接下来的两年里，他一直在哀叹自己的命运，每天只能睡在父母家的沙发上。最终，他还是振作起来，在德国实验室里做一份临时工作，同时研究出一些后来成为物理化学基本的思想。这些基本思想公之于众后，阿伦尼乌斯名声大振；他得以回到瑞典，到霍格博姆所在的智库工作。

霍格博姆是地质学家，对石灰石的起源很感兴趣。[494] 二氧化碳与海洋接触后会溶解到水中。海水中也充满了溶解的钙。溶解的钙和二氧化碳结合，形成碳酸钙。贝类、珊瑚、有孔虫（单细胞原生动物，通常生活在海底的小贝壳中）以及其他水生生物利用碳酸钙来制造贝壳。随着时间的推移，贝壳积压成堆，逐渐压实，并变成石头——石灰石。霍格博姆意识到，石灰石是大气中二氧化碳的储存库。地球上有大量的石灰石沉积物，而空气中的二氧化碳很少。石灰石中的二氧化碳从何而来？

据霍格博姆所知，二氧化碳的最大来源是火山喷发。火山喷发时，从熔融的石灰石、煤炭和石油中喷出气体。霍格博姆意识到，如果火山喷发的规模很大，它们可能会大幅提升大气中的二氧化碳含量。而如果没有火山喷发，大气中的二氧化碳可能会变得稀少，因为它会被海水吸收，变成贝壳。由此，他得出结论："（二氧化碳的）量发生重大变化的可能性一定非常大。"用不那么学术的语言来说：过去空气中的二氧化碳含量可能比现在高得多——或者低得多。

这一结论引起了阿伦尼乌斯的好奇心。他在斯德哥尔摩获得了舒适的学术闲职之后，对整天困在实验中用试管做实验失去了兴趣，他开始对其他人的数据进行高调推测。通过这种方式，他提出了关于太阳系形成、宇宙年龄和太阳内部机制的新理论。所有这些后来都被

斯万特·阿伦尼乌斯，摄于 1909 年

实际做实验的人证明是错误的。得知霍格博姆的研究后，阿伦尼乌斯想知道，他的二氧化碳数据能否解释冰期。冰川作用有没有可能是由较低的二氧化碳水平引起的？

为了回答这个问题，阿伦尼乌斯决定计算一下，如果二氧化碳浓度翻倍或减半会产生什么影响。这项计算做起来并不容易。由于纬度和云层不同，世界不同地区在一年中的不同时间接收到的阳光的量是不同的。阿伦尼乌斯最终计算出了从赤道向两极的 700 英里范围内每个季节的平均值。一位美国科学家测量了哪些波长的光会被水蒸气和二氧化碳吸收，哪些波长的光会通过。（波长是相邻波峰之间的距离。）不同的波长具有不同的能量，这意味着它们对温度的影响程度不同。阿伦尼乌斯也必须考虑这个因素。雪、水和土壤反射的光并不相同；阿伦尼乌斯把这些情况塞进了他的计算……等等，等等——一个又一个的复杂因素。

1894 年的平安夜，他开始了"乏味的计算"。他刚和实验室助理结婚。她怀着他们的孩子，离开他，独自到一个偏僻的小岛上生活；而他仍然在埋头工作。经过数万次计算之后，阿伦尼乌斯于 1895 年 12 月完成了实验。他向一位朋友抱怨说："这么一件小事竟让我花了整整一年的时间，真是难以置信。"他并没有提及他的妻子。[495]

最终的结果证明，这番努力是值得的，即使不考虑他个人的付出，也许他们的婚姻所做出的牺牲也是值得的。阿伦尼乌斯相信，自己确立了一个惊人的事实：空气中二氧化碳的微小变化可能会导致冰期。他说，事实上，将二氧化碳含量减半——将其从 0.03% 降至 0.015%——将使全球气温下降约 4 摄氏度，足以引起冰川形成。[496] 霍格博姆指出，燃烧化石燃料必然会增加大气中的二氧化碳。阿伦尼乌斯估计，二氧化碳的含量翻倍将使地球温度平均升高约 6 摄氏度，足以使地球大部分地区变成沙漠。

阿伦尼乌斯并不担心气候变暖的前景。他认为，如果真的发生这种情况，温度升高 6 摄氏度需要数千年的时间。而且，他住在寒冷的瑞典，气温上升似乎是件好事。阿伦尼乌斯预言，在未来，"我们的后代（将）生活在更温暖的天空之下，生活在一个比我们现在所拥有的生态环境更温和的环境之中"。[497]

他的同事们更不担心，因为他们怀疑他在胡说八道。这种怀疑的主要来源是阿伦尼乌斯的一位老熟人克努特·埃格斯特朗（Knut Ångström）。埃格斯特朗是一位著名物理学家的儿子，他与阿伦尼乌斯同时进入乌普萨拉大学，并与他一起加入智库。尽管他与阿伦尼乌斯有着长期的同事关系，但这并没有阻止他在 1900 年加入对阿伦尼乌斯实验的严厉抨击。[498]

埃格斯特朗针对的是阿伦尼乌斯对光和二氧化碳相互作用的描述。学生们在高中学习化学的时候了解到，可以说，原子对它们吸收和发射的光的波长很挑剔。它们会与某些波长的波相互作用，但不会与其他波长的波相互作用。19 世纪，物理学家发现，每种物质的吸收和发射模式就像指纹一样是确定的。[1] 通过研究二氧化碳和水蒸气的模式，埃格斯特朗发现，它们吸收了许多相同波长的光波。因为大

---

[1] 今天我们知道，这是因为原子的电子以复杂的"轨道"围绕着原子。只有当原子有足够的能量将电子从一个轨道踢到另一个能量更高的轨道时，它才能吸收入射光波，不会多也不会少。而原子不会吸收光波，因为光波的能量与轨道之间的能量不匹配。所有这些都让 19 世纪的物理学家感到困惑：原子怎么会如此挑剔呢？这个难题的解决带来了 20 世纪初期的量子力学革命。

气中水蒸气的含量远远超过二氧化碳，所以任何对这些光波的吸收应该几乎完全是由水蒸气引起的。这意味着，阿伦尼乌斯关于二氧化碳的整个说法都是错误的——"不能像阿伦尼乌斯先生那样理解观察结果"。正如廷德尔所认为的，水蒸气控制着大气热量，而二氧化碳则是无关紧要的。

阿伦尼乌斯的二氧化碳假说看似被推翻了，于是科学家们提出了关于冰期起源的其他观点。人们说，造成冰期的是太阳亮度的波动，是山脉的隆起，是地幔周围移动的大陆，是火山灰，是太阳系穿过更冷的空间，是洋流，是与外星冰山的碰撞。争论旷日持久、异常激烈，却没有结论。[1] 499 1929 年，英国气象局（British Meteorological Office）局长乔治·克拉克·辛普森（George Clarke Simpson）提出了一点意见，当时人们能够达成一致的少数意见之一："现在，人们普遍认为，大气中二氧化碳的变化，即使确实发生了，也不会对气候产生明显的影响。"

局外人

盖伊·卡伦德（Guy Callendar）并不认同这一观点。卡伦德出生于 1898 年，是英国顶尖蒸汽工程师的儿子，他的家在伦敦西部的一个时尚地区，他在一栋覆盖着常春藤、有 22 个房间的豪宅里长大。他成了父亲的助手，后来又成了他的继任者。他勇敢而好奇，愿意钻研他一无所知的领域，其中就包括大气科学。没有人知道他为什么对气候感兴趣。也许，他只是想知道，为什么从他的孩提时代起，冬天就变得更暖和了。500 卡伦德本人认为，这是一件大家都会感到好奇

---

[1] 现在，大多数研究人员认为，冰期是由地球倾斜和轨道的轻微变化引起的，这改变了地表阳光的量和分布，使地球降温。

的事："由于现在人类正在以一种在地质时间尺度上肯定是非常特殊的速度改变大气层的组成，因此寻找这种变化可能产生的影响是很自然的。"[501]

盖伊·卡伦德，摄于 1934 年

20 世纪 30 年代初，卡伦德开始收集气体属性、大气结构、不同纬度的阳光、化石燃料的使用、洋流的作用、世界各地气象站的温度和降水量，以及许多其他因素的测量数据。实际上，他试图重新进行阿伦尼乌斯的计算。但是，卡伦德有一个优势。阿伦尼乌斯计算时的许多数值没有被测量过，只能靠猜测。[502] 因此，阿伦尼乌斯的文章中充满了模棱两可的话："因此，**假设**是合理的""我不知道这个（因素）是否曾经被测量过，但它**可能没有区别**""看样子**似乎**是""**我可以说服我自己，这种工作模式不会带来系统性错误**"（粗体为笔者所加）。而到了卡伦德开始测量的时候，已经有了 40 多年的数据。他制作了今天为我们所熟悉的大型气候模型的第一份草图。

他的工作重心是对二氧化碳和水蒸气进行更精确的测量。[503] 读者应该还记得，地面吸收太阳能，然后将大部分太阳能以红外辐射的形式送回空气中。大部分发出的红外能量被水蒸气吸收并转移到大气的其他部分。有一部分逸出，这刚好足以防止大气升温到无法忍受的程度。

有两种机制造成了这种逸出。首先，水蒸气将其吸收的能量中的一部分以红外辐射的形式释放出来，其中一部分将红外光束释放到外太空（在这个过程中，水蒸气会多次重新吸收和发射红外光束，但最终会穿过大气层）。其次，水蒸气并不会吸收地球上所有的红外辐射——它在某些波长上是透明的。卡伦德了解到，新的测量结果表明，这些"窗口"中最重要的部分出现在波长约为10微米处——水蒸气会让约十万分之一米长的光波通过。另一个突出的窗口出现在4微米处。

卡伦德还了解到，科学家们已经更精确地测量了二氧化碳吸收的波长。与埃格斯特朗所认为的相反，它们并没有与水蒸气精确重叠。恰恰相反：二氧化碳会吸收水蒸气允许通过的一些波长——二氧化碳会关闭窗口。空气中的二氧化碳越多，它能吸收的辐射就越多。

在卡伦德的描述中，大气就像一个浴缸。红外辐射像是注入浴缸的水。浴缸里有小孔——"窗口"，水蒸气通过这些窗口可以让来自地表的红外辐射通过。由于从小孔中流出的水量大约等于从水龙头中流入的水量，因此浴缸中的水位是恒定的。现在，用口香糖堵住一两个洞。这就像往空气中添加二氧化碳。不可避免地，浴缸中的水会上涨。

从人类的角度来看，这是讨厌的坏运气。如果二氧化碳和水蒸气的物理性质没有以这种方式相交，即如果二氧化碳没有碰巧吸收水蒸气允许通过的红外辐射，那么，燃烧化石燃料将不会引起气候研究人员的关注。二氧化碳的增加将被视为大气科学中的一个蒙尘的角落，只属于学究。煤炭和石油可以毫无顾虑地燃烧（在去除污染物之后）。工业文明也不会面临生死存亡的挑战。

无论是卡伦德还是其他任何人，他们都没有像我们今天那样去理解其中的利害关系。二氧化碳阻止了红外辐射从地球逸出，卡伦德和阿伦尼乌斯一样，认为这是一件好事。"平均气温的小幅上升"将对寒冷地区的农民有好处，卡伦德说。更好的是，这将"无限期地"推迟"致命冰川的回归"。

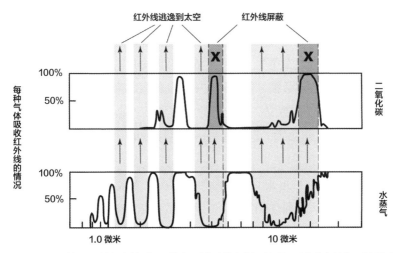

红外光谱，从波长约 1 微米到波长约 10 微米。空气中的水蒸气（图表下半部分）吸收了表面的大部分红外辐射。但是，在它所能通过的光谱中有一些间隙（浅色阴影区域）——防止地球过热的安全阀。二氧化碳（图表上半部分）只吸收少数波段的红外线。碰巧的是，其中两个（深色阴影区域）位于水蒸气的间隙之中。它们吸收水蒸气通过的部分红外辐射。这样做的效果是减少——只是减少一点点——逃逸到太空中的红外辐射的量

　　卡伦德提出这一论点，实际上是在告诉气候学专家们，他这个局外人在专家们的学科中取得了突破——专家们完全错过了的突破。这件事进展得并不顺利。他的学术地位够高，可以在 1938 年向英国皇家气象学会（Royal Meteorological Society）提出自己的观点，并请 6 位专业气候科学家对他的研究进行评估。但是，他的地位还没有高到可以阻止这些评论者摆出居高临下的架子（他们称赞他的"不屈不挠的毅力"）。多年前，英国气象局局长乔治·克拉克·辛普森曾强调，二氧化碳"不会对气候产生明显的影响"。那个时候，辛普森是评论者之一，对卡伦德评头品足。他轻蔑地说，对于卡伦德所做的工作，出现问题的原因在于，"非气象学家"对气候的了解不足，无法提供帮助。[504]

　　专家组提出的两项批评更具实质性。第一，卡伦德没有说明为什

么化石燃料产生的二氧化碳不会被海洋吸收，而是会留在大气中。第二，对大气中二氧化碳的所有测量都是不可靠的，因为科学家的仪器可能会受到附近汽车尾气、工厂、农场和发电厂的影响。尽管卡伦德花了数年时间收集数据，但聚集在一起的气象学家们"非常怀疑"这些数据是否有任何意义。卡伦德并没有气馁，他一直致力于气候研究，直到1964年去世。渐渐地——非常缓慢地——气候学家们开始接受他的意见了。

他们几乎是被迫接受的，因为第二次世界大战之后，大量新的研究人员涌入大气科学领域，其中大多数都是由美国军方资助的。[505]在战争期间，军方使用了不熟悉的辐射类型，产生了巨大的影响——红外线用于信号和狙击，微波用于雷达探测敌机。为了进一步发展这些技术，军方希望了解所有非同寻常的光，以及它们如何与大气相互作用。1947年，战略空军司令乔治·C. 肯尼（George C. Kenney）将军在麻省理工学院的一次演讲中阐述了他的梦想。"在红外线之下和紫外线之上，"他说，"未来可能会有像原子弹一样毁灭性的战争武器。"例如，"一架配备了某种超级狗哨的飞机在城市上方飞行一段时间后，可以扰乱全城人的神经系统"。更让肯尼兴奋的是，辐射和大气相互作用，意味着人们有可能理解和操纵天气："率先学会准确绘制气团路径并控制降水时间和地点的国家将主宰全球。"在"气候战"愿景的鼓舞下，军方资助了计算机先驱约翰·冯·诺依曼（John von Neumann）率先对大气进行数字模拟的计划。

五角大楼的大量资金将气候科学的中心从欧洲转移到了美国，由此带来的影响可以在1957年看到，当时三名加利福尼亚州科学家启动了两个项目，两个项目分别回应了针对卡伦德的批评。负责第一个项目的是圣地亚哥斯克里普斯海洋研究所（Scripps Institution of Oceanography）的汉斯·E. 苏斯（Hans E. Suess）和罗杰·雷维尔（Roger Revelle）。[506]与卡伦德一样，他们也是气候学科的局外人：苏斯是奥地利物理学家，在移民到美国之前，他曾参与纳粹并未成功的原子弹研发的外围工作。海洋学家雷维尔是斯克里普斯海洋研究所的主任，该机构是他所在的研究领域最重要的机构。

由于其物理学的背景，苏斯发现，新近发明的放射性碳年代测定技术可以用来区分化石燃料的碳和其他类型的碳。[1]雷维尔意识到，苏斯的技术可以用来研究海洋是否吸收了化石燃料中的二氧化碳，而这一点正是卡伦德的批评者们所怀疑的。两人一起工作后，断定海洋确实吸收了其中的大部分。但他们在起草一篇相关论文的时候，意识到向海洋中注入二氧化碳会引发其他相互作用，最终导致海水迅速释放出它最初吸收的大部分气体。最后，海洋**并没有**吸收燃烧煤炭、石油和天然气排放的二氧化碳。雷维尔和苏斯草草地在文章结尾处加上了一段话，承认燃烧化石燃料等同于"在进行一项大规模地球物理实验，而这种实验在过去是不可能发生的"。

第二个项目是对第一个项目的补充，负责项目的是斯克里普斯的另一位研究员查尔斯·D. 基林（Charles D. Keeling）。[507]基林出生于1928年，是芝加哥一位银行家的儿子，这位银行家认为像自己这样的人导致了大萧条的发生。基林在一篇自传文章中写道："父亲辞去了工作，成了银行业改革的传教士，从而使我们的家庭陷入了他所忧

---

[1] 关于放射性碳年代测定：地球不断地接收来自外太空的高能亚原子粒子雨。当这些"宇宙射线"撞击到一个碳原子的时候，它们会击落碳原子的部分原子核。这就产生了少量的放射性碳，科学家们称之为碳-14。巧合的是，碳-14分解成氮的速度几乎与宇宙射线产生氮的速度完全相同。因此，在空气、海洋和陆地中，有一小部分稳定的碳是由碳-14组成的。植物通过光合作用吸收碳-14。当动物摄入植物的时候，它们也会吸收碳-14。因此，每个活细胞都有一个稳定的、很低的碳-14水平——它们都有轻微的放射性。当生物体死亡的时候，它们停止吸收碳-14。由于细胞中的碳-14继续分解，它们体内的碳-14水平就会以一种可预测的方式下降，研究人员可以利用这种方式来估计这些生物在哪一个时间段还活着。苏斯由此意识到，燃烧石油产生的二氧化碳几乎不含碳-14，因为产生它的生物在数百万年前就已经死亡了。因此，有可能检测到化石燃料是否向环境中排放了减少碳-14的二氧化碳——总体的碳-14水平将比其他情况下低一点点。

心的贫困。"这位银行家的儿子在伊利诺伊大学学习化学，但为了回避经济学必修课，他转去学文科——"我自信满满地认为，我在家里接触的经济学已经足够多了。"在又经历了一系列的困惑之后，基林回到了化学专业，获得了博士学位。他爱上了地质学，并在帕萨迪纳的加州理工学院获得了地球化学奖学金。1956 年，他的导师随口说的一句话，奠定了他毕生研究的基础。

基林的导师推测，水中的二氧化碳与空气中的二氧化碳处于平衡状态——如果增加其中一个的量，另一个会很快进行补偿，以使其平衡。基林决定弄明白这一观点是否属实。他厌倦了办公室工作，喜欢在帕萨迪纳附近的山区进行户外测量。令他惊讶的是，他的数据并不稳定——有时空气中的二氧化碳更多，有时则更少。基林意识到，"来自工业、汽车尾气以及垃圾焚化炉排放出来的废气"在他的仪器周围飘散，这正是卡伦德的批评者们所指出的问题。为了确定实际的二氧化碳水平，他需要在无污染的地方收集长期的数据。美国气象局同意资助基林，在夏威夷约 4 000 米高的莫纳罗亚火山（Mauna Loa）测量二氧化碳含量。由于盛行风来自西部，距离最近的二氧化碳来源远在数千千米之外的亚洲。[508]

在此期间，雷维尔了解到基林最初的工作，并邀请他参加斯克里普斯的研究工作。基林搬到那里，组装了世界上第一个具有高精度气体分析系统的仪器。他不断地修改设计内容并要求获得更多的资助，这激怒了雷维尔；雷维尔认为，基林一心想达到一种毫无意义的精度，他在毫无意义地堆砌小数点。基林的测量始于 1958 年 2 月。在两年之内，他的仪器显示，全球空气中二氧化碳的储存量已从 313 ppm 增加到 315 ppm。[509]

从 1958 年开始，基林就在莫纳罗亚火山工作，直到 2005 年去世。在此期间，空气中的二氧化碳比例上升到 380 ppm。结合雷维尔和苏斯的研究，基林精细的、跨越数十年的测量让气候研究人员确

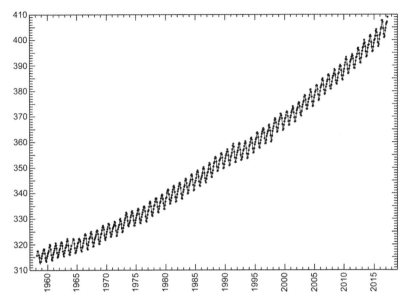

基林的测量——纵轴上的二氧化碳水平以百万分率（ppm）计，横轴表示时间——精确到足以观察二氧化碳的轻微季节性波动。随着北半球植物在夏季的生长，它们增强的光合作用会从空气中吸收一些二氧化碳气体，定期降低大气中的二氧化碳气体的浓度。

信，二氧化碳正在空气中积累。

　　但是，如果情况的确如此，那么这会带来什么影响呢？在绝对尺度上，二氧化碳的增加是微不足道的，只有百万分之几。大多数研究人员认为，气温升高只会发生在遥远的将来，而且可能是有益的。雷维尔和苏斯得出的结论是，人类正在进行一项实验，但却认为这不太可能有多大意义。他们在文章中写道，几十年后，可能会积累足够的数据，以"确定大气中二氧化碳变化的影响——**如果有的话**"。[510]

　　1959 年的一个星期天，《纽约时报》报道说，"世界正在略微变暖"，并指出，大多数科学家认为"变暖趋势"并不"令人担忧，趋势也不是很强烈"。[511] 由于缺乏关注，这篇文章出现在第 112 页上。

道德插曲

2016 年春天，我的朋友罗伯特·德孔托（Robert DeConto，我叫他"罗布"）在科学杂志《自然》上发表了一篇文章。碰巧的是，那篇文章发表的第二天，我们两家人共进晚餐。德孔托既高兴又不安，高兴的是他刚刚完成了一个很长的项目，不安的是这个项目可能带来的影响。他与同事戴维·波拉德（David Pollard）花了数年时间研究南极冰盖，这是迄今为止世界上最大的冰盖。过去的研究人员曾认为，由于规模巨大，它对全球气温上升的反应会很慢。而德孔托和波拉德沮丧地意识到，南极洲可能比以前人们认为的更脆弱。[512]

温度升高会以两种方式侵蚀冰层：变暖的空气会从上方使冰层融化，在表面形成水池；而变暖的洋流则会侵蚀冰层的底部，造成巨大的裂缝。表面上的水池中的水可能会从裂缝处流出，使裂缝变宽，并将冰盖分裂成不稳定的碎片，这些碎片在自身重量的作用下会崩裂散开。剩下的冰块被温暖的水和空气包围着，也会迅速融化，这就像鸡尾酒中的冰块一样。如果他们二人的说法是正确的，那么到了 2100 年，融化的南极冰盖**本身**就可能使全球海洋上升超过 0.9 米，足以淹没迈阿密、东京、孟买、新奥尔良和许多其他城市。到 2500 年，上升的幅度可能高达 15 米。

政府间气候变化专门委员会（Intergovernmental Panel on Climate Change；IPCC）是一个由联合国赞助的国际科学联盟，每隔几年就会发布一系列长篇、多卷的报告，努力描述气候变化科学的现状。2013 年，它对海平面将如何受到多种因素的影响做出了共识预测，包括格陵兰冰川融化、北极冰盖缩小，以及海水随着变暖而膨胀的事实（这一上升幅度很小，但是如果扩展到全球范围，则会增加）。[513]政府间气候变化专门委员会估计，这些因素加在一起，到 2100 年，海平面将上升约 0.7 米。南极洲这个最大的冰区应该基本上保持完整，只导致 2.5~7.6 厘米的海平面上升。这一观点似乎得到了事实的证明——在过去的几十年里，南极洲几乎没有融化的迹象。事实上，部分冰盖正在扩大。但政府间气候变化专门委员会也认为，科学家需要更仔细的观察，以便给出更精确的结果。现在，德孔托和波拉德进行了分析，他们认为，南极有可能在 2100 年解体，因此海平面上升的速度和高度可能比政府间气候变化专门委员会给出的结论要高。

"从地球物理学家的角度看，正在发生的一切令人震惊，"我的朋友告诉我，"过去，我们认为，这些结构需要数千年才能完成这些转变。而转变发生得如此之快，足以令人恐惧。可以想象，你可能会在 100 年之后就开始看到真正的负面影响。"

正是这一点成为思考气候变化的最大困难之一：在地质尺度上看起来速度快得惊人的东西，在人类尺度上却漫长得不可思议。德孔托所说的"真正的负面影响"指的是被淹没的海岸、消失的岛屿、可怕的干旱，也许还有前所未有的风暴。但是，即使这些事情发生在他所担心的时间里，即使它们发生在地质意义上微不足道的 100 年里，他或我也不会看到这些事情。很可能每一位读过这本书的人都会在这些情况出现之前就已离开这个世界，甚至他们的孩子中的大多数也已经离开这个世界了。有多少政府会为这种长期的突发事件制订计划？有多少个家庭会去想这么遥远的事情？

从短期来看，气候变化最有可能的受害者是那些生活在海洋岛屿上的人、地势非常低的沿海地区的人、被冰雪覆盖的北极区域的人，以及在罕见的干旱期过后会发生燃烧的森林周围的人。数百万人生活在这些地方，但他们只是世界数十亿人口中的一小部分。气候变化的最大潜在危害将在未来几百年甚至几千年内为子孙后代所经历。我们论述的焦点是，我们今天的行为（燃烧化石燃料）正在把问题（干旱、海平面上升）推到明天。

一方面，强迫其他人来收拾我们造成的烂摊子，这违反了公平的基本理念。另一方面，要想真正防止气候变化问题的发生，需要当今社会进行投资，其中一些投资的成本高昂，却可以造福遥远未来的人们。这就好像要求青少年为他们孙辈的退休做储蓄一样。或者，也许是为了其他人的孙辈。没有多少人愿意这么做。

是他们的错吗？我们**应该**为子孙后代付出多大的关注？人们对这个问题看得越严重，就越会感到困惑。"气候变化的问题，"纽约大学哲学家戴尔·贾米森（Dale Jamieson）说，"让道德体系难以应对。"[514] "一场道德方面的完美风暴。"另一位哲学家斯蒂芬·M. 加德纳（Stephen M. Gardiner）说。主张对气候变化采取行动的基本原则是，我们必须相信，我们应对未来的人负有道德责任。但是，这要求一群人为此做出痛苦的改变，以帮助那些与他们毫无实际关联的另一群人。实际上，那群人现在并不存在。试图为不存在的人制订计划，会导向一个智力困境，因为我们无法知道那些假想的未来人会想要什么。

今天，在我们生活的这个世界上，几乎在所有的地方，奴隶制都已经属于非法，妇女可以投票和拥有财产，公然屈从于社会阶层是得不到认可的。假如生活在 300 年前的大多数决策者知道今天的情况，都会对这些事态的发展感到恐惧。假如他们意识到未来可能会是这个样子，他们就会想方设法加以阻止。

想象一下 17 世纪的曼哈顿岛。[515] 我们假设，生活在这个岛上的原始居民莱纳佩人（Lenape）能够清醒地意识到未来的结果，并能够决定他们自己的命运。假如他们果真能够处于这种奇幻的状态，莱纳佩人就会知道，曼哈顿最终可能会成为一些世界级的文化宝库的所在地——大都会艺术博物馆、美国自然历史博物馆、现代艺术博物馆、纽约公共图书馆、林肯中心的歌剧和交响乐团。所有这些都给无数人带来快乐和知识。但同时，处于这种奇幻状态的莱纳佩人也必定会知道，创建这个文化圣地会破坏一个多样化、肥沃丰饶的生态系统。我猜想，莱纳佩可能会选择保留自己富饶美丽的家园。如果是这样，我们能说他们没有公平对待今天的人吗？

经济学家往往嘲笑这些问题。他们说，忘掉所有这些关于假想人权利的哲学废话吧。这只是"家长式"知识分子和"将自己的价值判断强加给世界其他地区"的社会工程师的烟幕——这里，我引用的是哈佛大学经济学家马丁·魏茨曼（Martin Weitzman）的话。[516] 经济学家的建议是，人们应该观察人的实际行为——并审慎对待。在日常生活中，人们最关心的是未来的几年，不会过多考虑遥远的未来——用经济学家的话来说，人们考虑"当前效用胜过未来效用"。

用专业术语表达，这个想法可以用"贴现率"来表示，贴现率就如同利率的反物质版本。[517] 假设我现在花 20 万美元买一栋新房子，如果我要等上 5 年才能拿到房子，我现在会付多少钱？ 10 万美元？ 5 万美元？今天和明天，房子是同一个实体。但正常情况下，人们不会为他们必须等待的房子支付与他们可以立即入住的房子一样多的费用，而且等待的时间越长，他们愿意支付的费用就越少。通常，经济学家使用 5% 作为贴现率，每等待一年，价格下降 5%。计算一下，5% 的贴现率意味着，对我来说，商品和服务在 15 年后的价值大约是现在的一半。

这对气候变化问题的意义是惊人的，对许多人来说，也是荒谬的。阿根廷裔美国经济学家格瑞希拉·齐切尔尼斯基（Graciela Chichilnisky）表示，以 5% 的贴现率计算，"从现在起两百年后，地球总产出的贴现后的现值为数十万美元"。[518] 用经济学的语言来说，"地球总产出"指的是"人类及其所有成就"。齐切尔尼斯基指出：为了防止我们人类这一物种在两个世纪内灭绝，标准经济学提出，世界将会付出的并"不会超过一个人愿意投资一套公寓"的程度。

仅凭直觉，我很难相信大多数人会赞同，人类未来的价值都超不过一套公寓。政府间气候变化专门委员会的主要人物齐切尔尼斯基认为，这种关于贴现率的想法不仅是荒谬的，而且也是不道德的；它将"当下的独裁"强加给了未来。经济学家可能会反驳说，人们**说**他们重视未来，但他们实际上并不是那么**做**的，哪怕涉及的是他们自己的未来。很明显，许多人——也许是大多数——即使有足够的资源，也不会为退休储蓄，不会购买足够的保险，不会准备遗嘱，也不会考虑其他上百种预防措施。如果人们并不为自己的生活做长期准备，我们为什么还要指望人们替好几十年后的陌生人担心气候变化呢？

《死亡与来世》（*Death and the Afterlife*，2013 年）一书的作者、纽约大学哲学家塞缪尔·谢夫勒（Samuel Scheffler）说，没有那么快。人们对其**个人**未来的感受和行为方式与他们对我们物种的**集体**未来的感受和行为方式不同。在这本书中，谢夫勒讨论了另一本书——《人类之子》（*Children of Men*），这是 1992 年的一部畅销科幻小说，作者是 P. D. 詹姆斯（P. D. James），后来由电影制作人阿方索·卡隆（Alfonso Cuarón）改编成电影。[519] 无论是这本书还是那部电影，涉及的前提都是人类突然变得不育，我们的物种正在跌跌撞撞地走向灭绝。在这种情况下，正如谢夫勒所指出的，所有现在活着的人的境况都不会变得更糟，至少在短期内如此。夫妇们未来不再会有孩子，但他们没有失去现在已经拥有的孩子；没有人会有经济损失。现在并没有发生实质性的变化。失去的只是一个久远的未来，一个我们永远都不会看到的未来。

无论是那本书还是那部电影，都把这样的世界描绘成失范和绝望的世界。因为我们这个物种已经失去了未来，生命似乎毫无意义。文明衰落，肆无忌惮的暴力团伙在破败的街道上游荡。相信即使在我们自己死后人类生命仍将继续存在的信念是支撑这个社会的基础之一。

从逻辑上讲，《人类之子》的荒凉感是很奇特的。正如谢夫勒指出的，所有人从小就知道，自己会死去。作为个人，我们没有长远的未来。个人消亡是必然的。但是，这场悲剧——每个男人、女人和孩子都会直接经历的悲剧——并不会引起公众的恐慌。从来没有哪家小报大张旗鼓地使用这样的标题："我们所有 73 亿人都将在几十年内消失"。谢夫勒在《死亡与来世》一书中写道，我们坚信，生命是值得持续下去的，"人类消失的前景比我们自己死亡的前景对我们的威胁更大"。

这个想法令人震惊：假想的子孙后代的存在对于人们来说比他们自己的继续存在更重要——正如谢夫勒不动声色的评论，这是迄今为止尚存的未被怀疑的利他主义的证据。

这表明，与经济学家所说的不同，贴现率只反映了我们与未来关系的一部分。人们**的确**关心子孙后代。尽管很难解析合乎情理的原因，人们认为人类的命运远比一套公寓更有价值，但试图将这一普遍愿望转化为具体的行动和计划是令人困惑的。

想象一个道德关怀的阶梯，这个阶梯从只关心自己开始，延伸到对家庭的关怀，到对文化或宗教的关怀，再到对所有文化和宗教的关怀，直至延伸到对子孙后代的关怀。再远端是马古利斯的立场，这是一种对自然秩序的关注，一种包罗万象的自然秩序，很难将其与漠不关心区分开来。只关心自己并不是通往幸福或满足生活的途径，这是哲学上的真理。另一个不言自明的哲学真理是，对所有存在的崇高关注是圣人的职责，而普通人不需要是圣人也可以过体面良善的生活。

大多数人每天都生活在中间地带，他们的立场很难从道德上区分。人们很容易贬低那些只考虑家人或邻居的人。但是，登上更高的梯级也并不一定更好——想想无数这样的例子：人们真诚地认为自己是在为更大的实体的利益而行动，结果却做出了糟糕的事情。如果十字军士兵没有去努力传播基督教之光，而是待在家里改善自己的村庄，世界会不会变得更好？或者，我们再考虑一下曼哈顿岛这个例子。如果人们关注的重点是保护所有的文化，那么推倒所有的建筑并将土地归还给莱纳佩人或许才是有意义的。毕竟，西方文化有很多个宏伟的中心，而莱纳佩人只有这么一个家园。但是，将数百万居住在曼哈顿的人迁走，必然会给社区、街道、家庭和个人带来严重的困难和混乱。

此外，在关注的阶梯上达到更高的层次，这是更为复杂的，也是更为困难的。别的不说，外援带来的许多灾难已经表明，即使是那些心怀善意的好心人，也很难知道如何帮助其他文化中的人们。现在的难题，再加上致力于造福未来的人们的所有难题，这些难题从本质上来看是不可知的，而且障碍也是越来越大的。想想世界各地的人在一个接一个的 10 年里必须采取的行动——我们简直无法思考了。所有这些都表明，尽管人们有动力去抓住上一层阶梯，但假如他们扎根于更低、更本地化的目标，他们更有可能成功地实现自己的抱负。

我猜想，马古利斯会从生物学的角度来解释这一点。进化为人类大脑提供了奇妙的工具，用于检测和解决快速移动、清晰可见、小规模、短期的问题。同样的道理，大脑也很容易被缓慢、抽象、大规模、长期的问题压倒。一年又一年，人们耐心地把钱一点点地存入退休账户，计算出为一个不太可能出现但真实存在的风险所需要的保险，考虑如何安排个人的死亡——所有这些都让人不知所措。（至少是让大多数人不知所措。）气候变化囊括了所有这些特征，甚至加上了更多：气候变化是渐进的、难以觉察的，会让世界产生变化，影响多代人，只有到了已不可逆转的时候，气候变化的后果才会变得切实可见。哲学家贾米森写道："这不是大自然让我们去解决甚至注意的那种问题。"[520]

早期的气候变化研究人员似乎并没有考虑到这些因素。但是，这些因素可以很好地解释人们对其后来工作的反应。

"将会有巨大的死亡"

人类释放的二氧化碳可能会影响气候，雷维尔和苏斯的报告是这样写的。这一发现尽管令人困惑，还是引起了一小群气候研究人员的注意。然而，事实证明，弄清楚究竟会发生什么是异常困难的，因为气候涉及各种各样的反馈机制。[1]521 例如，如果更高的二氧化碳水平使大气变暖，大气就会变得更潮湿。一方面，潮湿的空气会吸收更多的热量，进一步提高温度，形成一个正反馈回路。另一方面，潮湿的空气会带来更多的云层覆盖，这会阻挡阳光，将温度降低到以前的水平，形成一个负反馈回路。同样，更高的温度可能会融化冰川和两极的冰，留下裸露的岩石。岩石的颜色比冰暗，因此会吸收更多的太阳热量，提高温度，融化更多的冰，暴露出更多的岩石，这是一个正反馈回路。但是，来自冰川的冷融水会流入海洋，降低海洋的温度，这会使水面上的空气变冷，这是一个负反馈回路。这样的置换无穷无尽，把它们综合起来考虑极其困难。

更糟糕的是，错综复杂的相互作用的反馈回路意味着气候受到"蝴蝶效应"522的影响。这个现在很著名的比喻，指的是复杂系统中的微小变化会产生极其不相称的巨大影响。该术语起源于 1972 年，当时麻省理工学院气象学家爱德华·洛伦兹（Edward Lorenz）在一次会议上问道："巴西的蝴蝶扇动翅膀是否会在得克萨斯州引发龙卷风？"他的回答是：嗯，是的，实际上——可能是。

---

[1] 这种意义上的反馈发生在系统的输出反馈到系统中，影响下一个输出的时候。打个比方，欣赏歌剧的观众的喝彩声会影响表演者。如果一位女高音每次以高音 C 结束演唱的时候，观众都会欢呼，那么这位歌唱家可能会因为受到观众的鼓舞而尝试唱出更多的高音 C。如果反馈足够多，那么表演会只剩下华丽的高音。这是正反馈，也就是反馈会增加变化，直到它达到一个新的状态。如果观众发出嘘声，女高音可能不会尝试更多的高音 C，而只是正常歌唱，这是负反馈，也就是反馈减少了变化。歌唱家和观众之间的互动是一种反馈循环。

在洛伦兹提出"蝴蝶效应"的时候，他建立天气和气候计算机模型已经有 20 年了。1961 年，他对一个天气模型进行了修补，在此过程中取得了他最大的突破。这个模型由 12 个方程组成，表示温度、湿度、气压、风速等变量之间的关系。尽管这个模型像玩具一样简单，但洛伦兹的计算机——一堆笨重的真空管，用打孔卡编程——打印出来的结果与实际天气惊人地相似，包括风暴锋面的移动、风的吹动，以及温度的上升和下降。一次，洛伦兹想通过重复计算来检验计算结果。这台机器能计算到小数点后 6 位，但为了简单起见，洛伦兹只写到了小数点后 3 位——就好像将 0.111111 缩写到 0.111。[523] 他把截短的数字输入机器，令他吃惊的是，他得到了与第一次完整输入时完全不同的结果。这两次计算机运算在一开始时是相似的，但接着输出线就分开了，最后结果看起来完全不同。初始条件的微小差异却极大地改变了结果。

洛伦兹感到困惑。删去小数点的后几位是一个微不足道的变化；它不应该有太大的影响。就好像他重复了一次为期 3 天的汽车试驾，只将最初每小时 100 英里的速度改为每小时 100.1 英里，结果却发现自己开上了不同的路线，花了两倍的时间才完成了行程。他想，肯定是计算机出了一些小故障。

经过一年的仔细研究，洛伦兹意识到，计算机是对的，而他的直觉是错的。他证明，人们在日常天气模型中会使用的方程式——描述各种对流或流动类型的方程式——不可避免地对微小的初始变化很敏感。这种敏感性不仅适用于天气，也适用于气候。（天气和气候不一样。天气是指局部地区每天的起伏变化，气候则是指整个大气系统的变化。）几个世纪以前，人们就知道，会有几十年，气候比之前的几十年干燥或湿润得多。但他们一直认为，这些变化是可预测、定期发生的周期的结果——也许是太阳黑子增加和减少，或者是洋流振荡。而洛伦兹说，不是这样，气候更像是一种随机游走，一种由微小变化驱动的不稳定轨迹。事实上，洛伦兹根本无法"证明存在一种'气候'，即传统意义上稳定的、长期的统计平均值"。这句话引自历史学家斯宾塞·R. 韦尔特（Spencer R. Weart）2008 年出版的著作《全球变暖的发现》（*The Discovery of Global Warming*）。韦尔特解释说，当时气候科学家的任务

> 是收集过去天气的统计数据，以便建议农民种植什么作物，或者告诉工程师在桥梁的使用寿命期内发生洪水的可能性有多大……然而，这种气候学对社会的价值是基于这样一种信念：过去半个世纪左右的统计数据可以可靠地描述未来几十年的情况。教科书把"气候"这个术语描述为一组短暂起伏中的天气的平均数据——从定义上讲，它是稳定的。

现在，洛伦兹挑战了这门学科中最基本的理念。

1965 年，洛伦兹在科罗拉多州举办的一个名为"气候变化的原因"的会议上发表了主旨演讲。[524] 这时，气候科学家们与洛伦兹的想法发生了碰撞，这次会议是第一次专门讨论这个问题的大型科学会议。当洛伦兹描述他所发现的不稳定性的时候，他的听众将其与二氧化碳联系起来。罗杰·雷维尔是会议的组织者，他曾经一直对洛伦兹的观点持怀疑态度，此时，他被说服了。他在总结讲话中说，如果初始条件的微小变化可以产生巨大的长期影响，那么，大气中二氧化碳的微弱上升和下降可能会"将大气环流从一种状态'翻转'到另一种状态"。阿伦尼乌斯和卡伦德的观点得到了证明。一项科学共识正在形成：大气中二氧化碳含量的微弱变化可能会使地球变得不适合人类生存。基林曾经表示，二氧化碳水平的上升可能正在将气温提高到一个新的高度。当时，雷维尔是美国总统委派撰写环境污染报告的小组成员之一。他利用这一职位创建了一个关于二氧化碳的专家咨询

小组，并撰写了有史以来第一份关于气候变化可能性的正式的政府报告。

这并没有使问题尘埃落定。很少有人关心气温上升本身。正如雷维尔、苏斯、基林以及他们的同事所意识到的那样，重要的是它们给其他事物带来的潜在的未来影响，包括对农业生产力、海平面、降雨模式、海洋化学、传染病的影响。没有人真正知道可能会有什么样的影响。气候科学家们已经进行了一些极为复杂的计算，这些计算只是为了理解基本的大气物理学。现在，他们必须将农学、海洋学、疾病生态学和许多其他领域包括进来，这是一项艰巨的任务。

公众，甚至连其他研究人员也对气候研究的过程知之甚少。[525] 气候科学是一个新的领域，它依赖于大规模的计算机模拟，这种模拟在气候领域之外并不常见。科学研究者们通常是从其他学科进入气候领域的，他们一般不在正统的大学工作，而是在专门机构里工作，例如斯克里普斯海洋研究所，或者是联合数值天气预报中心（Joint Numerical Weather Prediction Unit；这是五角大楼和美国气象局的一个合作单位，1960 年被解散），与学术界的其他部门只有松散的联系。后来，独立的气候研究中心出现在世界各地，包括位于奥斯陆的国际气候与环境研究中心（Center for International Climate and Environmental Research），德国西部的伍珀塔尔气候、环境和能源研究所（Wuppertal Institute for Climate, Environment, and Energy），以及由政府资助的位于科罗拉多的研究组织——美国国家大气研究中心（National Center for Atmospheric Research），该组织主办了"气候变化的原因"研讨会。许多大学里的科学家将气候学家视为新来者，认为他们夸大了自己研究的重要性，以便为他们富丽堂皇的国际会议和灿烂夺目的实验室中心（美国国家大气研究中心总部由明星建筑师贝聿铭设计）攫取更多资金。他们还嘲笑说，几乎没有什么气候学理论可以通过传统科学实验来检验。气候学家反驳说，这是因为不会有第二个地球来让我们测试气候理论。他们因而不得不把数学模型改进得越来越复杂，这让局外人越来越难以理解。后来，随着气候研究中心针对全球变暖影响发表了更为大胆的主张，一些与大学联系密切的经济学家、生态学家、社会学家和历史学家指责说，这些主要由物理科学家组成的中心忽视或歪曲了气候问题的经济、社会、生态和历史维度，导致了环境决定论的新版本的出现。

更令人困惑不解的是，一些气候科学家发出警告，说全球正在变冷。1963 年，威斯康星大学气象学系的创始人兼系主任瑞德·布赖森（Reid Bryson）飞往印度。[526] 飞机接近目的地的时候，他惊讶地发现烟雾和灰尘完全挡住了视线。烟雾来自农民焚烧的农田，灰尘则来自被风吹过的干旱土地。此外，印度新建立的工厂里产生的煤烟更是雪上加霜。布赖森知道，烟雾、煤烟、雾霾和灰尘的微小颗粒——用行话来说，是"气溶胶"——会在阳光照射到地表之前将其散射。一个显而易见的问题：这会影响气候吗？在 1968 年的一次研讨会上，布赖森和其他人提出，人类活动产生的气溶胶冷却地球的速度可能比二氧化碳加热地球的速度更快。二氧化碳研究人员不同意这种说法。像往常一样，气候变冷和气候变暖的支持者分成两个派系，彼此都认为对方是被误导的。

美 国 国 家 航 空 航 天 局（National Aeronautics and Space Administration；NASA）的两位科学家 S. 伊希缇雅科·拉苏尔（S. Ichtiaque Rasool）和斯蒂芬·H. 施耐德（Stephen H. Schneider）试图通过在二氧化碳模型中纳入气溶胶来解决这一冲突。[527] 另一位美国国家航空航天局研究员詹姆斯·E. 汉森（James E. Hansen）开发了一种模型，来研究金星的云堤。拉苏尔和施耐德采用了汉森的模型，以便研究地球上的烟雾团。1971 年，他们在《科学》杂志上发表了结论：将大气中的二氧化碳水平翻倍几乎不会产生什么影响，但空气污染的持续增加将"触发冰期"。拉苏尔在《华盛顿邮报》上发布了更多内容。他告诉一位对此感到震惊的记者，如果污染继续增加，下一个冰期可能会在"5 到 10 年"后到来——冰川将在 1981 年开始增长。

随着环境保护运动逐渐进入公众的视野，人类用污染物遮蔽太阳这一末日般的画面也为人们所理解，而且还在接下来的几年里被人不断谈论。《科学文摘》(Science Digest) 建议"为下一个冰期做好准备"。《国家地理》问道："我们的气候正在发生什么变化？"它援引了两位科学家的话警告说，如果污染不停止，"大陆上的积雪很快就会到达赤道"。《新闻周刊》(Newsweek) 发表了一篇题为《一个冷却的世界》(A Cooling World) 的文章。未来学家洛厄尔·庞特(Lowell Ponte) 出版了《冷却》(The Cooling，1976 年) 一书，该书预测，极低的气温将摧毁苏联的粮食收成，引发第三次世界大战。乔治·F. 威尔(George F. Will) 在《华盛顿邮报》上严肃警告："将有大规模的死亡。"他预测，全球气温"到 20 世纪末将下降两到三度"。[528]

威尔根据 1974 年美国中央情报局(Central Intelligence Agency) 关于人口、食物和气候趋势的一份报告，撰写了他的超级死亡故事。[529] 该报告强调，对气候变化的讨论是"高度推测性的"，并且"专家们不会同意一些或许多隐含的假设"。尽管如此，它体现的只是一位专家的观点：全球变冷观点的先驱瑞德·布赖森。布赖森坚定地相信全球会变冷，显然，他忽视了向中情局通报辩论的另一面。而中情局就像一个懒惰的记者一样，所做的报道只基于单一来源。1965 年至 1979 年，总共出现了 71 篇科学论文，专门讨论了变冷和变暖的争论。7 人赞成变冷的观点，20 人保持中立，44 人赞成变暖的观点。中情局的消息来源布赖森属于少数派。[530]

美国国家航空航天局的施耐德是主张气候变暖的人之一，他推翻了自己最初的评估。作为一个简化的假设，他从汉森那里借用的计算机模型将大气视为一个单一的均匀气团。而事实上，我们知道大气分好几层，每一层都有不同的特征：对流层（从地表到约 16 千米高度）、平流层（从对流层顶到约 50 千米高度）、中间层（从平流层顶到约 85 千米高度）等等。平流层的水蒸气含量低于对流层，但二氧化碳含量大致相同。施耐德将大气层纳入模型后，输出发生了变化。[531] 此时，平流层中的二氧化碳捕获了相当一部分来自地表的红外辐射，这些红外辐射穿过对流层，并射回地面，从而加剧了变暖。到 1974 年，施耐德提出，对于二氧化碳水平翻倍的影响，"一个合理的基本估计"将是使气温上升 2 摄氏度——这和他一开始得出的答案有很大不同。

就在施耐德和其他人将注意力集中在研究二氧化碳上的时候，汉森和两位国家航空航天局同事正在研究问题的另一面——气溶胶。汉森等三人使用类似的模型，将其预测与一座实际喷发的火山的结果进行了对比。1963 年，巴厘岛阿贡火山爆发，造成 1 000 多人死亡，火山向空气中喷射了许多污染物，对气候产生了可测量的影响。[532] 该模型的预测与实际发生的事件非常吻合，因此汉森和他的同事能够整理出气溶胶冷却和二氧化碳变暖的相对贡献。

汉森和其他大多数气候科学家将变冷的影响（突然的剧烈爆发）和变暖的影响（缓慢而稳定的变化）进行了比较，他们确信，就像伊索寓言说的那样，乌龟会战胜兔子：从长远来看，变暖将占主导地位。并不是所有的气候科学家都被说服了——比如，瑞德·布赖森就是没有被说服。2008 年，布赖森去世，而冰期未至。但是，绝大多数人都被说服了。越来越多的研究中心和政府小组呼吁关注全球变暖问题。

尽管他们做出了努力，但是直到 1988 年 6 月 23 日汉森在美国参议院做证之前，气候变化几乎没有引起公众的关注。[533] 出于对气候变化的担忧，科罗拉多州民主党参议员蒂姆·沃思（Tim Wirth）特

1988 年，美国国家航空航天局研究员詹姆斯·汉森在参议院做证，说明空气中二氧化碳含量微小的增加"正在改变我们的气候"。对许多从政者来说，这是他们第一次接触这个将变得越来越有争议的问题

意将听证会安排在该市历史上夏季最热的一天。他的策划获得了意想不到的成功。汉森做证的时候，恶劣天气正席卷整个地球。暴雨淹没了非洲部分地区，不合季节的寒冷使得欧洲的收成减少。由于干旱，美国中西部的农作物枯萎了，西部的森林燃起熊熊大火。那一天，华盛顿特区的气温是创纪录的 38 摄氏度——沃思将听证室的空调关掉后，效果更强烈了。电视发出炫目的强光，更增添了热度感。汉森说话的时候，他鬓角上的汗珠闪闪发光。他说："1988 年的地球比仪器测量出来的历史上的任何时候都要热。"他说："我们有 99% 的把握，可以肯定地说，这段时间的变暖代表着一个真正的变暖趋势。"他说，二氧化碳"**正在改变我们的气候**"。

汉森直言不讳的措辞使得他的报告成了全世界的头条新闻。《纽约时报》将他的图表放在头版，十几个电视节目都邀请了他。因为有了二氧化碳"**正在**改变我们的气候"这句话，干涸的田野、泛滥的河流和闷热的城市不再是随机变化的恶劣天气的产物，而是成了反乌托邦未来的预兆。1989年，记者比尔·麦克吉本（Bill McKibben）出版了第一部关于气候变化的通俗作品《自然的终结》（*The End of Nature*），尽管书名有种不祥的感觉，但这本书仍在全球畅销。更重要的是，相关的科学研究开始发展了。1988年之前，同行评议的期刊在一年内从未发表过超过20篇包含"气候变化"或"全球变暖"这样的词的文章。1988年以后，这一数字攀升了：1989年为55篇，1990年为138篇，1991年为348篇，2000年为1340篇，2015年为16576篇。

巧合的是，汉森讲话4天后，世界气候变化大会开幕了。这次会议在多伦多举行，是科学家和政界人士探讨全球变暖问题的首次大型国际会议。记者们被汉森的证词吸引，纷纷来到与会者面前。他们听取了会议发表的一份声明，该声明呼吁到2005年将二氧化碳排放量减少20%。他们听到可敬的政治人物们坚称："现在必须采取行动了。"他们聆听了大会内容，撰写新闻稿件并发表。更多的头条新闻，更多的社论，更多的末日预测，更多的行动呼吁。

尽管如此，许多非气候学家——物理学家、经济学家、地质学家，甚至气象学家——仍然持怀疑态度。对于像汉森这样的气候学家来说，他的声明让人感觉就像是长达150年的科学辩论的高潮，这场辩论最终产生了高度的确定性。对于政治人物来说，汉森的想法似乎不知是从哪里冒出来的。一种无色、无味、无毒的气体在大气中所占比例不到1%，但这种气体却可能会在几十年后威胁人类文明，这种观点太令人困惑了，视野广阔，却也模糊、抽象，以至于人们本能地退缩了。很自然地，他们会去寻找一种将其分类的方法。他们认为，这是最新一次涉及空气的环境保护运动。

不文明，不确定

现在，我们终于可以开始谈谈关于气候变化问题的第二种思考方式，也就是政治机构对气候变化的理解。从某种意义上说，答案很简单：政治机构将其视为环境保护运动的一种合乎逻辑的发展。[534] 也就是说，它继承的是一整段历史———一定程度上可以说是沃格特派的历史。

到了 20 世纪 60 年代末，现代环境保护运动兴起的时候，大多数左翼人士和右翼人士虽然为此不安，但都同意有必要遏制污染。1968 年，虽然有争议，但共和党人理查德·尼克松还是赢得了大选。两年后，尼克松宣称，"环境"这一"70 年代的大问题"是"超越党派和派系的事业"。[535] 当年，美国政府颁布了规范排放的《清洁空气法》（The Clean Air Act），这是世界上最早的综合性空气质量法之一，比之前的任何类似法规都更严格、更全面。国会以压倒性多数通过了该法案：参议院 73 票对 0 票，众议院 374 票对 1 票。商界普遍支持这项立法；笼罩美国城市的雾霾显然是有害的，显然需要控制。著名社会学家戴维·L. 西尔斯（David L. Sills）在 1975 年观察到的共识是，新的环境保护运动"包含从右翼保守派到左翼激进派的各种政治观点"。在几乎没有异议的情况下，华盛顿在 20 世纪 70 年代先后通过了 21 项重大环境保护法案。

然而很快，商业利益集团意识到，这些规则仅仅是个开始。继被污染的空气之后，接踵而至的是针对大气发出的新警报。臭氧层空洞、核冬天、酸雨，[1][536] 每一个都比前一个更抽象，但直接的经济影

---

[1] "臭氧层空洞"是英国研究人员在 1985 年发现的，意思是平流层中能吸收有害紫外线辐射的臭氧局部浓度严重下降。"核冬天"指的是核战争可能会向大气排放足以遮挡太阳的灰尘和烟雾，从而造成长达数年的冬天，就像《冰与火之歌》（A Song of Ice and Fire）的读者所熟悉的那样。"酸雨"是由发电厂生成的含硫空气污染物与水蒸气结合形成空气中的硫酸而产生的。空气中的硫酸可以与雨水混合，落到遥远的地方，破坏湖泊、溪流和森林。

响更大。工业界察觉到了一种趋势，变得谨慎起来。一开始是一场感觉良好的运动，对抗有限的、明显的局部伤害；而此时，似乎变成了一场无休止的运动，对抗越来越大、越来越遥远的目标。一连串"资本主义对立于生态"的宣言让许多商界人士得出了结论：摧毁企业界从一开始就是他们的目标。受到环境法影响的农场主、农民、伐木工人和矿工都得出了相同的结论：一群自命不凡的城里人一心想要破坏他们的生计。抵制的力量越来越强。相应地，反企业的左派也加大了力度。

正如埃默里大学（Emory University）历史学家帕特里克·阿利特（Patrick Allitt）在其环境保护运动史《气候危机》（*A Climate of Crisis*，2014 年）中所写的那样，其结果是一场越来越怪异的舞蹈。[537]活动人士和企业高管一次又一次地相互指责。一次又一次，监管综合体从这场冲突中产生，制定包括空气、水和毒素在内的规则。商人们经常发现，新规定的成本比他们担心的要低；环保人士则发现，问题并没有他们担心的那么严重。

正如阿利特所说，双方没有从这段历史中得出"环境问题虽然非常现实，却可以控制"的结论，而是像电池充电一样，积蓄了越来越多的怨恨。20 世纪 70 年代（往往不愉快地）促成环境保护行动的这一过程，在 20 世纪 90 年代导致了政治上的停滞。环境问题成了政客们向支持者旗帜鲜明地展示其宗派身份的方式——与其说是关于人们可以讨论出解决方案的实际问题的声明，不如说是身份的象征。他们在标榜自己属于一项事业：从专制的自由派精英主义者或者从贪婪的右翼手中夺回这个国家。

对于日益增多的反绿色运动者来说，气候变化是一场酝酿已久的战斗合乎逻辑的延伸。从历史的角度来思考，这可能是不可避免的。从尾气排放到气候变化的连锁反应很难具体想象。对世界上的大多数人来说，这仍然是一种抽象的危险，主要以新闻报道的形式出现，比如关于遥远地方的干旱和洪水的报道，或者充满各类图表的科学研究。

甚至对科学家们来说，气候变化也像一团汞一样，难以确定。阿伦尼乌斯尝试弄清如果大气中的二氧化碳水平翻了一番，全球平均气温会发生什么变化，这是一种当今被称为"气候敏感性"指标的测量方法。在广泛使用化石燃料之前——差不多是在 1880 年之前——大气中的二氧化碳水平大约为 280 ppm。实际上，阿伦尼乌斯的问题是，如果这个数字上升到 560 ppm，那会发生什么。1979 年，美国国家研究委员会（U.S. National Research Council）提出了同样的问题。其报告预测，大气中的二氧化碳含量增加一倍将使全球气温升高 1.5 至 4.5 摄氏度。[538] 美国国家研究委员会研究团队通过对两个模型的结果取平均值，并在两端加上约 1 华氏度（约 0.56 摄氏度）来体现不确定性，从而得出了估计值。这一过程虽然显得有些粗糙，但这是当时可用的最佳程序。这还不足以说服卡特政府停止增加煤炭产量。从那时起，许多其他科学团体都试图改进气候敏感性的估测方法。其中值得一提的是政府间气候变化专门委员会，该委员会已经就气候科学状况撰写了 5 份重要报告，较近的一份报告是在 2014 年。这 5 份报告都试图评估气候敏感性。[539] 遗憾的是，正如经济学家赫尔诺特·瓦格纳（Gernot Wagner）和马丁·L. 威茨曼（Martin L. Weitzman）在他们合著的《气候冲击》（*Climate Shock*，2015 年）一书中所哀叹的那样，政府间气候变化专门委员会最近的一份报告所预测的二氧化碳水平翻倍带来的影响——气温上升 1.5 至 4.5 摄氏度——与 1979 年的预测完全相同。这方面的研究又进行了 40 年，却没有使我们更准确地预测向空气中排放二氧化碳的影响。

这一结果并不是因为研究人员懒惰或无能。这是因为全球气候是一个异常复杂的问题，是一个由多个相互作用的部分组成的系统，正如洛伦兹所表明的，其中许多部分可能会受到微小变化造成的重大影响。然而，这种不确定性让政治领导人陷入困境。人们普遍认为，1.5摄氏度的上升是可以容忍的，而4.5摄氏度的上升则是不可容忍的，那足以融化极地冰层，淹没世界各地的海岸线。对气候敏感性的估计就像是在向政界人士宣布，真正可怕的事情可能会发生，也可能不会发生。这就好像我们人类被蒙住双眼，朝着悬崖的方向奔跑。没有人知道前方悬崖的确切位置或高度。风险非常低、非常遥远，还不会造成伤害，这个可能性比较小；风险很高，而且迫近，这个可能性要大一些。

虽然这个问题模糊不清，但总体解决方案是明确的。在1988年的证词中，汉森没有提到"化石燃料"或"石油"这两个词。尽管如此，在场的每个人都明白，对于他所描述的气候变化问题，如果不采取行动是不可能解决的。正如阿肯色州民主党参议员戴尔·邦珀斯（Dale Bumpers）在听证会上所说的那样，需要针对"制造出我们扔进大气的东西的工业"采取行动。这将需要能源行业发生巨大的变化，而能源行业是世界经济最重要的领域之一，可能也是政治影响力的最大部门。与拯救濒危物种或应对臭氧层空洞所需的变化不同，这些变化将影响到地球上几乎每一个人的生活。

考虑到这些影响，邦珀斯的同事、来自新墨西哥州的共和党参议员皮特·多梅尼西（Pete Domenici）退缩了。[540] 他在听证会上说，没有人愿意"在发生灾难之前或我们有绝对的具体证据之前，在这类领域采取行动。即使我们有了这样的证据，我们似乎也需要制定某种类型的对策"。他问专家组成员："你们中有谁提出了一个具体的建议？一个让我认为需要做进一步调查和制定行动方案的建议？"

显然，他希望得到的答案是"是"——然后是具体的步骤，以达到一个明确的目标，接着是对这个目标的可行性进行评估。然而，他所希望的并不是他能够得到的。

煤炭优先

多年前，我和一位会说中文的朋友租了一辆出租车，行驶在河北省——围绕着北京的省份。[541] 当时的北京正在为 2008 年奥运会做准备，政府淘汰了几十家污染空气的燃煤电力公司和工厂。它们大多被搬迁到了河北省。河北省因此创造了许多新的就业岗位——同时也成了中国空气污染最严重的地区。因为好奇，我们想看看"中国最脏的空气"是什么样子，与实际情况比，这样的描述是不是过于夸张。

那天，我们在河北省的重要城市唐山租了一辆出租车。司机告诉我们，今天能见度至少有 400 米——一个好天气。雾霾使建筑物看起来像是一张老旧的照片。奥运会使这里发生了转变，昔日贫穷的唐山已经成为中国主要的钢铁制造中心。如今，在城市的外围，豪华汽车经销商的大楼排成了一长串：宝马、捷豹、梅赛德斯、雷克萨斯、保时捷。大多数车辆都陈列在展示厅内。那些陈列在外面的车辆上都布满了灰色的污垢。

我们让司机把车停在单独聚集在一个地方的居民附近，我的朋友会以翻译的身份靠近他们，向他们介绍自己，而我则躲在汽车后座上。

居民们告诉我们，到处都是煤。一位卡车司机带着一种嘲弄的自豪感告诉我空气有多糟。一位穿着凯蒂猫条纹袜子的大学毕业生说，她每次擦脸的时候，毛巾上都有"黑色的脏东西"。她说，这种物质是 PM2.5——技术术语中，这是指直径小于 2.5 微米的气溶胶，这种气溶胶最有可能滞留在肺部。我和朋友让一位钢铁工人搭便车，他告诉我，唐山计划在 30 年左右的时间里将这座城市清理干净。"我们是一座工业之城，一座煤炭之城。"他说。

从北京开往上海的高铁在约 10 米高的塔架上穿过河北省的这一地区。在发电厂和工厂之间的塔架下，有一片发育不良的植被。在这个地带，我们看到一位上了年纪的牧羊人，正在放牧一小群绵羊和山羊，它们在吃这里的植物。他告诉我们，这里的空气导致他的羊群生病。在深秋和早春季节，它们会咳嗽。他也生病了。有时，他病得只能卧床，没法带羊去看兽医。

被煤炭污染空气并不局限于中国腾飞的农村地区。设计师设计的防污染口罩在上海和广州等大城市越来越普遍。威隔（Vogmask）公司把商标授权出去，允许一些公司在生产的口罩上印上威隔的标识——雾霾成了品牌推广的机遇。就在我去河北省之前不久，东北城市哈尔滨的 1 000 万居民被煤烟造成的污染空气笼罩。学校停课，人们待在家里，因司机看不见路，高速公路被关闭。在我造访期间，我看到了一份北京报纸里的精美的广告插页，宣传的是北京"第一个实现 PM2.5 水平实时控制的高科技公寓项目"。公寓的口号是："保护你的肺，我们正在采取行动！"[542]

在过去的几十年里，中国已经使超过 5 亿人摆脱了贫困，这是一个惊人的成就。这一进步是由工业化推动的，而工业化几乎完全是由煤炭推动的。中国超过 3/4 的电力来自煤炭。更多的煤炭用于给数百万家庭供暖、冶炼钢铁（中国生产的钢铁几乎占世界的一半）、煅烧石灰石来生产水泥（中国生产的水泥几乎占世界的一半）。在大力追求工业化的过程中，中国消耗的煤炭几乎相当于世界其他国家的总和。[543]

但是，这种富裕伴随着致命的后果。根据一项涉及 50 多个国家近 500 名科学家参与的重大科学研究，中国的室外空气污染（其中大部分来自煤炭），每年导致约 120 万人过早死亡。一个由中国、美国、以色列科学家组成的研究小组估计，在中国北方消除煤炭污染，将使那里的平均预期寿命提高 5 年以上。（相比之下，消灭所有癌症将使美国或欧洲的预期寿命延长 3 年。）2013 年，10 名中国研究人员进行了一项"系统评估"，计算出将 PM2.5 降至美国的水平，将使中国大城市的总死亡率降低 2% 到 5%。另一种说法是，在这些地方，每 20 例死亡人数中，就有一例是由呼吸方面的问题引起的。[544]

同样的情况也发生在印度。印度已经是世界上增长最快的经济体，它可能将成为世界上人口最多的国家（可能到 2022 年）和最大的经济体（可能到 2048 年）。印度也以煤炭为燃料，这产生了类似的后果。据说，被煤电厂包围的新德里是世界上空气污染最为严重的地方，比中国的任何地方都要严重。根据 2015 年《自然》杂志的一项研究，印度的室外空气污染每年导致 64.5 万人过早死亡。[545] 即使是在煤炭消耗量比其他大国更少的美国，煤炭污染每年也会导致多达 2.5 万人死亡。[546]

在思考多梅尼西参议员的问题"计划是什么？"时，请记住这些情况。气候敏感性的诸多不确定因素使得这个问题尤其令人困惑。在 21 世纪末之前的某个时候，如果照这样下去而不改变，那么大气中的二氧化碳浓度将在工业化之前的水平上翻一番。如果由于二氧化碳水平翻一番而导致平均气温上升 1.5 摄氏度（气候敏感性估计值的下限），那么，世界还有几十年的时间大幅减少化石燃料的使用。社会群体可以从容不迫地谨慎行事。但是，如果二氧化碳水平翻倍导致气温上升 4.5 摄氏度，那么气候变化肯定要快得多，那就是一种引起混乱的破坏性急刹车。这两种过程完全不同。人类社会应该怎么做？

瓦格纳和威茨曼这两位经济学家指出，绘制路径的一种方法是仔细研究气候敏感性估计值。政府间气候变化专门委员会表示，当二氧化碳翻倍带来的可能后果是气温上升 1.5 至 4.5 摄氏度的时候，科学家们就对"可能"有了一个明确的定义。撇开数学上的复杂性不谈，归结起来，科学家们估计，大约有 2/3 的可能性，气温上升将介于这两个数字之间。但是这说明，有 1/3 的可能性，影响会超出这个范围。粗略地说，这就意味着，什么事情都不会发生的概率有 1/6，还有 1/6 的概率会发生彻底的灾难，地球的大部分地区将变得几乎不适合居住。瓦格纳和威茨曼认为，发生大灾难的可能性虽小，但一旦发生，就是真正的灾难。[1]

在个人层面上，人们一直在应对这种风险。人们知道，他们所面临的个人灾难的可能性虽然很小，却是实实在在的：发生入室抢劫、出现车祸、确诊癌症。为了管理风险，人们购买保险。保险可以减轻那些可怕的但不太可能发生的问题的后果。如果人们购买了火灾保险，房子并没有被烧毁，或者如果他们购买了人寿保险却并没有死亡，很少有人会感到不安。他们乐于通过投资来平衡灾难的风险。

找家保险公司签个保单并不是风险管理的全部，甚至不是主要的内容。安装性能良好的锁，养一条大狗，这些都是管理盗窃风险的一种方式，与购买盗窃保险一样。系上安全带比购买最好的汽车保险更能有效地减少车祸带来的灾难性后果。对于洪水易发地区的人们来说，污水泵和洪水保险也是如此。

与此同时，人们并没有为每一种潜在的灾难都购买保险。通过将房屋改造成堡垒，几乎可以使房屋完全防盗，但对于大多数房主来说，这样做的成本太高，会迫使他们放弃其他有价值的目标，比如为退休或教育设立一个储蓄计划。人们会寻求既能避开重大威胁，同时又能尽量减少损失的其他商品——用老话说就是获得最高的性价比。最好的情况是，保险措施还实现了其他一些目标。系统分析人士称之为"匹配"。防止入室抢劫的一种方法是安装难以从外部打开的窗户。这类窗户比普通的窗户密闭性更好，能防止气流进入，从而使房间更舒适，降低供暖和制冷的成本。安全目标与使建筑舒适、使用成本低

---

[1] 这些数字从何而来？研究人员已经建立了六个大型气候模型。这些对气候变化的模拟由数千个关联组成，每个关联都有不确定性的度量，如果 X 发生了，它将对 Y 产生大小为 a、b 或 c 的影响。当研究人员进行模拟的时候，计算机随机地选取每个关联的每一种可能的度量，以获得所有可能的结果。在这种情况下，大约 2/3 的结果是温度上升范围在 1.5 摄氏度和 4.5 摄氏度之间。

廉的目标相匹配。另一个例子与白炽灯有关，用毛巾和衣服盖住白炽灯经常会引起火灾。用温度低的 15 瓦的 LED（发光二极管）灯代替温度高的 100 瓦白炽灯，在减少能源费用的同时，也降低了发生灾难的风险。LED 灯就是"匹配"的一个很好的例子，这就是为什么建筑师们会采用它们。

现在，来研究一下气候变化的数据。人类活动产生的导致气候变化的气体主要有四种：二氧化碳、甲烷、一氧化二氮和一系列含氟气体（这些气体的名称有氢氟碳化合物、全氟碳化合物和六氟化硫）。其中，二氧化碳是最受关注的。就分子而言，其他三种类型实际上吸收了更多的红外辐射，但它们在空气中停留的时间不长（一些含氟气体是例外，但它们尚未大量存在）。甲烷对气候的影响是等量二氧化碳的 80 倍，但一个典型的甲烷分子在大气中只能停留 10 到 20 年。相比之下，二氧化碳分子将在几个世纪甚至几千年内一直存在。它们是不会消失的问题。

全球约 85% 的二氧化碳排放来自化石燃料，其中约 80% 有两个来源：各种形式的煤炭（46%），包括无烟煤和褐煤，以及各种形式的石油（33%），包括燃油、汽油和丙烷。煤炭和石油的用途不同。大部分的石油都被个人和小型企业消耗，用于在家里、办公室里取暖和开车。相比之下，煤炭主要是用于重工业：人们靠煤炭生产出世界上绝大多数的钢铁和水泥，以及 40% 的电力。这一比例因地而异，但模式不变。[547] 煤炭为中国提供了约 2/3 的能源，但几乎所有的能源都被大型工业使用。煤炭为美国提供的能源不到 1/3，但几乎所有的能源也都是用于工业。在这两个区域，石油消费规模都较小，更多的是个体消费。[548]

化石燃料的影响是深远的。石油和汽油的使用是分散的，分散在全球的人群之中。世界上有 13 亿辆汽车，或许还有 15 亿个家庭。减少这些汽车和家庭的排放意味着改变数十亿人的日常生活，这是很难想象的。[549] 相比之下，减少全球煤炭排放意味着要处理 3 300 家大型燃煤发电厂和数千家靠燃煤驱动的大型钢铁和水泥厂。[1][550] 这是一项艰巨的任务，但至少是可以想象的——而且这样能让全球排放量一下子缩减近一半。一种观点是，可以先解决煤炭的问题，如果需要的话，再做下一件事。这是防范发生可能性虽小却是实实在在的灾难的一种方法。

这不是新观点。[551] 多年来，经济学家们一直这么说。这也不仅仅是一场"煤炭战争"。汽车和卡车给人们带来了巨大的利益，但同时也带来了危害极大的后果：致命的车祸和空气污染。为了减少这些危害，各国政府要求汽车制造商在汽车内安装安全带和催化转化器。这些公司抱怨成本，但政府并不是在发动一场"针对汽车的战争"。

致力于减少煤炭排放具有成本效益，因为它与解决其他几个问题的目标相匹配。即使气候变化的危险性比活动人士所担心的要小，煤炭排放仍然是一个紧迫的公共卫生问题；控制煤炭排放每年可以防止数百万人过早死亡。关注煤炭还与解决其他气候变化问题的目标相匹配。除了向空气中排放大量二氧化碳外，燃煤电厂还会释放一种细小颗粒，研究人员称之为"炭黑"（black carbon）。[552] 炭黑气溶胶上升到高空；因为它们是黑色的，阳光会加热它们，它们进而加热了周围的空气。这些颗粒与云相互作用，增强了它们捕获热量的能力。烟尘落在冰川上，给冰川覆盖上一层薄薄的黑色薄膜。蒙上这些颗粒的冰不会反射阳光，而是吸收阳光并使自身融化。黑色的烟尘已经在促使极地和喜马拉雅山脉的冰层融化了。来自喜马拉雅山脉的融水为大约

---

[1] 由于许多发电厂都有多个发电设施，因此，煤炭发电机组的数量约为 8 800 台，其中约 6 700 台超过 30 兆瓦（美国的煤炭发电厂平均超过 500 兆瓦）。对于世界上的燃煤钢厂或水泥厂，没有很详细的调查。"数千"是世界钢铁协会和波特兰水泥协会的估算。尽管如此，问题依然存在：与石油和汽油相比，煤炭只在少数设施中燃烧。

15 亿人提供了水源。2013 年，一个国际研究团队计算出，炭黑是仅次于二氧化碳的导致气候变化的重要因素。

从逻辑上讲，有两种方法可以控制煤炭的副作用：清洁燃煤电厂的煤炭或把燃煤电厂关闭。根据人们更喜欢哪一种策略，可以很好地说明他们是巫师派还是先知派，是追求硬路径的博洛格派还是追求软路径的沃格特派。清洁煤炭是巫师派的职责，他们推崇一种被称为"碳捕集与封存"（CCS）[553] 的技术。从概念上讲，碳捕集与封存技术很简单：工业燃烧的煤炭和以前一样多，但可以去除造成污染的成分。有毒气体被滤掉后，再将其中的二氧化碳提取出来并泵入地下，在那里封存亿万年。

最著名的碳捕集技术是"胺洗涤"。它包括通过水和单乙醇胺（MEA）溶液使燃烧煤炭的废气产生气泡。单乙醇胺令人讨厌：有毒、易燃、有腐蚀性。但是，它能与二氧化碳结合，将其与废气中的其他气体分离。这个过程产生了一种新的化合物，被称为单乙醇胺氨基甲酸酯。它和水被泵入"汽提塔"中，在那里，溶液被煮沸或压力被提高。加热或加压会逆转反应，将单乙醇胺氨基甲酸酯分解为二氧化碳和单乙醇胺。二氧化碳喷涌而出，准备被埋入地下；单乙醇胺返回，与下一批煤炭排气结合。

扩大这个过程的规模并不容易。大型发电厂会产生大量的二氧化碳，捕集需要大型设施——有许多管道和阀门的多层金属塔。在汽提塔中持续煮沸筒仓中的有毒化学品需要大量能量。通常的估计是，这种碳捕集将吞噬发电厂 10% 到 15% 的产量。即使是效率最高的燃煤发电厂，也只能将煤炭中不到 50% 的能量转化为电力，而部署碳捕集与封存装置则意味着发电厂将至少多消耗 20% 到 30% 的煤炭。以这种方式减少挖掘和燃烧煤炭的环境保护成本意味着，人们需要挖掘和燃烧更多煤炭。

行业术语称这些成本为"寄生成本"。[554]（示例用法：一位能源顾问说："天哪，寄生真是可怕。"）通常，封存 1 吨二氧化碳的寄生成本估计在 90 到 100 美元之间。一座 500 兆瓦的发电厂每年排放大约 300 万吨二氧化碳。计算表明，将世界上数千家工厂的所有气体排放埋到土壤中，每年需要花费 2 万亿美元，这一数字还不包括最初建造碳捕集设施所需的数十亿美元。这种粗略的计算建立在难以实现的假设之上：相同规模的燃煤电厂，没有技术进步，没有规模经济，没有电厂改用低排放的天然气发电，等等。但是总的结论——基于现有技术的碳捕集面临巨大障碍——是完全可信的。[1]

对于碳捕集与封存，巫师派的论点可以归结为：（1）这是一项新技术，它的成本会降低，就像光伏发电一样；（2）中国、印度和其他发展中国家刚刚建造了数百座大型燃煤电厂，认为它们会将这些燃煤电厂拆除并取而代之，这是不明智的，甚至是不道德的——因为它们根本没有资金。因此，减少煤炭排放的唯一希望是部署碳捕集与封存。

现有燃煤电厂的碳捕集与封存还不够。全世界有超过 10 亿人缺乏充足的电力供应。其中有 3 亿人生活在印度——占印度全国人口的 1/4，通常是农村和贫困人口，他们是世界上最大的弱势群体。555 大多数人用煤油照明，烧木头或干粪做饭。不同的组织试图估算雾霾造成的死亡人数：每年有 50 万到 130 万印度人死亡，具体数字取决于研究人员的假设。556 新德里政策研究中心的高级研究员纳夫罗兹·杜巴什（Navroz Dubash）说，向这些人提供电力是"是一个需

---

[1] 这个复杂问题的封存部分更加简单。工程师们喜欢说："大自然是概念的证明。"油田不就是天然的碳封存场所吗？回想一下，一个石油矿床由两层石头组成，多孔的底层和无孔的顶层。二氧化碳的封存与石油钻探相反：碳封存公司将加压的二氧化碳从不透水岩石泵入透水岩石中。岩石被填满后，入口的洞就被永远堵住，这是人类对能量痴迷的圣物箱。原则上，二氧化碳可以被塞进这样的巢穴，直到太阳爆炸。实际上，它只需要封存一个世纪左右，那是二氧化碳与周围岩石结合并形成稳定矿物所需的时间。大多数科学家认为，这是一个可以实现的目标。

要优先考虑的问题——无论从人力、经济还是政治角度来看"。部分原因是，预计到2030年，印度的电力需求将翻一番。

如何提供电力？从理论上讲，到目前为止，煤炭是主要的能源。根据世界煤炭协会（World Coal Association）的数据，目前正在建设或计划建设的燃煤发电厂约有2 400多座，不过，到底将建设多少座，谁也不知道。

巫师派通常认为，煤炭采掘的大幅增加必定是个错误。但是，答案并不是放弃硬路径，而是通过发展核能来改善它。核电站根本不产生二氧化碳（为核电站制造水泥和钢铁而产生的二氧化碳，以及核电站工人的交通工具排放的尾气除外），这就是为什么许多以技术为导向的环保主义者热衷于推动核能。[557]英语世界的著名例子包括朱棣文、未来学家斯图尔特·布兰德（Stewart Brand）、生物学家蒂姆·弗兰纳里（Tim Flannery）、行星科学家詹姆斯·洛夫洛克（James Lovelock）、气候研究人员詹姆斯·汉森和杰西·奥苏贝尔（Jesse Ausubel）、物理学家雷蒙德·皮尔伦伯特（Raymond Pierrehumbert），以及奥巴马政府的科学顾问、环境科学家约翰·霍尔德伦（John Holdren）。布兰德告诉我："如果你和我一样担心气候变化，那么，核能是最环保的替代方案。"

建造核电站的成本非常高，但是巫师派认为，在燃煤电厂中采用碳捕集与封存技术会导致建设成本上升，这样，新建一座核电站的成本就与新建一座燃煤电厂差不多了。大多数科学家认为，核电站一旦投入运行，就会比燃煤电站更可靠、更廉价、更安全。由于"更可靠"、"更廉价"和"更安全"等术语可能很模糊，所以让我解释一下工程师和物理学家所说的这些术语的含义。总的来说，这些人支持核能，所以，下面的内容实际上是对核能的一个积极的概述。

可靠性是通过"容量系数"[558]来衡量的，即发电厂实际以最大速率发送电力的时间的比例。美国燃煤电厂的容量系数不到60%。而核能的容量系数为90%，高于任何其他类型的能源（例如，太阳能光伏发电的容量系数低于30%）。几十年的经验表明，一旦核电站启动，它往往运行得相当可靠，主要的停机时间是因维护而中断。

廉价是指每千瓦时的电力价格。众所周知，核能是建立在铀原子核裂变的基础上的。原子核裂变时释放大量能量。这种能量大约是燃烧同一个原子所能获得的化学能的100万倍。由于能量密度更高，与化石燃料发电站相比，核电站产生一定数量的电能所需的燃料要少得多。因此，事实证明，除了水电大坝之外，核设施的运营成本比其他任何类型的发电厂都要低。到目前为止，最大的成本是建造核电站。在那之后，实际发电是很便宜的。

安全性通常是通过"能源链"中的死亡人数来衡量的，也就是说，从勘探和采矿到炼油和运输，再到实际发电，还有废物处理和处置，在整个周期里有多少人死亡。铀矿开采造成的死亡人数，以及安装太阳能电池板时从屋顶坠落造成的死亡人数（这个数字大得惊人）都被计算在内。综合所有这些因素，瑞士最大的研究中心保罗·舍勒研究所（Paul Scherrer Institute）的一个研究团队在2016年估计，迄今为止，核能造成的死亡人数比水力发电大坝（风力发电与之非常接近）以外的任何其他能源都要少。煤炭对人类健康的影响是核能正常运行时的30到100倍。核能的支持者们精确地说，核电站只有在切尔诺贝利这样罕见、可怕的事故中才会导致人员死亡（即使在2011年发生的令人恐惧的福岛核电站事故中，辐射也没有造成一人死亡）。世界各地的燃煤电厂在正常运行的时候，每年造成数百万人死亡。

此外，与其他类型的公用事业相比，核电站占用的土地更少。[559]2009 年，自然保护协会的研究人员对美国工厂进行了一项后来经常被引用的研究，得出的结论是，核能单位能源所使用的土地大约是煤炭的四分之一，大约是太阳能电池板十五分之一。其他科学家也得出了类似的结论。由于不同的研究人员采用不同的假设，具体数字因研究而异；但在我所知的每一个案例中，研究人员的结论都是核电的占地面积最小，这对于那些缺乏农田或开放空间的国家来说，是一个重要因素。

布兰德引用了法国的例子，该国建造了"56 座反应堆，在短短的 12 年时间里，提供了全国几乎所有的电力"。[560]核能提供了法国约 77% 的电力，这一比例远远高于其他任何国家。今天，根据世界银行提供的数据，法国人均二氧化碳排放量为 5.2 吨。美国的相应数字是 17 吨。法国在 2004 年关闭了最后一座燃煤发电厂。它是世界上最大的电力出口国；与此同时，法国家庭用电成本是欧洲最低的。还有什么原因不喜欢核能呢？巫师派问。在这方面，为什么不让世界上的其他地方像法国一样呢？

巫师派通常不轻视可再生能源。他们只是不认为太阳能和风能在人间喜剧中能够扮演主角——至少在几十年内是不可能的。[561]他们说，尽其所能，但不要指望它会带来很大的不同。在可预见的未来，可再生能源是不可靠的（容量系数低）、昂贵的（包括存储在内的单位电力成本高），还会造成土地浪费。此时此刻，核能已经准备就绪。可以用碳捕集与封存技术装备现有最高效的煤炭发电设施，但其他一切都要使用核能。[1]

不出所料，先知派完全不赞同。首先，他们中的大多数人认为，碳捕集与封存技术是一场骗局——一个行业赞助的幻想，从来没有也永远不会兑现其承诺。在 2008 年的八国集团（世界上最富有的国家）会议上，与会的能源部长们赞扬了"碳捕集与封存的关键作用"，并承诺在未来两年内开始建设"20 个大规模碳捕集与封存技术示范项目"。这项承诺并没有兑现。根据总部设于澳大利亚的政府和能源公司协会——全球碳捕集与封存研究所（Global CCS Institute）的数据，世界上只有一个可运营项目，用于捕集和封存大型燃煤发电厂的排放物。位于加拿大萨斯喀彻温省的边界大坝（Boundary Dam）项目于 2015 年完工，耗资 11 亿美元，大大超出了预算，但在经历了一些早期的挫折之后，该项目的表现正如此前所宣传的那样。562

对先知派来说更糟糕的是，碳捕集与封存意味着人类将继续开采煤炭。现在，大多数煤炭开采都是"露天开采"：煤炭公司在地面上挖一个大坑，然后开采下面的煤层。有一种特别大规模的开采形式叫"山顶移除"，顾名思义，就是整个山顶都被移除，巨大的挖土机将碎石倾倒进河谷中。563 美国率先使用山顶移除这种开采形式，在肯塔基州、弗吉尼亚州、西弗吉尼亚州和田纳西州的大约 500 个地点永久性地改变了地形，填埋了 3 000 多千米的溪流。修复这些景观也许是可能的，至少在一定程度上是可能的，但是代价极为高昂，很难想象有人真的会去做。

更令人痛心的是，在澳大利亚、英国、中国、印度、印度尼西亚、新西兰、俄罗斯、南非和美国，已有数千座煤矿起火；许多已经燃烧了几十年，有些已经燃烧了几个世纪。564 一个有名的例子是位

---

[1] 巫师派和先知派大多同意节约能源，使建筑物、车辆和机械减少能源浪费。出于这个原因，我不讨论这方面的问题，但效率是任何气候战略的关键。人类不使用的能源越多，需要从化石燃料中转换的能源就越少。

于印度东北部贾里亚煤田的贾里亚煤田。贾里亚煤田占地440平方千米，是印度主要的焦煤储藏地，焦煤是用来炼钢的硬煤。自1916年以来，这里就一直处于灾难性的失火状态；整个村庄都消失在弥漫的烟雾之中。被破坏的铁路线已经坠入地下，随后坠入深坑中的是农场和溪流。在我造访该地区的时候，空气中弥漫着有毒的烟雾。它们从地上的裂缝中喷发出来，包围着被毁坏的建筑物和黑乎乎、光秃秃的树木。黄昏时分，隐约可见一片片阴燃的暗红色，散布在烧焦的大地上，就像一只只眼睛一样在凝视着，仿佛没有奥克斯的魔多。宾夕法尼亚州的森特拉利亚，科罗拉多州的格林伍德斯泉，约克郡的巴恩斯利，内蒙古的乌达，印度尼西亚的东加里曼丹——先知派望着这些阴燃的地方，看到了对未来的轻慢。

至于核能，先知派认为它太昂贵了，不可能行得通。在佐治亚州建设的两座新的核电站，其造价都太过高昂，导致东芝的西屋电气公司破产；在完工前，价格可能会飙升至210亿美元，完工时间比计划晚了几年。2017年，位于南卡罗来纳州的另外两座西屋电气公司的核电站建了一半就被废弃了，损失90亿美元。[565] 先知派承认，核能运行成本低廉，但他们并不认为长期低廉的运营成本能证明前期大规模建设成本的合理性。

再就是废弃物。核电站产生几种类型的废弃物，其中最危险的是"高放射性"的废弃物。它主要是用过的反应堆燃料和用过的燃料再加工的副产品，占核废料产生的放射性的99%以上；其他类型燃料的废弃物虽然体积大，但放射性很低。[566] 国际原子能机构是联合国的一个下属机构，负责协调和平利用核能。根据国际原子能机构的数据，自核工业诞生以来，世界上400多座核能发电站已经产生了约30万吨高放射性废弃物。（这个数字每年增加1.2万吨。）按体积计算，这大约是12万立方米，足以填满24米深的足球场那么大的坑。这些堆积的废弃物几乎代表了60多年来世界范围内产生的所有真正

在贾里亚煤田的燃烧区，一名妇女正在试图将她那就要倒塌的家支撑起来。她的房子是这个贫困村庄仅存的几栋房屋之一，其余的已经被大火吞噬了

危险的核能物质，关于这一点，巫师派并不认为这些废弃物是不可解决的问题。他们认为这种材料可以被包裹在玻璃中，埋在地下深处；在几个世纪内，它的放射性水平将下降为原来的百万分之一。[567]

对先知派来说，这些论点无论是在实用性方面还是在伦理性方面都是不成立的。某些类型的核废料，如钚和放射性碘，具有惊人的致命性：其放射性可持续数千年，其致死剂量小于沙粒。先知派声称，想象一种如此微小的危险物质可以被保存亿万年是不现实的，因为它能够被最轻的风吹走或溶解成水滴。反对者称，用事故多发的卡车或火车运输相对大量的此类物质是愚蠢的行为。最重要的是，持沃格特观点的人认为，将废弃物堆积起来并归为禁区，即使它无法进入，也会永远存在下去（人类视角的永远）。把这样有害的礼物留给我们的子孙后代是一场道德灾难。

先知派不赞成用核能取代煤炭，他们更倾向于几乎所有不使用化石燃料的东西。这类未来的最详细的路线图是由马克·Z. 雅各布森（Mark Z. Jacobson）和马克·A. 德鲁奇（Mark A. Delucchi）领导的研究小组发布的，研究人员分别是斯坦福大学和加州大学伯克利分校的工程师。[568] 在 2015 年发表的一项长期研究中，雅各布森、德鲁奇以及其他 8 位研究人员为美国在 2050 年前完全使用风能、水能和太阳能指出了一条道路。（4 年前，雅各布森和德鲁奇撰写了一份提要报告，提出整个世界应转向可再生能源。这里，我只选择了美国项目，因为它更详细，因而在我看来也更容易理解。）

先知派愿景的这个版本可以总结为七个"不"和一个"是"。"不"指的是不需要石油，不需要汽油，不需要煤油，不需要天然气，不需要木材和生物质能燃料，不需要核能，不需要碳捕集和封存。"是"指的是电，带有两个星号。这个"是"是为了让整个经济电气化，包括经济部门——供暖、运输、钢铁和水泥制造，这些现在直接依赖煤炭和石油。

这两个星号链接到两条注释上。第一条指出，这一任务比乍看起来似乎要小；第二条则说明它要比乍看起来更大。第一条注释强调的是，新的可再生能源发电厂实际上不必取代**所有**化石燃料发电。电动机比化石燃料驱动的发动机效率更高，因为那些发动机在产生热量时会损失大量能量；因此，更换它们将比以前需要更少的容量。此外，倡导节能的人士认为，建筑隔热和改进家用电器等节能措施将进一步减少需求。

第二条注释强调的是，由于太阳能和风能是间歇性的，更小的发电能力反而需要人们建设更多的发电厂。一个太阳能设施的设计目标可能是产生 1 兆瓦的电力，但如果人们想每天都能产生 1 兆瓦的电力，社会将不得不在不同的地方建造三到四个 1 兆瓦的电厂来确保供应。

雅各布森–德鲁奇研究团队估计，美国总共需要建造：

328 000 台新的陆上 5 兆瓦风力涡轮机（为美国所有用途提供 30.9% 的能源）；

156 200 台海上 5 兆瓦风力涡轮机（19.1%）；

46 480 座 50 兆瓦的新公用事业规模太阳能光伏发电厂（30.7%）；

2 273 座 100 兆瓦公用事业规模的集中太阳能发电厂（穆肖式太阳镜发电厂）（7.3%）；

7 520 万个 5 千瓦家庭屋顶光伏系统（3.98%）；

275 万个 100 千瓦商业 / 政府屋顶系统（3.2%）；

208 100 座 1 兆瓦地热发电厂（1.23%）；

36 050 个 0.75 兆瓦的设备，利用波浪发电（0.37%）；

8 800 台 1 兆瓦潮汐涡轮机（0.14%）；

3 座新的水电站（全部位于阿拉斯加，占 3.01%）。

附带着，美国还将把所有小汽车和卡车转换为电力驱动，所有飞机都转换为使用过冷氢气驱动；同时，还将建造地下系统，通过加热美国大多数建筑物下方的岩石来储存能量。

巫师派批评说，所有这一切都是荒谬的。例如，雅各布森和德鲁奇提议建造数十万甚至数百万个地下蓄热系统，尽管几乎没有一处建成。他们认为，通过在现有大坝上增加发电机和涡轮机，他们可以从大坝中榨取 15 倍的电力；而大坝运营商则说，这是不可能的。太阳能和风力发电场所覆盖的区域是巨大的——这一计划将我们带回中世纪，那时的人们利用地貌（以森林的形式）发电。先知派的回答是，这项技术将得到改进，而且会变得更便宜。他们说，核电站和碳捕集与封存技术甚至更加不切实际。巫师派的愿景是，仅在美国就建造 1 000 座或更多的核电站，每座造价数十亿美元。这怎么可能呢？你能想象发达国家的人们会允许企业在他们的社区修建核电站吗？那么修建太阳能发电厂就行得通吗？巫师派反驳道。人们已经在与他们对土地的巨大需求做斗争。**但是等一下**，我们以前不是也经历过这种情况吗——关于实用性和成本的争辩，没完没了的、反反复复的争论？这能告诉我们什么吗？

在曼尼托巴大学的环境科学家瓦茨拉夫·斯米尔看来，这场争吵的棘手之处反映出巫师派和先知派都在自欺欺人。[569]"能源转变总是很慢。"他通过电子邮件告诉我。花费了几十年建立起来的现代能源基础设施不可能在一夜之间得到改造。在每个国家，现代电网的组装都花费了几十年的时间。对于能源消耗仍在快速增加的社会来说，迅速拆卸和更换它们以避免气候变化带来的最严重影响，这将是一个前所未有的挑战。更糟糕的是，在他看来，公众对于启动这一进程几乎没有意愿，甚至都没有意识到对于未来的重要性。"这个世界一直在使用化石燃料，而不是远离它们。"

斯米尔关于经济和技术规则的论点与马古利斯关于生物规则的论点是一致的。他们都强调，我们无法逃避自然规律，自然规律也不会让我们避开悲剧。但是有一个明显的抗辩：与过去不同的是，现在，人类正在被用枪指着头。更笼统地说，对长期未来的无法预测不可避免地给人们留下了希望的空间。从逻辑上讲，不能排除取得成功的可能性。例如，自 1970 年以来，瑞典已经将其碳排放量减少了 2/3，但这种改变并未对其经济财富产生显著影响。[570] 同时，如果斯米尔是对的呢？无论是巫师派还是先知派，如果他们的行动都不够快怎么办？

星球黑客

当一场飓风再次逼近新奥尔良的时候，每个居民都知道自己该做什么：清空冰箱。2005 年卡特里娜飓风来袭的时候，几乎没有人这么做。这座城市的居民已经习惯于在风暴来临时离开一段时间。飓风过后，街道上满是树枝和垃圾，也许还有一些碎瓦片。卡特里娜飓风来袭的时候，发生了非常严重的洪水，人们几周都回不了家。路易斯安那州的新奥尔良，天气晴朗、炎热。因为暴风雨，这里的电力已经中断了。在这座大城市里，足足有 25 万台电冰箱无意间成了腐败生物学的实验品。尽管每次飓风前都会有警告发出，但许多房主还是没有将电冰箱的电源关掉。几乎每一位没有关闭电冰箱电源就离开的人都会意识到，电冰箱再也不能用了。

整个秋天和冬天，回到家园的人都在用胶带把电冰箱门固定住，然后把它们拖到路边。一个个白色的电冰箱金属柜就像墓碑一样排列在街道两旁。有时，主人会在上面喷上讽刺的标语："喂我的蛆虫。请注意：里面有撒旦的气息。嚯，嚯，嚯，路易斯安那的新奥尔良"。瞧这个，被装饰得像棵圣诞树。偶尔，人们会将电冰箱非法丢弃到很远的街区，等到他们回到自己的街区，发现那些住在很远街区的人正在把他们的电冰箱丢弃到这里的街道上。

卡特里娜飓风在路易斯安那州南部造成了约 2700 万立方米的碎片残骸——这一估计还不包括该地区被摧毁的 25 万辆汽车。城市的东部是老绅士（Old Gentilly）垃圾填埋场，是一处危险废弃物填埋场，曾经被关闭过。很快，这一填埋场又重新开放了，成了卡特里娜山：一座 60 米高的垃圾山，湿漉漉的扶手椅、损坏严重的床垫、碎裂的混凝土块，以及发了霉的胶合板堆在一起。[571]

按体积计算，冰箱只是其中很小的一部分，只是个舍入误差。尽管如此，每天仍然有大量的废旧电冰箱涌入。到 5 月底，总数约为 30 万台。电冰箱在卡特里娜山的山麓有自己的暂存区，与炉子和洗碗机是分开的。

冰箱墓地是一个令人惊叹的景象。破旧的白色金属箱子，朝着四

冰箱墓地，摄于 2005 年 12 月

面八方堆积了数百米。这里的空气浑浊，一队队工人戴着防毒面具，穿着厚厚的防毒服，用塑料铲将扭动翻滚的东西铲出来。如果工人们不迅速将这些扭动的东西掩埋，食肉蜻蜓就会遮天蔽日地飞来落在这些蛆上。

　　直到我去了被卡特里娜飓风袭击后的新奥尔良，我才意识到，重建一座被洪水淹没的现代化城市需要处理数十万台冰箱。我也才意识到，重建一座城市还需要为去那里建造房屋的救灾人员寻找住处。犯罪分子可能会趁警力缺乏，在更换管道和电缆的时候偷走大量管道和电缆。也有可能出现科学家未曾见过的新的有毒真菌。还有可能，如果当地所有保险机构突然处于暂时崩溃的状态，城市将很难正常运转。

　　卡特里娜飓风是一场相对温和的风暴，但它摧毁了不够坚固的堤坝。许多气候科学家相信，在未来的日子里，各国政府需要在海岸线防御方面做得更好。世界上有 136 个地势低洼的沿海大城市，居民总人口约 5.5 亿。[572] 所有这些国家都受到与气候变化有关的海平面上升的威胁。2013 年《自然》杂志的一项研究估计，如果不采取预防措施，到 2050 年，这些城市每年预防洪水的成本可能高达 1 万亿美元。其他研究团队也得出了类似的极端估计。到 2100 年，沿海洪水可能会使世界年产量减少 9.3%（2015 年瑞典-法国-英国的研究团队如此估计）。它可能会在当年造成高达 2.9 万亿美元的损失（2014 年德国-英国-荷兰-比利时研究团队如此估计）。到 2050 年，它可能会让多达10 亿人处于危险之中（2012 年一个荷兰研究团队如此估计）。测试案例发生在 2017 年，当时风暴淹没了休斯敦、波多黎各和佛罗里达群岛。

一些经济学家认为，这些数字被夸大了；事实上，为了强调风险，我引用了研究人员对最坏情况的论述。但这些经济学家也指出，一些最易受威胁的地区是世界文化和自然遗产中不可替代的部分。[573]威尼斯显然属于此类，此外还有伦敦市中心、新奥尔良和密西西比三角洲、秘鲁沿海地区巨大的古代建筑群——昌昌古城（Chan Chan），以及印度和孟加拉国的孙德尔本斯红树林（Sundarbans mangrove forest）。

为了避免这种破坏，城市要么需要将人口转移到地势较高的地方，要么需要修筑防护挡板、运河、堤坝和防洪堤系统，要么两件事都做。所有这些都将是困难重重的，并且需要大量资金。上海的平均海拔为 4 米左右，是亚洲许多易受水位上升影响的城市之一。1 435万居民生活在地势低平的长江三角洲。由于该市抽取地下水的速度太快，在 20 世纪，这里已经下沉了 2 米多。与此同时，海平面正在上升。1993 年，该市修建了防洪堤，旨在阻挡千年一遇的风暴带来的洪水；不到 4 年，雨水就达到了堤坝的高度。离上海最近的地势较高的地方是大约 50 千米外的杭州市郊区，杭州市人口 245 万。[1] 如果将上海的一部分人口迁移到那里，将需要在第一个杭州的基础上建设第二个或第三个杭州。574

在过去的日子里，城市已经适应了不断上涨的水位。芝加哥几乎与密歇根湖和芝加哥河的水位齐平，这里的地表太平、太低、太潮湿，无法安装下水道系统。从 1856 年开始，芝加哥在街道中间安装了 1.8 米的污水管道，然后把周围的建筑物抬起来。一些建筑物被抬高达 3 米。最终，整个城市都被抬升了起来。575 在我们这个时代，威尼斯在城市周围建造了一排排防洪堤。这一系统于 2003 年开始建设，计划于 2019 年投入使用。

这些城市的规模都比较小，我们怀疑它们能否被用作先例。芝加哥当时约有 10 万居民，威尼斯及其周边社区约有 26.5 万居民。没有人知道，芝加哥为此付出了多少资金；威尼斯的防御工事将耗资 61 亿美元，相当于该地区男女老少平均每人出了约 2.3 万美元。576 许多面临风险的城市要大得多，尤其是亚洲的城市：曼谷、天津、马尼拉、广州、雅加达、台北、孟买、达卡、加尔各答、胡志明市。一份报告预测，到 2100 年，东南亚百年一遇的风暴可能导致 3.62 亿人丧生。577 保护如此多的人将是一项前所未有的艰巨任务。

如果瓦茨拉夫·斯米尔是对的，世界能源系统的重建速度没有快到足以避免洪水淹没城市，那该怎么办？假设斯米尔所说的情况在 2050 年出现了——我们的文明已经减少了排放到空气中的碳量，但减少的量还不够。进一步假设，如果事实证明气候敏感性的值应该取高点，我们正在朝着全球气温上升 3.8 摄氏度，甚至是上升 5 摄氏度的方向发展（目前还没有任何已知的数据可以排除这种可能性），如

---

[1]　根据 2021 年人口普查数据，上海市常住人口为 2 489 万，杭州市常住人口为 1 220 万。——编者注

果是这样，我们应该做什么？海水对我们发出的警告声越来越响。

　　未来的领航人，无论是巫师派还是先知派，都将面临一场难以实现的变革：快速更换世界能源基础设施的巨大成本和努力，迁移城市的巨大成本和努力，以及继续走同一条道路的巨大成本和努力。面对这些令人眼花缭乱的选择，谁不会去寻找一个逃生的出口呢？为了拯救未来，有些人会回顾过去。事实上，有两种过去，一个是巫师派所喜欢的，另一个是先知派所喜欢的。

　　第一段历史要追溯到 1991 年菲律宾皮纳图博火山（Mount Pinatubo）的喷发。[578] 火山喷发造成数百人死亡，数千平方千米被爆炸碎片覆盖，气体、灰尘和火山灰射入平流层。火山喷发造成的污染物中至少含有 2 000 万吨二氧化硫，这是一种刺激性有毒气体。平流层中的水蒸气与皮纳图博火山的二氧化硫结合在一起，产生闪亮、微小的硫酸液滴。记者奥利弗·莫顿经过计算得出的结论是，这些气溶胶的表面积相当于"一片沙漠——一片肯定比莫哈韦沙漠大，或许比撒哈拉沙漠小的沙漠"。就像弥漫在空中的炽热白沙沙漠，硫酸液滴将阳光反射到太空中。两年里，到达地表的阳光量下降了 10% 以上。全球平均气温下降了约 0.56 摄氏度。

　　巫师派看到这样的数字，肯定会想做一些基本运算。基林的二氧化碳测量结果告诉我们，今天的空气中，二氧化碳含量略高于 400 ppm。1 ppm 相当于 78 亿吨二氧化碳。400ppm 乘以 78 亿等于空气中二氧化碳的含量为 3.1 万亿吨。1880 年，在人们开始大量燃烧煤炭之前，二氧化碳水平约为 280 ppm。[579] 做同样的乘法运算可以得出，这相当于空气中的二氧化碳含量为 2.19 万亿吨。用今天的数字减去工业化前的数字，可以得出这样的结论：我们对化石燃料的疯狂消费已经向大气中增加了 0.91 万亿吨二氧化碳。为了简单起见，我们将这一数字化整为 1 万亿。"后坑洞镇"产生的这 1 万亿吨二氧化碳，其结果是全球气温上升了约 0.8 摄氏度，其中大部分是自 1975 年以

皮纳图博火山，摄于 1991 年 6 月 12 日。地球工程的倡导者们认为，为了延缓气候变化的最恶劣影响的出现、争取时间，可以从每年向高层大气排放与皮纳图博火山喷出物大致等量的物质开始

来变暖的。粗略地说：6 500 亿吨二氧化碳大致相当于变暖约 0.56 摄氏度。

皮纳图博火山用大约 2 000 万吨二氧化硫抵消了约 0.56 摄氏度的变暖。再做一次计算，二氧化硫降低温度的效果是二氧化碳提高温度效果的 3 万多倍。

实际上，这还是被低估了的。在这里，巫师派的注意力从算术转移到了关于雨滴的科学。1 吨水形成的水球的表面积约为 22 平方米。将同样的 1 吨水分成直径为万分之几英寸的液滴。[580] 水的**体积**保持不变，但**表面积**增加了——超过 5 平方千米。将小液滴切成 5 块完全相同但更小的碎片，它的表面积约为 26 平方千米，相当于 26 平方千米的薄薄镜面。[我从莫顿的优秀著作《星球重塑》(*The Planet Remade*，2016 年)中借鉴了这一计算结果。]液滴越小，镜子就越大；镜子越大，反射就越多。同样重要的是，液滴之间必须有足够的空间，这样它们就不会相互碰撞并合并成大液滴，而大液滴从天空中落下的速度比小液滴快。

由皮纳图博火山喷发的 2 000 万吨二氧化硫造成的冷却是地球物理上的偶然事件，它形成的液滴大小不是最佳的。通过制造更小、更有效的液滴，地球工程师可以在一年内向空气中喷洒几百万吨二氧化硫，从而达到同样的降温效果。实际上，他们可能会直接喷洒硫酸，而不是让大气转化二氧化硫，但原理是一样的。完成这项任务，最直接的方法是从地球上发射装载硫酸的专门运载工具。

公用事业公司已经执行了这样的任务。这样的公司被称为商业航空公司。一架新的波音 747 可搭载多达 600 名乘客。美国人的平均体重约为 175 磅。为了便于计算，假设每位体重为 175 磅的乘客有 25 磅的行李，因此代表一个 200 磅的单位。这样，每架可容纳 600 人的波音 747 飞机携带 12 万磅——约 60 吨——重的人和行李。把 200 万磅或 300 万磅的重量送入高空，每天需要飞行大约 100 架次。今天，世界上的航空公司每天的航班超过 10 万架次。瑞安航空（Ryanair）是一家爱尔兰廉价航空公司，每天运营 1 800 架次航班；美国区域性航空公司阿拉斯加航空公司（Alaska Air）拥有近 900 架飞机。重现皮纳图博火山喷发效果需要大约 1/10 的瑞安航空服务，或者可能是 1/5 的阿拉斯加航空服务。[581]

不管怎么说，阿拉斯加航空公司 1/5 的航空服务并不昂贵。2012年的一项众所周知的估计表明，14 架大型货机——比如波音 747——可以以每年略高于 10 亿美元的费用拉动一个皮纳图博火山。但商用飞机不是为飞入平流层而设计的（硫的位置越高，它在高空中停留的时间就越长）。特殊设计的飞机可能更有效，每年的运营成本仅为 20亿到 30 亿美元。无论是哪一种方式，在经济上都是可行的。哈佛大学物理学家戴维·基思（David Keith）写道，10 年时间里用于抵消大部分二氧化碳影响的措施的成本"可能低于意大利政府在修建堤坝和可移动屏障方面所花费的 60 亿美元，这些设施是为了保护威尼斯这座城市免受气候变化而引起的海平面上升的影响"。[582]

对于关注海平面上升的各国政府来说，似乎值得冒险尝试使用二氧化硫。持这种观点的人认为，如果碳排放量下降得不够快，全世界可能会在未来几十年里向空气中排放硫酸，从而争取到足够的时间来完成从化石燃料到其他燃料的过渡。理论上，这种向空气中注入二氧化硫的做法可以集中在极地上空，在北极和南极冰原上形成一个反射盾。我们的目标并不是要消除所有的全球变暖现象，而是降低全球变暖的幅度，将其减少 1/5 或 1/4，直至达到相对安全的 1.7~2.2 摄氏度的水平。[583]

自 20 世纪 80 年代以来，这种有意改变地球气候的计划一直被称为"地球工程"。[584] 地球工程用更多的气候变化对抗气候变化。用行话来说，这是一种"技术修复"。[585] 它的目标不是保持在自然限度之内，而是在人类设定的条件下创造一种平衡。这是一个修复天空的大胆承诺，是巫师派关于人类力量和伟大的设想的逻辑终点之一。

地球工程是一个古老的想法，带有一些陈旧的包袱。几千年里，古代宗教承诺通过与天界的力量谈判来控制天气。科学的兴起降低了牧师代祷的作用，而疯子、骗子和街头艺人填补了这一空白。19世纪，一队队假冒的造雨者穿越美国中西部地区，利用对干旱的恐惧，向轻信的农民出售一台台神秘的发动机、一瓶瓶劣质的泡沫状液体，以及充斥着貌似科学的胡话的小册子。在美国西海岸，自称是湿度加速者的查尔斯·马洛里·哈特菲尔德（Charles Mallory Hatfield）花了数年时间在偏远地区建塔，从中蒸发出大量化学物质。哈特菲尔德声称，这些化学物质利用一种"微妙的吸引力"来"吸引"雨云。1905 年，当美国气象局局长谴责他是骗子的时候，哈特菲尔德对此不屑一顾。他说："谴责和嘲笑是偏见无知对科学启蒙的第一次致敬。"[586]

也许，精力最充沛的假充内行的骗子是罗伯特·圣乔治·迪伦福斯（Robert St. George Dyrenforth）。[587] 身为工程师、专利律师和参加过内战的少校，迪伦福斯确信，雨是由雷声引起的。1891 年，在得克萨斯州西部由联邦政府资助的测试中，迪伦福斯和一群痴迷于雨水的业余爱好者试图通过在气球和风筝上绑炸药、用火药填满土拨鼠洞、放置简易迫击炮（炮管是被锯断的铁管），以及在豆科灌木上绑炸药来模拟雷鸣。所有这些都在同一时间爆炸。实验开始前，雨下得很大；实验之后，雨继续下，而且依然下得很大。迪伦福斯报告称，这证明实验成功了，并因此要求国会提供更多的资金。

正经的"播云"实验始于 20 世纪 40 年代；所谓"播云"，就是在云中喷洒微小的干冰晶体，以刺激雨滴形成。[588] 这种方法有效地终结了骗子们猖獗的骗术，但也催生了另一种欺诈——来自过于乐观的知识分子。物理学家爱德华·泰勒（Edward Teller）承诺："我们将改变地球表面，以适应我们的需求。"他建议，可以使用原子弹让那些坚固的石油矿床松动，建造第二条巴拿马运河，以及操纵天气模式。最疯狂的计划来自莫斯科，在那里，苏联的梦想家们展示了一个又一个华而不实、毫无理性的战略。用煤烟将北极冰层炸开，使其融化。在纽芬兰岛附近修建一条堤道，引导墨西哥湾流改道。在刚果河上筑坝，灌溉撒哈拉沙漠。将日本洋流中的温水注入北冰洋，缩小冰盖。发射数千枚装满钾尘的火箭，在地球周围形成类似土星的光环，以某种方式引发一个"永恒的夏天"。

在这些头脑风暴中，产生了一些提议，最初是为了抵消二氧化碳排放造成的气候变化，然后是一些更为严肃的建议。20 世纪 50 年代末，约翰·冯·诺依曼提出一个半真半假的建议：用核武器制造一个覆盖整个星球的尘埃罩。烟雾会使地球降温，他怀疑人类正在利用的发电厂和高炉已经让地球过热了。罗杰·雷维尔对炸弹不那么着迷，

1965 年，他建议在海面上撒数百万面漂浮的小镜子，将阳光反射到太空中。当时很少有人关注到这一建议。但在 2006 年，当诺贝尔奖得主、化学家保罗·克鲁岑重新提出地球工程的想法时，虽然人们并不情愿，但已经有了心理准备，愿意去听一听。

苏联式的狂热时代已经一去不复返了。尽管克鲁岑正值头顶光环之时，但他的语气显得一点也不得意。他在文章的结尾处写道："最好的情况是，（影响气候的）气体的排放量能够大幅减少，达到不需要进行平流层硫释放的程度。目前，这看起来像是一个虔诚的愿望。"其他巫师派学者也随声附和。地球工程可能是持博洛格观点的人对于权力和控制梦想的巅峰，但其倡导者已经有所退缩，因为其影响让他们感到后悔，他们对地球工程的支持夹杂着悔恨。著名的地球工程倡导者、哈佛大学物理学家戴维·基思把地球工程比作地球的化疗——除非别无选择，否则没有人愿意接受这种治疗方法，因为它故意让患者生病，以治愈其更为严重的疾病。用作家伊莱·金蒂什（Eli Kintisch）的话来讲，修补大气可能是个坏主意，是终结的时候了。[589]

潜在的陷阱很多。[590]硫化合物会与平流层臭氧相互作用，而臭氧可以保护像我们这样的地表居民免受太阳危险的紫外线辐射。硫黄很快就会落到地球上，造成致命的空气污染。（出于这个原因，一些人建议使用钛、氧化铝或方解石颗粒，这些颗粒更昂贵，但不太可能与臭氧相互作用，也不会形成酸。）在反射阳光的过程中，平流层中的硫酸液滴会减少进入下面大气层的能量，从而影响风力和降水。由于地球周围的气流分布不均匀，降水的变化也会不均匀，温度的高低也会随之发生变化。地球工程可能会在全球范围内降低温度，但仍会有局部的输家和赢家——有些地方降雨可能过多或过少，有些地方可能会出现突然的极端气温。无论人类向空气中排放多少二氧化硫，二氧化碳都会继续存在；为了抵消不断增加的总量，每年必须向空气中排放更多的硫。事实上，突然停止向空气中排放二氧化硫将是灾难性

也更小。相对于建造昂贵的碳捕集设施和核电站，人们应该在赤道沙漠中建立廉价、天然的碳吸收机制，也就是植树。与碳捕集工厂不同，碳农场中的树木代表了气候变化问题的直接解决方案。像地球工程师设想的那样向空气中添加硫会破坏臭氧层，让地球变得更不宜居。在撒哈拉沙漠、阿拉伯沙漠、卡拉哈里沙漠或澳大利亚内陆地区植树，会使这些地区更适宜居住，甚至令人向往。树木会增加湿度，从而增加降水量。现在贫瘠的土地将成为碳的农田，然后，很有可能，就是人类粮食所需要的农田。

来自斯图加特霍恩海姆大学（University of Hohenheim）的克劳斯·贝克（Klaus Becker）和彼得·劳伦斯（Peter Lawrence）指出：所有应对气候变化的措施都需要发达国家的人民付出大量的资金。现在，纳税人有两种选择，"一种是要求在他们自己家门口引进未经试验且具有潜在危险的新技术，另一种是在人口不足的遥远国家建造森林，为当地人口带来可能的相关利益"。从这个角度来看，碳农业将利他主义美德和邻避主义很好地结合到了一起，这比碳捕集或核能在政治上更可行。[593]

要想进一步了解大规模植树造林项目可能是什么样子，可以去萨赫勒地区看看。从技术上讲，"萨赫勒"这个名字指的是撒哈拉沙漠和中非湿润森林之间的干旱地带——一条宽大的东西向地带，从大西洋上的毛里塔尼亚穿过布基纳法索、尼日尔和乍得，再到红海上的苏丹。从修辞上来说，"萨赫勒"是饥荒和荒漠化的代名词。[594] 直到20世纪50年代，萨赫勒地区才有少量人口定居下来。人口开始激增的时候，人们从南部更拥挤的地区向北迁移，进入这片空旷地带。就像搬到乡下的城里人一样，他们不知道如何在这片干燥的土地上耕作。在20世纪60年代，异常高的降水量掩盖了这些问题。接着出现了两次旱灾，一次是在20世纪70年代初，另一次是在20世纪80年代初，第二次的情况更糟，超过10万男人、女人和儿童在随后发生的饥荒中丧生，而实际死亡人数可能要高得多。

在布基纳法索，一位名叫马蒂厄·韦德拉奥果（Mathieu Ouédraogo）的援助人员召集他所在地区的农民，实验土壤修复技术，其中一些技术是韦德拉奥果在学校里读到的传统方法。[595] 有一种方法叫作"石线"（cordons pierreux）：将不比拳头大的石头排成长长的一线。由于该地区罕见的雨水冲刷坚硬的土壤，土壤能储存的水分太少，植物无法生存。而有了石线以后，水就能多停留一阵子，足以让种子在这个稍微一些肥沃的环境中发芽和生长。草沿着石线长出后，能使水流进一步减缓。而后，灌木和树木取代了草，落叶滋养了土壤。几年后，一条小小的石线就能修复一整块田地的土壤。通常，贫穷的农民对新技术持谨慎态度，因为失败带来的代价太高。但是这些布基纳法索的居民身处绝望境地，而这里到处都是石头，采取这种技术，除了劳动之外他们什么也不用付出。成百上千的农民围上了石线，修复了数千英亩的沙漠化土地。

其中一名农民名叫雅各巴·萨瓦多戈（Yacouba Sawadogo）。[596] 萨瓦多戈具有创新精神和很强的独立意识，他想和他的3位妻子、31个孩子生活在自己的农场里。"从我祖父的祖父的祖父开始，我们就一直生活在这里。"他告诉我。萨瓦多戈在自己的田里设置了石线。他还在自己的田地上挖了数千个30厘米深的坑，当地人管这种坑叫zaï，这是他从父母那里听说的一种技术。萨瓦多戈在每个坑里沤上粪肥，这样会吸引白蚁。白蚁会在土壤中挖沟。下雨时，水就从白蚁洞滴入地下，而不是流走。然后，萨瓦多戈在每个坑里种上树。"没有树，就没有土壤。"他说。在每一个这样的坑中，树木在松散、湿润的土壤中茁壮成长。垒起一块又一块石头，挖上一个又一个坑，萨瓦多戈把20公顷的沙漠荒地变成了方圆数百千米内最大的私人森林。

在我这个不知情的人看来，他的森林平平无奇：一片普通的小树林和灌木，点缀着齐腰高的草。然后，萨瓦多戈给我看了一张同一片

雅各巴·萨瓦多戈，摄于 2007 年

土地在干旱时期的照片：光秃秃的红色土壤，一簇簇杂草，几丛覆盖着尘土的灌木丛，几乎看不到树。有了这样的比较，我觉得认为他的这片土地平平无奇，就好比看到一辆在地下室用废旧材料组装起来但运行正常的汽车，却嘲笑这辆车漆喷得不好。

　　在萨瓦多戈的家中，有一份他森林中树种的清单，是由首都瓦加杜古的一位植物学家编制的。排在首位的是麻风树（*Jatropha curcas*），这是一种矮小的灌木状小树，坚果可以用来制造燃油。2014 年，德国研究人员从埃及卢克索挖掘出麻风树，并检测了它们的碳含量。他们确定，1 英亩（0.4 公顷）沙漠里的麻风树每年能封存 209.5 吨二氧化碳中的碳。平均而言，每个美国公民每年排放 18.7 吨二氧化碳，每个德国人 8.9 吨，每个印度人 1.7 吨。如果麻风树的碳封存值具有代表性，那么在萨瓦多戈占地 20 公顷的林子里走一走，就像是在 560 名美国人、1 175 名德国人或 6 160 名印度人的人群中

在广阔的萨赫勒地区，农民们几乎只用石头和铁锹就恢复了像布基纳法索这样的热带稀树草原森林。将这一地区与几年前的同一地点进行比较（图中手持的照片），生动地证明了重新造林的力量可以迅速改变地貌

穿行一样。[597]

　　这些新技术简单且廉价，传播范围广泛也就毫不奇怪了。人们耕种的土地越多，土壤就越肥沃，也就有更多的树木生长。降水量的增加是土壤恢复的部分原因（尽管从未恢复到 20 世纪 60 年代的水平）。另一个促成降水量增加的因素可能是大气中较高的二氧化碳浓度——这使核酮糖-1,5-双磷酸羧化酶／加氧酶更容易发挥作用。（2016 年的一项大型研究[598] 表明，世界上有植被覆盖的地区中，多达一半在某种程度上正在变得更绿，而二氧化碳水平的增加是植被额外生长的一

大原因。）[1]599 但是，布基纳法索的恢复主要归功于每个人的努力。邻国尼日尔取得了更大的成功，尼亚美（Niamey）迪奥福大学（Dioffo University）的森林学家马哈曼·拉瓦努（Mahamane Larwanou）说。在政府或援助机构很少或根本没有提供支持或指导的情况下，当地农民使用镐和铲子重新造林，面积超过 10 万平方千米，相当于美国弗吉尼亚州的面积。600

先知派的地球工程师们所设想的碳农场，其规模要大得多，而且位于更加干燥的地区。一开始的时候，它们需要灌溉。601 在许多情况下，灌溉用水只能来自岸边的海水淡化工厂。最初，这些设施可能需要使用太阳能驱动，但大约 3 年之后，它们就可以用修剪下来的树枝、树叶以及坚果来驱动了。研究表明，树木可以为海水淡化工厂提供足够的能量——可以说，这样做是可持续的。几十年后，碳农们可以砍伐这些树木，用新的、生长迅速的树苗取代它们。所有这些都是昂贵的，但所有的碳修复计划也都是昂贵的。将撒哈拉沙漠改造成宜居的经济活动区域，将会抵销部分成本，这种设想并不荒谬。

老树可以"热解"——在低氧环境中燃烧，变成木炭。根据生产方式的不同，木炭通常会保留约 2/3 的原始碳。602 木炭可以被研磨和掩埋，从而增加土壤的肥力。沙漠土壤往往不含有营养物质和有机物，因为它们是由各种不与它们发生化学结合的泥土组成的。任何形式的降水都会把它们冲走。随着时间的推移，埋藏的木炭慢慢氧化，提供必要的结合位点。养分和有机物"黏着"在土壤中，为细菌、真菌和其他微生物提供食物，这些微生物也能增加土壤肥力。木炭如果制造和使用得当，可以显著改善贫瘠的农田。它还能封存碳：康奈尔大学的木炭和土壤专家约翰尼斯·莱曼（Johannes Lehmann）计算

---

[1]　二氧化碳浓度高到某个程度时，其负面影响会超过其带来的好处，负面影响包括干旱、热应激、酶失效。不同物种能耐受的二氧化碳浓度是不同的，水稻可耐受程度比较低，因为只要温度稍高一些，水稻就无法产生可育花粉。

过，如果木炭制造过程中产生的气体被捕获并被转化为燃料，那么利用农业和伐木的残留物的转化，可以抵消世界上多达 1/8 的二氧化碳排放量。如果将稻田和化肥排放的甲烷和氮氧化物等导致气候变化的气体计算在内，这个数字会更高。据推测，这些技术可以应用于碳农场。

通常情况下，巫师派会做出反应，指出这些场景的不可行性。他们说，森林会破坏沙漠生态系统。或者，它们会使大量的人从根本上改变他们的生活方式。或者，这相当于绿色帝国主义——迫使沙漠地区的穷人去抵消远方富人的排放。这些批评，仿佛先知派对巫师派的指责的镜像。先知派担心碳捕集与封存技术和核能那种自上而下的特性，这些技术依赖于未经选举产生的技术专家。他们喜欢从点到面植树造林，利用像雅各巴·萨瓦多戈这样的人的自愿参与。任何一方都必须协调数百万人的行动以产生影响，或者创造出只需要很少的人就能够控制的流程。[603]

在一个充满化石燃料的世界里，我们该怎么办？在气候变化方面，所有的选择都涉及未知的领域。声称碳捕集在经济上是不可行的，或者声称可再生能源总的成本太高或占用太多的土地，通常就相当于说，我更喜欢与这一过程相关的未知风险，而不是与那一过程相关的未知风险，因为这一过程会带来我更喜欢的未来。从根本上说，这些选择源自个人对美好生活的想象——人们要么被束缚在土地上，要么自由自在地在天空下漫步。只有个人可以选择。重要的是，他们需要有选择的余地，重要的是，我们仍然处在这样一个阶段：不管多么模糊，我们依然可以想象，林恩·马古利斯是错的。

第四部分

两类人

第八章 先知派

发 射

华盛顿特区，1947年12月23日上午10点钟。[604] 距离林肯纪念堂大约300米。美国国家科学院的董事会会议室：胡桃木墙板，波斯地毯，大理石壁炉，一幅巨大的油画，画上是表情凝重的亚伯拉罕·林肯正在签署《美国国家科学院成立法案》。苍白的冬日光线穿透了阴影。一张长长的椭圆形桌子，在灯光下闪闪发光。桌子上方是一个球形玻璃灯具，枝形吊灯架，上面的图案类似于列奥纳多·达芬奇大概在1515年绘制的（或被认为是他绘制的）世界地图。在吊灯的柔黄色光芒中，是一群身着深色西装和白色衬衫的男人：美国内政部、农业部、国家研究委员会的高级官员，还有两名平民。第一位平民是威廉·沃格特，泛美联盟环保部门的负责人。可以想象，在这个房间里，他感到紧张，但也发自内心地兴奋。这是个真正的会前会，他周围都是牢牢控制着实权的人。

第二位平民是召集此次会议的人——朱利安·赫胥黎（Julian Huxley）。[605] 赫胥黎出身于一个显赫的英国家庭。他的祖父 T. H. 赫胥黎以积极倡导进化论而闻名；他的弟弟阿道司·赫胥黎（Aldous Huxley）是一位有争议的作者，著有《美丽新世界》（Brave New World）；他的同父异母弟弟安德鲁·赫胥黎（Andrew Huxley）是一位生物物理学家，后来获得了诺贝尔奖。朱利安本人对进化论做出了重大贡献，在欧洲和美国各地发表演讲。他还与 H. G. 威尔斯（H. G. Wells）合作，出版了有关生物学的畅销书，并拍摄了一部自然历史纪录片，这可能是世界上第一部获得奥斯卡奖的自然历史纪录片。他是著名的反种族主义者，也因主张从人类基因库中去除"劣等"因素而出名。此时，他是联合国教科文组织（UNESCO）的创始总干事。他一心想找人吵一架。

赫胥黎温文尔雅，但也盛气凌人，还爱说长道短。他详细描述了华盛顿、伦敦和巴黎的幕后操纵行为，这令其他人感到开心。这种幕后操纵关系到战后世界的格局。多年的冲突摧毁了欧洲和东亚的大片地区，并导致了殖民帝国的解体。获胜的盟国自然一心一意想要重建。在过去，国家要么是殖民者，要么是被殖民者，要么是统治者，要么是被统治者，要么是家园，要么是财产。在世界大战之后，旧的等级制度似乎不再适用。采取一种不同的划分世界的方式势在必行。在新的愿景之中，所有的国家都走上了一条从"不发达"（像大多数非洲国家一样）到"发达"（像欧洲和美国一样）的单一道路。

在此之前，帝国的目标是靠殖民地的供养而获得尽可能多的政治权力。现在的主要目标则是在一切领域中最大限度地发展：欣欣向荣的工业、充满活力的城市、塞满各种各样省力电器的富裕家庭——经济学家约翰·梅纳德·凯恩斯及其追随者所推崇的消费驱动型经济增长。这个时候，美国政府承诺，将"使用一切可行的手段……促进就业、生产和购买力的最大化"。

哈里·S. 杜鲁门总统认为，这一目标不应局限于美国。地球上的每一个人都应该过上跟美国中产阶级一样的生活！这不仅是西方国家建立战后秩序的道德目标，还将让它们在与共产主义的斗争中赢得前殖民地的支持。而要达到这种田园诗般的状态，就要善于利用最新的科学技术——已经制造出原子弹的物理学、化学和工程技术——来引导经济增长和重建。[606]

赫胥黎感到大为震惊。[607]在他看来，这样的想法相当于授权给大公司，让它们随意利用研究人员的发现来掠夺自然界剩下的财富。和杜鲁门一样，赫胥黎相信，科学知识可以引导社会走向更理性、更繁荣的形式。但他同时认为，这应该通过使自然和文明保持平衡来实现。研究人员可以确定生态极限，并引导政府在其范围内生活。在赫胥黎看来，像这样按生物学原则来重组世界，最大的障碍之一是美国政府盲目促进增长的政策。赫胥黎希望科学院董事会的官员们告诉他，该如何在华盛顿为保护自然发声；尽管这些官员在杜鲁门政府中任职，但他们还是对此持同情态度。[608]赫胥黎想从沃格特那里得到一些额外的东西：在赫胥黎看来，沃格特是一个不为人知但很有前途的官僚和鸟类学家；他想知道，沃格特是否已经准备好登上世界舞台。

会后，赫胥黎与沃格特进行了交谈。对沃格特来说，这无疑是个激动人心的时刻。赫胥黎拥有牛津大学的一等学位，与世界各地的科学家都有联系，还写出了一系列畅销书，所有这些都是在钦查群岛的他可望而不可即的。更何况，是赫胥黎主动找沃格特，向他提出了一些问题，寻求可能的计划。尽管他们之间的对话没有记录，但沃格特极有可能谈到了他即将出版的书《生存之路》。无论讨论的过程如何，赫胥黎显然对沃格特很满意。这两个人保持着联系，有时通过信件，有时通过他们共同的熟人费尔菲尔德·奥斯本保持联系，奥斯本是沃格特的好友和业务上的竞争对手。

在接下来的一年里，赫胥黎目睹《生存之路》成为引起巨大轰动的畅销书，这本书使沃格特，还有出版了与之竞争的书的奥斯本，成

朱利安·赫胥黎，摄于 1964 年

了以下观点的主要倡导者：主张通过减少人口数量来减少人类对世界生态系统的需求。赫胥黎和他的兄弟阿道司以同样的热情信仰同一事业，但在赢得观众方面却没有取得多少成功。与此同时，沃格特已经准备好成为一名生态学政治家。

然后，一切崩塌了。让沃格特走到这一天的性格特质也导致了他的失败。他有很大的雄心，毫不犹豫地坚持走自己的道路，他有做出全面、惊人论断的天分。他赢回了局面，但几年后又失去了。这一次，还有一个更重要的原因：他无法从生物学以外的角度看待人类这个物种。沃格特固执地坚持马古利斯式的观念，即人类不可能自外于生物法则。如果我们这个物种撞到培养皿的边缘，还会连带着失去很多。

"4 万惊恐的人"

至少，他们让他辞职了。他为泛美联盟工作，这是一个由 22 个独立的美洲国家组成的外交论坛。当他在厚厚的联盟备忘录中批评这些国家对其自然禀赋的管理时，这是一回事；当他在媒体上向数百万读者重复这些批评时，就是另一回事了，情况完全不同。[1]

---

[1] 1948 年 4 月，泛美联盟重组为美洲国家组织，即现在的名称。由于新宪章直到 1951 年才生效，我在这里把这个组织称为泛美联盟。

1948 年 6 月，沃格特在《哈泼斯》上发表了第一篇文章——《走向毁灭的大陆》（A Continent Slides to Ruin）。[609] 可以说，这篇文章比他所有的学术报告加在一起都更能引起人们对拉丁美洲景观状况的关注，但是文章所使用的毫不留情的言辞却激起了泛美联盟的愤怒。举一个例子，沃格特曾攻击智利，称智利尽管两年前在火灾中损失了"25 万英亩"森林，但它依然"没有雇用一名消防管理员或森林管理员"。伐木工人——"木材剥削者"，沃格特是这样称呼的——没有重新种植树木，导致了大规模的水土流失和洪水暴发。由此，沃格特预测，"智利的大部分土地"将在"100 年"甚至更短的时间内变成沙漠。

不出所料，智利政府不喜欢来自这个严格来说是其雇员的人的公开批评。智利大使向泛美联盟理事会提出抗议。这很简单：大使是董事会成员。这位大使说，沃格特必须做出选择："要么继续宣传，要么离开联盟。"

联盟秘书长阿尔贝托·列拉斯·卡马戈（Alberto Lleras Camargo）驳回了申诉。列拉斯是哥伦比亚前总统，但他的职业生涯开始于为在波哥大和布宜诺斯艾利斯专门揭发丑闻的报纸撰写报道。他不愿意接近审查制度。更何况，沃格特能干、勤奋，他的环保报告对墨西哥、委内瑞拉、哥斯达黎加以及其他成员国都很有价值；在他的建议下，智利自己在火地岛建立了一个国家公园。为了调和折中，列拉斯虽然拒绝解雇沃格特，但也要求沃格特的言辞要温和一些。

两个月之后的 8 月，《生存之路》问世了。沃格特事先就知道，他聚焦人口控制问题会引起争议。在这本书出版前几周，他对一位朋友开玩笑地说起这本书可能得到的待遇："很多人可能会觉得我是在摇铃宣布'此事不洁'。"令他惊讶的是，这本书成了他的出版商所说的"本年度最引人注目、引起广泛讨论的书"。这一影响是国际性的；几年后，法国著名人口学家阿尔弗雷德·索维（Alfred Sauvy）回忆

费尔菲尔德·奥斯本，摄于 1960 年

说，在欧洲，《生存之路》"引发的轰动，堪比 19 世纪初马尔萨斯的《人口原理，人口对社会未来进步的影响》"。[610]

沃格特和奥斯本一下子就把科学界多年来积累起来的担忧暴露在了公众的视野之下。由于战争对环境的破坏和自然资源的消耗，世界各地的生态学家对污染、森林砍伐、侵蚀和土壤退化发出了警告。耶鲁大学植物学家埃德蒙·辛诺特（Edmund Sinnott）在《生存之路》出版一个月后声称："人类对自然的控制力比对自己的控制力发展得更快。""人类，而不是自然，是今天的问题症结所在。"

辛诺特是美国科学促进会的主席，这是当时世界上最大、最有影响力的科学机构。对于像他这样的科学家来说，沃格特和奥斯本只是大声而公开地肯定了他们已经相信的东西，他们的书也因此更受欢迎。耶鲁大学著名生态学家 G. 伊夫林·哈钦森（G. Evelyn Hutchinson）认为："任何有技术知识的人都知道，这些书中描述的危险是真实存在的。"[611]

在由辛诺特主持、数千名科学家参加的美国科学促进会的专题学术研讨会上，哈钦森赞扬了沃格特和奥斯本。[612] 会议的名称"人类的希望是什么？"传达了会议的主题和基调。据《新共和》（The New Republic）报道，大会议厅的与会者是"4 万惊恐的人"。事实上，惊恐者超过 4 万：奥斯本的演讲是在一个广受欢迎的全国性广播节目上播出的，在电视和互联网出现之前的那个年代，广播确保了数百万听众的收听。

对于一个像泛美联盟这样的外交组织来说，让一名雇员成为国际舆论的焦点并不容易。然而，甩掉他也不容易。在呼声越来越高涨的同时，沃格特正在为泛美联盟组织一次大型国际研讨会。[613] 1948 年9 月，在丹佛举行了美洲可再生自然资源保护会议，由杜鲁门总统致辞，这个半球的许多负责自然资源保护的官员出席了会议，其中还包括沃格特在海鸟粪公司的前老板。在为期 13 天的会议期间，1 500 名与会者走了数百千米，参观了落基山脉和大平原的美国自然资源保护项目。沃格特穿着一套灰白色西装，颜色与他的头发一样，戴着浅色的护目镜，以低沉的男中音说话，他的跛足和手杖让人一眼就能认出他来。他像一位和善但忧心忡忡的神灵一样主持了这次会议。代表们一再起立，感谢他的工作。没有一个分会场提到节育或人口过剩，这是对沃格特在泛美联盟的上级的认同。沃格特对这次会议的成功感到兴奋，他说："这很可能是我们这 10 年来乃至本世纪最重要的会议之一。"

在如今这个世界上，航空旅行廉价便捷，大规模全球研讨会时有召开，沃格特激情洋溢的断言似乎有些言过其实。但事实上，在第二次世界大战之后召开的十几次国际会议涉及了自那以后的世界秩序的主要内容。1945 年 6 月的会议上，代表们签署了《联合国宪章》。5 个月后，第二次会议成立了联合国教科文组织，并选举赫胥黎为这一组织的负责人。[614] 在此之前，在美国新罕布什尔州布雷顿森林召开了一次国际会议，创立了国际货币基金组织和世界银行，随后在瑞士日内瓦的一次会议上签署了《关税及贸易总协定》（General Agreement on Tariffs and Trade）。讨论自然资源保护问题所需的时间几乎与其他会议加起来的时间一样多，部分原因是人们对这些问题知之甚少，部分原因是朱利安·赫胥黎正在挑起一场争论。

赫胥黎成功地将保护自然纳入了联合国教科文组织的职权范畴，尽管它并不在该组织宣称关注的教育、科学和文化的范围内。[615] 但是，有一个棘手的问题："保护自然"到底是什么意思？赫胥黎认为，杜鲁门政府的观点——保护自然的意思就是为了人类的利益而明智地利用自然——最终只是给原有那种贪婪的行事方式加上绿色的粉饰。赫胥黎所希望的，是通过在公园和保护区范围内设置围栏来保护世界上最美丽的地方——狮子、老虎、大象和候鸟等神奇生物的家园。在这些区域内不能进行工业发展，工业将会被禁止。不会是微不足道的象征性努力，而是广阔的区域——整片景观永远远离人类的开发。赫胥黎是政治老手，他知道这些想法会遭遇阻力。

我们可能会觉得赫胥黎对杜鲁门的反应像是巫师派和先知派之间分歧的预兆，但这并不十分准确。当时，双方都没有阐述自己的论点。沃格特的书已经出版，但书中传达的信息还没有成为人们广泛接受的看法——例如，赫胥黎所在意的就是保护有魅力的动物，而不是像先知派那样，关注地球的生态极限。博洛格仍在默默无闻地工作着。沃伦·韦弗还没有开始考虑破解光合作用，更不用说开始撰写他那关于"可用的能量"的巫师派宣言了。J. I. 罗代尔曾保证"革命已经开始"，阿尔伯特·霍华德正在宣传"回归法则"；盖伊·卡伦德对二氧化碳发出警告，但很少有人注意到这一点。距离杜鲁门向世界介绍"欠发达"（underdevelopment）这个词还有两年时间。更为遥远的是，距离建设第一座商用核电站——位于英国温斯卡尔的考尔德豪尔核电站——还有 8 年的时间。

更合适的说法是，赫胥黎在不知不觉中将一场在美国酝酿了几十年的争论带入了国际领域。这场争论最初发生在约翰·缪尔和吉福德·平肖之间，他们是自然资源保护史上两位举足轻重的人物。[616]缪尔出生于 1838 年，在内战时期逃了兵役，大学辍学，后来成了一名预言家。他蓄着胡子，不修边幅，似乎靠空气为生，睡在他心爱的西部山峰的石头上。在缪尔生活的那个年代，对于大多数人来说，"荒野"意味着充满危险生物的荒地，是需要被征服的地方。缪尔将这些无人居住的地区视为精神家园，视为值得珍惜和拯救的地方。"在上帝的荒野中，"他说，"蕴藏着世界的希望。那是一片清新、崭新、未受伤害、尚未被开垦的荒野。"他认为，在日益拥挤、嘈杂和机械化的城市中，找不到生命的真谛。只有在未被触及的大自然中，灵魂才能得到救赎。"野性是一种必然，"他说，"山地公园和保留地不仅是木材的来源和灌溉河流的源泉，也是生命的泉源。"[617] 缪尔坚持不懈的倡导，促成了 1872 年世界上第一个国家公园——黄石公园（Yellowstone）——的建立，其主要目的是保护间歇泉、温泉和其他地质奇观。他还促成了 1890 年诞生的世界上第一个荒野公园——优胜美地公园（Yosemite）。不久，世界各地都建立了荒野公园，其中许多公园位于原欧洲殖民地；以南非的齐齐卡马国家公园（Tsitsikamma）为例，它在优胜美地荒野公园建成后几个月就被留作建造公园之用。

吉福德·平肖是美国第一位职业林务官。[618] 他很钦佩缪尔，也很敬重他；但总的来说，他认为那个人云里雾里的滔滔不绝都是胡说八道。平肖寻求的不是个人的精神启蒙，而是共同的物质利益——"最大的利益，为最多的人，持续最长的时间"。1865 年，平肖出生于一个富裕的家庭。他擅长自我推销，善于理解他人的想法，把自己塑造成科学的化身（事实上，他在法国上了一年的林业学校就离开了，他的教授们认为他还没有学到足够的知识）。他是不真实的科学家，却是像缪尔一样真实的梦想家。他宣称，世界的繁荣取决于其资源的可持续性，尤其是木材、土壤和淡水等可再生资源。他想要保护它们，不是让大片土地免受人类的影响，而是让一群精英科学官员来管理森林和农田。他说："保护自然资源的首要原则是发展。"发展必须从长远的角度考虑："这关乎这一代人的福利，以及随后世世代代人的福利。"他还说："人类控制着其赖以生存的地球。"

尽管缪尔和平肖在许多方法上达成了一致，但就目标而言，两人基本不一致，而且分歧越来越大。西奥多·罗斯福总统是世界上第一位将自然资源保护列为其核心议程的国家领导人，他和缪尔一起去野营，非常喜欢他的故事。但是，他却选择了与平肖合作，任命平肖为国家首席林务官。平肖说，在这个位置上，他的目标是，"通过明智的使用保持延续"。

事实证明，无论是缪尔对狂野之美的陶醉，还是平肖的管理思路，都有其阴暗的一面：实际上，大部分"未被触动"的美国景观地区都居住着原住民。为了建立黄石公园和优胜美地公园，几个世纪以来一直居住在那里的人被驱逐。[619] 正如记者马克·道伊（Mark Dowie）记录的那样，自那以后，以保护自然的名义进行的类似掠夺就一直在发生。其结果往往是可怕的。从道德上讲是可怕的，因为修建国家公园就要将这里的居民从他们的家园驱赶出去；从实际情况来看也是可怕的，因为原本那些居民的生活塑造了这些地区。举个例子，美国西部的人经常焚烧灌木丛，以阻止昆虫滋生，这有助于嫩芽生长，从而吸引动物。以保护森林的名义不允许用火，反倒造成易燃物质堆积，进而导致发生毁灭性的野火。类似的情况还有，亚马孙森林中的居民通过开垦小块空地重塑了当地的生态系统，他们在空地上种植有价值的植物，并用废弃物和木炭施肥，他们在森林创造了一些最丰富、最多样化的区域——而如今没有了原住民的管理，这些区域面临着退化的风险。

"必要的智力支架"

根据平肖的建议，罗斯福在1908年召开了一次关于美国自然资源的会议，正如我之前提到的，这次会议导致了一场石油恐慌。平肖认为，为了解决饥饿问题，需要在全球范围内管理资源，他敦促罗斯福召开有史以来第一次全球自然资源保护大会。罗斯福同意了，但他卸任后，继任者威廉·霍华德·塔夫脱（William Howard Taft）取消了这一计划。平肖在一场考虑不周的政治斗争中失去了塔夫脱的好感；于是，平肖辞职了。他在等待时机，直到罗斯福的远房亲戚富兰克林·德拉诺·罗斯福当选总统。在平肖的一再坚持下，这一届的罗斯福像上一届的罗斯福一样，同意召开一次全球自然资源会议，虽然把会议的举办时间定在战后。罗斯福逝世的时候，战争仍未结束。当时，平肖已经 81 岁，患有晚期白血病，但他仍然坚持不懈，他转而求助于罗斯福的继任者哈里·杜鲁门。1946 年 9 月，也就是平肖去世前一个月，杜鲁门召开了一次会议。[620]

联合国要求联合国教科文组织协助筹备全球首脑会议，但赫胥黎不愿意配合由平肖发起的这一行动。1947 年 12 月，赫胥黎使出一种令人惊叹的政治花招，成功地说服了并不情愿的联合国会员国，同意召开第二个会议——与前一个会议竞争的全球资源会议。与平肖的第一个会议一样，这次会议由联合国出资，但完全在联合国教科文组织的掌控之中，并且是与那个会议在同一时间、同一地点举行。但是，它将宣扬一种更像缪尔的未来愿景，抵消第一个会议的影响（至少赫胥黎是这么希望的）。获得批准之后，兴高采烈的赫胥黎飞往华盛顿特区。正是那一次，他遇见了沃格特和其他美国官员。

在美国国家科学院的董事会会议室里，赫胥黎陈述了他的计划。[621] 他不仅希望联合国教科文组织举办一次平行的会议，还希望建立一个平行的环境保护官僚机构，独立于联合国教科文组织，但在财政上得到它的支持。正如这个新组织的负责人后来所说，它将"把已经转变为自然资源保护主义者的欧洲和美国自然主义者的微小胚胎核心，链接成一个强大的、不断扩大的全球范围的'自然资源保护主义者'整体格局……成员来自各行各业：政治家、经济学家、公务员、先驱生态学家、实地工作者、律师、非政府组织的负责人等"。在欧洲、北美及其前殖民地，成千上万的人属于环境保护团体，但这些团体彼此独立，议程狭隘。赫胥黎认为，如果能够合作、共享信息、扩大权限，他们就可以在全球范围内收集信息，并作为一支统一的力量，在任何发生破坏的地方发起反击。联合国教科文组织被赋予了一项任务，即汇集和了解生态系统和景观所需的纯科学。这个新的平行组织将会关注保护自然资源免受人类掠夺的应用科学。初步规划会议已经召开。

赫胥黎正在推动创建一个新的制度：一个由负有使命的权势人物组成的自封的体系。环境保护机构成为忧心忡忡的公民的代表，将行使政府的一些职能，但几乎不受政府监督，颠覆了赫胥黎所认为的政治领导人对增长的破坏性依赖，同时受益于这种依赖所获得的影响力。如今，该体系的成员包括塞拉俱乐部、自然保护协会、绿色和平组织、热带雨林联盟、世界资源研究所、350 个非营利组织、国际自然保护组织、世界自然基金会（在北美被称为世界野生动物基金会），以及其他数百个地方、国家和国际组织，还有无数环境保护基金会、环境问题新闻团体、环境科学家、环境政府机构。尽管这些不同的实体经常发生争吵和资金危机，但它们开展了卓有成效的合作。（在卫生和发展领域也出现了类似的体系。）

随着时间的推移，这个定义松散的环境保护机构（英国批评者有时称之为 green blob）将继续领导反污染的运动，唤醒世界人民，让他们意识到人类所面临的灭绝性威胁，获取并留出大片土地，采取强制程度不同的形式，在数百万妇女绝育方面发挥重要作用。一方面，这些努力被赞誉为彻底的民主，原因在于它们代表了志愿团体的观点；另一方面，这些努力也被攻击为极度不民主，因为持反对意见的公民几乎没有能力制止这些团体的行动。无论是哪一种观点，这都是一次大规模、史无前例的独立治理的尝试。赫胥黎的工作在其创建过程中是一个强有力的推动力。

丹佛会议结束两天后，建立这个附属组织的会议开始了。会议是在巴黎东南部的原王宫枫丹白露举行的，来自 23 个政府、126 个自然团体和 8 个国际组织的代表参加了此次会议。与会者几乎都是白人男性，他们聚集在王宫的科隆厅（Salle des Colonnes），这是一个排列着黑色大理石柱的长长的房间，柱顶部是镀金的柱头。从巨大的窗户望出去，可以看到一片私人森林，王室成员曾经在那里狩猎野鸡。在镶木地板上，摆好了属于各位代表的椅子，代表们就座后，赫胥黎致开幕词，他阐述了他的优先事项。以美国的表述方式，他承认了平肖，但他更认可缪尔。赫胥黎说，是的，自然世界是人类的一种资源，但除了具有潜在的使用价值外，它还有更大的价值。他还赞扬了世界上各种各样生物的非凡表现，这些生物"拥有自己的权利，与我们完全不同，为我们提供了关于生命可能性的新观念，它们一旦消失，永远无法被取代，也无法被人类努力的成果所替代"。会议结束的时候，大多数与会者签署了被称为国际自然保护联盟（International Union for the Protection of Nature；IUPN）的章程。[1]622

沃格特是以泛美联盟观察员的身份参加枫丹白露宫的会议的。623 沃格特能去法国并不容易；联盟中沃格特的顶头上司不愿意让他在无人监督的情况下参与公共论坛，因此决定不让他出席这次会议。沃格特还在丹佛期间，赫胥黎联系了泛美联盟的秘书长阿尔贝托·列拉斯。在枫丹白露会议还有 9 天就要召开的时候，列拉斯才推翻了不让沃格特参会的决定。沃格特匆忙飞往法国，及时抵达，主持了第二节会议。他的讲话没有文字记载，但一位书记员总结了他的结论。对一些与会者来说，他的结论是一种令人震惊的启示，但对《生存之路》

---

[1] 国际自然保护联盟于 1956 年更名为国际自然与自然资源保护联盟（IUCN）。如今，它拥有 1 200 个政府和私人组织的成员，并协调 10 000 名或更多公益科学家的工作。尽管国际自然保护联盟在全球范围内都有影响力，但它在美国的知名度并不高，因为美国鱼类和野生动物管理局（U.S. Fish and Wildlife Service）承担着国际自然保护联盟在其他地方承担的许多职能。

的读者来说，这个结论却并不陌生。他说，在每一个大洲，情况都是如此：

> 资源遭到掠夺，被越来越多的消费者掠夺，所有人都试图通过强化他们的剥削方式来弥补他们之前的经济失败……除非人类采用一种合理的土地利用率概念，认识到某些土地上可以轻易地生产的某些东西，在其他土地上非得冒着耗尽土地资源的风险才能产出；如果对这方面没有清醒的认识，人类最终必定会在一个惨遭掠夺的星球上自取灭亡。

沃格特提出，教育是关键。人们必须认识到，如果所有的人都渴望达到西方人的生活水平，生态系统的压力将难以承受。他们必须了解承载能力和极限。在沃格特看来，国际自然保护联盟最重要的任务"将是推广人类生态学的知识"。他在掌声中结束演讲。英国首席代表说，沃格特"已经找到了问题的根源"。赫胥黎赞同这一观点。他说，人类"无疑是这场灾难的根源，人类自己和大自然一样，都是这场灾难的头号受害者"。

会议间隙，代表们在走廊里为谁将领导这个新组织讨价还价，大家争论不休。瑞士代表为会议做了很多准备工作，希望由一位瑞士人出任主席。英国则予以反对，表示那位处于优势地位的瑞士候选人公开支持苏联。同样对此十分关注的还有荷兰人。他们认为，他们的国家管理自然的悠久传统是个优势——他们阻止海洋侵入达几个世纪。赫胥黎则希望从美国找出一个人来，因为美国为联合国、联合国教科文组织和其他新的国际机构支付了大部分账单。他相信，由一位美国公民来负责，将有助于确保国际自然保护联盟的资金，这或许是正确的。在他看来，最好的候选人是沃格特：他在泛美联盟的工作表明，他是久经考验的行政官员，是曾在拉丁美洲探查过纳粹的爱国者。更为不同寻常的是，他是一名美国人，一名已经是国际公务员的美国人。

尤其重要的是，沃格特赞同赫胥黎的观点。在来到联合国教科文组织的几周前，赫胥黎为该组织撰写了一份 62 页、充满哲理的宣言。[624] 这种高调的深刻思考很少与国际官僚联系在一起，这份宣言假定，联合国教科文组织有一个单一的使命："促成统一的世界文化的出现。"赫胥黎指出，进化生物学为我们这个物种的这项伟大工作提供了"必要的智力支架"。在科学权威的指导下，人类将控制自己的生物和社会进化，以有目的的人类选择取代随机的自然选择，走向一个和平的、相互关联的未来。他说，要实现这一"进化过程"需要两个步骤："世界政治统一"（创建物种范围内的规则）和全球人口控制（控制人类发展）。他说，联合国教科文组织应该为两者奠定基础。在这个统一的、自我控制的文明中，自然理所当然地会得到保护。

毫不奇怪，赫胥黎的宣言遭到了批评。联合国会员国不希望谈论世界政府；保守派拒绝了他那含蓄的节育主张；左派厌恶基因塑造人性的概念，这多少带有纳粹政策的味道。赫胥黎公开让步了，尽管他仍然坚信[625]社会应该按照生物学原理来组织，否则可能导致环境的破坏。[1][626]

沃格特则被赫胥黎的国际自然保护联盟计划鼓动。从某些方面来说，这个新组织是沃格特 10 年前试图与奥杜邦协会合作创建的组织的全球版本。但是，它不是一个公民协会，而是一个由政府资助、由专家组成的精英团队，将利用志愿者团体的努力。它的重点是计划——这让沃格特感兴趣，他在战争期间看到了各个国家通过动员得

---

[1] 赫胥黎认为，社会应该由科学专家来管理，这与 M. 金·哈伯特以及技术官僚主义的观点相似。但是，赫胥黎受技术官僚主义的影响要小些，他更多地是受到斯大林领导的苏联五年计划的影响。实际上，赫胥黎意欲引入斯大林主义的计划。

以实现目标的壮举。他向赫胥黎建议，国际自然保护联盟应该挑选一名瑞士人出任负责人，但这个职位只在两次同时举行的联合国会议召开之前属于他。在那之后，沃格特可以出任这一公职——他希望得到泛美联盟的支持，联盟会支付他的薪水。赫胥黎同意这一短期任职建议，但选择了一位比利时人：让-保罗·哈洛伊（Jean-Paul Harroy），哈洛伊是布鲁塞尔中非科学研究所（Brussels institut pour la Recherche Scientifique en Afrique Centrale）的秘书长、比利时驻刚果专属区前负责人。新的机构将设在布鲁塞尔，与哈洛伊的研究所位于同一栋大楼内。

为了与他新近提升的地位相称，沃格特返回美国时，乘坐了豪华邮轮"玛丽女王号"头等舱，横渡大西洋，于 10 月 14 日抵达纽约。4 天后，他在另一个研讨会上作了主旨发言，这次研讨会是在华尔道夫酒店的大宴会厅举行的，华尔道夫酒店是曼哈顿装饰艺术地标性建筑。[627] 那天，与沃格特一起坐在讲台上的还有费尔菲尔德·奥斯本，长期担任总统顾问的伯纳德·巴鲁克（Bernard Baruch），畅销书作者、普利策奖得主、历史学家伯纳德·德沃托（Bernard DeVoto），以及畅销书作者、普利策奖得主、小说家和有机农场主路易斯·布罗姆菲尔德（Louis Bromfield）。研讨会的主持人是众议院农业委员会主席。共和党总统候选人、纽约州州长托马斯·E. 杜威（Thomas E. Dewey）向会议致辞；那时，离大选还有两周。其中的一些发言——包括沃格特的演讲——在全国范围内播出。当沃格特强烈谴责"美国各地的健忘"的时候，他的话在美国各地都能够听到，对这一点，他感到十分满意。

然后，突然间，他回到了自己那间位于华盛顿特区的办公室。他屈服于上级的压力，不再在公开场合发表讲话。当美国首都全神贯注于四年一次的大选盛宴的时候，沃格特把他的时间花在整理丹佛会议记录上，为出版做准备，这是个苦差事。杜鲁门以令人信服的优势赢得了大选，震惊了政治预测者。在华盛顿随后几周举行的庆祝活动中，沃格特几乎是偷偷摸摸地与赫胥黎及其他人一起参加了联合国教科文组织/国际自然保护联盟研讨会（就是那与第一个会议竞争的第二个会议）。据推测，这期间，他也和妻子重归于好；沃格特前往丹佛、枫丹白露和纽约市，都是一个人去的。他的书和演讲所引起的反响，他可能进入国际自然保护联盟领导层并保留来自泛美联盟的薪水的前景，这些都在暗暗地鼓舞他。将会出现一股力量来教育这个世界，而沃格特将要加以协助并指导。在这些事情之后，1949 年 1 月 20 日，沃格特听到了哈里·S.杜鲁门的就职演说。

第四点计划

这篇演讲是吹响反共斗争的号角。杜鲁门说，这场斗争将有四条主要战线，他做了详细阐述并归纳出"四点"。第一点是"坚定不移地支持联合国"。第二点是继续支援欧洲从战争中复苏。第三点是与欧洲缔结"旨在加强北大西洋地区安全的联合协议"——这一努力将导致北大西洋公约组织（NATO）的成立，这是一个对抗苏联的联盟。

上述三点本来就是美国政策的一部分。第四点是新的，杜鲁门花在这上面的时间比其他的要多。他说："世界上有一半以上的人生活在接近苦难的状态之中。"

> 他们的食物不足。他们受困于疾病。他们的经济生活是原始的、停滞不前的。他们的贫困无论是对他们还是对更繁荣地区的人民来说，都是一种障碍和威胁。人类在历史上第一次拥有了能减轻这些人的痛苦的知识和技能……我相信，我们应该让爱好和平的人民从我们所积累的技术知识中获益，以便帮助他们实现他

们对更美好生活的渴望……旧帝国主义——为从外国获取利益而进行的剥削——在我们的计划中没有立足之地。我们设想的是一项基于民主公平交易概念的发展计划。[628]

杜鲁门说，依靠技术驱动的经济增长是通往更美好世界的途径。"扩大生产是繁荣与和平的关键。而扩大生产的关键是更广泛、更有效地应用现代科学技术知识。"

历史学家托马斯·朱特（Thomas Jundt）写道，杜鲁门的第四点计划"是美国战后通过密集的经济和技术发展实现前殖民地现代化任务的第一步"。研究人员、私人团体以及联邦官员们将携手把这些新兴国家重新塑造为富裕的西方式民主国家。"目标是人道主义的——改善贫困地区的生活水平"。但是，朱特指出，"这也是战略性的"。通过帮助前殖民地人民，杜鲁门希望防止这些国家被苏联吸引。

第四点计划中，关于科学驱动发展的承诺令人振奋。印度、巴基斯坦、埃及、加纳、巴西和墨西哥都将经济快速增长作为国家的发展目标。就像墨西哥的农业科学家想要最新的杂交玉米品种一样，这些国家想要现代化的所有标志性装饰：水坝、高速公路、钢铁厂、发电厂、水泥厂、纸浆和造纸厂、挤满 STEM（科学、技术、工程、数学这4个专业）学生的大学、现代化水泥和玻璃板建筑物鳞次栉比的城市。为了应对杜鲁门的第四点计划，苏联开始向其盟友承诺提供完全相同的援助，以帮助它们达到完全相同的富裕程度，这可以说是对第四点计划的终极赞美。

对华盛顿官方来说，这第四点完全出乎意料。[629] 杜鲁门在做出这一史无前例的促进其他国家福利的承诺之前，从未咨询过包括他的国务卿在内的任何一位幕僚。沃格特为此十分开心，他说，宣布第四点计划"就好像把蚂蚁窝上方的石板挪开。困惑不解的官僚们一见面就相互询问：'总统的意思是什么？这个计划有什么新奇的地方？由谁来执行呢？成本是多少？'"。

显然，沃格特的语气是讽刺的，但他的理解是完全正确的：第四点计划是没有先例的，也就是说，没有人知道如何实施。没有人知道援助是仅仅传递科学专业知识，还是也涉及民事规范的转移——西方关于私有财产、有限政府和法治的观念伴随着这些专业知识兴起。没有人能够确定，这一"发展"是应该集中在农业上，以便使前殖民地国家可以养活自己，还是应该集中在工业上，这样前殖民地国家就可以进行贸易并致富。最重要的是，第四点计划没有预算，没有人员，没有立法授权——有的只是杜鲁门的信念，即必须加快贫穷国家的经济增长速度，使其繁荣起来，以便对抗共产主义。国务院高级官员就职后的第一次会议以这样一句话开始："好吧，先生们，你们认为总统是什么意思？"

对杜鲁门来说，实现第四点计划的方法很简单：将科学家和决策制定者召集到一起，翻新曾制造出原子弹的曼哈顿计划。（沃伦·韦弗刚刚撰写了关于"可用能源"的巫师派宣言，他会同意的。）这一进程的第一步是联合国资源会议——正如《纽约时报》在一篇文章中所描述的那样，这是"全球反匮乏运动的第一次进攻"。这篇文章描述了为会议做准备的"先遣队"，它由多国科学家组成："这些技术专家每天都会向联合国总部发送越来越多的图表、地图和蓝图，打造出科学武器，联合国可以利用这些武器来执行总统'大胆的新计划'，即援助不发达国家。"

科学武器！ 听到这一切，沃格特感到恐惧，赫胥黎、奥斯本以及国际自然资源保护联盟的其他人也是如此。[630] 或许令人惊讶的是，另一个持不同见解的人是吉福德·平肖的遗孀科妮莉亚·平肖（Cornelia Pinchot）。1949 年 5 月，她给杜鲁门写了一封极有说服力的信，她告诉他，会议计划中几乎没有关于自然资源保护的实质性内容；会议"忽视了召集这次会议的根本目的"。奥斯本也私下写信给杜鲁门，表达了他的担忧。他还与沃格特和赫胥黎一起，参与了联合国教科文组织的竞争性会议，与第一个会议一样，这次会议按计划于8月举行。

沃格特从来都不想避开扩音器，他在《周六晚报》上公开抨击了杜鲁门的第四点计划，该杂志4年前曾摘录过他的书。沃格特这篇抨击文章的标题——《让我们看看自己的圣诞老人情结》——表明了他的观点。沃格特说，杜鲁门想帮助那些虽然贫穷却以独立而自豪的人。但是在国外，"美国式的炫耀和无礼"会让援助对象"对我们的善举深感不满，甚至达到使用暴力的程度"。第四点计划将使穷国背负巨额债务。最糟糕的是，它将导致对濒危景观的"破坏性开发"。"如果第四点计划加速土壤侵蚀、破坏森林和土地肥力、污损流域、迫使地下水位下降、过多地修建水库蓄水（筑坝）……以及灭绝或毁灭野生动物和其他宜人的自然景观，我们将被称为技术破坏者，而不是慈善的合作者。"

就沃格特个人而言，这篇文章是不明智的。泛美联盟立刻做出了消极的反应。[631] 拉丁美洲成员对他将其公民描述为"受古代迷信和信仰支配"而感到不满。资助他的环保部门的华盛顿官员不喜欢他嘲讽美国"不礼貌、目空一切"。刊登这篇文章的报纸还在报摊上出售的时候，泛美联盟秘书长列拉斯告诉沃格特，仅仅程式化地声明这篇文章不代表泛美联盟的观点是不够的。虽然列拉斯被激怒了，但他的语气仍然很温和，他告诉沃格特："活跃的作家的职业生涯与泛美联盟某个部门负责人的职位之间存在着不相容性，容易发生各种冲突。"

巫师派和先知派

4周后，最初受平肖启发、由杜鲁门提议的联合国会议在长岛的成功湖（Lake Success）开幕，这里曾经是一家陀螺仪工厂，现在是联合国的临时总部。这里距离沃格特的出生地花园城不到 3 千米。这次会议致力于推广工业繁荣，而工业繁荣曾淹没了他年轻时代的乡村风光。推测一下他对在这里举行这样的会议有何想法，一定很有意思。这次会议的正式名称是联合国资源保护和利用科学会议（United Nations Scientific Conference on the Conservation and Utilization of Resources），其首字母缩写为 UNSCCUR。[632] 杜鲁门的第四点计划给了这次会议一种紧迫感。来自 52 个国家的 1 100 多位官方捐助者、参与者和观察员，代表数十个学术团体、政府机构和私人团体参加了会议，数千名联合国工作人员、记者、普通外交官、各类服务人员以及安保人员围绕在周围，为这次会议做着各种工作。没有一名代表来自苏联或苏联阵营。

美国内政部长朱利叶斯·A. 克鲁格（Julius A. Krug）在联合国资源保护和利用科学会议上致了开幕词。他说："现在是我们开启保护的新时代的时候了，这是一个致力于开发和明智地利用世界人民现有资源的时代。"克鲁格读过沃格特和奥斯本的书，对他们的论述嗤之以鼻。他说："在我看来，毫无疑问，科学家和工程师可以找到并开发食物、燃料和材料，以满足世界人口不断增长的需求，同时大大提高人民的生活水平。有些人'警惕地看待'世界人口的不断增加，声称某些现在看来对我们的生活方式至关重要的东西的储量正在减少，我不支持这类人。"那些带着警惕观点的人就是坐在观众席上的沃格特和奥斯本。几分钟之后，联合国经济事务部部长安托万·戈尔代（Antoine Goldet）发出预示："马尔萨斯的信徒将会陷入混乱。"

会议记录长达 8 卷。在成功湖，这么多的人在讨论这么多的话题，不可避免会有许多不同的意见。例如，奥斯本做了一次演讲，他坚称，人类必须与自然环境建立一种"崭新、开明的"关系。（前文谈过，"自然环境"是由沃格特和奥斯本提出的一个新概念；现在这个问题成了谈论的焦点。）还有人表达了其他一些担忧。尽管如此，

沃格特的出生地花园城靠近郊区化浪潮的中心，郊区化浪潮将长岛的景观从沃格特童年的田野和森林（上图，约 1905 年的村庄）转变为中产阶级地产的海洋（下图，20 世纪 30 年代的花园城）。20 世纪，全世界发生了惊人的快速变化，催生了环境保护运动

正如历史学家朱特所指出的那样，博洛格式的信条占据了主导地位：科学和技术如果得到适当的应用，将使我们走出对环境的担忧。联合国资源保护和利用科学会议的讨论集中在从油页岩中开采石油、大规模喷洒杀虫剂、更高效地从热带森林中获取木材、更廉价地制造人造肥料、操纵植物育种、扩大核能使用，以及一系列其他技术修复问题上。

斯坦福大学矿物科学学院院长、地质学家 A. I. 莱沃森（A. I. Levorsen）是具有代表性的与会者，他盛赞了化石燃料不会耗尽这个令人兴奋的消息。他说，尚未发现的石油储量"大约是目前世界年产量的 500 倍"。只有当社会不去寻找石油的时候，才会出现石油短缺的情况，并且只有当社会未能在"自由企业-利润激励-制度体系"中组织起来的时候，才会出现石油短缺的情况。正是这一环节激怒了 M. 金·哈伯特，引发了一场公开辩论，并最终导致他对石油峰值进行了沃格特式的论述。但很少有与会者注意到哈伯特、奥斯本或其他人的反对意见。会议的闭幕词总结说，此次会议传达了"人类现在和明天可以从地球资源中获取更大回报的方式"。 联合国资源保护和利用科学会议是巫师派思想的首次公开亮相。

在第一个会议中，沃格特坐在观众席上，但在第二个会议里，他坐在主席台上。这个会议比第一个会议的规模要小，173 名代表来自 32 个国家、各种机构以及各种私人团体。在那些被成功湖吸引的人当中，有一些是老朋友，比如罗伯特·库什曼·墨菲、恩斯特·迈尔、弗兰克·达林（Frank Darling）、奥尔多·利奥波德的儿子斯塔克·利奥波德（Starker Leopold）、克拉伦斯·科塔姆（沃格特在防治蚊虫辩论中的搭档），以及国际自然保护联盟领导层的大部分成员——西方自然资源保护的精英人物。朱利安·赫胥黎并没有出现在这次会议上；他被联合国教科文组织开除，部分原因是他推动建立国际自然保护联盟的工作激怒了联合国。沃格特主持了会议 11 次讨论中的 3 次，比其他任何人都多，并且是大会总务委员会的 4 名成员之一。这次会议的正式名称是国际自然保护技术会议（International Technical Conference on the Protection of Nature）。它自然也有自己的首字母缩写：ITCPN。[633]

联合国资源保护和利用科学会议，以及国际自然保护技术会议，这两个会议是在同一地点举行，即那座被改建成联合国总部的陀螺仪工厂。在走廊里，其中一个会议的代表从另一个会议的代表身边匆匆而过，但他们处于不同的世界。联合国资源保护和利用科学会议属于自然**利用**一方，国际自然保护技术会议代表自然**保护**一方。联合国资源保护和利用科学会议看到了工业化的力量，并且说，**可以的，但要明智地利用**。国际自然保护技术会议则对工业化力量说，**不可以，有一个更好的办法**。联合国资源保护和利用科学会议选择了硬路径，而国际自然保护技术会议则选择了软路径。联合国资源保护和利用科学会议有资金、官方的关注和制度化的力量。国际自然保护技术会议则有反叛的热情和能量，有一种整体化的意识形态。如果联合国资源保护和利用科学会议是巫师派的宣言，那么国际自然保护技术会议则是先知派的主张。双方都是真正的理想主义者，私下里轻视对方，对自己的缺点视而不见。他们是两组穿着深色西装、打着深色领带、拎着深色公文包的男人，在烟雾弥漫的房间里想象着未来的样子。

"在国际自然保护技术会议上提出的环境保护主义，从知识和道德层面猛烈抨击了美国试图启动的自由国际秩序。"（我再次引用历史学家朱特的话，我还会继续引述他的著作。）奥斯本在联合国资源保护和利用科学会议上发表的演讲非常谨慎。在国际自然保护技术会议上，他也发表了一次演讲（他"实际上是双重间谍"，朱特写道），并且，在会上，他使出了浑身解数。奥斯本说，达尔文"证明了人类是自然不可分割的一部分，而不是一个独立的存在"。人类并不特别！但是飞机、雷达和原子弹的奇迹"诱使"我们相信，"我们是'宇宙的主人'"。奥斯本说，人类的未来可能是光明的，但前提是，人们不要认为自己"不受自然法则的约束"。确保我们这个物种、民主社会以及地球本身未来的唯一途径是，理解我们在自然限度内的位置，并将文明建立在这一认识的基础之上。

发言者谴责了环境问题，这将成为未来几十年内这支环境保护大军的运动主题：石油泄漏，捕鲸，除草剂过度使用，破坏河流的筑坝工程，引进外来物种，正在绝迹的大象、老虎和其他超大型生物，以及盲目消费和物质主义。有十几篇论文对滴滴涕和其他杀虫剂的使用提出了质疑。这就像是打开了一扇通往 20 世纪 70 年代、80 年代和 90 年代的窗户，一系列未来的头条新闻接踵而至。许多与会者所代表的是以前从未为人所知的小型组织。正如沃格特和赫胥黎所希望的那样，这次会议正在建立一个志同道合者的网络体系。关注秃鹰的团体、关注海岸线保护的团体、关注空气污染的团体，各种团体相互交流。为数不多的共同点之一是，每个人似乎都读过《生存之路》。

来自"大地之友"（Friends of the Land）的奥利·E. 芬克（Ollie E. Fink）是个典型。这个组织成立于 1940 年，总部设在俄亥俄州，有 1 万名成员，最初关注美国中西部退化的农业用地，但他们正悄悄走向更广泛的领域。芬克的演讲也反映出了这一运动的倾向，它超越了土壤保护，开始关注普遍的人类事务。芬克说："环境保护是一种生活方式……但它不是传统的美国方式。"他主张，美国和整个世界都需要"一种新的文化"，一种新的思维方式，"一种生态良知"。不过，这种大胆也是有限度的。一位与会者问："公开讨论环境保护措施与经济利益之间几乎不可避免的对立问题，难道不是有益的吗？"答案是：不是，不管怎么说，还不是。

与在成功湖召开的第一个会议一样，在成功湖召开的第二个会议也以其独特的方式取得了成效。但是沃格特没能将自己的声望提升到国际自然保护联盟主席的职位上；该组织不会接受惹恼美国国务院的人，美国国务院是该组织的一个主要经费来源。10月，泛美联盟秘书长列拉斯将沃格特叫到自己的办公室，告诉他，自己对沃格特的善意已经用完。沃格特同意辞职。他似乎对列拉斯没有任何敌意，因为是他自己让列拉斯陷入了困境。沃格特发表了最后一次演讲，题目颇具挑衅意味，是"美国不是整个世界"（The United States Is Not the World）。1949 年 11 月 15 日，这是他在泛美联盟的最后一天。[634]

就跟当初他被奥杜邦协会解雇一样，他激怒了有权势的人物，他们把他扔到了路边。那一次，他重新发现了自己，去了海鸟粪岛；但是现在，他已经 47 岁了。他很有名气，但这种名气并没有使他受到潜在雇主的欢迎。他没有明确的前进道路。但是，他的紧迫感并没有消失。在每一块大陆上，工厂都在大批涌现，森林里的树木纷纷倒下，开阔的土地正在被改造成农场和郊区。沃格特感觉，自己正站在海滩上，人潮向他涌来。

"引发一场熊熊大火"

如何拯救未来？休·摩尔（Hugh Moore）知道答案。[635]摩尔身材矮小，有一头像箭一样直立着的头发，精力充沛，能靠自己的奋斗走向成功。他出生于 1887 年，是堪萨斯州一位农场主 6 个孩子中最小的一个。他的父亲在他 12 岁时去世。摩尔离开堪萨斯州，先是在纽约市当上一名记者，后来又设法进入哈佛大学。在大学一年级的时候，他的姐夫劳伦斯·卢伦（Lawrence Luellen）来到这座城市。卢伦说，这个国家的每个人都用公共的水勺喝水，这些水勺很少清洗，也从来没有消毒过。在肺结核肆虐的年代，美国需要不会传染疾病的饮用容器。卢伦灵机一动：纸杯！听卢伦这么说，摩尔马上说：**绝对是个金矿！**

摩尔自己用折纸的方法折了一些纸杯，想测试一下效果。这些纸杯看起来太棒了，他从哈佛大学退学了。两人信心十足，在华尔道夫酒店租了一间房。他们用酒店的镀金信纸给潜在的投资者写信。摩尔把美国公共饮水用的水勺描绘成充满细菌的定时炸弹，一位风险投资家大为震惊，为这种公共纸杯投了一大笔钱，高达 20 万美元。公共杯子供应商公司（Public Cup Vendor Company）诞生于 1909 年。卢伦很快就放弃，去做其他事情了。而摩尔发起了废除公用饮水杯的运动。一个又一个州禁止了公用饮水杯。摩尔靠他的杯子——他后来称之为迪克西杯（Dixie Cups）——致富了。

摩尔参加过第一次世界大战；可怕的战争经历使他成为狂热的和平主义者。20 世纪 30 年代，当国际紧张局势加剧的时候，他试图召开一次国际会议，来阻止另一场战争。他还发明了纸制冰激凌杯，后来又发明了纸制盘子。尽管他努力抵制战争，第二次世界大战还是发生了。摩尔成立了援助盟国保卫美国委员会（Committee to Defend America by Aiding the Allies）。他过得很安逸，因为迪克西杯用量巨大，人们每天扔掉 2 500 万个迪克西杯。他的观念意识不断演变，但并不总是前后一致。他从激烈的和平主义者变成了激烈的反共主义者，并开始极力支持世界政府。

1948 年，他读了《生存之路》。这本书对他冲击很大。从那以后，摩尔一直表示，是沃格特"真正唤醒了"他，使他认识到了真相：人口过剩是"战争的根本原因"，造成了"暴政和共产主义的传播"。沃格特说，勇敢的人必须找到出路。摩尔决定成为这些勇敢的人中的一员。他决定把自己的一生和财富献给人口控制。他向美国计划生育基金会（Planned Parenthood Foundation of America；PPFA）捐款。1953 年，他成立了人口行动委员会（Population Action Committee），这是他在会议上呼吁的"能引发一场**熊熊大火**的计划！"他伏在打字机上，打出了充满激情的小册子《人口炸弹》。小册子的封面画着一个卡通地球，陆地表面挤满了卡通人物，一根点燃的导火索从北极冒出来。他向政治家、记者、学校教师和商人发放了 100 多万份《人口炸弹》。摩尔声称，他"对节育的社会学或人道主义方面从根本上就不感兴趣。我们感兴趣的是共产主义者如何在征服地球的过程中利用饥饿的人民"。所有这一切都发生在他走进威廉·沃格特的生活之后。

1948 年 11 月，摩尔读完《生存之路》之后，立即给沃格特写了一封信。在沃格特离开泛美联盟并开始斯堪的纳维亚之行后，摩尔一直与沃格特保持着联系。在奥杜邦协会和秘鲁期间，沃格特曾 3 次申请古根海姆研究基金，用以撰写一本关于生态学方面的大众读物。在 3 次都遭到拒绝后，他于 1943 年再次提出申请，这一次他承诺撰写一本关于海鸟粪岛海鸟的书。这个想法终于说服了古根海姆研究基金会给他一份奖金，但他没有拿过这笔钱，因为在这期间，他受雇于泛美联盟了。沃格特还获得了富布赖特基金会的资助。[636] 现在他接受了这两笔钱，却没有去秘鲁研究鸟类。1950 年 5 月，他与妻子玛乔丽前往丹麦、挪威和瑞典。斯堪的纳维亚国家已经将堕胎和节育合法化，并大力为"有缺陷"的人绝育。[637] 沃格特希望看到其效果。

在 9 个月的时间里，沃格特采访官员，收集研究论文，拄着拐杖在树林中行走；晚上，当沃格特精疲力竭地躺在沙发或床上的时候，玛乔丽把他的口述用打字机打出来。[638] 他一直与摩尔保持信件往来。玛乔丽学习语言的速度很快，她会说法语，在旅行途中还学会了一些瑞典语；她经常为沃格特做翻译。旅行持续了 10 周后，这对夫妇参加了一次鸟类学会议，玛乔丽对于鸟类已经颇为了解，能够加入交换意见的行列。资助沃格特的富布赖特基金会与奥斯陆大学联系，给了他一间办公室和一间舒适的公寓。尽管如此，他还是对资金问题忧心忡忡——这或许可以解释，为什么当摩尔说服节育先驱玛格丽特·桑格夫人（Margaret Sanger）[639] 聘请沃格特为美国计划生育协会（Planned Parenthood Federation of America）的全国主管时，沃格特立

1950 年，玛乔丽·沃格特在斯堪的纳维亚观鸟

即放弃了手头的研究。

　　桑格夫人主导了沃格特之后 10 年的生活。1879 年，她出生在一个工人阶级家庭，这个家庭始终挣扎在贫困线上，她在 11 个孩子中排行第 6（母亲还有过 7 次流产）。桑格夫人确信，她的母亲早逝，与多次怀孕（她的天主教信仰也有影响）有关系。年轻时，桑格夫人是曼哈顿下东区的一名护士，这让她接触到了贫穷妇女的现实生活：缺乏避孕措施，只能实施危险的堕胎，没有产前护理，分娩过程风险很高。作为提倡节育的活动家（birth control 这个词是她发明的），她出版（非法的）节育小册子，发表（非法的）节育演讲，并在 1916 年开设了一家（非法的）节育诊所，这是美国第一家节育诊所。桑格夫人触犯了法律，被投入监狱，但她一直在出版各类小册子，发表演讲，开设诊所。她的目标是让女性能够管理自己的生活。她遭到了从罗马天主教会到印度共产党的多方反对。出于精明的打算和炽热的激

情交织在一起的心态，桑格夫人与任何愿意帮助她的人结盟，曾在不同的时期支持过无政府主义者、社会主义者、劳工活动人士、种族净化主义者、自然资源保护主义者和华尔街大亨。有段时间，她还支持过种族主义的狂热情绪，这在今天看来是骇人听闻的。对于桑格夫人究竟是真正接受了这些观点，还是仅仅为了讨好那些愿意为她的伟大事业服务的有权有势之人而在表面上宣扬这些观点，历史学家们意见不一。

到 1937 年，桑格夫人发起的运动已经成功地使避孕在联邦层面上合法化，但是 40 个州有各种各样的节育禁令，他们不得不与各个州逐一进行斗争（这些禁令一直持续到 1972 年）。尽管政治胜利的成果缓慢积累了起来，桑格夫人还是感到不满意。既有的节育方法烦琐、昂贵，而且往往无效。她想要一种廉价的、易于使用的口服避孕药——有时，她称之为"节育药丸"。医学科学家们不愿意承担这项任务，她的许多男性盟友则认为，哪怕有这样的药丸，妇女恐怕也没有充分的自主权来使用。1949 年，越来越沮丧的桑格夫人心脏病发作，卧床 6 个月，这是当时的标准治疗方法。随后，她又有 3 次心脏病发作，并从此落下了心绞痛的毛病。桑格夫人的儿子斯图尔特（Stuart）是医生，为了减轻她的痛苦，斯图尔特给她开了哌替啶，这是一种阿片类药物，桑格夫人的余生都对这种药物上瘾。尽管健康状况不佳，桑格夫人仍然决心研制一种避孕药，并在美国计划生育协会的支持下进行开发，该组织是从她的节育诊所发展起来的。

《生存之路》给桑格夫人留下了深刻印象，她在演讲中提到了这本书。这本书曾促使摩尔成为美国计划生育基金会的一名主要赞助者。在摩尔的强烈建议下，1951 年 5 月，桑格夫人聘请沃格特担任美国计划生育协会的全国主管。[640] 他迈出的这一步比他意识到的要大。沃格特一直倡导环境保护，认为可以通过控制人口来保护自然资源。而此时，他成了人口控制的倡导者，相信实施降低出生率的措施能保护生态系统。手段变成了目的。

在桑格夫人的康复疗养期间，美国计划生育协会出现了问题，变得非常混乱，其附属机构公开与之抗衡；一向精力充沛的沃格特似乎成了能平息这一动荡的人。在上任后的一年里，他雇用了研究人员和工作人员，这些人长途跋涉去参观美国计划生育协会的诊所，加强了分支机构和总部之间的协调合作。并且，在摩尔的资助下，沃格特将协会的主要办公室搬到了一个更合适的地方。他设定了在 10 年内将该组织的活动增加一倍的目标。美国计划生育协会的官员和成员都很满意他的工作，主席埃莉诺·皮尔斯伯里（Eleanor Pillsbury）说："在美国，没有比他更合适的人了。"不过，桑格夫人和沃格特的分歧却越来越大。

在桑格夫人第一次心脏病发作后的康复疗养期间，她的一位老熟人凯瑟琳·麦考密克（Katharine McCormick）联系了她。麦考密克是富有的女权主义者，是第一个从麻省理工学院获得理科学位的女性。此前，她曾将自己的慈善努力用于治疗丈夫的精神分裂症，但毫无成效。丈夫去世后，她联系了桑格夫人，询问她自己的数百万美元可以在哪里为节育做出最大的贡献。在这个机会的激励下，1952 年夏天，桑格夫人到麦考密克的家里潜心研读科学文献。两位女性都专注于格雷戈里·平卡斯（Gregory Pincus）的工作，平卡斯是医学研究人员，他离开学术界，成立了自己的营利性质的实验室。在制药公司 G. D. 西尔（G. D. Searle）的资助下，平卡斯花了 5 年时间试图开发出一种合成的类固醇可的松。另一家公司抢先一步，于是西尔公司放弃了平卡斯。平卡斯知道，类固醇可以抑制排卵，并认为这可以用于人类节育。1952 年 6 月，这两位女性乘坐麦考密克的豪华轿车前往平卡斯的实验室。这个实验室设施简陋，只有一层，位于马萨诸塞州的伍斯特。麦考密克非常高兴，她当场给了平卡斯一张 1 万美元的支票。

沃格特反对这种做法。他说，平卡斯是一个名誉扫地的研究人员，在学术界和工业界都是失败者。无论他在那间狭小的私人实验室里做什么，都算不上是真正的科学；实际的研究需要医学博士团队在临床环境中进行。即使平卡斯以某种方式想出了一种避孕方法，但是他和美国计划生育协会都没有足够的资金或设施对其进行适当的测试。此外，沃格特不认为口服避孕药的生产成本可以低到足以在贫穷国家使用。包括新成立的人口委员会（Population Council）在内的其他组织也在赞助实验室研究。沃格特提议，美国计划生育协会应该把重点放在教育、诊所和增强公众意识上，不过，他也在 1954 年 2 月同意任命一名新的研究主管与平卡斯合作。为了取悦桑格夫人，沃格特选择了约翰·罗克（John Rock），一位退休的哈佛医学院妇产科教授。

这并没有用。桑格夫人告诉朋友们，沃格特"失去了理智"：罗克是一名虔诚的罗马天主教徒。沃格特非常肯定地告诉她，自 20 世纪 30 年代以来，罗克一直在倡导节育，但桑格夫人仍持怀疑态度。为了平息局势，麦考密克告诉桑格夫人，罗克已不再是天主教徒，但这不是事实。然后，她去了纽约，见了沃格特。此次会面进行得并不顺利。沃格特认为平卡斯是个冒牌货，而麦考密克只是涉猎社交领域的女士。麦考密克知道自己比沃格特受过更多的科学训练，因此对他甚至懒得去伍斯特拜访平卡斯感到愤怒。沃格特曾于 1953 年被巴德（Bard）学院授予荣誉博士学位，他要求人们称他为"沃格特博士"，这对他毫无帮助。麦考密克跺着脚离开了会场。她在给桑格夫人的信中写道，美国计划生育协会中没有人"真正关心研制出口服避孕药。对我来说，这是含糊不清的，令人费解的——真是莫名其妙"。[641]

那一年的晚些时候，麦考密克给平卡斯 5 万美元，用于建造一个动物测试设施。当沃格特抱怨这笔费用的时候，麦考密克再一次去了纽约。令她感到愤怒的是，沃格特都懒得解释他反对平卡斯工作的理由。[1]642 沃格特反倒利用这个机会进行了一番推销：她会为纽约办事处的另一次扩建提供资金吗？他可能开始存有戒心了。在冷战主导的时代，沃格特对资本主义的攻击使他成了边缘人物。他参与创立的环境保护基金会刚刚将他逐出顾问委员会，并将《生存之路》从推荐阅读清单中删除了。无论沃格特傲慢的原因是什么，麦考密克做出的回应是，当平卡斯和罗克在波多黎各和夏威夷测试避孕药的时候，将美国计划生育协会排除在外。由于避孕研究在美国大部分地区是非法的，所以，这项工作是秘密进行的。1955 年，平卡斯在日本的一次计划生育会议上宣布了他的首批成果。桑格夫人虽然在去东京的旅途中疲惫不堪，但却喜气洋洋。而沃格特甚至没有参加会议。

美国计划生育协会的员工们对沃格特很忠诚，因此，他能够再坚持在那里工作几年。但是，该组织一方面要求他建立全球人口控制计划，另一方面又要求他维持美国分支机构的运转，这让他左右为难。突破点出现在休·摩尔帮助组织"世界人口紧急行动"（World Population Emergency Campaign）的时候，摩尔对沃格特的谨慎态度感到不耐烦，这场运动的目的是启动一项减少人口数量的应急方案，方法是派遣经过培训的实地工作人员，请他们带上有补贴的避孕药和专门印制的小册子。为了吸引桑格夫人，这场运动将美国计划生育协会的年会变成了"世界致敬玛格丽特·桑格夫人"。朱利安·赫胥黎是司仪。午餐会在华尔道夫酒店举行，同时标志着计划生育协会赋予女性个人权利这一使命的完成，以及沃格特在该组织职业生涯的结束。沃格特被告知，这里需要新鲜血液。1961 年 9 月，他被解雇了。643

---

[1] 如果他解释了理由的话，可能会有所帮助。正如沃格特所担心的那样，美国计划生育协会和平卡斯没有足够的资源来按部就班地测试这种药丸，而女性最初被要求服用的药物剂量高得很危险。此外，正如沃格特预测的那样，这种药物对于贫困地区的女性来说过于昂贵。

约翰娜·冯·格金克，摄于 1929 年

也许，有些事情会给他带来一些安慰。两年前，沃格特第三次结婚。约翰娜·冯·格金克（Johanna von Goeckingk）出生在布鲁克林，比沃格特小 6 岁。[644] 她的父亲是德裔，在她还小的时候就去世了；她的母亲是斯洛伐克裔，在马萨诸塞州的霍利奥克做裁缝。约翰娜成绩很好，进入了哈佛的姊妹学校拉德克利夫学院（Radcliffe College）。在学校里，她担任校年鉴的编辑和校园基督教俱乐部的主席。毕业后，她搬到曼哈顿，在一家百货商店当经理。战争期间，她在美国国务院找到了一份工作；战争结束后，她又在新成立的联合国找到了一份工作。后来，她辞去联合国的工作，到美国计划生育基金会工作，想必她就是在那里认识沃格特的。人们可以想象一个场景——外遇、被发现、离婚。但是，沃格特去世后，他的一位忠诚的助手查阅整理他的文件时，发现他对所发生的事情保持沉默。现在我们所知道的只是玛乔丽搬到了加利福尼亚州，威廉·沃格特和约翰娜于 1959 年 12 月 26 日结婚。她 51 岁，他 57 岁。

所有迹象都表明，这段婚姻是幸福的；沃格特也许终于找到了与他那执着、固执的性格相匹配的人。他们甚至在乡下有了一栋房子。这对他来说是幸运的，因为他的生活正进入一段困难的时期。在他被美国计划生育协会扫地出门之后，环境保护基金会给了他一份研究员的临时工作。[645] 从某个方面来讲，这一位置是与沃格特不匹配的：沃格特生来就是一个活动家，一个试图扰乱秩序的敲钟者；而环境保护基金会是一个环境信息的学术交流中心。不过，在其他方面，这份新工作是完美的：它让沃格特重新拾起了对拉丁美洲的兴趣。

离开美国计划生育协会 18 个月后，沃格特去了墨西哥和萨尔瓦多。他已经 16 年没有去过这两个地方了。在为期 7 周的旅行中，他确实看到"保护工作取得的进展虽然很小却令人鼓舞的迹象"。但是，总的来说，没有什么改变："生态引发的灾难，很可能是政治爆炸的先兆，对拉丁美洲的大部分地区来说，这种情况可能用不了几十年或几年就会出现。"

在环境保护基金会的赞助下，沃格特三次造访了中美洲，试图在那里建立一个相关科学家的网络——拉丁美洲版的小型国际自然保护联盟。该网络举行的第一次会议与美国在巴拿马赞助的一个研究所有关，会议聚集了 18 名中美洲和墨西哥的官员和科学家。只有沃格特不是来自这一区域的人；尽管如此，他仍然设法主导了整个会场。他说，不断增长的人口导致环境遭到破坏。

事态紧迫了，但脊髓灰质炎正在加剧折磨着沃格特，跟他算旧账。他已经不能够像过去那样很方便地旅行了。1964 年，自然资源基金会主席塞缪尔·奥德韦（Samuel Ordway）注意到了沃格特的困难，给了他一份长期的工作，让他担任基金会的执行秘书。奥德韦提出的条件是，沃格特必须永久性地切断与美国计划生育协会的所有联系；并且，沃格特为公众撰写的任何东西都要获得奥德韦的批准。奥德韦并不认为资本主义与保护自然资源水火不容，他否决了沃格特在《读者文摘》上发表他所做的拉丁美洲报告的请求。沃格特留下的文稿中，有很多是这一时期写的，都没有发表。

1965 年，沃格特终于摆脱了束缚，在《纽约时报杂志》（*The New York Times Magazine*）上发表了一篇攻击对外援助的文章——《我们帮助制造了人口炸弹》（We Help Build the Population Bomb）。[646] 但是，这篇文章几乎没有引起什么反响。一年后，他在美国参议院做证，反对一项对外援助法案。"世界上有许多地方，如果不实施有效的人口控制，我们最好不要在对外援助上花费任何资金和物质；因为在那里，我们实际上正在加剧人类栖息地的苦难和破坏。"他认为，一些参议员假装感兴趣，但什么也不做。他还在台上大声疾呼的时候，观众已经离席而去了。

他们究竟为什么**不想听**？生态情况如此清晰，造成的影响如此不可避免。这让沃格特感到困惑。

那次在参议院做证，是他最后一次在公开场合露面。他那从容的男中音一如既往，但在其他方面已经有了岁月的痕迹。他那曾经浓密的头发已经由灰转白，也变得稀疏了，就像稻草一样干涩无光；他的衣领松松垮垮。他坐着比站着要轻松一些。他有了一种不指望别人把他当回事的苦涩。他艰难地挣扎着，从曼哈顿上西区的公寓走到中城的环境保护基金会办公室。他并不是每天都能来上班。他有时待在家里，他的妻子患了癌症。

1967 年 1 月，约翰娜去世，沃格特遭到了重大打击。大概是受到情绪的影响，他不久后中风了。拐杖换成了轮椅。他已经不再能够去办公室了，因为办公室里无法安置轮椅。他 65 岁就退休了，虽然这就是普通人的退休年龄，但他原本并没有这个打算。

他不知道该如何打发时间。他一直笔耕不辍。此时，他那颤抖的双手在打字机上慢慢地戳着，有的按键只按下了一半，字母歪歪扭扭地印在纸上。他无法外出观鸟，只有在春天和秋天，当大雁在哈得孙河上飞来飞去的时候，他可能会从窗口望出去，看看那些鸟儿。在他那昏花的眼睛看来，鸟群的 V 字形队列模模糊糊的。他告诉熟人，西方文明被"经济痴呆症"控制了：疯狂地用"有限的符号——如美元、比索、克朗、伦皮拉和格查尔——来代替表土、肥力、土壤代谢、可用水、蛋白质、生态系统（包括人类）内复杂的相互依赖等现实"。那些符号表示，人类过得很好，而实际上"生态环境的恶化正

沃格特希望重新点燃火焰，就在他被赶出美国计划生育协会之际，他写了《生存之路》的续集。《人类！生存挑战》(*People! Challenge to Survival*) 这本书受到了广泛的评论，但在市面上，它却消失得无影无踪

在加速"。

在过去的几年里，《纽约时报》几乎每年都会发表两三封他的信，但如今已不再接受他的信件。1968 年 5 月，他给《巴尔的摩太阳晚报》(*Baltimore Evening Sun*) 写了一篇尖酸刻薄的文章，是有关当时正在竞选总统的罗马天主教徒罗伯特·肯尼迪的。沃格特在文中提到，一个有 10 个孩子的男人肯定有问题。美联社的一名记者想起了沃格特的名字，给他打了电话。沃格特没有退缩。也许，他很高兴有人来征求他的意见。他说他不会投票给肯尼迪。"这个国家最不需要的就是更多的人，"他告诉这位记者，"在我看来，其次不需要的，就是一位树立了如此糟糕榜样的美国总统。"很快，美国计划生育协会就否认了与此有关联。一个月后，肯尼迪在洛杉矶被暗杀。那之后又过了一个月，1968 年 7 月 11 日，沃格特在自己的公寓里自杀。他留

下了一张纸条，纸条上的内容从未公开过。[647]

沃格特没有下一代继承人；他的遗产全部归他母亲所有，他母亲仍住在长岛。讣告上只有寥寥数语。没有追悼会。谁会致悼词呢？沃格特肯定猜到会发生这种情况。也许他认为，先知派的命运就是死而无荣。

转　向

在生命的最后几天里，沃格特开始相信，自己所有的努力都是徒劳的。人类正在像一群白痴，顽固地走向毁灭，对他改变方向的恳求置若罔闻。但是，这一切都不是真实的，至少不像他所想象的那样。在他去世后的几年里，他的思想已经被大多数受过教育的西方人视为精神生活中不可或缺的一部分。但从另一个角度来看，这一切也都是真实的：他彻底失败了。几十年来，他一直认为是出路的实际上是死胡同，这阻碍了人类的发展，也阻碍了他自己思想的进程。

说他失败了，这并不是真实的，因为 1968 年 5 月，就在沃格特抨击罗伯特·肯尼迪几天之后，塞拉俱乐部出版了斯坦福大学生物学家保罗·埃利希的《人口炸弹》一书。[648] 埃利希在宾夕法尼亚大学上学的时候，结识了一些高年级同学，这些人觉得他拒绝戴新生便帽的行为很了不起，当时新生便帽是一种具有贬损意思的习俗。大二的时候，他不想加入兄弟会（另一个习俗），于是和他的朋友们租了一栋房子。他们传阅了许多他们感兴趣的书，包括《生存之路》。这本书促使埃利希进入生态学和人口研究领域。埃利希在斯坦福大学任教的时候，谈到了自己对人口和环境的想法，这些想法主要来自沃格特的观点。学生们向他们的父母提到了埃利希。他被邀请到校友团体中发表演讲，这又把他带到了更大团体的面前，包括塞拉俱乐部。在广播中听到埃利希的演说后，塞拉俱乐部的执行董事建议埃利希加紧写一本书，希望——埃利希后来说这是"天真"的希望——能对 1968 年的总统选举产生影响。埃利希夫妇根据他的课堂讲稿，在 3 周内写出了《人口炸弹》这本书。出版商告诉他，联合署名的书是卖不好的，因此书上只署了保罗·埃利希一个人的名字。

《人口炸弹》出版于 1968 年 5 月，最初没有引起多少关注。在接下来的 5 个月里，没有一家主流报纸对这本书进行过评论。在这本书出版近一年的时候，《纽约时报》刊登了一个段落的短评。1970 年 2 月，也就是这本书出版 20 个月之后，埃利希接到邀请，参加《今夜秀》(The Tonight Show) 节目，这是一个深夜的脱口秀节目，当时非常受欢迎。这次邀请纯属偶然，喜剧节目主持人约翰尼·卡森 (Johnny Carson) 对大学教授这类严肃的嘉宾持谨慎态度，因为担心他们会表现得浮夸、乏味、故作高深。事实证明，埃利希和蔼可亲、诙谐机智，并且坦诚直率。他上了这档节目之后，几千封信蜂拥而至，震惊了整个广播公司。《人口炸弹》迅速登上畅销书排行榜。同年 4 月，卡森再次邀请埃利希参加这档节目，这一天过后的一周正是第一个地球日。在一个多小时的时间里，埃利希向数千万观众阐述了人口和生态问题。这是沃格特几十年来梦寐以求的时刻。

突然间，沃格特的观点无处不在。[649] 埃利希的表述是："任何扩大地球承载能力的努力都无法跟上人口无节制增长的步伐。"其他许多人也附和了他的话。1969 年，生物物理学家约翰·普拉特 (John Platt) 警告说，如果人类继续超越极限，"用不着等到这个世纪末，我们就会置身于最为严峻的危险之中，并会以各种不同方式摧毁我们的社会、我们的世界和我们自己"。在 1970 年的第一个地球日，82 岁高龄的休·摩尔分发了数十万份与人口有关的传单，还免费分发了埃利希的录音带。在这一场合，他推出了一条新的口号："人类污染环境。"它的含义很清楚：人口越增加，污染越严重。生态学家加勒特·哈丁 (Garrett Hardin) 在"十诫"之外又加上了一条，作为总结：“你不可超越承载能力。”

《增长的极限》一书给这些观点加上了精准数字的耀眼光环。[650]这本书是受哈伯特影响的作品，由麻省理工学院的一个研究团队撰写，这个团队的研究人员利用计算机模型，预测因人口增长带来的消费增长将导致灾难。或者，用该团队以粗体字加以强调的话来说：**"世界体系的基本行为模式是人口和资本的指数增长，然后是崩溃。"**该团队强调，人口增长"必须尽快停止"。《增长的极限》是一本极具影响力的书，最终被译成37种语言，售出了1 200万册，并在全世界引发了激烈的争论。我想，我自己的经历就是一个典型；我上大学的时候，在生态学、经济学和政治学课上，《增长的极限》都是指定的阅读材料。

在人口警报浪潮的推动下，从国际计划生育联合会、人口理事会到世界银行、联合国人口活动基金，以及休·摩尔支持的自愿绝育协会（Association for Voluntary Sterilization）等组织都拟定了降低贫困地区生育率的计划。这是朱利安·赫胥黎在枫丹白露会议设想的组织体系，这个公共和私人力量结合的网络将通过共同努力，来让世界免受人口过剩的威胁。[651]

一般来说，反人口增长的各种运动是由自然科学家提出的，主要是生物学家，但也有物理学家和工程师。反对这一运动的人则是社会科学家、人类学家、社会学家、经济学家和人口学家。人类学家再一次看到，一个地方的富人试图重新安排另一个地方穷人的生活，却对他们的文化知之甚少。社会学家指出，在计划生育项目上花费数十亿美元的理由，从理性和知识判断是站不住脚的——该理由暗含的观念是，第三世界的夫妇不知何故愚蠢到不知道生很多孩子会有害处，即使他们知道，也不知道如何避免生孩子。经济学家抨击这些计划是侵入性的、计划不当的干预措施，带有不正当的动机。人口统计学家指出，在马尔萨斯的时代，美国的生育率是有史以来最高的，而在20

世纪，美国是世界上生育率最低的国家之一。而这些情况发生在避孕药问世之前，在有效的宫内节育器问世之前，在安全堕胎普及之前，在节育尚为非法的时代。[652]

这些运动的结果是可怕的。在墨西哥、玻利维亚、秘鲁、印度尼西亚、孟加拉国，以及尤其是在印度，数以百万计的妇女接受了绝育手术，这些绝育手术往往是强制性的，有时是非法的，而且往往是在不安全的条件下进行的。20世纪70年代和80年代，由英迪拉·甘地（Indira Gandhi）和她的儿子桑杰（Sanjay）领导的印度政府采取了一些政策，在许多邦都要求男女进行绝育，以此作为获得水、电、配给卡、医疗保健和加薪的条件。如果学生的父母没有做绝育手术，老师可以开除学生。仅在1975年，就有800多万男性和女性接受了绝育手术。[世界银行行长罗伯特·麦克纳马拉（Robert McNamara）说："终于，印度开始采取行动，以有效解决其人口问题。"]与此同时，其他国家也以同样力度推行了同样的计划。在埃及、突尼斯、巴基斯坦、韩国等地，卫生工作者的工资是与他们放入妇女体内的宫内节育器的数量挂钩的。在菲律宾，偏远村庄的避孕套和避孕药实际上是从盘旋的直升机上扔下来的。[653]

受《增长的极限》理论的启发，中国弹道导弹控制专家宋健于1978年成立了一个研究团队，实际上是为了创建一个中国模式的"极限"模型。他的团队利用国防工业计算机进行了人口预测。曲线图显示，中国人口将在2080年达到40亿，这是一个无法承受的负担。宋健的团队借鉴了荷兰计算机科学家的方法，计算出了人口的预期轨迹，这就好像计算导弹轨迹一样。答案出来了，这个答案就像点阵式打印机打出的折叠式打印纸一样无情：让中国避免灾难的唯一途径是让每对中国夫妇都只生一个孩子，而且立即开始。他推动了政府在1980年通过独生子女计划。

沃格特并不应该为此负责任——他在这些事发生之前就去世了，

《人口炸弹》匆忙出版，没人注意到封面上那幅点着导火索的炸弹图片配上了"人口的定时炸弹一直在嘀嗒作响"的文字

而且无论如何，他也不再有影响力了。但是，他的观念带来的问题却是严重的。如果说他最大的成功是引发了人们对人口与环境退化之间联系的担忧，那么他的最大失败就是认为这种联系简单、明确且关键。在《人口炸弹》一书中，埃利希也将这种联系描述得很简单。在《人口炸弹》的第一部分"问题"中，他专门解释了这些问题。在描述了人口增长、粮食短缺和环境问题之后，他给出了这样的总结："恶化的因果链很容易追溯到源头。汽车过多、工厂过多、洗涤剂滥用、杀虫剂滥用、凝结尾迹成倍增加、污水处理厂不足、饮用水严重缺乏、二氧化碳过量——所有这些都可以很容易地追溯到**人口过剩**上。"（引文中表示强调的粗体为原文所加。）然后，这一章、这一节，以及对这方面所做的阐释就结束了。页面留下的空白部分体现了埃利希的看法：人口增长和环境退化之间的联系过于明显，不值得费力阐述。

的确，这个问题的某些部分是显而易见的。一个没有人类的世界显然不会担心人类的影响。同样，200亿人口将对自然体系产生巨大影响，这也很容易相信。但是，在0到200亿之间，或者0到100亿之间发生了什么，显然没有那么简单，而人类历史都是在这一区间发生的。原因在于，人是不可替代的——一个人过一种生活的影响与另一个人过另一种生活的影响完全不同。

我们来看一看《人口炸弹》这本书的开篇陈述。第一章的第一句描述了埃利希和他的家人在德里乘坐出租车的情景。在一辆"老掉牙的出租车"里，座位上"跳蚤在欢蹦乱跳"，埃利希一家进入了"一个拥挤的贫民窟"。

> 街道上挤满了人，显得极其热闹。有人在吃东西，有人在洗漱，有人在睡觉。人们走亲会友、相互争吵、大声喧哗。人们把手伸进出租车车窗，向我们乞讨。人们随处大便和小便。人们紧紧地抓住公共汽车。人们放牧各种动物。到处都是人，人，人，人……从那天晚上起，我就深深地体会到了人口过剩的感觉。[654]

埃利希一家那次在印度乘坐出租车是在 1966 年。[655] 那一年德里有多少居民？根据联合国的数据，这个数字略高于 280 万。相比之下，1966 年巴黎的人口约为 800 万。在图书馆花上很多时间，也找不到对当时香榭丽舍大街"似乎人满为患"表示担忧的表述。1966年的巴黎反倒是优雅和成熟的象征。印度有什么不同？如果不说巴黎拥挤，为什么要说德里过于拥挤？ [656]

看看联合国的统计数字。1970 年，德里的人口为 350 万——在埃利希那次乘坐出租车后的几年里，德里的人口增长了 25%。5 年后的 1975 年，德里的人口是 440 万——又增加了 25%。令人惊讶的是，2005 年德里的人口是 1950 年的 11 倍。

这座城市人口超常增长的原因是什么？我咨询了德里智库科学与环境中心（Center for Science and Environment）主任苏尼塔·纳拉因（Sunita Narain）。"不是出生率的问题。"她立刻说。实际上，当时德里的绝大多数新居民都是来自印度其他地区的移民，他们希望能在城市里找到工作。德里之所以有工作，是因为印度政府正试图将人们从小农场转移到工业领域，并将工业视为国家繁荣的载体。许多新建的工厂位于德里及其周边地区，人们搬迁到那里，是为了改善自己的生活状况。由于移民人数比能够提供的工作岗位要多，德里变得拥挤不堪，而且常常令人感觉不快，这些正如埃利希所描述的那样。但是从那以后，拥挤给埃利希留下了"人口过剩的**感觉**"。这与出生率、自然资源和人口密度几乎没有关系，而与法律、制度和政府计划有很大关系。纳拉因说："如果你想了解德里的人口增长情况，你应该学习经济学和社会学，而不是生态学和人口生物学。"[1]

没有什么地方比哈得孙河谷下游更能说明人口与环境之间的复杂关系了。[657] 正是在这里，沃格特患上了脊髓灰质炎；也正是在这里，他上了大学，并形成了观鸟的爱好。西边耸立着卡茨基尔山脉（Catskill Mountains），日落时分，这里呈现出一片蓝色，被树木覆盖着。87 号州际公路在山水之间形成了一条黑色的缎带。在过去的几年里，我曾经有段时间经常行驶在那条路上，绵延几千米长的森林伸展出很远，黑压压的，显得非常空旷，甚至让我想象自己正置身于150 年前的美国，那时附近还没有数百万像我这样的人。我感觉，尽管这里离曼哈顿非常近，却是一块我们从未糟蹋过的巨大的自然财产，这是多么美妙啊。

我的想法是错的。如果我是在 19 世纪的最后几十年里穿过哈得孙河谷，我所经过的地方就是一片完全不同的景观了。我会被用石头围起来的贫瘠的农场和牧场包围。这种景观或许看起来很像一幅古朴的风景画——当时的旅游指南作者可能也会这么认为。但是，我不会看到很多树，因为几乎所有山坡上的树木都被砍伐掉或被烧毁了。

这里的森林被砍伐，是为了给农业让路，并为纽约大量的烧炭

---

[1] 在 20 世纪下半叶的大部分时间里，德里是世界上人口增长速度第二快的城市。人口增长最快的是东京。东京过去和现在都非常拥挤，但它也干净、安全、繁荣——这在一定程度上是有效城市治理的成果。相比于日本的出生率，日本历史和文化的变迁与东京是否"人口过剩"的关系更大。

工人（他们需要木材来制造木炭）、制革工人（他们从树皮中提取单宁）、制盐工人（他们以木材为燃料来煮沸海水）提供燃料。伐木工人也发挥了作用：哈得孙河最北端的深水港奥尔巴尼是美国乃至世界上最大的木材加工城镇。当第一批欧洲人来到纽约的时候，绵延起伏的高地几乎完全为成片的森林所覆盖；到19世纪末，这个州的森林覆盖面积不到1/4；而这剩下的1/4中的大部分，要么是早些时候已经砍伐过，要么无法进入，要么被农民用作私人燃料储备地。我坐在我的小面包车里，沿着柏油路冲下来，带着怀旧的心理，把这里想象成一个天堂。这一时期，保护森林已经引起社会的关注，报纸社论警告说，滥伐森林将使山谷走向生态灾难。

那个年代以后，东海岸的小型农业走向崩溃，数百万英亩的土地得以重新回归自然。1875年，纽约州对本州进行了调查，组成哈得孙河谷下游的6个县——哥伦比亚、达奇斯、格林、奥兰治、普特南和阿尔斯特——共有2 319平方千米的林地，约占其总面积的21%。100年后，树木覆盖了约7 284平方千米的区域，是原来的3倍还多。[658]

在1875年，这6个县的总人口为345 679人。美国人口普查显示，2012年这6个县的人口数量为106万。换句话说，在当地生态系统从病榻上爬起来、扔掉拐杖的同一时期，居住在那里的人口数量是原来的3倍。这绝不只是发生在纽约州一个地方的奇怪事情。总的来说，美国的森林比1900年（当时美国人口不足1亿）时的面积更大、更健康。新英格兰好几个州的森林覆盖面积与保罗·里维尔（Paul Revere）时代一样多。这一增长也不局限于北美洲：从1970年到2015年，欧洲的森林资源增加了约40%，而同期欧洲的人口从4.62亿增加到7.43亿。

休·摩尔曾说："人类污染环境。"但是，这并不等于说，有更多的人就会有更多的污染。生态批评人士有理由认为，哈得孙河谷得以恢复是因为农民们赶着去摧毁大平原的原生草原而放弃了它。但是，他们无法解释其他生态改善的好消息。海豹和海豚返回泰晤士河。1900 年几乎灭绝的白尾鹿在新英格兰的花园里随处可见。曾被污染的日本，如今空气质量显著提升。野生火鸡的活动范围比欧洲殖民者第一次看到它们的时候要广泛得多。如果所有这些都发生在人口激增期间，那么，为什么沃格特、奥斯本、利奥波德以及许多追随他们的人都认为，人口过剩会导致生态灾难？

几年前，我有机会向丹尼斯·梅多斯（Dennis Meadows）提出这个问题，他是《增长的极限》研究团队的领导者。"看看伊利湖或底特律河，你就会发现，情况变得更好了，"他说，"但是，仅从这一情况得出整体改善的结论，就等于说，看着一个人变得富有，然后说每个人都过得更好了。"在《增长的极限》出版之后，梅多斯这位新罕布什尔大学的荣誉退休教授和他的同事们多次更新了这本书的内容，每一次更新的内容都和首版的一样甚至更悲观。"当一个富裕国家开始关注环境问题的时候，"梅多斯告诉我，"通常可以制定有效的应对措施。"他指出，汽油中添加的铅成了美国担忧的一个话题。华盛顿方面强制石油公司支付逐步淘汰含铅汽油的费用，强制汽车公司支付更换发动机的费用，并强制司机在加油站支付更多的费用。为了解决这一问题，大量资金投入其中，铅的含量降低了。

为此，我在一篇文章中引用了梅多斯的原文。在那篇文章发表一年之后，我才意识到，这一观点可能相当于在说，经济增长实际上允许社会通过花钱的方式来解决环境问题。而这是博洛格派的立场。出于好奇，我又给梅多斯打了电话，他很友好地接听了我的电话。巫师派说的是对的吗，富裕就是答案？不，他告诉我说。他还举了一个例子：日本山区郁郁葱葱、景色怡人的常绿森林。他说，日本通过从东南亚、澳大利亚、巴西和美国西部进口其所需的所有木材来维持本国的森林状态。就像纽约人将农业转移到中西部一样，日本在利用其财富来转移毁林的生态负担。我问道，日本能不能简单禁止木材进口，而只用塑料和泡沫以及人们在东京街头看到的奇怪的新型高科技材料建造房屋？这种转变可能代价高昂，但不管怎么说，日本很繁荣。难道他们就不能用自己的办法解决这个问题吗？做不到，梅多斯说。当我问他为什么不能的时候，他被我这个愚蠢的问题激怒了。"你瞧，基本事实是显而易见的，"他说，"在一个有限的星球上，你不可能永远保持增长——因为存在限度。"但是在我看来，经济增长、环境破坏和地球限度之间的确切关系不再那么明显了。

我们来比较德里的一个家庭（2015 年人均收入为 3 180 美元）和哥本哈根的一个家庭（2015 年人均收入为 47 750 美元）。[659] 考虑到相对收入，似乎可以很有把握地假设，哥本哈根居民的消费远高于德里的居民。但是，如果德里居民靠烧煤做饭和取暖，他们给当地和全球环境造成的破坏可能比哥本哈根的居民更大，哥本哈根的居民可以从该国丰富的风力发电站获得大部分电力（风力为丹麦提供了近一半的电力）。2016 年秋天，德里的雾霾非常严重，全市的学校不得不关闭了好几天。造成污染的原因是该市使用煤炭，以及邻近旁遮普邦和哈里亚纳邦的小农户焚烧作物残茬。与此同时，哥本哈根政府宣布了到 2025 年将该市二氧化碳排放量降至零的计划。

排放的差异并不一定意味着德里家庭会比哥本哈根家庭造成更大的环境破坏。丹麦人摄入的肉类更多，拥有的汽车数量更多，2014 年，世界自然基金会宣布，丹麦的"生态足迹"位居世界第四。主要原因是丹麦为了支持本国的猪肉产业而种植了大量动物饲料作物。丹麦人为了满足他们的肉食习惯，所占用的人均耕地比其他任何地方都多。

德里和哥本哈根，从环境保护角度来讲，哪一个城市更好？答案更多地取决于分配给空气中的污染和土地使用的权重，而不是经济增长或消费的绝对水平。我可以花 100 万美元在一片壮观的红杉林里铺路，这将作为 100 万美元的经济活动出现在国内生产总值的统计数据中。但是，我也可以把这笔钱花在为贫困学童购买前排座位的歌剧票上，这在国内生产总值的统计数据中也会显示为一项 100 万美元的经济活动。这两项活动对统计数据的贡献相同，但它们对环境的影响却截然不同。假设我能够花得起数百万美元的话，我会购买歌剧票而不会在森林里铺设道路、影响环境，也就是说，我可以增加国内生产总值，减少净环境影响。**人口有多少？** 这个问题很重要，但是更为重要的是：**那些人在做什么？**

说这些，并不是在否认环境问题真实存在。过度捕捞、森林砍伐、土壤退化、地下水污染、哺乳动物和鸟类数量下降，以及最令人担忧的是，气候迅速变化的可能性——所有这些都很重要。但是，人口增长对环境造成的影响是间接的，与经济增长的关系也是模糊的。像沃格特那样把人口当作根本原因来关注，只会分散人们的注意力。这是 20 年的浪费，更不幸的是，围绕人口问题的争论有时掩盖了沃格特信息中更为重要的部分，即关于限度的部分。沃格特谴责社会科学家，说他们都是傻瓜，但是他本应该听听他们的想法。唉，这一点也适用于博洛格。

第九章　巫师派

倍　数

世界是千差万别的，但从实验室里的实验台上看却总是相似的。科学家们说着不同的语言，生活在不同的地方，信仰不同的宗教，但在任何时候，他们所有人能接触到的问题和技术都同样有限，同样显而易见。因此，发现是一门拥挤的生意。社会学家罗伯特·K. 默顿（Robert K. Merton）有一篇文章，为科学史学家们所熟知，文章中写道："原则上，科学中的独立多重发现模式是主导模式。"[660] 默顿认为，仔细研究个别案例，你会发现，"所有科学发现原则上都是多重的"。人们从昏暗的实验室中走出来，挥舞着胜利的旗帜，发现前面有人，身后也有人，每个人都挥舞着同样的旗帜。即使是最有独创性的科学家，也几乎总是会有二重身——智力上的双胞胎，哪怕所处环境稍有不同，也能完成同样的工作。无论他们的性情和环境如何不同，他们都是沿着同一条道路艰难前行。

例外情况可能存在：阿尔伯特·爱因斯坦在近乎孤独的环境中研究出来的广义相对论可能就是其中之一。不过一些作者认为，如果数学家赫尔曼·闵可夫斯基（Hermann Minkowski）没有英年早逝，他会更早地发现相对论。更典型的例子是物理学家威廉·汤姆森（William Thomson），就是后来人们所知的英国物理学家开尔文勋爵（尽管他对煤炭供应做出了错误的预测，但他是一位重要的科学家，前文已有所讲述）。他还是 18 岁的大一新生的时候，就为自己早熟的独创性感到自豪，他给《剑桥数学杂志》（*Cambridge Mathematical Journal*）投了一篇论文——根据开尔文的儿子兼传记作家的说法，结果期刊编辑发现，这一发现的结论早就被"法国著名几何学家 M. 沙勒（M. Chasles）预料到了"。后来，开尔文懊恼地发现，完全相同的数学思想也被"伟大的德国数学家卡尔·弗里德里希·高斯（Carl Friedrich Gauss）陈述并证明过"。并且，他后来又注意到，"这些定理早在 10 多年前就被英国数学家乔治·格林（George Green）发现并完整发表了"。

牛顿和莱布尼茨分别致力于发展微积分，然后秘密地争夺优先权；本杰明·富兰克林惊叹于自己的许多思想与自由思想哲学家克劳德·爱尔维修（Claude Helvétius）的完全相同，"尽管我们出生和成长在迥然不同的地方"；查尔斯·达尔文和阿尔弗雷德·拉塞尔·华莱士，一个在英国的乡村庄园，一个在马来群岛疟疾流行的沼泽地，他们都独立阐发了自然选择理论；理查德·费曼（Richard Feynman）、朱利安·施温格（Julian Schwinger）、朝永振一郎以及（可能还有）厄恩斯特·斯蒂克尔堡（Ernst Stueckelberg），他们都在不知道其他人工作的情况下，设法驯服了难以驾驭的量子电动力学——这种多重性的情况不胜枚举，其中还包括诺曼·博洛格和 M. S. 斯瓦米纳坦。[661]

不完全的双重性

曼科姆布·桑巴西万·斯瓦米纳坦（Mankombu Sambasivan Swaminathan）——博洛格称他为"斯瓦米"（Swami）——成了博洛格的朋友和伙伴，但很容易想象，斯瓦米纳坦本来也能扮演主角。[662]他带头将绿色革命的"一揽子计划"引入印度：将农业化学品（化肥和农药）、精心管理的用水（通常是灌溉），以及对这两种方法都有反应的高产种子结合起来。这项一揽子计划于20世纪50年代在墨西哥率先实施，后来产生影响最大的地区在亚洲，尤其是南亚，在那里，重组小麦与同样重组的水稻相遇。数亿人的生活将被改变。沃格特及其追随者所谓灾难即将到来的预测并没有出现，但这是以造成社会动荡为代价的。尽管斯瓦米纳坦的工作比博洛格的对更多的人产生了直接影响，但他本人一直没有什么名气，尤其是在西方。后来，他有时会批评由他帮助建立起来的绿色革命。他是个后来成了先知派的巫师派，或者说几乎成了先知派。

1925年，斯瓦米纳坦出生在当时的马德拉斯管辖区，这是英属印度的一个行政分区，涵盖了现在印度东南部的大部分地区。他名字里的"曼科姆布"是其家族的祖籍村庄，"桑巴西万"是他父亲的名字，"斯瓦米纳坦"是他的个人名字。他在父亲的诊所附近长大，学校放假期间，他会前往祖父的水稻农场——一块他们家族世世代代拥有的土地，是当地的王公为了表彰他祖上对印度教经文知识的全面掌握而给予的赏赐。

斯瓦米纳坦的父亲是专业的外科医生，在距离曼科姆布600千米的一个村庄开办了自己的诊所，那里也属于马德拉斯管辖区，那时还没有合格的医生。当时，霍乱、鼠疫、疟疾和其他传染病肆虐。斯瓦米纳坦的父亲着手对付丝虫病，这是一种由蚊子传播的疾病，会导致四肢畸形肿胀，也被称为象皮病。他动员学童们找出蚊子滋生地，然后让他们的父母填埋那些滋生蚊子的死水潭，清除垃圾堆，并对排水沟和下水道进行消毒。此后就没再见到丝虫病的新病例了——斯瓦米纳坦后来说，他从中了解到了集体行动的力量。

那是印度独立运动的时代。斯瓦米纳坦的父母是热忱的民族主义者，他们多次接待了在印度各地活动的独立运动领导人圣雄甘地和贾瓦哈拉尔·尼赫鲁（Jawaharlal Nehru）。为了表达对印度摆脱英国统治这一事业的支持，他们全家人穿着自己纺织的土布衣服，抵制英国商品。按照甘地的准则，斯瓦米纳坦的父亲平等对待每一个到诊所来就诊的病人，无论他们的社会地位如何，无论他们是否有支付能力。英国人并没有因为他的反殖民观点而把他关进监狱，因为，他是方圆300多千米内唯一受过专业训练的医生。

斯瓦米纳坦 11 岁的时候，他的父亲突然因胰腺炎病倒了。该地区没有其他医生能够给他治病。他死在了开往马德拉斯的火车上，马德拉斯是离他们最近的有医院的城市。人们没有为他举行印度教葬礼，原因是他曾经为那些来自社会下层的"贱民"治病而被逐出了教门。斯瓦米纳坦和兄弟姐妹被他父亲的兄弟们收养。15 岁的时候，他从一所天主教高中毕业，上了大学，他打算像父亲一样成为外科医生。

斯瓦米纳坦的学医计划被打断了，第二次世界大战是一个原因，另一个原因是孟加拉饥荒，这是 20 世纪最严重的灾难之一。[663] 孟加拉位于英属印度的东北部。饥荒始于 1942 年，当时日本占领了缅甸，缅甸是印度东部邻国，也是另一个英国殖民地。被日本占领后，缅甸无法像原先那样向孟加拉出口大米。不巧的是，孟加拉的稻田同时受到了真菌病的侵袭。对殖民地政府来说，由此造成的歉收非常不合时宜。当时孟加拉的首府加尔各答是英国军队的补给中心。伦敦从印度其他地方招来了 100 万名工人，生产制服、鞋子、集装箱、弹药以及其他军需品。为了养活这支劳工大军，殖民地政府从农村征收粮食。

当权的人都不愿意听到没有足够的粮食这个说法。尽管饥荒在不断加剧，但否认的浪潮却在官僚机构中蔓延开来。在几个月的时间里，印度政府一直坚称，危机是由囤积造成的，即所谓的印度农民"倾向于囤积粮食，不让粮食进入市场"，以待时机卖出更好的价格。后来，印度事务大臣利奥·阿梅里（Leo Amery）改变了方针，1943 年 11 月，他请求英国首相温斯顿·丘吉尔向孟加拉运送粮食。丘吉尔没有理会这一要求，他讽刺说："印度人像兔子一样繁殖，我们每天付给他们 100 万美元，但他们对战争却没有贡献。"始终没有食品被运到印度。大约 300 万人饿死。

当时，斯瓦米纳坦正在印度南部学习医学预科课程，发生在 2 400 千米外的大饥荒并没有给他带来直接的影响。但是，孟加拉人虚弱的形象和死亡的画面却对他产生了巨大的冲击。他决定学习农业，而不是留在更有声望的医学领域。起初，他的家人为他的决定感到沮丧，但斯瓦米纳坦坚持己见。他认为，反对英国统治的斗争正走向顶峰，这次饥荒表明，将要建立的新国家对粮食的需求远远超过了对药品的需求。当时，印度有数千名医学生，但只有 160 名学生在攻读农业领域高等学位。[664] 他同意先拿到动物学学位，但之后就会进入一所农业学院学习。他以全班第一名的成绩毕业，获得了学校颁发的几乎所有奖项。然后，他报名参加了新德里印度农业研究所 [665] 的研究生科研项目。

1947 年 8 月 15 日，也就是他毕业两个月后，印度独立了。在一场可怕的动荡中，这个国家立即分裂，原英属印度东北部和西北部的两大块独立区域分离出来，成为巴基斯坦。印度人口主要信奉印度教，巴基斯坦人口以穆斯林为主。宗教暴力的爆发导致数十万人死亡，可能还带来了 1 500 万难民。（在 1971 年的一场残酷战争之后，巴基斯坦东半部成为今天的孟加拉国。）在分裂一个月后，22 岁的斯瓦米纳坦前往德里，他为动荡造成的后果震惊不已：火车站里是成群的难民，街道上横卧着尸体。

对于斯瓦米纳坦来说，印度农业研究所开阔的绿色校园是一个避难所。校园里宏伟的红石建筑围绕着带有钟楼的大图书馆，研究所里有全国最先进的植物实验室。在那里，斯瓦米纳坦在教授的指导下研究茄科植物，包括番茄、马铃薯、茄子、烟草，以及辣椒和甜椒。与此同时，他努力学习荷兰语，这是获得联合国教科文组织奖学金到荷兰国立农业学校瓦赫宁根大学（Wageningen University）学习的先决条件。斯瓦米纳坦获得了这项奖学金，并于1949年12月乘船前往欧洲。

当时的荷兰刚刚从战争中恢复过来，人们对1944—1945年的"饥饿之冬"还记忆犹新。大学的实验室缺少供暖，有时还停电。斯瓦米纳坦被要求把研究方向从在德里时的茄子转向马铃薯，马铃薯是荷兰人的主食。荷兰的马铃薯田里有很多寄生线虫。瓦赫宁根大学试图通过将驯化马铃薯与抗线虫的野生马铃薯杂交来对抗线虫。但是野生马铃薯和驯化马铃薯的染色体数量不同，这在通常情况下不可能成功繁殖。斯瓦米纳坦想出了一个变通办法。这一发现非常有价值，足以使他进入英国剑桥大学继续深造；在英国剑桥大学，他获得了博士学位。

那个时期去剑桥大学学习遗传学，时机很好。斯瓦米纳坦于1951年秋天来到剑桥，在那之前的几个月，剑桥大学的物理学家、分子生物学家弗朗西斯·克里克（Francis Crick）开始与比他小11岁的美国博士后詹姆斯·D. 沃森（James D. Watson）合作。不久，他们将发表关于DNA结构的论文。斯瓦米纳坦在茄科遗传学方面的博士研究正好与横空出世的分子生物学领域相吻合。他完成博士论文后，剑桥大学提供给他一个职位，但他接受了另一份工作，在威斯康星大学做博士后研究员。

斯瓦米纳坦再次显示出才干。他为人和蔼可亲，反应敏捷，逻辑

20 世纪 50 年代，M. S. 斯瓦米纳坦在实验室里

清晰，能够同时处理多个问题。他有一种将难题分解成易于管理的小块的本领，每个小块可以用科学探究的利刃来处理。正如科学家们所说，斯瓦米纳坦拥有"指尖直觉"（Fingerspitzengefühl）——一种直觉上的天赋，可以让迟钝的实验室设备和顽拗的植物听从他的指令。他的实验成功了。文章不断从斯瓦米纳坦的打字机上涌出，发表在重要的期刊上。威斯康星大学认为他注定会有辉煌的职业生涯，打算聘他为教授。他拒绝了这份工作，于 1954 年回到印度，帮助他那新建立的国家。

虽然斯瓦米纳坦当时并不知道，但他正在走上崎岖的道路。出于显而易见的原因，独立运动领袖贾瓦哈拉尔·尼赫鲁成为印度第一任总理，他希望自己的国家变得强大、繁荣、民主、平等，不受外国统治。在当时的时代背景下，尼赫鲁认为，工业化——从能源的角度来说，就是硬路径——是实现这一目标的途径。钢铁、化工、煤炭、电力、高速公路、机床，所有这些就是印度所需要的！还有规模宏大的工厂和发电厂！尼赫鲁坚信，如果不是英国的统治阻碍了印度，印度早就拥有了所有这些。[666]

建设印度重工业的资金来自哪里？从国外大规模借贷是不可能的——印度没有偿还贷款所需的外汇储备。因此，工业化的资金必须来自印度本身。当时，印度几乎所有的资本都来自农业，因为每10个印度人中就有9个是个体农民。因此，创建工业经济意味着从农村农民那里榨取利润，并用这些钱在城市地区建造钢铁厂、发电厂和高速公路。与甘地一样，尼赫鲁同情贫困农民的困境。尽管如此，他的发展理念不可避免地导致他将从事农业生产的农村抽干，以造福于工业化的城市。[667]

尼赫鲁承诺，新国家将形成独特的发展道路，但他与杜鲁门和沃伦·韦弗一样，都热衷于科学和技术。尼赫鲁和物理学家霍米·J.巴巴（Homi J. Bhabha）一道，提出了一份巫师派的宣言，与杜鲁门第四点计划的各个方面相呼应，而杜鲁门的第四点计划曾令沃格特和赫胥黎感到沮丧。尼赫鲁在声明中说："在现代，除了人民的精神，国家繁荣的关键，在于技术、原材料和资本这三个因素的有效结合，其中第一个因素可能是最重要的。"工业化的实现"只能通过科学方法和科学知识的运用"——创造输电网络、无线电网络和高速铁路的物理学、化学和工程学。这项被称为"科学政策决议"的宣言得到了印度议会的批准，并被写入印度宪法，为印度庞大的技术学校体系奠定了基础。

但是，尼赫鲁的科学概念有一个漏洞：他的科学概念仅限于实验室科学，而没有考虑野外科学；他只想到物理学和分子生物学，没有考虑生态学、植物学或农学。他很清楚，印度农民之所以贫穷，部分原因是他们的生产力低下，他们每英亩收获的粮食比世界上其他地方的农民少得多。但与博洛格不同，尼赫鲁和他的部长们认为，歉收不是由于缺乏人工肥料、灌溉水和高产种子等，而是由于社会因素，比如说管理效率低下，土地分配不当，缺乏教育，种姓制度僵化，以及金融投机（据说大地主会囤积小麦和大米，直到他们能卖出更好的价格）。这并非毫无道理：印度农村超过 1/5 的家庭根本没有土地，2/5 的家庭拥有不到 2.5 英亩（1 公顷）的土地，不足以养活自己。与此同时，一小部分不在籍的土地所有者控制着大片土地。因此，尼赫鲁认为，解决农村的贫困问题出路与其说是新技术，不如说是新政策：将土地从大地主手中拿出来交给普通农民，让后者摆脱种姓制度的负担，然后将解放出来的个体农民聚集到更高效、由技术人员指导的合作农场中。这一套想法的附带积极作用是很好地融入了尼赫鲁的工业政策：实施这些想法几乎不需要任何成本，能够为建造工厂预留出更多资金。

和尼赫鲁一样，斯瓦米纳坦也希望印度成为一个现代化的世俗国家，在这个国家里，无论出身如何，每个人都有机会发展并富裕起来。与此同时，斯瓦米纳坦和他的同事们专注于农业研究，这在暗中支持了投资农业部门的想法。这一想法得到了反对尼赫鲁土地和种姓改革计划的保守派精英的支持。尼赫鲁政府为了确保工业发展政策，仔细审查每一个分配给农业研究的卢比，以确定是否应该将其用于促进工业发展。矛盾的是，1956 年和 1957 年的干旱导致印度粮食减产，印度开始通过一项相当于补贴的特别计划从美国进口小麦，研究资金受到了更为严格的审查。[668] 尽管食品进口价格低廉，但这痛苦地体现出了印度的软弱。由于尼赫鲁相信印度的自由最终应该来自工业实力，农业短缺反倒立刻促使政府加倍努力发展工业。

回国后，斯瓦米纳坦在东印度奥里萨邦克塔克的中央水稻研究所（Central Rice Research Institute）任职。它是在印度独立前由英国创建的，被视为对殖民政府为应对孟加拉饥荒失败而做出的一种无声道歉。在新建的实验室里，斯瓦米纳坦被分配的任务是，研究可否将米粒短、黏性强的粳稻（日本人喜食的稻米）和米粒长、黏性小的籼稻（印度人喜食的稻米）杂交。部分原因是在日本密集育种计划的促进下，粳稻成为比籼稻更高产的稻种——粳稻的小穗能生长出更多的短粒稻米。当时的想法是创造出一种稻米，其产量类似于粳稻，但稻米的外观和口感类似于籼稻。因此，斯瓦米纳坦开始系统地思考高产品种和低产品种的区别。几个月后，他从以前待过的印度农业研究所获得了一个更好的职位。[669] 在新工作中，他把主要注意力转向了小麦，继续研究高产谷物。

在印度，种植小麦的历史已经有至少 4 000 年，考古学家在印度河流域的石器时代聚居地发现了小麦的痕迹。[670] 从石器时代起，印度农民就一直在种植小麦，并逐渐创造出适合这一地区气候和烹饪偏好的品种，即琥珀色的硬粒小麦，这种小麦可以制作被称为恰巴提（chapati）或烤饼（roti）的浅色的松软薄饼。和墨西哥农民一样，印度农民在他们的田地里分别种植不同品种的小麦，种植得较稀疏，以防止锈病。在德里的印度农业研究所，斯瓦米纳坦很快发现，这些品种对肥料的反应很好，结果出现了倒伏——几年前博洛格曾经面临的问题。

和博洛格一样，斯瓦米纳坦认为，解决这一问题的办法是选择茎秆更短、更结实的植株培育小麦品种。和博洛格一样，他在印度的植物库中寻找矮秆品种。虽然这些品种比美国大型储备库里的少得多，但他还是发现了一些矮秆品种，并将它们种植在印度农业研究所的试验田里。和博洛格一样，他发现这些矮秆品种会导致穗小，几乎结不出麦粒。由于无法获得大量的不同品种，他不太可能找到他想要的基因。他继续进行杂交繁殖。但是，他也决定自己尝试制造新基因。

1955 年，斯瓦米纳坦和他在印度农业研究所的合作者共同努力，尝试将小麦颗粒送入孟买智库塔塔研究所（Tata Institute）的一台小粒子加速器。[671] 加速器喷射出一束中子，撞击目标，产生伽马射线：超高能光子。研究人员用伽马射线撞击麦粒数小时，希望伽马射线能撕裂种子中的DNA，诱发有利的突变。从21世纪的视角看，这就像试图用电锯做手术，极其粗糙。而在20世纪中期，这是最先进的可行方法。如此得来的大多数种子要么未能发芽，要么发芽后很快死亡——伽马射线像落锤破碎机一样粉碎了它们的DNA。其中有一些表现出值得关注的特征，但没有一个是短茎的，至少在第一年内情况就是这样。或者，第二年也是如此。或者，第三年也是如此。由于斯瓦米纳坦无法获得足够的资金支持来进行大规模的辐照和播种，因此成功的概率微乎其微。就像在墨西哥的博洛格一样，他是在向移动的目标扔飞镖。与博洛格不同的是，他一次只能扔几个飞镖。不过，他也看不到别的办法。

1958年，沮丧的斯瓦米纳坦向来访的日本小麦遗传学家木原均展示了他在印度农业研究所的试验田。木原均是一名奥林匹克滑雪运动员，也是遗传学的先驱，他是率先描述小麦基因组结构的人，在这一过程中，他确立了"基因组"一词的现代定义。他是令人敬畏的人物，以退休为借口停止了教学工作，但不间断地从事研究工作，增加他对植物的百科全书式的知识。当斯瓦米纳坦向他描述自己所遇到的困难时，木原均马上提供了一个信息，有一些现成的异常矮小的日本小麦品种。木原均告诉斯瓦米纳坦，由于日本仍在试图从战争中恢复过来，从美国育种者奥维尔·沃格尔那里获得这种矮秆小麦的样品会更容易。

斯瓦米纳坦给沃格尔写信，沃格尔回复说，他很乐意为他提供小麦样品，但是他正在研究的是冬小麦，这种小麦不适合生长在气候炎热的印度。沃格尔还告诉他，他曾给在墨西哥工作的一个人发送过样品。这个人在某个叫不上名字的偏远地区工作，正在疯狂地进行大规模的努力，将日本矮秆小麦品种与当地的小麦品种杂交，他获得的春小麦品种应该是斯瓦米纳坦想要的。这个人名叫诺曼·博洛格。斯瓦米纳坦给墨西哥城发出了一封信。[672]

"每个人都在挖自己的小地鼠洞"

说古巴导弹危机终结了印度饥荒显然是不正确的，但是，如果说这两个事件之间毫无关联，也是不够准确的。1962 年 10 月 16 日，美国总统约翰·F. 肯尼迪得知苏联在古巴安装了弹道导弹，这引发了美国和苏联之间的一场对峙，使华盛顿和莫斯科接近核战争的边缘。4 天后，中印边境冲突爆发了。这两个国家为喜马拉雅山一带的边界争执了多年。尼赫鲁在有争议的领土上部署印度军队之后，中国出乎意料地发起了反攻。印度军队惨败。[673]

尼赫鲁恳求肯尼迪政府立即提供军事援助：数百架战斗机、轰炸机和雷达飞机，以及操作这些飞机所需的数千名飞行员和后勤人员。尼赫鲁告诉肯尼迪总统，这关系到"印度的生存"——不，关系到"整个次大陆自由和独立政府的生存"。他的措辞表现出赤裸裸的绝望，印度外交部最初甚至拒绝将这封信发往白宫。

难以置信的是，肯尼迪没有回应。美国驻印度大使约翰·肯尼思·加尔布雷斯（John Kenneth Galbraith）抱怨说，总统"完全忙于古巴事务"。"一个星期以来，在我这里发生了这么大的冲突，却没有一封来自华盛顿的电报、信件、电话或其他指导信息。"军援请求的飞机和部队没有出现。由于导弹危机而瘫痪的美国政府甚至没有发出干涉的威胁。尼赫鲁无助地看着中国有条不紊地拆除了印度的边境前哨。中国建立了对边境的安全控制后，在战斗开始一个月后按照自己的条件宣布停火。

对于尼赫鲁来说，这场大失败是毁灭性的。他的幕僚们看着他驼背的姿势和蹒跚的步态，担心他中风了。[674] 这场战争不仅让尼赫鲁颜面尽失，也终结了他长期以来希望与中国结盟以对抗美国和苏联这两个冷战时期的超级大国的影响的战略。这场战争的损失有着不可估量的政治毒害，官方关于这场战争的报告甚至被保密了几十年；应德里方面的要求，尼赫鲁发给肯尼迪的恳求信直到 2010 年才公开。尼赫鲁失去了其他人的政治支持，也失去了对自己的信心；他再也没能恢复健康。(他在战争结束 18 个月后去世。)

印度战败的少数受益者之一是 M. S. 斯瓦米纳坦。斯瓦米纳坦 1958 年写给博洛格的第一封信不知去了哪里，可能是因为墨西哥农业项目正在关闭的过程中。[675] 洛克菲勒基金会相信，随着矮秆小麦品种的发展，该项目已经实现了目标，于是，基金会慢慢地将后续任务移交给了墨西哥政府，这有助于后来创建墨西哥国际玉米小麦改良中心。博洛格也被解除了工作关系。他在联合水果公司找到了一份工作，该公司希望在洪都拉斯开发抗病香蕉。[676] 在他准备举家迁往南方之前，联合国粮食及农业组织请求他加入一个调研小组，调查北非、中东和南亚的小麦和大麦研究情况。调研小组于 1960 年 2 月出发。[677]

结果令人沮丧。在每个地方，博洛格都发现资深科学家陷入了倦怠状态，利用所受的教育为自己创造舒适的闲职。但与此同时，他也遇到了一些精力充沛的年轻人，他们想帮助自己的国家，但缺乏博洛格认为的适当的培训。最糟糕的例子之一是印度，一心追求地位的研究人员把自己锁在实验室里，研究小作物——"每个人都在自己的学科中挖自己的小地鼠洞。"博洛格对印度小麦育种者尤其不屑一顾，说他们关注的是"麦粒的美丽……而不是总产量"。他对政府拒绝优先发展农业感到震惊。他遇到了斯瓦米纳坦，他们交谈了大约一个小时。两个人似乎都没有给对方留下特别的印象。可以想象，斯瓦米纳坦不会太在意这个直言不讳、没有受过良好专业教育、试图告诉印度人该做什么的外国人；博洛格则可能把对方看作自己在墨西哥打过多年交道的那种圆滑的职业野心家。

回到北美洲之后，博洛格写了一份报告，详细介绍了他的调研情况，并建议洛克菲勒基金会在墨西哥设立一个培训项目，反复灌输后来被称为"绿色革命"的观念。矮秆小麦新近取得的巨大成功让他的想法迅速得到采纳。来自阿富汗、埃及、利比亚、伊朗、伊拉克、巴基斯坦、叙利亚和土耳其的研究人员飞往索诺拉。他们于1961年初抵达墨西哥，接受了植物遗传学、土壤学、植物病理学以及其他学科的培训，而这些培训都是由博洛格团队培训过的墨西哥科学家提供的。[678] 博洛格受聘为督导，他也因此再未按照原计划去中美洲研究香蕉。

印度最初拒绝参加培训项目——外国"专家"贡献不了什么。但粮食短缺越来越普遍。随着印度越来越依赖美国的援助，印度规划者在1961年勉强同意在7个农业区[679] 试用绿色革命风格的杀虫剂、肥料、灌溉和技术建议。这时，斯瓦米纳坦看到了一些博洛格矮秆小麦品种的例子；在他的坚持下，矮秆小麦品种被纳入了试验。初步结果很好，于是，斯瓦米纳坦开始了正式邀请博洛格访问印度的漫长过程。

1963年3月，两人再次见面。博洛格意识到，在墨西哥开发的作物可能不适合印度的生长环境，他想参观印度的小麦种植地带，看看那里的人们是如何耕种小麦的。斯瓦米纳坦带着博洛格和他的几位墨西哥学生，在印度北部进行了为期5周的收获季节之旅，他们参观农场，与农民交谈，考察农业研究设施。[680] 这种考察形式与洛克菲勒基金会的科学家在墨西哥农业项目之前穿越墨西哥所做的考察差不多。这一次，两人很合得来。博洛格发现，自己原本以为的那个混日子、等机会升迁的人，实际上是他"所见识过的农业头脑最好、最敏捷的人之一"。而斯瓦米纳坦对博洛格有了更进一步的了解，他原本以为的粗鲁、倨傲其实只是直率和单纯，他觉得，这简直就是"孩子般的"直率和单纯。

像在巴希奥的时候一样，博洛格因印度贫穷小农户的生活而心痛：人们用镰刀收割谷物，用双手打谷，然后将谷物储存在无法防止病菌和昆虫进入的麻袋里。人们居住的棚屋是用泥巴砌成的，在棚屋外，妇女们用牛粪生火，烙印度薄饼。儿童们由于长期营养不良，目光呆滞，头发没有光泽。没有学校，没有电，没有化肥，没有自来水，没有信贷能力。土壤贫瘠，农民通常每英亩收获不到半吨粮食，即使在好年景也只能勉强维持生计。（索诺拉与印度北部处于同一纬度，气候也相似，但那里的农民每英亩能够收获 3 吨粮食。）

博洛格认为，印度农民永远无法靠自己克服这些障碍。然而，当地政客和科学家似乎对农民的困境置若罔闻。正如博洛格后来回忆的那样，他多次被告知，贫穷是小农户的命运；他们都是很"传统"的，不想有什么改变。博洛格知道手工收获玉米有多辛苦，他非常讨厌这种农活，因此不相信印度农民会不愿意生活得到改善。

对于博洛格来说，这种抵制似乎是因为——至少部分是因为——官僚们害怕与高官对抗。他说，绿色革命的"第一步"就是"大力引进"大量化肥。（氮气！让核酮糖-1,5-双磷酸羧化酶/加氧酶发挥作用！）然而，印度却在拖延。当时，这个国家几乎没有化肥厂，这意味着大部分化肥都需要进口，而这意味着必须用外汇支付。根据印第安纳大学历史学家尼克·库拉瑟的说法，尼赫鲁的发展计划将印度 4/5 的外汇储备用于工业重型设备。其余的用于进口"基本原材料"。化肥是一种农业原材料，它的优先地位低于黄麻等工业原材料，黄麻是粗麻布中的植物纤维，因为粗麻布可以在印度加工制造，然后销往国外，从而收回用于购买黄麻的外汇。与之相比，化肥是一种纯外汇消耗，因为它生产的粮食不是为了出口的，而是用来养活印度人民的。结果是，进口的化肥少得可怜，甚至负责援助项目的官员们总是说：印度不是人口过剩，而是肥料不足。[681]

在西方，商人会把化肥短缺视为机会，并建造自己的化肥厂。但这种情况在印度没有发生，部分原因是该国几乎没有投资资本，部分原因是化肥厂需要大量电力才能运行，而电力稀缺，部分原因是官方不鼓励创建这类工厂。在尼赫鲁政府，规划者为每个工业设施分配了一个数字排名。"化肥厂的排名是两位数，"库拉瑟写道，"远远落后于优先级很高的钢铁厂和大坝项目。"没有人敢告诉尼赫鲁和他的部长们，要想振兴印度的农业，必然要从重工业发展中抽走资金。

不可避免的冲突发生在这次访问即将结束的时候，当时博洛格和斯瓦米纳坦来到了印度农业研究所。在一群持怀疑态度的研究人员和管理人员面前，博洛格谈到了科学家和政府支持农民的必要性——最重要的是，需要帮助他们将氮肥施入农田。然后，斯瓦米纳坦问了博洛格一个关键问题：你认为你的小麦能像在墨西哥那样，在印度发挥作用吗？言下之意是：你是否可以确定这项技术有足够的价值，值得让我们去为进口这项技术而战斗？博洛格犹豫了一下。他没有在印度测试过他的新品种，对印度的情况仍然知之甚少。我不知道，他懊恼地承认。

第二天，博洛格飞往巴基斯坦。[682] 两名刚从他的培训项目毕业的学生此时正在该国第三大城市费萨拉巴德郊外的一家研究所工作。博洛格之前曾将他的小麦品种样本寄给他们进行测试。他希望与他以前的学生一起，不张扬地观察培育结果，这可能会为斯瓦米纳坦的问题提供一些答案。然而，他发现，巴基斯坦农业部为了向他致意而做了特殊安排。一群政要、公务员和报社记者在研究所门口欢迎了博洛格和农业部长。

在博洛格看来，这是一场伏击。这个研究所的所长和他的一些印度同行一样，不喜欢外国专家的指手画脚。在记者的陪同下，所长带领博洛格、农业部长，以及一组研究人员和官员参观了这里的设施。一排排巴基斯坦本土小麦和墨西哥品种并排种植。巴基斯坦的小麦长

20世纪60年代中期，博洛格和斯瓦米纳坦在印度的一块田里

得又直又高，而墨西哥小麦则又短又细。"杂草几乎和小麦一样高，"博洛格后来回忆道。"整个苗圃都很糟糕。"在博洛格的记忆中，这位负责人说："你瞧，墨西哥的小麦不适合这里。再看看巴基斯坦的小麦，长得高高的，有多茁壮。"接着，他告诉博洛格，他的小麦品种在巴基斯坦毫无施展的余地。这是在拿着相机的记者和他的上级面前的一场戏剧性展示。博洛格"越听越恼火"，他说，苗床没有准备好，植株没有充分施肥，田里也没有除草。"这就是我们在巴基斯坦种植小麦的方式。"这位负责人说。

争论一直持续到晚上，博洛格坚称，这样的判定方法不公平。他说，有了这种小麦，墨西哥的产量在几年内增加了两倍。负责人则以田间试验的结果为证据，说新品种在巴基斯坦不起作用。博洛格以前的学生只是观望着，什么也没说。正如他后来回忆的那样：

我们计划第二天早上 10 点钟乘飞机离开。当我们朝宾馆走的时候，我的两个前学生走了过来，他们说："我们想在你明天坐飞机离开之前，给你看一些东西。"我说："好吧，什么时候？"他们说："天亮的时候。"第二天一大早，有人敲了敲窗户。我走了出去。天刚刚亮。我们走到实验站最偏僻的角落。这里有 4 个侍弄得非常好的地块，大约跟这个房间一样宽，也可能是这个房间的两倍那么长，地里种植的是在墨西哥已经投入商业生产的 4 个最佳矮秆墨西哥新品种。他们说："它们在那里。你看它们多么适应这里的环境！"我问："你们为什么不在苗圃里也这样培育？"他们说："那些人不会让我们这样做的。"

博洛格怒气冲冲地回到了墨西哥。他后来说，在飞机上，他给洛克菲勒基金会的高层写了一份备忘录——充满愤怒、几乎不讲究文笔的长篇大论。但是，他的意思很明确：墨西哥种子可以在南亚生长。只是，需要给它们一个机会。那些有权说不需要的人直接损害了贫困农民的利益，这是从他们嘴里抢走面包。他将这种拖延归咎于学术政治、官僚懒政，以及一门心思向上爬的野心。毫无疑问，在某些情况下，他是正确的。他似乎从未想到，任何阻力都可能归因于一些值得仔细斟酌的事情。

紧急订单

1963 年 11 月，斯瓦米纳坦收到了博洛格发来的又一批小麦：4 个已经投入商业生产的品种，各 100 千克，另外还有 600 个有希望但尚未进入商业化生产的育种品系的样品。印度农业研究所的研究人员将这些小麦品种分别种植在 4 个不同实验站的 5 英亩（2 公顷）地块里。结果是显著的。印度农民通常每英亩收获不到半吨小麦，而这 4 个墨西哥品种平均每英亩产量约为 1.5 吨，有些地块的产量接近 2 吨。

研究人员非常兴奋，向媒体透露了这一消息。1964 年 3 月，印度最大的报纸《印度时报》（*The Times of India*）、《政治家》（*The Statesman*）和《星期日标准报》（*The Sunday Standard*）大张旗鼓地宣传了这一惊人的收成。斯瓦米纳坦利用这种关注，要求政府购买墨西哥最好的两个品种：索诺拉 63 号种子和索诺拉 64 号种子，各购买 20 吨，在全国 1000 英亩（400 公顷）的示范区进行试验。[683] 在通常情况下，这一要求会被尼赫鲁那些支持工业发展的部长以浪费外汇为由拒绝。但是，情况发生了变化。尼赫鲁于 1964 年 5 月去世，他的信誉和他的健康一样受到了战争的损害。他的继任者拉尔·巴哈杜尔·夏斯特里（Lal Bahadur Shastri）迅速任命国家钢铁部长奇丹巴拉姆·苏布拉马尼亚姆（Chidambaram Subramaniam）负责粮食和农业部。夏斯特里和苏布拉马尼亚姆都是被英国人关押过的独立运动活动人士，两人都反对尼赫鲁的工业优先政策。两人都在印度农业研究所见过墨西哥小麦。此时，他们有机会做点什么了。他们批准了斯瓦米纳坦的请求。[684]

随着进口的粮食种子的到来，苏布拉马尼亚姆提议，将农业支出增加 5 倍，这在新政府内部引发了长达数月的激烈辩论。在政府还在为政策争论不休的时候，斯瓦米纳坦公布了博洛格作物的最新测试结果。它们再次表现出令人乐观的结果。这时，斯瓦米纳坦要求进口 200 吨索诺拉 64 号种子，比以前多了 5 倍。财政部的官员们犹豫不决，但是斯瓦米纳坦有办法绕过他们。他的岳父 S. 布塔林加姆（S. Bhoothalingam）是财政部的一名高级官员。布塔林加姆承诺，这笔钱不会在官僚机构中流失，也不会作为妥协而减少。1965年7月2日，洛克菲勒基金会收到了一份请求。

斯瓦米纳坦很幸运地渡过了难关。夏斯特里政府陷入了印度国内国外的一系列冲突之中。尼赫鲁当了17年的总理，按个人意志塑造了整个政府。夏斯特里和他的部长们有不同的想法，但试图实施这些想法却引发了与尼赫鲁派官僚的斗争。国外方面，美国总统林登·约翰逊向印度施压，要求允许美国公司在印度建立化肥厂，并威胁说，如果夏斯特里政府不同意，将停止提供粮食援助。当时，印度与巴基斯坦的关系正在恶化，两国在边界上发生了小规模冲突。印度东北部的比哈尔邦开始出现干旱，饥饿和粮食短缺的可能性加大。

对于博洛格来说，突然接到购买200吨索诺拉64号种子的订单令他大为震惊。更令他惊讶的是第二份来自巴基斯坦的250吨的订单——博洛格的规划和斯瓦米纳坦在印度的试验结果改变了人们的观点。墨西哥以前从未向大洋彼岸出口过小麦。更为关键的是，7月份收到订单也太晚了。种子必须在11月份播种，这意味着如果要在播种的时候将种子运到种植地区，种子就必须在10月中旬到达。这批谷物的体积庞大，分量又很重，必须通过海运发往南亚，这至少需要两个月的时间。为了赶上小麦种植的最后期限，运输种子的船必须在8月中旬前离开墨西哥。因此，博洛格只有一个多月的时间把小麦运到船上。索诺拉的海港位于附近的瓜伊马斯市，距离博洛格的实验地约110千米。他马上询问，发现那里没有可以在短时间内到达印度的船只。博洛格最终为他的小麦种子在洛杉矶订到了"最后一艘货轮，能及时到达巴基斯坦和印度，赶上10月中旬的播种"。这艘船计划于1965年8月12日起航。[685]

他的上司韦尔豪森正在休长时间的探亲假。博洛格本应该负责管理洛克菲勒基金会在墨西哥城的办公室，而接替他负责索诺拉的伊格纳西奥·纳瓦埃斯（Ignacio Narváez）则安排将粮食运送到船上。博洛格没有料到，所有的时间都花在了与政府官员就文书工作的争论上。这些谷物的合同是巴基斯坦和印度政府与墨西哥国家种子生产公司（Productore Nacional de Semilla，也称 Pronase）签订的。巴基斯坦协议中包括了意外事故损坏种子的条款。这些意外事故的英语法律术语通常是"act of God"（不可抗力，直译为"上帝的作为"）。根据博洛格传记作者维特迈耶的说法，基于宗教的理由，墨西哥方面提出抗议："上帝不会做坏事。"该公司坚持要将文本改为"**自然**灾害"（acta de naturaleza）。巴基斯坦则坚称："不可抗力"是法律先例所要求的。博洛格让双方签署了两份合同，一份是英文版的"不可抗力"，另一份是西班牙文版的"自然灾害"。7 月下旬，印度政府也掺和进来，要求博洛格将订单改为 100 吨索诺拉 64 号种子和 100 吨另一品种莱尔马红 64 号种子（Lerma Rojo 64），后者具有更好的抗秆锈病能力。博洛格拒绝了——纳瓦埃斯和 2 万袋粮食种子已经上了卡车，呼啸着驶向美国边境。

　　然后，该出现的问题都出现了。我以为，我已经办理好了边境的手续，所以这 35 辆大卡车会顺利通过，而且我们没有多少钱花在边境事务上。但是，这些车辆在墨西哥边境被扣留了两天。我还得支付被他们扣留的货车费用。然后，这些车辆在美国边境又被耽搁了一天。纯粹的官僚主义。最后，负责监督此事的墨西哥同事给我打电话，告诉我说："他们正行驶在去洛杉矶港的路上。"但是，他们没能走出去多远。那天正是瓦茨暴乱（Watts riot）的日子。

警察暴力执法成了导火索，被激怒的瓦茨非裔美国人社区发生骚乱，将洛杉矶的这片区域变成了战场，到处是燃烧的建筑物、狙击手的火力，当地出动了数千名武装警察。墨西哥卡车司机们看到烟雾滚滚，国民警卫队手持步枪，开着坦克。见此情景，他们想掉头返回。加利福尼亚州州长发出命令，对将近 130 平方千米的地区实行宵禁，并发出警告，闹事者将被击毙。博洛格在电话中恳求航运公司老板，务必让船和船员等着他的卡车队。他告诉纳瓦埃斯，命令卡车司机穿过烟火弥漫的街道，冲向码头。他打电话给洛杉矶警方，咆哮着，咒骂着，要求他们护送他的车队通过封锁区。

与此同时，博洛格还一直在接听来自墨西哥国家种子生产公司怒气冲冲的电话。印度谷物的支票已经结清。不过，巴基斯坦的支票被退回了。确切地说那不是"支票"，而是 9.5 万美元的汇票，大致相当于今天的 70 万美元。更让人无论如何都想不到的是，这张票据把墨西哥国家种子生产公司的名字拼写错了，墨西哥城的银行不接受这张汇票。墨西哥国家种子生产公司方面坚称，在收到新的汇票之前，公司不会允许运输船装货。就在卡车轰隆隆地驶向码头的时候，博洛格疯狂地给当时的巴基斯坦首都拉瓦尔品第发电报。那天是 8 月 15 日，正好是星期六。在那个年代，周末联系政府官员并不比现在容易。一连串的电报最终有了结果，一名巴基斯坦官员回应了要延长时间的请求。

在码头上，卡车司机被国民警卫队包围。纳瓦埃斯打电话给博洛格，询问是否应该装载谷物，因为实际上客户还没有付费。到这个时候，博洛格又学会了一个新的法律术语——**延滞费**。延滞费是指未在约定的时间内装船的情况下应向船东支付的费用。如果谷物没有装上，洛克菲勒基金会将欠船运公司延滞费。但是，如果博洛格同意装船，而巴基斯坦方面不答应更换汇票，洛克菲勒基金会将面临 9.5 万美元的损失。把一袋袋的小麦留在停车场不是一个选项：用作种子的谷物与用作面粉的谷物不同，必须保持凉爽，以便在田间能够正常生长。博洛格既感到沮丧又十分疲惫，他在电话中冲着纳瓦埃斯像疯狗一样咆哮，这种做法让他后来深感愧疚。**把粮食装到船上！**他厉声说道。**赶紧把它们送上去！**

当纳瓦埃斯打来电话，确认正在往船上装货的时候，博洛格才上床睡觉。此前，他一直在打电话，已经有 72 个小时没合眼了。等他醒来的时候，他打开收音机。巴基斯坦和印度之间爆发了冲突。[686]他的巴基斯坦联络人住在拉尔市，距离印度边境 16 千米。博洛格十分震惊，马上给他发了电报，令他更为惊讶的是，他收到了一个迅速的答复：

> 别担心这笔钱。我们已经将钱存入。如果你发现有问题，你应该看看我的处境。炮弹正落在我家后院。

这场冲突是围绕克什米尔地区展开的，克什米尔是一个穆斯林人口占多数的地区，印度和巴基斯坦都声称对这一地区拥有主权。1947—1948 年的一场战争以一条停火线分割克什米尔而告终，但是双方都不承认其为官方边界。新一轮战斗是在 8 月的早些时间开始的，当时约有 3 万名身着便衣的巴基斯坦士兵潜入印控克什米尔地区。印度发现了这个诡计，并发起了对巴控克什米尔地区的入侵。考虑到 3 年前与中国交战遭受的灾难性损失，总理夏斯特里决心不让步。9 月 6 日，印度军队入侵巴基斯坦本土，目标是其边境城市拉合尔，使冲突进一步升级。巴基斯坦则对印度边境城市阿姆利则发动了报复性袭击，阿姆利则距离拉合尔只有几千米。地面上发生了大规模的坦克战；数十架飞机在空中交火。6 000 多名士兵在战斗中丧生。

尽管博洛格喜欢宣称自己缺乏政治经验，但即便如此，他也看得出来，自己很难按原计划在印度城市孟买卸下属于印度的那部分粮食种子，在巴基斯坦港口卡拉奇卸下属于巴基斯坦的那部分粮食种子，这个计划将遇到麻烦。印度会没收属于巴基斯坦的那部分粮食种子，作为战争物资。于是，他给船运公司的负责人打了电话。他说，船运公司将不得不将这艘船转运到新加坡。在这个中立地带，谷物可以卸到两艘较小的船上，一艘开往印度，另一艘开往巴基斯坦。就在他与这家航运公司谈判的时候，他收到了来自曼哈顿洛克菲勒基金会高管的信息，充满了愤怒。他们刚刚意识到，博洛格可能代表巴基斯坦政府欠下了巨额债务。墨西哥国家种子生产公司随后也给他打来电话，恳求他把事情弄清楚，查出汇票滞留在哪里。博洛格实在无法应付这一切，他逃离了办公室，出去钓鱼，在那里度过了好几天的时间。

熏蒸种子

尽管发生了战争，小麦种子还是在 10 月下旬到达了目的地，差不多是准时的。令人惊讶的是，巴基斯坦和印度都迅速种下了种子。巴基斯坦将大约一半的种子种植在 2 500 个农场中的一英亩规格的地块里，作为公共示范；其余的种子被种植在 30 个大型政府农场，为下一轮种植繁殖种子。印度将种子种植在政府研究中心和政府选择的示范地块上，据说这些地块属于更愿意接受创新的"进步"农场。种植时间比最佳期晚了一个月，但博洛格有理由相信，延迟不会影响发芽率。此外，巴基斯坦经过更正的第二张汇票已经送达。

小麦种子抵达后几天，纳瓦埃斯飞往巴基斯坦，报告说新品种已经正确种植，并获得了足够的水分和肥料。尽管战争仍在继续，但他已经获得了必要的政府批准，可以穿越军事区，并在小麦生长季节留在拉合尔，以便提供建议。在他进行初步调查两周后，他和一名巴基斯坦同事观察了北部的小麦种植情况。他们发现，田里根本没有健康的嫩芽，零零星星的细芽点缀着大部分荒芜的田野。农民们做的每一件事都遵循指导建议，这说明一定是哪里出了问题。纳瓦埃斯立即给博洛格发了一封电报，博洛格马上飞往巴基斯坦。

两人决定再次调查整个国家的小麦种植情况。博洛格在南部查看试验田，纳瓦埃斯到北部查看，他们在中心城市木尔坦会面。（在那个年代，巴基斯坦还没有受到宗派暴力的控制；像博洛格这样的外国人可以在农村地区旅行，而无须采取周密的保护措施。）令博洛格失望的是，这里的情况证明，纳瓦埃斯的初步报告是准确的。这些种子大约在两周前就种下了，足够让它们发芽并把头伸出地面，但一半或更多的种子实际上已经死亡。博洛格详细地询问了农民们。正如纳瓦埃斯所报告的，他们一直在不折不扣地遵循指导建议进行种植。种子本身出了问题。这些问题肯定也会在印度那里反映出来。

两人在中部的木尔坦会面。唯一一家有空房间的酒店令他们感到非常不舒服，条件差得过了多少年都不会忘掉：寒冷、简陋、肮脏，到处都是害虫，的确与他们的绝望心情相匹配。他们在房间里一直聊到凌晨，他们打开一瓶威士忌，两个人相互传递着，边聊边喝。巴基斯坦将其外汇储备的很大一部分用于这批小麦种子的投资；但现在看来，这次种植正在失败。把种子运送到南亚所付出的巨大努力是浪费时间。博洛格已经让所有的人失望了——尽管他们国家自己的科学家反对，巴基斯坦和印度的官员们还是冒着风险相信了他；墨西哥的农民们对他足够信任，以低成本提供粮食；尽管他总是不情愿遵守规则，但曼哈顿的基金会管理者还是支持了他的想法；印度和巴基斯坦的村民们都因为他而抱有很高的希望。这两个人不明白，到底哪里出了差错。在黎明前，他们喝完了这瓶酒。

第二天早上，博洛格不得不发出一批令他感到痛苦的电报，解释种子发芽的问题。他说，目前大家所能做到的，就是将种植率提高一倍，疯狂地给种子施肥，以此指望能挽救一些东西。印度和巴基斯坦之间的通信因战争而中断，因此他不得不给墨西哥的韦尔豪森发送一份令他感到尴尬的电报，并请他将消息转达给洛克菲勒基金会的印度办事处，后者给斯瓦米纳坦发送了一份通知。后来，他才知道，造成这种情况的原因，是墨西哥国家种子生产公司希望确保其小麦不会被老鼠吃掉，也不会受到霉菌的攻击，因为这对该公司来说是一次前所未有的长途航行。由于缺乏经验，公司用甲基溴对种子进行了猛烈的熏蒸——强度大到足以对这些种子造成伤害。[687] 但是，这种情况是在几个月之后才知道的。在当时的情况下，博洛格感到困惑和沮丧。1965 年 12 月，他焦急地穿梭于两国之间。从拉瓦尔品第到德里，640 千米的旅程被延长为 4 800 千米，必须绕道到迪拜——所有的直达航班都被取消了。大量施肥似乎奏效了，但这并不能保证小麦一定会丰收。

与此同时，约翰逊总统的对外援助计划遭到了国会的反对，这项外援计划的最主要内容是对印度的粮食援助。在约翰逊看来，印度不仅没有表现出应有的感激之情，反而还公开反对美国干预越南，这是一种对他个人的侮辱。并且，印度还卷入了与美国的另一个盟友巴基斯坦的冲突。最糟糕的是，在总统眼中，尼赫鲁将工业置于农业之上的政策似乎仍然占主导地位。他发出了最后通牒：如果夏斯特里政府不将所有可用资源投入农业，他将切断粮食援助。为了严格控制德里方面，对印度的粮食援助将按月发放。印度政府非常恼怒。数十年来，尼赫鲁、夏斯特里以及国大党其他领导人一直与向外国人卑躬屈膝做斗争。把粮食援助当作政治筹码，玩弄数百万人的性命，甘地传统的继承人坚定地认为，这是不道德的。

渐渐地，印度和巴基斯坦停止了战斗，并于 1966 年 1 月在塔什干的一次会议上签署了另一项停火协议。印度最终拥有 1 865 平方千米的巴基斯坦土地；巴基斯坦赢得了 570 平方千米的印度土地。双方都宣布获胜。夏斯特里代表印度出席了停火会谈。在签署协议后的第二天早上，他突然去世，这引发了一代阴谋论者的各种猜测（大多数人声称是中情局暗杀了他）。一个令人敬畏的人接替了他的位置：尼赫鲁的女儿英迪拉·甘地（她与圣雄甘地没有血缘关系，只是嫁给了拥有这个显赫姓氏的人）。

英迪拉·甘地立即陷入了印度和美国之间的紧张关系——印度坚决要维持其为之奋斗的独立，美国则试图将印度拖入冷战，并认为印度的工业优先政策是一场人道主义灾难。最终，她屈服于约翰逊的要求，尽管她内心一直痛苦万分。她同意增加农业预算。她让苏布拉马尼亚姆继续担任农业部长，还听从了他的建议。

尽管来自墨西哥的小麦种子经过了熏蒸，但其中一些还是长了出来。这些存活下来的小麦虽然曾经受到损坏，但仍然优于用传统方法种植的传统品种。在巴基斯坦，纳瓦埃斯在总统府附近的农田里种植了墨西哥小麦和当地小麦。总统每次下午散步的时候，他也能看到两种小麦的不同。而英迪拉·甘地则与斯瓦米纳坦一起参观了实验农场。斯瓦米纳坦知道，显然英迪拉·甘地对农业知之甚少。同样明显的是，她学得很快，不怕自己拿主意。记者们写道，外国种子是对印度文化的攻击。握有实权的印度计划委员会的一名主要成员要求印度终止与墨西哥的关系。

尽管如此，英迪拉·甘地还是决定赌一把。1966 年夏天，3 名印度官员前往墨西哥，购买了 1.8 万吨莱尔马红 64 号种子，这是此前购买的小麦种子的 40 多倍。他们拒绝与墨西哥国家种子生产公司签订合同，而是与一家农民合作企业达成了协议。由于墨西哥国家种子生产公司是唯一获准出口谷物的实体，博洛格设法获得了墨西哥政府的特别许可，这引发了一场官僚间的地盘之争。10 月，这些谷物填满了两艘大船的船舱，从索诺拉的瓜伊马斯港运出。印度宝贵的外汇储备中有很大一部分被这笔交易消耗掉了。但是，英迪拉·甘地感受到了要求加快小麦项目的压力，压力不仅仅是来自情绪激动的美国总统。那年夏天，印度东北部地区的季风雨减弱了。受灾害天气影响最严重的是贫穷的、人口稠密的比哈尔邦，比哈尔邦位于加尔各答以西，这里因 1943 年发生的那场可怕饥荒而被印度人铭记。[688]

关于 1966 年比哈尔邦遭遇的究竟是一场真正的饥荒，还是由于

1966 年的时候，包装和装载 1.8 万吨粮食对墨西哥分销商来说是一项艰巨的任务，他们以前从未做过类似的事情

政治原因被夸大的暂时性短缺，学术界出现了一场小规模的学术争执。在那一年的 7 月至 10 月，这个邦几乎没有降雨——除了 8 月的一场导致了灾难性洪水的大暴雨。矛盾的是，这场降雨并没有帮助比哈尔的农民。洪水冲毁了他们的田地，冲走了他们的作物。

印度各地的地方选举和议会选举原定于第二年的 2 月举行。由于担心当地选民认为是政府导致局势失控，比哈尔邦政府最初拒绝承认局势的严重性。博洛格因小麦问题来往于那一带，他去过比哈尔邦的边界。多年后，他回忆起穿梭在街道上的卡车，这些卡车载着那些在夜里死去的人。无家可归的孩子们挤在他下榻的旅馆门口，乞讨面包，他们干瘦的小手拽着他的衣襟。医生们报告说，营养不良和饮食不足导致各种疾病迅速增加，情况令人担忧。在灾难的逼迫下，比哈尔邦政府终于在 1966 年秋天向德里寻求帮助。但是，甘地政府也无视了警报，部分原因是大范围饥荒的再次出现令整个国家难堪，部分原因是比哈尔邦给人的印象是极度腐败（这个印象是准确的）——那里的政客们可能会为了把救灾款装进自己的口袋而夸大饥荒的程度。此外，拉尔·夏斯特里去世后，比哈尔邦领导人没有在党内预选会议上支持英迪拉·甘地，这加剧了甘地对他们的不信任。

随着人民遭受苦难的证据越来越多，英迪拉·甘地被迫改变了方针。11 月，她发表了一次被广为宣传的讲话，呼吁印度人民行动起来，抗击这场悲剧。"无数的人民，"她说，"由于一场异常的降雨，面包从他们的嘴里被抢走了……数以百万计的家庭面临饥饿和痛苦。"尽管如此，英迪拉·甘地并没有使用"饥荒"这个意味深长的词，因为她担心这会引发不良反应。约翰逊要求她实话实说，因为美国国会才更有可能为官方公布的饥荒灾害发放外国援助资金。他宣称，印度人民正在挨饿。考虑到德里的政治局势，印度大使拒绝回应约翰逊的声明，这使约翰逊非常愤怒。尽管印度政府不愿意说出"饥荒"这个词，但还是发起了印度现代史上规模最大的救援行动，从国际货币基金组织借入巨额资金，进口 2 000 万吨粮食，其中大部分来自美国。这次行动是成功的，因为它防止了大范围死亡的发生。但是，它未能预防疾病和痛苦。尽管英迪拉·甘地做出了努力，但不满的选民在投票中惩罚了她领导的国大党。反对党在比哈尔邦获胜。经过一番踌躇，政府于 1967 年 4 月宣布，比哈尔邦 2/3 的地区正在遭受饥荒或物资匮乏的苦难。超过 3 400 万人受到影响。

印度举行选举的那段时间，博洛格和斯瓦米纳坦一直往来于印度北部地区，视察试验田。这一次的小麦种子在墨西哥得到了适当的处理，发芽良好。两个人为成功而感到喜出望外，他们受到了农业部长苏布拉马尼亚姆的接见。"一场革命正在开始，"博洛格在后来的回忆中说，"你必须采取行动。农民要求得到更多的支持。"国家必须向他们提供化肥、水和资金的支持，这也是约翰逊一直以来提出的要求。苏布拉马尼亚姆做出了愤怒的回应。这次选举使甘地的国大党在人民院（Lok Sabha，印度下院）失去了多个席位。其中一个失去的席位属于苏布拉马尼亚姆，他一直忙于安排粮食援助，没能腾出时间回到家乡参加竞选。博洛格和斯瓦米纳坦一直忙于工作，没有意识到正在发生的事情。苏布拉马尼亚姆指示这两个人去找副总理阿肖克·梅赫塔（Ashok Mehta），他是计划委员会的主任，仍然在位——仍然是建设更多化肥工厂方案的主要反对者。[689]

与梅赫塔见面时，他们发生了激烈的争执。博洛格告诉他，成千上万的农民已经看到了新小麦的功效。他说，他们想种植更多的新小麦，他们将需要必要的化肥。副总理说，印度没有足够的资金建造很多化肥厂。哈伯-博施法会消耗大量能源，而印度没有足够的电力。博洛格说，毫无疑问，让人民吃饱饭是任何政府的首要职责。有了化肥就能养活人民。如果你没有足够的资金，就让外国公司来建工厂吧。梅赫塔解释说，自尼赫鲁时代以来，政府的政策一直是不允许外国跨国公司控制这些重要的经济部门。博洛格生气了。他喊道，除非政府能以某种方式向农田里补充氮，否则农民们就会暴动，就会投票，把甘地和她的国大党赶下台，建立一个能够满足他们需求的新政府。他说，他们不会在乎五年计划中的内容，他们只想有足够的食物。

后来，苏布拉马尼亚姆重返政府，担任英迪拉·甘地的财政部部长。斯瓦米纳坦告诉我："他总是喜欢说，博洛格一生中最美好的时刻就是他对阿肖克·梅赫塔大喊大叫的时候。这也许是真的。"直到苏布拉马尼亚姆生命的最后时刻，他都相信，这次见面说服了梅赫塔，让印度政府全力支持农业生产。政府提供肥料和水，带来的结果是产量飙升——印度的粮食产量比前一年高出50%。这个国家从未

对博洛格来说，获得诺贝尔和平奖最有意义的部分可能是他在艾奥瓦州的家乡父老的反应。宣布这一消息后不久，克雷斯科为他举行了庆祝活动，为这块土地上养育出来的儿子竖起了一座雕像

生产过如此之多的粮食。第二年的产量再次上升。又过了一年，诺曼·博洛格获得了诺贝尔和平奖。他用奖金为父母在艾奥瓦州买了房子，这是他有生以来拥有的第一套房子。他把它交给了姐妹们。[690]

"一场失败的革命"

1970 年 9 月，一位名叫詹姆斯·博伊斯（James Boyce）的 19 岁大学生获得奖学金，前往印度。[691] 他先去了中部的中央邦，和平队（Peace Corps）正在那里帮助村庄试验新的高产小麦品种。正如我之前提到的，邦政府已经要求"进步"的农民试种小麦。"进步"的意思是这些农民不会拘泥于过去的死板方式。作为对他们愿意冒险的回报，政府为他们提供了种子、化肥；最关键的是，政府还为他们提供了新的灌溉井。

博伊斯现在是马萨诸塞大学政治经济研究所的一名经济学家。"这些村庄中大约有24名'进步'农民，"他不久前告诉我，"引起我们注意的是，这24个'进步'农民恰好都是村里最富有、政治关系最多的人——最大的地主、政客的儿子，都是这类人。大家讨厌他们。"该项目本来应该以小农场为目标，但这些人在名义上分割他们的地产，并以活着的、死去的和虚构的亲属的名义登记一块块土地，从而规避了财产上限。其中一些人是邦立法机构的成员。他们中没有谁是真正在这片土地上劳动的。博伊斯想了想，笑了。"这就是在印度这一地区引入绿色革命的目的！"试验项目本应得到和平队志愿者的帮助，但他们中的大多数人都退出了，因为这个试验项目实际上被用于给相对富裕的人提供额外的支持。这些新品种在这片土地上产生了巨大的差异——它们加剧了贫富之间的差距。

博伊斯的妻子贝西·哈特曼是人口问题研究员。他们后来住在孟加拉国西北部的一个村庄里，并撰写了一本关于人口问题的书。世界银行、瑞典和孟加拉国政府为该地区提供了资金，用于建设3 000口灌溉井。所有这些都应该由小土地所有者组成的合作团体使用。然而，事实正相反，亦如博伊斯夫妇在《宁静的暴力》（*A Quiet Violence*，1983年）一书中所叙述的那样，每一笔资金都流入了当地的富人手里。这些灌溉井是采用新技术的深管井。其中一口井被博伊斯和哈特曼居住的那个村庄中最富有的地主得到。由于孟加拉国的农田通常被分割成小块，即使是大地主也耕种了许多分散的小块土地。不管地主把井设置在哪里，它都能灌溉到一些不属于他的土地。这些小块土地如果得到灌溉，即使在干旱的冬天也可以种植新品种的小麦和水稻。换句话说，这些小块土地有了价值，其他人可能会通过欺诈、暴力或是贿赂地方官员的手段来偷窃和占有这些土地。村民们担心他们的土地有危险，于是会在深管井投入使用之前就把它破坏掉。

包括博伊斯和哈特曼等在内的目击者称，这样的事情发生在印度、巴基斯坦、孟加拉国、菲律宾、泰国和马来西亚各地。拉丁美洲也有类似的情况。产量的增加使农田变得更有价值，更容易被人觊觎。富有的土地所有者们看到发展的机会，于是赶走佃农和租客，自己做生意，垄断当地种子和肥料的供应渠道。收成增加导致价格下降。大地主可以通过交易量来弥补价格下跌造成的损失，小农户则陷入了贫困。这一切在墨西哥都发生了。以提高产量为名义，博洛格的项目实际上从巴希奥的穷人转移到了索诺拉的几个富裕的地主手中。那些拥有土地的农民辛苦劳作，但这些地主收获了农民几乎所有的付出。其他大赢家是企业中间商：阿彻丹尼尔斯米德兰（Archer Daniels Midland）和嘉吉（Cargill）等谷物加工公司，以及孟山都和杜邦等农用化学品供应公司。

20 世纪 80 年代中期，我第一次造访孟买的时候，和朋友们用了几天时间在这座城市里四处走走。极端贫困的现象随处可见。有一次，在一个学校的操场上，有几个孩子邀请我们去参观他们的班级。当时我们也没有什么事情要去做，就答应下来。在教室里，学生们都目不转睛地看着我们。就像是在进行展示讲述活动，而我们就是去展示的。这是一所慈善学校，大多数学生来自非常贫困的家庭。他们穿着慈善机构发给他们的旧斜纹棉布裤和 T 恤。后来，老师请我们喝茶。我问老师这些学生来自哪里。他说，实事求是地讲，大多数孩子是被绿色革命赶出了自己的村庄。这座城市到处都是这样的人。

除了社会成本，还有环境成本。绿色革命要求的密集施肥严重加剧了土壤和水的氮化问题。农药对农业生态系统造成了严重破坏，有时还会污染饮用水源。灌溉系统的建造很粗糙，而且管理不善，已经抽干了含水层。土壤已经被水浸泡过，更糟糕的是，灌溉水蒸发后，土壤中充满了盐分。最令人担忧的事情可能是农业的能源成本的飙升，这主要是来自化肥生产。博洛格式的工业化农业是造成空气污染和气候变化的一个重要因素。

类似的批评在博洛格获得诺贝尔奖之后不久就出现了。1972—1979年，联合国社会发展研究所（United Nations Research Institute for Social Development）发表了15篇关于绿色革命的分析报告。每一篇的内容都是非常负面的。在印度著名经济学家和马克思主义政治家比普莱伯·达斯格斯塔（Biplab Dasgusta）看来，绿色革命带来的主要后果包括"无家可归家庭的数量和比例增加"，以及"土地和资产越来越集中在更少的人手中"。奥斯陆国际和平研究所（International Peace Research Institute）的佩尔·奥拉夫·雷恩通（Per Olav Reinton）观察到，绿色革命"比大多数其他援助项目更清楚地展示了善意是如何产生痛苦的"。牛津大学经济学家基思·格里芬（Keith Griffin）撰写的《土地变化的政治经济学》（*The Political Economy of Agrarian Change*，1974年）也许是最有影响力和最明确的研究，他给出的总结是："绿色革命的故事是一场失败的革命的故事。"1970—1989年，出现了300多项关于绿色革命的学术研究，其中4/5的研究结果是持否定态度的。

随着时间的推移，反对绿色革命的呼声变得更加刺耳。[692]1972年，记者、社会活动人士苏珊·乔治（Susan George）很到位地表示，绿色革命"给穷人带来的只有痛苦"。4年后，荷兰经济学家欧内斯特·费德（Ernest Feder）将其描述为"第三世界农民自我清算的计划"。1991年，反全球化活动人士范达娜·希瓦（Vandana Shiva）指责说，博洛格留给世界的只不过是"患病的土壤、虫害肆虐的作物、涝渍的沙漠以及负债累累、心怀不满的农民"。博洛格于2009年去世，他去世前两年，著名左翼记者亚历山大·科伯恩（Alexander Cockburn）指控他犯有大规模谋杀罪："他的'绿色革命'小麦品种导致数百万农民死亡。"有时，当博洛格在会议上发言的时候，学生们会在下面发出嘘声。

尽管这些攻击深深地刺痛了博洛格，但他很少直接回答。私下里，他告诉朋友们，大多数批评纯粹是精英主义作祟。[693] 不知出于何种原因，西方富有的环保主义者认为，如果贫困地区的人们不改善他们的生活，世界会更好。他并不反对各种形式的有机食品，但在这个有 100 亿人口的世界里，把有机食品作为解决饥饿的办法来推广是不现实的。更何况，阻止人们为饥饿的人民提供食物，这是不道德的。

在博洛格看来，最重要的一点是，新方法和新作物已经达到了它们应该达到的目的：提高产量。[694] 经济学家们估计，绿色革命作物带来了全球平均生产率的增长，小麦为每年 1%，水稻为每年 0.8%，玉米为每年 0.7%。这些数字听起来很小，但随着时间的推移，影响会越来越大，就像利滚利的方式。从 1960 年到 2000 年，发展中国家的小麦收成增加了 2 倍，水稻收成翻了一番，玉米收成增加了 1 倍多。博洛格说，人口增加而饥饿人口比例下降，要归功于额外增加的食物。

他承认，有些环境问题是切实存在的。但是，这是由于糟糕的政策和疏于管理，而不是任何绿色革命技术本身所固有的东西。从未使用过化肥和杀虫剂的农民需要接受培训，需要接受关于校准剂量的教育。博洛格一遍又一遍地重复他的话，有时给出许多乏味的细节，但似乎从未让批评者们感到满意。

我怀疑，在某种程度上，这些攻击让他感到困惑不解。他亲眼看见了绿色革命的成果。[695] 其他人也目睹了这一切。2008 年和 2009 年，记者乔尔·伯恩（Joel Bourne）穿过印度北部的旁遮普邦，与经历了新品种引进的农民交谈。伯恩告诉我："在他们的这一生中，没有比这件事更好的事情了。""第一个季节，他们种了太多的小麦，都没有地方储存。他们早早就让学校停课了，这样，他们就可以在学校里堆满谷物。"2016 年，记者哈里什·达莫达兰（Harish Damodaran）前往德里郊区的琼提（Jaunti）村。1964 年，斯瓦米纳坦在那里选择

在博洛格看来，绿色革命的许多批评者对过去的糟糕状况视而不见。他在20世纪60年代初看到的印度与摄影师玛格丽特·伯克－怀特（Margaret Bourke-White）在20世纪40年代拍摄的印度几乎没有什么不同：一片贫瘠的、干旱肆虐的农田，就像印度北部这片遭到秆锈病严重摧残的麦田一样

了一些土地很少的普通农民，让他们尝试种植新的小麦品种。仍然健在的农民都已经80多岁了，但他们对那一年的事情依然记忆犹新。他们说，他们的收成增加了两倍。"这真是一个奇迹，"有一个人告诉达莫达兰，"它彻底改变了我们的生活。"为了写一篇文章，我在20世纪80年代中期去了印度西部的马哈拉施特拉邦。那里的农民一个接一个地告诉我，新的小麦品种是如何提高收成的。这些人都不是有钱人。有个人平静而自豪地告诉我，他和他所有的兄弟现在都有自行车了。在这些地方，无论是出于偶然还是有意，一揽子援助计划的分配都比较平均。

2009年，博洛格去世，他几乎一直工作到最后。一位性情古怪的日本富人资助他，为非洲研发高产小麦品种，非洲此前几乎没有受到过绿色革命的影响。博洛格在美国国务院为他举行的招待会上度过了他的 90 岁生日。那时，他刚从乌干达飞回来，他在那里一直与一种可怕的新型秆锈病做斗争。

在博洛格去世前几年，有一次，我与他交谈，问他对于过去的批评有什么看法。他说，批评者从来都不想回答这个反事实的问题：如果我们的人口和富裕程度保持不变，但没有绿色革命带来的产量增长，那么今天的世界会是个什么样子？他说，化肥的过度使用、土壤的涝渍、灌溉系统管理不善导致土壤中堆积了有毒的盐分，这些都是确实存在的问题。但是比起 1968 年发生的饥荒，难道你不愿意用这些来解决饥饿的问题吗？

他问我是否去过一个大多数人都吃不饱的地方。"不只是贫穷，那里的人民实际上一直都在挨饿。"他说。我告诉他我没去过这样的地方。"这就是问题的关键，"他说，"在我的事业刚开始的时候，我看到的都是挨饿的人民。"

科学作坊与世界

1964 年 2 月，博洛格参加了一次在巴基斯坦举行的农业专家和政府官员会议。[696] 在会上，他解释了为什么他认为这个国家应该采用他的高产小麦新品种。这次旅行很困难，他奔波了两天，几乎没有合眼，才赶到会场。第一位发言者是信德大学（University of Sindh）校长。他嘲笑博洛格宣布的将全国小麦产量翻一番的希望。他说，用墨西哥小麦来提高这个国家粮食产量的想法尤其荒谬可笑。墨西哥品种对巴基斯坦来说太娇嫩了。它们太矮，需要太多的水和肥料。他说，最重要的是，麦粒的密实度不够，甚至颜色也不对。"巴基斯坦人，"这位校长咆哮道，"从不吃红色的小麦！"

博洛格的小麦品种是在考虑墨西哥面包的情况下研发出来的，它们是深红色小麦，含有高水平的蛋白质和麸质，带有苦涩的味道。（红色小麦这个名称的"红色"指的是麦壳的颜色，即籽实周围的麸皮，而不是籽实本身。）高筋面粉与酵母混合后，可以做出"开放式面包心"（open crumb），就是面包心上有酸酵种面包中常见的那种不规则的大洞。相比之下，传统的南亚食品恰巴提或烤饼在印度或巴基斯坦是不加酵母的，这种饼由柔软的白色小麦制成的，这种小麦的外壳呈琥珀色，麸质和蛋白质相对较少，几乎没有苦味。这种面饼显得干净、蓬松，吃起来的口感几乎是甜的，面饼心是封闭式的，上面只有细小的孔。

在南亚大部分地区，恰巴提是日常生活的一部分，就跟法国长棍面包是法国人日常生活的一部分一样。它是印度身份的象征，因此在19世纪被用作反抗英国的象征。对于南亚人来说，恰巴提的麦白色"暗示着纯洁、奢华，甚至代表着现代性"（我这里引用的是印第安纳大学历史学家库拉瑟的话）。因为在大多数印度和巴基斯坦家庭，人们都是在家里用磨盘手工磨碎小麦，所以麦麸和面粉是混合在一起的。琥珀色小麦的麸皮不会改变面粉的颜色，而墨西哥小麦中的暗红色麸皮与面粉混合在一起，就会产生深色的面粉，印度人认为，这种颜色的面粉有着一种肮脏和贫穷的感觉。此外，面饼的质地和口感也都是不对的，烤制时的气味也不对。

一个在美国艾奥瓦州出生和长大的西方人，坚持让印度人和巴基斯坦人用这种奇怪的墨西哥小麦制作恰巴提，就好像一个外国人要求法国人用黑麦粗面粉做长棍面包一样不可思议。法国人会认为，这种要求是对法国文化的一种冒犯。同样，那位校长认为，南亚人将拒绝这种外来小麦，并且也的确应该拒绝。

博洛格认为，这种抱怨是吹毛求疵。在他的所有著述中，我都没有看到表示应对这种"细枝末节"予以"一定考虑"的话。博洛格似

1902 年，印度北部的妇女们在用磨盘磨谷物

乎自视为在治疗动脉出血患者的医生，而这名患者却因为不喜欢医生的国籍或绷带的颜色而拒绝治疗。这位医生会无视这些抱怨，继续给患者包扎伤口。至于农民，他不相信他们会因为谷物的颜色或气味不同而拒绝种植更高产、抗病力更强的作物。饥饿的人也不会拒绝食用这种食物。在他看来，墨西哥小麦品种在印度和巴基斯坦被广泛采用，这本身就证明了这一观点的正确性。

与斯瓦米纳坦交谈之后，我才知道巴基斯坦会议的后续。在对墨西哥小麦进行了第一次测试之后，斯瓦米纳坦和他的同事们意识到，由于巴基斯坦的那位校长指出的原因，这种小麦无法很好地融入南亚文化。1963 年 11 月，也就是距离巴基斯坦会议还有 3 个月的时候，他们在没有事先告知洛克菲勒基金会任何人的情况下，开始在孟买的粒子加速器上辐照索诺拉小麦。第一年，什么变化也没有发生。第二年，斯瓦米纳坦走运了。我们现在知道，麦麸的颜色主要由四个基因控制，而这些基因又由一个叫作 R 的基因负责打开或关闭。碰巧的是，穿过种子的伽马射线破坏了这一反应机理的某些方面；在接下来突变的一代中，麸皮颜色变成了琥珀色。这太神奇了，新的变化似乎并没有使产量受到影响。

斯瓦米纳坦在政治上比较精明，他将自己的新品种命名为沙巴蒂·索诺拉（Sharbati Sonora）——沙巴蒂是中央邦著名的传统小麦品种的名字。[697]1967 年，他大张旗鼓地介绍了这项新技术，强调沙巴蒂·索诺拉是由印度科学家在印度的一个原子研究设施中专为印度家庭而创造的。然而，实践证明，这一品种容易患上秆锈病。尽管如此，斯瓦米纳坦还是从绿色革命中去除了外来的铁锈红。后来，斯瓦米纳坦通过将沙巴蒂·索诺拉与其他当地品种杂交，成功培育出似乎完全是印度品种的抗秆锈病的品种。正是小麦改变了印度农业，在研究方法上来说，小麦是水稻的近亲，但在社会层面上，它却与社会冲突纠缠在一起，而博伊斯和哈特曼见证了这一切。

早在 1968 年，斯瓦米纳坦就对农民过度使用化肥、杀虫剂和灌溉水的倾向提出了警告。随着绿色革命生态负面影响的证据不断积累，斯瓦米纳坦要求增加对农民的培训。1996 年，他呼吁进行新的变革：将绿色革命转变为"常青革命"。[698]其目标是将高科技与"传统的生态审慎"结合起来。基因工程将创造出需要更少灌溉水和肥料的新品种，并有耐受盐碱土壤的能力。农民将在他们的田地里安装电子监测器，以监测作物生长，并确保化学品和水得到适当管理。计算机将把这些读数与天气数据以及作物模拟模型结合起来，为农民提供个性化管理的配方，以最大限度地提高产量。

批评人士是不会妥协的——他们对整个过程产生了怀疑。他们不再相信实验室白大褂们的发现会使普通人受益的观点。像斯瓦米纳坦这样的人可能会将他的工作看作对改善农业、造福大众的长期努力做出的一种方向修正，但批评者们认为，这一切都是一样的，是一种更为疯狂的行为，试图通过对导致灾难的方法加大投入来弥补灾难。

农业只是更大问题的一部分。正如哲学家罗伯特·克里斯（Robert Crease）所说，科学事业研究原子、云、生物体、行星等等各种现象的方法，是将它们从我们生活的世界转移到一个特殊的作坊，在那里，原本带有种种模糊性和情感的现象，可以被简化为抽象、可测量的量，并以可控的方式进行操作。这种工作方法非常强大。人们正是通过这种工作方法发现了电学定律，发明了抗生素，制造了原子弹，发明了 X 射线，并产生了从太阳和风中收集与储存能量的技术。但是，正如另一位哲学家埃德蒙·胡塞尔（Edmund Husserl）在 20 世纪 30 年代所观察到的那样，这一切也是有风险的。〔他的著作直到几十年后才有了英文版，书名令人生畏：《欧洲科学危机和超验现象学》（*The Crisis of European Sciences and Transcendental Phenomenology*）。〕科学作坊里的空气非常洁净，让人心旷神怡，研究人员将自己与外界隔离，在作坊里得出的结果令他们满意，他们因此迷失了自己的方向。他们不想离开这个作坊。他们更喜欢生活在这个抽象的世界里，像天使一般远离尘世的纷乱。或者，更糟糕的是，在作坊里的发现看起来如此明确和清晰，仿佛是真理的灯塔，他们甚至忘记了科学作坊只是大千世界之中的一个特殊地方，而是开始认为它高于生活的其他部分，应该控制生活。胡塞尔说，这里存在着危险，因为科学作坊外的人会对这些生活在特权之墙中的人产生厌恶和不信任。

和沃格特一样，博洛格也卷入了科学作坊与大千世界之间的冲突。[699] 印度和墨西哥的农民根据他们的经验看待小麦：那是一种容易（或者说不容易）种植和收获的植物，可以用来制作具有特定品质面粉的谷物，是他们每天食用的、可以传达生活主张的面饼的来源，是一组气味、味道和颜色，是记忆和身份的存储库。这些是他们的体验。博洛格把小麦带进了科学作坊。在那里，博洛格实际上把小麦简化为一系列数字，包括植株高矮、抗御秆锈病程度、小穗数、开花日期等等。他测量这些数据是为了最大限度地增加另一个数字：可收获小麦的重量。所有这些都是完全正常的科学程序。他成功了：创造了多个小麦品种，这些品种能够抵抗多种类型的秆锈病，产量是普通小麦的两三倍。

但是，被忽略的是麸皮的颜色、谷物的质地、拥有几种不同类型面粉给人带来的愉悦，或者更重要的是，农民与土地之间的关联、农民与农民彼此之间的关系，以及一个社区或国家的权力结构。然后，是无处不在的贪婪。博洛格就像一个物理学家，他知道什么东西应该如何在理想的无摩擦平面上运作，然后，在有山丘也有山谷的现实世界中，这种东西却无法以同样的方式运作，这个时候，他感到了震惊。

科学家们说，科学作坊发现 A 是正确的，而外面的世界却要做B。但是世界上的人们注意到，当科学家们进入作坊的时候，他们将他们要研究的对象的其他所有东西都剥离掉了，只保留了一些可测量的量，而世界上的人们则认为，被剥离的东西是有价值的，甚至是必不可少的。科学家们无法理解那些坚持要去做 B 的人的抵制行为，而那些人则把这些科学家视为与他们价值观不同的高人一等的"外星人"——而且，他们的这种看法往往是正确的。为什么要听从那些并不知道你珍视什么的人的话？胡塞尔在 20 世纪 30 年代的著作中指出：随之而来的对专业知识的拒绝导致了对非理性的拥抱，最终为纳粹铺了路。毫无疑问，在人们拒绝转基因生物、核能、土壤枯竭、气候变化等科学主张的时候，前述情况也在上演。

沃格特想说的是，科学，或者至少是生态学，决定了人们生活中至关重要的方面。博洛格也说了同样的话。两人都是以对未来负责任的名义这么做的。当眼下的世界将他们推开的时候，他们感到困惑和受伤。这种困惑和受伤的感觉一直困扰着他们的晚年。他们在他们所理解的科学基础上开辟了一条道路，这是科学法则的逻辑结果。但是人们并没有注意到这一点。他们并没有心存感激。他们的行为，就好像自认为可以不受法则约束似的。

第五部分

一个未来

第十章　培养皿的边缘

特殊的人

1860 年 6 月 30 日，第 36 任牛津主教塞缪尔·威尔伯福斯[700] 出席了在牛津大学举行的英国科学促进会第 30 届年会。无数的学生都学过，威尔伯福斯在会议上攻击进化论，引发了一场即兴辩论，成为思想史上的一个"转折点"。我就是曾经被如此告知的学生之一。我的生物学教授解释说，这场辩论拉开了科学与宗教之间战争的序幕——宗教失败了。我当时的课本支持这位教授的观点。据说，威尔伯福斯的反进化论攻击被研究人员"谨慎而科学的辩护"推翻了。课本采用了本科生教材中不常见的夸张语句，说支持进化论的论点"巧妙地揭开了主教的头皮"。[701] 那一天，经验知识的力量击退了宗教无知的军队。[702]

这一切并非如此。那天在牛津，没有发生真正的辩论，也没有明显的胜利者，更不用说谁剥了谁的"头皮"。没有多少人关注这件事；在伦敦，没有一份报纸提到过这场辩论。[703] 那天的争论更多是关于人类在宇宙中的位置的两种观念，而不是科学理论和宗教信仰之间的辩论；不管怎么说，这次会议仍然很重要。这场辩论非但不是理性战胜信仰的持久胜利，反而引发了一场持续到今天的冲突，它既关乎过去，也关乎未来。

1860年，在那个时候，人们并不认为科学是普通人所无法接近的；科学促进会会议的与会者包括许多普通的中产阶级英国人，以及牛津大学的学生和教师。人群挤满了大学新建成的博物馆的大厅，甚至过道和门口也站满了人。在这个拥挤的、闷热的空间里，与会者脑海中的主题是查尔斯·达尔文的《物种起源》。这本书在7个月前刚刚出版，引发了公众的骚动，将受过教育的英国人分为支持进化论和反对进化论的两个阵营。[704]

威尔伯福斯的朋友们认为，他是带头指控达尔文理论的最合适人选。这位54岁的神职人员雄心勃勃、机智诙谐，有着丰富的政治背景，他以其表述流畅、令人信服的演讲而闻名，因此他的批评者们嘲讽地称他为"油嘴山姆"（Soapy Sam）。他的同盟者们确信，他那雄辩的公开谴责，将沉重打击达尔文主义。

或许，主教心里很清楚，另一位听众正准备予以反击：托马斯·亨利·赫胥黎。赫胥黎比威尔伯福斯年轻将近20岁，但他为他的朋友达尔文所做的激烈辩护和他对比较解剖学的贡献一样闻名于世。赫胥黎是一个穷孩子，没能上完大学，但他有雄心壮志，才华横溢，孜孜不倦地工作，并因此而升为教授。他性格暴躁，很容易动怒，喜欢那种充满人格诽谤的激烈战斗。

关于这次事件，我在大学课堂上学到的版本是这样的：这位主教讲了半个小时，他那戏剧性的、低沉而有力的声音在大厅里回荡，充满了对达尔文主义假定缺陷的攻击。很多观众都很兴奋，每一句挖苦的话都引来欢呼声和赞许的笑声。也许是在人群的刺激下，主教用一种他永远不会在讲坛上使用的冷嘲热讽的言辞结束了他那冗长乏味的演讲，犹如打出一记重拳。他带着诙谐的微笑转向赫胥黎，盛气凌人地问道："他声称自己是猴子的后裔，那么究竟祖父是猴子，还是祖母是猴子？"

（据我的教授说）赫胥黎听到这句不怀好意的俏皮话很高兴。他低声对邻座的一个人说："神将他交在我手里了。"——这句话出自《圣经》[1]705，说得再恰当不过了。然后，他站了起来。赫胥黎说，不，他不会为拥有一只猿作为祖先而感到羞耻，但是，"拥有一个将文化和口才的天赋出卖给偏见和谎言的祖先"才会让他感到耻辱。

当我听到这种对话方式的时候，跟我班上的其他同学一样，我咯咯地笑了起来。但我不明白，为什么这算是科学的胜利。我知道，主教的这句话暗示赫胥黎的一位祖父或祖母与一只动物发生过性关系，这番言辞说过头了。赫胥黎以这一失言为契机，以更直接的人身攻击方式进行反击。但这两个人都没有就进化论的问题发表任何实质性的言论。这怎么可能是理性思考的进步呢？706

达尔文和威尔伯福斯的一生都充满了悲伤。707达尔文有两个孩子在婴儿时期就夭折了，他喜爱的女儿在10岁时因病去世，威尔伯福斯不仅有一个孩子在婴儿时期夭折，还失去了一个成年儿子，甚至失去了刚刚生下第6个孩子的妻子。但是，悲伤把他们推向了相反的方向。达尔文无法将女儿痛苦的死亡与仁慈的上帝统治公正的宇宙这一理念相调和。甚至在女儿去世之前，他就已经背离了他年轻时的信仰；在女儿葬礼那天，对上帝的信仰就永远消失了。在《物种起源》一书中，"上帝"一词只是偶然地出现过一次。

主教则试图透过妻子之死所引起的"痉挛般痛苦的发作"，在上帝——"我灵魂的痛击者"——那里得到医治。最终，他开始相信，失去妻子这件"使生活黑暗下去，永远无法消弭"的事，实际上是在"呼召我采取另一种生活模式……一种更为严厉、更独立、更自责的

---

[1] 《圣经·撒母耳记上》23:7，译文选自和合本《圣经》。——译者注

生活"。他祈祷，她的死将"扼杀我所有雄心勃勃的欲望和尘世的目标，以及我对金钱、权力和地位的热爱"。在悲痛的净化下，他将成为基督教的战士。[708]

威尔伯福斯的演讲并没有文字记录。但他刚刚撰写了一篇 1.8 万个单词的文章，抨击《物种起源》，文章很快就发表在一份著名的文学期刊上。[709] 大多数历史学家认为，在牛津，主教只是阐述了他评论文章中对《物种起源》的批评。如果是这样的话，赫胥黎就面临着一个挑战，因为威尔伯福斯的评论远非无知。事实上，达尔文后来承认，这篇文章"非常精巧；[他] 熟练地挑出了所有最具猜测性的部分，并很到位地指出了所有的疑难问题"。[710] 威尔伯福斯有这样的科学论证能力并不奇怪：这位主教在牛津大学获得了一等数学学位，而且与达尔文一样，他也是英国最高科学机构——皇家学会的成员。

主教的聪明之处部分在于，他决定主要从科学的角度来攻击达尔文，而不是援引基督教教义。从其评判的一开始，威尔伯福斯就锋芒直指《物种起源》的最大弱点：缺乏一个物种从另一个物种进化的直接证据。[711] 主教推断，如果生命的历史充满了这些"嬗变"，那么也一定会有许多介于新旧之间的生物。这些中间生物的化石应该随处可见。"然而，达尔文先生和嬗变学家们的热切观察却从未发现过一个这样的例子，来使他们的理论得以确立。"如果这种进化是真实存在的，那么这些中间实体在哪里呢？[1]

威尔伯福斯用了 1.5 万多个单词对进化论存在的证据问题进行了批判性的分析，之后才开始关注他的主要问题：自然选择，即进化的

---

[1] 达尔文认为，当时的化石记录太不完整，无法显示进化的过渡，后来的发现将填补空白。几乎所有的科学家都认为他是正确的。从那时起，古生物学家（恐龙专家）发现了许多"缺失环节"的物种。其中一个例子是 2014 年发现的"古林达奔龙"（*Kulindadromeus zabaikalicus*）。它是一种体型较小的两足恐龙，既有鸟类的羽毛，也有恐龙的鳞片，这是恐龙进化为鸟类的典型例子。

机制。[712] 归根结底，自然选择的概念非常简单，甚至赫胥黎后来声称，他听说自然选择后的反应是："没有想到这一点，这是多么愚蠢啊！"达尔文认为，一些后代偶然与父母不同；比如说，其中的一些随机差异——肌肉更强壮——将是有益的（其他则不然）；具有有利变异的个体将有更好的机会复制和传递这些有利变异。达尔文认为，通过这种方式，自然选择确保了随机出现的有利特征在种群中传播。这一过程确保了所有物种随着时间的推移不断进化，随着变化的累积，最终产生新的物种。

在《物种起源》一书的最后几段中，达尔文用一幅画面总结了自己的想法：那是他经常经过的一处山坡，那里树木繁茂，树叶凌乱地交织在一起。他将那里称为"树木交错的河岸"，[713] 他要求读者把这里想象为一幅充满生机的图画："生长着不同品种的植物，鸟儿们在灌木丛中歌唱，各种各样的昆虫飞来飞去，还有蠕虫在潮湿的土地上爬行。"尽管山坡上的居民——地球上的生物——"彼此之间差异非常大，以极其复杂的方式相互依赖，［但它们］全部是由无处不在的自然法则产生的"。这里，重要的词是"全部"和"产生"。直观地看，这些生物可能各不相同，但在更深层次上它们都是相同的：所有的生物都是相同的。每一个物种都是由自然选择产生的，自然选择将决定它的未来。

每一个物种——包括人类，不是吗？达尔文回避了。在《物种起源》一书中，他始终刻意避免讨论自己的观点是否也适用于人类——比如，智人会不会只是他那"树木交错的河岸"上的另一棵杂草。[714]

达尔文的沉默并没有骗过主教。威尔伯福斯在他的评论中写道：如果自然选择指导着生物的进程，而人类是生物的一部分，那么明确的含义就是，"自然选择的原则［适用于］**人类**自身"。（注意粗体字的突然出现，主教怒吼着表示反对。）人类也一定是通过自然选择从以前的某些不算是人类的物种进化而来的，而不是真正的人类物种。

威尔伯福斯说，这种观念与对"人类道德和精神状况"的真正理解是"绝对不相容的"。[715]

主教认为，人类是上帝创造的，并被赋予了独特的才能。但是，如果像达尔文所说的那样，人类是由无思考能力的自然力创造出来的，那么他们就不可能有任何崇高的地位。如果智人与所有其他生物的本质没有不同——像威尔伯福斯开玩笑地说的那样，如果我们这个物种只是一群过于进取的"蘑菇"，那么，我们当然就没有什么特别之处了。

正如伦敦大学学院（University College London）地理学家西蒙·刘易斯（Simon Lewis）指出的那样，达尔文认为人类的产生过程与扁虫和变形虫的产生过程相同，这是又一次哥白尼革命，是生物学上的革命。第一次的哥白尼革命通常被认为始于16世纪早期，当时波兰-德意志博学大师尼古拉斯·哥白尼（Nicolaus Copernicus）根据阿拉伯和波斯几何学家的数据，以及他自己对天空的观察，提出了地球绕太阳运行，而不是太阳绕地球运行的理论。因为地球在运动，它不可能像人们所认为的那样成为宇宙的中心。科学史学家迪克·特雷西（Dick Teresi）指出，哥白尼革命既不是革命（因为它有漫长的进程），也不是专属于哥白尼的（因为它也是哥白尼以外的思想家的产物）。[716] 尽管如此，它还是对我们关于自己以及我们在宇宙中地位的观念产生了巨大影响。地球，我们的家园，不再是存在的轴心。它只是一个地方，是许多地方中的一个，没有什么特别。

与第一次哥白尼革命不同，第二次革命发生得很快，很大程度上是一个人思想的产物。[717] 但它也把我们这个物种从聚光灯下推了出去。正如刘易斯所说："我们甚至都不是地球上生物的核心。"达尔文暗示，因为人类产生的过程与产生所有其他生物的过程相同，所以智人只是和其他物种没有什么不同的一个物种。正是这场新的哥白尼革命引起了威尔伯福斯的愤怒。

在主教看来，人类和所有其他生物之间有一条基本的分界线。他很自然地用基督教术语描述了这种差异：人类有灵魂，动物没有；人类拥有上帝赋予的改变和救赎的能力，而动物则不然。但是，威尔伯福斯的观点可以用更宽泛、更笼统、不带宗教色彩的方式来表述：智人有一种内在的创造力和智慧的火焰，使其能够烧毁可能困住任何其他物种的屏障。或者，更简洁地说：人类并没有像所有其他生物那样，完全被自然过程控制。我们**不仅仅**是另一个物种。

由此看来，威尔伯福斯对赫胥黎关于猿祖先的评论不仅仅是一种讽刺挖苦。不管他自己有没有意识到，主教实际上是在问赫胥黎，是否准备确认他和所有其他人都是生物学的囚徒。赫胥黎被轻蔑蒙蔽了双眼，似乎没有意识到他的对手提出了一个重要的问题，尽管问题问得非常粗鲁。（几年后，重要的自然环境保护主义者乔治·珀金斯·马什称之为"重大问题"，问的是"人类是**属于**自然还是**高于**自然"。[718]）赫胥黎没有把握住这场争论的根本，甚至没有试图介入这些根本问题。后来，达尔文对"牛津大学关于'物种'的可怕斗争"[719]感到不寒而栗，但当时并没有发生真正的辩论。至少没有人真正尝试去围绕不同的信念讨论。

赫胥黎和威尔伯福斯都认为自己成功了。他们交锋后的三天，主教对一位朋友吹嘘道："我想，我彻底打败了他。"当然，听众中支持主教的人"欢呼雀跃"，因为他们也是这么认为的。赫胥黎同样感到高兴，他后来夸口说，他"在之后的整整 24 个小时里是牛津最受欢迎的人"。在接下来的几年里，赫胥黎和威尔伯福斯不时相遇。会面总是很亲切。两人都认为自己是胜利者，沉浸在胜利中的他们表现得宽宏大量。[720]

渐渐地，人们开始认为赫胥黎是胜利的一方。在 20 世纪 60 年代的学校里，作家克里斯托弗·希钦斯（Christopher Hitchens）学到的是"赫胥黎把威尔伯福斯打得落花流水，对他进行了尖锐的批评，把他彻底扫地出门了，诸如此类"。[721] 多年后我上大学时，学到的也是差不多的内容。威尔伯福斯和赫胥黎之间的争论被描绘成一出道德剧，以理性思辨大获全胜告终。直到很久以后，我才意识到，我们这个物种缺乏独特性的观念，其含义在今天与我的老师和教科书所介绍的有所不同。

在威尔伯福斯的时代，那些希望有更美好未来的人为赫胥黎欢呼，因为科学和技术似乎预示着更好的生活。然而在今天，科学和技术已经给人类事业带来了生存的风险，那些抱着希望的支持者已经从赫胥黎观点的某些含义中退缩了。巫师派和先知派各有各的未来蓝图。但是，这两类人都认为威尔伯福斯而非赫胥黎是正确的——他们都认为，人类是一种特殊的生物，能够逃脱其他成功物种面临的命运。如果说牛津辩论是一出道德剧，那么罪恶和美德已经溜到舞台之外，互换了面具。

对前述内容稍加修改（美洲鹤版）

林恩·马古利斯是赫胥黎的追随者。她告诉我，人类就像高斯的原生动物一样，会自我毁灭。当她这么说的时候，她是在肯定自己对达尔文观点的信念：生物法则适用于所有生物。与她交谈之后，我有时会跟其他人谈起她的观点，但很少有人能够接受，甚至那些同意的人也并不是完全赞同马古利斯的观点。他们告诉我，人类之所以注定灭亡，是因为人们贪婪而愚蠢，而不是像马古利斯所认为的那样，以自然的方式超出限度，继而崩溃，就像珊瑚礁和热带森林一样，是生命奇迹的一部分。但我也从未见过有谁能提出令人信服的理由，来证明她是错的。

马古利斯去世一年后，我偶然遇到了丹尼尔·B. 博特金（Daniel B. Botkin），他是一位生态学家，刚从加州大学圣芭芭拉分校退休。

博特金在许多领域都有研究，但最著名的可能是《不和谐的和声》（*Discordant Harmonies*，1990 年），这是一项经典的研究，揭穿了长期以来的一种信念，即除非人们干扰生态系统，否则生态系统将处于永恒的平衡状态。[722] 他与马古利斯很熟悉，也很尊敬她。"但是，在这一点上，她是错误的。"他说。

博特金说，如果有机会，并非所有的物种都会因为繁衍问题而灭绝。其中的一个例外是美洲鹤（*Grus americana*）。保护美洲鹤是北美洲历时最长的保护行动之一，美洲鹤是亚欧大陆上灰鹤（*Grus grus*）的姊妹物种；遗传学家认为，这两个物种是在 100 万到 300 万年前从一个共同祖先分离出来的。尽管这两种鹤的外形相似，但它们的生存方式却不同。虽然人类对灰鹤进行捕猎，但它们仍然有数十万只。只要有可能，这种鸟就会积极地扩张自己的领地，有时会侵占农民的田地，激怒农民。相比之下，美洲鹤则是生活在沼泽地中的一种害羞的生物，很少看到两个以上的群体；据我们所知，整个物种的数量从未超过 1 500 只。"爆炸性增长显然不是其进化战略的一部分。"博特金说。[723]

还有其他的例子，并不多，但确实存在。另一个例子也来自博特金：蒂伯龙蝴蝶百合（*Calochortus tiburonensis*）。[724] 它原产于加利福尼亚州北部，只生长在蛇纹岩土壤上，蛇纹岩是一种相对罕见的石头，能生成充满铬和镍的土壤，这种土壤对大多数植物来说是有毒的。蛇纹岩土壤通常出现在边界相对明确的孤立地块上。人们可能会说，这是天然的培养皿。这种百合的繁殖速度极其慢，从未超出环境的承受能力。它从未碰到培养皿的边缘。

我问博特金，是否知道有哪个物种**改变**了自己的进化策略，从高斯式快速扩张转为安静适应环境？有没有类似原生动物把自己变成了美洲鹤的例子？或者打个比方，有没有哪种植物以某种方式形成了自身所需的蛇纹岩土壤？这难道不是博洛格和沃格特各自以不同的方式所期望的吗？是否有一种特殊的东西——我们可以像威尔伯福斯那样称之为灵魂——能让人类做到这些？

"这就是问题所在，不是吗？"博特金说。

豁 免

丹尼尔·笛福（Daniel Defoe）著名小说[725]的主人公鲁滨孙·克鲁索为这个问题提供了一个可能的答案。克鲁索是小说中展现人类适应力和驱动力的令人印象深刻的例子。1659年，克鲁索遭遇海难，独自一人流落到委内瑞拉附近一座无人居住的岛屿上，在27年的孤岛生活中，他学会了捕鱼、捕猎兔子、驯养山羊、修剪柑橘树；他还用从沉船上救下的种子，开垦出一片"种植园"，种植大麦和水稻。（笛福并不知道，柑橘和山羊不是加勒比海本地的动植物，因此不太可能出现在岛上。）克鲁索因一艘船上的船员哗变而得救。这群哗变的船员计划把他们的船长放逐到这个据说无人的岛上。克鲁索帮助船长夺回了船，并让被击败的哗变船员们选择：要么在岛上永久流放，要么回到英国受审。所有人都选择了留在这个岛上。克鲁索已经让这个岛上的大部分生产力可以为人类所用，即使是一群无能的水手也能够在那里舒适地生存下来。

《鲁滨孙漂流记》（*Robinson Crusoe*）的前三章讲述了主人公如何踏上那次不幸的航程。克鲁索是一位英国商人最小的儿子，他有一种不安分的精神，这使他成了一个单干的奴隶贩子。在一次前往非洲的航行中，他的船被一艘"土耳其海盗船"扣下，海盗船的船长是来自摩洛哥的摩尔人。海盗船长将克鲁索"作为他自己的战利品"留下，克鲁索成了他的奴隶。在被迫劳役两年之后，克鲁索偷了主人的渔船逃走了。在没有食物和水的情况下，克鲁索驾驶着渔船在靠近非洲西海岸的海面上颠簸着。他被一艘开往巴西的葡萄牙奴隶船救起。在那里，有进取心的克鲁索建立了一个小型烟草种植园。但他缺少劳动力，于是决定与其他种植园主一起，乘船前往非洲，购买一些奴隶，以获得劳动力。这艘船在返航途中失事了。除了克鲁索，所有的人，包括那些奴隶，都淹死了。经过一番挣扎之后，他独自一人登上了这个岛。

令现代读者感到震惊的是，笛福认为，期待读者同情一个贩卖奴隶的人并没有什么值得大惊小怪的。克鲁索对奴役奴隶毫不犹豫，甚至更让人费解的是，他对自己沦为奴隶的生活也并未感到不安。从这方面来看，小说人物的确能反映作者的观点：笛福称赞奴隶制是"我们的贸易中最有利可图、最有用，也是绝对必要的一个方面"。他是这么说的，也是这么做的，他拥有皇家非洲公司（Royal African Company）的股份。[726] 该公司创建于 1660 年，旨在购买非洲的男性和女性奴隶，将他们套上链锁，运往美洲。当该公司在议会上遭到攻击的时候，笛福主动提出，要撰写一篇相当于社论的文章，支持该公司。为此，公司支付了他大约相当于 5 万美元的公关服务费。

笛福是他那个时代的产物。3 个世纪前，当他在写《鲁滨孙漂流记》的时候，从世界的一端到另一端的社会都依赖于奴隶的劳动，至少从古巴比伦的《汉穆拉比法典》开始就是这样。各地的习俗各不相同，但从毛里塔尼亚到亚洲，奴隶制在各地都得到了认可和实行。在奥斯曼帝国、印度莫卧儿帝国和中国明朝，有数以百万计的劳动者没有自由。在古典时期的雅典，2/3 的居民是奴隶；历史学家詹姆斯·C. 斯科特（James C. Scott）写道，罗马帝国"把地中海盆地的大部分地区变成了一个巨大的奴隶交易中心"。在近代早期的欧洲，奴隶并不常见，但葡萄牙、西班牙、法国、英国和荷兰在其美洲殖民地心满意足地大量剥削奴隶。仅在 18 世纪后半叶，就有近 400 万人从非洲被套上锁链带走。当时，在美洲各地的殖民地，从巴西到巴巴多斯，从南卡罗来纳到苏里南，奴隶对经济至关重要，他们的数量超过了主人，有时甚至是奴隶主人数的 10 倍。[727]

19 世纪，奴隶制几乎完全废止了。这种难以置信的变化令人震惊。1860 年，奴隶是美国最有价值的经济资产，总价值超过 30 亿美元，在美国国民生产总值还不到 50 亿美元的时候，这个数字令人瞠目结舌。（以今天的货币计算，这些奴隶的价值相当于 10 万亿美元。）[728] 美国南方的商人并没有像北方企业家那样投资工厂，而是将资本投到奴隶身上。从经济角度讲，奴隶的投资回报率比他们所能获得的任何其他商品都要高。被套上锁链的男人和女人使该地区在政治上变得强大，让贫困的白人阶层整体获得了社会地位。当时，奴隶制是社会秩序的基础。南卡罗来纳州参议员约翰·C. 卡尔霍恩（John C. Calhoun）曾鼓噪，奴隶制"不是一种邪恶，而是一种善行——一种积极的合乎道德的行为"。（卡尔霍恩绝不是边缘人物，他曾担任美国战争部长和副总统，后来成为国务卿。）然而，尽管这一制度具有巨大的经济价值，一部分美国人还是决定摧毁它，这给国民经济造成了巨大破坏，在这一过程中，还有 50 万公民丧生。

不可思议的是，反对奴隶制的转变就和奴隶制本身一样普遍。[729] 1807 年，在废奴主义者的不懈努力下，全球奴隶贸易的领导者英国禁止了其人口贩卖市场。1833 年和 1838 年颁布的两项法律解放了所有英国的奴隶。丹麦、瑞典、荷兰、法国、西班牙和葡萄牙也很快宣布奴隶贸易为非法，此后奴隶制被宣布为非法。就像黎明即将到来时闪烁的星星一样，世界各地的文化都与原本普遍存在的人口交易剥离。奴隶制依然存在；国际劳工组织估计，仍有近 2 500 万人没有人身自由，被强迫从事劳动。但在任何一个社会，奴隶制都不再是受法律保护的制度、社会结构的一部分了——这已与世界各地在两个世纪前的情况不同了。

历史学家们为这一非同寻常的转变找出了许多原因，其中最主要的原因是奴隶本身的激烈反抗。但另一个重要的原因是废奴主义者让全世界人民相信，奴隶制是一场道德灾难。在持续的大声疾呼中，一种数千年来对人类社会至关重要的制度被改写了。

在过去的几个世纪里，这种深刻的变化一再发生。另一个或许更大的例子是，自人类诞生以来，几乎所有已知的社会都是以男性征服女性为基础的。关于过去母系社会的传说比比皆是，但几乎没有考古证据证明它们的真实性。[730] 在很长的一段时间里，女性不自由对人类事业的重要性，就好像万有引力对天体秩序的重要性一样。女性受压制的程度因时代和地方而异，但女性从来没拥有过平等。美国南方和北方在奴隶制问题上发生了冲突，但他们在妇女地位问题上的观点是一致的：无论在南方还是在北方，妇女都不能上学，不能拥有银行账户，在许多地方，妇女不能拥有不动产。在欧洲、亚洲和非洲，女性的生活同样受到不同方式的限制。[731] 如今，女性在美国大学生中占多数，在美国劳动力中占多数，在美国选民中占多数。历史学家再次指出，这种时间上迅速、范围上混乱的转变有多种原因。但是，一个核心要素是思想的力量——妇女参政者的声音和行动。几十年来，她们在嘲笑和骚扰中坚持自己的立场。近年来，在同性恋权利问题上，可能也发生了类似的情况：先是一些孤独的倡导者受到了指责和嘲弄，然后，在社会和法律层面取得了胜利，最后，也许是一场缓慢的平等运动。

同样意义深远的是暴力事件的减少。[732]1 万年前，在农业刚刚出现的时期，社会通过组织成国家和帝国，为农田聚集劳动力，控制剩余的收成。这些社会立即显示出对战争的惊人兴趣。他们对暴力的嗜好不受日益繁荣或更高的技术、文化和社会成就的影响。古典时期的雅典在公元前 5 世纪和公元前 4 世纪处于顶峰时期，它也一直处于战争状态：与斯巴达的第一次和第二次伯罗奔尼撒战争、科林斯战争，与波斯的希波战争、提洛同盟战争，与埃伊纳岛的埃伊纳战争，与马其顿的奥林托斯战争，与萨摩斯的萨摩斯战争，与希俄斯岛、罗得岛和科斯岛的希腊同盟战争。[733] 希腊没什么特别之处——看看古代中国、撒哈拉以南非洲或中美洲的战争历史。看看近代早期的欧洲，那里的战争一场接着一场，接连不断，以至于历史学家们把它们归拢到一起，统一为一个名称，比如"百年战争"，或者更具破坏性的"三十年战争"。这些冲突的残酷程度令人难以理解；引用以色列政治学家阿扎尔·盖特（Azar Gat）所列举的数据，德国在"三十年战争"中损失了1/5到1/3的人口——"比德国在第一次世界大战和第二次世界大战中的伤亡人数的**总和**还要多"。[734] 这一统计数据发人深省：尽管屠杀技术不断发展，尽管在疯子十多年的统治下，德国有组织地杀害了数百万同胞，但德国在17世纪死于暴力的人口比例仍高于20世纪。

考古学家伊恩·莫里斯（Ian Morris）估计，在公元后的第一个千年这段时间里，每10人中就有1人死于暴力。[735] 从那以后，暴力活动减少——先是逐渐减少，然后突然减少。在第二次世界大战后的几十年里，暴力致死率下降到有史以来的最低水平。[736] 今天，与100年前或1 000年前相比，人类被同一物种的其他族群杀害的可能性要小得多。在这本书的读者的一生中，这是一个几乎没有人注意到的非同寻常的转变。想一想每天的头条新闻、中东以及非洲东北部地区的可怕冲突，谈论暴力的减少似乎是荒谬的。尽管如此，各种全球暴力统计数据都表明，我们似乎正在赢得政治学家约书亚·戈尔茨坦（Joshua Goldstein）所说的"对抗战争的战争"，至少目前看来是这样。

人们已经找出这种转变发生的多重原因。但作为这一领域的领先学者，戈尔茨坦认为，最重要的原因是像联合国这样的多国机构的出现，它们的起源应归功于20世纪的和平活动人士。这些组织并没有阻止所有的战斗。但戈尔茨坦说，随着时间的推移，它们以几乎无形的方式扼杀了那些在以前的时代会导致可怕暴行的冲突。[737]

过去的成功不能保证未来的进步。在过去 10 年里，暴力事件呈上升趋势，而且可能会变得更糟。[738] 人们很容易就能够想象到，一些可怕的政治或宗教叛乱可能导致奴隶制的恢复；许多叛乱势力肆无忌惮地残害妇女。近几十年来，全球贫困人口大幅下降，但仍有可能反弹。[739] 取得核武器的疯子可能会发动核袭击——这种可能性永远不会消失。正如作家布鲁斯·斯特林（Bruce Sterling）所说，作为人类，没有永久的胜利条件。

然而，考虑到这一记录，就连林恩·马古利斯也可能会停下来想一想。生活在 1800 年的欧洲人不会想到，2000 年的欧洲没有合法的奴隶制度，妇女可以投票，同性伴侣可以结婚。没有人能够料到，即使在经济糟糕的时期，一个几百年来一直在分裂的大陆也基本上没有发生武装冲突。没有人能够料到，欧洲会战胜饥荒。

要防止智人像高斯所展示的那样自我毁灭，就需要对马古利斯的思维方式进行更大的转变，因为我们会与自然相抗衡。这样做在生物学上没有成功的先例。这将是一场反向的哥白尼革命，表明人类从支配所有其他物种的自然过程中被豁免。然而，我们能够做到这一点吗？马古利斯在这件事上有可能弄错了吗？我们真的很特别吗？

再一次，让我们想想鲁滨孙·克鲁索。他是一个奴隶，但说到底，他也展现出了特殊的才能。面对生存的威胁，他彻底改变了自己的生活方式，以应对现实。他独自一人劳作，改变了这个岛，丰富了它的景观。然后，令他惊讶的是，他意识到，自己"在这种孤独状态下，可能会比在自由社会中，在世界上所有的快乐中，感到更幸福"。[740]

克鲁索独自生活在一个生物资源丰富的大岛上，他可以随心所欲地利用岛上的资源——可以说，他还没有超过高斯曲线的第一个拐点。马古利斯的假设是，如果他和哗变船员都留了下来，他们最终会到达第二个拐点，然后消亡。（我做出了一个不切实际的假设，即认为他们不会离开这个岛。）巫师派和先知派都认为，马古利斯错了——克鲁索和其他人本可以获得足够的知识来拯救自己。他们要么利用这些知识创造出超越自然约束的技术（就像巫师派所希望的那样），要么改变他们的生存策略，扩大他们自己的生存范围，生活在岛屿提供的稳定的居住环境之中（就像先知派所希望的那样）。

当然，克鲁索只是一个虚构的小说人物［尽管亚历山大·塞尔柯克（Alexander Selkirk）是真实存在的人——这个故事显然启发了笛福］。下一代所面临的挑战远远大于克鲁索的挑战。但是，在我们绕过第二个拐点的命运曲线之前，在大自然为我们这样安排之前，我们这个由偷换后留下的生灵组成的群体能够完全像克鲁索那样，改变我们的生活，迎接新的挑战吗？我可以想象马古利斯对此的反应：你把我们这个物种想象成某种大脑发达、高度理性、注重成本效益计算的计算机了！更好的类比是我们脚下的细菌！尽管如此，马古利斯必定是第一个同意这些观点的：解除女性和奴隶的枷锁已经开始释放 2/3 的人类被压抑的天赋。暴力的大幅减少已经避免了无数生命的丧失和惊人数量的资源浪费。难道我们真的不会利用这些天赋和资源来悬崖勒马吗？

我们的成功历史并不长。无论如何，过去的成功并不能保证未来会怎样。但是，如果我们能够把这么多其他事情都做得很好，而在这件事情上却搞砸了，那真是太可怕了。我们有足够的想象力看到我们潜在的终点，但却没有文化资源去避免它。我们有足够的能力把人类送上月球，但却不去关注地球。我们有足够的潜力，却不能合理利用它。最终，我们与培养皿中的原生动物没有区别。这将证明，林恩·马古利斯最轻蔑的信念终究是正确的。撇开我们的速度和贪婪、我们多变的活力和光芒，最终，我们可能只是一个平平无奇的物种。

附　录

附录一 为什么要相信？（第一部分）

几年前，我旁听了林恩·马古利斯的一门导论课程。她在课上把进化称为现代生物学的基石。一名学生举手说自己不相信进化论。"我不管你是否相信，"马古利斯回答说，"我只是想让你明白，为什么**科学家**会相信进化论。"她接着说，在此基础上，这位学生可以自己决定到底想要什么。

不久之后，我采访了英国著名进化生物学家约翰·梅纳德·史密斯（John Maynard Smith）。在我们谈话的过程中，我向他讲述了马古利斯对她学生的劝告。梅纳德·史密斯开心地笑了。他解释说，他之所以觉得这件事好笑，是因为马古利斯是主流进化理论的杰出批评者。她并没有质疑通过自然选择的进化的存在。但马古利斯认为，自然选择只是其中的一部分——从长远来看，共生和偶然性才是进化创新的更重要来源。梅纳德·史密斯认为，马古利斯错了。"但有一件事我非常佩服她，"我记得他说，"她是一个非常了不起的怀疑论者。即使她错了，她的错误也**卓有成效**。"

在正文中，我试图以马古利斯为例讨论气候变化——阐述为什么大多数科学家认为气候变化是由人类持续不断的活动造成的。这一信念来自一个半世纪以来大气化学和物理学研究的成果。但我也认为，这种信念本身并不强迫我们采取具体行动——很难知道我们对遥远的后代负有什么责任。人们只能自己来决定该怎么想。

现在，我想再次追随马古利斯，来论证怀疑论的作用。我所说的怀疑论并不是指那种认为气候科学是"骗局"的人身攻击。来自80个国家的大约4 000名科学家和这些国家的无数代表参与了政府间气候变化专门委员会上一份报告的编写。如果说，这数千名研究人员和政府官员都有一个邪恶的阴谋——并且，他们都对此保持沉默，就像他们的前任在之前的政府间气候变化专门委员会报告中所做的那样，那这么想是愚蠢的。尤其难以理解的是，为什么像伊朗和沙特阿拉伯这样的石油国家会参与制定政府间气候变化专门委员会报告，会参与一场旨在消除世界化石燃料的欺诈性努力。

然而，与此同时，从修辞方面来看，"骗局"一词反映了一些真实的东西。这是一种表达担忧的方式，人们担心环保主义者正在系统地夸大二氧化碳浓度上升的风险，暂且不去考虑这种担忧是多么不准确，或多么扭曲。在担忧者看来，活动人士正试图利用气候变化推动他们用其他方式无法推动的社会变化。2007年，活动家及记者内奥米·克莱恩（Naomi Klein）出版了《休克主义》（*The Shock Doctrine*）一书，书中指出，右翼精英们利用——甚至是在制造——经济危机，以此为借口迫使社会采取对企业有利的政策（大幅削减社会福利计划、减税、减少监管等等）。这些政策是作为危机的解决方案而提出的，但实际上，这是为了让提出这些政策的那些原本已经很富有的人更富有。一些全球变暖的否认者也以同样的方式看待气候变化，他们认为气候变化是一场夸大其词甚至虚设妄想的"危机"，而克莱恩等左翼人士则以此为借口，把自己的意志强加给他人（减少消费、推翻资本主义等）。当活动人士（准确地）反驳说，绝大多数研究人员都同意他们的观点时，这恰好证明研究人员也参与了这一阴谋。

为了避免这种情况，让我们暂时将科学（二氧化碳水平上升导致地球变暖）与拟议的补救措施（停止使用化石燃料）分离开来。

如果对大气中二氧化碳的基本物理认识被证明是错误的，那将是科学史上的一个重大事件。一般来说，如果整个学科是研究领域的一部分，那么它们不会出现大的错误。当然，在几个世纪的时间里，物理学家们一直错误地认为，外太空充满了一种被称为"以太"的神秘物质；但这种错误之所以存在，主要是因为研究人员无法测试以太的存在。在19世纪，可行的测试方法得到了发展，这种信念很快就被推翻了。自廷德尔以来，气候变化的研究在断断续续地进行着，大约从1960年开始了系统的研究，深入的研究始于1990年前后。考虑到这一长期的努力，向空气中排放大量二氧化碳会导致全球平均气温升高这一普遍共识如果是错的，那将是极不寻常的。[1]

考虑到这些模型已经做出了许多成功的定量预测，前述共识出错的可能性就更小了。741 一个早期的例子是1967年华盛顿国家海洋和大气管理局（National Oceanic and Atmospheric Administration）的两位研究人员真锅淑郎和理查德·T. 韦瑟罗德（Richard T. Wetherald）所做的预测。他们认为，低层大气和平流层将以相反的方式作用：前者的变暖将伴随着后者的变冷。由于平流层难以观测，这个观点直到2011年才得到证实。但是，它确实发生了。在发表最初的预测12年后，真锅淑郎和另外两位科学家预测了另一件事：陆地区域会比海洋区域的升温速度更快，而南极周围的升温速度最慢。事实证明，情况也是如此。类似的例子还有许多。

然而，尽管取得了这些成功，我们仍然不了解气候变化发生的速

---

[1] 一个可能的反例是膳食脂肪导致肥胖的理论。从1970年到2000年左右，这一观点一直占据了主导地位，但此后受到了强烈的挑战。如果膳食脂肪假说真的被证明是错误的，那么它将是科学史上的一个异常值，而人们相信它的时间将比二氧化碳理论短得多。

度或其确切影响。（我在介绍气候敏感性时讨论了这一问题。）这里存有质疑的余地。也许，大气对二氧化碳的反应不会像末日预言家们所担心的那样快。或者，影响会以我们尚不了解的方式分布开来。在我写这本书的时候，我请6位气候科学家指出他们认为最大的不确定性是什么——他们担心的原因可能是错误的。以下是他们的一些答案。

第一个不确定性直接源于这样一个事实，即今天没有任何计算机能够处理覆盖整个地球表面及其大气层的计算。因此，研究人员简化了他们的模型，将大气和地表视为一组立方体，每个立方体的边长约为24或32千米（不同的模型有不同的大小）。这些立方体被处理得好像是统一均匀的，当然在现实世界中，一个边长数千米的空气立方体可以容纳许多不同类型的云。或者，在一个立方体中，原本统一均匀的地面可以部分地被湖泊覆盖，部分地被山脉覆盖。为了处理这些变量，科学家们编写了一些方程式，试图接近实际情况。不可避免地，小错误会累积起来。要考虑这些小问题，就必须对模型进行"调整"。[742] 这意味着需要手动调整参数（例如，随着海拔变化温度发生的变化，或者热量在海洋中移动的方式）。然后，将调整后的模型与20世纪的天气记录进行比较，看看它们在多大程度上重现了这些模型。遗憾的是，这些模型也被认为可以**解释**同样的天气记录。不可避免的风险是，科学家会被自己欺骗，不经意间利用这些微调来掩盖模型的不精确性。这也意味着，使用该模型的其他科学家将不知道某个特定的预测是直接来自其背后的科学（好的方面），还是主要来自调整（坏的方面）。所有这些都没有任何见不得人的——所有大型物理模型都必须进行调整。但是，能否正确地使用它，这一直是令人担忧的问题。

所有模型在处理云的问题上都有困难，尤其是海洋上空的云（因为海洋覆盖了地球表面的大部分，这意味着大多数云是在海洋上空）。[743] 随着海洋变暖，海洋上方的空气变得更加潮湿，这就促进了云的形成。不断变化的云与大气中不断变化的风和气流以一种非常复杂的方式相互作用。湍流、对流、气流——所有这些都是棘手的物理问题，这是众所周知的。事实上，军方建造了这么多昂贵的风洞，其原因是航空工程师想要观察飞机在遭遇湍流时会发生什么情况，因为他们无法用数学很好地预测后果。这个问题只会变得更糟，因为现在需要考虑全球所有的云系统。低空云层往往会反射阳光，使周围的空气变冷。高空云层往往会捕获红外辐射，加热周围的空气。海洋变暖最终会把云层推向更高的大气层吗？它们会产生更多的低空雷暴吗？在一个更温暖的星球上，气流和水流会将云层向北或者向南推到它们原本的位置吗？哪些影响将占主导地位？不少科学家认为，这将长期成为不确定性的来源。

在对这些气候模型的描述中，有一个词没有出现：生物学。气候模型是由物理科学家建立的。然而，生物学告诉我们的一个教训是，生物深层次地、全面地塑造了世界。可以考虑一下甲烷水合物在北极的作用。[744] 陆地把有机分子排入水中，就像进到水里洗个澡的跳蚤一样。污水处理厂、肥料丰富的农场、游泳者的头皮屑——所有这些都做出了贡献。浮游生物和其他微小的海洋生物在大陆边缘排放物最多的地方繁衍生息。当这些生物死亡后，它们的身体会慢慢沉入海底。微生物以生物尸体为食。相信见过池塘表面冒出气泡的人都理解，这些微生物在进食和生长时会释放出甲烷气体。（前文提过，甲烷是气候变化的一个有力动因。）在这些寒冷的深处，在高压下，水和甲烷相互反应：水分子连接成晶体晶格——用术语来说，就是"甲烷水合物"，它捕获甲烷分子。如此大量的甲烷储存在甲烷水合物中，这让研究人员担心，如果它们释放到空气中，就可能引发气候灾难性变化。

2017 年，伍兹·霍尔海洋研究所（Woods Hole Oceanographic Institute）的科学家们试图测量从挪威北冰洋海岸渗出的甲烷，那里的海洋变得比过去温暖了。科学家们发现，推动甲烷上升的变暖过程也在将营养物质从海底输送到海面。这些营养物质正在滋养大量的浮游植物。令科学家们感到惊讶的是，浮游生物通过光合作用吸收了大量的二氧化碳，从而抵消了甲烷带来的影响。这个小例子体现了一个普遍问题：我们一直以来对生物作用的无知。[745]

这类问题并不局限于微生物。对于全球森林吸收了多少二氧化碳，没有人能够准确地给出计算数字。总而言之，提高二氧化碳含量常常会促进植物的生长。这是一种负反馈，因为它往往会降低同样的二氧化碳含量。但是，增加植物覆盖面积（术语为"叶面积指数"）也会使一些裸露区域变暗。这是一个正反馈，因为黑暗区域倾向于反射较少的阳光到太空中。其影响是复杂的，而且是不统一的。在北方地区，茂密的森林似乎改变了全球的风的模式。在南方地区，较高的叶面积指数会影响地下水位；反过来，它又会受到地下水位的影响。2017 年，一个国际研究团队在《自然气候变化》（*Nature Climate Change*）杂志上给出估算：在过去 30 年中，"地球绿化"使大约 1/8 的地表变暖得到"缓解"。没有人知道这种情况是否会持续下去。

重申一下，这一切并不意味着气候变化没有发生，也不意味着支持气候变化的科学是不正确的。相反，这意味着，卡伦德及其继任者阐明的基本物理机制受到其他因素（植物、云的增加）的调节，这些因素可能会减少——或者极有可能放大——其影响，而我们目前还不了解这些因素的调节方式。由于这些不确定性，气候系统充满了"自然变数"，科学家们还无法确定这些变化的原因。在第 7 章中，我描述了我的朋友罗布于 2016 年发表的模型，该模型描述了不断上升的二氧化碳如何导致南极快速融化。[746] 南极洲西部——大致来说，就是南极洲面向南太平洋的部分——的温度近年来有所上升。我们很容易将上升的温度和罗布的理论计算结合起来，得出一幅图景：南极洲正在对我们的二氧化碳做出反应，这可能会淹没从迈阿密到孟买的沿海城市。很自然，其结果是，这一信息出现在世界各地的报纸头条。

但是一年后，另外两个研究团队查看了历史数据并得出结论，南极洲西部的气温上升在自然变化范围之内（南极半岛的气温可能例外，该地区几乎延伸到南美洲的南端）。这两个研究团队的结果并没有与我朋友的研究工作相矛盾。他们查看的是不同的数据，并因此得出不同的结论：南极正在变暖，但与过去没有什么不同。

所有的相关人员都相信，人类造成的气候变暖正在发生，问题的关键在于，变暖的速度多快，变暖的时间多长，以及其后果如何。罗布说：速度和后果是这样的。其他两个研究团队则说：不，我们认为，它们看起来是**那样的**。

在我看来，怀疑的巨大价值就在于此。无论是巫师派还是先知派占上风，无论未来使用成千上万的核电站还是数百万的成网络体系的太阳能设施，降低气候变化的风险都将是昂贵的，在政治上也是困难重重的。如果应对气候变化的成本（比如）避免了海平面快速上升，那么，这个成本将是非常值得付出的。但是，如果把大笔资金花在一个幻想出来的怪物身上，其后果将是负面的——支出太多可能与支出太少一样糟糕。

有时，人们总是希望这个问题会消失，大家会说，通过废除这个或那个毫无意义或腐败的政府计划，可以很容易地为某些首选措施买单，以此来消除这个问题。但是，许多所谓的"滥用"实际上反映了对政府应该做什么的不同看法。一个人认为的"浪费性支出"是另一个人认为的"重要政府职能"。对于一种性格的人来说，在降低二氧化碳含量上花费过多可能会导致国家面临敌对势力入侵的危险，或者无法改善其有形的基础设施。对于另一种性格的人来说，这种风险以造福子孙后代的名义，在教育、卫生和社会投资方面欺骗今天的穷人。这种担忧可以说得更直白一些。如果像大多数经济学家所认为的那样，明天的人们将比今天的人们更加富裕，那么危险在于，我们最终会更加重视明天的富人，而不是今天的穷人。

　　富有成效的怀疑论者的巨大价值在于，正如梅纳德·史密斯所建议的那样，即使他们被证明是错误的，也应该赞美他们，因为他们迫使倡导者思考这些问题。当然，有时怀疑论者是对的。梅纳德·史密斯认为，林恩·马古利斯在自然选择对于进化的相对重要性方面持怀疑态度是不正确的。但是，他同样对马古利斯关于植物和动物在进化树中缺乏重要性的怀疑态度不屑一顾——好吧，这倒是恰如其分的。

附录二　为什么要相信？（第二部分）

对人类造成的气候变化风险的科学证据持怀疑态度，与对转基因食品、植物和动物的安全性的科学证据持怀疑态度，二者之间的相似之处虽然不准确，但也很明显。在这两种情况下，怀疑论者都认为，大量的科学证据是不可信的，因为科学家们自己的动机不纯——他们要么拿了贪婪公司的钱，要么是反人类鼓动者的智慧工具。在这两种情况下，怀疑论者经常声称，另一方的行为是不诚实的，他们鼓吹了一场虚假的危机（世界变暖、饥荒风险），在这场危机中，他们可以将自己偏爱的想法（反工业化、企业资本主义）作为唯一可能的解决方案。

还有另外一个相似之处。在附录一中，我认为，认识到一个问题，并不意味着自动接受其严重性或该问题的任何特定解决方案。在卓有成效的讨论中，这将让人们寻求对风险的管理：如果问题正如激进活动家所认为的那样严重，风险有多大？如果花费太多的时间、金钱和精力来解决一个后果不是很严重的问题，因而无法实现其他目标，那样的风险有多大？

下面列出的是，代表数千名研究人员的 9 个不同科学小组关于转基因生物安全风险的声明摘录（如果想要阅读完整报告，可以在网上搜索）。总的来说，这些团体支持转基因食品，就跟政府间气候变化专门委员会支持气候变化一样——一大部分科学家有意识地试图阐明在他们的领域中被普遍接受的观点。鉴于以下陈述，根据我们今天所知道的情况，几乎没有理由认为，摄入转基因食品会对人类健康造成任何不寻常的风险。

这是否意味着每个人都应该接受它们？不一定。但是，如果讨论从几乎毫无争议的转基因生物安全转移到有争议的实际对象，那将是有益的：当前的工业化农业，加上新的技术，是否能够长久地养活世界上的 100 亿人口？或者，如果所涉及的（生态的、经济的、精神的）危险足够大，是否需要对其进行彻底改造？

美国国家科学院（The National Academies of Sciences，2016 年）

"对动物的研究和对转基因食品化学成分的研究表明，与食用非转基因食品相比，没有任何差异表明食用转基因食品更多地增加人类健康风险……委员会无法找到有说服力的证据，证明食用转基因食品会直接对健康产生不良影响。"

"转基因作物：过去的经验和未来的前景"委员会，美国国家科学院、工程院和医学院，2016，《转基因作物：经验与前景》，华盛顿：国家科学院出版社。

世界卫生组织（2014 年）

"目前在国际市场上出售的转基因食品已通过安全评估，不太可能对人类健康构成风险。此外，在已批准此类食品的国家，没有显示普通民众食用此类食品对人类健康产生任何影响。"

关于转基因食品的常见问题，世界卫生组织，2014 年 5 月（世界卫生组织针对世界卫生组织成员国政府提出的问题和担忧编制）。

美国科学促进会（2012年）

"科学研究已清楚地证实：利用现代生物技术分子技术改良作物是安全的。"

美国科学促进会董事会关于转基因食品标签的声明，2012年10月20日。

美国医学会（American Medical Association，2012年）

"生物工程食品已经被消费了近20年，在此期间，经同行评议的文献中没有报告和/或证实其对人类健康产生明显后果。发生不良事件的可能性很小，主要是由于横向基因转移、过敏性和毒性……［但是］深入细致的上市前安全评估和美国食品和药物管理局要求在标签上披露生物工程食品与传统食品之间的任何实质性差异，都能有效确保生物工程食品的安全。"

科学和公共卫生理事会报告2［A-12］；生物工程食品标签［第508和509-A-11号决议］，2012年。

欧洲联盟（2010年）

"从130多个研究项目的努力中得出的主要结论是，生物技术，尤其是转基因生物技术，不比传统的植物育种技术更具风险，这些项目涵盖了25年多的研究时间，涉及500多个独立的研究小组。"

研究与创新总局，欧盟委员会，2010年，《欧盟资助的转基因研究十年（2001—2010）》，布鲁塞尔：欧盟。

美国细胞生物学学会（American Society for Cell Biology，2009年）

"转基因作物非但没有对公众健康构成威胁，反而在许多情况下改善了公众的健康。"

美国细胞生物学学会，美国细胞生物学学会支持转基因生物研究的声明，新闻稿，2009 年 1 月 30 日。

伦敦圣乔治大学细胞和分子医学系的研究人员（Researchers from the Department of Cellular and Molecular Medicine, St George's University of London，2008 年）

"来自转基因作物的食品已经被全世界数亿人消费超过 15 年，没有报告显示任何不良影响（或与人类健康相关的法律案件），尽管许多消费者来自最爱打官司的国家——美国。几乎没有文献证明转基因作物具有潜在的毒性……食品中存在外源 DNA 序列本身对人类健康没有内在风险。"

S. 基（S. Key）等，2008 年，《转基因植物与人类健康》，《皇家医学会杂志》第 101 期，第 290—298 页。

德国科学与人文学院联合会（Union of German Academies of Sciences and Humanities，2006 年）

"由于必须对它们实施严格的测试和控制，获准在欧盟和其他国家上市的转基因产品不可能比传统来源的相应产品带来更大的健康风险。"

转基因生物跨学科小组倡议，德国科学和人文学院联合会，2006 年，《食用转基因食品对消费者的健康有危害吗？》，声明，国际研讨会，柏林。

法国科学院（French Academy of Science，2002 年）

"根据严格的科学标准，所有针对转基因生物［健康问题］的批评基本上都可以被拒绝。"

R. 杜斯（R. Douce）编，2002 年，《修改后的植物》，巴黎：拉瓦锡出版社（科学与技术领学院研究报告 13）。

致　谢

我在本书的序中提到了我的女儿。出于公平和家庭和睦的考虑，请允许我提及我的另外两个孩子，他们的未来对我来说同样重要。这本涉猎广泛的大部头著作是为纽厄尔（Newell）、埃米莉娅（Emilia）和舒勒（Schuyler）撰写的，是献给他们的。

在撰写本书的整个过程中，无数人帮助过我。"萨乌德之子"（Sons of Saude）的罗莉·纳特维格（Rollie Natvig）领我拜访了艾奥瓦州的斯堪的纳维亚人聚居区。肯特·马修森（Kent Mathewson）开车带我去了坑洞镇。海伦·伯格拉夫（Helen Burggraf）在伦敦接待了我。乔什·葛（Josh Ge）带我参观了内蒙古的碳捕集工厂、上海和柳州的供水系统，以及老挝和泰国的橡胶农场（遗憾的是，我从手稿中删掉了这一部分）。尚赫马拉·森（Shankhmala Sen）帮助我穿越印度煤田，为我解决餐饮住宿，并为我做翻译。阿奎尔·可汗（Aqueel Khan）为我去见尚赫马拉做了安排。兰斯·瑟纳（Lance Thurner）和马特·里德利（Matt Ridley）允许我分享了他们尚未发表的研究成果。里克·贝利斯（Rick Bayless）带我参观了他的种植园。舒勒·曼（Schuyler Mann）负责检查笔记和参考书目。布鲁斯·伦德比（Bruce Lundeby）帮助我收集挪威的史料。韦斯特·赫斯（Westher Hess）和诺姆·本森（Norm Benson）为我提供了有关韦斯特父亲沃尔特·罗德民的照片和论述材料。（本森即将出版罗德民的传记，我已经迫不及待想读了。）在一个寒冷的冬日早晨，博洛格基金会的马克·约翰逊（Mark Johnson）带我参观了那片农庄。马杜拉·斯瓦米纳坦（Madhura Swaminathan）邀请我去金奈，拜会她的父亲；我要感谢她和 M. S. 斯瓦米纳坦研究基金会（M. S. Swaminathan Research Foundation）的盛情款待，感谢他们愿意让我翻阅他们的论文和其他许多资料。我对斯瓦米纳坦教授的访谈记录将在基金会网站上发布。

在美国的北卡罗来纳州［安妮·H. 李（Anne H. Lee）］、艾奥瓦州［简·维尔达（Jan Werda）］、俄亥俄州［多蒂·诺茨（Dottie Nortz）］、长岛［奥特曼研究服务处（Ottman Research Services）］，以及网络上［辛西娅（Cynthia）和格伦·克拉克（Glenn Clark）］，各方面的系谱学家们为我查找史料。请允许我向罗杰·乔斯林（Roger Joslyn）致敬，他是一位注册系谱学家，他沉着冷静地引导我穿梭于纽约市政官僚机构之中。利兰·古德曼（Leland Goodman），王牌中的王牌，为我制作了插图；尼克·斯普林格（Nick Springer），再一次为我配置了地图。认识他们我感到非常幸运。

我曾多次与凯文·凯利（Kevin Kelly）、尼尔·斯蒂芬森（Neal Stephenson）、比尔·麦克吉本、乔伊斯·查普林、泰勒·考恩（Tyler Cowen）、拉里·史密斯（Larry Smith）、彼得·卡雷瓦（Peter Kareiva）、卡西·菲利普斯（Cassie Phillips）、温·斯蒂芬森（Wen Stephenson）、艾伦·鲁佩尔·谢尔（Ellen Ruppel Shell）、鲍勃·波林（Bob Pollin）、达瓦·索贝尔（Dava Sobel）、迪克·特雷西、加里·陶贝斯（Gary Taubes）、莉迪亚·朗（Lydia Long）、泰勒·普雷斯特（Tyler Priest）、丹尼尔·博特金，尤其是雷·曼（Ray Mann，

是生活中的伙伴，更是思想上的伙伴）讨论过《巫师与先知》的部分内容，或全部内容。他们中的一些人不同意我的观点，不吝直言且颇有裨益；还有一些人在书中看到自己的名字可能会感到惊讶。在一次对话中，斯图尔特·布兰德向我建议了这本书的书名；在另一篇文章中，卡伦·墨菲（Cullen Murphy）给出了书名的建议，我采用了这一最终版本，这是他第二次为我这样做。

我写得越多，就越是感激我的第一批读者：那些勇敢、善良的人，愿意阅读我尚未付梓的部分或全部手稿。我要感谢达伦·阿西莫格鲁（Daron Acemoglu）、乔尔·伯恩、詹姆斯·博伊斯、斯图尔特·布兰德、安娜·凯塞多（Ana Caicedo）、罗伯特·克里斯、罗伯特·德孔托、露丝·德弗莱斯（Ruth DeFries）、埃尔勒·埃利斯（Erle Ellis）、丹·法默（Dan Farmer）、贝西·哈特曼、苏珊娜·赫克特（Susanna Hecht）、杰弗里·凯格勒（Jeffrey Kegler）、麦琪·科尔思-贝克（Maggie Koerth-Baker）、简·兰代尔、迈克尔·林奇、特德·梅利洛（Ted Melillo）、纳拉亚南·梅农（Narayanan Menon）、奥利弗·莫顿、拉姆兹·纳姆、苏尼塔·纳拉因、雷蒙德·皮尔伦伯特、迈克尔·波伦（Michael Pollan）、马特·里德利、路德·泰勒（Ludmila Tyler）和卡尔·齐默（Carl Zimmer）。他们都发现了本书中不恰当的表述、有偏差的理解、逻辑性的谬误，以及低级的常见错误。奥利弗·莫顿非常温和地指出，我错把"十亿"写成了"百万"，这是一个差了三个数量级的错误。我很感激他以及所有人对在阅读中发现的错误所持的宽容态度。当然，依然会有意想不到、本不该出现的错误没有被发现，这是我个人的失误。

本书得以完成，离不开洛克菲勒基金会［米歇尔·贝克曼（Michele Beckerman）和李·希尔齐克（Lee Hiltzik）帮助我查找相关图像和文件］、古根海姆基金会［安德烈·伯纳德（Andre Bernard）］、丹佛公共图书馆（Denver Public Library）［科伊·德拉蒙德-格里戈（Coi Drummond Gehrig）发现了乔安娜、玛乔丽和比尔·沃格特的精彩照片]、普林斯顿大学、史密斯学院、国会图书馆、艾奥瓦大学、威斯康星大学和明尼苏达大学。感谢这些个人和机构团体给予我的帮助。

我的幸运还体现在编辑工作方面。首先，是那些允许我使用他们的文章以丰富本书内容的人：《大西洋月刊》（The Atlantic）的科尔比·库默尔（Corby Kummer）和斯科特·斯托塞尔（Scott Stossel），《猎户座》（Orion）的安德鲁·布莱奇曼（Andrew Blechman），《连线》（Wired）的苏珊·默奇科（Susan Murcko），《国家地理》（National Geographic）的芭芭拉·保尔森（Barbara Paulsen）和杰米·什里夫（Jamie Shreeve），《名利场》（Vanity Fair）的卡伦·墨菲，《太平洋标准》（Pacific Standard）的玛丽亚·斯特里欣斯基（Maria Streshinsky），《科学》的蒂姆·阿彭泽勒（Tim Appenzeller）、科林·诺曼（Colin Norman）和伊丽莎白·卡洛塔（Elizabeth Culotta），还有《纽约时报》的卢克·米切尔（Luke Mitchell）。此外，还有我的编辑和他在克诺普夫出版社（Knopf）的团队：知识广博且精益求精的乔恩·西格尔（Jon Segal）、耐心细致的凯文·伯克（Kevin Bourke）和出类拔萃的苏珊娜·斯特吉斯（Susanna Sturgis）。这本书是我与乔恩的第 6 次合作。这是我第 9 次与我的经纪人里克·巴尔金（Rick Balkin）合作。如果说我珍视他们的关心、关注和友谊，也只是轻描淡写而已。

最后，特别感谢：

安德鲁·布莱奇曼（感谢他在关键阶段运用他的编辑技巧，帮助我整理和全方位思考这些材料），苏珊娜·赫克特（在日内瓦和洛杉矶，与我进行了无数次讨论，提出了阅读建议，并给予了热情的款待），迈克尔·波伦［我打乱了他的计划，而他也因此打乱了他妻子朱迪思·贝尔泽（Judith Belzer）的计划］，以及林恩·马古利斯，与她仅有的几次交谈就足以改变我的人生，我多么希望，此时此刻，她能够在这里告诉我，说我在一切事情上都做错了！

当我在这个项目上摸索着向前推进的时候，我最亲密的老朋友马克·普卢默（Mark Plummer）离开了这个世界。与马克20多年的交谈——20多年他那鞭辟入里的批评——贯穿了这本书的每一行。《巫师与先知》是我多年来第一部他没有阅读过的大部头作品，这一事实让我有一种难以言表的伤感。我多么怀念那些以这样的话开始的通话："我听到你这里说的是……"

缩略语

ALP = Aldo Leopold Papers, University of Wisconsin*

AM = *Atlantic Monthly*

AOA = Norman Borlaug oral history interview, 12 May 2008, American Academy of Achievement, Washington, DC*

BCAG = *Boletín de la Compañia Administradora del Guano*

BDE = *Brooklyn Daily Eagle*

BestR = Vogt, W. 1961–62(?). Best Remembered (unpub. ms.) Ser. 2, Box 4, FF2, VDPL

CCD = Correspondence of Charles Darwin*

CIMBPC = Norman Borlaug Publications Collection, International Center for Wheat and Maize Improvement, Texcoco, México (portions*)

GEC = *Global Environmental Change*

GFA = Vogt files, Guggenheim Foundation Archives, New York, NY

HS = *Hempstead (N.Y.) Sentinel*

HOHI = M. King Hubbert oral history interview by Ronald Doel, 4 Jan–6 Feb 1989, Niels Bohr Library and Archives, American Institute of Physics*

IEA = International Energy Agency

LHNB = Norman Borlaug oral history interview by Paul Underwood, 2007(?), www.livinghistory.net*

LPMJS = *London, Edinburgh, and Dublin Philosophical Magazine and Journal of Science*

NBUM = Norman E. Borlaug papers, University Archives, University of Minnesota, Twin Cities*

NYT = *New York Times*

OGJ = *Oil & Gas Journal*

PNAS = *Proceedings of the National Academy of Sciences* (many articles*)

PPFA1/2 = Planned Parenthood Federation of America Records, 1918–1974/1928–2009, Sophia Smith Collection, Smith College, Northampton, MA

PTRS = *Philosophical Transactions of the Royal Society* (sometimes A or B)

QJRMS = *Quarterly Journal of the Royal Meteorological Society*

RFA = Rockefeller Foundation Archives, Tarrytown, NY

RFOI = Norman Borlaug oral history interview by William C. Cobb, 12 June 1967, RG 13, Oral Histories, Box 15, Folder 7, RFA (also at TAMU/C*)

Some Notes = Vogt, W. W. 1950s(?). Some Notes on WV for Mr. Best to Use as He Chooses, Series 2, Box 5, FF21, VDPL

TAMU/C = Norman Borlaug papers, Texas A&M, CIMMYT records*

VDPL = William Vogt Papers, Denver Public Library Conservation Archives

VFN = Field notes, William Vogt, Ser. 3, Box 7, VDPL

VIET = Vietmeyer, N. 2009–10. *Borlaug*. 3 vols. Lorton, VA: Bracing Books.

VvV = *Frances Bell Vogt vs. William Walter Vogt*, Nassau County, L.I., Index no. 3959, Microfilm roll 117, civil cases 3937–3975

WP = *Washington Post*

* = available gratis online at time of writing

In addition, I abbreviate some publishers' names:

CUP = NY: Cambridge University Press

HUP = Cambridge, MA: Harvard University Press

MIT = Cambridge, MA: MIT Press

OUP = NY: Oxford University Press

UCP = Berkeley, CA: University of California Press

YUP = New Haven, CT: Yale University Press

参考文献

1000 Genomes Project Consortium. 2015. "A Global Reference for Human Genetic Variation." *Nature* 526:68–74.

Abbot, C. G., and F. E. Fowle. 1908. "Income and Outgo of Heat from the Earth, and the Dependence of Its Temperature Thereon." *Annals of the Astrophysical Observatory of the Smithsonian Institution* 2:159–76.*

Abdullah, A. B., et al. 2006. "Estimate of Rice Consumption in Asian Countries and the World Towards 2050." In Pandey, S., et al., eds. *Proceedings for Workshop and Conference on Rice in the World at Stake*. Los Banos, Philippines: IRRI, 2:28-43.

Aboites, G., et al. 1999. "El Negocio de la Producción de Semillas Mejoradas y su Rol en el Proceso de Privatización de la Agricultura Mexicana." *Espiral* 5:151–85.

Adams, W. G., and R. E. Day. 1877. "The Action of Light on Selenium." *PTRS* 167:313–49.

———. 1876. "The Action of Light on Selenium." *Proceedings of the Royal Society of London* 25:113–17.

Adelman, M. A. 1995. *Genie Out of the Bottle: World Oil Since 1970*. MIT.

———. 1991. "Oil Fallacies." *Foreign Policy* 82:3–16.

Adelmann, G. W. 1998. "Reworking the Landscape, Chicago Style." *Hastings Center Report* 28:S6-S11.

Aharoni, A., et al. 2010. "SWITCH Project Tel-Aviv Demo City, Mekorot's Case: Hybrid Natural and Membranal Processes to Upgrade Effluent Quality." *Reviews in Environmental Science and Biotechnology* 9:193–98.

Ahlström, A., et al. 2017. "Hydrologic Resilience and Amazon Productivity." *Nature Communications* 8:387.*

Ahluwalia, M. S., et al. 1979. "Growth and Poverty in Developing Countries." *Journal of Development Economics* 6:299-341.

Ainley, M. G. 1979. "The Contribution of the Amateur to North American Ornithology: A

Historical Perspective." *The Living Bird* 18:161–77.

Alatout, S. 2008a. "Bringing Abundance into Environmental Politics: Constructing a Zionist Network of Water Abundance, Immigration, and Colonization." *Social Studies of Science* 39:363–94.

———. 2008b. "'States' of Scarcity: Water, Space, and Identity Politics in Israel, 1948–59." *Environment and Planning D: Society and Space* 26:959–82.

Alexander, J. 1940. "Henry A. Wallace: Cornfield Prophet." *Life,* 2 Sep.

Alexandratos, N., and J. Bruinsma. 2012. World Agriculture Towards 2030/2050: The 2012 Revision. ESA Working Paper No. 12-03. Rome: United Nations Food and Agricultural Organization.*

Allan, R., et al. 2016. "Toward Integrated Historical Climate Research: The Example of Atmospheric Circulation Reconstructions over the Earth." *WIREs Climate Change* 7:164–74.

Allitt, P. A. 2014. *Climate of Crisis: America in the Age of Environmentalism.* NY: Penguin Press.

Altholz, J. L. 1980. "The Huxley-Wilberforce Debate Revisited." *Journal of the History of Medicine and Allied Sciences* 35: 313–16.

Amarasinghe, U. A., and V. Smakhtin. 2014. *Global Water Demand Projections: Past, Present, and Future.* IWMI Research Report 156. Colombo: International Water Management Institute.*

Anderson, B. S., and J. P. Zinsser. 2000 (1988). *A History of Their Own: Women in Europe from Prehistory to the Present.* 2 vols., 2nd ed. OUP.

Anderson, R. N. 1999. *U.S. Decennial Life Tables for 1989–91: United States Life Tables Eliminating Certain Causes of Death,* vol 1, no. 4. Hyattsville, MD: National Center for Health Statistics.*

Anglo-American Committee of Inquiry. 1946. *A Survey of Palestine.* 3 vols. Jerusalem: Government Printer.*

Ångström, K. 1900. "Ueber die Bedeutung des Wasserdampfes und der Kohlensäure bei der Absorption der Erdatmosphäre." *Annalen der Physik* 308:720–32.*

Anikster, Y., et al. 2005. "Spore Dimensions of *Puccinia* Species of Cereal Hosts as Determined by Image Analysis." *Mycologia* 97:474–84.

Anonymous. 1984. *The History of Wrestling in Cresco.* Cresco, IA: Cresco High School.

———. 1954. *Race 15B: Stem Rust of Wheat.* Washington, DC: Agricultural Research Service, U.S. Department of Agriculture (ARS 22-10).*

———. 1949. "Vogt's Stand Costs Job." *Science News Letter* 56:424.

———. 1940. "Report of the Secretary of the Linnaean Society of New York for the Year 1938–1939." *Proceedings of the Linnaean Society of New York* 50/51:79–82.

———. 1915a. *Atlas of Howard County, Iowa.* Chicago: W. H. Lee.

———. 1915b. *Standard Historical Atlas of Chickasaw County, Iowa.* Chicago: Anderson Publishing Co.

————. 1889. "John Ericsson" (obituary). *Science* 13:189–91.*

————. 1883. "Photometry—No. IV." *Engineering* (London) 35:125.*

————. 1870. "Utilisation Industrielle de la Chaleur Solaire." *Le Génie Industriel* 39:309–12.*

————. 1860a. "Science: British Association." *Athenaeum Journal*, 7 July, pp. 18–32.*

————. 1860b. "Science: British Association." *Athenaeum Journal*, 14 July, pp. 59–69.*

Ansolabehere, S., et al. 2007. *The Future of Coal: Options for a Carbon-Constrained World.* MIT Interdisciplinary Study Report. MIT.*

Aristotle. 1910 (ca. 350 BC). *De Iuventute et Senectute, de Vita et Morte, de Respiratione*, trans. J. I. Beare and G. R. T. Ross. In *The Works of Aristotle*, vol. 3, ed. W. D. Ross. Oxford: Clarendon Press.

Arrhenius, S. 1896. "On the Influence of Carbonic Acid in the Air upon the Temperature of the Ground." *LPMJS* 51:237–76.

Ascunce, M. S., et al. 2011. "Global Invasion History of the Fire Ant *Solenopsis Invicta*." *Science* 331:1066–68.

Ashwell, A. R., and R. Wilberforce. 1880–82. *Life of the Right Reverend Samuel Wilberforce, D.D.* 3 vols. London: John Murray.*

Associated Press. 1974. "Milk Producers Think Cheese Shortage Coming." *Terre Haute (IN) Tribune*, 5 Jan.

Austin, A., and A. Ram. 1971. *Studies on Chapati-Making Quality of Wheat* (ICAR Technical Bulletin 31). New Delhi: Indian Council of Agricultural Research.

Babkin, V. I. 2003. "The Earth and Its Physical Features." In *World Water Resources at the Beginning of the Twenty-First Century*, ed. I. A. Shliklomanov and J. C. Rodda, 1–18. CUP.

Bacon, F. 1870 (1620). *Novum Organum.* In *The Works of Francis Bacon*, 15 vols., ed. and trans. J. Spedding et al. New York: Hurd and Houghton, 1869–72.

Badgley, C., et al. 2007. "Organic Agriculture and the Global Food Supply." *Renewable Agriculture and Food Systems* 22:86–108.

Bakewell, R. 1828 (1813). *An Introduction to Geology*, 3rd ed. London: Longman, Rees, Orme, Brown, and Green.*

Baker, J. H. 2011. *Margaret Sanger: A Life of Passion.* NY: Hill and Wang.

Baldwin, J., and S. Brand, eds. 1978. *Soft-Tech.* NY: Penguin.

Balfour, E. B. 1943. *The Living Soil: Evidence of the Importance to Human Health of Soil Vitality, with Special Reference to Post-War Planning.* London: Faber and Faber.

Balke, N. S., and R. J. Gordon. 1989. "The Estimation of Prewar Gross National Product: Methodology and New Evidence." *Journal of Political Economy* 97:38–92.*

Balter, M. 2010. "Of Two Minds About Toba's Impact." *Science* 327:1187–88.

————. 2006. *The Goddess and the Bull: Çatalhöyük—an Archaeological Journey to the Dawn of Civilization.* Walnut Creek, CA: Left Coast Press.

Baranski, M. 2015. "The Wide Adaptation of Green Revolution Wheat." Ph.D. dissertation,

Arizona State University.

Barrow, M. V., Jr. 2009. *Nature's Ghosts: Confronting Extinction from the Age of Jefferson to the Age of Ecology*. Chicago: University of Chicago Press.

———. 1998. *A Passion for the Birds: American Ornithology After Audubon*. Princeton, NJ: Princeton University Press.

Bashford, A. 2014. *Global Population: History, Geopolitics, and Life on Earth*. CUP.

Bashford, A., and Chaplin, J. 2016. *The New Worlds of Thomas Robert Malthus*. Princeton, NJ: Princeton University Press.

Baum, W. C. 1986. *Partners Against Hunger: The Consultative Group on International Agricultural Research*. Washington, DC: World Bank.

Beales, J., et al. 2007. "A Pseudoresponse Regulator Is Misexpressed in the Photoperiod Insensitive Ppd-D1a Mutant of Wheat (*Triticum aestivum* L.)." *Theoretical and Applied Genetics* 115:721–33.

Beaton, K. 1955. "Dr. Gesner's Kerosene: The Start of American Oil Refining." *Business History Review* 29:28–53.

Becker, K., and P. Lawrence. 2014. "Carbon Farming: The Best and Safest Way Forward?" *Carbon Management* 5:31–33.

Becker, K., et al. 2013. "Carbon Farming in Hot, Dry Coastal Areas: An Option for Climate Change Mitigation." *Earth System Dynamics* 4:237–51.

Beeman, R. 1995. "Friends of the Land and the Rise of Environmentalism, 1940-1954." *Journal of Agricultural and Environmental Ethics* 8:1-16.

Beeson, K. E. 1923. *Common Barberry and Black Stem Rust in Indiana*. Extension Bulletin 110. Lafayette, IN: Purdue University.*

Beevers, R. 1988. *The Garden City Utopia: A Critical Biography of Ebenezer Howard*. London: Macmillan.

Bekker, A., et al. 2004. "Dating the Rise of Atmospheric Oxygen." *Nature* 427:117–20.

Bellemare, M. F., et al. 2017. "On the Measurement of Food Waste." *American Journal of Agricultural Economics* aax034.*

Bennett, H. H. 1936. "Wild Life and Erosion Control." *Bird-Lore* 38:115-21.

Berck, P., and J. Lipow. 2012 (1995). "Water and an Israel-Palestinian Peace Settlement." In *Practical Peacemaking in the Middle East*, 2 vols., ed. S. L. Spiegel, 2:139–58. NY: Routledge.

Berg, A. 1971. "Famine Contained: Notes and Lessons from the Bihar Experience." In Blix, G., et al., eds. *Famine: A Symposium Dealing with Nutrition and Relief Operations in Times of Disaster*. Uppsala: Almqvist & Wiksells.

Berg, P., and M. Singer. 1995. "The Recombinant DNA Controversy: Twenty Years Later." *PNAS* 92:9011–13.

Berg, P., et al. 1975. "Summary Statement of the Asilomar Conference on Recombinant DNA Molecules." *PNAS* 72:1981–84.

Bergandi, D., and P. Blandin. 2012. "De la Protection de la Nature au Développement

Durable: Genèse d'un Oxymore Éthique et Politique." *Revue d'Histoire des Sciences* 65:103–42.

[Bernard, C.?] 1948. *International Union for the Protection of Nature.* Brussels: M. Hayez.

Berner, R. A. 1995. "A. G. Högbom and the Development of the Concept of the Geochemical Carbon Cycle." *American Journal of Science* 295:491–95.

Best, D., and E. Levina. 2012. *Facing China's Coal Future: Prospects and Challenges for Carbon Capture and Storage.* Paris: IEA.*

Bhat, S. 2015. "India's Solar Power Punt." *Forbes India*, 23 April.*

Bhattacharya, D., et al. 2004. "Photosynthetic Eukaryotes Unite: Endosymbiosis Connects the Dots." *BioEssays* 26:50–60.

Bhoothalingam, S. 1993. *Reflections on an Era: Memoirs of a Civil Servant.* Delhi: Affiliated East-West Press.

Bickel, L. 1974. *Facing Starvation: Norman Borlaug and the Fight Against Hunger.* NY: Reader's Digest Press.

Biello, D. 2016. *The Unnatural World: The Race to Remake Civilization in Earth's Newest Age.* NY: Scribner.

Black, R. D. C., ed. 1972–81. *Papers and Correspondence of William Stanley Jevons.* 7 vols. London: Macmillan.

Bliven, B. 1948. "Forty Thousand Frightened People." *The New Republic*, 4 Oct.

Blizzard, R. 2003. "Genetically Altered Foods: Hazard or Harmless?" Gallup.com, 12 Aug.*

Block, D. R. 2009. "Public Health, Cooperatives, Local Regulation, and the Development of Modern Milk Policy: The Chicago Milkshed, 1900–1940." *Journal of Historical Geography* 35:128–53.

Blum, B. 1980. "Coal and Ecology." *EPA Journal*, September.

Boidt, D. R. 1970. "Colder Winters Held Dawn of New Ice Age." *WP*, 11 Jan.

Bolen, E. G. 1975. "In Memoriam: Clarence Cottam." *The Auk* 92:118–25.

Bolinger, M., and J. Seel. 2015. *Utility-Scale Solar 2014: An Empirical Analysis of Project Cost, Performance, and Pricing Trends in the United States.* Berkeley, CA: Lawrence Berkeley Laboratory.*

Bolt, J., and J. L. van Zanden. 2013. *The First Update of the Maddison Project; Reestimating Growth Before 1820.* Maddison Project Working Paper 4. Database at http://www.ggdc.net/maddison/maddison-project/data/mpd_2013–01.xlsx.*

Bond, T. C., et al. 2013. "Bounding the Role of Black Carbon in the Climate System: A Scientific Assessment." *Journal of Geophysical Research: Atmospheres* 118:5380–552.

Bontemps, C. 1876. "La Diffusion de la Force: La Machine Solaire de M. Mouchot." *La Nature* 4:102–107.*

Bordot, L. 1958. "La Vie et l'Oeuvre d'Augustin Mouchot." In *XXVIIIe Congrés de l'Association Bourguignonne des Sociétés Savantes*, ed. Anon. Châtillon-sur-Seine, France: Société Historique et Archéologique de Châtillon.

Borlaug, N. E. 2007. "Sixty-Two Years of Fighting Hunger: Personal Recollections."

Euphytica 157:287–97.

———. 1997. "Feeding a World of 10 Billion People: The Miracle Ahead." *Biotechnology and Biotechnological Equipment* 11:3–13.

———. 1994. "Preface." In Rajaram, S., and G. P. Hettel, eds. *Wheat Breeding at CIMMYT: Commemorating 50 Years of Research in Mexico for Global Wheat Improvement.* México, D.F.: CIMMYT.

———. 1988. "Challenges for Global Food and Fiber Production." *Kungliga Skogs-och Lantbruksakademiens Tidskrift* (Supplement) 21:15–55.

———. 1972. "Statement on Agricultural Chemicals." *Clinical Toxicology* 5:295–97.

———. 1968. "Wheat Breeding and Its Impact on World Food Supply." *Proceedings of the Third International Wheat Genetics Symposium.* Canberra: Australian Academy of Science, 1–36.*

———. 1958. "The Impact of Agricultural Research on Mexican Wheat Production." *Transactions of the New York Academy of Sciences* 20:278–95.*

———. 1957. "The Development and Use of Composite Varieties Based on the Mechanical Mixing of Phenotypically Similar Lines Developed Through Backcrossing." In *Report of the Third International Wheat Rust Conference*, ed. Oficina de Estudios Especiales. Saltsville, MD: Plant Industry Station, 12–18.*

———. 1950a. *Métodos Empleados y Resultados Obtenidos en el Mejoramiento del Trigo en México.* Misc. Bull. 3. México, D.F.: Oficina de Estudios Especiales.

———. 1950b. "Summary of Sources of Stem Rust Resistance Found in Rockefeller Foundation Wheat Breeding Program in Mexico." In *Report of the Wheat Stem Rust Conference at University Farm, St. Paul, Minnesota*, eds. E. C. Stakman, et al. St. Paul: University of Minnesota Agricultural Experiment Station.*

———. 1945 (1942). *Variation and Variability of* Fusarium lini. Technical Bulletin 168. Minneapolis: University of Minnesota Agricultural Experiment Station.

———. 1941. "Red Stain of Box Elder Trees." M.S. thesis, University of Minnesota.

Borlaug, N. E., and R. G. Anderson. 1975. "Defence of Swaminathan." *New Scientist* 65:280–81.

Borlaug, N. E., and J. A. Rupert. 1949. "The Development of New Wheat Varieties for Mexico." In *Forty-First Annual Meeting of the American Society of Agronomy and the Soil Science Society of America.* Abstracts. Mimeograph. Milwaukee, WI: ASA/SSA.*

Borlaug, N. E., et al. 1953. "The Rapid Increase and Distribution of Stem Rust Race 49 Further Complicates the Program of Developing Stem Rust Resistant Wheats for Mexico." In *Second International Wheat Stem Rust Conference*, ed. Anon., 10–11. Beltsville, MD: Plant Industry Station.*

Borlaug, N. E., et al. 1952. "Mexican Varieties of Wheat Resistant to Race 15B of Stem Rust." *Plant Disease Reporter* 36:147–50.

Borlaug, N. E., et al. 1950. *El Trigo como Cultivo de Verano en los Valles Altos de Mexico.* Folleto de Divulgacion 10. Mexico, D.F.: Oficina de Estudios Speciales.

Botero, F. 2017 (1589). *The Reason of State*, trans. Robert Bireley. CUP.

Botkin, D. 2016. *Twenty-Five Myths That Are Destroying the Environment: What Many Environmentalists Believe and Why They Are Wrong*. NY: Taylor Trade.

——. 2012. *The Moon in the Nautilus Shell: Discordant Harmonies Reconsidered*. OUP.

——. 1992 (1990). *Discordant Harmonies: A New Ecology for the Twenty-First Century*. OUP.

Boulding, K. E. 1964. "The Economist and the Engineer: Economic Dynamics and Public Policy in Water Resource Development." In *Economics and Public Policy in Water Resource Development*, ed. S. C. Smith and E. M. Castle, 82–92. Ames: Iowa State University Press.

——. 1963. "Agricultural Organizations and Policies: A Personal Evaluation." In Iowa State University Center for Agricultural and Economic Development, ed. *Farm Goals in Conflict: Farm Family Income, Freedom and Security*. Ames: Iowa State University Press, 156–66.

——. 1944. "Desirable Changes in the National Economy After the War." *Journal of Farm Economics* 26:95–100.

Bouzouggar, A., et al. 2007. "82,000-Year-Old Shell Beads from North Africa and Implications for the Origins of Modern Human Behavior." *PNAS* 104:9964–69.

Bowen, M. 2005. *Thin Ice: Unlocking the Secrets of Climate in the World's Highest Mountains*. NY: Henry Holt.

Bowler, P. 1976. "Malthus, Darwin, and the Concept of Struggle." *Journal of the History of Ideas* 37:631–50.

Bowles, S. 2009. "Did Warfare Among Ancestral Hunter-Gatherers Affect the Evolution of Human Social Behaviors?" *Science* 324:1293–98.

Bowman, G. A. 1950. "Tests Show Chemical Fertilizer Unharmful." *San Bernardino Sun*, 17 Sept.

Bowman, M., et al. 2010. *Lyster's International Wildlife Law*. 2nd ed. CUP.

Bowring, S. P. K., et al. 2014. "Applying the Concept of 'Energy Return on Investment' to Desert Greening of the Sahara/Sahel Using a Global Climate Model." *Earth Systems Dynamics* 5:43–53.

Boyd Orr, J. 1948. *Soil Fertility: The Wasting Basis of Human Society*. London: Pilot Press.

BP (British Petroleum). 2015. *BP Energy Outlook 2035*. London: BP.*

Brand, S. 2010 (2009). *Whole Earth Discipline: An Ecopragmatist Manifesto*. NY: Penguin Books.

Brandes, O. M., and D. B. Brooks. 2007. *The Soft Path for Water in a Nutshell*. Ottawa: Friends of the Earth.*

Brass, P. R. 1986. "The Political Uses of Crisis: The Bihar Famine of 1966-1967." *Journal of Asian Studies* 45:245-67.

Bratspies, R. 2007. "Some Thoughts on the American Approach to Regulating Genetically Modified Organisms." *Kansas Journal of Law and Public Policy* 16:101–31.

Braudel, F. 1981 (1979). *The Structures of Everyday Life: The Limits of the Possible*. Trans. S. Reynolds. Vol. 1 of *Civilization and Capitalism, 15th–18th Century*. NY: Harper & Row.

Brauer, M., et al. 2016. "Ambient Air Pollution Exposure Estimation for the Global Burden of Disease 2013." *Environmental Science and Technology* 50:79–88.

Bray, A. J. 1991. "The Ice Age Cometh." *Policy Review* 58:82–84.

Brazhnikova, M. G. 1987. "Obituary: Gyorgyi Frantsevich Gause." *Journal of Antibiotics* 60:1079–80.

Brenchley, R., et al. 2012. "Analysis of the Bread Wheat Genome Using Whole-Genome Shotgun Sequencing." *Nature* 491:705–10.

Bristow, L. A., et al. 2017. "N2 Production Rates Limited by Nitrite Availability in the Bay of Bengal Oxygen Minimum Zone." *Nature Geoscience* 10:24–29.

Brock, W. H. 2002. *Justus von Liebig: The Chemical Gatekeeper*. CUP.

Brook, B. W., and , C. J. A. Bradshaw. 2015. "Key Role for Nuclear Energy in Global Biodiversity Conservation." *Conservation Biology* 29:707–12.

Brooke, J. H. 2001. "The Wilberforce-Huxley Debate: Why Did It Happen?" *Science and Christian Belief* 13:127–41.*

Brooks, D. B. 1993. "Adjusting the Flow: Two Comments on the Middle East Water Crisis." *Water International* 18:35–39.

Brooks, D. B., and O. M. Brandes. 2011. "Why a Soft Water Path, Why Now and What Then?" *International Journal of Water Resources Management* 27:315–44.

Brooks, D. B., and S. Holtz. 2009. "Water Soft Path Analysis: From Principles to Practice." *Water International* 34:158–69.

Brooks, D. B., et al. 2010. "A Book Conversation Between the Editors and a Reviewer: 'The Soft Path Approach.' " *Water International* 35:336–45.

Brooks, D. B., et al., eds. 2009. *Making the Most of the Water We Have: The Soft Path Approach to Water Management*. London: Earthscan.

Brown, J. M. 1999. *Nehru*. NY: Routledge.

Browne, J. 2006. *Darwin's Origin of Species*. London: Atlantic Books.

———. 2002. *Charles Darwin: The Power of Place*. NY: Alfred A. Knopf.

———. 1995. *Charles Darwin: Voyaging*. NY: Alfred A. Knopf.

Bryce, R. 2008. *Gusher of Lies: The Dangerous Delusions of "Energy Independence."* NY: Public Affairs.

Bundesverband der Energie- und Wasserwirtschaft. 2015. *VEWA Survey: Comparison of European Water and Wastewater Prices*. Bonn: WVGW.*

Burgchardt, C. 1989. "The Saga of Pithole City." In *History of the Petroleum Industry Symposium*, ed. S. T. Pees, et al. Tulsa, OK: American Association of Petroleum Geologists, 78–83.

Burger, J. C., et al. 2008. "Molecular Insights into the Evolution of Crop Plants." *American Journal of Botany* 95:113–122.

Burgherr, P., and B. Hirschberg. 2014. "Comparative Risk Assessment of Severe Accidents in the Energy Sector." *Energy Policy* 74:S45-S56.

Burkhardt, F., et al., eds. 1985–. *The Correspondence of Charles Darwin*. Multiple vols. CUP.*

Burroughs, J. 1903. "Real and Sham Natural History." *AM* 91:298–309.

Butchard, E. 1936. "Mosquito Control in Nassau County." In *New Jersey Mosquito Extermination Association 1936*:194–96.

Byers, M. R. 1934. "The Distressful Dairyman." *North American Review* 237:215–33.

Byres, T. 1972. "The Dialectics of India's Green Revolution." *South Asian Review* 5:99-116.

Caiazzo, F., et al. 2013. "Air Pollution and Early Deaths in the United States. Part I: Quantifying the Impact of Major Sectors in 2005." *Atmospheric Environment* 79:198–208.

Cain, L. P. 1972. "Raising and Watering a City: Ellis Sylvester Chesbrough and Chicago's First Sanitation System." *Technology and Culture* 13:353-72.

Caldeira, K., and L. Wood. 2008. "Global and Arctic Climate Engineering: Numerical Model Studies." *PTRSA* 366:4039-56.

Callendar, G. S. 1939. "The Composition of the Atmosphere Through the Ages." *Meteorological Magazine* 74:33–39.

———. 1938. "The Artificial Production of Carbon Dioxide and Its Influence on Temperature." *QJRMS* 64:223–40.

Callicott, J. B. 2002. "From the Balance of Nature to the Flux of Nature: The Land Ethic in a Time of Change." In *Aldo Leopold and the Ecological Conscience*, ed. R. L. Knight and S. Riedel, 90–105. OUP.

Campbell, C. L., and D. L. Long. 2001. "The Campaign to Eradicate the Common Barberry in the United States." In *Stem Rust of Wheat: From Ancient Enemy to Modern Foe*, ed. P. D. Peterson, 16–50. St. Paul, MN: APS Press.

Canfield, D. E., et al. 2010. "The Evolution and Future of Earth's Nitrogen Cycle." *Science* 230:192–96.

Canham, H. O., and K. S. King. 1999. *Just the Facts: An Overview of New York's Wood-Based Economy and Forest Resource*. Albany: Empire State Forest Products Association.

Carefoot, G. L., and E. R. Sprott. 1969 (1967). *Famine on the Wind: Plant Diseases and Human History*. London: Angus and Robertson.

Carll, J. F. 1890. *Seventh Report on the Oil and Gas Fields of Western Pennsylvania*. Harrisburg, PA: Board of Commissioners for the Geological Survey.*

Carlsson, N. O. L., et al. 2011. "Biotic Resistance on the Increase: Native Predators Structure Invasive Zebra Mussel Populations." *Freshwater Biology* 56:1630–37.

Carlson, D. 2007. *Roger Tory Peterson: A Biography*. Austin: University of Texas Press.

Carlton, J. T. 2008. "The Zebra Mussel *Dreissena polymorpha* Found in North America in 1986 and 1987." *Journal of Great Lakes Research* 34:770–73.

Carnegie, A. 1920. *Autobiography of Andrew Carnegie*. London: Constable & Co.*

Caro, R. 1975 (1974). *The Power Broker: Robert Moses and the Fall of New York*. NY: Vintage.

Carranza, L. 1892. "Contra-Corriente Maritime, Observada en Paita y Pacasmayo." *Boletín de la Sociedad Geográfica de Lima* 1:344–45.

Carrillo, C. N. 1893. "Hidrografía Oceánica: Las Corrientes Oceánicas y Estudios de la Corriente Peruana o de Humbolt." *Boletín de la Sociedad Geográfica de Lima* 2:72–110.

Carter, J. 1977a. "The Energy Problem (Address to the Nation, 18 April)." In *United States. Public Papers of the Presidents of the United States: Jimmy Carter, 1977–1981.* 4 vols. Washington, DC: Government Printing Office. 1:656–72.*

———. 1977b. "National Energy Program: Fact Sheet on the President's Program (20 April)." In *United States. Public Papers of the Presidents of the United States: Jimmy Carter, 1977–1981.* 4 vols. Washington, DC: Government Printing Office. 1:672–90.*

Carter, L. D. 2011. *Enhanced Oil Recovery and CCS*. Washington, DC: United States Carbon Sequestration Council.*

Case, J. F. 1975. *Biology*. 2nd ed. NY: Macmillan.

Case, J. F., and V. E. Stiers. 1971. *Biology: Observation and Concept*. NY: Macmillan.

Caugant, D. A., et al. 1981. "Genetic Diversity and Temporal Variation in the *E. coli* Population of a Human Host." *Genetics* 98:467–90.

Caughley, G. 1970. "Eruption of Ungulate Populations, with Emphasis on Himalayan Thar in New Zealand." *Ecology* 51:53.

Cavett, D. 2007. "When That Guy Died on My Show." *NYT*, 3 May.*

Cebrucean, D., et al. 2014. "CO_2 Capture and Storage from Fossil Fuel Power Plants." *Energy Procedia* 63:18–26.

Central Intelligence Agency (Office of Political Research). 1974. "Potential Implications of Trends in World Population, Food Production, and Climate." Typescript, Washington, DC.*

Centro Internacional de Mejoramiento de Maíz y Trigo. 1992. *Enduring Designs for Change: An Account of CIMMYT's Research, Its Impact, and Its Future Directions*. México, D.F.: CIMMYT.

Ceppi, P., et al. 2017. "Cloud Feedback Mechanisms and their Representation in Global Climate Models." *WIREs Climate Change* 8:4.*

Cerruti, M., and G. Lorenzana. 2009. "Irrigación, Expansión de la Frontera Agrícola y Empresariado en el Yaqui." *América Latina en la Historia Económica* 31:7–36.

Chandler, R. F., Jr. 1992. *An Adventure in Applied Science: A History of the International Rice Research Institute*. Manila: IRRI.

Chaplin, J. E. 2006. *Benjamin Franklin's Political Arithmetic: A Materialist View of Humanity*. Washington, DC: Smithsonian Institution.*

———. 1995. "Climate and Southern Pessimism: The Natural History of an Idea,

1500–1800." In *The South as an American Problem*, ed. L. J. Griffin and D. H. Doyle, 57–101. Athens: University of Georgia Press.

Chapman, H. H. 1935. *Professional Forestry Schools Report*. Washington, D.C.: Society of American Foresters.

Chapman, M. 1981. *A History of Wrestling in Iowa: From Gotch to Gable*. Ames: University of Iowa Press.

Chapman, R. N. 1928. "The Quantitative Analysis of Environmental Factors." *Ecology* 9:111–22.

———. 1926. *Animal Ecology, with Especial Reference to Insects*. Minneapolis: Burgess-Roseberry.*

Charlton, L. 1973. "Onion Shortage Stirs Consumers." *NYT*, 17 April.

Charney, J. G., et al. 1979. *Carbon Dioxide and Climate: A Scientific Assessment*. Woods Hole, MA: Ad Hoc Study Group on Carbon Dioxide and Climate.*

Chase, A. 1977. *The Legacy of Malthus: The Social Costs of Scientific Racism*. NY: Alfred A. Knopf.

Chen, Y., et al. 2013. "Evidence on the Impact of Sustained Exposure to Air Pollution on Life Expectancy from China's Huai River Policy." *PNAS* 110:12936–41.

Chernow, R. 2004 (1998). *Titan: The Life of John D. Rockefeller, Sr.* NY: Vintage.

Chesler, E. 1992. *Woman of Valor: Margaret Sanger and the Birth Control Movement in America*. NY: Simon and Schuster.

Chichilnisky, G. 1996. "An Axiomatic Approach to Sustainable Development." *Social Choice and Welfare* 13:231–57.

Cho, C. H., et al. 1993. "Origin, Dissemination, and Utilization of Wheat Semi-Dwarf Genes in Korea." In *Proceedings of the 8th International Wheat Genetic Symposium*, ed. T. E. Miller and R. M. D. Koebner, 223–31. Bath, UK: Bath Press.

Chopra, V. L. 2005. "Mutagenesis: Investigating the Process and Processing the Outcome for Crop Improvement." *Current Science* 89:353–59.

Choudhury, N. 2013. "India Unveils Plans for Massive Concentrated Solar Power." *Climate Home*, 18 July.*

Chowdhury, S., and S. Dey. 2016. "Cause-specific Premature Death from Ambient PM2.5 Exposure in India: Estimate Adjusted for Baseline Mortality." *Environment International* 91:283–90.

Christensen, C. M. 1992. "Elvin Charles Stakman, 1885–1979." *Biographical Memoirs of the National Academy of Sciences* 61:331–49.

Christian, D. 2005. *Maps of Time: An Introduction to Big History*. UCP.

Christianson, G. E. 1999. *Greenhouse: The 200-Year Story of Global Warming*. NY: Walker.

Church, J. A., et al. 2013. "Sea Level Change." In *Climate Change: The Physical Science Basis*, ed. T. F. Stocker et al., 1137–1216. Working Group I Contribution to the Fifth Assessment Report of the Intergovernmental Panel on Climate Change. CUP.

Church, W. C. 1911 (1890). *The Life of John Ericsson*. 2 vols. NY: Charles Scribner's Sons.

Churchill, W. S. 2005 (1931). *The World Crisis*. NY: The Free Press.

Clack, C. T. M., et al. 2017. "Evaluation of a Proposal for Reliable Low-Cost Grid Power with 100% Wind, Water, and Solar." *PNAS* 114: 6722–27.

Clark, G. 2007. *A Farewell to Alms: A Brief Economic History of the World*. Princeton, NJ: Princeton University Press.

Clark, P. 2013. "UK Solar Power Rush Sparks Local Protest." *Financial Times*, 25 Aug.*

Clark, R. W. 1968. *The Huxleys*. NY: McGraw-Hill.

Clark, W. 2003. "Ebenezer Howard and the Marriage of Town and Country." *Organization and Environment* 16:87–97.

Clark, W. C., ed. 1982. *Carbon Dioxide Review*. OUP.

Clarke, R. 1972. "Soft Technology: Blueprint for a Research Community." *Undercurrents*, May.

Clayton, B. C. 2015. *Market Madness: A Century of Oil Panics, Crises, and Crashes*. OUP.

Cleaver, H. 1972. "The Contradictions of the Green Revolution." *American Economic Review* 62:177–88.

Clements, F. E. 1916. *Plant Succession: An Analysis of the Development of Vegetation*. Washington, DC: Carnegie Institution.*

———. 1905. *Research Methods in Ecology*. Lincoln, NE: Jacob North and Co.*

Clements, F. E., and V. E. Shelford. 1939. *Bio-Ecology*. NY: John Wiley.

Cleveland, H. 2002. *Nobody in Charge: Essays on the Future of Leadership*. San Francisco: Jossey-Bass.

Clodfelter, M. 2006 (1998). *The Dakota War: The United States Army Versus the Sioux, 1862–1865*. Jefferson, NC: McFarland and Co.

Coburn, K., and Christenson, M., eds. 1958–2002. *The Notebooks of Samuel Taylor Coleridge*. 5 vols. Princeton, NJ: Princeton University Press.

Cochet, A. 1841. *Disertación Sobre el Orijen del Huano de Iquique, su Defectibilidad Influencia que Tiene en la Formación del Nitrate de Soda de Tarapac*. Lima: J. M. Monterola.

Cockburn, A. 2007. "Al Gore's Peace Price." Counterpunch.org, 13 Oct.*

Cohen, A. J., et al. 2017. "Estimates and 25-year Trends of the Global Burden of Disease Attributable to Ambient Air Pollution: An Analysis of Data from the Global Burden of Diseases Study 2015." *Lancet* 389: 1907-18.

Cohen, I. B. 1985. "Three Notes on the Reception of Darwin's Ideas on Natural Selection." In *The Darwinian Heritage,* ed. D. Kohn, 589–607. Princeton, NJ: Princeton University Press.

Cohen, N. 2008. "Israel's National Water Carrier." *Present Environment and Sustainable Development* 2:15–27.

Cohen, S. A. 1976. "The Genesis of the British Campaign in Mesopotamia, 1914." *Middle Eastern Studies* 12:119–32.

Cohen, Y., and J. Glater. 2010. "A Tribute to Sidney Loeb: The Pioneer of Reverse Osmosis

Desalination Research." *Desalination and Water Treatment* 15:222-27.

Cohn, V. 1971. "U.S. Scientist Sees New Ice Age Coming." *WP*, 9 July.

Coker, R. E. 1908a. "The Fisheries and the Guano Industry of Peru." *Bulletin of the Bureau of Fisheries* 28:333–65.*

———. 1908b. "Condición en que se Encuentra la Pesca Marina desde Paita hasta Bahía de la Independencia." *Boletín del Ministerio de Fomento* (Lima) 6(2):89–117; 6(3):54–95; 6(4):62–99; and 6(5):53–114.

———. 1908c. "La Industria del Guano." *Boletín del Ministerio de Fomento* (Lima) 6(4):25–34.

Cole, L. W. 2016. "The Evolution of Per-Cell Organelle Number." *Frontiers in Cell and Developmental Biology* 4:85.*

Coletta, A., et al. 2007. *Case Studies on Climate Change and World Heritage.* Paris: UNESCO.*

Colligan, D. 1973. "Brace Yourself for Another Ice Age." *Science Digest* 57:57–61.

Collins, P. 2002. "The Beautiful Possibility." *Cabinet*, Spring.*

Collins, R. M. 2000. *More: The Politics of Economic Growth in Postwar America.* OUP.

Commoner, B. 1976. *The Poverty of Power: Energy and the Economic Crisis.* NY: Alfred A. Knopf.

Comprehensive Assessment of Water Management in Agriculture. 2007. *Water for Food, Water for Life: A Comprehensive Assessment of Water Management in Agriculture.* Colombo: International Water Management Institute.*

Cone, A., and W. B. Johns. 1870. *Petrolia: A Brief History of the Pennsylvania Petroleum Region.* NY: D. Appleton and Company.*

Conford, P. 2011. *The Development of the Organic Network: Linking People and Themes, 1945–95.* Edinburgh: Floris Books.

———. 2001. *The Origins of the Organic Movement.* Edinburgh: Floris Books.

Connelly, M. 2008. *Fatal Misconception: The Struggle to Control World Population.* HUP.

Connor, D. J. 2008. "Organic Agriculture Cannot Feed the World." *Field Crops Research* 106:187–90.

Considine, T. J., Jr., and T. S. Frieswyk. 1982. *Forest Statistics for New York—1980.* Broomall, PA: U.S. Department of Agriculture (Resources Bulletin of the Northeast NE-71).

Cooley, H., and N. Ajami. 2014. "Key Issues for Seawater Desalination in California: Cost and Financing." In Gleick, P.H., et al. *The World's Water: Volume 8*, 93–121. Washington, DC: Island Press.

Cooley, H., et al. 2006. *Desalination, with a Grain of Salt: A California Perspective.* Oakland, CA: Pacific Institute.

Coolidge, H. J., Jr. 1948. "Conférence pour l'Établissement de l'Union Internationale pour la Protection de la Nature." Typescript, NS/UIPN/9, UNESCO Archives.*

Cormos, C.-C. 2012. "Integrated Assessment of IGCC Power Generation Technology with

Carbon Capture and Storage (CCS)." *Energy* 42:434–45.

Cottam, C., et al. 1938. "What's Wrong with Mosquito Control?" *Transactions of the Third North American Wildlife Conference*, 81–107. 14–17 Feb. Washington, DC: American Wildlife Institute.

Cotter, J. 2003. *Troubled Harvest: Agronomy and Revolution in Mexico, 1880–2002*. Westport, CT: Praeger Publishers.

———. 1994. "The Origins of the Green Revolution in Mexico: Continuity or Change?" In Latin America in the 1940s: War and Postwar Transitions, ed. D. Rock, 224–47. UCP.*

Courtney, L. H. 1897. "Jevons's Coal Question: Thirty Years After." *Journal of the Royal Statistical Society* 60:789–810.

Cox, M. 2015. *The Politics and Art of John L. Stoddard: Reframing Authority, Otherness and Authenticity*. NY: Lexington Books.

Cox, T. S., et al. 2006. "Prospects for Developing Perennial Grain Crops." *BioScience* 56:649-59.

Crabb, A. R. 1947. *The Hybrid-Corn Makers: Prophets of Plenty*. New Brunswick, NJ: Rutgers University Press.

Crawford, E. 1997. "Arrhenius' 1896 Model of the Greenhouse Effect in Context." *Ambio* 26:6–11.

Crease, R., and C. C. Mann. 1996 (1986). *The Second Creation: Makers of the Revolution in Twentieth-Century Physics*. New Brunswick, NJ: Rutgers University Press.

Crews, T. E., and L. R. DeHaan. 2015. "The Strong Perennial Vision: A Response." *Agroecology and Sustainable Food Systems* 39:500-15.

Crisp, A., et al. 2015. "Expression of Multiple Horizontally Acquired Genes Is a Hallmark of Both Vertebrate and Invertebrate Genomes." *Genome Biology* 16:50.*

Crocus [C. C. Leonard] . 1867. *The History of Pithole*. Pithole City, PA: Morton, Longwell & Co.

Crookes, W., et al. 1900. *The Wheat Problem: Based on Remarks Made in the Presidential Address to the British Association at Bristol in 1898*. NY: G. P. Putnam's Sons.*

Crova, M. A. 1884. "Rapport sur les Expériences Faites a Montpellier pendant l'Année 1881 par la Commission des Apparelis Solaires." *Académie Des Sciences et Lettres de Montepellier (Sciences)* 10:289–329.

Crow, J. F. 1994. "Hitoshi Kihara, Japan's Pioneer Geneticist." *Genetics* 137:891–94.

Crutzen, P. J. 2006. "Albedo Enhancement by Stratospheric Sulfur Injections: A Contribution to Resolve a Policy Dilemma?" *Climatic Change* 77:211–19.

———. 2002. "Geology of Mankind." *Nature* 415:23.

Crutzen, P. J., and E. F. Stoermer. 2000. "The 'Anthropocene.'" *Global Change News Letter* (IGBP) 41:17–18.

Cruz, M., et al. 2015. *Ending Extreme Poverty and Sharing Prosperity: Progress and Policies*. Policy Research Note 15/03. Washington, DC: World Bank.*

Cullather, N. 2010. *The Hungry World: America's Cold War Battle Against Famine in Asia.* HUP.

Culver, J. C., and J. Hyde. 2001. *American Dreamer: A Life of Henry A. Wallace.* NY: W. W. Norton.

Curry, C. L., et al. 2014. "A Multimodel Examination of Climate Extremes in an Idealized Geoengineering Experiment." *Journal of Geophysical Research: Atmospheres* 119:3900-23.*

Curry, J. A., and P. J. Webster. 2011. "Climate Science and the Uncertainty Monster." *Bulletin of the American Meteorological Society* 92:1667-82.

Curwen-McAdams, C., and S. S. Jones. 2017. "Breeding Perennial Grain Crops Based on Wheat." *Crop Science* 57:1172-88.

Curwen-McAdams, C., et al. 2016. "Toward a Taxonomic Definition of Perennial Wheat: A New Species xTritipyrum *aaseae* described." *Genetic Resources and Crop Evolution* 1-9.*

Cushman, G. T. 2014 (2013). *Guano and the Opening of the Pacific World: A Global Ecological History.* CUP.

———. 2006. "The Lords of Guano: Science and the Management of Peru's Marine Environment, 1800–1973." Ph.D. dissertation, University of Texas at Austin.

———. 2004. "Enclave Vision: Foreign Networks in Peru and the Internationalization of El Niño Research During the 1920s." *Proceedings of the International Commission on the History of Meteorology* 1:65–74.

———. 2003. "Who Discovered the El Niño–Southern Oscillation?" Paper given at Presidential Symposium on the History of the Atmospheric Sciences, 83rd Annual Meeting of the American Meteorological Society, Long Beach, CA.*

Czaplicki, A. 2007. "'Pure Milk Is Better Than Purified Milk': Pasteurization and Milk Purity in Chicago, 1908–1916." *Social Science History* 31:411-33.

Dabdoub, C. 1980. *Breve Historia del Valle del Yaqui.* México, D.F.: Editores Asociados Mexicanos.

Dahl, E. J. 2001. "Naval Innovation: From Coal to Oil." *Joint Force Quarterly* 27:50–56.*

Dalrymple, D. G. 1986 (1969). *Development and Spread of High-Yielding Wheat Varieties in Developing Countries.* 7th ed. Washington, DC: Bureau for Science and Technology.

Damodoran, H. 2016. "After the Revolution." *Indian Express*, 6 Dec.

Darrah, W. C. 1972. *Pithole, the Vanished City: A Story of the Early Days of the Petroleum Industry.* Gettysburg, PA: William Culp Darrah.

Darwin, C. 1872. *On the Origin of Species.* 6th ed. London: John Murray.*

———. 1859. *On the Origin of Species.* 1st ed. London: John Murray.*

Darwin, C., and A. Wallace. 1858. "On the Tendency of Species to Form Varieties." *Journal of the Proceedings of the Linnean Society of London (Zoology)* 3:45–50.*

Darwin, F., ed. 1887. *The Life and Letters of Charles Darwin, Including an Autobiographical Chapter.* 3 vols. London: John Murray.

Dasgupta, B. 1977. *Agrarian Change and the New Technology in India*. Geneva: U.N. Research Institute for Social Development.

Davis, D. B. 2006. *Inhuman Bondage: The Rise and Fall of Slavery in the New World*. OUP.

Dawe, D. 2000. "The Contribution of Rice Research to Poverty Alleviation." In Sheehy, J.E., et al., eds. *Redesigning Rice Photosynthesis to Increase Yield*. Amsterdam: Elsevier, 3-12.

Dawkins, R. 2004. *The Ancestor's Tale: A Pilgrimage to the Dawn of Life*. Boston: Houghton Mifflin.

Day, D. T. 1909. "Petroleum Resources of the United States." In United States National Conservation Commission. *Report of the National Conservation Commission, with Accompanying Papers*, 3:446–64. Washington, DC: Government Printing Office (60th Cong., 2nd Sess., Doc. 676).*

DeConto, R. M., and D. Pollard. 2016. "Contribution of Antarctica to Past and Future Sea-Level Rise." *Nature* 531:591–97.

Deese, R. S. 2015. *We Are Amphibians: Julian and Aldous Huxley on the Future of Our Species*. UCB.

Defoe, D. 1719. *The Life and Strange Surprizing Adventures of Robinson Crusoe, of York, Mariner*. London: W. Taylor.*

———. 1711. *An Essay upon the Trade to Africa.* [London] .*

De Gans, H. 2002. "Law or Speculation? A Debate on the Method of Forecasting Population Size in the 1920s." *Population* 57:83–108.

Delacorte, G. T. 1929. "Dell Publications." *Writer's Digest*, Jan.

De Las Rivas, J., et al. 2002. "Comparative Analysis of Chloroplast Genomes: Functional Annotation, Genome-Based Phylogeny, and Deduced Evolutionary Patterns." *Genome Research* 12:567–83.*

DeLillo, D. 1989 (1982). *The Names*. NY: Vintage Books.

Delyannis, E. 2005. "Historic Background of Desalination and Renewable Energies." *Solar Energy* 75:357–66.

Delyannis, E., and V. Belessiotis. 2010. "Desalination: The Recent Development Path." *Desalination* 264:206–13.

Dennery, É. 1931 (1930). *Asia's Teeming Millions, and Its Problems for the West*, trans. J. Peile. London: Jonathan Cape.

DeNovo, J. A. 1955. "Petroleum and the United States Navy before World War I." *Mississippi Valley Historical Review* 41:641–56.

Depew, D. J. 2010. "Darwinian Controversies: An Historiographical Recounting." *Science and Education* 19:323–66.

de Ponti, T., et al. 2012. "The Crop Yield Gap Between Organic and Conventional Agriculture." *Agricultural Systems* 108:1–9.

Desrochers, P., and C. Hoffbauer. 2009. "The Post War Intellectual Roots of the Population Bomb: Fairfield Osborn's 'Our Plundered Planet' and William Vogt's 'Road to

Survival' in Retrospect." *The Electronic Journal of Sustainable Development* 1:37-61.*

Devereux, M. W. 1941. "Reasons for the Replacement of Children in Foster Home Care Placed by the Boston Children's Aid Association in 1938, 1939, and 1940." M.A. thesis, Boston University School of Social Work.*

Devereux, S. 2000. *Famine in the Twentieth Century*. Institute of Development Studies Working Paper 105. Brighton, UK: University of Sussex.*

Devlin, J. C., and G. Naismith. 1977. *The World of Roger Tory Peterson*. NY: New York Times Books.

Dey, D. 1995. *Acorn Production in Red Oak*. Sault Ste. Marie: Ontario Forest Research Institute.*

Diamond, J. 2012. *The World Until Yesterday: What Can We Learn from Traditional Societies?* New York: Viking.

———. 2006. *Collapse: How Societies Choose to Fail or Succeed*. NY: Viking.

DiFonzo, J. H., and R. C. Stern. 2007. "Addicted to Fault: Why Divorce Reform Has Lagged in New York." *Pace Law Review* 27:559–603.*

Dil, A.. 2004. "Life and Work of M. S. Swaminathan: An Introductory Essay." In *Life and Work of M. S. Swaminathan: Toward a Hunger-Free World*, ed. A. Dil, 29–64. Madras: EastWest Books.

Dileva, F. D. 1954. "Iowa Farm Price Revolt." *Annals of Iowa* 32:171–202.

DiMichele, W. A., et al. 2007. "Ecological Gradients within a Pennsylvanian Mire Forest." *Geology* 35:415–18.

Dmitri, C., et al. 2005. *The 20th Century Transformation of U.S. Agriculture and Farm Policy*. Washington, D.C.: USDA (Economic Information Bulletin 3).

Dodson, J., et al. 2014. "Use of Coal in the Bronze Age in China." *The Holocene* 24:525–30.

Doel, R. E. 2009. "Quelle Place pour les Sciences de l'Environnement Physique dans l'Histoire Environnementale?" *Revue d'Histoire Moderne et Contemporaine* 56(4): 137–64.*

Donnelly, K. 2014. "The Red Sea–Dead Sea Project Update." In Gleick, P. H., et al. *The World's Water, Volume 8*. Washington: Island Press, 153-58.

Doughty, R. W. 1988. *Return of the Whooping Crane*. Austin: University of Texas Press.

Dowie, M. 2009. *Conservation Refugees: The Hundred-Year Conflict Between Global Conservation and Native Peoples*. MIT.

Drescher, S. 2009. *Abolition: A History of Slavery and Antislavery*. CUP.

Dréze, J. 1991. "Famine Prevention in India." In Sen, A., and J. Drèze, eds. *The Political Economy of Hunger*, vol. 2. Oxford: Clarendon Press, 13-124.

Dubin, H. J., and J. P. Brennan. 2009. *Combating Stem and Leaf Rust of Wheat: Historical Perspective, Impacts, and Lessons Learned*. IFPRI Discussion Paper 910. Washington, DC: International Food Policy Research Institute.

Duffy, D. C. 1994. "The Guano Islands of Peru: The Once and Future Management of a

Renewable Resource." *BirdLife Conservation Series* 1:68–76.

———. 1989. "William Vogt: A Pilgrim on the Road to Survival." *American Birds* 43:1256–57.

Durham, W. H. 1979. *Scarcity and Survival in Central America: Ecological Origins of the Soccer War*. Stanford, CA: Stanford University Press.

Dworkin, S. 2009. *The Viking in the Wheat Field: A Scientist's Struggle to Preserve the World's Harvest*. NY: Walker Publishing Company.

Dwyer, J. J. 2002. "Diplomatic Weapons of the Weak: Mexican Policymaking during the U.S.-Mexican Agrarian Dispute, 1934–41." *Diplomatic History* 26:375–95.

Dyson, T. 2005 (1996). *Population and Food: Global Trends and Future Prospects*. NY: Routledge.

Dyson, T., and A. Maharatna. 1992. "Bihar Famine, 1966-67 and Maharashtra Drought, 1970-73: The Demographic Consequences." *Economic and Political Weekly* 27:1325–32.

E.A.L. 1948. "Is Starvation Ahead?" *Boston Globe*, 5 Aug.

East, E. M. 1923. *Mankind at the Crossroads*. NY: Charles Scribner's Sons.*

Easterbrook, G. 1997. "Forgotten Benefactor of Humanity." *AM* 279:75–82.

Ebelot, A. 1869. "La Chaleur Sociale et les Applications Industrielles." *Revue des Deux Mondes* 83:1019–21.

Ebenstein, A. 2010. "The 'Missing Girls' of China and the Unintended Consequences of the One Child Policy." *Journal of Human Resources* 45:87–115.

Edwards, P. N. 2011. "History of Climate Modeling." *WIREs Climate Change* 2:128–39.

Edwards, R. D. 2011. "Trends in World Inequality in Life Span Since 1970." *Population and Development Review* 37:499–528.

Egerton, F. E. 1973. "Changing Concepts of the Balance of Nature." *Quarterly Review of Biology* 48:322–50.

Eguiguren Escudero, V. 1894. "Las Lluvias en Piura." *Boletín de la Sociedad Geográfica de Lima* 4:241–58.

Ehrlich, P. R. 2008. "Population, Environment, War, and Racism: Adventures of a Public Scholar." *Antipode* 40:383-88.

———. 1969. "Eco-Catastrophe!" *Ramparts*, September.*

———. 1968. *The Population Bomb*. NY: Ballantine Books.

Ehrlich, P. R., and A. H. Ehrlich. 1981. *Extinction: The Causes and Consequences of the Disappearance of Species*. NY: Random House.

———. 1974. *The End of Affluence: A Blueprint for Your Future*. NY: Ballantine Books.

Ehrlich, P. R., and J. P. Holdren. 1969. "Population and Panaceas: A Technological Perspective." *BioScience* 19:1065–71.

Eiberg, H., et al. 2008. "Blue Eye Color in Humans May Be Caused by a Perfectly Associated Founder Mutation in a Regulatory Element Located Within the HERC2 Gene Inhibiting OCA2 Expression." *Human Genetics* 123:177–87.

Ellegard, A. 1958. "Public Opinion and the Press: Reactions to Darwinism." *Journal of the History of Ideas* 19:379–87.

Ellman, M. 1981. "Natural Gas, Restructuring and Re-industrialisation: The Dutch Experience of Industrial Policy." In *Oil or Industry? Energy, Industrialisation and Economic Policy in Canada, Mexico, the Netherlands, Norway and the United Kingdom*, ed. T. Barker and V. Brailovsky, 149–66. London: Academic Press.

Ellis, R. J. 1979. "Most Abundant Protein in the World." *Trends in Biochemical Sciences* 4:241–44.

Elton, C. S. 1930. *Animal Ecology and Evolution*. Oxford: Clarendon Press.

Emerson, R. W. 1860. *The Conduct of Life*. Boston: Ticknor and Fields.*

Energy Information Administration (U.S.). 2016. *Annual Energy Outlook*. Washington, DC: Department of Energy.*

———. 2013. *Updated Capital Cost Estimates for Utility Scale Electricity Generating Plants*. Washington, DC: Department of Energy.*

———. 1990–. *Electric Power Monthly*. Washington, DC: Department of Energy.*

———. 1970–. *Electric Power Annual 2014*. Washington, DC: Department of Energy.*

Epstein, P. R., et al. "Full Cost Accounting for the Life Cycle of Coal." *Annals of the New York Academy of Sciences* 1219:73–98.

Erdélyi, A. 2002. *The Man Who Harvests Sunshine: The Modern Gandhi; M. S. Swaminathan*. Budapest: Tertia Kiadó.

Ericsson, J. 1888. "The Sun Motor." *Scientific American Supplement* 26:10592.*

———. 1870. "Ericsson's Solar Engine." *Engineering* (London), 14 Oct.*

Errington, P. 1938. "No Quarter." *Bird-Lore* 40:5-6.

Esfandiary, F. M. 1973. *Up-Wingers: A Futurist Manifesto*. NY: John Day Co.

Esteva, G. 1983. *The Struggle for Rural Mexico*. South Hadley, MA: Bergin & Garvey.

European Environment Agency. 2011. *Europe's Environment: An Assessment of Assessments*. Luxembourg: Publications Office of the European Union.*

Evans, H. B. 1997. *Water Distribution in Ancient Rome: The Evidence of Frontinus*. Ann Arbor: University of Michigan Press.

Evans, S. M. 1997 (1989). *Born for Liberty: A History of Women in America*. 2nd ed. NY: Free Press.

Eve, A. S., and C. H. Creasey. 1945. *Life and Work of John Tyndall*. London: Macmillan & Co.

Evenson, R. E., and D. Gollin. 2003. "Assessing the Impact of the Green Revolution, 1960 to 2000." *Science* 300:758–62.

Ezkurdia, I., et al. 2014. "Multiple Evidence Strands Suggest That There May Be as Few as 19,000 Human Protein-Coding Genes." *Human Molecular Genetics* 23:5866–78.

Fagan, B. 2009 (1999). *Floods, Famines, and Emperors: El Niño and the Fate of Civilizations*. 2nd ed. NY: Basic Books.

Fagundes, N. J. R., et al. 2007. "Statistical Evaluation of Alternative Models of Human

Evolution." *PNAS* 104:17614–19.

Fairbarn, R. H. 1919. *History of Chickasaw and Howard Counties, Iowa.* 2 vols. Chicago: S. J. Clarke.

Famiglietti, J. S. 2014. "The Global Groundwater Crisis." *Nature Climate Change* 4:945–48.

Farley, J. 2004. *To Cast Out Disease: A History of the International Health Division of the Rockefeller Foundation.* OUP.

Fatondji, D., et al. 2001. "Zai: A Traditional Technique for Land Rehabilitation in Niger." *ZEF News*: 1–2.

Feder, E. 1976. "McNamara's Little Green Revolution: World Bank Scheme for SelfLiquidation of Third World Peasantry." *Economic and Political Weekly* 11:532–41.

Ferguson, R. B. 2013a. "Pinker's List: Exaggerating Prehistoric War Mortality." In Fry, ed. 2013:112–31.

———. 2013b. "The Prehistory of War and Peace in Europe and the Near East." In Fry, ed. 2013:191–240.

———. 1995. *Yanomami Warfare: A Political History.* Santa Fe, NM: School of American Research Press.

Ferling, J. 2013. *Jefferson and Hamilton: The Rivalry That Forged a Nation.* NY: Bloomsbury.

Ferrier, R. W. 2000 (1982). *The History of the British Petroleum Company.* Vol. 1. CUP.

Feuer, L. S. 1975. "Is the 'Darwin–Marx Correspondence' Authentic?" *Annals of Science* 32: 1–12.

Fialka, J. 1974. "Solar Energy's Big Push into the Marketplace." *Washington Star*, 17 July.

Fischer, T., et al. 2014. *Crop Yields and Global Food Security: Will Yield Increase Continue to Feed the World?* Canberra: Australian Centre for International Agricultural Research.

Fitzgerald, D. 1986. "Exporting American Agriculture: The Rockefeller Foundation in Mexico, 1943–53." *Social Studies of Science* 16:457–83.

Flader, S. L. 1994. *Thinking like a Mountain: Aldo Leopold and the Evolution of an Ecological Attitude Toward Deer, Wolves, and Forests.* Madison: University of Wisconsin Press.

Flandreau, C. E. 1900. *The History of Minnesota and Tales of the Frontier.* St. Paul, MN: E. W. Porter.*

Flanner, J. 1949. "Letter from Paris." *The New Yorker*, 7 May.

Fleming, J. R. 2010. *Fixing the Sky: The Checkered History of Weather and Climate Control.* CUP.

———. 2007. *The Callendar Effect: The Life and Work of Guy Stewart Callendar (1898–1964).* Boston: American Meteorological Society.

———. 1998. *Historical Perspectives on Climate Change.* OUP.

Floudas, D., et al. 2012. "The Paleozoic Origin of Enzymatic Lignin Decomposition Reconstructed from 31 Fungal Genomes." *Science* 336:1715–19.

Foley, J. 2014. "A Five-Step Plan to Feed the World." *National Geographic* 225:4–21.

Foote, E. 1856. "Circumstances Affecting the Heat of the Sun's Rays." *American Journal of Science and Arts* 22:382-83.

Forest Europe. 2015. *State of Europe's Forests 2015*. Madrid: Ministerial Conference on the Protection of Forests in Europe.*

Fosdick, R. B. 1988. *The Story of the Rockefeller Foundation*. NY: Transaction Publishers.

Foskett, D. J. 1953. "Wilberforce and Huxley on Evolution." *Nature* 172:920.

Fourcroy, A. F., and L. N. Vauquelin. 1806. "Mémoire sur le Guano, ou sur l'Engrais Naturel des Îlots de la Mer du Sud, près des Côtes du Pérou." *Memoires de l'Institut des Sciences, Lettres et Arts: Sciences Mathématiques et Physiques* 6:369–81.*

Fourier, J. 1824. "Remarques Générales sur les Températures du Globe Terrestre et des Espaces Planétaires." *Annales de Chemie et de Physique* 27:136–67.*

———. 1827. "Mémoire sur les Températures du Globe Terrestre et des Espaces Planétaires." *Mémoires de l'Académie Royale des Sciences* 7:569–604.*

Fowler, G. 1972. "Hugh Moore, Industrialist, Dies." *NYT*, 26 Nov.

Fox, S. 1981. *The American Conservation Movement: John Muir and His Legacy*. Madison: University of Wisconsin Press.

Frank, C. R., Jr. 2014. *The Net Benefits of Low and No-Carbon Electricity Technologies*. Washington, DC: Brookings Institution.*

Franklin, B. 1755. *Observations Concerning the Increase of Mankind, Peopling of Countries, &c.* Boston: S. Kneeland.*

Frederickson, D. S. 1991. "Asilomar and Recombinant DNA: The End of the Beginning." In *Biomedical Politics*, ed. K. E. Hanna, 258–307. Washington, DC: National Academies Press.

Freebairn, D. K. 1995. "Did the Green Revolution Concentrate Incomes? A Quantitative Study of Research Reports." *World Development* 23:265-79.

Freeman, M. C., et al. 2015. "Climate Sensitivity Uncertainty: When Is Good News Bad?" *PTRS* 373(2055).

Freese, B. 2004 (2003). *Coal: A Human History*. NY: Penguin Books.

Freire, P. 2014 (1968). *Pedagogy of the Oppressed, trans. M. B. Ramos*. NY: Bloomsbury.

Fritts, C. E. 1883. "On a New Form of Selenium Cell, and Some Electrical Discoveries Made by Its Use." *American Journal of Science* 126:465–72.*

———. 1885. "On the Fritts Selenium Cells and Batteries." *Proceedings of the American Association for the Advancement of Science* 33:97–108.*

Froeb, A. C. 1936. "Accomplishments in Mosquito Control in Suffolk County, Long Island." In *Proceedings of the New Jersey Mosquito Extermination Association 1936*:128–29.

Fromartz, S. 2006. *Organic, Inc.: Natural Foods and How They Grew*. NY: Harvest Books.

Frost, P. 2006. "European Hair and Eye Color: A Case of Frequency-Dependent Sexual Selection?" *Evolution and Human Behavior* 27:85–103.

Fry, D. P., ed. 2013. *War, Peace, and Human Nature: The Convergence of Evolutionary and*

Cultural Views. OUP.

Fuchs, R. J. 2010. *Cities at Risk: Asia's Coastal Cities in an Age of Climate Change*. Honolulu: East-West Center.*

Fukuyama, F. 1998. "Women and the Evolution of World Politics." *Foreign Affairs* 77:24–40.

Fuller, D. Q., et al. 2007. "Dating the Neolithic of South India: New Radiometric Evidence for Key Economic, Social, and Ritual Transformations." *Antiquity* 81: 755–78.

Furbank, R. T., et al. 2015. "Improving Photosynthesis and Yield Potential in Cereal Crops by Targeted Genetic Manipulation: Prospects, Progress, and Challenges." *Field Crops Research* 182:19–29.

Fussell, G. E. 1972. *The Classical Tradition in West European Farming*. Cranbury, NJ: Fairleigh Dickinson Press.

F.W.V. and C.A. 1901. "Knut Angstrom on Atmospheric Absorption." *Monthly Weather Review* 29:268.

Gaillard, G. 2004 (1997). *The Routledge Dictionary of Anthropologists*, trans. P. J. Bowman. NY: Routledge.

Gall, Y.M.(Я.М. Г а л л). 2011. Г.Ф.Г а у з е (1910–1986): Т в о р ч е с к и й О б р а з. Э к о л о г и я И Т е о р и я Э в о л ю ц и и [G. F. Gause [1910–1986] : Creative Image. Ecology and Evolutionary Theory] . Б и о с ф е р а[Biosphere]3:423–44.

Gall, Y. M., and M. B. Konashev. 2001. "The Discovery of Gramicidin S: The Intellectual Transformation of G. F. Gause from Biologist to Researcher of Antibiotics and on Its Meaning for the Fate of Russian Genetics." *History and Philosophy of the Life Sciences* 23:137–50.

Gallagher, W. 2006. *House Thinking: A Room-by-Room Look at How We Live*. NY: HarperCollins.

Gallman, R. E. 1966. "Gross National Product in the United States, 1834–1909." In *Output, Employment, and Productivity in the United States After 1800*, ed. D. S. Brady, 3–90. Washington, DC: National Bureau of Economic Research.*

Galloway, J. N., et al. 2003. "The Nitrogen Cascade." *Bioscience* 53:341–56.

Gandhi, I. 1975. "The Challenge of Drought." In Indira Gandhi Abhinandan Samiti, ed. *The Spirit of India*. New Delhi: Asia Publishing House, 4 vols., 1:67-69.

Gardiner, S. M. 2011. *A Perfect Moral Storm: The Ethical Tragedy of Climate Change*. OUP.

Garnet, T. 2013. "Food Sustainability: Problems, Perspectives, and Solutions." *Proceedings of the Nutrition Society* 72:29–39.

Garrett, H. E., et al. 1991. "Black Walnut (*Juglans nigra* L.) Agroforestry—Its Design and Potential as a Land-use Alternative." *The Forestry Chronicle* 67:213-18.

Gaskell, G., et al. 2006. *Europeans and Biotechnology in 2005: Patterns and Trends*. Special Eurobarometer 244b.*

Gat, A. 2013. "Is War Declining—and Why?" *Journal of Peace Research* 50:149–57.

——. 2006. *War in Human Civilization*. OUP.

Gauld, C. 1992a. "The Historical Anecdote as a 'Caricature': A Case Study." *Research in Science Education* 22:149–56.

———. 1992b. "Wilberforce, Huxley, and the Use of History in Teaching About Evolution." *American Biology Teacher* 54:406–10.

Gause, G. F. 1934. *The Struggle for Existence*. Baltimore: Williams & Wilkins.*

———. 1930. "Studies on the Ecology of the Orthoptera." *Ecology* 11:307–25.

General Education Board. 1916 (1915). *The General Education Board: An Account of Its Activities, 1902–1914*. 3rd ed. NY: General Education Board.*

George, S. 1986 (1976). *How the Other Half Dies: The Real Reasons for World Hunger*. NY: Penguin.

Gifford, T., ed. 1996. *John Muir: His Life and Letters and Other Writings*. Seattle: The Mountaineers.

Gill, E. 2010. "Lady Eve Balfour and the British Organic Food and Farming Movement." Ph.D. dissertation, Aberystwyth University.*

Gilley, S. 1981. "The Huxley-Wilberforce Debate: A Reconsideration." In *Religion and Humanism,* ed. K. Robbins, 325–40. Oxford: Basil Blackwell/Ecclesiastical History Society.

Gimpel, J. 1983 (1976). *The Medieval Machine: The Industrial Revolution of the Middle Ages*. NY: Penguin.

Glacken, C. J. 1976 (1967). *Traces on the Rhodian Shore: Nature and Culture in Western Thought from Ancient Times to the End of the Eighteenth Century*. UCP.

Gleick, J. 1988 (1987). *Chaos: Making a New Science*. NY: Penguin Books.

Gleick, P. H. 2003. "Global Freshwater Resources: Soft-Path Solutions for the 21st Century." *Science* 302:1524–28.

———. 2002. "Soft Water Paths." *Nature* 418:373.

———. 2000. "The Changing Water Paradigm: A Look at Twenty-First Century Water Resources Development." *Water International* 25:127–38.

———. 1998. *The World's Water 1998–1999: The Biennial Report on Freshwater Resources*. Washington, DC: Island Press.

———. 1996. "Water Resources." In *Encyclopedia of Climate and Weather*, ed. S. H. Schneider, 2:817–23. OUP.

Gleick, P. H., and M. Palaniappan. 2010. "Peak Water Limits to Freshwater Withdrawal and Use." *PNAS* 107:11155–62.

Glick, T. F., ed. 1988. *The Comparative Reception of Darwinism*. Chicago: University of Chicago Press.

Godefroit, P., et al. 2014. "A Jurassic Ornithischian Dinosaur from Siberia with Both Feathers and Scales." *Science* 345:451–55.

Godfray, H. C. J., et al. 2010. "Food Security: The Challenge of Feeding 9 Billion People." *Science* 327:812–18.

Goh, P. S., et al. 2017. "The Water-Energy Nexus: Solutions towards Energy-Efficient

Desalination." *Energy Technology* 5:1136–55.

Gohdes, A., and M. Price. 2013. "First Things First: Assessing Data Quality Before Model Quality." *Journal of Conflict Resolution* 57:1090–1108.

Gold, E. 1965. "George Clarke Simpson, 1878–1965." *Biographical Memoirs of Fellows of the Royal Society* 11:156–75.

Goldsmith, E., et al. 1972. "A Blueprint for Survival." *The Ecologist* 2:1–43.*

Goldstein, J. S. 2011. *Winning the War on War: The Decline of Armed Conflict Worldwide.* NY: Dutton.

Gómez-Baggethun, E., et al. 2009. "The History of Ecosystem Services in Economic Theory and Practice: From Early Notions to Markets and Payment Schemes." *Ecological Economics* 69:1209–18.

González, B. P. 2006. "La Revolución Verde en México." *Agrária* (São Paulo) 4:40–68.

González-Paleo, L., et al. 2016. "Back to Perennials: Does Selection Enhance Tradeoffs Between Yield and Longevity?" *Industrial Crops and Products* 91:272–78.

Goodall, A. H. 2008. "Why Have the Leading Journals in Management (and Other Social Sciences) Failed to Respond to Climate Change?" *Journal of Management Inquiry* 20:1–14.

Goodell, A. R. S. 1975. "The Visible Scientists." Ph.D. dissertation, Stanford University.

Goodell, J. 2011 (2010). *How to Cool the Planet: Geoengineering and the Audacious Quest to Fix Earth's Climate.* NY: Mariner Books.

Goodisman, M. A. D., et al. 2007. "Genetic and Morphological Variation over Space and Time in the Invasive Fire Ant *Solenopsis invicta.*" *Biological Invasions* 9:571–84.

Gopalkrishnan, G. 2002. *M. S. Swaminathan: One Man's Quest for a Hunger-Free World.* Chennai, India: Sri Venkatesa Printing House.

Gossett, R. F. 1997. *Race: The History of an Idea in America.* OUP.

Gorman, H. S. 2013. *The Story of N: A Social History of the Nitrogen Cycle and the Challenge of Sustainability.* New Brunswick, NJ: Rutgers University Press.

Government of India. Ministry of Food and Agriculture. 1959. *Report on India's Food Crisis and Steps to Meet It.* Delhi: Government of India.

Government of India. Ministry of Science and Technology. 1958. Scientific Policy Resolution official memorandum (4 March).*

Gowans, A. 1986. *The Comfortable House: North American Suburban Architecture, 1890–1930.* MIT.

Graham, F., Jr., and C. W. Buchheister. 1990. *The Audubon Ark: A History of the Audubon Society.* NY: Alfred A. Knopf.

Graham, J. A. 1904. "Sun Motor Solves Mystery of Electricity's Source." *Chicago Daily Tribune*, 6 Nov.

Grant, M. 1916. *The Passing of the Great Race, or, The Racial Basis of European History.* NY: Charles Scribner's Sons.

Grassini P., et al. 2013. "Distinguishing Between Yield Advances and Yield Plateaus in

Historical Crop Production Trends." *Nature Communications* 4:2918.

Grattan-Guinness, I. 1972. *Joseph Fourier, 1768–1830: A Survey of His Life and Work.* MIT.

Great Britain House of Commons. 1913. *The Parliamentary Debates.* Vol. 6, 7–25 July. 5th ser., v.55. London: Her Majesty's Stationery Office.*

Great Britain House of Lords. 1830. *Report from the Select Committee of the House of Lords Appointed to Take into Consideration the State of the Coal Trade in the United Kingdom.* London: House of Commons.

Green, C. C. 2006. "Forestry Education in the United States." *Issues in Science and Technology Librarianship* 46 (supp.).*

Greenfield, G. 1934 "News of Activities with Rod and Gun." *NYT*, 24 Oct.

Greenhalgh, S. 2008. *Just One Child: Science and Policy in Deng's China.* UCP.

Griffin, D. 2014. "Thousands Protest Against Pylons and Wind Turbines." *Irish Times*, 15 April.*

Griffin, K. 1974. *The Political Economy of Agrarian Change: An Essay on the Green. Revolution.* HUP.

Grove, N. 1974. "Oil, the Dwindling Treasure." *National Geographic* 145:792–825.

Guillemot, H. 2014. "Les Désaccords sur le Changement Climatique en France: Au-delà d'un Climat Bipolaire." *Natures Sciences Sociétés* 22–340–50.

Guo, Z., et al. 2010. "Discovery, Evaluation and Distribution of Haplotypes of the Wheat Ppd-D1 Gene." *New Phytologist* 185:841–51.

Gwynne, P. 1975. "The Cooling World." *Newsweek*, 28 April.

———. 2014. "My 1975 'Cooling World' Story Doesn't Make Today's Climate Scientists Wrong." *Insidescience.org*, 21 May.*

Gyllenborg, G. A. (J. G. Wallerius). 1770 (1761). *The Natural and Chemical Elements of Agriculture*, trans. J. Mills. London: John Bell.

Hailman, J. 2006. *Thomas Jefferson and Wine.* Oxford: University Press of Mississippi.

Hall, S. S. 2016. "Editing the Mushroom." *Scientific American* 314:56–63.

———. 1987. "One Potato Patch That Is Making Genetic History." *Smithsonian* 18:125–36.

Hallegatte, S., et al. 2013. "Future Flood Losses in Major Coastal Cities." *Nature Climate Change* 3:802–6.

Hambler, C. 2013. "Wind Farms vs. Wildlife." *The Spectator*, 5 Jan.*

Hamilton, J. D. 2013. "Historical Oil Shocks." In *Routledge Handbook of Major Events in Economic History*, ed. R. E. Parker and R. Whaples, 239–65. NY: Routledge.

Hamilton, T. J. 1949. "Estimate of 500-Year Oil Supply Draws Criticism in U.N. Parley." *NYT*, 23 Aug.

Hanlon, J. 1974. "Top Food Scientist Published False Data." *New Scientist* 64:436–37.

Hansen, J. E., et al. 1992. "Potential Climate Impact of Mount Pinatubo Eruption." *Geophysical Research Letters* 19: 215-18

Hansen, J. E., et al. 1978. "Mount Agung Eruption Provides Test of a Global Climatic Perturbation." *Science* 199:1065–67.

Hanson, E. P. 1949. "Mankind Need Not Starve." *The Nation* 169:464–67.

Harari, Y. N. 2015. *Sapiens: A Brief History of Humankind*. NY: HarperCollins.

Hardin, G. 1976. "Carrying Capacity as an Ethical Concept." *Soundings* 59:120–37.

Hare, F. K. 1988. "World Conference on the Changing Atmosphere: Implications for Security, held at the Toronto Convention Centre, Toronto, Ontario, Canada, During 27–30 June 1988." *Environmental Conservation* 15:282–83.

Harper, J. A., and C. L. Cozart. 1990. *Oil and Gas Developments in Pennsylvania in 1990 with Ten-Year Review and Forecast*. Harrisburg: Pennsylvania Geological Survey.*

Harrington, W., et al. 2000. "On the Accuracy of Regulatory Cost Estimates." *Journal of Policy Analysis and Management* 19:297–322.

Hartmann, B. 2017. *The America Syndrome: Apocalypse, War, and Our Call to Greatness*. NY: Seven Stories Press.

———. 1995 (1987). *Reproductive Rights and Wrongs: The Global Politics of Population Control*. Rev. ed. Boston: South End Press.

———. and J. Boyce. 2013 (1983). *A Quiet Violence: View from a Bangladesh Village*. NY: CreateSpace.

Harwood, J. 2009. "Peasant Friendly Plant Breeding and the Early Years of the Green Revolution in Mexico." *Agricultural History* 83:384–410.

Hasson, D. 2010. "In Memory of Sidney Loeb." *Desalination* 261:203-04.

Haszeldine, R. S. 2009. "Carbon Capture and Storage: How Green Can Black Be?" *Science* 325:1647–52.

Haub, C. 1995. "How Many People Have Ever Lived on Earth?" *Population Today*, Feb.

Hawkes, L. 1940. "Prof. A. G. Högbom." *Nature* 145:769.

Hay, W. H. 2013. *Experimenting on a Small Planet: A Scholarly Entertainment*. NY: Springer.

Hayes, D. 1977. *Rays of Hope: The Transition to a Post-Petroleum World*. NY: W. W. Norton.

Hayes, H. K., et al. 1936. *Thatcher Wheat*. St. Paul: University of Minnesota Agricultural Experiment Station Bulletin 325.*

Hayes, H. K., and R. J. Garber. 1921. *Breeding Crop Plants*. NY: McGraw-Hill.

Hayes, R. C., et al. 2012. "Perennial Cereal Crops: An Initial Evaluation of Wheat Derivatives." *Field Crops Research* 133:68–89.

Hazell, P. B. R. 2009. *The Asian Green Revolution*. Washington, D.C.:International Food Policy Research Institute.

Heilbroner, R. L. 1995 (1953). *The Worldly Philosophers*. 7th ed. NY: Touchstone.

Helms, J. D. 1984. "Walter Lowdermilk's Journey: Forester to Land Conservationist." *Environmental Review* 8:132–45.

Hempel, L. C. 1983. "The Politics of Sunshine: An Inquiry into the Origin, Growth, and Ideological Character of the Solar Energy Movement in America." Ph.D. dissertation, Claremont Graduate School.

Henshilwood, C. S., et al. 2011. "A 100,000-Year-Old Ochre-Processing Workshop at Biombos Cave, South Africa." *Science* 334:219–22.

Henshilwood, C. S., and F. d'Errico. 2011. "Middle Stone Age Engravings and Their Significance to the Debate on the Emergence of Symbolic Material Culture." In Henshilwood, C. S., and F. d'Errico, eds. *Homo Symbolicus: The Dawn of Language, Imagination, and Spirituality*, 75–96. Amsterdam: John Benjamins.

Herivel, J. 1975. *Joseph Fourier: The Man and the Physicist*. Oxford: Clarendon Press.

Hernandez, R. R., et al. 2014. "Environmental Impacts of Utility-Scale Solar Energy." *Renewable and Sustainable Energy Reviews* 29:766–79.

Hertzman, H. 2017. *Atrazine in European Groundwater: The Distribution of Atrazine and its Relation to the Geological Setting*. M.S. Thesis, Umeå University (Sweden).*

Hesketh, I. 2009. *Of Apes and Ancestors: Evolution, Christianity, and the Oxford Debate*. Toronto: University of Toronto Press.

Hesser, L. 2010. *The Man Who Fed the World*. NY: Park East Press.

Hettel, G. 2008. "Luck Is the Residue of Design." *Rice Today*, Jan.*

Heun, M., et al. 1997. "Site of Einkorn Wheat Domestication Identified by DNA Fingerprinting." *Science* 278:1312–14.

Hewitt de Alcántara, C. 1978. *La Modernización de la Agricultura Mexicana, 1940–1970*. México, D.F.: Siglo XXI.

Hibberd, J., et al. 2008. "Using C4 Photosynthesis to Increase the Yield of Rice—Rationale and Feasibility." *Current Opinion in Plant Biology* 11:228–31.

Hildahl, K. 2001. *Saude: A Brief History of a Village in Northeast Iowa*. Privately printed.*

Hinkel, J., et al. 2014. "Coastal Flood Damage and Adaptation Costs Under 21st Century Sea-Level Rise." *PNAS* 111:3292–97.

Hisard, P. 1992. "Centenaire de l'Observation du Courant Côtier El Niño, Carranza, 1892: Contributions de Krusenstern et de Humboldt à l'Observation du Phénomène 'ENSO.'" In *Paleo-ENSO Records International Symposium: Extended Abstracts*, ed. L. Ortlieb and J. Macharé, 133–41. Lima: ORSTOM/CONCYTEC.

Hitchens, C. 2005. "Equal Time." *Slate*, Aug 23.*

Hoddeson, L. 1981. "The Discovery of the Point-Contact Transistor." *Historical Studies in the Physical Sciences* 12:41–76.

Hoffman, E. 1896. *La Vie et les Travaux de Charles le Maout (1805–1887)*. Le Havre: Imprimerie François le Roi.

Hoglund, A. W. 1961. "Wisconsin Dairy Farmers on Strike." *Agricultural History* 35:24–34.

Holdgate, M. 2013 (1999). *The Green Web: A Union for World Conservation*. NY: Earthscan.

———. 2001. "A History of Conservation." *In Our Fragile World: Challenges and Opportunities for Sustainable Development*, ed. M. K. Tolba, 1:341–53. Oxford: EOLSS Publishers.

Holland, J. 1835. *The History and Description of Fossil Fuel, the Colleries, and Coal Trade of Great Britain*. London: Whitaker and Co.*

Hollerson, W. 2010. "Popular Protests Put Brakes on Renewable Energy." *Der Spiegel*, 21 Jan.*

Hollett, D. 2008. *More Precious than Gold: The Story of the Peruvian Guano Trade*. Teaneck, NJ: Fairleigh Dickinson University Press.

Holthaus, E. 2015. "Stop Vilifying Almonds." *Slate*, 17 April.*

Holway, D. A., et al. 2002. "The Causes and Consequences of Ant Invasions." *Annual Review of Ecology and Systematics* 33:181–233.

Hoopman, D. 2007. "The Faithful Heretic: A Wisconsin Icon Pursues Tough Questions." *Wisconsin Energy Cooperative News*, May.*

Hopkins, D. P. 1948. *Chemicals, Humus, and the Soil*. London: Faber and Faber.

Hossard, L., et al. 2016. "A Meta-Analysis of Maize and Wheat Yields in Low-Input vs. Conventional and Organic Systems." *Agronomy Journal* 108:1155–67.

Howard, A. 1945. *Farming and Gardening for Health or Disease*. London: Faber and Faber.

———. 1940. *An Agricultural Testament*. OUP.

Howard, A., and Y. D. Wad. 1931. *The Waste Products of Agriculture: Their Utilization as Humus*. OUP.

Howard, E. 1902. *Garden Cities of To-Morrow*. London: Swan Sonnenschein.*

———. 1898. *To-Morrow: A Peaceful Path to Real Reform*. London: Swan Sonnenschein.*

Howard, L. E. 1953. *Sir Albert Howard in India*. London: Faber and Faber.*

Howeler, R. H., ed. 2011. *The Cassava Handbook*. Cali, Colombia: CIAT.

Huang, C. Y., et al. 2003. "Direct Measurement of the Transfer Rate of Chloroplast DNA into the Nucleus." *Nature* 422:72–76.

［Hubbert, M. K.］2008 (1934). *Technocracy Study Course*. 5th ed. NY: Technocracy, Inc.*

———. 1962. *Energy Resources*. Washington, DC: National Academy of Sciences–National Research Council (Publication 1000-D).

———. 1956. *Nuclear Energy and the Fossil Fuels*. Houston: Shell Development Company Publication No. 95.

———. 1951. "Energy from Fossil Fuels." In *Smithsonian Institution. Annual Report of the Board of Regents of the Smithsonian Institution (1950)*, 255–72. Washington, DC: Government Printing Office.*

———. 1949. "Energy from Fossil Fuels." *Science* 109:103–9.

———. 1938. "Determining the Most Probable." *Technocracy* 12:4–10.

Hugo, V. 2000 (1862). *Les Misérables*, trans. C. E. Wilbour. NY: Random House.*

Hulme, M. 2011. "Reducing the Future to Climate: A Story of Climate Determinism and Reductionism." *Osiris* 26:245–66.

———. 2009a. "On the Origin of 'the Greenhouse Effect': John Tyndall's 1859 Interrogation of Nature." *Weather* 64:121–23.

———. 2009b. *Why We Disagree About Climate Change: Understanding Controversy, Inaction, and Opportunity*. CUP.

———. 2001. "Climatic Perspectives on Sahelian Desiccation: 1973–1998." *GEC* 11:21–23.

Hunt, S. J. 1973. "Growth and Guano in 19th-Century Peru." Research Program in Economic Development, Woodrow Wilson School, Princeton University, Discussion Paper No. 34.*

Hunter, M. C., et al. 2017. "Agriculture in 2050: Recalibrating Targets for Sustainable Intensification." *BioScience* bix010. doi: 10.1093/biosci/bix010.

Hunter, R. 2009. "Positionality, Perception, and Possibility in Mexico's Valle del Mezquital." *Journal of Latin American Geography* 8:49–69.

Hutchens, J. K. 1946. "People Who Read and Write." *NYT*, 17 March.

Hutchins, J. 2000. "Warren Weaver and the Launching of MT: Brief Biographical Note." In *Early Years in Machine Translation: Memoirs and Biographies of Pioneers*, ed. J. Hutchins, 17–20. Amsterdam: John Benjamins.

Hutchinson, G. E. 1950. *The Biogeochemistry of Vertebrate Excretion*. NY: American Museum of Natural History (Bulletin 96).

———. 1948. "On Living in the Biosphere." *Scientific Monthly* 67:393–97.

Huxley, A. 1993 (1939). *After Many a Summer Dies the Swan*. Chicago: Ivan R. Dee.

Huxley, J. 1946. *UNESCO: Its Purpose and Its Philosophy*. London: Preparatory Commission of the United Nations Educational, Scientific, and Cultural Organisation.*

———. 1937 (1926). *Essays in Popular Science*. London: Penguin Books.

———. 1933 (1931). *What Dare I Think? The Challenge of Modern Science to Human Action and Belief*. London: Chatto and Windus.

Huxley, J., and A. C. Haddon. 1939 (1931). *We Europeans: A Survey of "Racial" Problems*. Harmondsworth, Middlesex: Penguin Books.

Huxley, L. 1901. *Life and Letters of Thomas Henry Huxley*. 2 vols. New York: D. Appleton.*

Huxley, T. H. 1887. "On the Reception of the 'Origin of Species.'" In *The Life and Letters of Charles Darwin, Including an Autobiographical Chapter*, ed. F. Darwin, 2:179–204. London: John Murray.*

Inarejos Muñoz, J. A. 2010. "De la Guerra del Guano a la Guerra del Godo. Condicionantes, Objetivos y Discurso Nacionalista del Conflicto de España con Perú y Chile (1862–1867)." *Revista de Historia Social y de las Mentalidades* 14:137–70.

Ingram, F. W., and G. A. Ballard. 1935. "The Business of Migratory Divorce in Nevada." *Law and Contemporary Problems* 2:302–8.

Inman, M. 2016. *The Oracle of Oil: A Maverick Geologist's Quest for a Sustainable Future*. NY: W. W. Norton.

Institute for Economics and Peace. 2017. *Global Peace Index 2017*. IEP Report 48. Sydney: Institute for Economics and Peace.*

Instituto Nacional de Estadística y Geografía (México). 2015. *Estadísticas Históricas de México 2014*. México, D.F.: INEGI.*

International Atomic Energy Agency. 2008. *Estimation of Global Inventories of Radioactive Waste and Other Radioactive Materials*. IAEA-TECDOC-1591. Vienna: IAEA.*

International Desalination Agency. 2017. *IDA Desalination Yearbook 2016–2017*. Topsfield,

MA: IDA.

International Energy Agency (IEA). 2016. *World Energy Outlook 2016*. Paris:IEA.

———. 2015a. *CO₂ Emissions from Fuel Combustion*. Paris: IEA.*

———. 2015b. *Key World Energy Statistics 2015*. Paris: IEA.*

———. 2014a. *Energy Technology Perspectives 2014: Harnessing Electricity's Potential*. Paris: IEA.*

———. 2014b. *World Energy Outlook 2014*. Paris: IEA.*

———. 2012. *Technology Roadmap: High-Efficiency, Low-Emissions Coal-Fired Power Generation*. Paris: IEA.

International Energy Agency Coal Industry Advisory Board. 2010. *Power Generation from Coal: Measuring and Reporting Efficiency Performance and CO₂ Emissions*. Paris: IEA.*

International Labor Organization. 2017. *Global Estimates of Modern Slavery: Forced Labor and Forced Marriage*. Geneva: ILO.*

Isaacson, W. 2014. *The Innovators: How a Group of Hackers, Geniuses, and Geeks Created the Digital Revolution*. NY: Simon and Schuster.

Israel, G., and A. M. Gasca. 2002. *The Biology of Numbers: The Correspondence of Vito Volterra on Mathematical Biology*. Basel: Birkhäuser.

Ittersum, M. K. v., et al. 2013. "Yield Gap Analysis with Local to Global Relevance—A Review." *Field Crops Research* 143:4–17.*

Iyer, R. D. 2002. *Scientist and Humanist: M. S. Swaminathan*. Mumbai: Bharatiya Vidya Bhavan.

Jack, M. 1968. "The Purchase of the British Government's Shares in the British Petroleum Company, 1912–1914." *Past & Present* 39:139–68.

Jacobson, M. Z., et al. 2015a. "Low-Cost Solution to the Grid Reliability Problem with 100% Penetration of Intermittent Wind, Water, and Solar for All Purposes." *PNAS* 112:15060–65.

Jacobson, M. Z., et al. 2015b. "100% Clean and Renewable Wind, Water, and Sunlight (WWS) All-Sector Energy Roadmaps for the 50 United States." *Energy and Environmental Science* 8:2093–117.

Jacobson, M. Z., and M. A. Delucchi. 2011a. "Providing All Global Energy with Wind, Water, and Solar Power, Part I: Technologies, Energy Resources, Quantities and Areas of Infrastructure, and Materials." *Energy Policy* 39: 1154–69.

———. 2011b. "Providing All Global Energy with Wind, Water, and Solar Power, Part II: Reliability, System and Transmission Costs, and Policies." *Energy Policy* 39: 1170–90.

———. 2009. "A Path to Sustainable Energy by 2030." *Scientific American* 301:58–65.

Jagadish, S. V. K, et al. 2015. "Rice Responses to Rising Temperatures—Challenges, Perspectives, and Future Directions." *Plant, Cell, and Environment* 38:1686-98.

James, P. 2006 (1979). *Population Malthus: His Life and Times*. Oxford: Routledge.

Jamieson, D. 2014. *Reason in a Dark Time: Why the Struggle Against Climate Change*

Failed—and What It Means for Our Future. OUP.

Jarrige, F. 2010. "'Mettre le Soleil en Bouteille': Les Appareils de Mouchot et l'Imaginaire Solaire au Début de la Troisième République." *Romantisme* 150:85–96.

Jaureguy, F., et al. 2008. "Phylogenetic and Genomic Diversity of Human Bacteremic *Escherichia coli* Strains." *BMC Genetics* 9:560.*

Jennings, P. R. 1964. "Plant Type as a Rice Breeding Objective." *Crop Science* 4:13–15.

Jensen, J. V. 1991. *Thomas Henry Huxley: Communicating for Science.* Cranbury, NJ: Associated University Presses.

———. 1988. "Return to the Wilberforce-Huxley Debate." *British Journal for the History of Science* 21:161–79.

Jeon, J.-S., et al. 2011. "Genetic and Molecular Insights into the Enhancement of Rice Yield Potential." *Journal of Plant Biology* 54:1-9.

Jesness, O. B., et al. 1936. *The Twin City Milk Market.* Bulletin 331. Minneapolis: University of Minnesota Agricultural Experiment Station.

Jevons, W. S. 1866. *The Coal Question; An Inquiry Concerning the Progress of the Nation, and the Probable Exhaustion of Our Coal-Mines.* 2nd ed. London: Macmillan and Co.*

Jez, J. M., et al. 2016. "The Next Green Movement: Plant Biology for the Environment and Sustainability." *Science* 353:1241-44.

Ji, Q., and S. Ji. 1996. "On the Discovery of the Earliest Fossil Bird in China (Sinosauropteryx gen. nov.) and the Origin of Birds." *Chinese Geology* 233:30–33.*

Jiang, Q., et al. 2016. "Rational Persuasion, Coercion or Manipulation? The Role of Abortion in China's Family Policies." *Annales Scientia Politica* 5:5–16.

Johansson, Å., et al. 2012. *Looking to 2060: Long-Term Global Growth Prospects.* OECD Economic Policy Papers 3. Paris: Organisation for Economic Co-operation and Development.*

Johnson, C. E. 2015. "'Turn on the Sunshine': A History of the Solar Future." Ph.D. dissertation, University of Washington.

Jonas, H. 1984. *The Imperative of Responsibility.* Chicago: University of Chicago Press.

Jones, G., and L. Bouamane. 2012. "'Power from Sunshine': A Business History of Solar Energy." Harvard Business School Working Paper 12-105.*

Jongman, B., et al. 2012. "Global Exposure to River and Coastal Flooding: Long Term Trends and Changes." *GEC* 22:823–35.

Jonsson, F. A. 2014. "The Origins of Cornucopianism: A Preliminary Genealogy." *Critical Historical Studies* 1:151–68.

———. 2013. *Enlightenment's Frontier: The Scottish Highlands and the Origins of Environmentalism.* YUP.

Josey, C. C. 1923. *Race and National Solidarity.* NY: Charles Scribner's Sons.

Joshi, S. R., et al. 2015. "Physical and Economic Consequences of Sea-Level Rise: A Coupled GIS and CGE Analysis Under Uncertainties." *Environmental and Resource Economics* 65(4):813–39.

Joyce, C. 1985. "Strawberry Field Will Test Man-Made Bacterium." *New Scientist*, 14 Nov.

Jundt, T. 2014a. *Greening the Red, White, and Blue: The Bomb, Big Business, and Consumer Resistance in Postwar America*. OUP.

———. 2014b. "Dueling Visions for the Postwar World: The UN and UNESCO Conferences on Resources and Nature, and the Origins of Environmentalism." *Journal of American History* 101:44–70.

Jungk, A. 2009. "Carl Sprengel—the Founder of Agricultural Chemistry: A Re-appraisal Commemorating the 150th Anniversary of His Death." *Journal of Plant Nutrition and Soil Science* 172:633–36.

Kabashima, J. N., et al. 2007. "Aggressive Interactions Between *Solenopsis invicta* and *Linepithema humile* (Hymenoptera: Formicidae) Under Laboratory Conditions." *Journal of Economic Entomology* 100:148–54.

Kabore, D., and C. Reij. 2004. *The Emergence and Spreading of an Improved Traditional Soil and Water Conservation Practice in Burkina Faso*. Washington, DC: International Food Policy Research Institute.

Kaessman, H., et al. 2001. "Great Ape DNA Sequences Reveal a Reduced Diversity and an Expansion in Humans." *Nature Genetics* 27:155-56.

Kale, S. 2014. *Electrifying India: Regional Political Economies of Development*. Palo Alto, CA: Stanford University Press.

Karatayev, A. Y., et al. 2014. "Twenty-Five Years of Changes in *Dreissena* spp. Populations in Lake Erie." *Journal of Great Lakes Research* 40:550–59.

Kasting, J. F. 2014. "Atmospheric Composition of Hadean–Early Archean Earth: The Importance of CO." In *Earth's Early Atmosphere and Surface Environment*, ed. G. H. Shaw, 19–28. Geological Society of America Special Paper 504.

Katz, Y. 1994. "The Extension of Ebenezer Howard's Ideas on Urbanization Outside the British Isles: The Example of Palestine." *GeoJournal* 34:467–73.

Kauppi, P. E., et al. 1992. "Biomass and Carbon Budget of European Forests, 1971 to 1990." *Science* 256:70-74.

Kay, L. E. 1993. *The Molecular Vision of Life: Caltech, the Rockefeller Foundation, and the Rise of the New Biology*. OUP.

Kean, S. 2012. *The Violinist's Thumb: And Other Lost Tales of Love, War, and Genius, as Written by Our Genetic Code*. Boston: Little, Brown.

Keeley, L. H. 1996. *War Before Civilization: The Myth of the Peaceful Savage*. OUP.

Keeling, C. D. 1998. "Rewards and Penalties of Monitoring the Earth." *Annual Review of Energy and the Environment* 23:25–82.

———. 1978. "The Influence of Mauna Loa Observatory on the Development of Atmospheric CO_2 Research." In *Mauna Loa Observatory: A 20th Anniversary Report*, ed. J. Miller, 36–54. Washington, DC: National Oceanic and Atmospheric Administration.

———. 1960. "The Concentration and Isotopic Abundances of Carbon Dioxide in the

Atmosphere." *Tellus* 12:200–3.

Keirn, T. 1988. "Daniel Defoe and the Royal African Company." *Historical Research* 61:243–47.

Keith, D. W. 2013. *A Case for Climate Engineering*. Boston: Boston Review Press.

———. 2000. "Geoengineering the Climate: History and Prospect." *Annual Review of Energy and the Environment* 25:245–84.

———et al. 2016. "Stratospheric Solar Geoengineering without Ozone Loss." *PNAS* 113:14910-14.

Kemp, J. 2013. "Peak Oil, Not Climate Change Worries Most Britons." Reuters, 18 July.*

Keynes, R. 2002 (2001). *Darwin, His Daughter, and Human Evolution*. NY: Riverhead Books.

Kincer, J. B. 1933. "Is Our Climate Changing? A Study of Long-Time Temperature Trends." *Monthly Weather Review* 61:251–59.

King, J. R., and W. R. Tschinkel. 2008. "Experimental Evidence That Human Impacts Drive Fire Ant Invasions and Ecological Change." *PNAS* 105:20339–43.

King, R. J. 2013. *The Devil's Cormorant: A Natural History*. Lebanon, N.H.: University Press of New England.

Kingsbury, N. 2011 (2009). *Hybrid: The History and Science of Plant Breeding*. Chicago: University of Chicago Press.

Kingsland, S. E. 2009. "Frits Went's Atomic Age Greenhouse: The Changing Labscape on the Lab-Field Border." *Journal of the History of Biology* 42:289–324.

———. 1995 (1985). *Modeling Nature: Episodes in the History of Population Ecology*. 2nd ed. Chicago: University of Chicago Press.

———. 1986. "Mathematical Figments, Biological Facts: Population Ecology in the Thirties." *Journal of the History of Biology* 19:235–56.

Kinkela, D. 2011. *DDT and the American Century: Global Health, Environmental Politics, and the Pesticide That Changed the World*. Chapel Hill: University of North Carolina Press.

Kintisch, E. 2010. *Hack the Planet: Science's Best Hope—or Worst Nightmare—for Averting Climate Catastrophe*. Hoboken, NJ: John Wiley and Sons.

Kirchmann, H., et al. 2016. "Flaws and Criteria for Design and Evaluation of Comparative Organic and Conventional Cropping Systems." *Field Crops Research* 186:99–106.

Kislev, M. E. 1982. "Stem Rust of Wheat 3300 Years Old Found in Israel." *Science* 216:993–94.

Kittler, R., et al. 2003. "Molecular Evoution of *Pediculus humanus* and the Origin of Clothing." *Current Biology* 14:1414–17 (erratum, 14:2309).

Klein, T. M., et al. "High-Velocity Microprojectiles for Delivering Nucleic Acids into Living Cells." *Nature* 327:70-73.

Kluckhohn, F. L. 1947. "$28,000,000 Urged to Support M.I.T." *NYT*, 15 June.

Knickerbocker, Jerry, and J. A. Harper. 2009. "Anatomy of a Ghost Town—Pithole."

In *History and Geology of the Oil Regions of Northwestern Pennsylvania*, ed. J. A. Harper, 108–19. 74th Annual Field Conference of Pennsylvania Geologists. Middletown, PA: Field Conference of Pennsylvania Geologists.*

Knipling, E. F. 1945. "The Development and Use of DDT for the Control of Mosquitoes." *Journal of the National Malaria Society* 4:77-92.

Kniss, A. R., et al. 2016. "Commercial Crop Yields Reveal Strengths and Weaknesses for Organic Agriculture in the United States." *PLoS ONE* 11:e0161673.*

Knoll, E., and J. N. McFadden., eds. 1970. *War Crimes and the American Conscience*. NY: Holt, Rinehart and Winston.

Kolmer, J. A., et al. 2011. "Expression of a Thatcher Wheat Adult Plant Stem Rust Resistance QTL on Chromosome Arm 2BL Is Enhanced by Lr34." *Crop Science* 51:526–33.

Krajewski, C., and D. G. King. 1996. "Molecular Divergence and Phylogeny: Rates and Patterns of Cytochrome b Evolution in Cranes." *Molecular Biology and Evolution* 13:21–30.*

Krajewski, C., and J. W. Fetzner. 1994. "Phylogeny of Cranes (Gruiformes: Gruidae) Based on Cytochrome- B DNA Sequences." *The Auk* 111:351–65.

Kravitz, B., et al. 2014. "A Multi-Model Assessment of Regional Climate Disparities Caused by Solar Geoengineering." *Environmental Research Letters* 9:074013.*

Kremen, C., and A. Miles. 2012. "Ecosystem Services in Biologically Diversified Versus Conventional Farming Systems: Benefits, Externalities, and Trade-Offs." *Ecology and Society* 17:40.*

Kromdijk, J., et al. 2016. "Improving Photosynthesis and Crop Productivity by Accelerating Recovery from Photoprotection." *Science* 354:657–61.

Kropotkin, P. 1901 (1898). *Fields, Factories and Workshops; or, Industry Combined with Agriculture and Brain Work with Manual Work*. NY: G. P. Putnam's Sons.

Kryza, F. T. 2003. *The Power of Light: The Epic Story of Man's Quest to Harness the Sun*. NY: McGraw-Hill.

Kuhlwilm, M., et al. 2016. "Ancient Gene Flow from Early Modern Humans into Eastern Neanderthals." *Nature* 530:429–433.

Kunkel Water Efficiency Consulting. 2017. "Report on the Evaluation of Water Audit Data for Pennsylvania Water Utilities." Memorandum, 15 Feb.*

Kunstler, J. H. 2005. *The Long Emergency: Surviving the Converging Catastrophes of the Twenty-First Century*. NY: Grove Press.

Labban, M. 2008. *Space, Oil, and Capital*. London: Routledge.

Lacina, B., and N. P. Gleditsch. 2013. "The Waning of War Is Real: A Response to Gohdes and Price." *Journal of Conflict Resolution* 57:1109–27.

Lacina, B., et al. 2006. "The Declining Risk of Death in Battle." *International Studies Quarterly* 50:673–80.

Lane, C. S., et al. 2013. "Ash from the Toba Supereruption in Lake Malawi Shows No Volcanic Winter in East Africa at 75 ka." *PNAS* 110:8025–29.

Lane, N. 2002. *Oxygen: The Molecule that Made the World*. OUP.

Langley, S. P. 1888. "The Invisible Solar and Lunar Spectrum." *LPMJS* 26:505–20.

Lankford, B. 2012. "Fictions, Fractions, Factorials and Fractures: On the Framing of Irrigation Efficiency." *Agricultural Water Management* 108:27-38.

Laplantine, R. 2014. "Thinking Between Shores: Georges Devereux." *Books and Ideas*, 27 Oct.*

Larcher, D., and J.-M. Tarascon. 2015. "Towards Greener and More Sustainable Batteries for Electrical Energy Storage." *Nature Chemistry* 7:19–29.

Large, E. C. 1946 (1940). *Advance of the Fungi*. London: Jonathan Cape.

Larkin, P. J., and M. T. Newell. "Perennial Wheat Breeding: Current Germplasm and a Way Forward for Breeding and Global Cooperation." In Batello, C., et al., eds. *Perennial Crops for Food Security*. Rome: FAO, 39-53.

Lavalle y Garcia, J. A. d. 1917. "Informe Preliminar Sobre la Causa de la Mortalidad Anormal de las Aves Ocurrida en el Mes de Marzo del Presente Año." *Memoria del Directorio de la Compañía Administradora del Guano* 8:61–88.

Layton, R. 2005. "Sociobiology, Cultural Anthropology, and the Causes of Warfare." In *Warfare, Violence, and Slavery in Prehistory: Proceedings of a Prehistoric Society Conference at Sheffield University*, ed. M. P. Pearson and I. J. N. Thorpe, 41–48. Oxford: Archaeopress.

Lear, L. 2009 (1997). *Rachel Carson: Witness for Nature*. NY: Mariner Books.

LeBlanc, S. A., and K. E. Register. 2003. *Constant Battles: The Myth of the Peaceful, Noble Savage*. NY: St. Martin's Press.

Lebergott, S. 1993. *Pursuing Happiness: American Consumers in the Twentieth Century*. Princeton, NJ: Princeton University Press.

———. 1976. *The American Economy: Income Wealth and Want*. Princeton, NJ: Princeton University Press.

Leffler, E. M., et al. 2012. "Revisiting an Old Riddle: What Determines Genetic Diversity Levels within Species?" *PLoS Biology* 10:e1001388.

Leflaive, X., et al. 2012. "Water." In *Organisation for Economic Cooperation and Development. OECD Environmental Outlook to 2050*. Paris: OECD, 207-.*

Lehmann, J. 2007. "A Handful of Carbon." *Nature* 447:143–44.

Lehmann, J., et al. 2006. "Bio-char Sequestration in Terrestrial Ecosystems—an Overview." *Mitigation and Adaptation Strategies for Global Change* 11:403–27.

Lelieveld, J., et al. 2015. "The Contribution of Outdoor Air Pollution Sources to Premature Mortality on a Global Scale." *Nature* 525:367–71.

Le Maout, C. 1902. *Lettres au Ministre de l'Agriculture sur le Tir du Canon et ses Conséquences au Point de Vue Agricole*. Le Havre: Imprimerie François le Roi.

Leonard, K. J. 2001. "Stem Rust—Future Enemy?" In *Stem Rust of Wheat: From Ancient Enemy to Modern Foe*, ed. P. D. Peterson, 119–46. St. Paul, MN: APS Press.

Leonard, K. J., and L. J. Szabo. 2005. "Stem Rust of Small Grains and Grasses Caused by

Puccinia graminis." *Molecular Plant Pathology* 6:99–111.

Leopold, A. 1999. *The Essential Aldo Leopold: Quotations and Commentaries* (eds. C. D. Meine and R. L. Knight). Madison: University of Wisconsin Press.

———. 1993 (1953). *The Round River: A Parable. In Round River: From the Journals of Aldo Leopold*, ed. L. Leopold, 158–65. OUP.

———. 1991 (1941). "Ecology and Politics." In *The River of the Mother of God: and Other Essays by Aldo Leopold*, ed. S. L. Flader and J. B. Callicott, 281–86. Madison: University of Wisconsin Press.

———. 1979 (1923). "Some Fundamentals of Conservation in the Southwest." *Environmental Ethics* 1:131–41.

———. 1949. *A Sand County Almanac and Sketches Here and There.* OUP.

———. 1938. "Conservation Esthetic." *Bird-Lore* 40:101–9.

———. 1933. *Game Management.* NY: Charles Scribner's Sons.

———. 1924. "Grass, Brush, Timber, and Fire in Southern Arizona." *Journal of Forestry* 22:1–10.

Leridon, H. 2006. "Demographic Effects of the Introduction of Steroid Contraception in Developing Countries." *Human Reproduction Update* 12:603-16.

Leslie, S., ed. 1901. *Letters of John Richard Green.* London: Macmillan.*

Levenson, T. 1989. *Ice Time: Climate, Science, and Life on Earth.* NY: Harper & Row.

Levorsen, A. I. 1950. "Estimates of Undiscovered Petroleum Reserves." In United Nations 1950, Vol. 1:94–110.

Lev-Yadun, S., et al. 2000. "The Cradle of Agriculture." *Science* 288:1602–3.

Lewis, C. H. 1991. "Progress and Apocalypse: Science and the End of the Modern World." Ph.D. dissertation, University of Minnesota.

Lewis, S. 2009. "A Force of Nature: Our Influential Anthropocene Period." *The Guardian,* 23 July.*

Li, J. Z., et al. 2008. "Worldwide Human Relationships Inferred from Genome-Wide Patterns of Variation." *Science* 319:1100–44.

Li, W.-H., and L. A. Sadler. 1991. "Low Nucleotide Diversity in Man." *Genetics* 129:513–23.

Liang, Z., et al. 2016. "Review on Current Advances, Future Challenges and Consideration Issues for Post-Combustion CO_2 Capture Using Amine-Based Absorbents." *Chinese Journal of Chemical Engineering* 24:278–88.

Liao, P. V., and J. Dollin. 2012. "Half a Century of the Oral Contraceptive Pill: Historical Review and View to the Future." *Canadian Family Physician* 58:e757–e760.*

Liebig, J. v. 1859. *Letters on Modern Agriculture*, ed. and trans. J. Blyth. NY: John Wiley.*

———. 1855. *Die Grundsätze der agricultur-chemie mit Rücksicht auf die in Englend angestellten Untersuchchungen.* Braunschweig: Friedrich Vieweg and Sohn.*

———. 1840. *Die Organische Chemie in ihrer Anwendung auf Agricultur und Physiologie.* Braunschweig: Friedrich Vieweg und Sohn.*

Lin, Q. F. 2014. "Aldo Leopold's Unrealized Proposals to Rethink Economics." *Ecological*

Economics 108:104–14.

Lindow, S. E., et al. 1982. "Bacterial Ice Nucleation: A Factor in Frost Injury to Plants." *Plant Physiology* 70:1084–89.

Linnér, B.-O. 2003. *The Return of Malthus: Environmentalism and Post-war PopulationResource Crises.* Isle of Harris, UK: White Horse Press.

Liu, W., et al. 2015. "The Earliest Unequivocally Modern Humans in Southern China." *Nature* 526:696–700.

Lixil Group. 2016. *The True Cost of Poor Sanitation.* Tokyo: Lixil Group.*

Loftus, A. C. 2011. *Tel Aviv, Israel. Treating Wastewater for Reuse Using Natural Systems.* SWITCH Training Kit Case Study. Freiburg: ICLEI European Secretariat GmbH.*

Lord, R. 1948. "The Ground from Under Your Feet." *Saturday Review,* 7 Aug.

Lorence, J. T. 1988. "Gerald T. Boileau and the Politics of Sectionalism: Dairy Interests and the New Deal, 1933–1938." *Wisconsin Magazine of History* 71:276–95.

Lorenz, E. N. 1972. "Predictability: Does the Flap of a Butterfly's Wings in Brazil Set Off a Tornado in Texas?" Paper presented to American Association for the Advancement of Science, Washington, DC, 29 Dec.*

———. 1963. "Deterministic Nonperiodic Flow." *Journal of Atmospheric Sciences* 20:130–41.

Lotka, A., 1925. *Elements of Physical Biology.* Baltimore: Williams and Wilkins.

———. 1907. "Relation Between Birth Rates and Death Rates." *Science* 26:21–22.

Lovins, A. 1976. "Energy Strategy: The Road Not Taken?" *Foreign Affairs* 55:65–96.

Lowdermilk, W. C. 1948. *Conquest of the Land Through Seven Thousand Years.* Washington, DC: Soil Conservation Service.*

———. 1944. *Palestine: Land of Promise.* London: Victor Gollancz.

———. 1942. "Conquest of the Land through Seven Thousand Years." Mimeograph. Washington, DC: Soil Conservation Service.*

———. 1940. "Tracing Land Use Across Ancient Boundaries." Mimeograph. Washington, DC: Soil Conservation Service.*

———. 1939. "Reflections in a Graveyard of Civilizations." *Christian Rural Fellowship Bulletin* 45.

Lowdermilk, W. C., and M. Chall. 1969. *Soil, Forest, and Water Conservation and Reclamation in China, Israel, Africa, and the United States.* 2 vols. Typescript. Berkeley: University of California Regional Oral History Office.*

Lowe, K. M. 2016. *Baptized with the Soil: Christian Agrarians and the Crusade for Rural America.* OUP.

Lubofsky, E. 2016. "The Promise of Perennials." *CSA News,* Nov.

Lucas, J. R. 1979. "Wilberforce and Huxley: A Legendary Encounter." *Historical Journal* 22:313–30.

Luckey, T. D. 1972. "Introduction to Intestinal Microecology." *American Journal of Clinical Nutrition* 25:1292–94.

———. 1970. "Gnotobiology Is Ecology." *American Journal of Clinical Nutrition* 23:1533–40.

Lüdeke-Freund, F. 2013. "BP's Solar Business Model: A Case Study on BP's Solar Business Case and Its Drivers." *International Journal of Business Environment* 6:300-28.

Lumpkin, T. A. 2015. "How a Gene from Japan Revolutionized the World of Wheat: CIMMYT's Quest for Combining Genes to Mitigate Threats to Global Food Security." In *Advances in Wheat Genetics: From Genome to Field; Proceedings of the 12th International Wheat Genetics Symposium*, ed. Y. Ogihara, et al., 13–20. NY: Springer Open.

Luten, D. B. 1986 (1980). Ecological Optimism in the Social Sciences. In *Progress Against Growth: Daniel B. Luten on the American Landscape*, ed. T. R. Vale, 314–35. New York: Guilford Press.

Lynas, M. 2011. *The God Species: Saving the Planet in the Age of Humans*. Washington, DC: National Geographic Society.

Lynch, M. C. 2016. *The "Peak Oil" Scare and the Coming Oil Flood*. Santa Barbara, CA: Praeger.

Lyons, T. W., et al. 2014. "The Rise of Oxygen in Earth's Early Ocean and Atmosphere." *Nature* 506:307–14.

MacDonald, G. F., et al. 1979. *The Long Term Impact of Atmospheric Carbon Dioxide on Climate*. JASON Technical Report JSR-78-07. Alexandria, VA: SRI International.*

MacDowell, N., et al. 2010. "An Overview of CO_2 Capture Technologies." *Energy and Environmental Science* 3:1645–69.

Macekura, S. J. 2015. *Of Limits and Growth: The Rise of Global Sustainable Development in the Twentieth Century*. CUP.

Madrigal, A. 2011. *Powering the Dream: The History and Promise of Green Technology*. NY: Da Capo Press.

Madureira, N. L. 2012. "The Anxiety of Abundance: William Stanley Jevons and Coal Scarcity in the Nineteenth Century." *Environment and History* 18: 395–421.

Magiels, G. 2010. *From Sunlight to Insight: Jan IngenHousz, the Discovery of Photosynthesis, and Science in the Light of Ecology*. Brussels: VUBPress.

Magistro, L. 2015. *Amministrazione Straordinaria: Obiettivi e Primi Resultati*. Venice: Consorzio Venezia Nuova.*

Mahrane, Y., et al. 2012. "De la Nature à la Biosphère: l'Invention Politique de l'Environnement Global, 1945–1972." *Vingtième Siècle* 113:127–41.*

Maji, K. J., et al. 2017. "Disability-adjusted Life Years and Economic Cost Assessment of the Health Effects Related to PM2.5 and PM10 Pollution in Mumbai and Delhi, in India from 1991 to 2015." *Environmental Science and Pollution Research* 24:4709–30.

Malcolm, A. H. 1974. "The 'Shortage' of Bathroom Tissue: A Classic Study in Rumor." *NYT*, 3 Feb.

Mallet, J. 2012. "The Struggle for Existence: How the Notion of Carrying Capacity, K,

Obscures the Links Between Demography, Darwinian Evolution, and Speciation." *Evolutionary Ecology Research* 14:627–65.

Malm, A. 2016. *Fossil Capital: The Rise of Steam Power and the Roots of Global Warming*. Brooklyn: Verso.

Malthus, T. R. 1872. *An Essay on the Principle of Population; or, A View of its Past and Present Effects on Human Happiness*. 7th ed. London: Reeves and Turner.*

———. 1826. *An Essay on the Principle of Population; or, A View of Its Past and Present Effects on Human Happiness*. 6th ed. London: John Murray.

[———] . 1798. *An Essay on the Principle of Population, as It Affects the Future Improvement of Society*. London: J. Johnson.*

Manabe, S., and S. T. Wetherald. 1975. "The Effects of Doubling the CO_2 Concentration on the climate of a General Circulation Model." *Journal of the Atmospheric Sciences* 32:3-15.

———. 1967. "Thermal Equilibrium of the Atmosphere with a Given Distribution of Relative Humidity." *Journal of the Atmospheric Sciences* 24:241-59.

Mané, A. 2011. "Americans in Haifa: The Lowdermilks and the American-Israeli Relationship." *Journal of Israeli History* 30:65–82.

Manlay, R. J., et al. 2006. "Historical Evolution of Soil Organic Matter Concepts and Their Relationships with the Fertility and Sustainability of Cropping Systems." *Agriculture, Ecosystems and Environment* 119:217–33.

Mann, C. C. 2015. "Solar or Coal? The Energy India Picks May Decide Earth's Fate." *Wired*, Nov.*

———. 2014. "Coal: It's Dirty, It's Dangerous, and It's the Future of Clean Energy." *Wired*, April.*

———. 2013. "What If We Never Run Out of Oil?" : *AM* 311:48–61.*

———. 2011a. *1493: Uncovering the New World Columbus Created*. NY: Alfred A. Knopf.

———. 2011b. "The Birth of Religion." *National Geographic* 219:34–59.*

———. 2008. "Our Good Earth." *National Geographic* 214:80–106.*

———. 2007. "The Rise of Big Water." *Vanity Fair*, May.*

———. 2006. "The Long, Strange Resurrection of New Orleans." *Fortune*, 21 Aug.*

———. 2005. *1491: New Revelations of the Americas Before Columbus*. NY: Alfred A. Knopf.

———. 2004. *Diversity on the Farm: How Traditional Crops Around the World Help to Feed Us All*. NY: Ford Foundation/Political Economy Research Institute.*

———. 1999. "Genetic Engineers Aim to Soup Up Crop Photosynthesis." Science 283:314-16.

Mann, C. C., and M. L. Plummer. 1998. *Noah's Choice: The Future of Endangered Species*. NY: Alfred A. Knopf.

Mann, J. 2014. "Why Narendra Modi Was Banned from the U.S." *Wall Street Journal*, 2 May.

Mao, J.-D., et al. 2012. "Abundant and Stable Char Residues in Soils: Implications for Soil Fertility and Carbon Sequestration." *Environmental Science and Technology* 46:9571–76.

Marchant, J. 1917. *Birth-Rate and Empire*. London: Williams and Norgate.

Marchetti, C. 1977. "On Geoengineering and the CO_2 Problem." *Climatic Change* 1:59-68.

Margulis, L., and E. Dobb. 1990. "Untimely Requiem." *The Sciences* 30:44–49.

Margulis, L., and D. Sagan. 2003 (2002). *Acquiring Genomes: A Theory of the Origins of Species*. NY: Basic Books.

———.1997 (1986). *Microcosmos: Four Billion Years of Evolution from Our Microbial Ancestors*. UCP.

Marsh, G. P. 1864. *Man and Nature; or, Physical Geography as Modified by Human Action*. NY: Charles Scribner.*

Martin, R. 2013. *Earth's Evolving Systems: The History of Planet Earth*. Burlington, MA: Jones and Bartlett Learning.

Martin, W., et al. 2002. "Evolutionary Analysis of Arabidopsis, Cyanobacterial, and Chloroplast Genomes Reveals Plastid Phylogeny and Thousands of Cyanobacterial Genes in the Nucleus." *PNAS* 99:12246–51.*

Martin, W., et al. 1998. "Gene Transfer to the Nucleus and the Evolution of Chloroplasts." *Nature* 393:162–65.

Marx, K. 1906–1909 (1867–94). *Capital: A Critique of Political Economy*, trans. S. Moore and E. Aveling. 3 vols. Chicago: Charles H. Kerr & Co.

Marzano, A. 1996. "La Politica Inglese in Mesopotamia e il Ruolo del Petrolio (1900–1920)." *Il Politico* 61:629–650.

Matchett, K. 2006. "At Odds over Inbreeding: An Abandoned Attempt at Mexico/United States Collaboration to 'Improve' Mexican Corn, 1940–1950." *Journal of the History of Biology* 39:345–72.

Matelski, M. J. 1991. *Variety Sourcebook II: Film-Theater-Music*. Stoneham, MA: Focal Press.

Mathews, S. W. 1976. "What's Happening to Our Climate?" *National Geographic* 150:576–615.

Maugeri, L. 2006. *The Age of Oil: The Mythology, History, and Future of the World's Most Controversial Resource*. NY: Praeger Publishers.

Maugh, T. H., II. 1987a. "Frost Failed to Damage Sprayed Test Crop, Company Says." *Los Angeles Times*, 9 June.

———. 1987b. "Plants Used in UC's Genetic Test Uprooted." *Los Angeles Times*, 27 May.

Maurel, C. 2010. *Histoire de l'UNESCO: Les Trente Premières Années, 1945–1974*. Paris: l'Harmattan.

Mayer, K., et al. 2015. *Elite Capture: Subsidizing Electricity Use by Indian Households*. Washington, DC: International Bank for Reconstruction and Development/The World Bank.

Mayhew, R. J. 2014. *Malthus: The Life and Legacies of an Untimely Prophet*. HUP.

Mazur, S., ed. 2010 (2009). *The Altenberg 16: An Exposé of the Evolution Industry*. Berkeley, CA: North Atlantic Books.

McCarrison, R. 1944 (1936). *Nutrition and National Health*. London: Faber and Faber.

———. 1921. *Studies in Deficiency Disease*. London: Frowde, Hodder & Stoughton.*

McCarrison, R., and B. Viswanath. 1926. "The Effect of Manurial Conditions on the Nutritive and Vitamin Values of Millet and Wheat." *Indian Journal of Medical Research* 14:351–78.

McClellan, J., et al. 2012. "Cost Analysis of Stratospheric Albedo Modification Delivery Systems." *Environmental Research Letters* 7:034019.*

McClellan, J., et al. 2011. *Geoengineering Cost Analysis*. Cambridge, MA: Aurora Flight Sciences.*

McCormick, M. A. 2005. "Of Birds, Guano, and Man: William Vogt's Road to Survival." Ph.D. dissertation, University of Oklahoma.

McCulloch, J. R. 1854 (1837). *A Descriptive and Statistical Account of the British Empire: Exhibiting Its Extent, Physical Capacities, Population, Industry, and Civil and Religious Institutions*. 4th ed. 2 vols. London: Longman, Brown, Green, and Longmans.*

McCusker, K. E., et al. 2014. "Rapid and Extensive Warming Following Cessation of Solar Radiation Management." *Environmental Research Letters* 9: 024005.*

McDonald, R. I., et al. 2009. "Energy Sprawl or Energy Efficiency: Climate Policy Impacts on Natural Habitat for the United States of America." *PLoS ONE* 4:e6802.*

McFadden, G. I. 2014. "Origin and Evolution of Plastids and Photosynthesis in Eukaryotes." *Cold Spring Harbor Perspectives in Biology* 6:a016105.*

McGee, W. J., ed. 1909. *Proceedings of a Conference of Governors in the White House, Washington, DC, May 13–15, 1908*. Washington, DC: Government Printing Office.*

McGrory, M. 1948. "Apostle of Conserving World's Resource Says Education Is 1 of 3 Main Factors." *Washington Star*, 22 Aug.

McKelvey, J. J. 1987. "J. George Harrar, 1906–1982." *Biographical Memoirs of the National Academy of Sciences* 57:27–56.*

McKibben, B. 2007. "Green from the Ground Up." *Sierra* 92:42–46, 73–75.

———. 1989. *The End of Nature*. New York: Anchor Books.

McLaurin, J. J. 1902 (1896). *Sketches in Crude-Oil: Some Accidents and Incidents of the Petroleum Development in All Parts of the Globe*. 3rd ed. Franklin, PA: J. J. McLaurin.*

McMahon, S., and J. Parnell. 2014. "Weighing the Deep Continental Biosphere." *FEMS Microbiology* 87:113–20.

McNeill, J. R. 2001. *Something New Under the Sun: An Environmental History of the Twentieth Century World*. NY: W. W. Norton.

Meacham, S. 1970. *Lord Bishop: The Life of Samuel Wilberforce, 1805–1873*. HUP.

Meadows, D. H., et al. 1972. *The Limits to Growth*. NY: Universe Books.

Meine, C. D. 2013. "Notes on the Texts and Illustrations." In *Aldo Leopold: A Sand County Almanac and Other Writings on Ecology and Conservation*, by A. Leopold, 859–72. NY: Library of America.

———. 2010 (1988). *Aldo Leopold: His Life and Work*. 2nd ed. Wisconsin: University of Wisconsin Press.

Meine, C. D., and G. W. Archibald., eds. 1996. *The Cranes: Status Survey and Conservation Action Plan*. Gland, Switzerland: IUCN.

Mejcher, H. 1972. "Oil and British Policy Towards Mesopotamia, 1914–1918." *Middle Eastern Studies* 8:377–91.

Mekonnen, M. M. and A. Y. Hoekstra. 2016. "Four Billion People Facing Severe Water Scarcity." *Science Advances* 2(2): e1500323.

Melillo, E. M. 2012. "The First Green Revolution: Debt Peonage and the Making of the Nitrogen Fertilizer Trade, 1840–1930." *American Historical Review* 117:1028–60.

Mellor, J. W., and S. Gavian. 1987. "Famine: Causes, Prevention, and Relief." *Science* 235:539–45.

Mence, T., ed. 1981. *IUCN: How It Began, How It Is Growing Up*. Mimeograph. International Union for Conservation of Nature and Natural Resources.*

Mendoza García, M. E., and G. Tapia Colocia. 2010. "La Situación Demográfica de México, 1910–2010." In *Consejo Nacional de Población. La Situación Demográfica de México 2010*. México, D.F.: CONAPO.*

Menon, S., et al. 2010. "Black Carbon Aerosols and the Third Polar Ice Cap." *Atmospheric Chemistry and Physics* 10:4559–71.

Mercader, J. 2009. "Mozambican Grass Seed Consumption During the Middle Stone Age." *Science* 326:1680–3.

Metzger, R. L., and B. A. Silbaugh. 1970. "Location of Genes for Seed Coat Color in Hexaploid Wheat, Triticumaestivum L." *Crop Science* 10:495–96.

Miller, C. 2003. "Rough Terrain: Forest Management and Its Discontents, 1891–2001." *Food, Agriculture and Environment* 1:135–38.

———. 2001. *Gifford Pinchot and the Making of Modern Environmentalism*. Washington, DC: Island Press.

Miller, C., and J. G. Lewis. 1999. "A Contested Past: Forestry Education in the United States, 1898–1998." *Journal of Forestry* 97:38–43.

Miller, R. 2003. "Bible and Soil: Walter Clay Lowdermilk, the Jordan Valley Project and the Palestine Debate." *Middle Eastern Studies* 39:55–81.

Miller, R., and R. Greenhill. 2006. "The Fertilizer Commodity Chains: Guano and Nitrate, 1840–1930." In *From Silver to Cocaine: Latin American Commodity Chains and the Building of the World Economy, 1500–2000*, ed. S. Topik, et al. Durham, NC: Duke University Press.

Miller, S. W. 2007. *An Environmental History of Latin America*. CUP.

Milman, O., and J. Glenza. 2016. "At Least 33 US Cities Used Water Testing 'Cheats' over Lead Concerns." *The Guardian*, 2 Jun.*

Mitchell, T. 2011. *Carbon Democracy: Political Power in the Age of Oil*. NY: Verso.

Mlot, N. J., et al. 2011. "Fire Ants Self-Assemble into Waterproof Rafts to Survive Floods." *PNAS* 108:7669–73.*

Moffett, A. 1937. "Audubon's 'Birds of America' : His Monumental Work Becomes Available to the General Public." *NYT*, Dec. 5.

Moffett, M. W. 2012. "Supercolonies of Billions in an Invasive Ant: What Is a Society?" *Behavioral Ecology* 23:925–33.

Mohr, J. C. 1970. "Academic Turmoil and Public Opinion: The Ross Case at Stanford." *Pacific Historical Review* 39:39–61.

Mokyr, J., ed. 2003. *The Oxford Encyclopedia of Economic History*. 4 vols. OUP.

Möller, F. 1963. "On the Influence of Changes in the CO_2 Concentration in Air on the Radiation Balance of the Earth's Surface and on the Climate." *Journal of Geophysical Research* 68: 3877–86.

Montgomery, J. 2013. "K Road Gives Up on Calico Solar Project." *Renewable Energy World*, 1 July.*

Moore-Colyear, R. J. 2002. "Rolf Gardiner, English Patriot and the Council for the Church and Countryside." *The Agricultural History Review* 49:187-209.

More, A. 1917 (1916). *Uncontrolled Breeding, or Fecundity Versus Civilization*. NY: Critic and Guide Co.

Morris, I. 2014. *War! What Is It Good For? Conflict and the Progress of Civilization from Primates to Robots*. NY: Farrar, Straus, and Giroux.

Morris, W. 1914 (1881). "Art and the Beauty of the Earth." In *The Collected Works of William Morris*, ed. M. Morris, 22:155–74. CUP.

Morrisette, P. M. 1988. "The Evolution of Policy Responses to Stratospheric Ozone Depletion." *Natural Resources Journal* 29:793-820.

Morton, O. 2015. *The Planet Remade: How Geoengineering Could Change the World*. Princeton, NJ: Princeton University Press.

———. 2009 (2007). *Eating the Sun: How Plants Power the Planet*. NY: Harper Perennial.

Mosher, S. 2008. *Population Control: Real Costs, Illusory Benefits*. NY: Transaction Publishers.

Mouchot, A. 1875. "Résultats Obtenus dans les Essais d'Applications Industrielles de la Chaleur Solaire." *Comptes Rendus Hebdomadaires des Séances de l'Académie des Sciences* 81:571–74.*

———. 1869a. *La Chaleur Sociale et les Applications Industrielles*. Paris: Gauthier-Villars.*

———. 1869b. "La Chaudière Solaire." *Annales de la Société d'Agriculture, Sciences, Arts et Belles-lettres d'Indre-et-Loire* 48:114–115.

———. 1864. "Sur les Effets Mécaniques de l'Air Confine Échauffé par les Rayons du Soleil." *Comptes Rendus Hebdomadaires des Séances de l'Académie des Sciences*

39:527.

Modi, N. 2011. *Convenient Action: Gujarat's Response to Challenges of Climate Change.* Delhi: Macmillan.

Mudge, F. B. 1997. "The Development of the 'Greenhouse' Theory of Global Climate Change from Victorian Times." *Weather* 52:13–17.

Mumford, L. 1964. "Authoritarian and Democratic Technics." *Technology and Culture* 5:1–8.

Muir, L. M., ed. 1938. *John of the Mountains: The Unpublished Journals of John Muir.* Boston: Houghton Mifflin.

Muir, J. 1901. *Our Natural Parks.* Boston: Houghton Mifflin.*

Muirhead, J. 2014. "Concentrating Solar Power in India: An Outlook to 2024." *Business Standard*, 15 Sept.*

Mukherji, A., et al. 2009. *Revitalizing Asia's Irrigation to Sustainably Meet Tomorrow's Food Needs.* Colombo: IWMI.

Murchie, E. H., et al. 2009. "Agriculture and the New Challenges for Photosynthesis Research." *New Phytologist* 181:532–52.

Murphy, P. G., et al. 1935. *The Drought of 1934: A Report of the Federal Government's Assistance to Agriculture.* Typescript. Washington, DC: Drought Coordinating Committee.

Murphy, R. C. 1954. "Informe Sobre el Viaje de Estudios Realizado por el Dr. R. Cushman Murphy en el Año 1920." *Boletín de la Compañia Administradora del Guano* 30:16–20.*

———. 1936. *Oceanic Birds of South America: A Study of Species of the Related Coasts and Seas.* 2 vols. NY: Macmillan.*

———. 1926. "Oceanic and Climatic Phenomena along the West Coast of South America During 1925." *Geographical Review* 16:26–54.

———. 1925a. "Equatorial Vignettes." *Natural History* 25:431–49.

———. 1925b. *Bird Islands of Peru: The Record of a Sojourn on the West Coast.* NY: G. P. Putnam's Sons.

Murphy, R. C., and W. Vogt. 1933. "The Dovekie Influx of 1932." *The Auk* 50:325–49.

Murray, S. O. 2009. "The Pre-Freudian Georges Devereux, the Post-Freudian Alfred Kroeber, and Mohave Sexuality." *Histories of Anthropology Annual* 5:12–27.

Myren, D. T. 1969. "The Rockefeller Foundation Program in Corn and Wheat in Mexico." In *Subsistence Agriculture and Economic Development*, ed. C. R. Wharton, 438–52. Chicago: Aldine Publishing Co.

Naam, R. 2013. *The Infinite Resource: The Power of Ideas on a Finite Planet.* NY: UPNE.

Nabokov, P., and L. Loendorf. 2002. *American Indians and Yellowstone National Park: A Documentary Overview.* Yellowstone National Park, WY: U.S. National Park Service.*

Nabokov, V. 1991 (1952). *The Gift*, trans. M. Scammell. NY: Vintage Books.

Nahm, J. S. 2014. "Varieties of Innovation: The Creation of Wind and Solar Industries in

China, Germany, and the United States." Ph.D. dissertation, MIT.*

Nasaw, D. 2006. *Andrew Carnegie*. NY: Penguin Press.

Nash, R. 1973 (1967). *Wilderness and the American Mind*. YUP.

Nehru, J. 1994 (1946). *The Discovery of India*. OUP.

Nelsen, M. P., et al. 2016. "Delayed Fungal Evolution Did Not Cause the Paleozoic Peak in Coal Production." *PNAS* 113:2442–47.

Newhall, C. G., and S. Punongbayan, eds. 1997. *Fire and Mud. Eruptions and Lahars of Mount Pinatubo, Philippines*. Seattle: University of Washington Press.

New York Herald Tribune Forum. 1948. *Our Imperiled Resources: Report of the 17th Annual New York Herald Tribune Forum*. NY: Herald Tribune.

Nichols, H. B. 1948. "Greed held Check to Stretching Natural Resources." *Christian Science Monitor*, 15 Sep.

Nicholson, S. E., et al. 1998. "Desertification, Drought, and Surface Vegetation: An Example from the West African Sahel." *Bulletin of the American Meteorological Society* 79:815–29.

Nienaber, M. 2015. "Power Line Standoff Holds Back Germany's Green Energy Drive." Reuters, 3 June.*

Nierenberg, N., et al. 2010. "Early Climate Change Consensus at the National Academy: The Origins and Making of Changing Climate." *Historical Studies in the Natural Sciences* 40:318-49.

Nixon, E. B., ed. 1957. *Franklin D. Roosevelt and Conservation, 1911–1945*. 2 vols. Washington, DC: General Services Administration, National Archives and Records Service.*

Nixon, R. 2011. *Slow Violence and the Environmentalism of the Poor*. HUP.

Nordhaus, W. D. 2013. *The Climate Casino: Risk, Uncertainty, and Economics for a Warming World*. YUP.

North, S. 1948. "Three Billion Coolies in A.D. 2000." *WP*, 8 Aug.

Northbourne, Lord. 1940. *Look to the Land*. London: Dent.

Norwine, J. 1977. "A Question of Climate." *Environment* 19:6–27.

Ñúñez, E., and G. Petersen. 2002. *Alexander von Humboldt en el Perú: Diario de Viaje y Otros Escritos*. Lima: Banco Central de Reserva del Perú, Fondo Editorial.

Oberg, B. B., ed. 2002. *The Papers of Thomas Jefferson*. Vol. 29, *1 March 1796–31 December 1797*. Princeton, NJ: Princeton University Press.*

Odum, E. P. 1953. *Fundamentals of Ecology*. Philadelphia: W. B. Saunders.

Ó Gráda, C. 2015. *Eating People Is Wrong, and Other Essays on Famine, Its Past and Its Future*. Princeton, NJ: Princeton University Press.

Okimori, Y., et al. 2003. "Potential of CO_2 Emission Reductions by Carbonizing Biomass Waste from Industrial Tree Plantation in South Sumatra, Indonesia." *Mitigation and Adaptation Strategies for Global Climate Change* 8:261–80.

Oldfield, S. 2004. "Howard, Louise Ernestine, Lady Howard (1880–1969)." In *Oxford*

Dictionary of National Biography. OUP.

Olien, D. D., and R. M. Olien. 1993. "Running Out of Oil: Discourse and Public Policy, 1909–29." *Business and Economic History* 22:36–66.

Olsson, T. C. 2013. "Agrarian Crossings: The American South, Mexico, and the TwentiethCentury Remaking of the Rural World." Ph.D. dissertation, University of Georgia.

O'Neill, W. L. 1969. *Everyone Was Brave: The Rise and Fall of Feminism in America*. Chicago: Quadrangle Books.

Oreskes, N. 2000. "Why Predict? Historical Perspectives on Prediction in Earth Science." In *Prediction: Science, Decision Making, and the Future of Nature*, ed. D. Sarewitz, et al. Washington, DC: Island Press, 23–40.

——— and E. Conway. 2010. *Merchants of Doubt: How a Handful of Scientists Obscured the Truth on Issues from Tobacco Smoke to Global Warming*. NY: Bloomsbury.

Ornstein, L., et al. 2009. "Irrigated Afforestation of the Sahara and Australian Outback to End Global Warming." *Climatic Change* 97:409–37.

Ortiz, R., et al. 2007. "High Yield Potential, Shuttle Breeding, Genetic Diversity, and a New International Wheat Improvement Strategy." *Euphytica* 157:365–84.

Osborn, F. 1948. *Our Plundered Planet*. Boston: Little, Brown.

Osprovat, D. 1995 (1981). *The Development of Darwin's Theory: Natural History, Natural Theology, and Natural Selection, 1838–1859*. CUP.

O'Sullivan, E. 2015. "Warren Weaver's *Alice in Many Tongues*: A Critical Appraisal." In *Alice in a World of Wonderlands: The Translations of Lewis Carroll's Masterpiece*, ed. J. A. Lindseth and A. Tannenbaum, 3 vols, 1:29–41. New Castle, DE: Oak Knoll.

O'Sullivan, R. 2015. *American Organic: A Cultural History of Farming, Gardening, Shopping, and Eating*. Lawrence: University Press of Kansas.

Otterbein, K. F. 2004. *How War Began*. College Station: Texas A&M University Press.

Ouellet, V. 2016. "$80M Temple Project in Rural Ontario Threatened by Wind Turbines." *CBC News*, 27 June.*

Paarlberg, D. 1970. *Norman Borlaug—Hunger Fighter*. Washington, DC: Government Printing Office.

Pais, A. 1982. *"Subtle Is the Lord . . .": The Science and the Life of Albert Einstein*. OUP.

Pal, B. P., et al. 1958. "Frequency and Types of Mutations Induced in Bread Wheat by Some Physical and Chemical Mutagens." *Wheat Information Service* 7:14–15.

Palmer, I. 1972. *Food and the New Agricultural Technology*. Geneva: UN Research Institute for Social Development.

Palmer, M. A., et al. 2010. "Mountaintop Mining Consequences." *Science* 327:148-49.

Parisi, A. J. 1977. "'Soft' Energy, Hard Choices." *NYT*, 16 Oct.

Parker, H. A. 1906. "The Reverend Francis Doughty." *Transactions of the Colonial Society of Massachusetts* 10:261–75.

Parthasarathi, A. 2007. *Technology at the Core: Science and Technology with Indira Gandhi*.

Delhi: Pearson Longman.

Paterson, O. 2014. "I'm Proud of Standing Up to the Green Lobby." *The Telegraph*, 20 July 2014.*

Patterson, G. 2009. *The Mosquito Crusades: A History of the American Anti-Mosquito Movement from the Reed Commission to the First Earth Day.* New Brunswick, NJ: Rutgers University Press.

Paull, J. 2014. "Lord Northbourne, the Man Who Invented Organic Farming, a Biography." *Journal of Organic Systems* 9:31–53.

Pearl, R. 1927. "The Growth of Populations." *Quarterly Review of Biology* 2:532–48.

———. 1925. *The Biology of Population Growth.* NY: Alfred A. Knopf.

Pearl, R., and L. J. Reed. 1920. "On the Rate of Growth of the Population of the United States Since 1790 and its Mathematical Representation." *PNAS* 6:275-88.

Pearse, A. 1980. *Seeds of Plenty, Seeds of Want: Social and Economic Implications of the Green Revolution.* Oxford: Clarendon Press.

Pedersen, J. S., et al. 2006. "Native Supercolonies of Unrelated Individuals in the Invasive Argentine Ant." *Evolution* 60:782–91.

Peixoto, J. P., and A. H. Oort. 1992. *The Physics of Climate.* NY: Springer-Verlag.

Pereira, M. C. 2005. "A Highly Innovative, High Temperature, High Concentration, Solar Optical System at the Turn of the Nineteenth Century: The Pyrheliophoro." In *Proceedings of EuroSun2004, the 14th International Sunforum*, ed. A. Goetzburger et al., 3 vols., 3:661–72. Freiburg, Germany: PSE GmbH.*

Pérez-Fodich, A., et al. 2014. "Climate Change and Tectonic Uplift Triggered the Formation of the Atacama Desert's Giant Nitrate Deposits." *Geology* 42:251–54.

Perkins, J. H. 1997. *Geopolitics and the Green Revolution: Wheat, Genes, and the Cold War.* OUP.

Perkins, V. L. 1965. "The AAA and the Politics of Agriculture: Agricultural Policy Formulation in the Fall of 1933." *Agricultural History* 39:220–29.

Perlin, J. 2013. *Let It Shine: The 6,000-Year Story of Solar Energy.* Novato, CA: New World Library.

———. 2002 (1999). *From Space to Earth: The Story of Solar Electricity.* HUP.

Petersen, R. H. 1974. "The Rust Fungus Life Cycle." *Botanical Review* 40:453–513.

Peterson, C. 1989. "Experts, OMB Spar on Global Warming; "Greenhouse Effect" May Be Accelerating, Scientists Tell Hearing." *WP*, 9 May.

Peterson, J. P. 1936. "The CCC in Mosquito Work in North Jersey." In *New Jersey Mosquito Extermination Association 1936*:134–37.

Peterson, T. C., et al. 2008. "The Myth of the 1970s Global Cooling Scientific Consensus." *Bulletin of the American Meteorological Society* 89:1325-37.

Peterson, R. T. 1989. "William Vogt: A Man Ahead of His Time." *American Birds* 43:1254–55.

———. 1973. "The Evolution of a Magazine." *Audubon*, January.

Peterson, S. M., et al. 2016. *Groundwater-Flow Model of the Northern High Plains Aquifer in Colorado, Kansas, Nebraska, South Dakota, and Wyoming*. U.S. Geological Survey Scientific Investigations Report 2016-5153. Washington, DC: USGS.*

Pettit, P. 2013. *The Paleolithic Origins of Human Burial*. NY: Routledge.

Pew Research Center. 2015. *Public and Scientists' Views on Science and Society*, 29 Jan.*

Philips, M. 1886. "The Petroleum Pet." *Rocky Mountain News*, 14 March.

Phillips, R., and R. Milo. 2009. "A Feeling for the Numbers in Biology." *PNAS* 106:21465–71.*

Picton, L. 1949. *Nutrition and the Soil: Thoughts on Feeding*. NY: Devin-Adair.

Pielke, R., Jr. 2011 (2010). *The Climate Fix: What Scientists and Politicians Won't Tell You About Global Warming*. NY: Basic Books.

Pierrehumbert, R. T. 2016. "How to Decarbonize? Look to Sweden." *Bulletin of the Atomic Scientists* 72:105–11.

———. 2011. "Infrared Radiation and Planetary Temperature." *Physics Today* 64:33–38.

———. 2004. "Warming the World." *Nature* 432:677.

Pifre, A. 1880. "Nouveaux Résultats d'Utilisation de la Chaleur Solaire Obtenue à Paris." *Comptes Rendus des Travaux de l'Académie des Sciences* 91:388–89.*

Pignon, C. P., et al. 2017. "Loss of Photosynthetic Efficiency in the Shade: An Achilles Heel for the Dense Modern Stands of Our Most Productive C4 Crops?" *Journal of Experimental Biology* 68:335–45.

Pilat, O. R. 1935. "Where Millions Play." *BDE*, 31 May.*

Pinchot, G. 1909. "Conservation." In *Addresses and Proceedings of the First National Conservation Congress, Held at Seattle, Washington, August 26–28*, ed. B. N. Baker, et al., 70–78. Washington, DC: Executive Committee of the National Conservation Congress.*

———. 1905. *A Primer of Forestry, Part 2*. Practical Forestry 24. Washington, DC: U.S. Department of Agriculture.

Pinker, S. 2011. *The Better Angels of Our Nature: Why Violence Has Declined*. NY: Allan Lane.

Pittock, A. B. 2009 (2005). *Climate Change: The Science, Impacts and Solutions*. 2nd ed. NY: Routledge.

Placzek, S. et al. 2016. "BRENDA in 2017: New Perspectives and New Tools in BRENDA." *Nucleic Acids Research* 45:D380-88.

Platt, J. 1969. "What We Must Do." *Science* 166:116.

Plumer, B. 2017. "U.S. Nuclear Comeback Stalls as Two Reactors are Abandoned." *NYT*, 31 Jul.

Pohlman, J. W., et al. 2017. "Enhanced CO_2 Uptake at a Shallow Arctic Ocean Seep Field Overwhelms the Positive Warming Potential of Emitted Methane." *PNAS* 114:5355-60.

Pollan, M. 2007 (2006). *The Omnivore's Dilemma: A Natural History of Four Meals*. NY: Penguin.

Pollock, A. 1929. "Alexander Woollcott's Play, 'The Channel Road,' Opens at the Plymouth

Theater Without Disturbance." *BDE*, 18 Oct.

Pomeranz, K. 2000. *The Great Divergence: China, Europe, and the Making of the Modern World Economy*. Princeton, NJ: Princeton University Press.

Ponisio, L. C., et al. 2015. "Diversification Practices Reduce Organic to Conventional Yield Gap." *Proceedings of the Royal Society B* 282:20141396.*

Ponte, L. 1976. *The Cooling*. Engelwood Cliffs, NJ: Prentice-Hall.

Pope, C. H. 1903. *Solar Heat: Its Practical Applications*. Boston: C. H. Pope.*

Portis, A. R., and M. E. Salvucci. 2002. "The Discovery of Rubisco Activase–Yet Another Story of Serendipity." *Photosynthesis Research* 73:257–64.

Postel, S. L., et al. 1996. "Human Appropriation of Renewable Fresh Water." *Science* 271:785–88.

Pottier, G. F. 2014. "Augustin Mouchot, Pionnier de l'Énergie Solaire à Tours en 1864." Unpublished ms. Tours: Archives Départementales d'Indre-et-Loire. *

Pouillet, C. 1838. *Mémoire sur la Chaleur Solaire: Sur les Pouvoirs Rayonnants et Absorbants de l'Air Atmosphérique et sur la Température de l'Espace*. Paris: Bachelier.*

Powell, M. A. 2016. *Vanishing America: Species Extinction, Racial Peril, and the Origins of Conservation*. HUP.

Power Grid Corporation of India. 2013. *Desert Power India—2050*. Gurgaon, India: Power Grid Corporation of India.*

Prado-Martinez, J., et al. 2013. "Great Ape Genetic Diversity and Population History." *Nature* 499:471–75.

Pratt, W. E. 1952. "Toward a Philosophy of Oil-Finding." *AAPG Bulletin* 36:2231–36.

Priest, T. 2014. "Hubbert's Peak: The Great Debate over the End of Oil." *Historical Studies of the Physical Sciences* 44:37–79.

Prieto, P. A., and C. A. Hall. S. 2013. *Spain's Photovoltaic Revolution: The Energy Return on Investment*. NY: Springer.

Priore, E. R. 1979. "Warren Weaver." *Physics Today* 72:72.

Prud'homme, A. 2012. *The Ripple Effect: The Fate of Freshwater in the Twenty-First Century*. New York: Simon and Schuster.

Purdy, J. 2015. "Environmentalism's Racist History." *New Yorker*, Aug. 13.

Quinnez, B. 2007–2008. "Augustin-Bernard Mouchot (1825–1912): Un Missionnaire de l'Énergie Solaire." *Mémoires de l'Académie des Sciences, Arts et Belles-lettres de Dijon* 142:297–321.

Radkau, J. 2008 (2002). *Nature and Power: A Global History of the Environment*, trans. T. Dunlap. CUP.

Rajaram, S. 1999. "Wheat Germplasm Improvement: Historical Perspectives, Philosophy, Objectives, and Missions." In *Wheat Breeding at CIMMYT: Commemorating 50 Years of Research in Mexico for Global Wheat Improvement* (Wheat Special Report 29), ed. S. Rajaram and G. P. Hettel, 1–10. México, D.F.: CIMMYT.

Ramalingaswami, V., et al. "Studies of the Bihar Famine of 1966-67." In Blix, G., et al., eds. *Famine: A Symposium Dealing with Nutrition and Relief Pperations in Times of Disaster*. Uppsala: Almqvist & Wiksells.

Ransom, R., and S. Sutch. 1990. "Who Pays for Slavery?," in America, R. F., ed. *The Wealth of Races: The Present Value of Benefits from Past Injustices*. Westport, CT: Greenwood Press, 31–54.

Rao, N. 2015. *M. S. Swaminathan in Conversation with Nitya Rao*. New Delhi: Academic Foundation.

Rasky, F. 1949. "Vogt and Osborn: Our Fighting Conservationists." *Tomorrow* 9:5–10.

Rasool, S. I., and S. H. Schneider. 1971. "Atmospheric Carbon Dioxide and Aerosols: Effects of Large Increases on Global Climate." *Science* 173:138–41.

Raven, J. A. 2013. "Rubisco: Still the Most Abundant Protein of Earth?" *New Phytologist* 198:1–3.

Raven, J. A., and J. F. Allen. 2003. "Genomics and Chloroplast Evolution: What Did Cyanobacteria Do for Plants?: *Genome Biology* 4:209.

Ray, D. K., et al. 2013. "Yield Trends Are Insufficient to Double Global Crop Production by 2050." *PLoS One* 8: e66428.

———. 2012. "Recent Patterns of Crop Yield Growth and Stagnation." *Nature Communications* 3:1293.*

Reed, E. W. 1992. *American Women in Science before the Civil War*. Minneapolis: University of Minnesota Press.

Reed, J. 1983 (1978). *The Birth Control Movement and American Society: From Private Vice to Public Virtue*. Princeton, NJ: Princeton University Press.

Rees, M. 1987. "Warren Weaver." *Biographical Memoirs of the National Academy of Sciences* 57:493–530.*

Regal, B. 2002. *Henry Fairfield Osborn: Race and the Search for the Origins of Man*. Burlington, Vt.: Ashgate Publishing.

Reidel, B. 2015. *JFK's Forgotten Crisis: Tibet, the CIA, and Sino-Indian War*. Washington, DC: Brookings Institution Press.

Reij, C. 2014. "Re-Greening the Sahel: Linking Adaptation to Climate Change, Poverty Reduction, and Sustainable Development in Drylands." In *The Social Lives of Forests: Past, Present, and Future of Woodland Resurgence*, ed. S. Hecht et al., 303–11. Chicago: University of Chicago Press.

Reij, C., et al. 2005. "Changing Land Management Practices and Vegetation on the Central Plateau of Burkina Faso (1968–2002)." *Journal of Arid Environments* 63:648–55.

Reiley, F. A. 1936. "The CCC in Mosquito Work in Southern New Jersey." *Proceedings of the New Jersey Mosquito Extermination Association 1936*, 129–34.

Reinton, O. 1973. "The Green Revolution Experience." *Instant Research on Peace and Violence* 3:58–73.

Reisner, M. 1993 (1986). *Cadillac Desert: The American West and its Disappearing Water*.

Rev. ed. N.Y.: Penguin.

Reitz, L. P., and S. C. Salmon. 1968. "Origin, History, and Use of Norin 10 Wheat." *Crop Science* 8:686–89.

Revelle, R., and H. E. Suess. 1957. "Carbon Dioxide Exchange Between Atmosphere and Ocean and the Question of an Increase of Atmospheric CO_2 During the Past Decades." *Tellus* 9:18–27.

Richards, J. F. 2005 (2003). *The Unending Frontier: An Environmental History of the Modern World*. Berkeley: UCP.

Richardson, L. F. 1960. *Statistics of Deadly Quarrels*. Pacific Grove, CA: Boxwood Press.

Richetti, J. J. 2005. *The Life of Daniel Defoe: A Critical Biography*. Malden, MA: Blackwell Publishing.

Richter, D., et al. 2017. "The Age of the Hominin Fossils from Jebel Irhoud, Morocco, and the Origins of the Middle Stone Age." *Nature* 546:293-96.

Richter, B. 2014 (2010). *Beyond Smoke and Mirrors: Climate Change and Energy in the 21st Century*. 2nd ed. CUP.

Riley, J. C. 2005. "Estimates of Regional and Global Life Expectancy, 1800–2001." *Population and Development Review* 31:537–43.

Riordan, M., and L. Hoddeson. 1998. *Crystal Fire: The Invention of the Transistor and the Birth of the Information Age*. NY: W. W. Norton.

Rist, G. 2009 (1997). *The History of Development: From Western Origins to Global Faith*. 3rd ed. New Delhi: Academic Foundation.

Rivers Cole, J., and S. McCoskey. 2013. "Does Global Meat Consumption Follow an Environmental Kuznets Curve?" *Sustainability* 9:26-36.

Roadifer, R. E. 1986. "Size Distributions of the World's Largest Known Oil, Tar Accumulations." *OGJ*, 24 Feb.

Roberts, D. G., and D. Barrett. 1984. "Nightsoil Disposal Practices of the 19th Century and the Origin of Artifacts in Plowzone Proveniences." *Historical Archaeology* 18:108–15.

Robertson, T. R. 2012a. *The Malthusian Moment: Global Population Growth and the Birth of American Environmentalism*. NY: Routledge.

———. 2012b. "Total War and the Total Environment: Fairfield Osborn, William Vogt, and the Birth of Global Ecology." *Environmental History* 17:336–64.

———. 2009. "Conservation After World War II: The Truman Administration, Foreign Aid, and the 'Greatest Good.'" In *The Environmental Legacy of Harry S. Truman*, ed. K. B. Brooks, 32–47. Kirksville, MO: Truman State University Press.

———. 2005. "The Population Bomb: Population Growth, Globalization, and American Environmentalism, 1945–1980." Ph.D. dissertation, University of Wisconsin.

Robin, L., et al. 2013. *The Future of Nature: Documents of Global Change*. New Haven, CT: Yale University Press.

Robinson, T. L., and Lakso, A. N. 1991. "Bases of yield and production efficiency in apple orchard systems." *Journal of the American Society for Horticultural Science* 116:188-

94.

Robock, A. 2008. "Twenty Reasons Why Geoengineering Might Be a Bad Idea." *Bulletin of the Atomic Scientists* 64:14–18, 59.

Robock, A., et al. 2009. "Benefits, Risks, and Costs of Stratospheric Geoengineering." *Geophysical Research Letters* 36:L19703.*

Robock, A., and O. B. Toon. 2010. "Local Nuclear War, Global Suffering." *Scientific American* 302:74–81.

Rockefeller Foundation. 1916–. Annual Reports. NY: Rockefeller Foundation.

Rockström, J. 2009. "A Safe Operating Space for Humanity." *Nature* 461:472–75.

Rockström, J., et al. 2009. "Planetary Boundaries: Exploring the Safe Operating Space for Humanity." *Ecology and Society* 14:32.

Rodale, J. I. 1952. "Looking Back, Part IV." *The Beginning of Our Experimental Farm* 20: 11–12, 37–38.

———. 1948. *The Healthy Hunzas*. Emmaus, PA: Rodale Press.

———. 1947. "With the Editor: The Principle of Eminent Domain." *Organic Gardening* 1:16–18.

Rodrigues, J. 1999. *A Conspiração Solar do Padre Himalaya: Esboço Biográfico dum Português da Ecologia*. Porto: Árvore.

Rodríguez, J., et al. 1957. "The Rust Problems of the Important Wheat Producing Areas of Mexico." In *Report of the Third International Wheat Rust Conference*, ed. Oficina de Estudios Especiales, 126–28. Saltsville, MD: Plant Industry Station.*

Roe, G. H., and M. B. Baker. 2007. "Why Is Climate Sensitivity So Unpredictable?" *Science* 318:629–32.

Roelfs, A. P., et al. 1992. *Rust Diseases of Wheat: Concepts and Methods of Disease Management*. Mexico, D.F.: CIMMYT.*

———. 1982. "Effects of Barberry Eradication on Stem Rust in the United States." *Plant Diseases* 66:177–82.*

Rook, R. E. 1996. "Blueprints and Prophets: Americans and Water Resource Planning for the Jordan River Valley, 1860–1970." Ph.D. dissertation, Kansas State University.

Rosenfeld, S. S. 1968. "The Food Squeeze." *WP*, 19 Sept.

Ross, E. A. 1927. *Standing Room Only?* NY: The Century Co.

Ross, W. 2015. "The Death of Venice." *The Independent*, 14 May.*

Royal Society (U.K.). 2009. *Reaping the Benefits: Science and the Sustainable Intensification of Global Agriculture*. London: Royal Society.*

Rubin, O. 2009. "The Merits of Democracy in Famine Protection—Fact or Fallacy?" *European Journal of Development Research* 21:699–717. Rudwick, M. J. S. 2008. *Worlds Before Adam: The Reconstruction of Geohistory in the Age of Reform*. Chicago: University of Chicago Press.

Rupert, J. A. 1951. *Resistencia al Chahuixtle como Factor en el Mejoramiento del Trigo en México*. Folleto Technico 7. México, D.F.: Oficina de Estudios Especiales.*

Russell, E. 2001. *War and Nature: Fighting Humans and Insects with Chemicals from World War I to "Silent Spring."* CUP.

Rybczynski, W. 1986. *Home: A Short History of an Idea.* NY: Viking.

Sabin, P. 2013. *The Bet: Paul Ehrlich, Julian Simon, and Our Gamble over Earth's Future.* YUP.

Sagan, L. 1967. "On the Origin of Mitosing Cells." *Journal of Theoretical Biology* 14:225–74.

Sagan, D., ed. 2012. *Lynn Margulis: The Life and Legacy of a Scientific Rebel.* White River Junction, VT: Chelsea Green.

Sage, R. F., et al. 1987. "The Nitrogen Use Efficiency of C3 and C4 Plants. III: Leaf Nitrogen Effects on the Activity of Carboxylating Enzymes in Chenopodium album (L.) and Amaranthus retroflexus (L.)." *Plant Physiology* 85:355–59.

Saha, M. 2012. "State Policy, Agricultural Research And Transformation Of Indian Agriculture With Reference To Basic Food-Crops, 1947-75." Ph.D. dissertation, Iowa State University.*

Salinas-Zavala, C. A., et al. 2006. "Historic Development of Winter-Wheat Yields in Five Irrigation Districts in the Sonora Desert, Mexico." *Interciencia* 31:254–61.*

Salisbury, B. A., et al. 2003. "SNP and Haplotype Variation in the Human Genome." *Mutation Research* 526:53–61.

Sanderson, E. W. 2009. *Mannahatta: A Natural History of New York City.* NY: Abrams.

Sanger, M. 1950. "Lasker Award Address." *The Malthusian,* 25 Oct.

———. 1949. "A Question of Privilege." *Women United,* Oct.

Saussure, H.-B. 1786. *Voyages dans les Alpes.* 4 vols. Geneva: Barde, Manget and Comp.*

———. 1784. "Lettre de M. Saussure aux Auteurs de Journal." *Journal de Paris* 108:475–79 (Supp., 17 April.).

Sauvy, A. 1972. "La Population du Monde et les Ressources de la Planète: Un Projet de Recherches." *Population* 27:967–77.*

Sayre, N. F. 2008. "The Genesis, History, and Limits of Carrying Capacity." *Annals of the Association of American Geographers* 98:120–34.

Scheffler, S. 2013. *Death and the Afterlife.* OUP.

Scheinost, P. L., et al. "Perennial Wheat: The Development of a Sustainable Cropping System for the U.S., Pacific Northwest." *American Journal of Alternative Agriculture* 16:147-51.

Schirrmeister, B. E., et al. 2016. "Cyanobacterial Evolution During the Precambrian." *International Journal of Astrobiology* 15(3):187–204.

Schmidt, G., and S. Rahmsdorf. 2005. "11℃ Warming, Climate Crisis in 10 Years?" *Realclimate. org,* 29 Jan.*

Schneider, C., and J. Banks. 2010. *The Toll From Coal: An Updated Assessment of Death and Disease from America's Dirtiest Energy Source.* Boston: Clean Air Task Force.*

Schneider, S. H. 2009. *Science as a Contact Sport: Inside the Battle to Save Earth's Climate.*

Washington, DC: National Geographic Society.

———. 1975. "On the Carbon Dioxide–Climate Confusion." *Journal of the Atmospheric Sciences* 32:2060–66.

Schoijet, M. 1999. "Limits to Growth and the Rise of Catastrophism." *Environmental History* 4:515–30.

Schuler, F. E. 1998. *Mexico Between Hitler and Roosevelt: Mexican Foreign Relations in the Age of Lázaro Cárdenas, 1934–1940*. Albuquerque: University of New Mexico Press.

Scott, J. C. 2017. *Against the Grain: Plants, Animals, Microbes, Captives, Barbarians, and a New Story of Civilization*. YUP.

Sears, P. B. 1948. "We Survive or Perish as Part of the Earth." *New York Herald Tribune,* 28 March.

Seaton, C. W. 1877. *Census of the State of New York for 1875*. Albany: Weed, Parsons and Company.*

Sebben, M. L., et al. 2015. "Seawater Intrusion in Fractured Coastal Aquifers: A Preliminary Numerical Investigation Using a Fractured Henry Problem." *Advances in Water Resources* 85:93–108.

Secretaria de Agricultura (México). 1946. *Informe de Labores de la Secretaria de Agricultura del 10 de Septiembre de 1945 al 31 de Agosto de 1946*. México, D.F.: Editorial Cultura.

Self, S., et al. 1981. "The Possible Effects of Large 19th and 20th Century Volcanic Eruptions on Zonal and Hemispheric Surface Temperatures." *Journal of Vulcanology and Geothermal Research* 11:41–60.

Self, S., and M. R. Rampino. 2012. "The 1963–1964 Eruption of Agung Volcano (Bali, Indonesia)." *Bulletin of Vulcanology* 74:1521–36.

Semple, E. C. 1911. *Influences of Geographic Environment, on the Basis of Ratzel's System of Anthropo-Geography*. NY: Henry Holt and Company.*

Sender, R., et al. 2016. "Are We Really Vastly Outnumbered? Revisiting the Ratio of Bacteria to Host Cells in Humans." *Cell* 164:337–40.

Serna-Chavez, H. M., et al. 2013. "Global Drivers and Patterns of Microbial Abundance in Soil." *Global Ecology and Biography* 22:1162–72.

Sesno, F. 2006. "Poll: Most Americans Fear Vulnerability of Oil Supply." CNN, 5 July.*

Seton, E. T. 1898. *Wild Animals I Have Known*. NY: Charles Scribner's Sons.

Seufert, V., et al. 2012. "Comparing the Yields of Organic and Conventional Agriculture." *Nature* 485:229–32.

Shabecoff, P. 1993. *A Fierce Green Fire: The American Environmental Movement*. NY: Hill and Wang.

———. 1988. "Global Warming Has Begun, Expert Tells Senate." *NYT*, 24 June.

Shah, S. 2010. *The Fever: How Malaria Has Ruled Humankind for 500,000 Years*. NY: Farrar, Straus and Giroux.

Shakerian, F. et al. 2015. "A Comparative Review Between Amines and Ammonia as Sorptive Media for Post-Combustion CO_2 Capture." *Applied Energy* 148:10–22.

Shang, Y., et al. 2013. "Systematic Review of Chinese Studies of Short-Term Exposure to Air Pollution and Daily Mortality." *Environment International* 54:100–11.

Shannon, C. E., and W. Weaver. 1949. *The Mathematical Theory of Communication.* Chicago: University of Illinois Press.

Shelley, P. B. 1920 (1820). *A Philosophical View of Reform.* OUP.

Shiklomanov, I. A. 2000. "Appraisal and Assessment of World Water Resources." *Water International* 25:11–32.

———. 1993. "World Freshwater Resources." In *Water in Crisis: A Guide to the World's Freshwater Resources,* ed. P. H. Gleick, 13–24. OUP.

Shiklomanov, I. A., and J. A. Balonishnikova. 2003. "World Water Use and G. Water Availability: Trends, Scenarios, Consequences." In *Water Resources Systems: Hydrological Risk, Management, and Development (Proceedings of Symposium at IUGG2003, Sapporo),* ed. G. Blöschl et al., 358–64. IAHS Publication 281. Wallingford, UK: International Association of Hydrological Sciences.

Shiva, V. 1991. *The Violence of the Green Revolution: Third World Agriculture, Ecology,. And Politics.* London: Zed Books.

Shuman, F. 1914. "Feasibility of Utilizing Power from the Sun." *Scientific American* 110:179.

Shwadran, B. 1977. *Middle East Oil: Issues and Problems.* Cambridge, MA: Schenkman Publishing Co.

Siebert, S., et al. 2010. "Groundwater Use for Irrigation—A Global Inventory." *Hydrological and Earth Systems Science* 14:1863–80.

Siegel, S. M. 2015. *Let There be Water: Israel's Solution for a Water-Starved World.* NY: St. Martin's Press.

Sills, D. L. 1975. "The Environmental Movement and Its Critics." *Human Ecology* 3:1-41.

Silvi, C. 2010. "Storia del Vapore e dell'Elettricitá dal Calore del Sole con Specchi Piani o quasi Piani." *Energia, Ambiente e Innovazione* 56:34–47.

Simberloff, D. 2014. "The 'Balance of Nature' —Evolution of a Panchreston." *PLoS Biology* 12: e1001963.*

Simmons, M. 2006 (2005). *Twilight in the Desert: The Coming Saudi Oil Shock and the World Economy.* NY: John Wiley.

Simonin, L. 1876. "L'Emploi Industriel de la Chaleur Solaire." *Revue des Deux Mondes* 15:200–13.*

Simpson, R. D. 2014. "Do Regulators Overestimate the Costs of Regulation?" *Journal of Benefit-Cost Analysis* 5:315–32.

Singer, N. 1999. "Sandia Geothermal Technology Plays Key Role in Killing Out-ofControl Natural Gas Well." *Sandia Lab News,* 19 Nov.*

Singh, B. P. 2014. "Science Communication in India: Policy Framework." *Journal of Scientific Temper* 2:141-51.

Singh, R. P., et al. 1994. "Rust Diseases of Wheat." In *Guide to the CIMMYT Wheat Crop*

Protection Subprogram (Wheat Special Report 24), ed. E. E. Saari and G. P. Hettel, 19–33. Mexico, D.F.: CIMMYT.

Skocpol, T., and K. Finegold. 1982. "State Capacity and Economic Intervention in the Early New Deal." *Political Science Quarterly* 97:255–78.

Skousen, M., ed. 2007. *The Completed Autobiography of Benjamin Franklin*. 2 vols. Washington, DC: Regnery Publishing.

Smaje, C. 2015. "The Strong Perennial Vision: A Critical Review." *Agroecology and Sustainable Food Systems* 39: 471-99.

Smil, V. 2016. "Harvesting the Biosphere." *The World Financial Review,* Jan.-Feb.

———. 2013a. *Harvesting the Biosphere: What We Have Taken from Nature*. MIT.

———. 2013b. *Should We Eat Meat? Evolution and Consequences of Modern Carnivory*. Ames, IA: Wiley-Blackwell.

———. 2011a. "Global Energy: The Latest Infatuations." *American Scientist* 99:212–19.

———. 2011b. "Nitrogen Cycle and World Food Production." *World Agriculture* 2:9-13.

———. 2008. *Energy in Nature and Society: General Energetics of Complex Systems*. MIT.

———. 2001. *Enriching the Earth: Fritz Haber, Carl Bosch, and the Transformation of World Food Production*. MIT.

Smith, A. 1776. *An Inquiry into the Nature and Causes of the Wealth of Nations*. 2 vols. London: W. Strahan and T. Cadell.*

Smith, B. G., ed. 2008. *The Oxford Encyclopedia of Women in World History*. 4 vols. OUP.

Smith, J. 2013. "The Huxley-Wilberforce 'Debate' on Evolution, 30 June 1860." In *BRANCH: Britain, Representation, and Nineteenth-Century History*, ed. D. F. Falluga. Extension of *Romanticism and Victorianism on the Net*. Web.*

Smith, K. L., and L. M. Polvani. 2017. "Spatial Patterns of Recent Antarctic Surface Temperature Trends and the Importance of Natural Variability: Lessons from Multiple Reconstructions and the CMIP5 Models." *Climate Dynamics* 48:2653-70.

Smith, M. B. 1998. "The Value of a Tree: Public Debates of John Muir and Gifford Pinchot." *The Historian* 60:757–78.

Smith, W. 1891. *The Rise and Extension of Submarine Telegraphy*. London: J. S. Virtue & Co.*

———. 1873a. "Effect of Light on Selenium During the Passage of an Electric Current." *Nature* 7:303.

———. 1873b. "The Action of Light on Selenium." *Journal of the Society of Telegraph Engineers* 2:31–33.

Snyder, T. 2015. *Black Earth: The Holocaust as History and Warning*. NY: Tim Duggan Books.

Soares, P., et al. 2012. "The Expansion of mtDNA Haplogroup L3 Within and Out of Africa." *Molecular Biology and Evolution* 29:915–27.

Soden, D. L., ed. 1999. *The Environmental Presidency*. New York: SUNY Press.

Song, J. 1985. "Systems Science and China's Economic Reforms." In *Control Science and*

Technology for Development, ed. J. Yang, 1–8. NY: Pergamon Press.

Sonnenfeld, D. A. 1992. "Mexico's 'Green Revolution,' 1940–1980: Towards an Environmental History." *Environmental History Review* 16:28–52.

Sørensen, B. 2011 (1979). *Renewable Energy: Physics, Engineering, Environmental Impacts, Economics and Planning.* 4th ed. Burlington, MA: Academic Press.

Sorenson, R. P. 2011. "Eunice Foote's Pioneering Research on CO_2 and Climate Warming." *Search and Discovery* 70092.*

Sörlin, S. 2016 (2013). "Ice Diplomacy and Climate Change: Hans Ahlmann and the Quest for a Nordic Region Beyond Borders." In *Science, Geopolitics and Culture in the Polar Region: Norden Beyond Borders*, ed. S. Sörlin. NY: Routledge.

Sorrell, S., and J. Speirs. 2010. "Hubbert's Legacy: A Review of Curve-Fitting Methods to Estimate Ultimately Recoverable Resources." *Natural Resources Research* 19:209–30.

Sparks, D. L. 2006. "Historical Aspects of Soil Chemistry." In *Footprints in the Soil: People and Ideas in Soil History*, ed. B. P. Warkentin, 307–38. NY: Elsevier Science.

Specter, M. 2015. "The Gene Hackers." *The New Yorker*, 16 Nov.

Spiro, J. P. 2009. *Defending the Master Race: Conservation, Eugenics, and the Legacy of Madison Grant.* Burlington: University of Vermont Press.

Sprengel, C. 1828. "Von den Substanzen der Ackerkrume und des Untergrundes, insbesondere, wie solche durch die chemische Analyse." *Journal für Technische und Ökonomische Chemie* 2:423–74, 3:42–99, 313–52, and 397–421.

Stakman, E. C. 1957. "Problems in Preventing Plant Disease Epidemics." *American Journal of Botany* 44:259–67.

———. 1937. "The Promise of Modern Botany for Man's Welfare Through Plant Protection." *The Scientific Monthly* 44:117–30.

———. 1923 (1919). *Destroy the Common Barberry.* Farmer's Bulletin 1058. Washington, DC: U.S. Department of Agriculture.

Stakman, E. C., et al. 1940. "Observations on Stem Rust Epidemiology in Mexico." *American Journal of Botany* 27:90–99.

Stakman, E. C., and D. G. Fletcher. 1930 (1927). *The Common Barberry and Black Stem Rust.* Farmer's Bulletin 1544. Washington, DC: U.S. Department of Agriculture.

Standage, T. 2013 (1998). *The Victorian Internet: The Remarkable Story of the Telegraph and the Nineteenth Century's On-line Pioneers.* NY: Bloomsbury USA.

Steffen, W., et al. 2015. "Planetary Boundaries: Guiding Human Development on a Changing Planet." *Science* 347:1259855.

Steffen, W., et al. 2011. "The Anthropocene: Conceptual and Historical Perspectives." *PTRSA* 369:842–67.

Stenni, B., et al. Forthcoming. "Antarctic Climate Variability at Regional and Continental Scales over the Last 2,000 Years." *Climate of the Past.*

Sterba, J. 2012. *Nature Wars: The Incredible Story of How Wildlife Comebacks Turned Backyards into Battlegrounds.* NY: Crown.

Sterling, C. 1972. "Club of Rome Tackles the Planet's 'Problematique.'" *WP*, 2 March.

———. 1971. "Doomsday Prophecies About Climate Are Eased Some." *WP*, 21 July.

Stern, R. 2013. *Oil Scarcity Ideology in U.S. National Security Policy, 1909–1980*. Stanford, CA: Freeman Spogli Institute for International Studies.*

Stevenson, F. B. 1925. "The Top of the News." *BDE*, April 9.

Stoddard, L. 1920. *The Rising Tide of Color Against White World-Supremacy*. NY: Charles Scribner's Sons.*

Stouffer, R. J., and S. Manabe. 2017. "Assessing Temperature Pattern Projections Made in 1989." *Nature Climate Change* 7:163–65.

Stouffer, R. J., et al. 1989. "Interhemispheric Asymmetry in Climate Response to a Gradual Increase of Atmospheric CO_2." *Nature* 342:660–62.

Stracher, G., et al. 2011–15. *Coal and Peat Fires: A Global Perspective*. 4 vols. Waltham, MA: Elsevier.

Strayer, D.L., et al. 2014. "Decadal-Scale Change in a Large-River Ecosystem." *BioScience* 64:496-510.

———. 2011. "Long-term Changes in a Population of an Invasive Bivalve and its Effects." *Oecologia* 165:1063–72.

Streets, D. G., et al. 2013. "Radiative Forcing Due to Major Aerosol Emitting Sectors in China and India." *Geophysical Research Letters* 40:4409–14.

Study of Critical Environmental Problems. 1970. *Man's Impact on the Global Environment: Assessment and Recommendations for Action*. MIT.

Suarez, A. V., et al. 1999. "Behavioral and Genetic Differentiation Between Native and Introduced Populations of the Argentine Ant." *Biological Invasions* 1:43–53.

Sugiura, M. 1995. "The Chloroplast Genome." *Essays in Biochemistry* 30:49–57.

Sunamura, E., et al. 2009. "Intercontinental Union of Argentine Ants: Behavioral Relationships Among Introduced Populations in Europe, North America, and Asia." *Insectes Sociaux* 56:143–47.

Surridge, C. 2002. "The Rice Squad." *Nature* 416:676-78.

Swaminathan, M. S. 2015. *Combating Hunger and Achieving Food Security*. CUP.

———. 2010a. *From Green to Evergreen Revolution: Indian Agriculture: Performance and Challenges*. New Delhi: Academic Foundation.

———. 2010b. Introduction. In *Science and Sustainable Food Security: Selected Papers of M. S. Swaminathan*, ed. M. S. Swaminathan, 1–26. Hackensack, NJ: World Scientific.

———. 2006. "An Evergreen Revolution." *Crop Science* 46:2293–2303.

———. 2000. "An Evergreen Revolution." *The Biologist* 47:85–89.

———. 1996. *Sustainable Agriculture: Towards an Evergreen Revolution*. Delhi: Konark.

———. 1969. "Scientific Implications of HYV Programme." *Economic and Political Weekly* 4:69–75.

———. 1965. "The Impact of Dwarfing Genes on Wheat Production." *Journal of the IARI Post-Graduate School* 2:57–62.

Swaminathan, M. S., and A. T. Natarajan. 1956. "Effects of Fast Neutron Radiation on Einkorn, Emmer and Bread Wheats." *Wheat Information Service* 4:5–6.

Swartz, M. 2008. "The Gospel According to Matthew." *Texas Monthly*, Feb.*

Tabita, F. R., et al. 2008. "Phylogenetic and Evolutionary Relationships of RubisCO and the RubisCO-like Proteins and the Functional Lessons Provided by Diverse Molecular Forms." *PTRSB* 363:2629-40.

Takahashi, K. I., and D. L. Gautier. 2007. "A Brief History of Oil and Gas Exploration in the Southern San Joaquin Valley of California." In *Petroleum Systems and Geological Assessment of Oil and Gas in the San Joaquin Basin Province: California*, ed. A. H. Scheirer. Professional Paper 1713. Washington, DC: U.S. Geological Survey.*

Tanno, K., and G. Willcox. 2006. "How Fast Was Wild Wheat Domesticated?" *Science* 311:1886.

Taubes, G. 2007. *Good Calories, Bad Calories: Challenging the Conventional Wisdom on Diet, Weight Control, and Disease*. NY: Knopf.

Taylor, F. H. 1884. *The Derrick's Hand-Book of Petroleum*. Oil City, PA: Derrick Publishing Co.

Taylor, S. H., and S. P. Long. 2017. "Slow Induction of Photosynthesis on Shade to Sun Transitions May Cost at Least 21% in Productivity." *PTRSB* 372:20160543.

Teller, E. 1960. "We're Going to Work Miracles." *Popular Mechanics*, March.

Teltsch, K. 1949. "Population Gains Held to Be a Danger." *NYT*, 18 Aug.

Tennyson, M. E., et al. 2012. *Assessment of Remaining Recoverable Oil in Selected Major Oil Fields of the San Joaquin Basin, California*. Washington, DC: U.S. Geological Survey.*

Themnér, L., and P. Wallensteen. 2013. "Armed Conflicts, 1946-2012." *Journal of Peace Research* 50:509-21.

Theophrastus. 1916 (3rd cent. B.C.). *Enquiry into Plants and Minor Works on Odours and Weather Signs*, trans. A. Hort. 2 vols. NY: G. P. Putnam's Sons.*

Thomas, L. 2002. *Coal Geology*. NY: John Wiley & Sons.

Thompson, D. 1989. "The Most Hated Man in Science." *Time*, 4 Dec.

Thompson, S. P. 1910. *The Life of William Thomson, Baron Kelvin of Largs*. 2 vols. London: Macmillan and Company.*

Thompson, W. S. 1929. *Danger Spots in World Population*. NY: Alfred A. Knopf.

Thomson, K. 2000. "Huxley, Wilberforce and the Oxford Museum." *American Scientist* 88:210–13.

Thomson, W. (Lord Kelvin). 1881. "On the Sources of Energy in Nature Available to Man for the Production of Mechanical Effects." *Nature* 14:433–36

Thorpe, I. J. N. 2005. "The Ancient Origins of Warfare and Violence." In Pearson and Thorpe eds. 2005:1–18.

Throckmorton, R. I. 1951. "The Organic Farming Myth." *Country Gentleman* 121:21, 103–5.

Thurston, R. H. 1901. "Utilising the Sun's Energy." *Cassier's Magazine* 20:283–88.*

Tierney, J. 1990. "Betting the Planet." *NYT*, 2 Dec.

Tilman, D., et al. 2011. "Global Food Demand and the Sustainable Intensification of Agriculture." *PNAS* 108: 20260–64.

Tinoco, A. 2012. "Portugal na Exposição Universal de 1904—O Padre Himalaia e o Pirelióforo." *Cadernos de Sociomuseologia* 42:113–27.

Tomory, L. 2012. *Progressive Enlightenment: The Origins of the Gaslight Industry, 1780–1820.* Cambridge, MA: MIT Press.

Tooby, J., and L. Cosmides. 2010. "Groups in Mind: The Coalitional Roots of War and Morality." In *Human Morality and Sociality: Evolutionary & Comparative Perspectives*, ed. H. Høgh-Olesen, 91–234. NY: Palgrave Macmillan.

Toups, M.A., et al. 2011. "Origin of Clothing Lice Indicates Early Clothing Use by Anatomically Modern Humans in Africa." *Molecular Biology and Evolution* 28:29–32.

Travis, J. 2003. "Lice Hint at a Recent Origin of Clothing." *Science News*, 23 Aug.*

Tröstl, J., et al. 2016. "The Role of Low-Volatility Organic Compounds in Initial Particle Growth in the Atmosphere." *Nature* 533:527–31.

Tunzelman, N. v. 2003 (1986). "Coal and Steam Power." In *Atlas of Industrializing Britain, 1780–1914*, ed. J. Langton and R. J. Morris. NY: Methuen & Co.

Tsutsui, N. D., and A. V. Suarez. 2003. "The Colony Structure and Population Biology of Invasive Ants." *Conservation Biology* 17:48–58.

Tsitsin, N. V., and V. F. Lubimova. 1959. "New Species and Forms of Cereals Derived from Hybridization Between Wheat and Couch Grass." *American Naturalist* 93:181–91.

Tuckwell, W. 1900. *Reminiscences of Oxford.* NY: Cassell and Company.*

Tyndall, J. 1861. "On the Absorption and Radiation of Heat by Gas and Vapours, and on the Physical Connexion of Radiation, Absorption, and Conduction." *LPMJS* 22:169–94, 273–85.

Union Internationale pour la Protection de la Nature. 1950. *International Technical Conference on the Protection of Nature.* Paris: UNESCO.*

United Kingdom. British Command Papers. 1939. *British White Paper: Statement of Policy, 17 May.* London: Her Majesty's Stationer's Office.*

UNESCO [United Nations Educational, Scientific and Cultural Organization] . 1949. *Documents Préparatoires à la Conférence Technique Internationale pour la Protection de la Nature.* Paris: UNESCO. (partly *)

United Nations. Economic and Social Commission for Western Asia and Bundesanstalt für Geowissenschaften und Rohstoffe. 2013. *Inventory of Shared Water Resources in Western Asia.* Beirut: UN-ESCWA and BGR.

United Nations. 1950. *Proceedings of the United Nations Scientific Conference on the Conservation and Utilization of Natural Resources, 17 Aug–6 Sep 1949.* 8 vols. Lake Success, NY: U.N. Dept. of Economic Affairs.

———. 1947. *Yearbook of the United Nations, 1946–47.* Lake Success, NY: U.N. Dept. of Public Information.

United Nations Department of Economic and Social Affairs. 2006. *World Urbanization Prospects: The 2005 Revision.* ESA/P/WP/200. New York: United Nations.*

United Nations. Food and Agriculture Organization. 2017. *The State of Food Insecurity and Nutrition in the World 2017.* Rome: FAO.*

———. 2013. *FAO Statistical Yearbook 2013.* Rome: FAO.*

———. 2011a. *The State of the World's Land and Water Resources for Food and Agriculture (SOLAW).* London: FAO/Earthscan.*

———. 2011b. *Global Food Losses and Food Waste—Extent, Causes, and Prevention.* Rome: FAO.*

———. 2009. *The State of Food Insecurity in the World.* Rome: FAO.*

———. 2004. *The State of Food and Agriculture, 2003–2004.* Rome: FAO.

United Nations. Scientific Committee on the Effects of Atomic Radiation. 2016. *Developments Since the 2013 UNSCEAR Report on the Levels and Effects of Radiation Exposure due to the Nuclear Accident following the Great East-Japan Earthquake and Tsunami.* NY: United Nations.*

United Nations. World Health Organization. 2016. *Ambient Air Pollution: A Global Assessment of Exposure and the Burden of Disease.* Geneva: WHO.*

United States Bureau of the Census. 1909. *A Century of Population Growth from the First Census of the United States to the Twelfth, 1790-1900.* Washington, DC: Government Printing Office.*

United States Committee for Global Atmospheric Research Program. 1975. *Understanding Climatic Change.* Washington, DC: National Academy of Sciences.

United States Department of Agriculture, Bureau of Agricultural Economics. 1933. "Farmers' Strikes and Riots in the United States, 1932–33." Unpub. ms.

United States Department of State. 1976. *Foreign Relations of the United States, 1949.* 9 vols. Washington, DC: Government Printing Office.*

———. [1949.] *Proceedings of the Inter-American Conference on Conservation of Renewable Natural Resources.* [Washington, D.C.] : Department of State.

United States President's Science Advisory Committee. 1965. *Restoring the Quality of Our Environment.* Washington, DC: Government Printing Office.

United States Senate. 1987–88. *The Greenhouse Effect and Climate Change.* Hearings Before the Committee on Energy and Natural Resources. 100th Cong., 1st Sess. 2 vols. Washington, DC: Government Printing Office.

———. 1966. *Population Crisis.* Hearings Before the Subcommittee on Foreign Aid Expenditures of the Committee on Government Operations. 89th Cong., 2nd Sess. Washington, DC: Government Printing Office.

———. 1922. *Agricultural Appropriations Bill, 1923.* Hearings Before the Subcommittee of the Committee on Appropriations. 67th Cong., 2nd Sess. Washington, DC: Government Printing Office.

Usher, P. 1989. "World Conference on the Changing Atmosphere: Implications for Security

(Review)." *Environment* 31:25–28.

Vain, P., et al. 1995. "Foreign Gene Delivery into Monocotyledonous Species." *Biotechnology Advances* 13:653-71.

Van der Heijden, M. G. A., et al. 2008. "The Unseen Majority: Soil Microbes as Drivers of Plant Diversity and Productivity in Terrestrial Ecosystems." *Ecology Letters* 11:296–310.

Van der Ploeg, R. R., et al. 1999. "On the Origin of the Theory of Mineral Nutrition of Plants and the Law of the Minimum." *Soil Science Society of America Journal* 63:1055–62.

Van der Veen, C. J. 2000. "Fourier and the 'Greenhouse Effect.'" *Polar Geography* 24:132-52.

Van Wees, H. 2004. *Greek Warfare: Myths and Realities*. London: Gerald Duckworth & Co.

Van Wilgenburg, E., et al. 2010. "The Global Expansion of a Single Ant Colony." *Evolutionary Applications* 3:136–43.

Varshney, A. 1998. *Democracy, Development, and the Countryside: Urban-Rural Struggles in India*. CUP.

Varughese, G., and M. S. Swaminathan. 1967. "Sharbati Sonora: A Symbol of the Age of Algeny." *Indian Farmer* 17:8–9.

Vassilou, M. S. 2009. *Historical Dictionary of the Petroleum Industry*. Lanham, MD: Scarecrow Press.

Venezian, E. L., and W. K. Gamble. 1969. *The Agricultural Development of Mexico: Its Structure and Growth Since 1950*. NY: Praeger Publishers.

Verhulst, P.-F. 1838. "Notice sur la Loi que la Population suit dans son Accroissement." *Correspondance Mathématique et Physique* 10:113–21.

Vettel, E. J. 2006. *Biotech: The Countercultural Origins of an Industry*. Philadelphia: University of Pennsylvania Press.

Viator [pseud.]. 1865. "Our Special Correspondence." *Wisconsin State Register*, 2 Dec.

Victor, D. G. 2008. "On the Regulation of Geoengineering." *Oxford Review of Economic Policy* 24:322–36.

Vietmeyer, N. 2009–10. *Borlaug*. 3 vols. Lorton, VA: Bracing Books.

Viswanath, B. 1953. "Organic Versus Inorganic Manures in Land Improvement and Crop Production." *Proceedings of the National Institute of Sciences of India* 19:23–25.

Viswanath, B., and M. Suryanarayana. 1927. "The Effect of Manuring a Crop on the Vegetative and Reproductive Capacity of the Seed." *Memoirs of the Department of Agriculture in India (Chemical Series)* 9:85–124.

Vitousek, P. M., et al. 1997. "Human Domination of Earth's Ecosystems." *Science* 277:494–99.

Vitousek, P. M., et al. 1986. "Human Appropriation of the Products of Photosynthesis." *BioScience* 36:368–73.

Vizcarra, C. 2009. "Guano, Credible Commitments, and Sovereign Debt Repayment in 19th-Century Peru." *Journal of Economic History* 69:358–87.

Vogt, J. A. 1941. "To Sea Lions!" *AM* 167:18–25.

———. 1940. "The White Island." *AM* 166:265–73.

Vogt, G. 2007. "The Origins of Organic Farming." In Organic Farming: An International History, ed. W. Lockeretz. Cambridge, MA: CABI Publishing.

Vogt, W. 1966. "Statement of William Vogt," in United States Senate. *Hearings Before the Subcommittee on Foreign Aid Expenditures of the Committee on Government Operations On S. 1676* (Eighty-Ninth Congress, Second Session). Washington, D.C.: Government Publishing Office, 3:718-50.

———. 1965. "We Help Build the Population Bomb." *NYT*, 4 April.

———. 1963. *Comments on a Brief Reconnaissance of Resource Use, Progress, and Conservation Needs in Some Latin American Countries*. NY: Conservation Foundation.

———. 1961. "From Bird-Watching, a Feeling for Nature." *NYT*, 11 Jun.

———. 1960. *People! Challenge to Survival*. NY: William Sloan Associates.

———. 1950. "Getting Sex Appeal into Editorials on Conservation." *The Masthead* 2:42.

———. 1949. "Let's Examine Our Santa Claus Complex." *Saturday Evening Post* 222:17–19, 76–78.

———. 1948a. "A Continent Slides to Ruin." *Harper's Magazine* 196:481–88.

———. 1948b. *The Road to Survival*. NY: William Sloan Associates.

[———] . 1946a. *Report on Activities of Conservation Section, Division of Agricultural Cooperation, Pan American Union (1943–1946)*. Washington, DC: Pan American Union.

———. 1946b. *The Population of Venezuela and Its Natural Resources*. Washington, DC: Pan American Union.

———. 1946c. *The Population of El Salvador and Its Natural Resources*. Washington, DC: Pan American Union.

———. 1945a. "Unsolved Problems Concerning Wildlife in Mexican National Parks." In *Transactions of the 10th North American Wildlife Conference*, ed. E. M. Quee, 355–58. Washington, DC: American Wildlife Institute.

———. 1945b. "Hunger at the Peace Table." *Saturday Evening Post* 217:17, 109–10.

———. 1944. *El Hombre y la Tierra*. Biblioteca Enciclopedia Popular No. 32. México, D.F.: Secretaria de Educación Pública.

———. 1943. "Road to Beauty." *Bulletin of the Pan-American Union* 77:661–71.

———. 1942a. "An Ecological Depression on the Peruvian Coast." In *Proceedings of the Eighth American Scientific Congress, May 10–18, 1940*, ed. Anon. 3:507–27. Washington, DC: Department of State.

———. 1942b. "Informe Sobre las Aves Guaneras." *BCAG* 18:3–132.

———. 1942c. "Influencia de la Corriente de Humboldt en la Formación de Depósitos Guaníferos." *Simiente* 12:3–14.

———. 1940. "Una Depresión Ecológica en la Costa Peruana." *BCAG* 16:307–29.

———. 1939. "Enumeración Preliminar de Algunos Problemas Relacionados con la Producción del Guano en el Perú." *BCAG* 15:285–301.

————. 1938a. "Birding Down Long Island." *Bird-Lore* 40:331–40.

————. 1938b. "Preliminary Notes on the Behavior and the Ecology of the Eastern Willet." *Proceedings of the Linnaean Society of New York* 49:8–42.

————. 1937a. *Thirst on the Land: A Plea for Water Conservation for the Benefit of Man and Wildlife*. Circular 32. New York: National Association of Audubon Societies.

[————] . 1937b. Editorial. *Bird-Lore* 39:296.

[————] . 1935. Editorial. *Bird-Lore* 37:127.

————. 1931. "The Birds of a Cat-Tail Swamp." *Bulletin to the Schools: University of the State of New York* 17:162.

[Vogt, W., et al.] 1965. *Human Conservation in Central America*. Washington, DC: Conservation Foundation.

Vogt, W., et al. 1939. "Report of the Committee on Bird Protection, 1938." *The Auk* 56:212–19.

Von Czerny, F. 1881. *Die Veränderlichkeit des Klimas und ihre Ursachen*. Vienna: A. Hartleben's Verlag.*

Von Humboldt, A., and H. Berghaus. 1863. *Briefwechsel Alexander von Humboldt's mit Heinrich Berghaus aus den Jahren 1825 bis 1858*. Leipzig: Hermann Costenoble.*

Von Laue, M. 1934. "Fritz Haber Gestorben." *Naturwissenschaften* 22:97.

Von Neumann, J. 1955. "Can We Survive Technology?" *Fortune*, June.

Voosen, P. 2016. "Climate Scientists Open Up their Black Boxes to Scrutiny." *Science* 354:401-02.

————. 2012. "Ocean Clouds Obscure Warming's Fate, Create 'Fundamental Problem' for Models." *E&E News*, 26 Nov.*

Vorontsov, N. N., and J. M. Gall. 1986. "Georgyi Frantsevich Gause 1910–1986." *Nature* 323:113.

Vranken, L., et al. 2014. "Curbing Global Meat Consumption: Emerging Evidence of a Second Nutrition Transition." *Environmental Science & Policy* 39:95-106.

Wadland, J. H. 1978. *Ernest Thompson Seton: Man in Nature and the Progressive Era, 1880–1915*. NY: Arno Press.

Wagner, G., and M. L. Weitzman. 2015. *Climate Shock: The Economic Consequences of a Hotter Planet*. Princeton, NJ: Princeton University Press.

————. 2012. "Playing God." *Foreign Policy*, 24 Oct.*

Wagner, G., and R. J. Zeckhauser. 2017. "Confronting Deep and Persistent Climate Uncertainty." Harvard Kennedy School Faculty Research Working Paper Series RWP16-025.*

Wagoner, P., and J. R. Schaeffer. 1990. "Perennial Grain Development: Past Efforts and Potential for the Future." *Critical Reviews in Plant Sciences* 9:381–408.

Wald, M. 2013. "Former Energy Secretary Chu Joins Board of Canadian Start-Up." *NYT*, 17 Dec.

Waldner, E. 2006. "Exploration Boom After 1998 Blowout Sputtering Along." *Bakersfield*

Californian, 10 Feb.

Walker, B. J., et al. 2016. "The Costs of Photorespiration to Food Production Now and in the Future." *Annual Review of Plant Biology* 67:107–29.

Wallace, H. A. 1941. "Wallace in Mexico." *Wallace's Farmer and Iowa Homestead*, 22 Feb.

Wang, P., et al. 2016. "Finding the Genes to Build C4 Rice." *Current Opinion in Plant Biology* 31:44–50.

Wang, T., and J. Watson. 2010. "Scenario Analysis of China's Emission Pathways in the 21st Century for Low-Carbon Transition." *Energy Policy* 38:3537–46.

Warde, P. 2007. *Energy Consumption in England and Wales, 1560–2000.* Rome: Consiglio Nazionale delle Ricerche.*

Warde, P., and S. Sörlin. 2015. "Expertise for the Future: The Emergence of Environmental Prediction, c. 1920–1970." In *The Struggle for the Long-Term in Transnational Science and Politics: Forging the Future,* ed. J. Andersson and E. Rindzevičiūtė, 38–62. NY: Routledge.

Water Integrity Network. 2016. *Water Integrity Global Outlook.* Berlin: Water Integrity Network.*

Waterhouse, A. C. 2013. *Food and Prosperity: Balancing Technology and Community in Agriculture.* NY: Rockefeller Foundation.*

Weart, S. R. 2008 (2003). *The Discovery of Global Warming.* Rev. and expanded ed. HUP.*

———. 1997. "Global Warming, Cold War, and the Evolution of Research Plans." *Historical Studies in the Physical and Biological Sciences* 27:319–56.

Weaver, W. 1970. *Scene of Change: A Lifetime in American Science.* NY: Charles Scribner's Sons.

———. 1951. "Alice's Adventures in Wonderland, Its Origin, Its Author." *Princeton University Library Chronicle* 13:1–17.

Webb, J. L. A., Jr. 2009. *Humanity's Burden: A Global History of Malaria.* CUP.

Weber, B. 2011. "Lynn Margulis, Evolution Theorist, Dies at 73." *NYT,* 24 Nov.

Webster, B. 1969. "End Papers." *NYT,* 8 Feb.

Weidensault, S. 2007. *Of a Feather: A Brief History of American Birding.* NY: Harcourt.

Weimerskirch, H., et al. 2012. "Foraging in Guanay Cormorant and Peruvian Booby, the Major Guano-Producing Seabirds in the Humboldt Current System." *Marine Ecology Progress Series* 458:231–45.*

Weinberg, G. L., ed. 2006 (1928). *Hitler's Second Book: The Unpublished Sequel to Mein Kampf,* trans. K. Smith. NY: Enigma Books.

Weinzettel, J. et al. 2013. "Affluence Drives the Global Displacement of Land Use." *GEC* 23:433–38.

Weisskopf, M. 1988. "Scientist Says Greenhouse Effect Is Setting In." *WP,* 24 June.

Weitzman, M. L. 2007. "A Review of the Stern Review on the Economics of Climate Change." *Journal of Economic Literature* 45:703–24.

Wertime, T. A. 1983. "The Furnace versus the Goat: The Pyrotechnologic Industries and

Mediterranean Deforestation in Antiquity." *Journal of Field Archaeology* 10:445–52.

Whitaker, A. P. 1960. "Alexander von Humboldt and Spanish America." *Proceedings of the American Philosophical Society* 104:317–22.

White, A. D. 1897. *A History of the Warfare of Science with Theology in Christendom.* 2 vols. New York: D. Appleton.

White, A. F. 2015. *Plowed Under: Food Policy Protests and Performance in New Deal America.* Bloomington: Indiana University Press.

White, D. 1919. "The Unmined Supply of Petroleum in the United States." *Automotive Industries* 40:361, 376, 385.

White, R. 1995. *The Organic Machine: The Remaking of the Columbia River.* NY: Hill and Wang.

White, D., and M. Rabago-Smith. 2011. "Genotype-phenotype Associations and Human Eye Color." *Journal of Human Genetics* 56:5-7.

Whitman, W. B., et al. 1998. "Prokaryotes: The Unseen Majority." *PNAS* 95:6578–83.

Wigley, T. M. L. 2006. "A Combined Mitigation/Geoengineering Approach to Climate Stabilization." *Science* 314:452–54.

Wik, R. M. 1973 (1972). *Henry Ford and Grass-Roots America.* Ann Arbor: University of Michigan Press.

Wilberforce, R. 1888. *Life of Samuel Wilberforce.* London: Kegan Paul, Trench, & Co.*

[Wilberforce, S.] 1860. "Review of On the Origin of Species." *Quarterly Review* 108:225–64.

Wildman, S. G. 2002. "Along the Trail from Fraction I Protein to Rubisco (Ribulose Bisphosphate Carboxylase-oxygenase)." *Photosynthesis Research* 73:243–50.

Wilkinson, T. J., and L. Raynes. 2010. "Hydraulic landscapes and imperial power in the Near East." *Water History* 2:115–44.

Will, G. F. 1975. "A Change in the Weather." *WP*, 24 Jan.

Willberg, D. 2017. "CCS Facility at Boundary Dam Returning to Normal Operations." *Estevan Mercury*, 21 Jul.*

Willcox, G. 2007. "The Adoption of Farming and the Beginnings of the Neolithic in the Euphrates Valley: Cereal Exploitation Between the 12th and 8th Millennia cal BC." In *The Origins and Spreads of Domestic Plants in Southwest Asia and Europe*, ed. S. Colledge and J. Connolly. Walnut Creek, CA: Left Coast Press.

Williams, J. 1789. *The Natural History of the Mineral Kingdom.* 2 vols. Edinburgh: Thomas Ruddiman.*

Williams, M. 2006. *Deforesting the Earth: From Prehistory to Global Crisis, an Abridgment.* Chicago: University of Chicago Press.

Williamson, S. H., and L. P. 2015. "Measuring Slavery in 2011 Dollars." MeasuringWorth. com.*

Wilson, E. O. 1995 (1994). *Naturalist.* New York: Warner Books.

Wineke, W. R. 2008. "Global Cooling Advocate Reid Bryson, 88." *Wisconsin State Journal*,

13 June.

Wines, R. A. 1986. *Fertilizer in America: From Waste Recycling to Resource Exploitation.* Philadelphia: Temple University Press.

Winslow, M., et al. 2004. *Desertification, Drought, Poverty, and Agriculture: Research Lessons and Opportunities.* Rome: ICARDA, ICRISAT, and the UNCCD Global Mechanism.

Wöbse, 2011. "'The World After All Was One': The International Environmental Network of UNESCO and IUPN, 1945–1950." *Contemporary European History* 20:331–48.

Wolf, A. 2015. *The Invention of Nature: Alexander von Humboldt's New World.* NY: Alfred A. Knopf.

Wolf, A. T. 1972. *Hydropolitics Along the Jordan River: Scarce Water and Its Impact on the Arab-Israeli Conflict.* NY: United Nations University Press.

Wolf, E. R. 1982. *Europe and the People Without History.* UCP.

Woody, T. 2012. "Sierra Club, NRDC Sue Feds to Stop Big California Solar Power Project." *Forbes,* 27 March.

Woolf, D., et al. 2010. "Sustainable Biochar to Mitigate Global Climate Change." *Nature Communications* 1:1–9.*

World Bank. 2008. *World Development Report 2008: Agriculture for Development.* Washington, DC: World Bank.

World Energy Council. 2013. *World Energy Scenarios: Composing Energy Futures to 2050.* London: World Energy Council.*

Worster, D. 1997 (1994). *Nature's Economy: A History of Ecological Ideas.* 2nd ed. CUP.

Wrench, G. 2009 (1938). *The Wheel of Health: A Study of the Hunza People and the Keys to Health.* Australia: Review Press.

Wrigley, E. A. 2010. *Energy and the English Industrial Revolution.* CUP.

Wylie, K. 1941. "Agricultural Relations with Mexico." *Foreign Agriculture* 6:365–73.*

Xu, Y.-S., et al. 2009. "Geo-hazards with Characteristics and Prevention Measures Along the Coastal Regions of China." *Natural Hazards* 49:479–500.

Yang, C.-C., et al. 2010. "Loss of Microbial (Pathogen) Infections Associated with Recent Invasions of the Red Imported Fire Ant *Solenopsis invicta.*" *Biological Invasions* 12:3307–18.

Yates, P. L. 1981. *Mexico's Agricultural Dilemma.* Tucson: University of Arizona Press.

Yergin, D. 2012 (2011). *The Quest: Energy, Security, and the Remaking of the Modern World.* Rev. ed. New York: Penguin Books.

———. 2008 (1991). *The Prize: The Epic Quest for Oil, Money, and Power.* New York: Free Press.

Yong, E. 2016. *I Contain Multitudes: The Microbes Within Us and a Grander View of Life.* NY: Ecco.

Yulish, C. B., ed. 1977. *Soft vs. Hard Energy Paths: 10 Critical Essays on Amory Lovins' "Energy Strategy: The Road Not Taken?"* NY: Charles Yulish Associates.

Zeng, Z., et al. 2017. "Climate Mitigation from Vegetation Biophysical Feedbacks during the Past Three Decades." *Nature Climate Change* 10.1038/NCLIMATE3299.

Zhang, X., et al. 2016. "Establishment and Optimization of Genomic Selection to Accelerate the Domestication and Improvement of Intermediate Wheatgrass." *The Plant Genome* 9.*

Zhu, X.-G., et al. 2010 "Improving Photosynthetic Efficiency for Greater Yield." *Annual Review of Plant Biology* 61:235–61.

Zhu, Z., et al. 2016. "Greening of the Earth and its Drivers." *Nature Climate Change* 6:791-95.

Zimmer, C. 2011. *A Planet of Viruses*. Chicago: University of Chicago Press.

Zirinsky, M. P. 1992. "Imperial Power and Dictatorship: Britain and the Rise of Reza Shah, 1921–1926." *International Journal of Middle East Studies* 24:639–63.

Zirkle, C. 1957. "Benjamin Franklin, Thomas Malthus and the United States Census." *Isis* 48:58–62.

Zon, R., and W. N. Sparhawk. 1923. *Forest Resources of the World*. 2 vols. NY: McGrawHill Book Company.

注 释

序

1   Brand (2010:16) makes this case elegantly.

2   United Nations Food and Agricultural Organization 2009:11 (~24% in 1969–70); idem. 2017:2– 13 (11.0% in 2016). Life expectancy from World Bank (http://data.worldbank. org/indicator/SP.DYN.LE00.IN). See also R.D. Edwards 2011; Riley 2005; and World Health Organization 2014 (www.who.int/gho/mortality_burden_disease/life_tables/en/).

3   Every economic study I have seen projects overall growth, though many worry about distribution. See, e.g., Johansson et al. 2012 (global GDP "could grow at around 3% per year over the next 50 years," 8).

4   The term is due to Arthur W. Galston (in Knoll and McFadden 1970:47, 71–72).

5   Luten 1986 (1980):323–24. My thanks to Antoinette WinklerPrins for drawing my attention to this work.

6   Mumford 1964:2. Technofuturist F. M. Esfandiary called the two sides "up-wingers" and "down-wingers" (Esfandiary 1973).

7   For most of the twentieth century the term referred to a school of psychology that emphasized individuals' environments rather than their genetic inheritance (Worster 1997 [1994] :350). The modern use of the term to indicate a belief in protecting the natural world came in about 1966 (Jundt 2014a: 250n).

8   "Boraug's Revolution," *Wall Street Journal*, 17 July 2007. The claim seems to have originated in Easterbrook 1997.

9   Though associated with Plato, the earliest known discussion was by the philosopher Empedocles in about 460 B.C.

10   Devereux 2000:Table 1 (actual famine toll); Meadows et al. 1972 ("one hundred years," 23); Ehrlich 1969 (pesticides, life expectancy; "42 years by 1980," 26), 1968 ("is

over," "hundreds of millions," 1). The "utter breakdown" claim is from a 1970 interview with CBS News; my thanks to Kyra Darnton of Retro Report for sending it to me. Four years later Ehrlich promised "that a great increase in the death rate due to starvation will occur well before the end of the century, quite possibly before 1980" (Ehrlich and Ehrlich 1974:25).

第一章 物种状态

11　Vogt travel diary, 18 Apr 1946, Ser. 3, Box 6, FF27, VDPL. See also idem., 22 Dec 1943, Ser. 3, Box 6, FF26, VDPL. Chapingo is a small village on the edge of the bigger town of Texcoco.

12　Letter, L. S. Rowe to W. Weaver, 2 Aug 1946, Ser. 1, Box 1, FF38, VDPL; undated drafts are in the same folder.

13　Margulis's life: Sagan 2012.

14　Scale of microworld: Whitman et al. 1998 is the classic source of the 90% estimate, based on Luckey 1972:1292; 1970:Tab. 1. Later modifications include McMahon and Parnell 2014; Serna-Chavez et al. 2013; Van der Heijden et al. 2008. In conversation, Margulis gave me the ten-times-as-many figure, but I have updated as per Sender et al. 2016.

15　Amazing microworld: See the excellent Yong 2016; Zimmer 2011.

16　Gall 2011; Israel and Gasca 2002:211–15; Gall and Konashev 2001; Brazhnikova 1987; Vorontsov and Gall 1986; Kingsland 1986:244–46; Gause 1930 (first article).

17　Pearl and debate over his work: de Gans 2002; Kingsland 1995 (1985): chaps. 3–4 (dozen articles, 3 books, 75–76); Pearl and Reed 1920; Pearl 1925, 1927 ("characteristic course," 533). Pearl's work was anticipated by Pierre-François Verhulst (1838) and built on Alfred Lotka (e.g., Lotka 1907, 1925〔esp. chap. 7〕).

18　Gause 1934.

19　Time-lapse video: Author's visit. See also Mazur 2010 (2009):266.

20　See Epilogue. For Margulis's slightly unusual definition, see Mazur 2010〔2009〕:265–67〔dachshunds, human reproductive potential〕); Margulis and Sagan 2003 (2002):9–10.

21　Zebra mussels: Author's visits, Hudson Valley; Strayer et al. 2014, 2011 ("1%," 1066); Carlsson et al. 2011. Zebra mussels hit the Great Lakes in 1986–87 (Carlton 2008); their populations exploded and then collapsed (Karatayev et al. 2014).

22　Margulis and Dobb 1990:49.

23　Toups et al. 2011; Kittler et al. 2003; Travis 2003. Toups et al.'s date is somewhat earlier than that of Kittler et al., though they view the two teams' work as "largely consistent" (30).

24　Pettit 2012:59–72 (burials); Henshilwood et al. 2011 (ochre); Henshilwood and d'Errico 2011 (ostrich eggs); Bouzouggar et al. 2007 (beads); Yellen et al. 1996 (harpoons).

25　1000 Genomes Project Consortium 2015; Li et al. 2008. Li and Sadler 1991 is a classic study. For *E. coli* single-base diversity, see Jaureguy et al. 1981; Caugant et al. 1981.

26　Prado-Martinez et al. 2013; Leffler et al. 2012 (lynxes and wolverines); Salisbury et al. 2003; Kaessman et al. 2001 (primates). My thanks to Carl Zimmer for generously correcting errors in an earlier version of this section and suggesting references.

27　Henn et al. 2012; Fagundes et al. 2007.

28　Eiberg et al. 2008; Frost 2006.

29　Author's interview, Wilson; Ascunce et al. 2011; Mlot et al. 2011; Yang et al. 2010; King and Tschinkel 2008; Wilson 1995 (1994):71.

30　Goodisman et al. 2007; Holway et al. 2002:195–97; Tsutsui and Suarez 2002; Suarez et al. 1999. Super-colonies are rare in the ant's native range.

31　Van Wilgenburg et al. 2010; Sunamura et al. 2009; Kabashima et al. 2007. See also Moffett 2012; Pedersen et al. 2006; Suarez et al. 1999.

32　Richter et al. 2017 (possible early human emergence); Kuhlwilm et al. 2016 (humans 100,000 years ago in Siberia); Liu et al. 2015 (humans 80,000– 120,000 years ago in Asia).

33　Haub 1995 (a standard estimate). See also "Historical Estimates of World Population," available at www.census.gov.

34　Mercader 2009.

35　Heun et al. 1997; Lev-Yadun et al. 2000; Tanno and Willcox 2006; Willcox 2007. See also Scott 2017: Chap. 1; Mann 2011b; Burger et al. 2008. For fertilizer, see chapter 4.

36　Smil 2016:48 (25 percent), 2013:183-97; Vitousek et al. 1997 ("terrestrial productivity," 495); Vitousek et al. 1986 ("39 to 50%," 372).

37　Crutzen and Stoermer 2000. See also Biello 2016; Steffen et al. 2011; Crutzen 2002.

第二章　先知派

38　Gregory Cushman's work (2014, 2006) helped form this chapter. I have also benefitted from discussions with Ted Melillo, Daniel Botkin, and Susanna Hecht.

39　Cushman 2014:23–27; Ñúnez and Petersen 2002:71–84, 170–72. Guano deposits in Peru were first noted by von Humboldt, who sent samples to chemists in Paris (von Humboldt and Berghaus 1863:228–47; Fourcroy and Vauquelin 1806). A fine Humboldt biography is Wolf 2015.

40　Pomeranz 2000:583–84 (bean cakes); Wines 1986; Roberts and Barrett 1984 (poudrette); Braudel 1981 (1979): 116–17, 155–58 (nightsoil).

41　Cochet 1841. Andean peoples had used guano as fertilizer for centuries, but their conquerors didn't learn about guano until its value was rediscovered by European scientists. An indigenous term for bird excrement, *wanu*, is the origin of the word "guano" (Whitaker 1960; Murphy 1936:1:286–95).

42　Cushman 2014 (2013): chap. 2; Melillo 2012; Mann 2011a:212–20; Inarejos Muñoz 2010 (war); Vizcarra 2009:370 (revising Hunt); Hollett 2008; Miller 2007:147–55;

Miller and Greenhill 2006; Hunt 1973:70 (guano income).

43   King 2013: chap. 10; Murphy 1954, 1936, 2:899–909 ("into guano," 901); 1925:71–125 ("given point," rafts, 74–75); Hutchinson 1950:18 (35 lbs.). Vogt's measure was 34.8 lbs./bird/yr (Letter, W. Vogt to A. Leopold, 11 Jun 1941, ALP). "Gregarious beyond imagining" draws on language quoted by King (200).

44   Cushman 2014: 148–52, 168–90 (seeking Murphy, 190); Duffy 1994:70 (sustainable-management programs); Coker 1908a, b, c (U.S. scientist).

45   Travel journal, Ser. 3, Box 5, FF36, VDPL.

46   Cushman 2014:190.

47   Vogt's idyllic childhood: Vogt, W. W. 1943? Background Information about Dr. William Voght [sic] . Ser. 2, Box 5, FF21, VDPL; Some Notes, 1–5 ("hot dog joints," 2); BestR, chap. 1 ("Nebraska," 1). My thanks to Roger Joslyn for helping me find the marriage certificate and much else about the Vogt family.

48   Vogt's father: Application for Headstone, Pension C2326861, 11 March 1944 (discharge from navy); Hempstead, Floral Park, Nassau, NY, 1940 U.S. Census, entry for Frances B. Brown (leaving school); "Garden City," HS, 7 Nov 1901 (attendees at wedding); Certificate and Record of Marriage No. 21813, William Walter Vogt and Frances Bell Doughty, Hempstead, Nassau, NY, 31 Oct 1901, Registered No. 4216; "Engagement Announced," BDE, 7 Dec 1900; "Three Jolly Rovers," NYT, 5 Aug 1900 (arrest); Magisterial District No. 1, Indian Hill Precinct, Jefferson, KY, 1900 U.S. census, entry for William F. Vogt; Enumeration District 151, Louisville, Jefferson, KY, 1880 U.S. Census, entry for Fred. Wm. Voght [sic] . Vogt Sr.'s siblings: "John H. L. Vogt" (obituary), Vista Press (San Diego, CA), 25 Apr 1970; "Former Soloist with Orchestra Here Dies," Louisville Courier-Journal, 4 Apr 1952; Certificate of Death, Commonwealth of Kentucky, Registration District 755 (Jefferson County), File 116527724. Thanks to Anne H. Lee for Kentucky genealogical research.

49   Vogt's birth: Certificate and Record of Birth, William Walter Vogt, Mineola, N. Hempstead, Nassau, State of New York Bureau of Vital Statistics, No. 18569 (Registered No. 4192). At birth, he was Frederick William Vogt; he became William Walter Vogt in 1904.

50   Saga of Vogt Sr., Schenck: Letter, Vogt to Robert Cushman Murphy, 6 Feb 1964, Ser. 1, Box 2, FF4, VDPL (World's Fair grounds); "Garden City," HS, 10 Aug 1911 (postmistress, vacation); Action for Absolute Divorce, Affidavit of Clara Doughty, 2 May 1907, VvV; Parker 1906 (Doughty family); "Wanderers Heard From," BDE, 9 Oct 1902; "Drugs Under the Hammer," BDE, 7 Jun 1901; "Wife and Babe Deserted by Vogt for Married Woman," Duluth Evening Herald, 5 Jun 1902; "Vogt's Stock to Be Sold," BDE, 4 Jun 1902; "Sheriff in Possession of Voght's [sic] Drug Store," BDE, 30 May 1902; Enumeration District 0713, North Hempstead, Nassau, NY, 1900 U.S. Census, entry for Geo. W. Schenck (Schenck family). Died as baby: Some Notes, 1.

51   Vogt and Schenck divorces: Testimony of Mary J. Schenck, 21 March 1908, VvV; "Garden City," HS, 26 March 1908; "Schoolgirl Wife Sues." NYT, 22 March 1908;

"Decree for Mrs. Vogt," BDE, 22 March 1908. See also: legal notices, Frances Bell Vogt, Plaintiff, against William Walter Vogt, defendant, *Sea Cliff* (NY) *News* and *Glen Cove News*, 8 Jun 1907, 22 Jun 1907. The divorce was not finalized until 15 Jan 1909 (Order, VvV). New York divorce law: DiFonzo and Stern 2007, esp. 567– 69; O'Neill 1969:140–45. Schenck divorce: "Schenck Wants Divorce," *Philadelphia Inquirer*, 19 Jul 1908; "Corespondent Sued Now," BDE, 20 May 1908; "Schenck Divorce Case Up," BDE, 19 Jul 1908; "East Williston," HS, 23 Jul 1908; "Final Decree Granted," BDE, 11 Dec 1908.

52   Vogt family finances: Rasky 1949:6 (Fannie); Bureau of the Census, Official Register, Persons in the Civil, Military, and Naval Service of the United States, and List of Vessels. Vol. 2: The Postal Service (Washington, DC: Government Printing Office, 1909), 323 (Clara).

53   BestR, chap. 1, 1–2.

54   Brooklyn: Some Notes, 2 ("27 cents"); Brooklyn Assembly District 9, Kings County, N.Y., 1920 U.S. Census, Enumeration District 478, Page 9B, entry for Lewis Brown.

55   Vogt and books: Some Notes, 2 ("my generation"); Nabokov 1991:213 ("glutton for books"); Burroughs 1903 (scientists' dismay); Seton 1898:18 ("among wolves").

56   Scouting: Some Notes, 2–5 ("ever since," 2); Wadland 1978:419–45 (Seton and Scouting).

57   Vogt and polio: Some Notes, 3 ("until morning"); "1 Death, 1 New Case in Epidemic Here," BDE, 26 Sept 1916; "94,000 Absences as Schools Open," NYT, 26 Sept 1916; "Lowest Friday Epidemic Record," BDE, Sep 1 1916. According to Peterson, Vogt's mother, "scanning the hospital bulletin in the morning, read that her son had succumbed during the night" (1989:1254).

58   Vogt recuperates: Some Notes, 4 ("worth it"), 6 ("rather badly," courage); BestR, chap. 1, 3 ("in my life"); Peterson 1989:1254; McGrory 1948; letter, R.V. Mattingly to Secretary, Guggenheim Foundation, 3 Apr 1943, GFA (weak legs, spine, lungs).

59   Vogt's college career: McCormick 2005:24; Some Notes, 6 (scholarship); letter, W. Vogt to A. Leopold, 29 Jul 1939, ALP; Anon., ed., 1921, *The Manual Anvil*, NY: Manual Training High School (high school literary club, 151).

60   Vogt's jobs: Some Notes, 8–10 ("Executive Secretary"); McCormick 2005:25; Delacorte 1929; "The Funnies," *The Writer*, Jan 1929; "Literary Market Tips," *The Author & Journalist*, Dec 1928. My thanks to Will Murray and John Locke for these sources.

61   Mary Allraum, marriage: Marriage License and Affidavit for License to Marry No. 16999, County of New York, 7 Jul 1928; Certificate and Record of Marriage No. 18002, State of New York, 7 Jul 1928; Florida Passenger Lists, 1898–1964, National Archives, Washington, DC, Roll Number 7, Immigration record, S.S. *Gov. Cobb*, 3 Oct 1923; "Women Students of the University of California Will Present Annual Partheneia Faculty Glade Masque and Pageant in April," *San Francisco Chronicle*, 26 Feb 1922 (p. 1); "Campus Pageant of Youths Tempting," *San Francisco Chronicle*, 12 March 1922 (p. 1); "L.A. Girl Picked for Stellar Role in Partheneia at U. of C.," *Oakland Tribune*, 20 March 1922; list

of junior college sophomores, *The Southern School* (UCLA) yearbook 1921, 158; Index to Marriage Licenses and Certificates, Alameda County, Vol. 10, 1902–1904, California State Archives, Sacramento, CA, Dec. 13, 1903 (Allraum marriage).

62　Ornithology embraces amateurs: Weidensaul 2007:127–85 passim; McCormick 2005:25; Barrow 1998:178–79, 193–94; Ainley 1979; Vogt 1961 ("odd-ball").

63　Vogt's duties: Anonymous, 1943?, Background Information About Dr. William Voght [sic] . Series 2, Box 5, FF 19, VDPL; Biographical Note, Vogt Papers website, idem; McCormick 2005:31n51; Some Notes, 8 (college birding).

64　Peterson's life: Carlson 2007; Graham and Buchheister 1990:130–35; Devlin and Naismith 1977.

65　Publication of *Field Guide*: Carlson 2007:46–70; Weidensaul 2007:200–10 (copies sold, 209); McCormick 2005:26–28; Peterson 1989; Vogt 1961 ("would not sell").

66　Juana Broadway debut: Pollock 1929; "The Channel Road," *Playbill*, 21 Oct 1929.

67　Broadway decline: Broadway fell from 233 productions in the 1929–30 season to 187 in the 1930–31 season. In 1938–39, it hosted 96 (Matelski 1991:148).

68　Jones Beach sanctuary: Vogt 1938a, b; 1933. For background, see Caro 1974:145–56, 182–225 (developing Long Island parks), 233, 310 (sanctuary).

69　Vogt projects: Vogt 1938b; Cushman 2013:191 (Mayr's advice); McCormick 2005:31–32 (Mayr's advice); Anonymous. 1940:80 (prize); W. Vogt, n.d., "A Preliminary List of the Birds of Jones Beach, Long Island, N.Y.," Ser. 2, Box 4, FF19, VDPL.

70　Dovekie research: Murphy and Vogt 1933 ("herd psychosis," 348). Vogt had previously published two brief, un-peer-reviewed reports in The Auk (48:593, 606).

71　Long Island ducks: Different authorities provide different counts. See, e.g., the websites of the Coastal Research and Education Society of Long Island (11 species), the New York Department of Environmental Conservation (10), and the National Wildlife Reserve complex (15).

72　Duck decline: Greenfield 1934 ("dangerously low").

73　Long Island development: C. W. Leavitt, Garden City (map), 2 Apr 1914, available at Garden City Historical Society; Some Notes, 2 ("Robert Moses"). Vogt had worried about the decline of marshes as early as 1931 (Vogt 1931).

74　Oyster Bay closes sanctuary, Vogt loses job: Confoundingly, Oyster Bay is the name for both a township that runs from north to south across the middle of Long Island and an upscale hamlet within the township, on the North Shore; the township, not the hamlet, owned the property. Embarrassed by the news coverage, the township turned about and presented the land to the U.S. Biological Survey. The survey had no experience with parks and no money for them. Oyster Bay was griping again by fall ("L.I. Bird Sanctuary's Needs," BDE, 27 Oct 1935; "Bird Sanctuary Leased to U.S.," BDE, 3 Jul 1935; "See Sanctuary Action Mistake," BDE, 5 Jun 1935; "Deplores Fate of Bird Haven," BDE, 31 May 1935; "Bird Reserve Dispute Looms," BDE, 30 May 1935; "Bird Refuge Is Facing

Abandonment Saturday," NYT, 21 May 1935; "Deplore Bird Sanctuary End," BDE, 20 May 1935; Pilat 1935 ["Vogt has done a great job"]).

75   Baker becomes NAAS director, hires Vogt: Carlson 2007:74–75; Graham and Buchheister 1990:117–19, 128–29, 140–41 (buys Bird-Lore); Anon. 1938. "Bird is 'Boid' in the South, but in a Genteel Way." BDE, 8 Apr (Juana teaching).

76   New contributors like Leopold: Leopold 1938. Leopold's first Bird-Lore essay became a major chapter in his famed Sand County Almanac (Leopold 1949). Murphy wrote a monthly column from 1937 to 1940.

77   Vogt's Audubon activities: Carlson 2007:75–77; Cushman 2006:238; Duffy 1989; Vogt et al. 1939; Moffett 1937.

78   U.S. malaria problem: Webb 2009:146–50 (scope, Map 5.3); Cottam et al. 1938:93 (5 million cases). It was partly due to increased damming (Patterson 2009:127; Shah 2010:185–89).

79   Mosquito control: A thorough overview is Patterson 2009: esp. chap. 6 (effects of Depression, 120–29); Cottam et al. 1938; [Vogt] 1935. Reiley 1936 and Peterson 1936 give examples of the transition to federal money. See also Webb 2009:153–54.

80   Long Island: Butchard 1936 (Suffolk); Froeb 1936:128 (Nassau); Cottam et al. 1938 (artificial ponds, 95).

81   Vogt 1937a ("rackets," 15; "erysipelas," 7).

82   Ecosystem services: People have known for millennia that nature was useful, but Marsh (1864) was the first to discuss its uses systematically, noting, for instance, that deforestation led to soil and water degradation (254–64) and that birds and insects helped with pest control and fertilization (87– 103). The concept then lay largely dormant until Vogt picked it up. It did not become popular until the 1970s (Gómez-Baggethun et al. 2010). The term was coined by Ehrlich and Ehrlich (1981:102).

83   Loss of services: Vogt claimed in addition that the benefits were overstated. Many drainage projects occurred in areas with no malaria. Even those in actual malaria zones were usually ineffective, because the ditches weren't maintained and thus quickly turned into stagnant pools. As a result, malaria rates were rising, despite all the ditches. This was true but misleading; Vogt had not understood that draining programs needed years to exert their full impact.

84   Mosquito control debate: Cottam et al. 1938: 81 ("misdirected"); 94 ("control," emphasis in original). Patterson (2009:138–43) has a fine account. For Cottam, see Bolen 1975.

85   Audubon and early conservation movement (footnote): Holdgate 2013 (1999):17– 21, 2001; [Vogt] 1936 (proposing movement).

86   Bird-Lore becomes depressing: Cushman 2006:238–39; Peterson 1973:49 ("destruction"); Graham and Buchheister 1990:143–44. Examples of Vogt's editorials are [Vogt] 1935, 1937b ("dinner table").

87   Vogt alienates contributors: See, e.g., Letter, T. S. Roberts to W. Vogt, 30

Oct 1936,Bell Museum of Natural History Records, University of Minnesota Libraries, University Archives, uarc00876-box37-fdr322; W. Vogt to T. S. Roberts, 3 Nov 1936, ibid., uarc00876-box25-fdr234; letter, T. S. Roberts to W. Vogt, 11 Nov 1936, ibid., uarc00876-box37-fdr322.

88   Vogt's failed coup: letter, Margaret Nice to Vogt, 9 Dec 1937, Ser. 1, Box 2, FF5, VDPL ("exhaustion"); Devlin and Naismith 1977:71–72; Fox 1981:197–8; Peterson 1989:1255; 1973:50 ("petrel that he was"). Graham and Buchheister (1990:117–18, 142–44) provide a somewhat different version.

89   Vogt at North Chincha: Author's visit; VFN; BestR, chap. 4 ("measure it," lack of hat, 2); Cushman 2013:191–95; Rasky 1949 ("of science" , 7); J. A. Vogt 1941:23–24 (loss of tools); Letter, W. Vogt to A. Leopold, 11 Feb 1940, ALP (tools); Murphy 1925b:103–4 (shoveling roof).

90   Vogt's enjoyment: BestR, chap 5 (coffee, 8; "scallop bed," 9); J. A. Vogt 1940:268 ("Doctor Pajaro"). To his pleasure, the coffee was carocolillo, an Andean variant that rather than having two seeds—coffee beans—in each fruit has a single, oddly wrinkled bean, with an especially concentrated taste. Don Guano: Duffy 1989:1257.

91   Vogt's fascination at profusion of life: VFN, e.g., 17 March 1939 [FF38] ; 13 Feb 1939, 6 Feb 1939 ("entirely appreciate"), 4 Feb 1939, 31 Jan 1939 (doesn't mind smell) [FF36] ; Vogt 1942:310; BestR, chap. 4 ("on the island," 5–6).

92   Research questions: Rasty 1949:7 ("11,000,000 guano birds"); Vogt 1939; BestR, chap. 4, 7 ("increment of excrement").

93   Juana graduates, comes to Peru: Diary, J. A. Vogt, 3 Jul 1939 ("pick their teeth,"), 4 Jul 1939, 13 Jul 1939, Ser. 4, Box 8, FF12, VDPL; J. A. Vogt 1940 ("pure good luck," 265; "family feuds," 267; "such a spot," 273); "Audience of 20,000 Attends Annual Outdoor Ceremony at Columbia University," NYT, 7 Jun 1939; Columbia University in the City of New York, Catalogue Number for the Sessions of 1939–1940 (NY: Columbia University, 1940).

94   Discovery of El Niño, Murphy's visit: Fagan 2009:31–44; Cushman 2004, 2003; Hisard 1992; Hutchinson 1950:49–58; Vogt 1942a ("Peruvian coast"); Murphy 1926 ("guano birds," 32), 1925a ("Current," 433); Lavalle y García 1917. The three original articles were Eguiguren Escudero 1894; Carrillo 1893; and Carranza 1892. The realization that El Niño was an oscillating system of Pacific-spanning currents did not come till decades later.

95   Vogt's El Niño: VFN, FF40, 43, 46, 49, 51; Vogt 1960:124–25 ("China and India"); 1942a (77 ℉ , 509; "no indication," 511; bird counts, 510); 1942b (surface temperature, Fig. 10); 1942c:9–10, 86–88 (birds go north and south); letter, W. Vogt to A. Leopold, 29 Jul 1939, ALP ("all gone"); Murphy 1936 1:96 (around 60 ℉). See also Cushman 2006:240–55; McCormick 2005:71–79; Hutchinson 1950:54. At the time, the three islands probably still held about 10 million birds (Jordán and Fuentes 1966:Fig. 1).

96   Birds come and go: VFN.

97　Vogt's explanation for Guanay movements: Cushman 2014:195; Vogt 1942a ("wholesale destruction," 521); 1942b:88–89; 1942c:9–12; letter, W. Vogt to A. Leopold, 31 Dec 1941, ALP. Murphy had come to similar conclusions (Murphy 1925a:433). Later Vogt handed plankton analysis to Mary Sears, a pioneering Wellesley College biologist working at Pisco (Vogt 1942c:4–5; letter, W. Vogt to A. Leopold, 15 Dec 1940, ALP).

98　Leopold: Meine 2010 (1988) is still the standard biography; also useful is Flader 1994. Cornell actually established a forestry school in 1898, ahead of Yale, but it closed.

99　Clements: Botkin 2012:134–37; Worster 1997 (1994):209–20; Clements 1916: esp. 104–7 (climax); 1905 (superorganism). Similar ideas were expressed at about the same time by Henry C. Cowles, another plant biologist. For a classic attack on the "balance of nature," see Botkin 1992 (1990).

100　Biotic potential, environmental resistance: Cushman 2014 (2013):194–97; Vogt 1942b:25. Vogt took the terms from entomologist Royal Chapman (Chapman 1926:143–62).

101　Clements, Elton, and ancient ideas of order: Botkin 2016:35–55, 2012:106–14; Simberloff 2014; Egerton 1973; Odum 1953; Elton 1930 ("is remarkable," 17); Clements and Shelford 1939. As Botkin (2012:135) and Worster (1994:378–87) note, in the 1980s the superorganism was extended to claim that biosphere functions as a kind of entity called Gaia. Elton's Animal Ecology (1927) provided some of Vogt's basic concepts, including the ecological niche and the pyramid of numbers (see Vogt 1948b:86–95). See also Worster 1997 (1994):388–420.

102　Leopold balances Clements and Elton: Callicott 2002; Meine 2010 (1988):410; Leopold 1949:214–17; 1939 (quotes, 728); A. Leopold, 1941?, "Of Mice and Men: Some Notes on Ecology and Politics," ALP, Writings: Unpub. Mss, Ms. 110, 1186–92. Leopold's early Clementsianism: e.g., Leopold 1924, 1979 (written in 1923).

103　Leopold and Vogt: Cushman 2006:345–50; Meine 2010 (1988) (colleagues' uncertainty about his type of ecology, 394–95; discussions with Vogt, 477–80; "for years," 495); Letters, Leopold to J. Darling, 31 Oct 1944 ("my thought"), ALP; Leopold to E.B. Fred, 27 Jan 1943, GFA.

104　Vogt's recommendations: Cushman 2014:195 ("by Nature"); Vogt 1942b:83–85, 88–89, 118–29 ("from their nests," 84), 1942c ("birds themselves," 11); Letter, W. Vogt to A. Leopold, 9 May 1941, ALP ("the throat").

105　Vogt's decisions: Cushman 2006:345 (early Ph.D. thoughts); see the many Vogt-Leopold letters from 1939–42 in ALP and, for another job possibility, Barrow 2009:197–98.

106　Vogt decides to go to Wisconsin: Letters, W. Vogt to A. Leopold, 31 Dec 1941, 4 Feb 1942, 28 Apr 1942; A. Leopold to W. Vogt, 16 March 1942; Vogt, W. 1942. Application for University Fellowship, 30 Jan, ALP.

107　Vogt hunts Nazis: Letters, W. Vogt to A. Leopold, 26 March 1942 ("placed Nazis"), 16 May 1942; A. Leopold to E. B. Fred, 22 May 1942; W. Vogt to A. Leopold, 8 Aug 1942, ALP; Recommendation, Major T.L. Crystal, n.d., 1943 Guggenheim application, GFA; "Bird Watchers Back," *Dunkirk (NY) Evening Observer*, 13 April 1942.

108　Vogt hired by Union: Bowman et al. 2010:241–61; Union Internationale pour la Protection de la Nature 1949:61; "Erosion Is a World Problem," El Nacional (Caracas), 27 Sep 1947, FF8, Box 6, VDPL ("precisely"); [Vogt] 1946:2. The treaty is the Convention on Nature Protection and Wildlife Preservation in the Western Hemisphere (161 United Nations Treaty Series 193). Vogt also spent a few months as associate director of the Division of Science and Education of the Office of the Coordinator in Inter-American Affairs.

109　Vogt sees deforestation, erosion: Williams 2006:371–77; Leopold 1999:76 ("The destruction of soil is the most fundamental kind of economic loss which the human race can suffer"); Vogt 1945; Letter, W. Vogt to J. Vogt, 27 Apr 1945, VDPL; Zon and Sparhawk 1923:2:558–666.

110　Vogt in Mexico: McCormick 2005:102–12; [Vogt] 1946:3–6; Vogt 1945a ("hundred years," 358); Vogt 1944 (conservation guide); W. Vogt, 1945?, "Man and the Land in Latin America," unpub. ms. Ser. 2, Box 3, FF29, pp. 5–6, VDPL. See also W. Vogt, 1964, "A History of Land-Use in Mexico," Typescript, Ser. 3, Box 7, FF27, VDPL.

111　W. Vogt, 1944, Confidential Memorandum, Ser. 2, Box 4, FF29, VDPL.

112　Vogt in South, Central America: Vogt 1948a ("skin disease," "bad situation," 109); [Vogt] 1946 ("ground for optimism," 7; "any possible means," 14); Vogt 1946b ("growing worse," 28).

113　Crisis in El Salvador: Vogt 1946c ("cultivable land," 1; "at once," 3); Vogt 1945b:110 (train simile). See also Durham 1979, esp. chap. 2.

114　Mexico fertility rate, 1940s: Mendoza García and Tapia Colocia 2010, Chart 2.

115　Growth as social goal: Collins 2000:1–32 ("scarcity economics," 6; "more production," 22); Vogt 1948b ("must balance," 110–11). As Collins notes, Leon Keyserling, effective leader of the Council of Economic Advisers, believed that emphasiz- ing growth was "the one really innovating factor" in policy since the New Deal (21). Smith on growth: e.g., Smith 1776:1:85. See also Robertson 2012a:346–56; 2005:26–34. The Employment Act is Public Law 79-304 ("purchasing power," Sec. 2).

116　Vogt 1945b (all quotes); letter, W. Vogt to F. Osborn, 19 May 1945, Box 3, FF16, VDPL (senators meeting). Leopold called it "the best job of explaining land ecology so far" (Letter, A. Leopold to W. Vogt, 21 May 1945, ALP).

117　Impact of bomb, war: Hartmann 2017; Jundt 2014a:13–17; Allitt 2014:25–23; Robertson 2012a:36–38; Worster 1997 (1994):343–47.

118　Leopold 1993 (1953):165.

119　Malthus's life: Bashford and Chaplin 2016, chap. 2; Mayhew 2014:49–74; Heilbroner 1995 (1953):75–85; James 2006 (1979):5–69 (a classic biography); Chase 1977, esp. 6– 12, 74–84 (a sharply negative take); [Malthus] 1798. Six editions appeared in Malthus's lifetime, the last four with only minor changes from the second. I have adapted several sentences from Mann 2011a:179.

120　Franklin: Franklin 1755. Malthus initially hadn't read Franklin, but took the figures from English political theorist Richard Price's quotes; later Malthus gave proper attribution (Bashford and Chaplin 2016:43–47, 70–72, 118). See also Zirkle 1957.

121　Malthus's argument: [Malthus] 1798 (farm increase, 22; U.S., 20–21, 185–86; preventive and positive checks, 61–72; "of the world," 139–40).

122　Inevitability of misery: Malthus 1826:2:29 ("laws of nature"); Malthus 1872:412 ("somewhere else"). This quotation is from the posthumous seventh edition of the Essay, but the idea was present from the first (Malthus 1798:15).

123　Malthus's predecessors: The earliest generally noted is Giovanni Botero (2017 [1589] , esp. Book 7). Others include Buffon, Franklin, Graunt, Herder, and Smellie. Hong Lianje had a modern anticipation of Malthus in 1793 (Mann 2011a:177–80).

124　*Essay* at bad time: Mayhew 2014:63–65.

125　Anti-Malthus invective: Mayhew 2014:86–88 (Southey); Coburn and Christenson 1958–2002:3 ("wretch"), 5:1024 ("defy them!"); Shelley 1920 (1820):51 ("tyrant"); Marx 1906–1909:1:556 ("plagiarism").

126　Malthus inspires Darwin and Wallace: Osprovat 1995 (1981):60–86; Browne 1995:385–90, 542 ("individual against individual"); Bowler 1976. Chapter 3 of *The Origin of Species* is called "The Struggle for Existence."

127　Impact of Malthus, Darwin: Bashford and Chaplin 2016, chaps. 6, 7; Hartmann 2017, chap. 3; Bashford 2014, part 1; Mayhew 2014; Robertson 2012a; Connelly 2008 (esp. chaps. 1–2); Chase 1977. As for Darwin, Timothy Snyder has noted, interpretations of his ideas "influenced all major forms of politics" (Snyder 2015:2).

128　Stoddard: Cox 2015:36–38; Gossett 1997:388–99; Stoddard 1920 ("*finally perish*," 303–4 [italics in original]). Modern readers are most likely to encounter *Rising Tide* as the subject of an approving speech by the wealthy brute Tom Buchanan at the beginning of *The Great Gatsby.*

129　Population books: Grant 1916; Marchant 1917; More 1917 (1916) (arguing that uncontrolled breeding was the chief obstacle to feminism); East 1923; Ross 1927; Thompson 1929; Dennery 1931. Although the population movement was international, it was dominated by Anglophone writers (Connelly 2008:10–11). See also Josey 1923.

130　Ross fired from Stanford: Mohr 1970; "Warning Against Coolie 'Natives' and Japanese," San Francisco Call, 8 May 1900 ("them to land"). See also Connelly 2008:42.

131　Hitler's biological ideas (footnote): Snyder 2015, esp. 1–10 ("as biology," 2); Weinberg 2006 (1928), esp. 7–36 ("land . . . remains," 21; "land area," 17). Hitler was not one to cite his sources, but the use of Darwin and Malthus in his "second book" is striking and obvious.

132　Left, right, and conservation: Purdy 2015; Allitt 2014:72 ("snow job"); Nixon 2011:250–55; Spiro 2009; Fox 1981:345–51; Chase 1977; Grant 1916:12 ("lower races"). Madison Grant wrote the introduction to Rising Tide of Color. One of my sentences is a reworked version of a Purdy sentence. As late as 1994, the polemical literary theorist Edward Said scoffed at environmentalism as an "indulgence of spoiled tree-huggers" (Nixon 2011:332n). Exceptions existed, notable among them Murray Bookchin's Our Synthetic

Environment (1962). See also Dowie 2009.

133　Vogt's scornful attitudes: Vogt 1948 ("spawning," 77; "copulation," 228; "populations," 47; "codfish," 227; "abroad," "despoilers," 164; "parasites," 202; "Free Enterprise," 15; "one blood," 130). Robertson describes Vogt as "paternalistic but not racist." He observes that Vogt sneered at Latin America's scientific expertise, though at the same time insisted that the low level was due not to "lack of intelligence or ability" (2012a:54) but colonialism and elite corruption. As Robertson notes, Vogt wrote in 1952 that "industrial development should be withheld" from poor countries as a form of birth control (ibid., 157), but the argument was not directly based on race—though that would have been little consolation to the people involved, who were overwhelmingly non-white. Powell believes that Vogt and Leopold simply drew weaker connections than their predecessors "between environmental health and the racial vigor of white Americans" (2016:202).

134　People as biological units: [Vogt] 1946:48. Like Stoddard (1920 ["must die," 174]), Vogt stressed human equivalence to other species: "Studying the amoeba, one can forecast much of the behavior of such complex creatures as [famed economist] Rex Tugwell or Albert Einstein" (Vogt 1948:17).

135　Marjorie Wallace: Washington Births, 1891–1929. Washington State Department of Health Birth Index: Reel 6. Washington State Archives, Olympia, WA; Enumeration District 46, Sheet 5A, Entry for Marjorie E. Wallace, 1920 U.S. Census, Washington, King County, Union Precinct; Enumeration District 41–35, Sheet No. 3A, Entry for Marjorie Wallace, 1930 U.S. Census, California, San Mateo County, Precinct 14; "S.M. High to Graduate 63 in December," *The Times* (San Mateo), 14 Nov 1932; University of California (Berkeley), 1938, *The Seventy-Fifth Commencement*, Berkeley: University of California, 51; Office of the City Clerk, City of New York. Certificate of Marriage Registration No. 3559. George Devereux and Marjorie Elizabeth Wallace, 27 March 1939; idem., Certificate of Marriage Registration M0222434, 30 March 1939; Devereux 1941 (thesis); Letter, W. Vogt to E. Vollman, 23 Dec 1946, Ser. 1, Box 2, FF21, VDPL (contribution to Vogt's work).

136　Devereux: Laplantine 2014; Murray 2009; Gaillard 2004 (1997):191.

137　Vogt divorce and remarriage: Application for Marriage License, Washoe County,NV, No. 209221. William Vogt, 4 Apr; Second Dist. Court, Washoe County, NV, Decree of Divorce No. 99170, Marjorie Devereux vs. George Devereux, 4 Apr 1946, Washoe County (Nevada); "Decrees Granted," Nevada State Journal, 2 Sep 1945; telegram, W. Vogt to J. A. Vogt, 25 May 1945, Ser. 1, Box 2, FF23, VDPL; letters, J. A. Vogt to W. Vogt, 28 Mar 1946, Ser. 1, Box 2, FF21, VDPL; W. Vogt to H.A. Moe, 12 Jul 1945, 1 Apr 1946, GFA; J. Vogt to H.A. Moe, 12 Sep 1945 GFA. After the divorce, Juana worked as a diplomatic attaché in Mexico City and Paris and a public affairs officer for the U.S. Information Agency in Seville. She retired in the 1960s and moved to Phoenix, where she died in 2003 at the age of 100 (U.S. Dept. of State. 1949. Foreign Service List, Publication 3388. Posts of Assignment, 45; idem. 1951:20; idem. 1953:79; U.S. Social Security Death Index, Juana A. Vogt, 21 July 2003). Vogt seems not to have told any of his friends about Marjorie's existence before the marriage (see, e.g., letter, A. Leopold to S. Leopold, 22 Aug 1945, ALP). Ingram and Ballard 1935 (Reno as divorce capital).

138　Letter, W. Vogt to WP, 25 Aug 1947, Ser. 1, Box 3, FF24, VDPL.

139　Vogt's movements: Letters, W. Vogt to E. Vollman, 5 Aug, 23 Dec 1946, Ser. 1, Box 2, FF21, VDPL; W. Vogt to J. Vogt, 27 Apr 1945, Ser. 1, Box 3, FF23, VDPL; W. Vogt to A. Leopold, 29 May, 5 Aug, 27 Sep 1946, ALP; A. Leopold to W. Vogt, 5 Jun 1946, ALP.

140　Sloane: Letter, W. Vogt to A. Leopold, 5 Aug 1946, ALP ("big advance"); Hutchens 1946; "On Their Own," *Newsweek*, 15 Jul 1946; letter, Sloane to G. Loveland, 19 Feb 1948, Box 2, FF11, William Sloane Papers, Princeton University Archives; letter, Sloane to H. Taylor, n.d.［Jan 1948?］. Box 3, FF1, idem.

141　Osborn's life: Cushman 2014:272–74 (Conservation Foundation); Robertson 2005:35–44; Regal 2002 (Osborn Sr.); "Fairfield Osborn, 82, Dies," Berkshire (Mass.) Eagle, 17 Sep 1969 (sparrow hawk); "Conservation Unit Set Up to Warn U.S.," NYT, 6 Apr 1948.

142　Osborn's ideas for book: Osborn 1948:vii ("conflict with nature"); letter, F. Osborn to W. Albrecht, 15 Aug 1947, ALP ("processes of nature").

143　Vogt and Osborn credit each other: Osborn 1948:204 ("to the problem"); letters, W. Vogt to F. Osborn, 31 Mar 1948, Ser. 2, Box 3, FF16 ("thought of that"); Osborn to Vogt,3Apr and 22 May 1948,Box 2,FF8; telegram,Osborn toVogt,12 Feb 1948,idem, all VDPL. Osborn's description of Latin America (164–75) is drawn from Vogt.

144　Reaction to *Road to Survival, Our Plundered Planet*: Cushman 2014:262–63; Robertson 2012a:56–57, 2005:22 ("present century," "against the sun"); Desrochers and Hoffbauer 2009:52–55; McCormick 2005:125–27; Linnér 2003:36–38; "Ten Books in Prize Race," NYT, 8 March 1949; Lord 1948 ("lack of it"); E.A.L. 1948 ("hopeful"); North 1948 ("best written"); Memorandum, William Sloane Associates, 18 November 1948, Ser. 2, Box 2, FF17, VDPL (list of schools).

145　Personal congratulations: Letter, R. T. Peterson to Vogt, 30 July 1948, Box 2, FF12, VDPL; letter, G. Murphy to Vogt, n.d.［1948?］, Box 2, FF4, VDPL ("new Bible"); Leopold to Vogt, 25 Jan 1946, Box 2, FF1, VDPL ("excellent"); Leopold's praise is on the dust jacket.

146　Criticisms of Vogt, Osborn: Flanner 1949:84 ("crime wave"); Hanson 1949 ("modern problems"); "Eat Hearty," *Time*, 8 Nov 1948 ("unprovable"). The Soviet Union officially denounced Vogt in multiple fora (see, e.g., *Boletín de Información de la Embajada de la U.R.S.S.*, Mexico City, 28 May 1949). Vogt's supporters suspected that the unsigned Time article was written by Charles Kellogg, the pro-industry U.S. secretary of agriculture (letter, D. Wade to J. Hickey, 2 Dec 1948, ALP; letter, J. Hickey to W. Vogt, 23 Nov 1948, ALP).

147　I paraphrase Warde and Sörlin 2015:38. See also Mahrane et al. 2012:129–30.

148　Vogt and Osborn bring population-environment nexus to public: I owe this point to Gregory Cushman (2006:290), whom I paraphrase here. See also Robertson 2005:23–26;

Chase 1977:406. Most of the arguments in Road were anticipated in an unpublished Leopold article, "In the Long Run: Some Notes on Ecology and Politics" (Leopold 1991 [1941]). Vogt probably never saw it (Powell 2016:172–74).

149　Influence of *Road*: Of Vogt, Gregory Cushman has written: "No single figure was more influential in framing Malthusian overpopulation of humans as an ecological problem—an idea that became one of the pillars of modern environmental thought" (2014:190). To Matthew Connelly (2008:130), Vogt "helped set an agenda that would persist for thirty years." John H. Perkins (1997:136) says that *Road* was "probably of more influence" than *Plundered Planet*; Mahrane et al. highlight Vogt's anti-capitalism (2012:130n), seeing it as a precursor to the 1960s. Thomas Robertson (2005:23) gives equal credit to Osborn: "Vogt and Osborn played as big a role as anyone—including Carson—in spurring the shift from conservation to environmentalism." Vogt's book helped push Carson from natural history to activism (Lear 2009 [1997] :182–83). Ehrlich, Moore, and Vogt: see chapter 7. "educated Americans" : Chase 1977:381.

150　Vogt's rhetoric: Vogt 1948b ("wiped out," 17; "shot," 117; "shambles," 114; "responsibility," 133).

151　Leopold 1949:201–26 ("tends otherwise," 224–25).

152　Environment determines character: The view that environment causes character is today called environmental determinism. Europeans long believed that, in the words of the sixteenth-century alchemist Richard Eden, "all the inhabitants of the worlde are fourmed and disposed of suche complexion and strength of body, that euery one of them are proportionate to the Climate assigned vnto them" (Chaplin 1995:66). These ideas continued into the twentieth century; the geographer Ellen Churchill Semple's widely used textbook, Influences of the Geographic Environment, told students that hot climates tend "to relax the mental and moral fiber, induces indolence, [which makes] not only the natives averse to steady work, but start the energetic European immigrant down the same easy descent" (Semple 1911:627). Overviews include Hulme 2011; Fleming 1998:11–32; and Glacken 1976 (1967).

153　Inventing *the* environment: Warde and Sörlin 2015:39–43 ("idea of the environment," 39); Robin et al. 2013: 157–59, 191–93; Robertson 2012b; Worster 1997 (1994):191–93 (power of naming), 350; Glacken 1976 (1967): esp. chap. 2 (Hippocrates quotes, 87); Vogt 1948b ("world scale," x). Osborn, too, covered the globe, but portrayed environmental problems more as a collection of local issues. "transform it" : Freire 2014:88.

154　Robertson 2012b:339–46; Mallet 2012; Sayre 2008; Kingsland 1995 (1985), chaps. 3–4. The concept originated in Chapman 1928. Leopold's prime example of carrying capacity, a study of deer, has been heavily criticized (Caughley 1970).

155　Vogt and carrying capacity: Sayre 2008:130–32 ("The neo-Malthusian use of carrying capacity appears to have its origins in the book *Road to Survival*," 130); Vogt 1948b:16–45 (quotes, 16); letter, W. Vogt to A. Leopold, 16 Apr 1947, ALP. Osborn, by contrast, a straight-up Malthusian, warned that overbreeding would overwhelm food and water supplies. To ecologist/activist Garrett Hardin carrying capacity is "central to all discussions of population and environment" (1993:204).

156　Malthus's lack of data on farm production: Author's conversation, Chaplin. Chaplin covers some of the implications in Chaplin 2006 and Bashford and Chaplin 2015.

157　Franklin 1755 (similarity of people and plants, 9), 1725.

158　Ehrlich 1969:28.

159　Odum's textbook and carrying capacity: Mallet 2012:631–33（ "undergraduates," 632–33); Odum 1953（ "can occur" , 122).

160　*Planetary boundaries*: Rockström et al. 2009:32 (all quotes); Rockström 2009. A fine popular treatment is Lynas 2011. "be obeyed" : Bacon 1870 (1620):8:68. 92 "ecology or conservation" : Vogt 1950.

161　Leopold's death, plans to hire Vogt: Lin 2014:107-11; Meine 2010 (1988):479, 519– 20; Letter, S. Leopold to B. Leopold, 24 Apr 1948, ALP.

162　Publication of *Sand County Almanac*: Meine 2013, 2010 (1988):523–27.

第三章　巫师派

163　Borlaug's first days in Mexico: VIET2:27, 56; Hesser 2010; Borlaug 1988 （ "dreadful mistake," 24); Bickel 1974:118– 19.

164　Borlaugs emigrate: Author's visit, Saude cemetery; Hesser 2010:4–5, 217– 19 (Ole and Solveig marriage); VIET1:35, 70; Clodfelter 2006 (1998):35–65 (Dakota war); N. B. Larkin, 1981, Genealogical chart, Borlaug Family Genealogical Material, uarc01014-box01-fdr02, NBUM; Bickel 1974:34–36; RFOI:120;［H.M. Tjernagel］. 1930. Obituary of Ole Borlaug. The Assistant Pastor (Jerico and Saude Lutheran churches), Feb; Flandreau 1900:135–92 (Dakota war); Sogn og Fjordane fylke, Leikanger, Ministerialbok nr. A 6 (1810–1838), Fødte og døpte 1821, p. 128, available at www.arkkiverket.no (Ole's birth). Thanks to Bruce Lundy for help with Norwegian archives.

165　Saude: Author's visit, interviews; Borlaug interview with Matt Ridley, 27 Dec 04; VIET1:64–65; Hildahl 2001 (church services); Bickel 1974:28–31; S. Swenumson, 1921, Childhood Memories as Written by Rev. Stener Swenumson. Borlaug Family Genealogical Material, uarc01014-box01-fdr02, NBUM; Fairbarn 1919, 1:243–47, 322, 361, 403–4, 434, 437–38, 449–50; United States Bureau of Commerce 1912–14, 2:588, 2:620. My thanks to Matt Ridley for providing me with his interview notes.

166　Borlaug's family: Hesser 2010:7–11; A. S. Borlaug (2006?), Memoir of Ole and Solveig Borlaug, unpub. ms.; Bickel 1974:25（ "Norm boy"); RFOI:119–23; LHNB; Enumeration District 134, New Oregon, Howard, Illinois, 1920 U.S. Census, entries for Nels and Thomas Borlaug, Annie Natvig; Anon. 1915a (plat map of New Oregon), 1915b (plat map of Utica); "A Double Wedding Yesterday," Cresco Plain Dealer, 15 Aug 1913; Enumeration District 128, New Oregon, Howard, Illinois, 1910 U.S. Census, entries for Nels, Thomas, John Borlaug, Annie Natvig. My thanks to Rollie Natvig for sending me a copy of the Borlaugs' wedding picture, Anna Sylvia Borlaug's memoir, and obituaries.

167　Borlaug's birth: Record of Births, No. 3, Howard County, Iowa, filed 10 Apr 1915. Thanks to Jan Wearda for obtaining this record for me.

168　Henry's home: Author's visit, Saude. I thank Mark Johnson of the Borlaug Foundation for showing me the home. The foursquare style: Gowans 1986:84–93.

169　Isolation of Saude: VIET1:26–28 ("to the world"); Cresco Plain Dealer, 9 Jul 1915 (Nels as subscriber).

170　Saude school: Author's visit, Saude; VIET1:36–40 ("corn grows!" 37; "nearly died," 40); AOA; Bickel 1974:21–25; RFOI 21–23; U.S. Department of Commerce 1921–23, 3:324 (racial statistics). The Borlaug Foundation has moved the school, New Oregon Township No. 8, from its original location to the Borlaug homestead.

171　Work, hoeing thistles, maize harvest: Borlaug interview with Matt Ridley, 27 Dec 04; VIET1: 59–60, 68–69, 74–75, 95 ("horror"). Hoeing Canadian thistles could not be avoided; Iowa banned them as a noxious weed in 1868.

172　Vietmeyer biography (footnote): Some original manuscripts available at TAMU/ C (e.g., N. Vietmeyer, 2002, "Hunger Fighter," typescript, Dallas Home Records, Box 6, FF1–3; N. Vietmeyer, 1998, "Hunger Fighter," Dallas Home Records, Box 10, FF2; [N. Vietmeyer?], 1996, Working Outline, Professional Memoirs, Norman E. Borlaug, typescript, Texas A&M Office Records[1], Box 10, FF33; Memorandum of Understanding, 12 Aug 1996, idem).

173　Borlaug and education: Author's interview, Borlaug, 1998 (perspiration vs. inspira- tion); Hesser 2010:8; VIET1:35–37; RHOI:122.

174　Sina pushes high school: VIET1:79–84; Northwestern University. 1949. Ninety-first Annual Commencement (program), 56 (Sina higher ed); W. Libbey, ed., The Tack (Cresco, IA: Cresco High School, 1926), 14 (Sina graduation).

175　Fordson tractor: VIET1:94–98 ("and night," "from servitude"); Wik 1973 (1972):82–102 ("free man," 101).

176　Cresco: Author's visit; vintage photographs in author's possession. Population figures from Iowa State Data Center (iowadatacenter.org).

177　Borlaug's athletic career: Detailed in M. Todd, ed. 1932. The Spartan (Cresco, IA: Cresco High School), 13, 34, 42, 44, 48; G. Baker, ed. 1931. The Spartan (Cresco, IA: Cresco High School), 12 (Bartelma hired), 79; W. Hoopman, ed. 1930. The Spartan (Cresco, IA: Cresco High School), 49. See also Hesser 2010:8; VIET1:35–37, 62 (radio), 86–88; Anonymous 1984:16; Chapman 1981; RFOI:122; LHNB ("my objective", radio).

178　Bartelma: Author's visit, Cresco; Borlaug interview with Matt Ridley, 27 Dec 04; LHNB; RFOI:126; Anonymous 1984:2, 15–23; Bickel 1974:44–45 ("to compete"). Teachers College is now the University of Northern Iowa.

179　Champlin: G. Hess, ed., The Spartan (Cresco, IA: Cresco High School, 1933), 10, 23; Baker, G., ed. 1931. idem, 80; K. Baker, ed., The Tack (Cresco, IA: Cresco High School, 1928), 15, 38, 52–54, 58–60, 84–85, 89–90. Champlin would work as a marketer at General Mills; he is credited with coining the name Cheerios.

180   Borlaug's departure: LHNB ("State Teachers"); Vietmeyer, N. 1983. Mr. Wheat. unpub. ms., arc01014-box01-fdr11, NBUM; Bickel 1974:49–50; RFOI:125 ("from Friday"); "Many Students Leave Homes in Cresco for Colleges, Universities," Mason City Globe Gazette, 27 Sept 1933.

181   Admissions test: University Calendar, Bulletin of the University of Minnesota 36:3–4 (10 Oct 1933). Because the test was on 24 September, it seems likely that the riot occurred on the weekend of 16–17 September, during the Chicago milk strike.

182   Midwest dairy unrest: White 2015, chap. 2; Block 2009, esp. 143–45; Lorence 1988 (Wisconsin fights); Skocpol and Finegold 1982 (New Deal programs); Perkins 1965; Hoglund 1961 (prices, 24–25); Dileva 1954 (Iowa role); Jesness et al. 1936 (milk prices in Minneapolis, Tables 4, 5, 10); Murphy et al. 1935, esp. 12–15; Byers 1934. Also useful: Czaplicki 2007 (rise of pasteurization); United States Department of Agriculture 1933.

183   Chicago milk strike: "Appeal to State Police for Guard in Milk Strike," *Brainerd (MN) Daily Dispatch*, 15 Sep 1933; "Violence Flares in Illinois Milk Strike," *Edwardsville (IL) Intelligencer*, 16 Sep 1933; United Press International, "Milk Strike Ends in Chicago Area," *Moorhead (WI) Daily News*, 19 Sep 1933.

184   Minneapolis riot: VIET1:125–34; AOA; Norman Borlaug, interview with Mary Gray Davidson, Common Ground (Program 9732), 12 Aug 1997, common-groundradio.org ("triggered it"); LHNB; Bickel 1974:55–58.

185   Initial struggles at Minnesota: Borlaug interview with Matt Ridley, 27 Dec 04; VIET1:123–25, 137–38; LHNB ("liked the outdoors"); RFOI: 128–29; Bickel 1974:58–62.

186   Minnesota vs. Wisconsin program: Green 2006; Miller 2003; Miller and Lewis 1999; Chapman 1935:xiii, 10, 14, 69–73; University of Minnesota. 1934. Bulletin 46:112–14 (curriculum); Leopold 1933; Leopold 1991 (1941):181–92. Gifford Pinchot is credited with establishing the first U.S. forestry program, at Yale, in 1900. Cornell set up a program in 1898, but disbanded it in 1903.

187   Off-campus jobs: VIET1:138–46 ("was gone," 145); RFOI: 126–28; LHNB ("little better").

188   Margaret Gibson and family: VIET1:135–36, 144; L. D. Wilson, 2009, "Medford," *Encyclopedia of Oklahoma History and Culture*, available at www.okhistory. org; Bickel 1974:53–54; "Four All-American Gridders Playing with Red Jackets," *Post-Crescent* (Appleton, Wisc.), 24 Oct 1930; "George Gibson Is Elected Captain of Gopher Eleven," *Brainerd (MN) Daily Dispatch*, 8 Dec 1927; Enumeration District 68, Fayette Township, Seneca, NY, 1910 U.S. Census, entry for Thomas R. Gibson; Archives of Ontario, Registrations of Marriages, RG 80-5-0-317, MS-932 (1903), No. 20331; Enumeration District 90, Town of Romulus, Seneca, NY, 1900 U.S. Census, entry for Robert Gibson; Enumeration District 162, Romulus, Seneca, NY, 1880 U.S. Census, entry for Robert Gibson; Town of Romulus, Seneca, NY, 1870 U.S. Census, entry for Robert Gibson.

189   Marriage, loss of job: VIET1:200–02; Hesser 2010:23–25; Bickel 1974:82–83;

Hennepin County (Minn.), Marriage License and Certificate, Norman E. Borlaug to Margaret G. Gibson, No. 200-277, recorded 6 Nov 1937.

190　RFOI: 131 (last sentence rearranged for clarity).

191　Stakman: Borlaug interview with Matt Ridley, 27 Dec 04 (attending lecture); Dworkin 2009:19–22; Perkins 1997:89–91; Christensen 1992; Stakman oral history interview with Pauline Madow, 29 May–6 June 1970, RG 13, Oral Histories, Boxes 9–11, RFA; Stakman 1937:117 ("essential branches").

192　Rust history: Kislev 1982; Carefoot and Sprott 1969 (1967):41–47; Theophrastus 1916: 2:201–3. Several rust species exist and rust can also strike oats, barley, and rye, but because stem rust and wheat are the most economically important I concentrate on them.

193　Stem-rust spores: Anikster et al. 2005:480 (size); Carefoot and Sprott 1969 (1967):39 ("the universe"); Stakman 1957:261 (50 trillion).

194　Stem-rust life-cycle: Leonard and Szabo 2005; Roelfs et al. 1992 (jam, 92); Petersen 1974.

195　1916 epidemic: Campbell and Long 2001:19; U.S. Senate 1922:11– 12.

196　Barberry eradication: Dworkin 2009:19–22; Dubin and Brennan 2009; Campbell and Long 2001 ("pro-German," "alien," 26–27; "rustbuster" 29); Leonard 2001; Perkins 1997:89–92; Roelfs 1982; Large 1946 (1940):366–70; E. C. Stakman, 1935 "A Review of the Aims, Accomplishments and Objectives of the Barberry Eradication Program," Cereal Rust Laboratory Records, typescript, uarc00037-box15-fdr31, University of Minnesota Archives; Stakman and Fletcher 1930 (1927); Stakman 1923 (1919) ("outlaw," "it is," 3–4); Beeson 1923 ("menace," 2); "News of the Nursery Trade," Florists' Review, 27 Jun 1918.

197　Thatcher: Kolmer et al. 2011; Hayes et al. 1936.

198　Wallace visits Mexico, advocates for assistance: Olsson 2013:202–14; Cullather 2010:54–59; Culver and Hyde 2001, esp. 246–51; W. C. Cobb, 1956, "The Historical Backgrounds of the Mexican Agricultural Program," typescript, RG 1.2, Ser. 323, Box 9, Folder 62, RFA, esp. II-1–3, 11; Crabb 1947: chaps. 7, 10; Wallace 1941; Alexander 1940 (diets).

199　Foundation beginning: Chernow 2004 (1998): 550–83; Farley 2004; Fosdick 1988.

200　Foundation's leeriness, Wallace presses, General Education Board: Olsson 2013:64–71, 182–200; Harwood 2009:387–88; W. C. Cobb, 1956, "The Historical Backgrounds of the Mexican Agricultural Program," typescript, RG 1.2, Ser. 323, Box 9, Folder 62, RFA ("could be done"); General Education Board 1916 (1915). Additionally contributing to the foundation's leeriness was that the GEB had been attacked as a Rockefeller plot, and barred by Congress from working with the government. The GEB, founded in 1902, preceded the foundation.

201　Sauer and Mexican maize: Letter, Carl Sauer to Joseph Willits, 5(?) Feb 1941, RG 1.2, Ser. 323, Box 10, Folder 63, RFA (all quotes). I have put his argument in con-temporary terms. For a fuller description of maize's cultural diversity, see Mann 2004 and references therein.

202　Stakman and Mexican rust: Dworkin 2009:22–24 (Stakman Mexico visits); Stakman et al. 1940 (Mexico as rust reservoir).

203　Maize, population figures: Instituto Nacional de Estadística, Geografía e Informática 2015, Cuadro 9.27 (maize); Mendoza García and Tapia Colocia 2010, Chart 1 (pop.); Cotter 1994:235–38 (maize imports); Wylie 1941, Table 1 (maize from U.S.). For 1920 maize figures, see the discussion in the 2000 version of the INEGI report. See also Myren 1969:439–40.

204　Bradfield, Mangelsdorf, and Stakman report: Survey Commission. 1941. Agricultural Conditions and Problems in Mexico: Report of the Survey Commission of The Rockefeller Foundation. RG 1. 1, Ser. 323, Box 1, Folder 2, RFA ("judicious advice," 14); idem. 1941. Summary of Recommendations. RG 1.2, Ser. 323, Box 10, Folder 63; idem. 1941. Rockefeller Foundation's Survey of Agriculture in Mexico. RG 1. 1, Ser. 323, Box 11, Folder 70 ("pitifully low").

205　Ecological consequences of land reform: González 2006; Dwyer 2002 (U.S. anger); Sonnenfeld 1992: esp. 31–32; Esteva 1983:266; Yates 1981:48 (2.5 million acres); Venezian and Gamble 1969:54–62 (50 million acres). Further pushing environmental degradation, many ejidos could not obtain credit to buy fertilizer, irrigation equipment, or better farm tools, because the new National Bank of Ejidal Credit was undercapitalized (Olsson 2013:332–33).

206　Harrar: McKelvey 1987.

207　Mexican Agricultural Program begins: Waterhouse 2013:18–29, 98–109; Olsson 2013:215–32; Harwood 2009:392–93; Perkins 1997:106–15; Fitzgerald 1986:459–64; Baum 1986:5–7; Hewitt de Alcántara 1978:33–37; Anon., 1978, "Chronology of the Development of CIMMYT," uarc01014-box33-fdr34, NBUM; W. C. Cobb, 1956, "The Historical Backgrounds of the Mexican Agricultural Program," RG 1.2, Ser. 323, Box 9, Folder 62, RFA, esp. II-3–11; F. B. Hanson, diary, 4 March, 10–11 Jul, 10–12 Aug 1942, RG 12, F-L, Box 194, Reel M, Han 3, Frame 585, RFA (Stakman and Harrar appointments); letter, R. Fosdick to J. A. Ferrell, et. al., 31 Oct 1941, RG 1. 1, Series 323, Box 11, Folder 72, RFA; Ferrell, J. A. 1941. Memorandum, Vice President Wallace, RBF and JAF, Regarding Mexico, Its Problems and Remedies, 3 Feb. RG 1. 1, Ser. 323, Box 1, Folder 2, RFA; Letter, H. A. Wallace to R. E. Fosdick, 13 May 1941, RG 1. 1, Ser. 323, Box 12, Folder 79, RFA. Wallace's intervention was decisive; Rockefeller president Raymond Fosdick quoted his views almost word for word in staff meetings (minutes from staff conference, 18 Feb 1941, RG 1.2, Ser. 323, Box 10, Folder 63, RFA). Stakman's War Emergency Committee work is detailed in Box 13, Folders 1, 3–8, 11, 20–22, Stakman papers, University of Minnesota, Twin Cities.

208　U.S.-Mexico relations: Dwyer 2002; Schuler 1998:155–98.

209　Maize as focus: Olsson 2013:239–40, 255–73, 279–81; Harwood 2009:391–92; Matchett 2006:360–62; Secretaria de Agricultura 1946:93; Survey Commission. 1941.

Agricultural Conditions and Problems in Mexico: Report of the Survey Commission of The Rockefeller Foundation. RG 1. 1, Ser. 323, Box 1, Folder 2, RFA (focus on maize); Summary of the Survey Commission's report, 4 Dec 1941, RG 1. 1, Ser. 323, Box 11, Folder 70, RFA. The deemphasis on wheat, compared to later writings, is reflected in the foundation's annual reports (e.g., Rockefeller Foundation 1946:160–62; 1945:21–24, 167–69; 1944:170–71).

210　Multiple goals of Rockefeller program: Lance Thurner, pers. comm.; Waterhouse 2013:98–99; Singh et al. 1994:19–20 (Stakman focus on stem rust); E. J. Wellhausen oral history interview with William C. Cobb, 28 Jun–19 Oct 1966, RG 13, Oral Histories, Box 25, Folders 1–2, RFA; Advisory Committee for Agricultural Activities. 1951 (21 Jun). The World Food Problem, Agriculture, and the Rockefeller Foundation. Typescript, RG 3, Ser. 915, Box 3, Folder 23 ("deliver more").

211　Failure of maize program: Olsson 2013:299–310; Harwood 2009:398–400; Matchett 2006 ("parties involved," 365); Fitzgerald 1986:465–67; Aboites et al. 1999 (Mexican researchers' beliefs); Cotter 1994 (demand for science); Myren 1969; E. J. Wellhausen, oral history interview with William C. Cobb, 28 Jun–19 Oct 1966, RG 13, Oral Histories, Box 25, Folders 1–2, RFA (political utility of hybrid maize); Stakman, E. C. 1948. Report of Mexican Trip with Confidential Supplement Regarding Mexican Agricultural Program. RG 1.2, Series 323, Box 10, Folder 60, RFA (foundation frustration with Mexican officials).

212　Borlaug and Stakman: VIET1:216–33 (eye damage, 218; "fire and light," 233); Bickel 1974:86–89 ("my boy" 88); Borlaug 1941.

213　Borlaug's coursework, thesis: Borlaug 1945; Transcript File No. 103665 (Dest. 239359), University of Minnesota Registrar's office. I am grateful to Barb Yungers for sending me Borlaug's academic records.

214　DuPont job, arrival in Delaware: VIET1: 235–36; Bickel 1974:89–91.

215　Borlaug and DDT (footnote): Russell, pers. comm.; Russell 2001:86, 124–48; Kinkela 2011: chap. 1; Perkins 1978; Borlaug 1972; Borlaug. 1973? DDT and Common Sense. Typescript, TAMU/C 002/003 [1] 009; Knipling 1945. DDT was developed in the 1930s, after a Geigy researcher accidentally discovered its properties. (The researcher, Paul Hermann Müller, received a Nobel Prize in 1948.) Geigy tried to market DDT in the U.S., only to have its U.S. subsidiary decide in early 1941 that it couldn't compete against existing insecticides like pyrethrum. Pyrethrum was extracted from chrysanthemum blossoms grown in Asia. When Japanese conquests cut off the Asian chrysanthemum supply, the U.S. military, which feared the loss of troops to insect-borne diseases, directed Agriculture Department researchers to look for a substitute. In November 1942 Geigy sent over samples of DDT, which the government tested, obtaining favorable results. DuPont refused to make DDT unless Geigy gave up its patent rights; strong-armed, the Swiss company caved in; DuPont made a lot of money.

216　Borlaug takes on Mexico: VIET1:251–55, 2:23; Bickel 1974:91–92, 96–100; RFOI 138–39; Harrar travel diary, 17 Feb 1942, RG 1.2, Ser.464, Box 1, FF3, RFA; Diary, F.

B. Hanson, 7 Apr 1942, RG 1. 1, Ser. 205, Box 12, FF179, RFA.

217　Initial MAP staff: Rockefeller Foundation 1944:170–71; Harrar diary, 25 Feb 1944, RG 12.2, Ser. 1. 1, Box 18, FF 45, RFA (Colwell); Letter, C. Sauer to J. Willits, 23 Aug 1943, RG 1. 1, Ser. 323, Box 1, FF 6, RFA (Wellhauser).

218　Initial planting: VIET2: 27–32 ("we thought," 28); N. Borlaug, 1981, "The Phenomenal Contribution of the Japanese Norin Dwarfing Genes Toward Increasing the Genetic Yield Potential of Wheat," address, 30th Anniversary of the Founding of the Japanese Society of Breeding, Tokyo. Typescript, CIMBPC, B0051-R, 15.

219　Borlaug at sea: RFOI: 138– 140 ("to DuPont," 140).

220　Second child: VIET2: 32–34 ("I can"), 72–73; Hesser 2010:39–40; Bickel 1974:111–14, 128–30, 157; RFOI: 141–42.

221　Borlaug takes over stem-rust project: Bickel 1974:118– 19; RFOI: 150.

222　Wheat conditions in Bajío: Instituto Nacional de Estadística y Geografía 2015: Cuadro 9.37; Bickel 1974:121–22; Borlaug 1958:278–81, 1950:170–71; Rupert 1951; Borlaug et al. 1950; N. E. Borlaug, 1945, "Wheat Improvement in Mexico," typescript, CIMBPC, B5533-R. See also, Hewitt de Alcántara 1978: 37–40.

223　Farm survey: N. E. Borlaug, 1945, "Annual Survey of Wheat Growing Areas of Mexico for Determination of Severity of Damages Caused by Diseases," typescript, CIMBPC, B5528-R; idem., 1945, "Outline of the Diseases of Wheat," typescript, CIMBPC, B5530-R. Borlaug summarizes conditions in Borlaug 1950a:171–73.

224　Three men planting 8,600 varieties: VIET2:48–56; Bickel 1974:141–45 (clothing); Paarlberg 1970:5–6; Borlaug 1950a:177–87; RFOI: 155–57, 161–62 (agronomists' attitudes). Borlaug provided slightly different accounts of the origins and numbers of the seeds. I have mostly followed Borlaug 1950a, as this was written closest to events. In addition to the main two locations, Borlaug tried planting small amounts of wheat at seven other locations in Mexico.

225　Borlaug and Bajío poverty: VIET2: 49–53 (quotes, 51); Bickel 1974:110–11 (resistance to new ideas), 143–44 (metal tools); E. J. Wellhausen, oral-history interview with William C. Cobb, 28 Jun–19 Oct 1966, RG 13, Oral Histories, Box 25, Folders 1–2, RFA, 46–48.

226　Failure of second crop: VIET2: 54–57 ("to the ground," 56); N. Borlaug, 1981, "The Phenomenal Contribution of the Japanese Norin Dwarfing Genes Toward Increasing the Genetic Yield Potential of Wheat," address, 30th Anniversary of the Founding of the Japanese Society of Breeding, Tokyo. Typescript, CIMBPC, B0051-R, 14–15.

227　Bajío not enough: Author's interview, Borlaug; VIET2: 38–39 ("whole populace," 39[emphasis mine]), 65; Borlaug 2007:288.

228　Shuttle breeding: Hesser 2010:48–51; AOA; LHNB; Borlaug 2007:288–89, 1950a (initial outline); Ortiz et al. 2007; Rajaram 1999; RFOI: 152–88 passim. The name was coined in the 1970s (Centro Internacional de Mejoramiento de Maíz y Trigo 1992:14).

229　Mexico wheat areas: Borlaug, N., et al.(?) 1955. FA003, Box 87, FF1755,

Rockefeller Foundation Photograph Collection, RFA (map); Borlaug and Rupert 1949; N. E. Borlaug, 1945, "El Mejoramiento del Trigo en México," typescript, CIMBPC, B5529-R.

230　Sonora and first visit: Cerruti and Lorenzana 2009 (Table 3, acreage; Map 2, description of area); Borlaug 2007:288–89; Cotter 2003:125; Dabdoub 1980; Bickel 1974:120–27.

231　Breeding dogma: Kingsbury 2011:294; Dubin and Brennan 2009:11; Borlaug 2007:289; Perkins 1997:226.

232　Harrar-Borlaug argument: VIET2: 67–69; AOA; McKelvey 1987:30–31.

233　First season at Sonora: VIET2: 69–73; RFOI: 169–70 ("complete disaster"); Hesser 2010:46–48; Borlaug 2007:289–90; Borlaug 1950.

234　Passage across U.S. to Sonora: VIET2:74–78; RFOI: 163–64.

235　Conflict with Hayes: RFOI　188; AOA; VIET2:102–03; Borlaug 2007:289; Bickel 1974:180; Hayes and Garber 1921:111, 113, 281–86ff. (e.g., "The field selected for the comparative trials should be representative of the soil and climatic conditions under which the crop will be grown," 51).

236　Borlaug quits: VIET2:104–09, 112–26; RFOI: 166–68 ("walked out," "own organization!," "like children!"); AOA; Perkins 1997:228; Bickel 1974:180–84.

237　State of plant breeding: Perkins 1998, chap. 3. The Rockefeller University experiment that showed that DNA was the mechanism of heredity was published in 1944 but not widely believed until Watson and Crick showed how DNA could carry genetic information.

238　Four times as many genes: Brenchley et al. 2012 estimates wheat has ~95,000 genes. Humans are thought to have 20,000 or fewer (Ezkurdia et al. 2014). Both figures are tentative. Borlaug describes the difficulties in RFOI: 307–8.

239　Eye color: White and Rabago-Smith 2011.

240　Photoperiodicity mutation: Baranski 2015; Guo et al. 2010 (mutation); Kingsland 2009:299 (discovery, lack of attention); Borlaug 2007 ("serendipity," 289); Beales et al. 2007; Cho et al. 1993.

241　Beginnings of success: VIET2:170–72; Borlaug 1968, Table 1.

242　Lodging: Borlaug estimated that "at the time of harvest, 85 percent of all the wheat [was] flat on the ground in the Yaqui Valley" (RFOI: 214).

243　VIET2:158–61; Dubin and Brennan 2009:5; Stakman 1957:264; Anonymous 1954:1–3 ("was susceptible," 2).

244　1950 testing, conference: Kolmer et al. 2011; Borlaug 1950b.

245　500 researchers: Rockefeller Foundation, Annual Report, 1959:30.

246　1951 results: Borlaug et al. 1952.

247　All but two: VIET2:189–90; Borlaug 1988:27; Rodríguez et al. 1957:127; Borlaug et al. 1953, 1952; Rupert 1951: Table 9; Borlaug, N.E., et al. 1953. Stem and Leaf Rust Reaction of Wheats in the 1951 International Wheat Nursery when Grown at Mexe, Hidalgo, Mexico in the Summer of 1952. Typescript, CIMBPC (B5564-R).

248　Resuscitation of maize program: Emails to author, Lance Thurner; Matchett

2002; Myren 1969.

249　Foundation to expand: W. Weaver, Memorandum, 11 Dec 1951, RG 3. 1, Ser. 915, Box 3, FF20, RFA (Harrar promoted); W. Weaver, Memorandum, "Agriculture and the Rockefeller Foundation," 12 Jul 1951, idem; J. G. Harrar, Memorandum, "Agriculture and the Rockefeller Foundation," 1 Jun 1951, idem; Letter, W. Weaver to J. G. Harrar, 31 May 1951, idem; "Excerpt from Minutes of Meeting of the Advisory Committee on Agricultural Activities," 19 May 1951, idem.

250　Borlaug's situation, Argentina trip: VIET2:174–76; Baranski 2015:58; Perkins 1997:230; Borlaug 1988:27; Borlaug et al. 1953:10– 11 (race 49). Race 49 is genetically close to Race 139; the two are often referred to interchangeably.

251　Borlaug and Bayles: RFOI: 198–200; Bickel 1974:197–99 ("with it").

252　Norin 10: Lumpkin 2015; VIET2:181–83, 195; Reitz and Salmon 1968.

253　First two Norin 10 trials: VIET2:202–03, 208–09, 224–33; RFOI: 200; Borlaug 1988:27–28. Norin 10 was winter wheat. By early spring, when it flowered, the rest of Borlaug's test varieties were producing grain. He had nothing to cross it with. Scouring his fields, Borlaug found a single plant, a variety sent by Rupert from Colombia, with a misfiring biological clock; it, too, had late flowers. He was able to use it to pollinate the Japanese plants—only to see rust overwhelm them. By failing to take the variety's internal calendar into account, he had seemingly wasted all of Vogel's genetic material.

254　Rising yields in Sonora: Cerruti and Lorenzana (2009), Salinas-Zavala et al. (2006), and Hewitt de Alcántara (1978) collect figures from INEGI, FAOSTAT, and the Comisión Nacional del Agua.

255　Field day chaos: VIET2:234; RFOI 201–05, 214–16 ("away right there"); Bickel 1974:236–38.Borlaug and mills: VIET3:33–34; Borlaug 1988:27–28 (grain problems); Baum 1986:7 (release of better varieties); Bickel 1974:239.

256　Borlaug and mills: VIET3:33–34; Borlaug 1988:27–28 (grain problems); Baum 1986:7 (release of better varieties); Bickel 1974:239.

257　Package: Borlaug apparently first referred to the "package" in summer 1968 (Borlaug 1968:27); by 1969 it was common parlance at CIMMYT (Myren 1969:439). Borlaug said that "75 to 80 percent" of the package in Mexico was applicable in India and Pakistan, a figure he later applied to other nations (Borlaug 1968:13; Borlaug 1970).

258　"Green Revolution": Speech,W. S. Gaud, 8 March 1968, available at agbioworld.org.

259　Victory-lap speech: Borlaug 1968:Table 1 (Mexico), Table 2 (India), 33 ("fellow men").

第四章　土：食物

260　Weaver, Rockefeller, and molecular biology: E. O'sullivan 2015; Hutchins 2000; Kay 1993 (Weaver coins name, 4); Rees 1987 (Nobels, 504); Priore 1979; "Warren Weaver,

84, Is Dead After Fall," NYT, 25 Nov 1978; Weaver 1970, 1951; Memorandum, Warren Weaver, Translation, 15 Jun 1949, Weaver papers, Ser. 12. 1, Box 53, FF476, RFA; Shannon and Weaver 1949.

261　Memorandum, Chester Bernard to Warren Weaver, 31 Aug 1948, RG 3.2, Ser. 900, Box 57, FF310, RFA. The two men met that same day, presumably in part to discuss Road (Diary, Warren Weaver, 31 Aug 1948, RG 12, S–Z, Reel M, Wea 1, Frame 8, Box 502–03, RFA). See also Cullather 2010:64–66. Barnard became president on July 1.

262　First modern statement: Cullather 2010:66 (Weaver "articulated the post-Malthusian counterargument the foundation would use for the next thirty years").

263　Weaver's report: Memorandum, W. Weaver, Population and Food, 8 Jul 1953 (orig. 17 Jul 1949), RG 3, Ser. 915, Box 3, FF23, RFA (all quotes). Weaver used the "large" calorie: the energy to raise the temperature of 1 kilogram of water by 1℃ (that is, to raise 2.24 pounds of water by 1.8℉). There is also a "small" calorie, used occasionally in chemistry and physics. I use the large calorie in this book.

264　80 billion: Weaver thought the estimate was low, because it didn't include non-solar energy sources and fossil fuels. But these were dwarfed by the energy from the sun, so he set them aside for the purposes of his analysis.

265　IngenHousz and photosynthesis: Magiels 2010; Morton 2009 (2007):319–43.

266　*Story of N*: I lifted this subtitle from Hugh S. Gorman's fine book (2013).

267　Humus theory: Jungk 2009; Manlay et al. 2006:4–6; Fussell 1972, chap. 5; Gyllenborg 1770 (1761), esp. 13–17, 21–28, 48–50; Aristotle 1910:467b–468a. Gyllenborg was Wallerius's student; different editions identify one or the other as author.

268　Attacks on humus theory, law of minimum: Jungk 2009; Sparks 2006:307–10; Brock 2002:32–35 (fake dissertation), 74 (taking credit for others' work), 107–24 (fake experiments), 146–49 (law of minimum), 160–66; Van der Ploeg et al. 1999 (Sprengel); Liebig 1840:64–85 (main objective of farming, 85), 1855 (23–25, law of minimum); Sprengel 1828 (93, law of minimum).

269　Nitrogen abundance: Galloway et al. 2003.

270　Liebig and N: Gorman 2013:58–63; Brock 2002:121–24, 148–79ff.; Smil 2001:8– 16.

271　Organic machine: White 1995.

272　Liebig fertilizer fiasco (footnote): Brock 2002:120–28, 138–40. The fullest version of Liebig's scoffing at nitrogen fertilizer is in his third edition ("superfluous," 213). His switch to the nitrogen camp occurred in 1859 (Liebig 1859:264–66).

273　Chilean nitrates: Pérez-Fodich et al. 2014; Gorman 2013:66–69; Melillo 2012; Smil 2001:43–48 (half as explosives, 47).

274　Crookes: Morton 2009 (2007):178–82; Smil 2001:58–60; Crookes et al. 1900 ("of the world," 16; "a few years," 43; "general scarcity," 194–95).

275　Haber and Bosch: Smil 2001:61–107 ("and hydrogen," 72; "liquid ammonia," 81). Haber led what was, in effect, the first national weapons lab. Under his enthusiastic direction, it developed a cyanide gas, Zyklon B, that was used in Hitler's gas chambers. (Haber and his wife were born into Jewish families, but they converted to Protestantism.)

276   Haber-Bosch superlatives: Naam 2013:133 ("can grow"); Melillo 2012 (1930s); Smil 2011b ("world's population" [updating Smil 2001:157]); Von Laue 1934 ("from air"). See also Morton 2015:193–95.

277   Nitrogen downsides: Bristow et al. 2017 (Bengal); Morton 2015:194–201 (biggest problem, 197); Canfield et al. 2010; Galloway et al. 2002; Smil 2001:177–97. See also Guo et al. 2010.

278   Conford 2001:20.

279   McCarrison and Hunza: Wrench 2009 (1938), esp. 28–46, 56–66 ("of cancer," 33); Vogt 2007:24–25; Fromartz 2006:12–16; Conford 2011:178, 2001:50–53; McCarrison 1921 ("extraordinarily long," 9).

280   New scientific genre: I take these examples from Taubes 2007:89–95. The studies were conducted by Albert Schweitzer, Aleš Hrdlička, A. J. Orenstein, and Samuel Hutton. This kind of work is hard to evaluate, because the subjects typically don't keep precise personal records and are often related. In addition, it is rarely possible to have control groups.

281   McCarrison, Viswanath, Suryanarayana: Viswanath 1953; Viswanath and Suryanarayana 1927; McCarrison and Viswanath 1926. The relative contributions are my interpretation, but Viswanath's annoyance shimmers from the pages of his articles. My thanks to Ellen Shell for helping me with this section.

282   McCarrison on soil: McCarrison 1944 (1936) ("constituted food," 17; "our needs," 12).

283   Albert Howard: Wrench 2009:153–58; Pollan 2007:145–51; Fromartz 2006:6–12; Conford 2011:95–98, 2001:53–59 ("soil fertility," 54–55); L. E. Howard 1953: esp. chap. 1; A. Howard 1945:15–22, 151. Howard's pre-India work focused on the hops plant, used to flavor beer. At the time researchers believed hops were best propagated artificially, by grafting. Howard obtained better results by pollinating with bees. This "amounted to a demand that Nature no longer be defied," he said. "It was for this reason highly successful" (ibid., 16). Even his critics recognized his centrality, e.g., Hopkins 1948:96, 181.

284   Indore process: Howard and Wad 1931: esp. chap. 4.

285   Hugo 2000:1086.

286   Louise Howard: Oldfield 2004.

287   Rule or Law of Return: Manlay et al. 2006:10; Howard 1945 ("human wastes," 5; "Nature's farming," 41); Balfour 1943.

288   Howard's claims: L. E. Howard 1953:26 ("brutality"); A. Howard 1940 ("research organization," 160; "less and less," 189; "and mankind," 220). Louise Howard appears to be quoting from W. J. Locke's *At the Gate of Samaria*, a popular novel from 1894.

289   Aristocratic, conservative Christians: Conford 2011:327–34, 351–56; 2001:146–63, 190–209, 217; Moore-Colyer 2002 (a study of one organic leader, Rolf Gardiner). Conford lists 73 "leading figures" in the early organic movement (2001: Appendix

A). Of these, 27 were deeply religious or spiritual, 18 were either hereditary aristocrats or rich landowners, and 16 were either fervently right-wing or fascist. To be sure, some members were socialists, others were ordinary farmers, and not all were inspired primarily by Howard. Northbourne, for instance, was mainly inspired by Rudolf Steiner and (like Howard) was not a member of the Soil Association (Paull 2014). My thanks to Philip Conford and Oliver Morton for helping me with this Section.

290   Balfour: Gill 2010 (New Age Christianity, 171–82); Conford 2001:88–89; Balfour 1943 ("each other," 199).

291   North American Christian inspiration: Lowe 2016. One difference is that North American Christian advocates typically focused on preserving rural lifeways rather than agriculture per se.

292   Rodale: R. O'sullivan 2015: chap. 1 (lived longer, 95); Cavett 2007 ("in my life!"); Fromartz 2006:18–21; Conford 2001:100– 103; Rodale 1952, 1948 (Hunza).

293   Rodale builds empire: O'sullivan 2015, esp. 18–20, 26–27, 58–59, 222–27 (subscriptions, 32, 88); Northbourne 1940 ("organic," 59, 103).

294   Industry pushes back: O'sullivan 2015:56–58 ("powder keg," 18; "Every Bug," 57); Conford 2011:289–95, 325–26; 2001:38–43; Throckmorton 1951 ("misguided people," 21); Bowman 1950 ("is no!").

295   Criticisms, defenses of organic viewpoint: Pollan 2007:146–49 (I borrow his descriptor, "airy crumbs"); Hopkins 1948 ("extremist views," 115); Balfour 1943 ("animal's body," 18); Howard 1940 ("and women," 31; "own being," 45; "forest humus," 68; "of Liebig," 220).

296   FAO degradation study: United Nations Food and Agricultural Organization 2011a, Fig. 3.2 (25% is highly degraded, 8% is moderately degraded).

297   Organic vs. chemical war: O'sullivan 2015 ("organiculturalist," 56); Picton 1949:127 ("the phalanx"); Rodale 1947 ("has begun"); Northbourne 1940 ("chemical," 81, 99, 101; "very hard," 91; "and laborious," 115).

298   Discovery, import of rubisco: Morton 2009 (2007):39–47 ("care about," x); Benson 2002; Portis and Salvucci 2002; Wildman 2002.

299   Eighty-three thousand enzymes: Placzek et al. 2016. BRENDA is at www.brenda-enzymes.org.

300   Rubisco's incompetence: Walker et al. 2016; Zhu et al. 2010; Mann 1999 (quotes).

301   Rubisco abundance: Raven 2013; Phillips and Milo 2009 (11 lbs.); Sage et al. 1987; Ellis 1979 (most abundant protein). It has been suggested that collagen is more abundant.

302   Evolution of photosynthesis: Cole 2016; McFadden 2014.

303   Margulis and symbiosis: Author's conversations, Margulis; Weber 2011; Sagan 1967. Bhattacharya et al. 2004 and Raven and Allen 2003 review multiple acts of symbiosis.

304   Gene migration (includes footnote): Raven and Allen 2003; Huang et al. 2003

(tobacco); De Las Rivas et al. 2002; Martin et al. 2002 (one-fifth), 1998; Sugiura 1995. The reference genome in Cyanobase (genome.microbedb.jp/cyanobase) has 3,725 genes.

305　Multiple rubisco varieties: Tabita et al. 2008.

306　IRRI founding: Bourne 2015:62-64; Cullather 2010:159–71; Chandler 1992: chap. 1 ("contributions," 3).

307　Political hopes for Asia: Cullather 2010:146–58 ("for food," 162). Hunger and income statistics for 1960 are uncertain. I draw on discussions in Dyson 2005 (esp. 55–56); Ahluwalia et al. 1979.

308　IR-8: Bourne 2015:66; Hettel 2008 ("sheer luck"); Chandler 1992:106– 17; Jennings 1964.

309　Gibberellin (footnote): My thanks to Ludmila Tyler for drawing my attention to this point.

310　Spread, impact of IR-8: Bourne 2015:66-69; Cullather 2010:167–79 ("on hunger," 171; "Mao books," 176); Mukherji et al. 2009: Table 2 (irrigation use); Hazell 2009:7–14; Dawe 2008; Abdullah et al 2006:35; Alexandratos 2003:22; Dalrymple 1986:1068–72. Historic rice production and fertilizer use from FAOSTAT (faostat. fao.org).

311　Projections: Hunter et al. 2017 (rise of "25%–70% above current production levels may be sufficient to meet 2050 crop demand"); Fischer et al. 2014 ("world demand for staple crop products should grow by 60% from 2010 to 2050," 2); Foley 2014 ("population growth and richer diets will require us to roughly double the amount of crops we grow by 2050"); Garnet 2013 ("food production may need to rise by as much as 60–110% by 2050 overall," 32); Alexandratos and Bruinsma 2012 ("increase by 60 percent from 2005/2007–2050," 7); Tilman et al. 2011 ("a 100– 110% increase in global crop demand from 2005 to 2050," 20260); Godfray et al. 2010 ("Recent studies suggest that the world will need 70 to 100% more food by 2050", 813); Royal Society 2009:1 ("even the most optimistic scenarios require increases in food production of at least 50%"), 6 (effects of meat consumption); World Bank 2008 ("cereal production will have to increase by nearly 50 percent and meat production by 85 percent from 2000 to 2030," 8). On the role of affluence, see Weinzettel et al. 2013.

312　Meat consumption: Author's interviews, email, Walter Falcon, Joel Bourne, Michael Pollan; Vranken et al. 2014; Rivers Cole and McCoskey 2013 (decrease with affluence); Smil 2013 (10 to 40%, 133). Meat production from FAOSTAT (faostat.fao.org).

313　Widely cited study: Ray et al. 2013, 2012. See also Grassini et al. 2013; Jeon et al. 2011:1; Dawe 2008; Hibberd et al. 2008:228.

314　Actual/potential yields: I simplify the formulation in Ittersum et al. 2013.

315　Food waste (footnote): Bellemare et al. 2017; Gustavsson et al. 2013.

316　Lack of arable land, inability to expand irrigation: Author's interviews, IFPRI, CIMMYT, IRRI; United Nations Food and Agricultural Organization 2013:10; Murchie et al. 2009:533; Mann 2007.

317　Ordinary photosynthesis: Ordinary photosynthesis is known as C3, after another molecule, this one with three carbon atoms.

318　Early atmosphere: Kasting 2014; Lyons et al. 2014. See also Lane 2002, chap. 3.

319　C4 project: Author's interviews, Jane Langdale, Paul Quick, Peter Westhoff, Thomas Brutnell, John Sheehy, Julian Hibberd. Project overviews include Wang et al. 2016; Furbank et al. 2015.

320　Audacity of project: Surridge 2002:576.

321　Shotgunning genes and CRISPR: Hall 2016; Specter 2015 (fine popular accounts of CRISPR); Vain et al. 1995 (shotgunning cereals); Klein et al. 1987 (invention of technique). Before CRISPR, the rice project used a different method, infecting plants with Agrobacterium, a bacterium that inserts genes from a plasmid (a free-floating DNA-containing body, like a chloroplast, in the cell) into the DNA of a plant cell. The genes are switched on and the plant cell produce nutrients for the bacterium. By adding genes to the plasmid, geneticists can use this mechanism to insert new genetic information into plant cells. Overall, though, this method seems to have been less common than shotgunning.

322　Possibilities: Jez et al. 2016.

323　Other ways to improve photosynthesis (footnote): Taylor and Long 2017; Pignon et al. 2017; Krondijk et al. 2016. My thanks to Ruth DeFries for drawing my attention to this work.

324　Vandalism and test: Hall 1987; Maugh 1987a, b; "Genetic Tests to Proceed in Face of Protest," *San Bernardino County Sun*, 15 Apr 1987.

325　Asilomar conference and regulations: Berg et al. 1975; Berg and Singer 1995; Frederickson 1991:274–83, 293–98 ("should not," 282).

326　Lack of diversity: Vettel 2006:220–22 ("political motivation"); Frederickson 1991:293–98 (participant list). Reporters attended only after legal threats from the Washington Post.

327　Ice-minus controversy: Author's attendance at Rifkin lectures; Bratspies 2007:109–11; Thompson 1989 ("the Boys"); Hall 1987 ("human beings," 134); Joyce 1985; *Complaint, Foundation on Economic Trends v. Heckler*, 14 Sep 1983, in *Biotechnology Law Report* 2:194–203 [1983]("mutant bacteria" , 19); Lindow et al. 1982. Natural "ice-minus" *P. syringae* exist, but they spontaneously revert to the common form. The Berkeley researchers made the change irreversible by removing part of the gene that promotes ice nucleation.

328　Scientific studies, GMO bans: See Appendix B and the online database of GMO bans at the Borlaug-founded International Service for the Acquisition of Agri-Biotech Applications (www.isaaa.org).

329　Public fears: Pew Research Center 2015, chap. 3; Gaskell et al. 2006; Blizzard 2003; Hall 1987 ("about it").

330　Nichols farm: Author's interviews, visits. Nichols's farm is certified as sustainable, because the certification is required to sell at some Chicago markets.

331　Organic/conventional yield comparisons: Hossard et al. 2016 ("Maize yields are on average 24% higher for tested low-input [and conventional] relative to organic . . . Wheat yields are on average 43% higher for tested low-input relative [or conventional] to organic"); Kniss et al. 2016 (corrected version: "across all crops and all states, organic yield averaged 67% of conventional yield"); Ponisio et al. 2015 ("organic yields are . . . 19.2% [± 3.7%] lower than conventional yields"); de Ponti et al. 2012 ("organic yields of individual crops are on average 80% of conventional yields"); Seufert et al. 2012 ("overall, organic yields are typically lower than conventional yields" [5–34% lower depending on "system and site characteristics"]); Badgley et al. 2007 ("the average yield ratio (organic : non-organic) of different food categories ...was slightly <1.0 [8.6%] for studies in the developed world and >1.0 for studies in the developing world"). See the critiques in Kirchmann et al. 2016; Kremen and Miles 2012; Connor 2008. My discussion is scribbled in the margins of Pollan 2007:176–84. Brecht's line: Erst kommt das Fressen, dann kommt die Moral. Engels anticipated these arguments, famously, in chap. 9 of his Dialectics of Nature.

332　Annuals vs. perennials: González-Paleo et al. 2016; Smaje 2015; Crews and DeHaan 2015; Cox et al. 2006. Perennial grasses typically have evolved better protective measures against pests and diseases (pathogens that afflict annuals seldom infect their perennial relatives). But most also ripen asynchronously, making harvest difficult.

333　Domesticating wheatgrass: Zhang et al. 2016, Fig. 1; Lubofsky 2016; Scheinost et al. 2001; Wagoner and Schaeffer 1990; Lowdermilk and Chall 1969:232–33 (U.S. introduction).

334　Wheat-wheatgrass hybrids: Author's interviews, Jones, Curwen-McAdams; Curwen-McAdams and Jones 2017; Curwen-McAdams et al. 2016 (T. aaseae); Hayes et al. 2012; Larkin and Newell 2014; Wagoner and Schaeffer 1990; Tsitsin and Lubimova 1959.

335　Cassava: Author's interviews, emails: Botoni, Larwanou, Wenceslau Teixiera, Susanna Hecht. Production data from FAOSTAT; USDA (2016 crop production summary); Howeler ed. 2011.

336　Trees: See, e.g., Dey 1995 (acorns); Garrett et al 1991 (walnuts); Robinson and Lakso 1991 (apples). Because tree crops exist in many cultivars and are grown with many different cropping regimes, production numbers vary tremendously. Overall temperate-zone tree-crop production data is available at the USDA website.

337　Deprecating agriculture: Author's conversations, James Boyce, Vern Ruttan, Daron Acemoglu; Cullather 2010:146–48; Boulding 1963, 1944.

338　Farm employment: Dmitri et al. 2005:2–5.

第五章　水：淡水

339　California tomatoes: USDA Economic Research Service, 2010, U.S. Tomato Statistics (92010), http://usda.mannlib.cornell.edu. See also overviews at www.ers.usda. gov.

340　California water projects: A classic if polemical history is Reisner 1993, esp. 9–10, 194–97, 334–78, 499–500; see also Prud'homme 2012:240–51.

341　Freshwater: Gleick and Palaniappan 2010:11155–56; Babkin 2003:13–16; Shiklomanov 2000, 1993 (water volumes, 13–14). About two-thirds of groundwater is saline (Gleick 1996).

342　Human appropriation of water: McNeill 2001:119–21; Shiklomanov 2000, Tables 2,4; Postel et al. 1996: Fig. 2.

343　Brazil and India: Figures from AQUASTAT (www.fao.org/nr/water/aquastat/main/ index.stm).

344　Flow and stock: I draw here on distinctions described by, among others, Malm (2016:38–42), Gleick and Palaniappan (2010), and Wrigley (2010:235). My thanks to Mark Plummer, Jim Boyce, Daron Acemoglu, and Mike Lynch for helping me with this section. For salmon, other factors must also be taken into account, like the number of salmon that die in the ocean before spawning. Still, the principle remains: catching a fish one spring does not reduce the fish supply the next.

345　Lack of substitutability of water: My last line paraphrases a remark made to me by Oliver Hoedeman of COgallala: Peterson et al. 2016 (flow, Fig. 6); Reisner 1993:435–55. orporate Europe Observatory.

346　Ogallala: Peterson et al. 2016 (flow, Fig. 6); Reisner 1993:435–55.

347　Ruining aquifers: Hertzman 2017: Table 1; Sebben et al. 2015 (saltwater intrusion); Famiglietti 2014 (overview); European Environment Agency 2011: Chap. 8.

348　Water shortages: Mekonnen and Hoekstra 2016.; Comprehensive Assessment of Water Management in Agriculture 2007 (IWMI study); Shiklomanov and Balonishnikova 2003:359; Shiklomanov 2000. Along with IWMI, Shiklomanov, of the Russian State Hydrological Unit, is probably the most widely cited source of global water-demand projections.

349　Water consumption: Figures from AQUASTAT (http://www.fao.org/nr/water/aquastat/water_use/index.stm).

350　Irrigation losses: Lankford 2012.

351　Up to 50 percent higher: Leflaive et al. 2012:216; Amarasinghe and Smakhtin 2014 (esp. Table 1).

352　Groundwater for irrigation: Siebert et al. 2010.

353　Lowdermilks to Promised Land: Mané 2011:65; R. Miller 2003:56–57; Lowdermilk and Chall 1969, 2:314–16; Lowdermilk 1940:83–91. Promised Land: Exodus 23:31, Genesis 15:18–21. The first paragraph of this section rewrites Mané's first paragraph.

354　Lowdermilk's life: Helms 1984; Lowdermilk and Chall 1969 (realization, 1:61–63; fleeing China, 1:100–108); Lowdermilk 1944:11–13 (dream of visiting Palestine).

355　Decline of Mesopotamia: Lowdermilk and Chall 1969, 2:328–32 ("salty desolation," 331); Lowdermilk 1948 ("radiant gold"), 1940:92–100 ("dirty place," 96; "of civilization?" 97), 1939; Deuteronomy 4:45–49 (location), 8:7–9 ("and hills"); Psalms 104:16 ("full of sap"); Song of Solomon 5:15 ("the cedars"). All quotes from Revised King James Edition.

356 Lowdermilk's theory: Rook 1996:98–103 ("'Allah'"); Lowdermilk 1944:53–65, 135–39 ("settled areas," 136–37); 1942:9–10, 1939.

357 Modern perspectives: Wilkinson and Rayne 2010; Hughes 1983; Wertime 1983.

358 Absorptive capacity of Palestine: Siegel 2015:20–22; Alatout 2008b:367–74; Anglo-American Committee of Inquiry 1946, 1:185 (immigration tallies); United Kingdom 1939 ("Arab population").

359 Engineers vs. "plant men" : Lowdermilk and Chall 1969, 2:207, 218–19.

360 Lowdermilk's vision: Rook 1996:115–31, 139–42; Lowdermilk 1944 ("amazed," "twenty-four countries," 14; "our day," 19; industries and electrification, 68–75, 85–87; "thriving communities," "splendid opportunity," 121; "from Europe," 122; "a million," 124; Jordan plan, 121–28; "artificial lakes," 139–40).

361 Lowdermilk's influence: Siegel 2015:35–41; Alatout 2008b:379–82; Rook 1996: 142–52, 159–62; Lowdermilk and Chall 1969, 2:543–44; Anglo-American Committee of Inquiry 1946, 1:411– 14 (British rejection).

362 National Water Carrier: Author's visit; Siegel 2015:39–40 (Panama Canal); Cohen 2008; Alatout 2008a. Other information from Mekorot website (www.mekorot .co.il).

363 Influences on Howard: Marx 1909, esp. 3:945 ("rift"); Kropotkin 1901 (1898); Morris 1914 (1881); Liebig 1859:176–79 ("be collected"). Howard may have read Hugo.

364 Howard: Clark 2003; Beevers 1988; Evans 1997 (1989):111–13 (aqueduct); Howard 1898 ("new civilization," 10; water plans, 153–67); Howard 1902.

365 Howard and Tel Aviv: Katz 1994.

366 Tel Aviv wastewater: Author's interview, Oded Fixler; Siegel 2015:78–85; United Nations Economic and Social Commission for Western Asia and Bundesanstalt für Geowissenschaften und Rohstoffe 2013; Loftus 2011; Aharoni et al. 2010.

367 Hard vs. soft path: Brooks et al. 2010 ("sustainable future," 337); Brooks et al. eds. 2009; Brooks and Holtz 2009; Brandes and Brooks 2007 ("and attitudes," 2); Gleick 2003 ("both paths," 1527); 2002; 2000 ("freshwater runoff," 128); 1998; Brooks 1993.

368 Israeli soft-path: Author's interviews, Noam Weisbrod, Ittai Gavrieli, Yoseph Yechieli. Siegel 2015:11–12, 46–50, chaps. 4–5 (drip irrigation, water reuse).

369 Red-Dead canal: Author's interviews, Oded Fixler, Nobil Zoubi, Munqeth Mehyar; Donnelly 2014. Government of Jordan 2014; World Bank 2013.

370 Israel hard-soft conflict: Author's visit, interviews, Siegel 2015: 116, Berck and Lipow 2012 (1995):140.

371 Urban growth, water failures: United Nations Population Division, World Urban- ization Prospects (https://esa.un.org/unpd/wup/); United Nations Human Settlements Programme 2016: Table E.2.

372 Fecklessness: Kunkel Water Efficiency Consulting 2017 (Pennsylvania); Milman and Glenza 2016 (30 cities); Water Integrity Network 2016 (overpumped aquifers, 39; KwaZulu, 64; Lixil Group 2016 (India, see web addendum "Findings"); Bundesverband der

Energie- und Wasserwirtschaft 2015 (France); Siegel 2012:190–95 (Israel/Palestine).

373   Veolia in Pudong and Liuzhou: Mann 2007; see also Prud'homme 2012:269–70.

374   Boulding 1964.

375   Loeb's career: Siegel 2015:119-21; Cohen and Glater 2010; Hasson 2010.

376   Growth, potential of desalination: International Desalination Agency 2017:esp. 72–76; Goh et al. 2017; Delyannis and Belessiotis 2010; Delyannis 2005. Desalination plant numbers from International Desalination Agency website (idadesal.org).

377   Almonds and alfalfa: Holthaus 2015.

378   Carlsbad, California desalination, critiques: Author's visits and interviews, San Diego Water County Authority; International Desalination gency 2017: 12–13, 42; Cooley and Ajami 2014; Cooley et al. 2006.

第六章　火：能源

379   Birth and rise of Pithole: Author's visits, Pithole; Knickerbocker and Harper 2009:108–14 (population); Burgchardt 1989:78–82 (population); Darrah 1972, chap. 3 (bars and brothels, 34); Cone and Johns 1870:75–76; untitled description of Pithole, Boston Daily Advertiser, 24 Jul 1865; Viator 1865. Darrah is the classic history of Pithole. See also Crocus 1867. I am grateful to Kent Mathewson for accompanying me to Pithole and the Drake Well Museum.

380   Pennsylvania as first oil patch: Earlier oil wells had been dug in Galicia and Azerbaijan (then controlled by Russia), but they didn't lead to much for a while. Pennsylvania had the first modern wells—drilled by engines, as opposed to dug by hand, and encased in pipes to prevent flooding. And discoveries there led to the creation of today's fossil-fuel industry (Vassilou 2009:195–96).

381   Oil-Dorado and Petrolia: e.g., Cone and Johns 1870; "Fire in the Oil Regions," NYT, 15 Feb 1866.

382   Fire-fighting dredge, prostitute parade: Burgchardt 1989:80; "Crocus," 1867:36-37.

383   Decline and fall of Pithole: Darrah 1972:133–37 (oil wells stop producing), 178–82, 205–31 (281 people, 227; $4.37, 231); Philips 1886; Taylor 1884:14–18 passim.; "Deserted Villages," Boston Daily Advertiser, 21 Oct 1878; Cone and Johns 1870: 82–84; "Story of a Once Famous City," Wisconsin State Register, 26 Jun 1869; "Petroleum Matters," Daily Cleveland Herald, 5 Sep 1865 (end of first Pithole well).

384   Energy demand forecasts: BP 2015 (37% by 2035); IEA 2014b (37% by 2040); World Energy Council 2013 (61% by 2050); Larcher and Tarascon 2015 (100% by 2050).

385   Carboniferous coal formation: Nelsen et al. 2016; : Martin 2013:392–96; Floudas et al. 2012; DiMichele et al. 2007.

386   Early Chinese coal: Dodson et al. 2014.

387   Early history of fossil fuels: Yergin 2008 (1991):7–9; Williams 2006, chap. 7

(deforestation); Richards 2005 (2003):194–95, 227–41; Freese 2004 (2003), chaps. 2–3.

388　Early British coal: Freese 2004 (2003):21–42 (Nottingham, 24); Gimpel 1983 (1976):80–84; Braudel 1981 (1979):367–72.

389　Increase in well-being post-1800: Clark 2007:1–16 ("remote ancestors," 1 [emphasis added]) is a fine summary. Clark makes clear that prosperity was not equal and for all; Malm (2016) focuses on the human costs.

390　Versailles: Williams 2006:164.

391　Jefferson: Hailman 2006:219; Letter, Thomas Jefferson to Thomas Mann Randolph, 28 Nov 1796, in Oberg 2002:211.

392　Transformative power of fossil fuels: Gallagher 2006:192–95; Lebergott 1976:100, 1993, Tables II. 14 and II. 15 (U.S. running water, central heating). Rybczynski (1986) discusses how new heating technologies helped create the modern expectation of a comfortable home; "portable climate" : Emerson 1860:74–75 (I have reversed the order of the sentences).

393　Average U.S. car horsepower: http://www.epa.gov/fueleconomy/fetrends/1975–2014/420r14023a.pdf (Table 3.3. 1).

394　Carll 1890:24.

395　Shares of energy production: IEA 2015b:6.

396　Abundance is problem, not scarcity: I am echoing arguments in Labban 2008:2 and Radkau 2008 (2002):251. Radkau discusses, fascinatingly, pre-industrial worries about what one might call "peak wood" (201–14).

397　Carnegie's lake of oil: Nasaw 2006:76–78; Carnegie 1920:138–39 ("would cease").

398　Standard Oil pessimism: Yergin 2008 (1991):35–36; Chernow 2004 (1998):283–84 ("crazy?"). There was also a small but growing oil industry in Azerbaijan.

399　Pennsylvania peak: Harper and Cozart 1992: Fig. 4.

400　Beaumont: Yergin 2008 (1991):66–79; McLaurin 1902 (1896):459–63.

401　Perception of vulnerability: See, e.g., Shuman 1914; "Liquid Fuels," *Chemical Trade Journal and Chemical Engineer*, 8 Feb 1913 ("it is by no means certain that as the present fields become depleted new ones will be opened"); "Liquid Fuels for the Navy," *Chemical Trade Journal and Chemical Engineer*, 29 March 1913 ("there is no immediate prospect of more plentiful [oil] supplies being found"); Thurston 1901 ("a time must come, and that within a few generations at most, when some other energy other than combustion of fuel must be relied upon," 283). Clayton 2015: chap. 2 and DeNovo 1955 give further examples.

402　Roosevelt at governors' meeting: McGee 1909:3–12 ("the nation," 3; "imminent exhaustion," 6); Clayton 2015:39; Bergandi and Blandin 2012:113–15. The meeting, organized by pioneering forester Gifford Pinchot, was attended by 36 governors.

403　Repeated warnings: Clayton 2015:40–43; Olien and Olien 1993:42–44; Day 1909b (quotes, 460). Unofficially, survey officials were even more pessimistic. In 1919 chief geologist David White warned in a popular magazine that "the peak of production will soon be passed—possibly within three years" (White 1919:385).

404　British coal debate: Jonsson 2014:160–64, 2013, chap. 7; Madureira 2012:399–404; "The Coal Question," *Saturday Review* 21(1866):709–10; McCulloch 1854 (1837):596–600; Holland 1835:454–63; Great Britain House of Lords 1830; Bakewell 1828 (1813):178–81 (2,000 years, 181); Williams 1789:158–79 ("fortunate island," 172).

405　Jevons paradox: Madureira 2012:406–13; Heilbroner 1995 (1953):172–76 passim; Black 1972–81, 1:203 (Gladstone); Courtney 1897 (Mill, 789); Thomson 1881 ("not slowly," 434); Jevons 1866 (paradox of increased consumption, 122–37; "of consumption," 242).

406　British coal peaks, world output rises: U.K. historical coal production: www.gov.uk/government/statistical-data-sets. World historical coal production: Smil 2008:219–21.

407　Churchill advocates oil: Churchill 2005 (1931):73–76. For the later, similar U.S. move to naval oil, see DeNovo 1955.

408　Government buys BP: Jack 1968; Statement, W. Churchill, in Great Britain House of Commons 1913:1465–89 ("we require," 1475).

409　British involvement in Iran: Yergin 2008 (1991):118–33; Zirinsky 1992.

410　Race to control Middle East supplies: Yergin 2008 (1991):160–89 is a good overview. Also useful are Dahl 2001; Marzano 1996; Shwadran 1977:2; Cohen 1976; Mejcher 1972; DeNovo 1955.

411　U.S., Russia oil production: Ferrier 2000 (1982), 1:638.

412　U.S. oil production 1920–29: "U.S. Field Production of Crude Oil," Energy Information Agency; "U.S. Ending Stocks of Crude Oil," Energy Information Agency (both at www.eia.gov).

413　Russia and Venezuela: Maugeri 2006:30–32.

414　Newspaper search: The archive was at www.newspapers.com.

415　Newspaper warnings: "Nation Faces Oil Famine," *Los Angeles Time*s, 23 Sep 1923 ("the nation"); "Oil Famine Within Two Years Is Scouted by Students of Industry," *Houston Post-Dispatch*, 12 Dec 1924 ("two years"); Stevenson 1925 ("twenty years"); R. Dutcher, "Prices of Oil Are Kept Down Only by Vast Overproduction," *Times-Herald* (Olean, NY), 13 Feb 1928 ("of oil").

416　The best general histories of solar power I have come across are Perlin 2013; Madrigal 2011; Kryza 2003. Also useful are Johnson 2015 (emphasizing the connection to fossil-fuel fears I focus on here); Perlin 2002; Hempel 1983.

417　Mouchot's early life: Pottier 2014; Quinnez 2007–2008; Bordot 1958; Mouchot 1869a:193 ("expectations").

418　French coal fears, Mouchot's solution: Jarrige 2010:86–88; Mouchot 1869a:214–15 ("do then?"), 230–31 ("mechanical applications"). See also Kryza 2003:151–53.

419　Early solar use: Perlin 2013:3–35, 57–78 (ancient China, 3–8; ancient Greece, 13–14; Vitruvius, 23; Pompeii, 32); de Saussure 1786, 4:36–48, 261–63 ("through glass").

420　Early use of burning mirrors: Perlin 2013:36–55. In a probably apocryphal incident, the Greek mathematician Archimedes used parabolic mirrors to burn up an attacking Roman fleet (Kryza 2003:37–48).

421　Mouchot's first research: Pottier 2014; Simonin 1876:203; Ebelot 1869; Mouchot 1869a:193; 1869b; 1864. A number of Italian researchers had similar ideas before Mouchot, but apparently they didn't actually build any solar engines (Silvi 2010).

422　Experiments in Paris and Tours: Pottier 2014; Perlin 2013:88–91; Jarrige 2010:88–89; Quinnez 2007–2008:306–9; Simonin 1876:204–9 ("the sky," 204); Bontemps 1876:105–7; Mouchot 1875. Simonin, the journalist, was a longtime solar enthusiast (Jarrige 2010:87).

423　Comparison with coal: Anonymous 1870:310–11 ("of coal"). The engineer was Paul-Théodore Marlier (Mémoires et Compte Rendu des Travaux des Société des Ingénieurs Civils de France 21 [1873]:54, 64). A flotilla of Mouchot solar engines big enough to run a factory would cover 100,000 square feet, a big area in an urban setting (Perlin 2013:91).

424　Algeria and exhibition: Pottier 2014; Perlin 2013:92–95 ("in the world"); Jarrige 2010:89–91; Quinnez 2007–2008:309–16.

425　Mouchot gives up: Jarrige 2010:92. His assistant, Abel Pifre, took over for a few years, eventually constructing a solar-powered printing press (Quinnez 2007–2008:316–18; Collins 2002; Pifre 1880; Crova 1880).

426　Britain's steam-engine growth: Tunzelman 2003 (1986):74–78.

427　Mouchot's last years (footnote): Pottier 2014; Quinnez 2007–2008:319–20; Bordot 1958; "Louis [sic] Mouchot in Poverty," NYT, July 27, 1907.

428　Ericsson's solar projects: Johnson 2015:22-31; Perlin 2013:99–108 ("mere toy," 104); Kryza 2003:106–23; Collins 2002; Hempel 1983:47–50; Church 1911 (1890), 2:260–301 ("the solar rays," 265; "and complex," 271); Anonymous 1889 ("should go on," 191); Ericsson 1888 ("perfected"); "The Coal Problem and Solar Engines," NYT, 10 Sept 1868.

429　Ericsson's vision: Ericsson 1870 (all quotes). Ericsson admitted that not all of the Earth got enough sunlight for his engines. But the suitable area included a band "from northwest Africa to Mongolia, 9,000 miles in length and nearly 1,000 miles wide" and an equivalent sunbelt in the Americas, enough to permanently change the human condition.

430　Lovins and soft path: Parisi 1977; Yulish 1977; Lovins 1976. Lovins did not indicate a source for the term "soft," but may have taken it from Robert Clarke (1972).

431　Winsor and Gas Light and Coke Company: Tomory 2012:121–238 ("of the world," 121; 30,000 lamps, 234); Mokyr ed. 2003 2:393–94 (Baltimore).

432　Pasadena and Cairo installations, Massachusetts textbook: Johnson 2015:41–57, 64–69; Perlin 2013:109– 17, 129–42; Kryza 2003, chaps. 1, 3–5, 8 (a fascinating account); "Rev. Charles Henry Pope," Cambridge Tribune, 23 Feb 1918; "American Inventor Uses

Egypt's Sun for Power," NYT, 2 Jul 1916; Pope 1903.

433　　Father Himalaya and Pyrheliophoro: Tinoco 2012; Pereira 2005; Rodrigues 1999; Graham 1904; "Father Himalaya and the Possibilities of His Prize-Winning Pyrheliophor," NYT, 12 Mar 1904; "Pyrheliophor, Wonder of St. Louis Fair," NYT, 6 Nov 1904 ("necessary to lie").

434　　Hubbert's life: The principal sources are Inman (2016) and HOHI.

435　　Hubbert and Technocracy: Inman 2016:35–121 passim; Yergin 2012 (2011):236 (Great Engineer); [Hubbert] 2008 (1934) (principal text); Session 4, 17 Jan 1989, HOHI; Akin 1977 passim. The Technocracy Study Course was anonymous, but Inman (2016:344n) makes a convincing case for Hubbert's authorship.

436　　*Technocracy Study Course*: [Hubbert] 2008 (1934) ("essentially different," 99; "135,000,000 people," 158; "North American Continent," 220).

437　　Hubbert quits Technocracy: Inman 2016:120–21 ("Technocracy meeting").

438　　Hubbert vs. Stanford geologist: Inman 2016:114–18; Levorsen 1950 (1.5 trillion, 99); Session 6, 23 Jan 1989, HOHI ("of oil"); Hamilton 1949 ("metaphysics"). The Stanford geologist was A. I. Levorsen (see chapter 8). Hubbert appended a sketch of his curve and predicted the peak in 50–75 years (Levorsen 1950:104).

439　　State of geology: Oreskes 2000.

440　　Pratt 1952:2236.

441　　Hubbert publishes formal model: Hubbert 1949 (all quotes). The model was revised and expanded in Hubbert 1951.

442　　Hubbert and petri dish: Hubbert made the comparison explicitly in Hubbert 1962:125–26. See also Hubbert 1938.

443　　Hubbert's Gause-like curves: Hubbert 1951 ("matter and energy," 271; "to zero," 262). Hubbert's "curve-fitting" method is dissected in Lynch 2016:75–82; Sorrell and Speirs 2010.

444　　Hubbert moves to Shell: Session 4, 17 Jan 1989; Session 5, 20 Jan 1989, HOHI. Inman (2016:73–98) recounts his life between Columbia and Shell.

445　　Shell's unhappiness: Session 7, 27 Jan 1989, HOHI ("parts out?").

446　　Hubbert predicts peak: Hubbert 1956. Later Hubbert predicted the peak "should occur in the late 1960's [or] early 1970's" (Hubbert 1962:73). See also Priest 2014:50–52.

447　　Peak in 1970: U.S. Field Production of Oil (1859–present), Energy Information Agency, available at www.eia.gov.

448　　Hubbert, McKelvey, Udall: Author's interviews, Priest; Inman 2016:183–86, 212–13, 267–70; Priest 2014 (fight with McKelvey, 53–63; "McKelvey out," 66; "ninety-eight-year history," 67); interview, David Room (Global Public Media) with Udall, 8 Feb 2006, transcript at www.mkinghubbert.com ("a Hubbert man").

449　　Oil blockades: Overviews include Clayton 2015:106–16; Mitchell 2011, chap. 7; Yergin 2008 (1991):570–614; Bryce 2008:93–97; Adelman 1995:99–117 (see esp. Table 5.4);

Grove 1974 ("Oil Age," 821). Previously, during the 1967 Arab-Israeli war, half a dozen Arab nations launched an oil embargo. It had next to no effect, because the U.S. then still produced much of its own oil.

450　Impact of price controls: Author's interview, Michael Lynch; Lynch 2016:33–36; Hamilton 2013:13–15; Bryce 2008:93–95; Adelman 1995:110–17 ("The shortages were created entirely at home, the result of price controls and allocations," 112). Bryce (2008:95) notes that U.S. oil companies had big stockpiles of oil that they did not want to refine into gasoline, because price controls ensured they would lose money on every gallon.

451　*Limits to Growth*: Meadows et al. 1972; Schoijet (1999:518–19) says William Behrens, one of the coauthors, used Hubbert's work as a starting point. See also Inman 2016:232–35; Sabin 2013:86 ("*Limits to Growth*").

452　Shortage rumors: Salmon: "Salmon Shortage," *The Times* (San Mateo, CA), 9 Nov 1973; Cheese: Associated Press 1974; Onions: Charlton 1973; Raisins: "New Breakfast Blow: Raisin Shortage Hits," *Milwaukee Journal*, 2 Feb 1977; Toilet paper: Lynch 2016:33; Malcolm 1974. The Japanese shortage was experienced by the author's wife and her parents, who lived in Japan at the time.

453　Carter speech: J. Carter, Speech to nation, 18 April 1977, in Public Papers of the Presidents of the United States: Jimmy Carter, Book I, January 20 to June 24, 1977, 655–61. Washington: U.S. Government Printing Office.

454　Hubbert limit in 1995: Grove 1974:821.

455　Carter boosts coal: Blum 1980 ("The policy of the Carter Administration is to burn three times more coal by the year 1995," 4); Carter 1977a, b. Carter called the energy crisis the "moral equivalent of war." Critics seized the acronym and referred to his program as MEOW.

456　Historical oil prices: http://inflationdata.com/Inflation/Inflation_Rate/Historical_Oil_Prices_Chart.asp.

457　Kern River output, reserves: Reserve figures from OGJ and the California Division of Oil, Gas, and Geothermal Resources (Marilyn Tennyson, USGS, pers. comm.). Also useful: Tennyson et al. 2012; Takahashi and Gautier 2007 (first drilling, 6–9); Adelman 1991:10–11; Roadifer 1986; "U.S. Fields with Reserves Exceeding 100 Million Bbl," OGJ, 27 Jan 1986. I am grateful to Sarah Yager at the Atlantic Monthly for helping me sort through these numbers and contacting Dr. Tennyson.

458　1998 blowout and aftermath: Waldner 2006; Singer 1999.

459　Adelman 2004:17.

460　Victorian Internet: Standage 2013 (1998) ("of information," xvii–xviii).

461　Smith and selenium: Perlin 2013:302–4; 2002:15– 16; Smith 1891:310–11 ("in the morning"), 1873a, b. One source says that the actual discovery was made by a telegraph clerk, who then told Smith (Anonymous 1883).

462　Adams and selenium: Adams and Day 1877; 1876 ("of light," 115).

463　Fritts's selenium panels: Perlin 2013:305–8 ("at that time," 307); Fritts 1885,

1883. Several other inventors received patents on "solar cells" at about this time, but none seem actually to have built them.

464　Einstein's papers: Pais 1982 (photoelectric effect, 380–86). Later that year a fifth paper introduced the famous equation, $E = mc^2$. The term "photon" was coined in 1926.

465　Chapin's test: Perlin 2002:26.

466　Development of transistor: Isaacson 2014:136–52; Riordan and Hoddeson 1998; Hoddeson 1981.

467　Fuller and Pearson invent silicon panels: Johnson 2015:137–51; Perlin 2013:310–25; 2002:25–36 ($1.43 million, 35). Fuller and Pearson built upon earlier work by Russell Ohl. The gold-leaf comparison uses 1,200 sq. ft. as the average size of a suburban home in the 1950s and $35 as the price of gold.

468　Oil shocks as solar catalyst: Johnson 2015:179–80; Jones and Bouamane 2012:16–18; Fialka 1974.

469　Sunlight, human energy use: Solar incidence and reflection taken from the foundational Sørensen (2011 [1979] :174); human use from IEA 2014b:48. The ratio of incident sunlight to human consumption depends on the estimate of the latter; some researchers (e.g., Pittock 2009 [2005] :177) say that the sun produces ca. 10,000 times human energy production. See also Smil 2008, chap. 2. Morton (2015:62–71) has an elegant popular discussion.

470　Counterculture and solar: Johnson 2015:185–90; Baldwin and Brand eds. 1978 ("even lovable," 5); Lovins 1976; Commoner 1976 ("be possessed," 153); Grove 1974:792–93 (Hubbert backs solar). Commoner's "concept of solar energy utilization as naturally conducive to democracy became a central tenet of 1970s energy politics" (Johnson 2015:203). Similarly, Earth Day organizer Denis Hayes claimed in Rays of Hope that peak oil would lead to a "post-petroleum age" of solar-powered liberty (Hayes 1977). These arguments were anticipated by Pope (1903:139, 154) and Huxley (1993 [1939] :148–65ff.).

471　The Pentagon, Big Oil, and photovoltaics: Johnson 2015:156–74; Nahm 2014:55–61; Lüdeke-Freund 2013 (BP); Jones and Bouamane 2012:14–16, 21–38, 51–53 (Exxon and Mobil, 23–24); Perlin 2002:41–46 (space), 61–69 (70%, 68). Non-petroleum firms made PV for space and offshore platforms before Big Oil stepped in; the petroleum companies set up the first firms that manufactured terrestrial solar panels. Not all the financial muscle behind PVs was tied to oil: In 1999 the then-biggest U.S. solar firm, First Solar, was acquired by the investment arm of the Walton family, which owns Wal-Mart. In Europe and Japan PVs were the province of huge electronics firms like Siemens and Sharp.

472　Campbell and Laherrère: Campbell and Laherrère 1998 ("Before 2010," 79; "of it" , 81; "nations depend," 83). They didn't use the term "peak oil," which was not coined until 2002.

473　Peak-oil predictions: Clayton 2015:155 (Pickens); Bush, G. W. 2008. Statement, World Economic Forum, 18 May, available at georgewbush-whitehouse.archives.gov ("oil is limited"); Simmons 2005:xvii ("irreversible decline"); Kunstler 2005: 26

（"unimaginable austerity"）.

474　Public fears of peak oil: Clayton 2015:159 (highest price, 78 percent); Kemp 2013 (83 percent); Swartz 2008（"take care of that"）; Sesno 2006 (three-quarters); "a given time"：DeLillo 1989:66.

475　Modi bio: Price 2015（"religious freedom," 207); J. Mann 2014. The visa decision was reversed in 2014.

476　Efficiencies of photovoltaics, coal: The National Renewable Energy Laboratory tracks efficiency improvements over time at www.nrel.gov/ncpv/; for coal, see IEA (Coal Industry Advisory Board) 2010:90 (Table II.7). Mann 2014 (costs of CCS); Prieto and Hall 2013 (low solar efficiency).

477　Cost of solar and coal plants: Bolinger and Seel 2015; Energy Information Agency 2013. The EIA (2013:6) estimated the capital cost of a single-unit advanced PC coal plant at $3.25/watt; Bolinger and Seel (2015:13), of Lawrence Berkeley Laboratory, put the median price of a utility-scale photovoltaic plant at $3. 10/watt. These are snapshots of a moving, vaguely defined target.

478　India solar-power share: Installed/Derated Capacity of Gujarat, Gujarat Energy Transmission Corporation (31 Jul 2015), available at www.sldcguj.com (5%); Bhat 2015 (10%); Power Grid Corporation of India 2013 (35%).

479　India energy storage: Author's visit, interviews, Gujarat; Choudhury 2013; Muirhead 2014.

480　German energy-storage projects: Department of Energy Global Energy Storage Database, available at www.energystorageexchange.org.

481　Crescent Dunes: Author's visit, interviews; Crescent Dunes production and Nevada energy data from Electricity Data Browser and Nevada State Profile, both at www. eia.gov. Basin and Range critiques: www.basinandrangewatch.org. Beetles: "Endangered and Threatened Wildlife and Plants; 12-Month Finding on a Petition to List Six Sand Dune Beetles," 77 Federal Register 42238 (18 Jul 2012). Concentrated solar power and storage was pioneered in Spain, but these projects did not store enough power to last an entire night.

482　Prophets protest renewables: Author's interviews, Center for Biological Diversity; Montgomery 2013, Woody 2012 (Mojave); Clark 2013 (England); Griffin 2014 (Ireland); Ouellet 2016 (Canada); Hambler 2013（"climate change"）; Nienaber 2015, Hollerson 2010 (Germany).

第七章　气：气候变化

483　Great Oxidation Event: Author's conversations, Margulis; Schirrmeister et al. 2016; Lyons et al. 2014; Bekker et al. 2004. Some have argued that the evidence for mass death is weak, contra Margulis (Lane 2002, chap. 2); Margulis's version is Margulis and Sagan 1997 (1986):99–113（"holocaust," 99). Technically, the name "Oxygenation Event" should be used. Cyanobacteria were initially vulnerable to increasing oxygen, but quickly evolved mechanisms to cope with it.

484　Fourier's life: Christianson 1999: Chap. 1 (box, 3); Fleming 1998:62–63 ("all of space," 63). Herivel 1975; Grattan-Guinness 1972: esp. 1–25, 475–90.

485　Fourier's climate papers: Fourier 1824, 1827 ("innumerable stars," 569; "polar regions," 570). Useful analyses include Pierrehumbert 2004; Fleming 1998:55–64. In the previous century scientists had proposed that heat was a substance, sometimes called phlogiston or caloric. In 1804 Benjamin Thompson, Count Rumford, disproved this notion. At about the same time William Herschel discovered that there was more to sunlight than the visible spectrum. Fourier built on these findings.

486　"Greenhouse effect" (footnote): Hay 2013:264; van der Veen 2000; Mudge 1997; Von Czerny 1881:76. French physicist Claude Pouillet compared the atmosphere to a greenhouse in 1838, but didn't actually use the word "greenhouse." Instead he talked of "diathermanous screens" of glass, attributing the comparison, incorrectly, to Fourier (Pouillet 1838).

487　Tyndall's life: Hulme 2009a; Weart 2008 (2003):3–5; Bowen 2005:81–87; Fleming 1998:65–74; Eve and Creassey 1945.

488　Discovery of the Ice Ages: Rudwick 2008: esp. chaps. 13, 34–36.

489　Tyndall's work: Tyndall 1861 ("81 per cent," 178; "absorption of 15," 276; "geologists reveal," 276–77).

490　Water vapor's big punch: I am indebted to Raymond Pierrehumbert and Rob DeConto for help in this section. See also Pierrehumbert 2011.

491　Foote (footnote): Sorenson 2011; Reed 1992:65–66; Foote 1856.

492　CO_2 measurements: Mudge 1997: Fig. 1; Crawford (1997:9) lists some prominent examples.

493　Careers of Högbom and Arrhenius: Christianson 1999:105–09; Fleming 1998:74–75; Crawford 1997; Hawkes 1940.

494　Högbom's CO_2 research: Crawford 1997:7–8; Berner 1995; Arrhenius 1896:269–73 ("very great," 271).

495　Arrhenius's year of calculation: Weart 2008:5–6; Christianson 1999:113–15; Crawford 1997 ("full year," 8); Arrhenius 1896 ("tedious calculations," 267). The U.S. scientist was Samuel P. Langley, who first described the CO_2 spectral lines (Langley 1888). Arrhenius's wife, Sophie Rudbeck, was a theosophist, an anti-smoking activist, and linguistic reformer who wrote only with a special phonetic alphabet; intent on her own work, she refused to be Arrhenius's assistant. Arrhenius, a man of his time, did not take this well.

496　Arrhenius's estimate: Arrhenius 1896 (he also published a Swedish version). I have slightly simplified his assessment. His values were not far from present estimates, mainly by luck.

497　Crawford 1997:11.

498　Critiques of Arrhenius theory: Fleming 1998:111–12; Mudge 1997:14–15; F.W.V. and C.A. 1901; Ångström 1900 ("Arrhenius did," 731 [quotation from translation by Peter

L. Ward〕). Ångstrom was backed by Charles Greeley Abbot, director of the Smithsonian Astrophysical Observatory, who improved his measurements (Abbot and Fowle 1908, esp. 172–73).

499　Ice-age theories (and footnote):Weart 2008: 10– 18, 44–48, 72–75, 126–28; Fleming 2007:68–69 ("on the climate"). For a brief biography of Simpson, see Gold 1965. In 1941 the prominent climatologist William Jackson Humphreys was equally scornful: "No possible increase in atmospheric carbon dioxide could materially affect either the amount of insolation reaching the surface or the amount of terrestrial radiation lost to space" (quoted in Fleming 1998:112).

500　Warmer winters: Fleming 1998:118-21. The trend was remarked upon in the popular press, but received little academic study. Among the few efforts was Kincer 1933.

501　Callendar's life: Hulme 2009b:48–53; Fleming 2007, esp. 1–32; Callendar 1939:16 ("such a change").

502　Arrhenius's approximations: Arrhenius 1896 ("as if," "is introduced," 241; "to assume," 252; "not differ," 256).

503　CO_2 and H_2O absorption: I skip some nuances for the sake of readability, hoping that doing so will not mislead the reader. For example, the image depicts the absorption of radiation in the upper atmosphere, where the gaps in the watervapor spectrum are clearest. Closer to the surface, the spectral bands smear out, something not understood until the early 1950s (Weart 1997:333–34). The best simple explanation I have encountered is Richter 2014 (2010): chap. 2.

504　Callendar's views, criticisms: Fleming 2007: chap. 5, 1998:114–18; Weart 1997: 324–32; Callendar 1938 ("deadly glaciers," 236; critical quotes, 237-40). Ultimately, Callendar wrote 38 papers on climate change (Fleming 2007:99–108).

505　Military boosts atmospheric science: Doel 2009:151–58; Weart 2008:54–56, 1997:332–43; von Neumann 1955 ("climatological warfare"); Kluckhohn 1947 ("dominate the globe"). For the Pentagon's special interest in polar climate change, see Sörlin 2016 (2013):40–47; Doel 2009:142–47.

506　Revelle and Suess: Fleming 1998:122–28; Weart 1997:339–47; Revelle and Suess 1957 ("in the past," 19). Similar work was performed at almost the same time by Harmon Craig and the team of James Arnold and Ernest Anderson, but Revelle and Suess, right or wrong, got most of the credit.

507　Keeling's life: Bowen 2005:110–24; Keeling 1998 ("distressed about," 27; "had been enough," 29; "backyard incinerators," 33).

508　Keeling measures CO_2: Hulme 2009b:54–56; Keeling 1998:32–46, 1978, 1960; Weart 1997:350–53. As a check, Keeling set up a second station in equally remote Antarctica.

509　CO_2 data: R. F. Keeling et al., "Scripps CO_2 Program" (available at scrippsco2. ucsd.edu).

510　Revelle and Suess 1957:26 (emphasis mine).

511　"A Warmer Earth Evident at Poles," NYT, 15 Feb 1959. See also Fleming 1998:118-21; Weart 1997:319–20.

512　DeConto and Pollard: DeConto and Pollard 2016. Previdi and Polvani (2016) later came to roughly similar conclusions.

513　PCC and Antarctic ice: Previdi and Polvani 2016 (little previous evidence of melting); Church et al. 2013 (IPCC), esp. Fig. 13.27, Table 13.3.

514　Climate change as moral conundrum: Jamieson 2014 ("of morality," 156); Gardiner 2011.

515　17th-century Manhattan: Jamieson 2014:173; Sanderson 2009. Hans Jonas (1984) has argued that these paradoxes mean that we must construct an entirely new morality.

516　Weitzman: Weitzman 2007 ("paternalistic," "future utility," 707; "of the world", 712).

517　Discount rate: The discount rate is a composite of several parameters: the relative importance of future benefits; attitudes toward risk; uncertainty about the future; and the potential inequality between members of different generations. For the sake of simplicity, I focus on the first.

518　Chichilnisky: Chichilnisky 1996 ("an apartment," 235; "of the present," 240).

519　*Children of Men* scenario: Scheffler 2013, 2013:38–42 ("our own deaths," 75–76; "of altruism," 79). One of my sentence rephrases a sentence in the introduction by Niko Kolodny.

520　Jamieson 2014: 111.

521　Feedback: Feedback loops were recognized by Arrhenius, but meaningful efforts to assay their impact did not occur until the 1950s and 1960s, e.g., Möller 1963.

522　Butterfly effect: Lorenz 1972.

523　Lorenz's "glitch": Gleick 1988:11–31; Lorenz 1963. See also Weart's webpage "Chaos and the Atmosphere" at www.aip.org. In the 1970s, mathematicians came across Lorenz's discovery, and it became a foundation stone for the new discipline of chaos theory.

524　Colorado conference, challenge of instability: Weart 2008 (2003):8–11, 58–61 ("by definition," 10; "statistical average," 59); R. Revelle et al., "Atmospheric Carbon Dioxide," in United States President's Science Advisory Committee 1965:111–33 (Appendix Y4). In March 1963 the Conservation Foundation held a smaller conference, "Implications of Rising Carbon Dioxide Content of the Atmosphere."

525　Climate science conflicts with rest of academia: Allan et al. 2016; Jamieson 2014:25–28; Guillemot 2014; Hulme 2011; P. N. Edwards 2011.

526　Bryson: Peterson et al. 2008:1325–28; Weart 2008 (2003):63–79ff.; Wineke 2008; Hoopman 2007.

527　Rasool and Schneider: Rasool and Schneider 1971 ("an ice age", 138); Cohn 1971 ("five to ten"). See also Schneider 2009:17–21; 2001.

528　Warnings on global cooling: Mathews 1976 ("Climate?"); Ponte 1976;

Will 1975 ("of the century"); Gwynne 1975 ("Cooling World"); Ehrlich and Ehrlich 1974:28; Colligan 1973 ("Ice Age"). See also Boidt 1970. Wrap-ups are in Peterson et al. 2008; Bray 1991. Gwynne later retracted his story (Gwynne 2014). Two weeks after quoting Rasool, the Post reported that a second MIT expert panel had dismissed all climate fears, warming and cooling alike (Sterling 1971; Study of Critical Environmental Problems 1970). Remarkably, Bryson's preface to Ponte (1976) says, "There is no agreement on whether the earth is cooling." See also Morton 2015:274–79.

529   CIA report: Central Intelligence Agency 1974:26–42. Annex II is labeled "Climate Theory" but devoted entirely to Bryson's ideas; it cites British meteorologist H. H. Lamb's mistaken claim that most scientists then favored cooling.

530   Cooling/warming papers: Peterson et al. 2008. At the time, according to Norwine (1977:9), "most" climatologists believed that impacts were "in the direction of surface warming, not cooling" (see also Norwine:13, 25–27). Still, a National Academies of Science panel hedged its bets (United States Committee for Global Atmospheric Research Program 1975:186–90).

531   Schneider redoes calculations: Schneider 2009:42–43; Kellogg and Schneider 1974 ("estimate," 1167). See also Schneider 1975: 2060.

532   Mount Agung: Peterson et al. 2008:1328–29; Hansen et al. 1978. Although some at the time were skeptical of Hansen et al.'s calculations, most regard them today as essentially correct (Self and Rampino 2012; Self et al. 1981).

533   Hansen testimony and its impact: Pielke 2011 (2010):1–3; Hulme 2009b:63–66; Weart 2008:149–50; Fleming 1998:134–35; Usher 1989; McKibben 1989; Hare 1988 ("act now," 282); Shabecoff 1988; Weisskopf 1988; United States Senate 1987–88: 2:39–80 (Hansen quotes; emphasis added, from watching video of the event). Numbers of climate-change articles from Web of Science, updating Goodall 2008: Fig. 1. Wirth's schemes: Interview, Tim Wirth, PBS Frontline, available at www.pbs.org/wgbh/pages/frontline/hotpolitics/interviews/.

534   Logical culmination: Environmental leaders agree. "In recent years, the environmental movement has morphed steadily into the climate-change movement" (McKibben 2007:42). See also Brand 2010 (2009):1.

535   Environmental consensus: Allitt 2014:67–79; Sabin 2013:44–52 ("beyond factions," 46); Sills 1975 ("radical left," 4); Soden ed. 1999: Table 5.5 (major bills).

536   New eco-threats: Oreskes and Conway 2010: chaps. 4–5 (ozone, acid rain); Robock and Toon 2010 (nuclear winter); Environmental Protection Agency 2004 (acid rain); Morrisette 1989 (ozone); Levenson 1989:214–18 (nuclear winter).

537   Dysfunctional dance: Allitt 2014 (initial environmental claims often exaggerate, 49–61; "were manageable," 12–13); Simpson 2014 (initial cost estimates often exaggerate). See also Sabin 2013; Harrington et al. 2000; Mann and Plummer 1998.

538   NRC estimate: Wagner and Weitzman 2015:50; Nierenberg et al. 2010:320–25; Schmidt and Rahmsdorf 2005; Charney et al. 1979:16. A second report in 1979 from the

defense program JASON concluded that doubling CO_2 would lead to a 2–3℃ increase (MacDonald et al. 1979).

539　Climate sensitivity: Freeman et al. 2015; Wagner and Weitzman 2015:12–14, 35–36, 48–56, 176n, 179–81n; Roe and Baker 2007 (showing that large uncertainty is "an inevitable consequence of a system where the net feedbacks are substantially positive," 631); Hulme 2009:46–48. To be fair, some of the uncertainty is due to our inability to predict human actions—how fast we will dump CO_2 into the air, for instance, and how much deforestatioin we will cause.

540　Bumpers and Domenici: United States Senate 1987–88:37 (Bumpers), 157–58 (Domenici).

541　Hebei: Author's visit, interviews.

542　China coal pollution: Vogmask.cn (mask); "Chinese City of Harbin Blanketed in Heavy Pollution," Agence France Presse, 21 Oct 2013; advertisement, Beijing Times, 24 Oct 2013 ("Taking Action!").

543　China coal use: IEA 2016; Best and Levina 2012:7; Wang and Watson 2010:3539.

544　Health costs of coal to China: Cohen et al. 2017; Chen et al. 2013 (life expectancy); Shang et al. 2013 (Fig. 5b, city mortality); Anderson 1999: Table 22 (cancer impact).

545　India pollution: Mann 2015; Lelieveld et al. 2015.

546　U.S. coal deaths: Caiazzo et al. 2013; Schneider and Banks 2010.

547　Coal and petroleum shares of emissions: IEA 2015a:xv (Figs. 6, II-2). See also Nordhaus 2013:158 (calculating a similar estimate with data from Oak Ridge Labora- tory's Carbon Dioxide Information Analysis Center).

548　China and U.S. coal and petroleum use: China Statistical Yearbook 2016, available at www.stats.gov.cn/tjsj/ndsj/2016/indexeh.htm; Energy Information Agency Annual Energy Outlook 2017, available at www.eia.gov/outlooks/aeo/. About 3% of Chinese coal consumption is at the household level.

549　Vehicles and households: Vehicles: International Organization of Motor Vehicle Manufacturers, available at www.oica.net. About a fifth of them are in the United States. Households: Author's interviews, Population Reference Bureau.

550　Coal-plant numbers: Pers. comm., Paul Baruya, IEA Clean Coal Centre (existing plants); pers. comm, Antigoni Koufi, World Coal Association (planned coal plants); Global Coal Plant Tracker (endcoal.org/tracker/). The U.S. has 491 big coal power plants (Energy Information Agency, www.eia.gov), 130 steel plants (American Iron and Steel Institute, www.steel.org), and 107 cement factories (the Portland Cement Association, www. cement.org).

551　See, e.g., Nordhaus 2013:160; Keith 2013:37.

552　Black carbon: Bond et al. 2013; Streets et al. 2013; Menon et al. 2010.

553　CCS: Overviews include Liang et al. 2016; Shakerian et al. 2015; MacDowell et al. 2010. This section is drawn from Mann 2014.

554   Parasitic costs, efficiency: Cebrucean et al. 2014:21; Wald 2013; Cormos 2012:444; IEA 2012:9 (average coal efficiency is "under 30% to 45%"); Carter 2011:5; MacDowell et al. 2010:1647; Haszeldine 2009:1648; Ansolabehere et al. 2007:ix (3 mil- lion tons/yr).

555   Indians without electricity: Mayer et al. 2015:9 (citing 2009–10 National Sample Survey); Kale 2014:178 (citing 2011 India census).

556   India coal mortality: Brauer et al. 2016 (1.3 million); Chowdhury and Dey 2016 (~5-800,000). Another study argues that the yearly fatality tally is ~80,000 people a year in Mumbai and Delhi alone (Maji et al. 2017).

557   Nuclear supporters: Brand 2010 (2009):85–89. Brand lists some Prophets who grudgingly endorse nuclear power, too.

558   Capacity factors, cost per kilowatt-hour, death rates: Hirschberg et al. 2016, Figs. 2, 10A; Brook and Bradshaw 2015: Table 1; Energy Information Administration 1990 (Tables 6.7.A, B in 2016 ed.); Energy Information Administration 1970 (Table 8.4, 2016 ed.). Burgherr and Hirschberg's mortality analysis (2014: Fig. 8A) shows new- model nukes with fewer deaths per gigawatt-year than any other power source; old- model nukes were second, behind wind-power installations (a few wind workers die by falling off the high towers). Fukushima: United Nations Scientific Committee on the Effects of Atomic Radiation 2016.

559   Land use: Brook and Bradshaw 2015: Table 1; Hernandez et al. 2014; McDonald et al. 2009 (Nature Conservancy study).

560   French nukes: http://data.worldbank.org/indicator/EN.ATM.CO2E.PC (per-capita emissions); http://www.world-nuclear.org/information-library/country-profiles/ countries-a-f/france.aspx (exports, electricity prices); http://www.world-nuclear. org/information-library/facts-and-figures/nuclear-generation-by-country.aspx#. UkrawYakrOM (nuclear share of electricity); Brand 2010:111.

561   Wizards' critique of renewables: A fine example is Frank 2014.

562   CCS projects: Global CCS Institute (www.globalccsinstitute.com); Willberg 2017 (Saskatchewan); Joint Statement by G8 Energy Ministers, Aomori, Japan, 8 Jun 2008, http://www.g8.utoronto.ca/energy (quotes). Several CCS coal projects have failed, notably a Mississippi plant that in 2017 gave up CCS and switched to natural gas after spending $7.5 billion.

563   Mountaintop removal: Epstein et al. 2011; Palmer et al. 2010.

564   Coal-mine fires: Author's visit, Jharia; Stracher et al. 2011–15.

565   Georgia, South Carolina nukes: Plumer 2017. The Watts Bar Unit 2 plant in Ten-nessee, switched on in 2016, cost just $4.5 billion, but most of the plant was built in the 1970s and mothballed. Construction resumed in 2007.

566   Amount of high-level waste: International Atomic Energy Agency 2008: Table 5. I have extrapolated from these 2005 figures, using their estimate of 12,000 tons/year (14). The number of operating reactors worldwide has not changed dramatically in the intervening years. For the number of nukes, see the World Nuclear Association (www.world-nuclear.org).

In all cases I have converted metric to imperial units.

567   Factor of a million: By far the most important components of high-level waste are strontium (90Sr) and cesium (137Cs), both with half-lives of about 30 years. A physicist's rule of thumb is that every 20 half-lives corresponds roughly to a million-fold reduction in radioactivity. 90Sr and 137Cs would hit that level after 600 years. I thank Alan Schwartz for reminding me of this rule of thumb.

568   Jacobson-Delucchi road maps: Jacobson et al. 2015a, b (list of projects, 2114–15); Jacobson and Delucchi 2011a, b, 2009. Criticisms are gathered in Clack et al. 2017.

569   Smil's critiques: Smil, pers. comm.; Smil 2011a; Smil 2008:380–88.

570   Sweden: Pierrehumbert 2016.

571   Mount Katrina: Author's visits, interviews (especially Dane Summerville, Army Corps of Engineers); Mann 2006.

572   Coastal city studies: Hallegatte et al. 2013 (population, supp. inf.); Joshi et al. 2015 ($2.9 trillion); Hinkel et al. 2014 (9.3%GDP); Jongman et al. 2012 (1 billion people). There are many other studies, almost all with results in this line.

573   Big cultural losses: Nordhaus 2013:108–13; Coletta et al. 2007.

574   Shanghai: Author's visit; Fuchs 2010:3-4; Xu et al. 2009.

575   Protecting Chicago: Adelmann 1998; Cain 1972.

576   Venice protection, population: Ross 2015; Magistro 2015; details at www.mosev-enezia.eu.

577   Asian coastal flood risks: Fuchs 2010 (second report, 3).

578   Pinatubo: Morton 2015, chap. 3 ("the Sahara," 85); Hansen et al. 1992; Newhall and Punongbayan 1997. This was not the Philippines eruption used earlier by Hansen and his colleagues to study global cooling, but another one.

579   Warming since 1880: GISS Surface Temperature Analysis, NASA Goddard Institute for Space Studies (data.giss.nasa.gov/gistemp/); Clark 1982:467, updated at ESS-DIVE (lbl.gov).

580   Droplet size: Morton, pers. comm.; Morton 2015:85 ("the Sahara"); Keith 2013:88–94.

581   Regional airlines: www.ryanair.com (Facts and Figures); www.alaskaair.com (Company Facts); U.S. 76 FR 31451 (Special Conditions: Boeing Model 747-8 Airplanes).

582   Cost and methods of geoengineering: Keith 2013:94–116 ("sea level rise," 100); McClellan et al. 2012, 2011.

583   Taking the edge off: Caldeira and Wood 2008; Wigley 2006.

584   Coining of "geoengineering" : Marchetti 1977.

585   Technical fix: Strictly speaking, geoengineering isn't a technical fix, because it doesn't fix the climate, just veils the symptoms (Pielke 2011 [2010]:234–35). I use the term anyway, because it is seen as a cheap technological approach to a complex problem.

586   Frauds: Goodell 2011 (2010):53–69; Fleming 2010, chap. 3 (Hatfield quotes, 90–91).

587　Dyrenforth: Fleming 2010:53–74; Hoffman 1896; letter, Dyrenforth to Sec. of Ag., 19 Feb 1892, in U.S. Senate, Executive Documents, 1st Sess., 52nd Cong., v.5, Doc. No. 45. See also Le Maout 1902.

588　Early climate geoengineering: Goodell 2011 (2010):75–87 ("suit us," 77); Fleming 2010:194–200, 212–40; Keith 2000:250–51; Weart 1997; R. Revelle, "Atmospheric Carbon Dioxide," in United States President's Science Advisory Committee 1965:111–33 (Appendix Y4); Teller 1960:280–81.

589　Qualms at geoengineering: Keith 2013: esp. chap. 5; Crutzen 2006 ("pious wish," 217); Wagner and Weitzman 2012 (chemotherapy); Kintisch 2010:13 (time has come). Morton (2015) is especially good on this subject.

590　Geoengineering side effects: Keith et al. 2016 (particles); Morton 2015: esp. 107–23; McCusker et al. 2014 (risks of stopping); Kravitz et al. 2014 (rainfall); Curry et al. 2014 (temperature extremes); Keith 2013:68–72; Pielke 2011 (2010):125–32; Robock et al. 2009; Robock 2008 (a brief, comprehensive negative brief).

591　Rogue geoengineering: Wagner and Weitzman 2015:38–39, 116–27; Keith 2013:111–13, 152–56 ("weapons states," 115); Victor 2008 ("on his own," 324). The Forbes billionaire list is published annually at www.forbes.com.

592　Planting eucalyptus or jatropha: Heimann 2014; Becker et al. 2013; Ornstein et al. 2009.

593　Political feasibility: Becker and Lawrence 2014 ("local populations," 32).

594　Sahel drought: Joint Institute for the Study of the Atmosphere and Ocean, 2005— "Sahel Precipitation Index (20–10N, 20W–10E), 1900–November 2016." Available at jisao.washington.edu/data_sets/sahel/; Hulme 2001; Mellor and Gavian 1987:235 (100,000 deaths). This is a conservative estimate. Winslow et al. (2004:5) estimated a death tally for the first famine wave alone of 200,000.

595　Burkina Faso: Author's visit, interviews, Chris Reij, Mathieu Ouédraogo, Aly Ouédraogo; Reij et al. 2005; Kabore and Reij 2004.

596　Sawadogo: Author's visits, interviews, Sawadogo, Ouédraogo, Reij; Fatondji et al. 2001.

597　Jatropha calculation: Becker et al. 2013 (carbon estimates, 241). Per-capita emissions from World Bank (data.worldbank.org).

598　Global greening: Zhu et al. 2016 and references therein.

599　Rice sterility (footnote): Jagadish et al. 2015.

600　Reforesting the Sahel: Author's visits, Niger, Burkina Faso, Mali; interviews, Reij, Ouédraogo, Larwanou, Edwige Botoni; Reij 2014; Mann 2008; Nicholson et al. 1998. In East Africa, Ethiopia has permanently reforested hundreds of square miles of formerly barren land (Reij, pers. comm.).

601　Carbon farm sustainability: Bowring et al. 2014; Becker et al. 2014, 2013; Ornstein et al. 2009.

602　Charcoal and climate change: Mao et al. 2012; Woolf et al. 2010 (1/8th); Mann

2008, 2006:344–49; Lehmann 2007; Lehmann et al. 2006; Okimori et al. 2003. Several sentences in this section are reworked from Mann 2006.

603   Too many or too few people: Based on Wagner and Weitzman 2015: chap. 5.

第八章　先知派

604   Washington meeting: Memorandum, Informal Summary of Minutes of Meeting Held at the Request of Dr. Julian Huxley in the Board Room of the National Academy of Sciences, Washington, D.C., at 10.00 a.m., December 23, 1947, Box 2, FF1, VDPL.

605   Huxley and his family: Clark 1968. A eugenicist but (eventually) an antiracist, Huxley wanted "to ensure that mental defectives shall not have children" (1993 [1931] :98) even as he insisted that race was "a pseudo-scientific rather than scientific term" —it had no biological reality (1939 [1931] :216). Under his leadership UNESCO committed itself to combating racism, though he continued to hope that humankind would waken to the need to purge itself of "unfit" stock.

606   Science-driven growth for all: Macekura 2015:17–30; Rist 2009 (1997): 69–79; Collins 2000:1–32; Public Law 79-304 ("purchasing power," Sec. 2).

607   Huxley's fears: Macekura 2015:32–35; Deese 2015:150–54; Bashford 2014:273–78.

608   Huxleys' failures to make themselves heard: Deese 2015:155–56; Toye and Toye 2010:326–28.

609   Vogt 1948a ("hundred years," 481; "million acres," 484; "exploiters," 486).

610   Furor over *Road*: Sauvy 1972 ("*Law of Population*," 968 [he reviewed *Road* in the same journal in 1949]); Memorandum, The Editorial Program, n.d. (1948), unsorted papers, William Sloane papers, Princeton University Archives ("the year"); letter, Vogt to G. Murphy, 29 Jun 1948, Box 2, FF4, VDPL ("'Unclean'").

611   Scientists' support for Vogt and Osborn: Bashford 2014:278–80; Robertson 2012:59; Nichols 1948 ("problem today"); Hutchinson 1948:396 ("real enough"). Ecological Society of America president Paul Sears called *Road* "the most convincing account of man's material plight that has yet appeared" (Sears 1948).

612   AAAS symposium: Jundt 2014a:17–26; Bliven 1948 ("Frightened People"); Department of State [1949] ; [Associated Press?] , "What Hope for Man?" Fitchburg (MA) Sentinel, 17 Sept 1948. At about the same time, the British Association for the Advancement of Sciences, the second-most influential scientific body, held an equally worried meeting on the same theme, addressed by U.N. Food and Agriculture head John Boyd Orr (Connelly 2008:131–33).

613   Inter-American Conference: United States Department of State [1949] ("our cen- tury," 1). Cushman (2006:348) notes the absence of birth control.

614   Foundation of UNESCO, choice of Huxley: Maurel 2010:16–28; Toye and Toye 2010:322–30.

615　UNESCO and "nature protection"：Holdgate 2013:30–36; Mahrane et al 2012:130–33; UNESCO 1949:9–14; Coolidge 1948; Informal Summary of Minutes of Meeting Held at the Request of Dr. Julian Huxley in the Board Room of the National Academy of Sciences, Washington, D.C., at 10.00 a. m., December 23, 1947, Box 2, FF1, VDPL; Huxley 1946:45. To grab the issue for UNESCO, Huxley maneuvered past Boyd Orr at the U.N. Food and Agriculture Organization, who wanted conservation for his agency.

616　Muir-Pinchot clash: Bergandi and Blandin 2012:109–16; Miller 2001; Smith 1998; Shabecoff 1993:64–76; Fox 1981; Nash 1973 (1967):123–40, 162–81 (Yosemite as first wilderness park, 132).

617　Muir quotations: Gifford 1996:301 ("the wilderness"); Muir 1901:1 ("of life").

618　Pinchot: Miller 2001 (leaves before ready, 88; "longest run," 155; efforts to set up conference, 372–75, 441–42n); Pinchot 1909:72–73 (other quotes); 1905:2 ("wise use").

619　Dispossession at Yosemite and Yellowstone: Powell 2016:58–59, 76; Dowie 2009:4–11; Nabokov and Loendorf 2002, esp. 53–56, 87–92, 179–92, 227–36. For a general survey of indigenous environmental modification, see the sources cited in Mann 2005: Chaps. 8–9.

620　Steps to U.N. conference: Jundt 2014b:44–48; Mahrane et al. 2012:4–7; Robertson 2009:33–36; Linnér 2003:32–35; Miller 2001:359–64; McCormick 1991:25–27; Nixon 1957: 2:1153, 1154, 1163–66, 1170–72; United Nations 1950:vii (Truman letter), 1947:491–92, 1947:469, 491–92 (conference announcement).

621　Huxley's plans: Holdgate 2013:18–28 (preliminary meetings), 39 ("and so on"); Wöbse 2011: 338–40; Informal Summary of Minutes of Meeting Held at the Request of Dr. Julian Huxley in the Board Room of the National Academy of Sciences, Washington, D.C., at 10.00 a.m., December 23, 1947, Box 2, FF1, VDPL.

622　Founding IUPN: Holdgate 2013 (1999):29–38; Wöbse 2011:340–41; Mence 1981:1–9;［Bernard？］1948; Coolidge 1948; "green blob"：Paterson 2014.

623　Vogt at Fontainebleau: McCormick 2005:179–83; Union Internationale pour la Protection de la Nature 1950 ("human ecology," 28; "first victims," 31).

624　Huxley's manifesto: Huxley 1946 ("scaffolding," 8; "evolutionary progress," 12; "world political unity," 13). Huxley never directly mentioned birth control or abortion but his support for both is clear (45).

625　Huxley's continued conviction: See, e.g., J. Huxley, "What Are People For? Population Versus People," address to Planned Parenthood, 19 Nov 1959, PPFA1, Box 14, FF13.

626　Huxley inspired by five-year plans (footnote): Deese 2015:71–73.

627　New York forum: New York Herald Tribune Forum 1948:11–46 (Osborn-Vogt session); Associated Press, "Unity-for-Peace Plea Is Renewed by Dewey," 21 Oct 1948; Passenger Lists of Vessels Arriving at New York, 1820–1897, Microfilm Publication M237,

Roll 7666, p. 75, U.S. Customs Service Records, RG 36, U.S. National Archives (ancestry.com).

628   Point Four speech: Text from Truman Library (www.trumanlibrary.org).

629   Point Four as surprise: Macekura 2015:26–32; Jundt 2014b: ("also strategic," 47); Cleveland 2002:117–18 ("'President meant?'"); Perkins 1997:144–51; U.S. Department of State 1976, 1:757–88 (Acheson not consulted, 758n); Vogt 1949:17 ("'it cost?'"); "Blueprints Drawn to Effect Point 4," NYT, 6 May 1949.

630   Point Four critiques: Robertson 2009:41–42 (Cornelia Pinchot); Vogt 1949 (other quotes).

631   Conflict with PAU: Letter, Lleras to Vogt, 21 July 1949, Box 2, FF1, VDPL.

632   UNSCCUR: United Nations 1950 ("of living," 7; "to confusion," 8; "enlightened," 15); Levorsen 1950 ("world production," 94); Hamilton 1949; Teltsch 1949; McGrory 1948 (Krug reads Vogt and Osborn). My discussion follows Jundt 2014b:48–52; one of my sentences is a rewritten version of one of his.

633   ITCPN: Jundt 2014b:58–67 ("in motion," 44; "double agent," 53); Holdgate 2013:41–43; Wöbse 2011:341–47; Beeman 1995 (Friends of the Land); Union Internationale pour la Protection de la Nature 1950 (Osborn quotes, 17–19; Fink quotes, 215–16), 1949:68–69, 84–85 ("the economy?"); "Talks on Nature Slated," NYT, 21 Aug 1949; "Deer in North America Starve, Wildlife Parley Is Told," Evening Star (Washington, D.C.), 9 March 1949.

634   Vogt resigns: Anonymous 1949; "Conservationist to Speak," Evening Star (Washington, D.C.), 23 Oct 1949; letter, Vogt to Lleras, 17 Oct 1949, Box 2, FF1, VDPL; letter, Vogt to H.A. Moe, 12 Mar 1950, GFA.

635   Moore: Bashford 2014:268–69 ("the Earth"); Critchfield 16–17, 30–33; Mosher 2008:36–40 ("CONFLAGRATION!," 37); Fowler 1972; "The History of Dixie and the Dixie Cup," James River promotional brochure (James River now owns the Dixie Cup company).

636   Guggenheim and Fulbright: Letters, Moe to Vogt, 21 Dec 1950, 28 Mar 1950, GFA; Vogt, applications for 1938, 1939, 1940, and 1943 Guggenheim fellowships, GFA; Memorandum, Fulbright Awards for the Academic Years 1950–51: American Citizens, Fulbright Archives (libraries.uark.edu/SpecialCollections/ FulbrightDirectories/).

637   Scandinavian fertility laws: Connelly 2008:67, 103–4.

638   Vogt in Scandinavia: Journal, Marjorie Vogt, Box 6, FF28, VDPL.

639   Sanger: Good biographies include Baker 2011; Chesler 1992. See also Reed 1983 (1978): Part 2.

640   Vogt at PPFA: Minutes, Annual Membership Meeting, 7 May 1952, Box 14, FF12; W. Vogt, "Report of the National Director," 6 Mar 1952, Box 23, FF6; Minutes, Annual Membership Meeting, 23 Oct 1951, Box 14, FF11 ("better qualified"); Release, "World Population Authority Named Director of Planned Parenthood," 18 May 1951. Box 23, FF26; Minutes, Executive Committee Meeting, 15 May 1951, Box 23, FF5; letter, R. L.

Dickinson to M. Sanger, 26 Nov 1948. Box 70, FF4, all at PPFA1; letter, L. Campbell to W. Vogt, 26 Feb 1949, Box 1, FF13, VDPL. For examples of Sanger's praise, see Sanger 1950, 1949.

641   McCormick, Vogt, and the pill: Baker 2011:290–94; Chesler 1992:407–12, 430–34; Lewis 1991:107 (Bard); Reed 1983 (1978):335–45; letter, M. Sanger to K. McCormick, 23 Feb 1954; letter, M. Sanger to M. Ingersoll, 18 Feb 1954 ("his mind"); letter, K. McCormick to Sanger, 17 Feb 1954 ("mystifying"), all at PPFA1.

642   Poor testing of pill (footnote): Liao and Dollin 2012; Leridon 2006.

643   Vogt fired: McCormick 2005:198–202; letter, Vogt to Moe, 13 Jun 1961, GFA.

644   Johanna: "Miss von Goeckingk Wed," NYT, 27 Dec 1959; 1929 Radcliffe Prism; "Prayer Service to Open at Radcliffe," Boston Herald, 29 Sep 1929; Enumeration District 7-155, Holyoke, MA, 1930 U.S. Census, entry for Marie von Goeckingk; Enumeration District 573, Ward 22, Kings County, NY, 1910 U.S. Census, entry for Leopold von Goeckingk. The marriage may have been in trouble for a while; the couple was taking separate vacations by 1955 (letter, Vogt to Moe, 16? Sep 1955, GFA). Summer house: letter, Vogt to Moe, 31 Jul 1962, GFA.

645   Vogt's work at Conservation Foundation: Lewis 1991:109–16 ("including man," 113); United States Senate 1966:717–27 ("human habitat," 725); [Vogt et al.] 1965; Vogt 1965; letter, Vogt to G. Heiner, 23 Oct 1964, Box 1, FF31, VDPL; letter, S. Ordway to Vogt, 31 Jan 1964, Box 2, FF6, VDPL; Vogt 1963 ("progress," 13; "Latin America," 16). The unpublished essays are in Box 4, FF14–17, VDPL.

646   Denunciations of aid: Vogt 1965; Vogt 1966.

647   Vogt's last days, death: Duffy 1989; "William Vogt, Former Director of Planned Parenthood, Is Dead," NYT, 12 Jul 1968; "Bobby's Brood Gives Wrong Image for Victory," Associated Press, 9 May 1968; letter, Vogt to B. Commoner, 18 May 1967, Box 1, FF17, VDPL ("being accelerated"); Obituary notice, Vogt—Johanna von Goeckingk, NYT, 29 Jan 1967.

648   Population Bomb: Author's interview, Ehrlich; Sabin 2013:10–49; Cushman 2013:272 (Vogt's influence); Robertson 2012a:126–51; Ehrlich 2008, 1968; Tierney 1990; Goodell 1975:13–21; Webster 1969; Rosenfeld 1968. Ehrlich's Tonight Show appearances from Wikipedia and IMDb.com. The oft-repeated claim that Ehrlich was on 20 times or more appears to be incorrect.

649   Vogtian warnings: Hardin 1976 ("carrying capacity," 134); Ehrlich and Holdren 1969:1065 ("population growth"); Platt 1969:116 ("this century").

650   *Limits to Growth*: Author's interviews, D. Meadows; Meadows et al. 1972 ("by collapse," 142; "stop soon," 153); sales/translations from Club of Rome (the sponsors), clubofrome.org.

651   Public-private network in population control: Connelly (2008) provides a remarkable portrait of the institutions in action.

652   Critiques of population control: Connelly 2008; Hartmann 1995.

653　Runaway population control programs: Jiang et al. 2016 (abortions); Greenhalgh 2008, esp. chaps. 4, 6 (rise of one-child policy); Connelly 2008, esp. 289–326 ("population problem," 323); Song 1985 (influence of Western computer modelers, 2–3). An additional issue is that many Asian families, wanting a male child and only allowed one, aborted girls who would otherwise have been wanted. I thank Betsy Hartmann for many discussions of these topics.

654　Ehrlich 1968:66–67.

655　Ehrlich in Delhi: Ehrlich 1968:15–16 ("of overpopulation"), 84. Vogt made the same argument in his Senate testimony, using New York's then-polluted water and Los Angeles's then-polluted air as examples. "Diminish the population of either city sufficiently and the problems would largely vanish" (United States Senate 1966:720). Ehrlich's Delhi story was attacked as racist, a charge that pained him (author's interview).

656　Delhi, Paris, Tokyo population growth: Author's interview, Narain; United Nations Department of Economic and Social Affairs 2006: Table A. 11.

657　Hudson Valley, Europe forests: Forest Europe 2015 (current Europe forests); U.S. Census Bureau, Annual Estimates of the Resident Population: April 1, 2010 to July 1, 2012 (available at www.census.gov); Canham 1999 (historic NY forests); Kauppi et al. 1992 (1970-1990 Europe forests); Considine and Frieswyk 1982: Table 87; Seaton 1877 (population).

658　Replenishment of nature: Deer, turkey (Sterba 2012:87–89, 104–05, 150–60); Thames (see annual survey from Zoological Society of London, sites.zsl.org/inthe thames); Japan (United Nations World Health Organization 2016:Annexes 1, 2).

659　Delhi/Denmark comparison: Wind-power data from energinet.dk; Delhi farm fires from worldview.earthdata.nasa.gov (1 Nov 2016, "fires and thermal anomalies" overlay); per-capita Delhi income (Rs212,219) from Economic Survey of Delhi 2014–15 (delhi.gov.in); per-capita Copenhagen income (DKK 322,000) from state website (denmark. dk); Copenhagen climate plan from the city website, www .kk.dk; WWF Living Planet Report 2014 (wwf.panda.org).

第九章　巫师派

660　Merton 1961:477.

661　Examples of multiples: Skousen ed. 2007, 2:173 ("of the world"); Browne 2002: 14–33 (Darwin, Wallace); Crease and Mann 1996:140–44 (Stueckelberg); Thompson 1910: 1:44–45 (quotes), 113.

662　Swaminathan: Biographies include Dil 2004; Iyer 2002; Gopalkrishnan 2002; Erdélyi 2002. Many of his writings are collected in Rao 2015.

663　Bengal famine: Ó Gráda 2015:38–91 ("the market," 49; "the war," 92). Refining a classic analysis by Amartya Sen, Ó Gráda concludes that the harvest shortfall "would have been manageable in peacetime . . . The famine was the product of the wartime priorities of the ruling colonial elite" (91).

664　160 agriculture students: Saha 2012:xxii.

665　Indian Agricultural Research Institute campus: Author's visit, IARI.

666　Nehru and science: Singh 2014; Government of India 1958; see also Nehru 1994 (1946), esp. 31–33. The decree is in Part IVA, 51A(h) of the Indian constitution.

667　Nehru's industrialization plans and agriculture: Cullather 2010:135–52ff, 198–200; Varshney 1998:25–47ff (land ownership, 29); Perkins 1997:161–75ff.

668　Subsidy program: The program, authorized by the Agricultural Trade Development and Assistance Act of 1954—or Public Law 480—was a compromise that allowed U.S. farm states to keep subsidy-driven wheat, maize, and rice production high while disposing of the excess in Asia (author's interviews, James Boyce; Cullather 2010:142–43).

669　Swaminathan at IARI: Swaminathan 2015:1–2; 2010a:2–3; Dil 2004: Appendix IX (list of papers).

670　Early wheat in Indus Valley: Fuller et al. 2007.

671　Initial fertilizer and radiation experiments: Author's interviews, Swaminathan, P. C. Kesavan; Chopra 2005; Pal et al. 1958; Swaminathan and Natarajan 1956.

672　Swaminathan, Kihara, and Vogel: Author's interviews, Swaminathan; Swaminathan 2015:2–3; 2010a:3; Crow 1994.

673　JFK and Sino-Indian War: Reidel 2015: chap. 4 ("of guidance," 119; "this subcontinent," 138).

674　Nehru's weakness: Cullather 2010:196–97; Brown 1999:160–64.

675　Foundation ends Mexico program: Rockefeller Foundation 1916–, Annual Report, 1959:30.

676　Borlaug, bananas, FAO: VIET3:19–25; Borlaug 1994:iv; Bickel 1974:225–28.

677　Borlaug India report: RFOI 206; Cullather 2010:192 (all quotes). In interviews, Swaminathan said that he hadn't formed any special impression of Borlaug.

678　Training program: VIET3:24–27, 35–37; Borlaug 1994:v–vi; Bickel 1974:233–36.

679　Seven districts: Cullather 2010:195. A group of Indian and U.S. academics argued in an influential Ford Foundation report in 1959 that hunger would be a bottleneck on Indian development. In the long run, they warned, importing low-priced U.S. wheat would be counterproductive. By effectively setting a ceiling on domestic prices, it would discourage domestic production (Government of India 1959).

680　Borlaug-Swaminathan trip: Author's interview, Swaminathan ("child-like"); Swaminathan 2010b:4–5; VIET3:67–76; Cullather 2010:198–99; Bickel 1974:244–46 ("ever experienced").

681　Fertilizer struggle: Saha 2013; Cullather 2010:198–201 ("raw materials," "dam projects," 199); N. E. Borlaug, "Indian Wheat Research Designed to Increase Wheat Production," typescript, CIMBPC, 11 Apr 1964 (B5634-R) ("chemical fertilizers," 2). Increasing fertilizer imports would mean decreasing jute imports. And India's finance minister, a powerful figure in the government, as Cullather put it, "guarded the jute allotment like a mastiff" (200).

682   Confrontation in Pakistan: VIET3:76–81 (all quotes).

683   1964-5 tests: Swaminathan 1965; Swaminathan 2010b:4–5, 1965; Perkins 1997:236.

684   Shastri, Subramaniam, Bhoothalingam: Author's interviews, Swaminathan; Saha 2013, esp. 302–5; Bhoothalingam 1993: 108.

685   Sending grain to India and Pakistan: LHNB ("Watts riot"); VIET3:112–18; Bickel 1974:272–79; Paarlberg 1970:15.

686   VIET3:119–20 ("MY BACKYARD," 119).

687   Methyl bromide disaster: VIET3:130–31.

688   Bihar famine: Rubin 2009:703-06; Dréze 1995:48-63, appendixes; Dyson and Maharatna 1992; Brass 1986; Berg 1971; Ramalingaswami et al. 1971; Gandhi 1966 ("of homes," 63).

689   Borlaug, Subramaniam, Mehta: Author's interviews, Swaminathan; VIET 2:167-169.

690   Parents' home: Author's interview, Mark Johnson (Borlaug Foundation); Bickel 1974:346-47.

691   Boyce's story: Author's interview, Boyce; Hartmann and Boyce 2013.

692   Criticisms of Green Revolution: Cockburn 2007 ("by the million"); Freebairn 1995 (4 out of 5); Shiva 1991 ("discontented farmers," 12); Pearse 1980; Griffin 1974 ("that failed," xi), 1972; Hewitt de Alcántara 1978; Dasgupta 1977 ("fewer hands," 372); Feder 1976 ("Third World peasantry," 532); Bickel 1974 (boos, 350–51); Reinton 1973 ("produce misery," 58); Byres 1972; George 1986 (1976) ("to the poor," 17); Cleaver 1972; Palmer 1972 (the Green Revolution has turned "parts of the Near East" into "genetic disaster areas," 95); Frankel 197. UNRISD books listed at unrisd.org.

693   Borlaug's response: Author's interviews, Borlaug; VIET3:107–08.

694   Productivity gains: United Nations Food and Agriculture Organization 2004; Evenson and Gollin 2003.

695   Success stories: Author's visits, Pune region; Bourne, pers. comm.; Bourne 2015:78-81; Damodaran 2016.

696   Pakistan meeting: VIET3:90–91.

697   Sharbati Sonora: Author's interviews, P. C. Kesavan, Swaminathan; Austin and Ram 1971; Varughese and Swaminathan 1967. Details of other types of adaptation in M.S. Swaminathan, "Can We Face a Widespread Drought Again without Food Imports," Address to Indian Society of Agricultural Statistics, 1972. Typescript, M.S. Swaminathan Foundation archives. The color change and other adaptations were overshadowed by Swaminathan's announcement that the mutated grain had, compared to ordinary grain, high levels both of protein and the essential amino acid lysine, and thus was more nutritious. The claim seems to have stemmed from erroneous laboratory tests. In any case, Swaminathan reported the

increase overenthusiastically (e.g., Swaminathan 1969:73). After the lysine claim was dis- proved, he was charged with spreading false data. Borlaug emphatically disputed the charge and subsequent investigations found no basis for it (Saha 2013:309–10; Parthasarathi 2007: 235–40; Borlaug and Anderson 1975; Hanlon 1974). Wheat bran color: Metzger and Silbaugh 1970.

698   Evergreen revolution: Swaminathan 2010a, 2006 ("prudence," 2293), 2000, 1996 (esp. 232); M. S. Swaminathan, "The Age of Algeny, Genetic Destruction of Yield Barriers and Agricultural Transformation," Address to 55th Indian Science Congress, 1968, typescript, M. S. Swaminathan Foundation archives (1968 worries).

699   Workshop and the world: Crease forthcoming; Husserl 1970.

第十章　培养皿的边缘

700   Wilberforce: Biographies include Meacham 1970; Wilberforce 1888; Ashwell and Wilberforce 1880–82. For his reputation, see the obituary tribute by Prime Minister William Gladstone (Ashwell and Wilberforce 1880–82, 3:450–51.

701   Case and Stiers 1971:297; Case 1975:90.

702   Victory for science: See, e.g., Hitchens 2005 ("tipping point"); Brooke 2001 ("one of the great stories of the history of science," 127); Glick 1988 ("a key chapter in the mythology of English science," xvi); Lucas 1979. Smith (2013) describes the common portrayal of the debate as "the day when . . . science threw off the shackles of religious authority." Gauld found sixty-three accounts of the debate (1992a:151). Their "purpose," he said, was to celebrate "the triumph of Darwinism over uninformed religious prejudice" (1992b:406). This portrayal of the debate dates back at least to White 1896 (Huxley's sally "reverberated through England" [1:71] and "secured [Wilberforce] a fame more lasting than enviable" [2:342]). Other accounts of the debate include Hesketh 2009; Depew 2010:338–43; Browne 2006:95–97, 2002:153–70; Brooke 2001; Thomson 2000; Jensen 1991:68–86, 1988; Gilley 1981; Altholz 1980; Meacham 1970:212–17; Wilberforce 1888:247–48; Ashwell and Wilberforce 1880–82, 2:450–51; Anonymous 1860a:18–19, 1860b:64–65; letter, J. D. Hooker to C. Darwin, 2 Jul 1860, CCD 8:270; letter, C. Darwin to T. H. Huxley, 3 Jul 1860, CCD 8:277; letter, J. R. Green to W. B. Dawkins, 3 Jul 1860, in Leslie ed. 1901:43–46; letter, C. Darwin to T. H. Huxley, 5 Jul 1860, CCD 8:280; letter, T. H. Huxley to F. Dyster, 9 Sept 1860, Foskett 1953.

703   Not a single newspaper: Ellegard 1958:380; Jensen 1988:170–71.

704   *Origin* creates uproar: Browne 2002: chap. 3.

705   "into mine hands" : 1 Samuel 23:7 ("And Saul said, God hath delivered him into mine hand" [King James Bible]) It seems worth noting that the first record of Huxley saying this is in his son's biography, published forty years after the event. An eyewitness wrote that Huxley was "white with anger" (Tuckwell 1900:52).

706   Story of Huxley-Wilberforce: The common version is based on accounts by

Huxley's son Leonard (1901: 2:192–204 ["monkey," 197]) and Darwin's son Francis (1893: 1:251–53 ["falsehood," 252]).

707　Darwin and Wilberforce background: The standard Darwin biography is Browne 1995, 2002; see also Browne 2006, F. Darwin 1887. If anything, Wilberforce and his family were even more attached to science than Darwin and his family. Not only Bishop Wilberforce, but two of his three brothers took first-class mathematics degrees (Ashwell and Wilberforce 1880–82, 1:32). By contrast, Darwin found mathematics "repugnant" and avoided it as a student (F. Darwin 1887: 1:46). Their elections to the Royal Society appear in the lists of the Fellows published in the Philosophical Transactions of the Royal Society of London.

708　Darwin and Wilberforce reactions to loss: Hesketh 2009:43–46. Darwin: Keynes 2002 (2001); Browne 1995:498–504. Wilberforce: Ashwell and Wilberforce 1880–82:1:50, 177–92 (quotes from 180–81).

709　Wilberforce's essay: [Wilberforce] 1860. The review was anonymous, but Darwin, Huxley, and many others knew its authorship.

710　Letter, C. Darwin to J. D. Hooker, 20 Jul 1860, CCD 8:293. Darwin went back and forth on the strength of the critique (Letter, C. Darwin to C. Lyell, 11 Aug 1860, CCD 8:319 ["the Bishop makes a very telling case against me by accumulating several instances, where I speak very doubtfully"] ; letter, C. Darwin to T. H. Huxley, 20 Jul 1860, CCD 8:294; letter, C. Darwin to A. Gray, 22 Jul 1860, CCD 8:298; letter, C. Darwin to C. Lyell, 30 Jul 1860, CCD 8:306). By contrast, Huxley always sneered at the "foolish and unmannerly" review, which "eked out lack of reason by superfluity of railing" (Huxley 1887:183–84).

711　Incompleteness of fossil record: [Wilberforce] 1860 ("their theory," 239); Darwin 1859: chap. 9.

712　Natural selection: Huxley 1887 ("thought of that!" 197); Darwin 1859: chap. 4 ("their kind," 81, "surviving," 61); Darwin and Wallace 1858.

713　Darwin 1872:429. Darwin may have been inspired by the Orchis Bank, which he often walked past on his morning stroll (Keynes 2002:251). The first edition of *Origin* (1859:489) called it an "*en*tangled bank" (emphasis mine).

714　Avoided mention: Two pages from the end, Darwin did write, obliquely, that in "the distant future . . . light will be thrown on the origin of man and his history" (Darwin 1859:488). His decision to avoid discussing humankind was part of his view "that direct arguments against christianity & theism produce hardly any effect on the public" (letter, C. Darwin to E. B. Aveling, 13 Oct 1880, in Feuer 1975:2). Darwin added that he wanted to avoid upsetting his family.

715　Wilberforce's objection to downgrading human status: [Wilberforce] 1860:256–64 ("condition of man," 257; "mushrooms," 231). See also Cohen 1985:598, 607n22; Meacham 1970:213–14.

716　Non-revolutionary Copernican revolution: Dick Teresi, pers. comm. According to Teresi, "the earth being special has long been misinterpreted." In the Christian conception of the day, the Earth was a fallen place. It was at the center of the cosmos, but not admirable. "It's special in the sense of 'isn't that special?'" Teresi explained. In the eighth century B.C., thinkers in northern India had put the sun at the center of the cosmos; 500 years later, so did the Greek astronomer Aristarchus of Samos. By A.D. 1000, the Maya had a heliocentric system. Nonetheless, Copernicus's rigorous methods were an advance.

717   Second Copernican Revolution: Lewis 2009. I thank Oliver Morton for drawing this to my attention and Simon Lewis for kindly allowing me to lift his idea.

718   Marsh 1864:549 (emphasis added).

719   Letter, Darwin to T. H. Huxley, 3 Jul 1860, CCD 8:277.

720   Reactions to debate: Jensen 1988:171–73; Lucas 1979:323–25; Altholz 1980:315 ("beat him"); letter, J. R. Green to W. B. Dawkins, 3 Jul 1860, in Leslie 1901:43–46 ("cheering lustily"); letter, T. H. Huxley to F. Dyster, 9 Sept 1860. In Foskett 1953 ("hours afterward"). Cohen (1985:597–98) points out that the debate convinced the ornithologist Henry Baker Tristam, the first scientist to use Darwin's natural selection in an article, to switch sides and oppose evolution.

721   Hitchens 2005. Even the bishop's sympathetic biographer describes his performance as "inept" (Meacham 1970:215).

722   Botkin 1992 (1990). See also Botkin 2012.

723   Crane evolution, range, population: Meine and Archibald 1996:159–62 (Eurasian crane numbers), 175 (whooper numbers); Krajewski and King 1996:26 (evolution), Krajewski and Fetzner 1994 (evolution); Doughty 1988:4 (range), 15–18 (numbers).

724   Tiburon lily: Botkin 2016:171–72.

725   Defoe 1719 ("rover," 19; "Prize," 20).

726   Defoe and slavery: Richetti 2005:18 (shares); Keirn 1988 (editorials); Defoe 1715 ("our Commerce," 5). He was paid £12 10s 6d (~$50,000 today, according to Measuringworth.com).

727   Ubiquity of slavery: Scott 2017:esp. 155-82 (Greece, "emporium," 156); Mann 2011:Chap. 8 (early modern slavery); United States Bureau of Census 1909:139–40 (U.S. slave populations). Middle Passage figure from Trans-Atlantic Slave Trade Database (www. slavevoyages.org). A recent global history is the ongoing Cambridge World History of Slavery project.

728   Value of slaves: Williamson and Cain 2015; Ransom and Sutch 1990 (value, 39; profitability, 31). GDP figure from Gallman (1966: Table A-1), taking a rough midpoint between his values for 1849–58 and 1869–78. More recent estimates from the Angus Maddison project place the GDP at $2.24 billion in 1990 Geary-Khanis dollars (Bolt and van Zanden 2013). Extrapolating backwards from Balke and Gordon (1989: Table 10) puts the figure at about $7 billion. Inflation values from www.measuringworth.com. "a positive good" : John C. Calhoun, "Speech on Slavery," U.S. Senate, Congressional Globe, 24th Congress, 2nd Sess (Feb. 6, 1837), 157–59.

729   Abolition of slavery: Many books tell this tale. Among the best are Drescher 2009

and Davis 2006; 24.9 million slaves: International Labor Organization 2017.

730　Paucity of matriarchal societies: Summaries of the common view are Harari 2015:152–59; Balter 2006:36–40, 107–14, 320–24; Christian 2005:256–57, 263–64.

731　Women's status in past: A beginning point for this complex subject is Smith 2008. For U.S. women, see Evans 1997 (1989). For European women, see Anderson and Zinsser 2000 (1988).

732　Decline in war and violent death: Morris 2014; Diamond 2012: chap. 4; Pinker 2011; Goldstein 2011; Gat 2006; Keeley 1996; Richardson 1960.

733　Classical Greece warfare: Van Wees 2004.

734　Germany casualties: Gat 2013 （"Wars combined," 152).

735　Levels of violence in early societies: Many well-known researchers, including Steven Pinker, Jared Diamond, and Ian Morris, maintain that organized violence extends past the invention of agriculture to the foraging bands of our oldest ancestors. Evidence for this assertion comes from archaeological reports of ancient settlements and anthropological studies of today's remaining bands of hunter-and-gatherers, all of which are replete with traces of war. Both types of evidence have been criticized. First, critics say, archaeologists as yet have found only one site with warfare—Jebel Sahaba, in northern Sudan—that is older than 10,000 years, which means that the physical evidence for warfare dates almost entirely from later, agricultural societies. Because the switch from foraging to farming changed society profoundly, one can't assume that levels of warfare remained the same. For their part, anthropologists have described some strikingly violent modern foragers, but in every case these groups were studied long after they had begun interacting with bigger, more technological societies. Here the contention is that the anthropologists' subjects were not unchanged from ancient days, but contemporary people with guns and steel blades; present-day warfare among them shouldn't be viewed as evidence about the past. To sidestep this dispute, I focus on the last 10,000 years, which nobody seems to think were peaceful. Recent pro-early-war arguments include Morris 2014:52–63, 333–38 (1 out of 10); Diamond 2012: chap. 4, 2006: esp. 294–98; Pinker 2011; Tooby and Cosmides 2010; Gat 2006: Part 1; Fukuyama 1998:24–27. All base their work on earlier studies, among them Bowles 2009; Otterbein 2004; LeBlanc and Register 2003; and, especially, Keeley 1996. Anti-early-war arguments include Thorpe 2005; Layton 2005; and the essays in Fry 2013, esp. Ferguson 2013a, b. Anthropological criticisms are generally based on ideas from Wolf 1982.

736　Violent death rates since Second World War: Themnér and Wallensteen 2013; Lacina et al. 2006. These represent, respectively, the Uppsala Conflict Data Program and the Peace Research Institute Oslo Battle Deaths Dataset, the leading efforts to quantify war casualties globally. Naturally, their methodologies have been attacked (e.g., Gohdes and Price 2013), but the defenses have been, to my eye, robust (Lacina and Gleditsch 2012).

737　Peacekeeping operations' success: Goldstein 2011.

738　Violence uptick: Institute for Economics and Peace 2017.

739　Global poverty fall: According to a World Bank economics research group, 1.96

billion people lived in destitution (>$1.90/day, 2011 PPP) in 1990; in 2015, the figure was a projected 702 million, a drop of more than two-thirds (Cruz et al. 2015). "being human" : Interview, B. Sterling, Slashdot.org, 23 Dec 2013.

740　Defoe 1719:132.

附录一　为什么要相信？（第一部分）

741　Successful predictions: Stouffer and Manabe 2017; Gillett et al. 2011; Stouffer et al. 1989; Manabe and Wetherald 1967. For a discussion of successful predictions, see Raymond Pierrehumbert's 2012 Tyndall lecture (available at www.youtube.com).

742　Tuning: Voosen 2016; Curry and Webster 2011.

743　Clouds: Author's interview, Pierrehumbert; Ceppi et al. 2017; Voosen 2012.

744　Methane hydrates: Pohlman et al. 2017.

745　Biological impacts: author's interviews, Daniel Botkin; Ahlström et al. 2017 ("Vegetation processes such as〔tree〕mortality and fires are poorly captured in most ESMs〔Earth systems models〕. . . the ESMs generally predict tropical forest extent and Amazonian biomass that are too low compared to observations"); Tröstl et al. 2016 (volatiles); Zeng et al. 2017 ("mitigated"); Zhu et al. 2016 (greening).

746　Antarctic models: Stenni et al forthcoming; Smith and Polvani 2016; DeConto and Pollard 2016. I thank Matt Ridley for drawing my attention to this work.

译后记

这是一部难得的另类历史书写。它让我们以未来的角度反思我们所处社会的现状；同时，它也可以让我们的后代读者审视作为他们先辈的我们的所作所为，以及由此给他们所处社会带来的问题。

查尔斯·C.曼恩是《大西洋月刊》《科学》《连线》等杂志的撰稿人，也是畅销书作者。曼恩以自己一生所从事的职业之便，海纳社会方方面面广泛而深刻的知识，以长期置身于公众之中而形成的客观角度，秉持博采众长、兼容并蓄的态度，将他所看到的、所听到的、所感悟的世界有条不紊地、有理有据地呈现出来，让读者在现世之中，审视周边的一切，思考随后的问题，设想未来的愿景。

《巫师与先知》是曼恩继《历史的碰撞：1491》和《历史的碰撞：1493》之后的又一力作。它承袭了前两部作品的风格，构思精妙，观察敏锐，研究深入。这本书是关于知识渊博的人对如何选择未来所作的思考，而不是对未来的设计和预测。

曼恩以"到2050年左右，世界人口将达到100亿"为楔子，引出由此带来的最基本问题：如何审视现在的发展并从中总结经验教训，以便未来让所有人都能过上富庶的生活？如何做到这一切而又不致对地球造成不可挽回的伤害？基于这样的问题，曼恩讲述了两位

20世纪科学家的故事：被他称为巫师派代表人物的植物育种专家诺曼·博洛格和被他成为先知派代表人物的生态学家威廉·沃格特。同时，他以二位科学家的经历为主线，穿插了这一百年来众多科学家、社会活动家、政治家对社会问题的态度和行为，以及对未来产生的影响。

博洛格是唯一一位获得诺贝尔和平奖的植物育种专家。他是绿色革命的主要人物，是"技术乐观主义"的典型代表。他始终认为，"额外增加的粮食是人口增加但饥饿人口比例下降的原因"，坚信人类应该依靠科学技术解决贫穷问题，实现最大范围的富裕。博洛格出生于一个农业家庭，深知解决贫穷的紧迫性与必要性。他在墨西哥和印度研究能抗御小麦秆锈病的杂交品种，极大地提高了小麦产量，通过绿色革命的"一揽子"计划，第一次有效地避免了人类的大饥荒。《华尔街日报》曾盛赞他的伟大贡献："可以说，［博洛格］挽救的生命比历史上任何人都要多，也许他救了10亿人。"

沃格特是引起轩然大波的《生存之路》的作者，这本书被认为是"现代第一本表示'我们都在劫难逃'的书"。沃格特在秘鲁海鸟粪岛从事海鸟粪研究时，发现鸟类周期性大规模死亡与厄尔尼诺现象的因果关系，综合后来的研究，他宣称，包括人类在内的物种都受制于一种不可避免的"承载能力"。进而，他整合了环境保护主义的主要原则，形成环境保护的基本理念，他也因此成为延续至今的环保运动的奠基人。他认为，我们日益富裕的生活不是我们最大的成就，而是我们的最大问题，是一种对未来的威胁；因为，我们的"繁荣的基础，是我们向地球索取的，而且已经超出了地球所能给予的"。他强调，"我们所需要的，是改变我们与自然的关系"。

这两位杰出的科学家毕其一生，砥砺奋斗，由此产生了截然不同的社会影响：一位被视为那个世纪卓有成效的实干家，另一位则是那个时代最重要的生态危机吹哨人。"他们都认识到并试图解决……后代将面临的根本问题：如何在下一个世纪生存下来，同时又不会引发令人痛苦的全球灾难。"只是，他们在实践中采取的是截然不同的方法。他们的思想逐渐被人们接受，形成了两种社会发展趋势；此后，持不同观点者的争论愈演愈烈。"一派认为，增长和发展是我们这个物种的命运和福祉，另一派则将稳定和保护视为我们的未来和目标。"由此可见，《巫师与先知》是一部关于"技术乐观主义者"和"环境保护主义者"之间冲突的思想史。"巫师派把地球视为一个工具箱，里面的东西可以随意使用；先知派则认为，自然世界体现了一种不应该被随意扰乱的总体秩序。"巫师派所关心的是我们人类是否有能力让自然屈服于我们的意志，而先知派则强调我们人类与所有其他物种一样，受制于自然法则且无法超越。

巫师派与先知派的矛盾不是善与恶的冲突，而是追求完善过程中不同理念的冲突。因此，曼恩在讲述中并不偏袒任何一方，而是以其一贯的现实且客观的态度，采取一种翔实深刻、细致入微的叙事方式。他以二位科学家为主线，以他们不啻天渊的观点，聚焦于对人类生存至关重要的四大挑战——粮食、水、能源和气候变化。具体地说，是大力发展工厂化农业还是推崇传统的生态农业，是竭力榨取地球化石能源还是减少能源消耗和浪费，是努力满足日益增长的人口需求还是限制人口增长，是人为干预气候变化还是规避人类行为以减缓气候变化。一句话，是改造自然生态以获取最大利益还是改变人类的生存方式以适应生态环境。

曼恩将每一项挑战置于历史背景之中，分析现在的问题，权衡未来的选择。他具体讲述了解决世界饥饿问题的绿色革命，包括改良小麦品种、研制氮肥、哈伯-博施法、光合作用、C4水稻等。巫师派和先知派在农业的发展方向上意见不一；而粮食的增长似乎证明了博洛格的观点："把有机食品作为解决饥饿的办法来推广是不现实的。更何况，阻止人们为饥饿的人民提供食物，这是不道德的。"曼恩带着

"在一个充满化石燃料的世界里，我们该怎么办？"的问题，谈到从"坑洞镇"开始的石油开采历史、因担心石油恐慌而出现的政治和经济方面的影响，以及随后在选择化石燃料还是太阳能、核能等方面的分歧，从中可以看出，"沃格特派和博洛格派之间的冲突之所以激烈，是因为那更多的是关于价值观而非事实的冲突"。在谈到水资源问题时，曼恩侧重海水淡化工艺，并通过讲述以色列水源之争，说明"生态引发的灾难，很可能是政治爆炸的先兆"。在如何应对气候变化问题上，两派的争论尤为激烈，焦点在于为环境保护付出多大代价。在书中，"二氧化碳"一词出现了近190次，它被认为是造成气候变化的"罪魁祸首"，是人类走向自然限度的"加速器"。这让读者联想到高斯实验：把原生动物放在一个有着黏稠营养物质的培养皿中，它们会不断繁殖，直到耗尽资源并淹死在自己制造的垃圾里。在世界这个培养皿中，人类似乎也处于同样的命运，注定在劫难逃。对此，沃格特的诠释是，"仅仅给人们提供更好的工具，只会帮助人们更快触达极限。如果一个池塘里只剩下10条鱼时，制造更好的渔网是无助于解决资源枯竭的问题的"，而是需要更有效地保护鱼类。

因而，如何拯救人类？这是一场旷日持久的大辩论。曼恩在聚焦"沃格特或者博洛格会如何处理这些问题"的同时，也旁征博引、冷静客观地陈述了这一百年来社会各阶层人民的观点及贡献。这些人当中，既有相信"理性应用科学技术可以帮助我们走出生态困境"的科学家，也有认为"环境保护是一种生活方式"的社会活动家，更有"穿着深色西装、打着深色领带、拎着深色公文包的男人，在烟雾弥漫的房间里想象着未来的样子"的政治家。曼恩讲述了他们的故事，每一个故事都不长，但却很完整，且与主题息息相关。如长期从事细胞和微生物研究的著名生物学家林恩·马古利斯，联合国教科文组织创始总干事、世界自然基金会创始人之一朱利安·赫胥黎，发明生长曲线——"高斯曲线"或"S形曲线"——的微生物学家乔治·高斯，为防御秆锈病而倡导根除伏牛花运动的植物病理学家埃尔文·查尔斯·斯塔克曼，提出生物化学理论并发现氮对植物营养重要性的杰出化学家尤斯图斯·冯·李比希，将绿色革命的一揽子计划引入印度的育种专家曼科姆布·桑巴西万·斯瓦米纳坦，等等。此外，地球物理学家马里昂·金·哈伯特提出"石油峰值"之说，同时他还是技术官僚联盟创始人之一，著有《技术官僚制研究教程》；诺贝尔奖得主、化学家保罗·克鲁岑证明氮的氧化物会加速平流层中臭氧的分解，并提出通过人类干预缓解全球变暖的"地球工程"。许多有识之士都谈到了人口问题。沃格特强调，"除非人类大幅减少消费，否则，不断增长的人口数量以及由此产生的消费需求将压垮地球的生态系统"。生态学家保罗·埃利希认为："恶化的因果链很容易追溯到源头。汽车过多、工厂过多……饮用水严重缺乏、二氧化碳过量——所有这些都可以很容易地追溯到人口过剩上。"计划生育创始人、节育运动先驱玛格丽特·桑格大力提倡妇女节育，曾组织日内瓦第一次世界人口大会。随着社会的发展，似乎倡导保护自然生态的人越来越多。生态学家、环境保护主义者奥尔多·利奥波德认为："应该保护生态系统，使之免受人类的伤害，而不是靠人类去管理生态系统。"他的《沙乡年鉴》被认为是土地伦理学的开山之作，与亨利·戴维·梭罗的自然主义经典《瓦尔登湖》占据同等重要的地位；早期环保运动领袖约翰·缪尔促成了世界上第一个国家公园（黄石公园）、世界上第一个荒野公园（优胜美地公园）的建立；社会活动家、城市学家埃比尼泽·霍华德在其《明天的花园城市》中提出，"城镇和乡村必须结合"，"在这种欢乐的结合中，将产生新的希望、新的生活、新的文明"。

曼恩的历史视角有利于引导我们追随持博洛格观点的巫师派和持沃格特观点的先知派，与他们共同思考，跟着巫师派欣喜于科学技术的发展带给人类的福祉以及共同富裕的理想，跟着先知派悲怆于人类对自然的伤害以及执着于自然保护的必要。他们的思想起着主导作用，督促我们重新审视我们与自然的关系，影响我们对未来的思考。直到今天，人们依然根据他们的论点所确立的达成同一目标的两种方法，回顾过去，审视现在，相互说服，继续完善，赓续前行，选择一条更合理的未来之路。

2022 年 3 月 31 日，我完成这部译作的初稿，随后开始对照原文审读译稿。这一次审读用时 61 天，正好是上海居民居家的这两个月。对我来说，居家也许是件好事，可以专心做事。那些日子，蔬菜、水果、海鲜、肉类，什么都得靠"团"，反正，需要的东西就得团。所谓"团"，就是同一地点的人一起组团买一样东西。商家出来一次不易，团的人越多，数量越大，越能抵消风险。我居住的小区很小，按说非常难成团，但团长总有法子团成。记得有孩子过生日，生日蛋糕居然也成团了。我想，有两方面原因。一是团长能力强，二是大家齐心参团。结果，吃蛋糕的那天，从自助群里看晒图，好像整个小区都在过生日。有几天，我太专注审稿，没有吃上水果，于是在群里问是否有团水果的。马上就有人告诉我正在开的团，还有几位邻居给我送来了水果。特殊时期真的更容易感动。感谢所有帮助过我们的邻居、朋友、亲戚。

感谢中信出版集团给我机会翻译这本书，使我因此学到了许多知识。感谢马晓玲女士一直以来对我的帮助和关心。感谢尚未谋面的程时音女士仔细认真的编辑工作，她每次催稿，用词不多，让我有一种紧迫感的同时，更多的是让我想象，她一定是一位温柔和蔼、善解人意的美女。

谨以此译感恩父母的养育。居家的两个月，每天早上 8 点至晚上 23 点，基本上是与爱人金寿福在书房里度过，更使我体会到了相伴的温馨。

最后，也最想表达的是，由衷地感谢每一位读者。

栾奇
2022 年 6 月 26 日于上海茶园坊